LEHRBUCH DER
PHYSIOLOGIE

IN ZUSAMMENHÄNGENDEN EINZELDARSTELLUNGEN

UNTER MITARBEIT EINER
REIHE VON FACHMÄNNERN

HERAUSGEGEBEN VON

WILHELM TRENDELENBURG†

UND

ERICH SCHÜTZ

K. LANG UND O. F. RANKE

STOFFWECHSEL UND ERNÄHRUNG

SPRINGER-VERLAG BERLIN
HEIDELBERG GMBH

1950

STOFFWECHSEL UND ERNÄHRUNG

VON

Dr. Dr. KONRAD LANG
O. Ö. PROFESSOR FÜR PHYSIOLOGISCHE CHEMIE,
DIREKTOR DES PHYSIOLOG.-CHEM. INSTITUTS
DER UNIVERSITÄT MAINZ

UND

Dr. OTTO F. RANKE
O. Ö. PROFESSOR FÜR PHYSIOLOGIE,
DIREKTOR DES PHYSIOLOG. INSTITUTS
DER UNIVERSITÄT ERLANGEN

MIT 35 ABBILDUNGEN IM TEXT

SPRINGER-VERLAG BERLIN
HEIDELBERG GMBH

1950

ISBN 978-3-642-92546-7 ISBN 978-3-642-92545-0 (eBook)
DOI 10.1007/978-3-642-92545-0

URSPRÜNGLICH ERSCHIENEN BEI SPRINGER-VERLAG OHG. IN BERLIN,
GÖTTINGEN AND HEIDELBERG 1950
Softcover reprint of the hardcover 1st edition 1950

Vorwort.

Das vorliegende Buch ist die Frucht einer mehrjährigen Zusammenarbeit auf dem Gebiet der praktischen Ernährung und der Durchführung experimenteller Untersuchungen in engster Fühlungnahme miteinander. Im Verlaufe unserer Beschäftigung mit Ernährungsfragen haben wir es oft als einen großen Mangel empfunden, daß im deutschen Sprachgebiet kein Buch existierte, das unter ausgiebigster Vermittlung des vorliegenden experimentellen Materials und der Erfahrungen, verbunden mit einer brauchbaren Belegung durch Literaturzitate, es dem Leser ermöglicht, eine eigene Stellungnahme zu den Problemen der Ernährung zu beziehen. So kam die Aufforderung des Verlages unseren eigenen Wünschen entgegen.

In unserem Buche haben wir auf allgemeine Redewendungen verzichtet, haben unsere persönliche Meinung als solche gekennzeichnet und uns im übrigen bemüht, alles Gesagte durch Maß und Zahl zu belegen. Große Sorgfalt haben wir darauf verwendet, ein weit in der Literatur verstreutes Zahlenmaterial zu sammeln und es dem Leser durch unsere Tabellen leicht zugänglich zu machen. Weiterhin haben wir großen Wert auf Belegung aller Daten mit Literaturhinweisen gelegt, wobei wir insbesondere die neuere und neueste Literatur berücksichtigt haben und bezüglich der älteren auf gute zusammenfassende Darstellungen verweisen. Dem Leser ist es dadurch leicht gemacht, durch eigenes Studium der Quellen seine Kenntnisse zu vertiefen, wo wir im Interesse einer knappen Darstellung die Probleme nur kurz behandeln konnten. Unser Buch ist daher mehr als ein Lehrbuch und wird vermutlich vielen, die sich mit theoretischen oder praktischen Dingen der Ernährung beschäftigen, als Nachschlagewerk von Nutzen sein.

Die Wissenschaft von der Ernährung ist ein komplexes Gebiet, auf dem sich viele Disziplinen begegnen. Die Ernährungsphysiologie schafft dabei für die anderen Zweige der Ernährungswissenschaft die Grundlagen. Sie untersucht den Bedarf des Menschen an Energie und an den einzelnen chemischen Substanzen, die Wege, welche die Nahrungsstoffe im Organismus einschlagen, die Reaktionen des Organismus auf die Zufuhr der Nahrung und nicht zuletzt die vielen, zum Teil komplizierten Regulationsmechanismen, die daraufhin abzielen, den Menschen von der zufälligen augenblicklichen Situation der Ernährung, des Energieverbrauches und des Stoffwechsels unabhängig zu machen. Wie überall in der belebten Natur, so ist auch beim Menschen die Streubreite der biologischen Reaktionen beträchtlich. Es ist daher eine wichtige Aufgabe der Ernährungsphysiologie, die Grenzen der physiologischen Streubreite abzustecken und zu brauchbaren Mittelwerten zu gelangen, was im Zeitalter von Rationierungen, anderen Einschränkungen der freien Nahrungswahl und Massenverpflegungen von der allergrößten praktischen Bedeutung ist. Letztes Ziel der Ernährungsphysiologie ist es, die Ernährungsbedingungen kennenzulernen, die für den Menschen optimal sind, d. h. ihm ein möglichst langes Leben bei bester Gesundheit und größter Leistungsfähigkeit gewährleisten. Alle diese Fragen der Ernährungsphysiologie lassen sich mit rein naturwissenschaftlichen Methoden klären.

Die Ernährung des kranken Menschen und die Beeinflussung von Krankheiten durch die Ernährung ist Aufgabe der Diätetik. Von den medizinischen Disziplinen beschäftigt sich endlich auch noch die Hygiene mit der Ernährung. Ihre Aufgabe ist es, dafür zu sorgen, daß wir alles zum Leben Notwendige in einer vollwertigen und einwandfreien Form erhalten. Diese beiden Gebiete gehören nicht in den Bereich der Physiologie und sind daher sowohl inhaltlich wie literaturmäßig nicht berücksichtigt.

Die Beschäftigung mit der Ernährungsphysiologie galt lange Zeit bei vielen als unproblematisch und daher langweilig. Wir hoffen, mit unserem Buch gezeigt zu haben, daß heutzutage umfassende Kenntnisse dazu gehören, um verantwortlich ein ernährungsphysiologisches Gutachten abzugeben.

Wir haben in unserem Buch keine methodischen Fragen behandelt, soweit sie nicht zum Verständnis der Ergebnisse notwendig sind, und haben auch davon Abstand genommen, ausführliche nahrungsmittelchemische Tabellen abzudrucken.

Die Literatur ist bis zum 1. März 1950 berücksichtigt.

Mainz und Erlangen.

Konrad Lang. Otto F. Ranke.

Inhaltsverzeichnis.

B. Das Stoffliche.

Einleitung.

Die Lehre von der Ernährung ist nicht nur die Grundlage für einen weiten Bereich des ärztlichen Handelns, sondern auch eine notwendige Voraussetzung für planmäßiges Handeln in der Wirtschaft, ja in der Politik. Entsprechend dieser vielseitigen Anwendung beleuchten zahlreiche Betrachtungsweisen verschiedene Seiten alles dessen, was mit der Ernährung zusammenhängt. Die Naturwissenschaft, und in ihr besonders die Physiologie, bringt mit Maß und Zahl die Möglichkeit zum Verständnis der ursächlichen Zusammenhänge nach zwei Richtungen. Die chemische Betrachtungsweise erklärt die stoffliche Zusammensetzung der Nahrung mit den Bedürfnissen des Körpers und den Möglichkeiten, die die Lebewesen für die Umwandlung von Verbindungen in körpereigene und in Verbrauchs- und Abfallstoffe besitzen. Die physikalische Behandlung klärt den Energiebedarf des Körpers für den Wärmehaushalt und für alle mit Energieaufwand verbundenen Leistungen. Jede dieser beiden Betrachtungsweisen und ihre Verknüpfung erklären dabei, indem sie die Erscheinungen und stofflichen Umsetzungen nach Art und Menge auf bekannte Gesetze der Physik und Chemie zurückführen. Nur diese wissenschaftlichen Methoden bringen Ergebnisse, die unabhängig von Ort und Zeit die für die Lebewesen gültigen Gesetze nach Ursache und Wirkung erkennen lassen. Sie stehen damit im Vordergrund der Ernährungslehre und des Stoffwechsels. Aber weiterhin zeigt sich, daß die Ernährung wie die Stoffwechselleistungen gewaltige psychische Wirkungen entfalten können, wie umgekehrt die Psyche sowohl auf die Nahrungswahl, wie damit indirekt und direkt auf die Leistungsbereitschaft und auf den Gleichgewichtszustand zwischen Zufuhr und Abgabe von Stoffen und Energie einwirken kann. Natürlich kann auch psychischer Einfluß nicht über die Naturgesetze hinaus. Aber die Psychologie des Einzelnen wie die von politischen Glaubensbewegungen, ebenso wirtschaftlicher oder anderer äußerer Zwang lassen sich nicht naturwissenschaftlich erklären. Die Aufgabe der naturwissenschaftlichen Betrachtung kann sich somit nicht mit der Schilderung eines Normalzustandes erschöpfen, sondern sie muß diese Einflüsse mit berücksichtigen und die ganze Breite des Bandes erfassen, innerhalb dessen das Leben möglich ist. Dabei kann hier bei der Betrachtung von Stoffwechsel und Ernährung diesen Einflüssen der Psyche nicht in allen Einzelheiten nachgegangen werden; nur die naturwissenschaftlichen Folgen sind Aufgabe einer Ernährungslehre.

Die Fortschritte aller Zweige der Naturwissenschaft und damit die der Ernährung und des Stoffwechsels beruhen auf der Anwendung des Experiments. Die Erfahrung hat gezeigt, daß die biologischen Grundtatsachen, im allgemein gültigen Tierexperiment gewonnen, auch für den Menschen volle Gültigkeit haben. Freilich gehört eine umfassende Kenntnis der Besonderheiten von verschiedenen Tierarten und des Menschen dazu, und im Einzelfall auch die Bestätigung aus der ärztlichen Erfahrung, welche Ergebnisse des Tierexperiments ohne weiteres, welche nur mit Vorbehalt auf den Menschen anwendbar sind. Manche Dinge lassen sich aber unter gar keinen Umständen, auch nicht mit Verletzung ethischer Grundanschauungen, am Menschen untersuchen. Als Beispiel sei der Einfluß der Ernährung über mehrere Generationen erwähnt, den wir nur bei kurzlebigen Tieren mit der erforderlichen Sicherheit feststellen können.

Das Leben zeichnet sich gegenüber den Ergebnissen der technischen Massenanfertigung durch eine ansehnliche Streubreite aus. So werden auch die Maße und Zahlen, die die Ernährungslehre liefert, nur Mittelwerte darstellen, und der Einzelne kann nach oben und unten von solchen Zahlen abweichen. In vielen Fällen ist die Streubreite bekannt, und dann kann die Wahrscheinlichkeit abgeschätzt werden, ob ein Einzelwert noch als physiologisch oder als krankhaft zu betrachten ist. Maß und Zahl in der Ernährungslehre haben aber daneben eine ganz andere, und hier eine exakte Bedeutung: Über große Menschengruppen gleichen sich nach allgemeinen statistischen Gesetzen solche Streuungen vollständig aus, und so kann der Ernährungsbedarf eines ganzen Volkes viel genauer berechnet werden, als der des Einzelnen. Die Mittelwerte haben daher neben ihrer ärztlichen Bedeutung eine wichtige volkswirtschaftliche Seite.

Zwar haben uns die letzten Jahrzehnte sowohl durch die Massenexperimente zweier Weltkriege und ihrer Folgen wie durch den gewaltigen Aufschwung der physiologischen Chemie eine wesentliche Abrundung des Gesamtbildes von Stoffwechsel und Ernährung gebracht. Trotzdem bleiben noch genug offene Fragen, die hier so deutlich als möglich herausgearbeitet werden sollen.

Entsprechend der allgemeinen Übung, die letzten Endes in der verschiedenen Methodik der Untersuchung begründet liegt, wird die stoffliche Seite von Stoffwechsel und Ernährung hier von der energetischen schon äußerlich in verschiedene Kapitel getrennt, obwohl im Leben beide Teile untrennbar miteinander verbunden sind. Hiermit ergibt sich schon eine grobe Unterteilung des Stoffes.

Die energetische Betrachtung läßt sich leicht in eine mehr geschichtliche Darstellung der Grundgedanken und der Methoden, und die Beschreibung des Grundumsatzes und seiner Regulationen, sowie des Arbeitsumsatzes gliedern. Daran schließen sich dann Kapitel über Mangelernährung und Mast sowie einige Spezialfragen.

Die chemische Betrachtung gliedert sich dagegen am zwanglosesten nach der Art der umgesetzten Stoffe.

Wie stets, lassen sich dabei einige Überschneidungen nicht vermeiden, so daß gelegentlich auf andere Abschnitte verwiesen werden muß.

A. Das Energetische.

I. Grundlagen der energetischen Betrachtung von Stoffwechsel und Ernährung.

Im Stoffwechsel werden die mit der Ernährung zugeführten Nährstoffe durch chemische Umsetzungen zu energiearmen Endprodukten verbrannt. Die dabei freiwerdende Energie benutzt der Körper für seine Lebensfunktionen. Für derartige chemische Umsetzungen gelten innerhalb und außerhalb der Lebewesen allgemeine Grundgesetze, nämlich das Gesetz von der Erhaltung der Energie, das Massenwirkungsgesetz, die Temperaturregel und der Entropiesatz. Es ist zweckmäßig, diese allgemeinen Naturgesetze als Richtschnur für die Betrachtung der energetischen Seite des Stoffwechsels voranzustellen, da hierdurch von vorneherein Klarheit herrscht, bis zu welchen Grenzen unsere Erkenntnis des Stoffwechsels vorgedrungen ist. Hiermit soll nicht einer mechanistischen Betrachtung des Lebens das Wort geredet werden, im Gegenteil, gerade wenn diese klaren Prinzipien benutzt werden, übersieht man deutlich die wunderbaren Einrichtungen, mit deren Hilfe diese Gesetze dem Leben dienstbar gemacht werden.

1. Das Gesetz von der Erhaltung der Energie und die Energiebilanz.

Nach alter, schon von Aristoteles vertretener Vorstellung ist nicht nur die Materie unzerstörbar und kann nicht neu entstehen, sondern auch die Körperwärme kann nur durch Vorgänge aus der in den Nahrungsstoffen erhaltenen Energie gewonnen werden, die dem Feuer vergleichbar sind. Die Nahrung dient nach Aristoteles neben der Deckung der Ausgaben aus dem Körper und dem Wachstum der Erzeugung der Körperwärme. Die Entdeckung des Sauerstoffs durch Lavoisier und des Gesetzes von der Erhaltung der Energie durch Robert Mayer und H. v. Helmholtz legten den Grundstock zu unserer heutigen Auffassung des Stoffwechsels. Diese konnten sich jedoch gegen die Vorstellung besonderer, dem Gesetz der Erhaltung der Energie nicht unterliegender Lebenskräfte der Vitalisten nur durch mühsame, experimentelle Arbeiten des vorigen Jahrhunderts durchsetzen. Es ist eines der vielen Verdienste von Pettenkofer und C. v. Voit, den Bilanzversuch sowohl für die Verfolgung der einzelnen chemischen Elemente, wie für die dabei umgesetzte Energie eingeführt zu haben. M. Rubner (*3*) hat 1894 vollendete Bilanzversuche veröffentlicht und damit die Gültigkeit des Gesetzes von der Erhaltung der Energie auch für die Warmblüter erwiesen. Im Sinne der modernen Physik sind Materie und Energie nicht scharf voneinander zu trennen und können bei Veränderungen von Atomen ineinander übergehen. Wir haben aber allen Grund anzunehmen, daß im Gebiet des Stoffwechsels und der Ernährung solche Vorgänge keine Rolle spielen. Für die vorliegende Darstellung bleibt daher die klassische Physik, und als wichtigste Grundlage das Gesetz von der Erhaltung der Energie allein die Richtschnur. Es ist bis heute kein Experiment bekannt geworden, das dem Gesetz der Erhaltung der Energie in der klassischen Fassung widersprochen hätte, obwohl die Hungerzeiten zweier Weltkriege dafür genug Veranlassung gegeben hätten. Doch hat es eines langen Kampfes bedurft gegen unklare Vorstellungen naturwissenschaftlich ungenügend Vorgebildeter, bis durch die Untersuchungen von M. Rubner und W. O. Atwater die Gültigkeit des Gesetzes von der Erhaltung der Energie in voller

Strenge auch für den Menschen anerkannt wurde. Noch heute liegt diese Denkungsart dem nicht naturwissenschaftlich Gebildeten ferne und muß daher gegen Politiker und weltanschaulich Gebundene verteidigt werden. Demnach muß in jedem Zeitaugenblick nicht nur die Bilanz der Stoffe, sondern auch die Bilanz der Energie vollkommen ausgeglichen sein: Der Energievorrat des Körpers zusammen mit der in der betrachteten Zeit erfolgten Zufuhr abzüglich der inzwischen erfolgten Energieabgabe nach außen aus dem Körper ist konstant. Doch erkannte man schon früh die besondere Schwierigkeit in der Anwendung dieses anscheinend so einfachen und klaren Prinzips: Der Energiebestand des Körpers ist im Verhältnis zum Energiewechsel etwa eines Tages ungeheuer groß und er kann ohne jede merkliche Schädigung in gewaltigem Ausmaß schwanken, indem Vorratssubstanzen, besonders Fett in den Fettablagerungsstätten, angehäuft oder wegverbrannt werden. Und wir haben keine Möglichkeit, mit auch nur einigermaßen ausreichender Sicherheit festzustellen, ob, in welchem Sinn und in welchem Ausmaß sich der Energiebestand des Körpers verändert hat. Gewichtsveränderungen oder auch Gewichtskonstanz der Versuchsobjekte sind keineswegs ausreichende Merkmale, da z. B. bei Gewichtskonstanz energiereiches Fett abgebaut und dafür energieloses Wasser eingelagert sein kann. Hierin liegt die grundsätzliche Schwierigkeit der Durchführung von Bilanzversuchen, die nur durch Hinzunahme einer Beobachtung ganz anderer Art wenigstens größenordnungsmäßig durchführbar werden: Die Erfahrung hat gezeigt, daß nach Abschluß des Wachstums die Zusammensetzung des Körpers bei gleichbleibender Lebensweise und voller Gesundheit sich über mehrere Jahrzehnte nur unmerklich verändert. Wenn wir daher die Bilanzversuche über genügend lange Zeit erstrecken, so daß der Energiewechsel groß ist gegenüber diesen unmerklichen Bestandsveränderungen, so erhalten wir zureichend sichere Bilanzen mit der Annahme eines konstanten Energievorrates des Körpers.

2. Energiemaße.

Weitaus der größte Teil der aus dem Körper an die Umgebung abgegebenen Energie erscheint in Form von Wärme, nur ein geringer Prozentsatz wird als mechanische Energie bei Muskelarbeit und z. B. als Schallenergie beim Sprechen abgegeben. Daher hat man sich seit jeher gewöhnt, sämtliche im Körper umgesetzte Energie in Wärmeeinheiten anzugeben. Als Einheiten der Wärmemenge werden die große oder Kilo-Calorie (kcal) und die kleine oder Gramm-Calorie (cal) benützt. Sie sind definiert durch diejenige Energie, die zur Erwärmung von 1 kg (1 g) Wasser von 14,5 auf 15,5° C erforderlich ist. Die Wahl des Energiemaßes steht an sich völlig frei, und so könnte an sich jedes andere Energiemaß der Physik, das Meterkilogramm oder die Wattsekunde mit gleicher Berechtigung benutzt werden. Die Berechnung der Energie im Wärmemaß hat aber außer geschichtlichen Gründen für sich, daß dabei übersichtliche Zahlen für den Tagesumsatz herauskommen. Für die Umrechnung der Wärmeeinheiten in andere Energiemaße gelten folgende Zahlen:

Tabelle 1. *Energiemaße.*

	cal	kcal	Erg	Joule-Wattsek.	Liter-atmosphären	Meter-kilogramm
1 cal	1	0,001	$4,1863 \cdot 10^{7}$	4,1842	0,04130	0,4269
1 Erg	$2,3887 \cdot 10^{-8}$	$2,3887 \cdot 10^{-11}$	1	$0,9995 \cdot 10^{-7}$	$0,9866 \cdot 10^{-9}$	$10198 \cdot 10^{-8}$
1 Joule	0,2389	$0,2389 \cdot 10^{-3}$	$1,0005 \cdot 10^{7}$	1	$0,9870 \cdot 10^{-2}$	0,10203
1 Lit.-atm.	24,21	0,02421	$1,0136 \cdot 10^{9}$	101,31	1	10,337
1 mkg	2,342	0,002342	$0,9806 \cdot 10^{8}$	9,801	0,09674	1

Die Bestimmung dieser Umrechnungsfaktoren ist Aufgabe der Physik. Es soll jedoch nicht unerwähnt bleiben, daß noch im ersten Weltkrieg das mechanische Wärmeäquivalent auf Grund experimenteller Ergebnisse geändert wurde.

3. Zweck der energetischen Stoffwechseluntersuchung.

Im Gegensatz zu vielen anderen Gebieten der Physiologie hat die energetische, übrigens auch die stoffliche Untersuchung des Stoffwechsels nicht nur eine rein medizinische Bedeutung, indem beim Einzelnen auf Grund von Normen festgestellt werden kann, ob sein Stoffwechsel den Verhältnissen beim Gesunden entspricht, oder in welcher quantitativen oder qualitativen Richtung Abweichungen bestehen. In einer Zeit, in der die Gesamtproduktion von Nahrungsmitteln auf der ganzen Erde den Bedarf aller Menschen nicht mehr beträchtlich übersteigt, in der außerdem ganze Völker auf dem ihnen zur Verfügung stehenden Lebensraum die nötige Ernährung nicht mehr selbst erzeugen können, sondern auf Einfuhr angewiesen sind, hat die Kenntnis der Stoffwechselnormen schon politische Bedeutung erlangt. Daneben sind volkswirtschaftliche Fragen, z. B. nach der Zweckmäßigkeit und Preiswürdigkeit von Einfuhren oder Herstellungsverfahren nicht zu beantworten, ohne sehr gründliche Kenntnisse der Physiologie des Stoffwechsels. Dies ist der Grund, warum auf diesem Gebiet stärker als auf anderen außer der Physiologie des Einzelnen auch statistische Betrachtungen zum notwendigen Rüstzeug des Arztes gehören.

II. Bestimmungsstücke der Energiebilanz.

1. Energiebestand.

Es ist unmöglich den Energiebestand des Körpers im Leben zu bestimmen, da hierzu die Zusammensetzung aus den einzelnen, verschiedene Energie im Gramm enthaltenden Substanzen wie Fett, Eiweiß erforderlich wäre, selbst dann könnte natürlich nur der Energiebestand von einem freigewählten Nullpunkt aus, z. B. bei 0° C., Normal-Barometerstand und z. B. ohne Mitberücksichtigung der Kernenergie der Elemente im Sinne der Atomphysik berechnet werden. Eine solche Rechnung würde aber keinerlei Vorteile bieten, denn es kommt für alle in Betracht kommenden Fragen nicht auf den Energiebestand, sondern auf die Veränderung dieses Bestandes durch Nahrungsaufnahme, Schlackenabgabe und in Form von Wärme oder mechanischer Arbeit an die Umgebung abgegebener Energie an. Und diese Veränderungen des Energiebestandes können nur in Speicherung energiehaltiger Substanzen als Depotsubstanzen oder durch wahres Wachstum und Gewichtsvermehrung, oder in Abgabe von Depotsubstanzen oder Zellschwund und Gewichtsverminderung bestehen. Schwierig wird die Beurteilung der Gewichtsveränderungen aber aus zwei Gründen: Einmal läßt sich ohne besondere Hilfsmittel nicht entscheiden, ob eine Gewichtszunahme oder -abnahme durch Fett, Eiweiß, Glykogen oder auch Mineralien bedingt ist, und dann ist der Wasserbestand des Körpers nicht konstant, so daß auch eine Gewichtskonstanz keine Gewähr dafür bietet, daß sich die Zusammensetzung nicht geändert hat. Hierin liegt der eigentliche Grund, warum Bilanzversuche nur dann Aussicht auf ausreichende Genauigkeit haben, wenn sie über so lange Zeiten erstreckt werden, daß etwaige Verschiebungen der Zusammensetzung des Körpers keine wesentliche Rolle mehr spielen.

2. Bilanzversuche.

Wenn wir auch seit LAVOISIER überzeugt sind, daß die gesamte im Stoffwechsel umgesetzte und aus dem Körper abgegebene Energie aus Verbrennungsprozessen stammt, daß also für den Tierkörper das Gesetz von der Erhaltung der Energie in gleicher Weise, wie für unbelebte Systeme gilt, ist es doch wesentlich, daß der exakte Beweis für diese Überzeugung durch M. RUBNER (*3*) 1894 erbracht wurde. Hierzu konstruierte M. RUBNER (*9*) ein Calorimeter, das es erlaubte, die Wärmeabgabe des Versuchstieres neben der Analyse der Atemluft zu messen. Außerdem wurde die Energiezufuhr in der Nahrung und die Energieabgabe durch Kot und Harn bestimmt. Es liegen somit insgesamt drei Bestimmungen der gesamten Energie vor, nämlich

1. Aus der Nahrungszufuhr.

Hierbei muß aber berücksichtigt werden, ob das Tier während der 12tägigen Versuchsdauer im Stoffwechselgleichgewicht geblieben ist. Tatsächlich fand sich eine geringe Fettanlagerung.

2. Durch direkte Calorimetrie der abgegebenen Energie.

Hierzu wurde die Summe aus der an das Calorimeterwasser abgegebenen Wärme, der an die Atemluft abgegebenen Wärme und der durch Wasserverdunstung gebundenen Wärme berücksichtigt. Sehr viele der früheren Versuche, besonders auch die von PETTENKOFER und VOIT, hatten große Fehler wegen der Wasserverdunstung ergeben.

3. Aus der Berechnung der zersetzten Substanzen
auf Grund der gemessenen CO_2 und N-Ausfuhr und der Sauerstoffzufuhr.

Der Vergleich von 1. und 3. erlaubt außerdem die Frage des Stoffansatzes zu entscheiden. M. RUBNER benutzte einen kleinen Hund von rund 5 kg für den 12tägigen Bilanzversuch, der im Mittel etwa 350 kcal pro Tag ausgab. Da das Tier kohlenhydratfrei ernährt wurde, erübrigte sich die Feststellung des Sauerstoffverbrauchs. Eine Übersicht über sämtliche derartige Versuche gibt die nachstehende Tabelle, bei der außer Versuchen mit Stoffwechselgleichgewicht auch solche im Hunger und mit Übernährung unter Berücksichtigung der Gewichtsveränderungen aufgeführt sind.

Tabelle 2. *Übersicht über* RUBNERS *Bilanzversuche.*

Zufuhr	Zahl der Tage	Summe der berechn. Wärme	Summe der dir. best. Wärme	Prozent-Differenz	Prozent-Differenz im Mittel
Hunger	5	1296,3	1305,2	+ 0,69	— 1,42
	2	1091,2	1056,6	— 3,15	
Fett	5	1510,1	1495,3	— 0,97	— 0,97
Fleisch und Fett	8	2492,4	2488,0	— 0,17	— 0,42
	12	3985,4	3958,4	— 0,68	
Fleisch	6	2249,8	2276,9	+ 1,20	+ 0,43
	7	4780,8	4769,3	— 0,24	

Die Übereinstimmung ist im Gegensatz zu den übrigen Versuchen der früheren Literatur erstaunlich. Zu LAVOISIERS Zeiten waren bis zu 30% Energieüberschuß gegenüber der aus dem Stoffwechsel berechneten Energie gefunden worden und auch PETTENKOFER hatte noch Abweichungen von mehreren Prozenten.

Sehr genaue Versuche mit einem ungewöhnlich großen Aufwand an Gerät und Hilfskräften hat später W. O. ATWATER durchgeführt und dabei noch kleinere

Abweichungen zwischen berechneter und gemessener Wärmeproduktion erhalten. Die Versuche von M. RUBNER und W. O. ATWATER haben den einmaligen und endgültigen Beweis erbracht, daß die umständliche Calorimetrie ganzer Tiere oder des Menschen unnötig ist, wenn man den Energieumsatz aus der Nahrung unter Berücksichtigung des Verlustes in Kot und Harn und unter Berücksichtigung des etwaigen Ansatzes oder Verlustes von Körpersubstanz berechnet oder, was noch

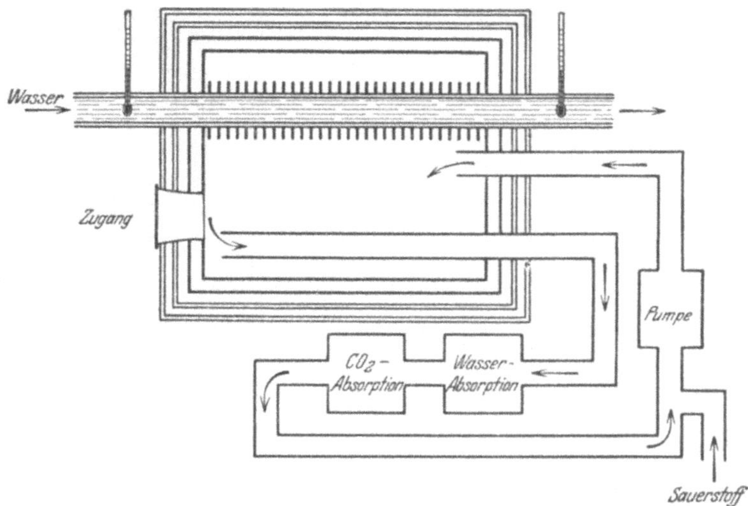

Abb. 1. Schema des Respirationscalorimeters von ATWATER und BENEDICT. Die von der Versuchsperson in der wärmeisolierten Kammer abgegebene Wärme wird durch das Kühlrohr abgeführt. Die Temperaturdifferenz des Kühlwassers zwischen Zufluß und Abfluß mal der Durchflußmenge ergibt bei konstanter Raumtemperatur die abgegebene Wärmemenge. Die Luft im Calorimeter wird unter Wasser- und CO-Absorption umgewälzt und durch Zugabe von O_2 auf konstanten Barometerstand gehalten [aus H. REIN (4)].

viel bequemer und einfacher ist, wenn man aus der Ausscheidung von CO_2 und Stickstoff und der Aufnahme von Sauerstoff die zersetzten Stoffe berechnet. Dieses letztere Verfahren hat zum Leidwesen von M. RUBNER den Namen indirekte Calorimetrie erhalten.

3. Energiezufuhr.

Abgesehen von seltenen mengenmäßig zurücktretenden Ausnahmefällen, z. B. der Aufnahme strahlender Wärme im Sonnenbad, erfolgt die Energiezufuhr ausschließlich durch die Nahrung. Wie wir noch sehen werden, ist jedoch keineswegs einfach aus der aufgenommenen Nahrungsmenge auf die dem Körper zugeführte Energie zu schließen. Trotzdem ist die Kenntnis des Energieinhaltes der Nahrung die Grundlage für alle an den Arzt herantretenden Fragen der Energiebilanz sowohl des Einzelnen, wie ganzer Völker. Die Bestimmung des Energieinhaltes der Nahrung wird seit den Anfängen der Calorimetrie durch BERTHELOT (Paris 1827 bis 1907) geteilt in zwei Bestimmungsstücke, nämlich in die Feststellung des Energieinhaltes der reinen Substanzen und die Bestimmung des Gehalts des einzelnen Nahrungsmittels an diesen reinen Substanzen.

4. Calorimetrie.

Fast alle chemischen Umsetzungen sind gleichzeitig mit Veränderungen der freien Energie verbunden. Man nennt diejenigen chemischen Reaktionen, bei denen Wärme nach außen abgegeben wird, exotherme Reaktionen, umgekehrt diejenigen

Reaktionen, bei denen Wärme aus der Umgebung zugeführt werden muß, endotherme Reaktionen. Die Verbrennungsvorgänge, um die es sich bei summarischer Betrachtung des Stoffwechsels handelt, bei denen organische Stoffe zu Kohlendioxyd und Wasser neben einigen anderen Stoffen wie Harnstoff abgebaut werden, sind sämtlich exotherme Reaktionen und damit die Quelle der Energie für den Körper. Freilich verlaufen die Reaktionen im Körper nicht einfach im Sinne einer Verbrennung, wie sie etwa in einer Kerze abläuft, es entstehen vielmehr zahlreiche Zwischenstufen, wobei durchaus auch einige endotherme Reaktionen zwischen

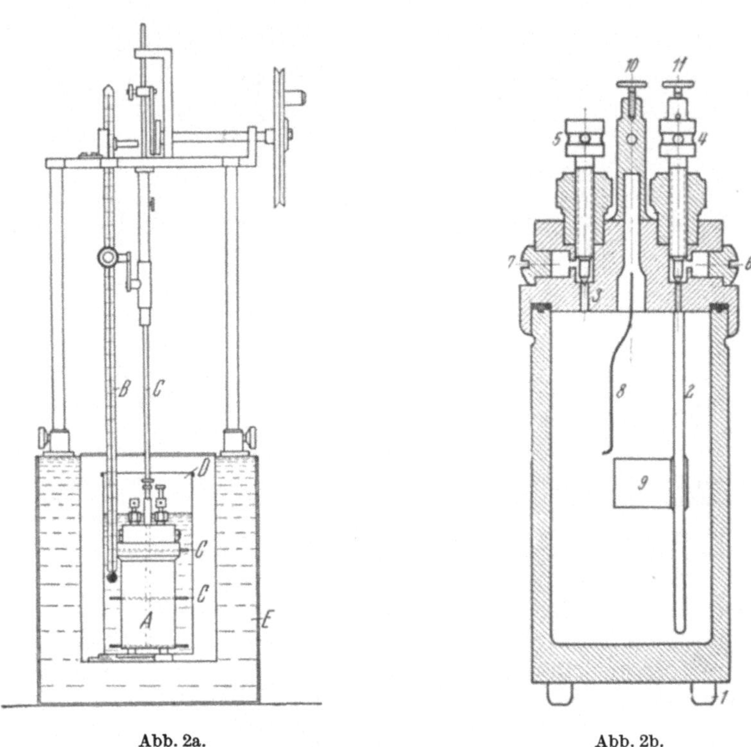

Abb. 2a. Abb. 2b.

Abb. 2a. Calorimeter nach BERTHELOT-MAHLER. A Stahlbombe für die Verbrennung; B BECKMANN-Thermometer in $^1/_{100}{}^0$ geteilt; C Rührer; D Calorimetergefäß; E Kupferschutzmantel mit Wasserfüllung. (Aus A. v. MURALT.)

Abb. 2b. Schnitt durch die Stahlbombe für die Verbrennung. 1 isolierte Füße; 2 Platinrohr, als Einleitungskanal; 3 Ableitungskanal; 4 und 5 Ventilschrauben; 6 und 7 Verschlußschrauben; 8 Platinpoldraht; 9 Tontiegel für die Verbrennung; 10 und 11 Klemmschrauben für den elektrischen Anschluß. (Aus A. v. MURALT.)

exotherme dazwischengeschaltet sein können, besonders gibt es ganze Ketten von endothermen Reaktionen, z. B. beim Aufbau von Fett aus Zuckern. Letzten Endes aber nimmt der Körper energiereiche Nährstoffe wie Fett, Eiweiß und Kohlenhydrate auf, und gibt energiearme Stoffe, nämlich Kohlendixoyd, Wasser, und die Abbauprodukte des Eiweißstoffwechsels nach außen ab. Man könnte nun daran denken, wie das tatsächlich zu Beginn der organischen Chemie vorübergehend auch von großen Forschern geschehen ist, daß der Energiegewinn nicht unabhängig von dem Weg ist, auf dem die chemische Reaktion abläuft. Dem steht jedoch das Gesetz von der Erhaltung der Energie entgegen. Denn wenn es möglich wäre, durch einen geeigneten Weg der chemischen Reaktionen mehr Energie zu gewinnen, als auf einem anderen Weg, so könnte ja der energiereichere Weg zum Abbau, der energieärmere zum Aufbau der Substanz verwendet werden, und die

Differenz zum Betreiben eines Perpetuum mobile verwendet werden. G. H. HESS hat schon 1840 hierauf aufmerksam gemacht. Es ist also vollkommen gleichgültig, auf welchem Weg eine Kette von chemischen Reaktionen abläuft, solange nur die Ausgangsprodukte und die Endprodukte wirklich die gleichen sind, führt jeder Weg zum gleichen Energiegewinn oder -verlust. Hierin liegt die Berechtigung, den Energiegehalt der Energielieferanten Eiweiß-Fett-Kohlenhydrat außerhalb des Körpers festzustellen.

Die Bestimmung der bei einer chemischen Reaktion freiwerdenden Energie gelingt nur unvollkommen auf theoretischem Weg. Sie ist vielmehr eine umfassende experimentelle Aufgabe der physikalischen Chemie. Man bedient sich hierzu seit BERTHELOT für Verbrennungsvorgänge der nach ihm benannten BERTHELOTschen Bombe.

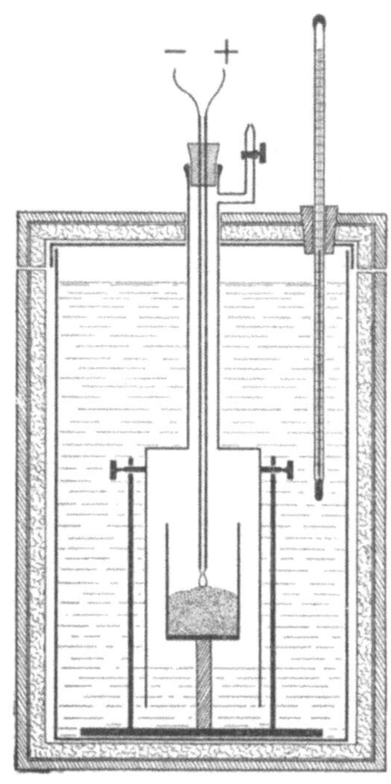

Abb. 3. Calorimeter nach J. v. KRIES, wie es heute vorwiegend im Physiologischen Praktikum verwendet wird. (Aus W. TRENDELENBURG, Anleitung zu den physiol. Übungen, Berlin 1938.)

Das Prinzip der calorimetrischen Bombe besteht darin, daß die Verbrennung einer gewogenen Menge des zu untersuchenden Stoffes im Inneren einer gemessenen Wassermenge abläuft, so daß die gesamte gebildete Wärme an das Wasser abgegeben wird. Das Wasser wird gegen die Umgebung nach Möglichkeit wärmeisoliert, übrigens kann der Wärmeverlust an die Umgebung in Leerversuchen leicht festgestellt werden. Die Temperaturdifferenz vor und nach der chemischen Reaktion ergibt die an das Wasser abgegebene Wärmemenge. Natürlich muß auch die Erwärmung der Metallteile berücksichtigt werden, und außerdem etwaige sonstige mit der Reaktion verbundene Wärmetönungen, besonders die Lösungswärme löslicher Stoffe, die nach der chemischen Reaktion im Wasser gelöst werden. Der zur Verbrennung nötige Sauerstoff wird durch $KClO_3$ geliefert, oft auch durch Braunstein, die mit dem zu verbrennenden Stoff innig gemischt werden müssen, und deren Zersetzungswärme natürlich berücksichtigt werden muß. BERTHELOT selbst benutzte komprimierten Sauerstoff in der allseitig geschlossenen Bombe, später wurde besonders für physiologische Zwecke auch vielfach die nach von J. v. KRIES benannte Modifikation benutzt, bei der die Verbrennung unter einer Taucherglocke vor sich geht und nach der Verbrennung die Luft aus der Taucherglocke abgelassen wird, so daß die Verbrennungsprodukte sich im Wasser lösen. M. RUBNER (*6*), der die umfassendsten Versuche auf diesem Gebiet gemacht hat, gibt Verbrennungswärmen für Nährstoffe, teils nach eigenen Versuchen, teils nach STOHMANN an (siehe Tab. 3, S. 10).

5. Physiologischer Brennwert der Nährstoffe.

Als Nährstoffe können wir nur diejenigen energiereichen Verbindungen in den Nahrungsmitteln betrachten, die im Darm aufgenommen und im intermediären Stoffwechsel abgebaut werden können. Gewöhnlich werden als Nährstoffe die drei Gruppen Eiweiß, Fett und Kohlenhydrat aufgeführt, zu denen dann noch der Äthylalkohol kommt, der ebenfalls die eben genannten beiden Bedingungen

Tabelle 3.

a) N-haltige Substanzen.

1 g Trockensubstanz liefert	kcal	1 g Trockensubstanz liefert	kcal
Hühnereiweiß	5,711	Ossein	5,225
Eiweißstoffe des Fleisches	5,742	Knorpelleim	5,231
Serumalbumin	5,918	Pepsinpepton	5,299
Hämoglobin	5,914	Asparaginsäure	2,899
Casein	5,785	Glykokoll	3,133
Vitellin	5,763	Leucin	6,525
Dottereiweiß	5,841	Alanin	4,355
Fibrin	5,582	Fleischextrakt	4,537
Legumin	5,793	Harnstoff	2,528
Kürbiseiweiß	5,673	Harnsäure	2,744
Leimgebendes Gewebe	5,355	Hippursäure	5,659

b) Fette und Kohlehydrate.

1 g Trockensubstanz liefert	kcal	1 g Trockensubstanz liefert	kcal
Tierfett des Körpers	9,461	Dextrin	4,119
Butterfett	9,223	Maltose	3,949
vegetabilisches Fett	9,520	Rohrzucker	3,972
Cholesterin	9,883	Milchzucker	3,951
Glycerin	4,544	Glucose	3,752
Äthylalkohol	7,068	Lävulose	3,755
Cellulose	4,185	Arabinose	3,722
Stärke	4,205	Xylose	3,746

erfüllt. Diese Gruppen sind aber keine einheitlichen chemischen Körper. Verhältnismäßig einfach liegen die Verhältnisse noch bei den Kohlenhydraten und den Fetten, die, soweit sie eben Nährstoffe sind, auch im Körper normalerweise zu den gleichen Endprodukten Kohlendioxyd und Wasser abgebaut werden wie im Verbrennungscalorimeter. Doch sind nicht alle Kohlenhydrate zu den Nährstoffen zu rechnen. Besonders ist der menschliche Darm nur sehr unvollkommen imstande, die Cellulose abzubauen. Deswegen ist es notwendig, bei allen Nahrungsmitteln zu unterscheiden zwischen dem Kohlenhydratgehalt schlechthin und demjenigen Gehalt, der auch tatsächlich im Darm aufgenommen wird, dem resorbierbaren Anteil. Da der größte Teil der Kohlenhydrate in unseren Nahrungsmitteln als Stärke vorkommt und durch die Zubereitung in Dextrine verwandelt wird, hat man sich nach dem Vorschlag von M. Rubner (*2*) gewöhnt, für die Kohlenhydrate schlechtweg mit einem mittleren Verbrennungswert von 4,1 kcal je Gramm resorbierbares Kohlenhydrat zu rechnen. Noch im ersten Weltkrieg dagegen wurden nach der Kriegssanitätsordnung (P. Musehold) 3,7 kcal im Gramm Kohlenhydrat gerechnet, und damit der Ausnutzungsverlust im Darm gleich in den Nährwert einbezogen. Diese Frage muß noch ausführlicher besprochen werden. Entsprechend wird auch mit dem Rubnerschen Mittelwert von 9,3 kcal im Gramm Fett gerechnet, obwohl das Tierfett mit seinem etwas höheren Brennwert in Europa, das Pflanzenfett in tropischen Ländern in der Gesamternährung im Vordergrund stehen dürfte.

Sehr viel schwieriger liegt die Frage beim Eiweiß, das in der calorimetrischen Bombe zu Kohlendioxyd, Wasser, Stickstoff und Salpetersäure oder salpeteriger Säure, im Tierkörper dagegen höchstens bis zum Harnstoff abgebaut wird. Nach den umfangreichen Untersuchungen von M. Rubner (*4*) geht je nach dem aufgenommenen Eiweiß, aber auch beim Eiweißabbau im Hunger, außer dem Harnstoff noch ein Teil der Eiweißenergie dadurch verloren, daß Aminosäuren und besonders Laktose im Harn unverbrannt auftreten, M. Rubner hat daher den calorischen Quotienten des Harnes (Brennwert in kcal je Gramm Stickstoff im Harn) unter verschiedenen Bedingungen untersucht und für den Hund gefunden:

Tabelle 4.

Harnstoff	5,41 kcal/g N
Harn nach Eiweißfütterung	6,69 kcal/g N
Harn nach Fleischfütterung	7,45 kcal/g N
Harn bei Hunger	8,49 kcal/g N

Beim Menschen hat M. Rubner (*7*) in mehrtägigen Versuchen folgende calorische Quotienten des Harnes gefunden:

Tabelle 5.

Nahrung	kcal/g N
Muttermilch	12,1
Kuhmilch Säugling	9,6
Kuhmilch Erwachsener	7,7
Fettarme gemischte Kost	8,4
Fettreiche gemischte Kost	8,6
Fleisch allein	7,7
Kartoffel allein	7,7

Es geht also mit dem Harn mehr Energie bei Eiweißfütterung verloren, als allein der Bildung von Harnstoff entspricht. So ist vom Brennwert des Eiweißes noch ein je nach der Art des Eiweißes etwas verschiedener Abzug zu machen. Der Rest ist nach M. Rubner für animalisches Eiweiß im Mittel etwa 4,3 kcal/g, und für pflanzliches Eiweiß etwa 3,96 kcal/g. Bei gemischter Kost rechnet M. Rubner (*2*) daher mit einem Brennwert des Eiweiß von 4,1 kcal/g. Der Vorteil dieser Zahl ist es, daß bei Bestimmung des N im Harn und Berechnung des verbrannten Eiweiß durch Multiplikation dieses gefundenen N mit 6,25 die später zu beschreibenden Stoffwechselbilanzen aufgehen. Hierbei spielt es keine große Rolle, ob das Eiweiß aus der Nahrung oder aus dem Körper stammt, denn im Hunger ist der calorische Quotient des Harns besonders hoch, dafür geht bei Eiweißkost ein Teil des Abfall-N mit dem Kot ab. Wohlgemerkt handelt es sich dabei nach M. Rubner nicht um nichtausgenutztes Eiweiß der Nahrung, sondern um notwendige Verdauungsverluste.

Als Brennwerte tatsächlich in den Körper durch Resorption aufgenommener Nährstoffe werden daher im Mittel folgende Zahlen benutzt:

Tabelle 6.

Nahrungsstoff	kcal/g N
Eiweiß	**4,1**
Fett	**9,3**
Kohlenhydrate	**4,1**
(Alkohol)	**(7,0)**

Diese Zahlen haben sich inzwischen allgemein durchgesetzt. Früher dagegen wurde weithin der Verlust mit dem Kot durch unvollständige Ausnutzung schon bei der Berechnung der Brennwerte mitberücksichtigt, und dann mit 3,4, 9,0 und 3,7 kcal für je ein Gramm Eiweiß, Fett und Kohlenhydrat gerechnet (P. Musehold). Es hat sich aber als zweckmäßiger herausgestellt, mit den obigen Standardzahlen zu rechnen, die sowohl für die Nahrung wie für den intermediären Stoffwechsel gelten, und die Verluste mit dem Kot jeweils gesondert zu berücksichtigen.

6. Energiegehalt der Nahrungsmittel.

Die tatsächlich aufgenommene Nahrung besteht nicht aus den reinen Energielieferanten Eiweiß, Fett, Kohlenhydraten, die zweckmäßig im Gegensatz zu den käuflichen Nahrungsmitteln Nährstoffe genannt werden. Die Nahrung enthält außerdem stets wechselnde Mengen von Wasser, Mineralien, organischen Substanzen, wie den Vitaminen, die zwar ebenfalls aufgenommen und benötigt werden, aber für die energetische Behandlung keine Rolle spielen, und außerdem mehr oder weniger reichlich Ballaststoffe, die unverdaulich und unresorbierbar sind. Außerdem werden auch die darin enthaltenen Nährstoffe nicht quantitativ im Darm resorbiert, vorwiegend deshalb, weil sie zum Teil in Zellulose so eingelagert sind, daß sie nicht herausgelöst werden können. Deswegen ist der Brennwert der Nahrungsmittel für den Körper durchwegs merklich niedriger, als er bei Berechnung aus den bei der chemischen Analyse gefundenen Anteilen an Eiweiß, Fett und Kohlenhydrat gefunden wird. Als Mittelwert hat es sich bewährt, mit einer Ausnutzung der gesamten Kost von 92% zu rechnen, um vom Energieinhalt der Nahrung, dem zugeführten Brutto-Brennwert, auf den Energieumsatz im Körper, der durch die Nahrung gedeckt werden kann, den Netto-Brennwert, zu schließen. Nach den Untersuchungen von M. Rubner (*4*), die hier nur als Beispiel aufgeführt seien, schwankt der Energieverlust mit dem Kot sehr stark mit der Art der Nahrungsmittel, am größten mit 24,3% bei Kleiebrot, am niedrigsten bei Kartoffeln mit 4,8% der zugeführten Energie. Die Energieverluste mit dem Harn brauchen dann nicht mehr berücksichtigt zu werden, sie sind in der Standardzahl 4,1 kcal/g Eiweiß schon von dem tatsächlichen Brennwert in der calorimetrischen Bombe abgezogen. Noch heute wird viel zu wenig unterschieden zwischen dem Bruttoenergieverbrauch, wie er sich aus der Nahrung errechnet, und dem Nettoverbrauch, wie er im Stoffwechselversuch z. B. bei Untersuchung einzelner Arbeitsarten gefunden wird. Netto- und Bruttoverbrauch verhalten sich nach dem Gesagten im Durchschnitt wie 11 : 12. Die tatsächliche genaue Berechnung der Energiezufuhr stößt mindestens beim Menschen noch auf eine weitere methodische Schwierigkeit. Die Zusammensetzung der Nahrungsmittel ist keineswegs so gleichmäßig, daß für genauere Bestimmungen die in Tabellenwerken aufgeführten Werte ausreichende Sicherheit böten. Für alle wissenschaftlichen Untersuchungen hat man sich daher daran gewöhnt, eine weitere Portion der Ernährung mitzukochen und zu analysieren. So fanden z. B. H. Kraut und A. Szakáll für den Eiweißgehalt zwischen Analyse und Berechnung nach den Schallschen Tabellen Unterschiede bis zu 12%. Außerdem muß streng darauf geachtet werden, daß tatsächlich alles an Nahrung, was den Versuchspersonen zugewogen wurde, auch wirklich vollständig aufgegessen wird. Reservenahrungsmittel, zweckmäßig reine Substanzen wie Öl, eiweißfreies Schweinefett und Zucker müssen zur Verfügung stehen, um die Eßlust der Versuchspersonen mit der analysierten und zubereiteten Kost ins Gleichgewicht zu bringen. Der Rest dieser Nahrungsmittel wird zurückgewogen. Eine mehrere Wochen dauernde Anlaufzeit vor den eigentlichen Versuchen gewährleistet, daß in der Versuchszeit nach Möglichkeit Stoffwechselgleichgewicht besteht. „Fast immer überzeugt man sich am Schluß einer Versuchsreihe, daß es zweckmäßiger gewesen wäre, die Versuchsabschnitte noch etwas länger auszudehnen“ (H. Kraut und A. Szakáll).

Die eigentliche Bedeutung der Berechnung des Brennwerts der Nahrung aus ihrem Gehalt an Energielieferanten liegt nicht auf dem Gebiet des exakten Einzelversuchs sondern auf dem der Statistik über zahlreiche Menschen. Hierbei ist es dann zweckmäßiger (H. Kraut, G. Lehmann, H. Bramsel) den Brutto-Umsatz anzugeben, also zum Netto-Umsatz gleich noch die durch mangelhafte Ausnutzung zu Verlust gehende Energie mit 8% hinzuzuschlagen.

7. Indirekte Calorimetrie.

Die Durchführung der direkten Calorimetrie, wobei das Versuchsobjekt sich in einem Calorimeter befindet, ist so schwierig, daß solche Versuche nur selten gemacht wurden. Entscheidend ist daher der Weg, den A. LOEWY und N. ZUNTZ eingeführt haben, bei dem die im Körper umgesetzte Energie aus dem Gaswechsel und der Bestimmung des Stickstoffes in den Ausscheidungen errechnet wird. Die Vorteile dieser Methode, auch gegenüber der Berechnung der zugeführten Energie aus der Nahrung sind gewaltig. Der Körper hat eine für kurz dauernde Versuche nahezu unbeschränkte Möglichkeit Energie aus der Nahrung in Form von Körpersubstanz zu speichern oder umgekehrt aus der Körpersubstanz abzugeben, dagegen hat er so gut wie keinen Sauerstoffvorrat und nur ganz geringe Kohlendioxydvorräte. An Sauerstoff kann im ganzen Blut maximal etwa 1 l vorhanden sein, was dem Ruhebedarf von 3 min entspricht. Bei Muskelarbeit muß allerdings auch die Sauerstoffschuld berücksichtigt werden, die bei schwerer Arbeit bis zu 15 l gehen kann, die aber leicht durch Erfassen des stationären Zustands oder durch Beobachtung vor und nach der Versuchsperiode ausgeschaltet werden kann. An Kohlendioxyd können bei tiefster Atmung etwa 3 l ausgeatmet werden, ehe schwere Erscheinungen der Alkalose auftreten. Auch hier kann durch Abwarten des stationären Zustands die Speicherfähigkeit des Körpers vollständig ausgeschaltet werden, wenn nur dafür gesorgt wird, daß die Einatemluft stets gleichen Kohlendioxydgehalt hat.

8. Methoden der indirekten Calorimetrie.

Die Messung des Stoffwechsels mit Hilfe der indirekten Calorimetrie läuft methodisch auf eine Bestimmung der Sauerstoffaufnahme, der Kohlendioxydabgabe und der Abgabe von Stickstoff im Harn hinaus. Während die Stickstoffbestimmung im Harn mit chemischen Methoden gewöhnlich nach KJELDAHL durchgeführt wird, haben sich für die Messung von Sauerstoffverbrauch und Kohlendioxydabgabe allmählich sehr verschiedene Methoden herausgebildet, die wenigstens in den Grundzügen beschrieben werden müssen. Prinzipiell kann entweder aus einem abgeschlossenen Gasraum mit genügend Sauerstoff unter chemischer Absorption des CO_2 mit Bariumhydroxyd oder einer anderen titrierbaren Lauge geatmet werden — geschlossene Systeme — oder es kann ausschließlich Menge und Gaszusammensetzung der Ausatemluft bestimmt werden — offene Systeme. Für Untersuchungen am ruhenden Menschen sind die geschlossenen Systeme gebräuchlicher, während bei dem hohen Atemvolum unter schwerer körperlicher Arbeit offene Systeme weniger Störungsmöglichkeiten bieten. Der typische Vertreter des geschlossenen Systems ist das KROGHsche Spirometer (Abb. 4),

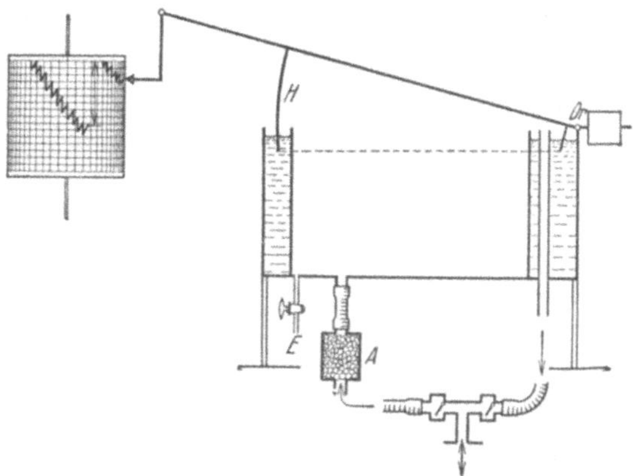

Abb. 4. Schema des KROGHschen Spirometers. Die Spirometerhaube H schließt mit dem Wassermantel, in den sie ringsum eintaucht, einen Luftraum ein, dessen Volumenänderungen bei Atembewegungen durch die Ventile (unten) durch Drehung der Haube um den Drehpunkt Dr registriert werden. A, Absorptionsgefäß für CO_2, im Ausatemweg, E Füllstutzen für die Sauerstofffüllung. (Aus H. REIN (4).]

bei dem der zu Untersuchende den Gasstrom durch die Zuleitungsschläuche selbst besorgt. Das CO_2 wird im Natronkalk absorbiert, so daß die Abnahme des Volumens des Spirometerinhalts allein von der O_2-Zehrung herrührt. Freilich wird die alte KROGHsche Anweisung, vorher 1—2 Tage eine eiweißarme Kost mit einem Verhältnis von Kohlenhydrat zu Fett zu geben, daß der respiratorische Quotient ungefähr 0,9 ist, heute meist vergessen, so daß dann die Bestimmungen ohne Messung des CO_2 nicht so genau ausfallen, wie es mit dieser Vorschrift möglich ist. Bei einem RQ von 0,85, wie er sich bei solcher Kost von selbst einstellt, ist der Brennwert des Sauerstoffs 4,9 kcal/Liter. H. W. KNIPPING (*1, 2*) und H. W. KNIPPING und H. L. KOWITZ nehmen dem Untersuchten die Arbeit des Gasumwälzens im Apparat durch Pumpen ab und absorbieren das CO_2 in titrierten Laugengefäßen, so daß zwar nur der O_2-Verbrauch kontinuierlich am Spirometer geschrieben wird, aber das CO_2 wenigstens für längere Zeitabschnitte zurücktitriert werden kann. Im Gegensatz zu dem leicht zu bedienenden und stets betriebsbereiten KROGHschen Spirometer benötigt jedoch der KNIPPINGsche Apparat häufigere Kontrollen und dauernde aufmerksame Bedienung. Auch der BENEDICTsche (*1*) Apparat ist ein geschlossenes System mit Umwälzpumpe. Für Tiere und Kleinstkinder werden geschlossene Systeme mit ganzer, gasdichter Kammer auch heute benutzt und weiterentwickelt (A. L. DELAUNOIS u. L. J. VERHOESTRAETE, E. GHETTI u. M. MORSELLI). Bei allen geschlossenen Systemen ist die Gaszusammensetzung im System nicht dieselbe wie in der Umgebungsluft, meist wird reiner O_2 eingefüllt. Daher erfolgt in den ersten Minuten eine Sauerstoffaufnahme in den Körper, bis die Gewebe physikalisch mit dieser O_2-Spannung im Gleichgewicht sind, es verschwindet daher im Anfang O_2 und erscheint aus denselben Gründen langsam N_2, ohne daß diese Gasmengen etwas mit dem Stoffwechsel zu tun hätten. Für Arbeitsversuche, besonders bei größerem Atemvolumen, sowie für länger dauernde Versuche eignen sich mehr die offenen Systeme. Gebräuchlich sind hierbei das DOUGLAS-Sackverfahren besonders bei Untersuchungen im Betrieb, beim Sport oder sonst außerhalb des Laboratoriums. Die Ausatemluft wird über Ventile hinter einem Gummimundstück oder einem angedichteten Helm [E. H. CHRISTENSEN u. O. HANSEN (*1*)] in große Gummisäcke geatmet, deren Inhalt nach Analyse einer Probe im HALDANEschen Gasanalysenapparat durch eine Gasuhr mengenmäßig gemessen wird. Für fortlaufende Registrierung des O_2-Verbrauches und der CO_2-Abgabe eignen sich die Verfahren von H. REIN (*1*) und

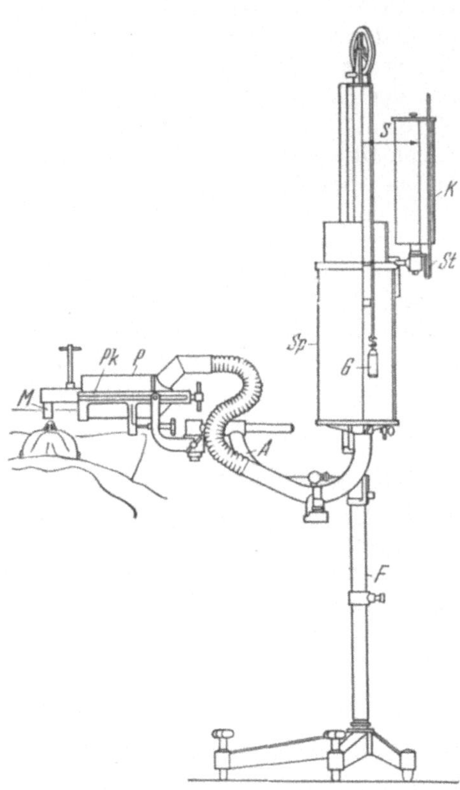

Abb. 5. Spirometer nach KNIPPING, motorlose Ausführung. *S* Tintenschreiber; *K* Kymographiontrommel; *St* schwenkbare Stange; *G* Gegengewicht zur Taucherglocke; *Sp* Spirometer; *P* CO_2-Absorptionspatrone; *Pk* Patronenkorb; *M* Mundrohr; *A* Stativarm; *F* Fuß. (Aus A. v. MURALT.)

von NOYONS, unter Umständen mit den Abänderungen nach TH. BENZINGER (TH. BENZINGER u. H. HARTMANN), so daß sofort der Gesamtverbrauch und nicht der Gehalt der Exspirationsluft registriert wird. Statt des REINschen Stoff-

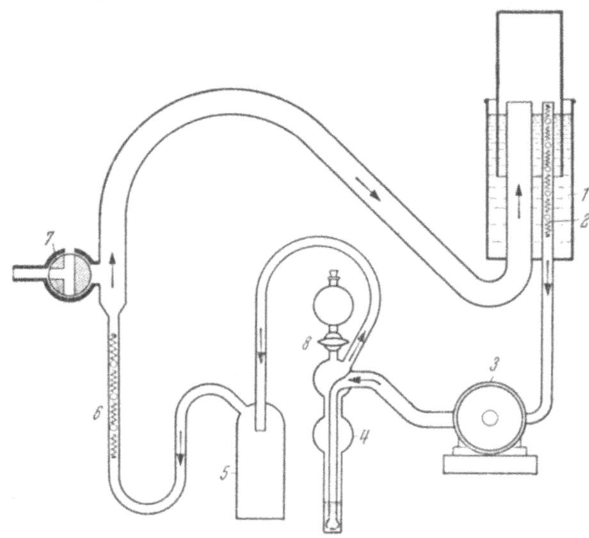

Abb. 6. Spirometer mit Kreislauf nach KNIPPING. *1* Spirometerglocke; *2* Kanal für den abströmenden Sauerstoff; *3* Umwälzpumpe; *4* Kohlensäureabsorption; *5* Vorlage zum Abfangen von Laugenblasen; *6* Sauerstoffzufuhr; *7* Dreiweghahn zum Mundstück; *8* Hahn zum Einlassen von Säure; dadurch wird die während des Versuches gebundene Kohlensäure freigesetzt und kann nachträglich im Spirometer bestimmt werden. (Aus A. v. MURALT.)

wechselschreibers kann auch das Interferometer zur subjektiven Bestimmung der Gaszusammensetzung benutzt werden (Literatur bei MURALT). Die Abwandlungen der Stoffwechselmethoden mit Hilfe der indirekten Calorimetrie sind Legion, und können hier nicht alle aufgeführt werden. Eine gute Zusammenfassung findet sich bei A. v. MURALT. Trotz der derzeitigen Verbreitung der Methoden muß darauf aufmerksam gemacht werden, daß sichere Absolutzahlen nur mit Sorgfalt erhalten werden können, wobei die Schreibung der Atmung vor vielen Fehlern bewahrt (P. ROTH u. B. BUCKINGHAM). Natürlich werden auch immer wieder Methoden und Hilfstafeln zur Vereinfachung der anzuschließenden Rechnung angegeben (z. B. W. HOLZER, B. KERN, G. LÁSZLÓ u. J. HORWÁTH). Versuche, aus anderen Größen als dem Gasaustausch auf den Stoffwechsel zu schließen, z. B. aus der Hauttemperatur (K. STEFFENSEN) oder aus Pulswerten (J. FERNANDEZ-MORO NOGUERA) geben keine zuverlässigen Werte. Selbst bei sorgfältiger Messung des Gaswechsels können, leichter bei Arbeitsmessungen als bei Ruhemessungen, noch dadurch sich Fehler einschleichen, daß entweder wegen der Stoffwechsellage oder durch die Apparatur kein voller Gleichgewichtszustand der Atmung eingehalten wurde. E. H. CHRISTENSEN u. O. HANSEN (*5*) fanden, daß bei schwerer Arbeit zunehmend Milchsäure

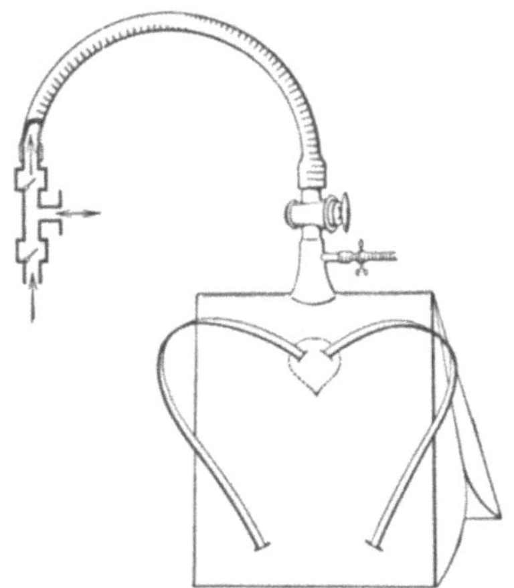

Abb. 7. DOUGLASsack zum Auffangen der Ausatemluft. [Aus H. REIN (*4*).]

gebildet wird, die erst nach Abschluß der Arbeit wieder verbrannt wird. Dadurch verschiebt sich nicht nur der gemessene Stoffwechsel während der Arbeit, sondern auch der RQ, der nach der Arbeit nahe an 1 herangeht. Bei Ruhemessungen stören besonders gerne steigende CO_2-Werte in der Einatemluft geschlossener Systeme. Bei poikilothermen Tieren mit relativer Unerregbarkeit des Atemzentrums können CO_2-Retentionen den RQ vorübergehend beträchtlich fälschen (CH. KAYSER). Die Ausatemluft ist mengenmäßig nicht gleich der Einatemluft, da im allgemeinen mehr O_2 aus der Atemluft entnommen wird, als CO_2 in sie abgegeben wird, selbst wenn vom Wasserdampf abgesehen wird. Für die Berechnung der verschwundenen O_2-Menge ist daher dann, wenn z. B bei offenen Systemen nur

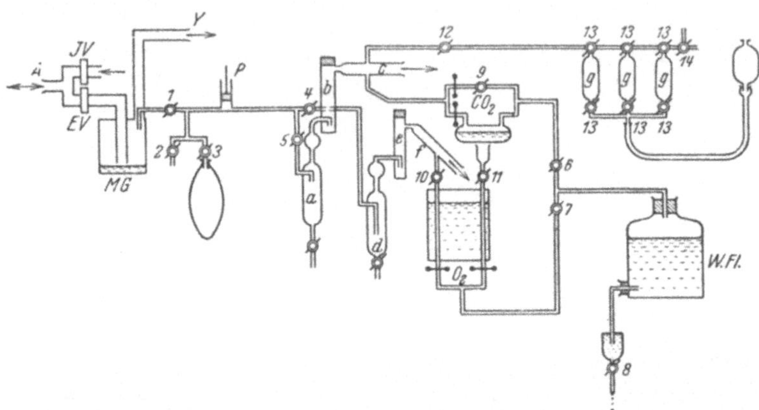

Abb. 8. Schematische Übersicht über die Gesamtanordnung zur gleichzeitigen Bestimmung von CO_2 und O_2 nach H. REIN (1). Die Ausatemluft kommt von A über das Exspirationsventil EV in das Mischgefäß MG, von wo ein kleiner Teilstrom durch die Pumpe P teilweise zur CO_2-Absorption (über a, b, c), teilweise (über d, e, f) gegen Frischluft (über 11) zu den Hitzdraht-Meßbrücken (nur durch stärkere Striche angedeutet) gesaugt wird. (Aus A. v. MURALT.)

die Ausatemluftmenge gemessen wird, noch eine Korrektur erforderlich. Hierzu wird der Gehalt der Ausatemluft an Stickstoff und Edelgasen benötigt, die bei der Atmung keine Veränderung ihrer Menge in Ein- und Ausatemluft erfahren. Der Stickstoffgehalt (einschließlich der Edelgase) in der Frischluft beträgt 79%. Ist dieser Gehalt wie gewöhnlich in der Ausatemluft höher, so muß die Ausatemluftmenge mit einem Faktor $\frac{\text{Gehalt der Ausatemluft an } N_2}{\text{Gehalt der Einatemluft an } N_2}$ multipliziert werden, um die Einatemmenge zu erhalten. Bequemer wird gleich der Gehalt der Einatemluft an O_2, 20,95% mit diesem Faktor multipliziert, die Differenz gegen den Gehalt an O_2 in der Ausatemluft gibt dann die tatsächliche Sauerstoffzehrung in % der Ausatemluft an. Da die Einatemluft praktisch frei von CO_2 ist (0,03%), ist die CO_2-Abgabe direkt aus dem Prozentgehalt der Ausatemluft zu entnehmen. Die gemessene Ausatemmenge muß noch auf 0° und 760 mm Hg Barometerstand, trocken, reduziert werden nach der Formel;

$$\text{Reduzierte Menge} = \frac{\text{gemessene Menge} \times \text{gemessener Barometerstand mm Hg} \times 273}{760 \text{ mm Hg} \times (273 + \text{Temperatur}\,^\circ\text{C})}.$$

Diese reduzierte Menge, multipliziert mit den errechneten Prozentzahlen der O_2-Zehrung und CO_2-Abgabe, ergibt die Mengen an O_2 und CO_2, die in der Versuchszeit umgesetzt wurden.

9. Brennwert des Sauerstoffs.

Ursprünglich wurde von N. ZUNTZ sowohl die Sauerstoffmenge, wie die Kohlendioxydmenge bestimmt und daraus auf die verbrannten Substanzen und ihre

Mengen geschlossen. Inzwischen hat sich folgendes Verfahren bewährt, das in seinen Grundzügen ebenfalls von N. ZUNTZ stammt (siehe W. CASPARI und N. ZUNTZ). Bestimmt wird die eingeatmete Sauerstoffmenge und der

$$\text{Respiratorische Quotient} = \frac{\text{ausgeatmete } CO_2}{\text{verbrauchter Sauerstoff}}.$$

Die bei der Verbrennung von 1 l Sauerstoff entstehende Wärmemenge (Brennwert des Sauerstoffs) kann dann durch folgende Überlegungen bestimmt werden: Zunächst könnte man meinen, es müßte unmittelbar bei der Verbrennung der pro cal erforderliche Sauerstoff gemessen werden können. Dies stößt jedoch auf große methodische Schwierigkeiten. Man berechnet daher die notwendige Sauerstoffmenge besser aus der chemischen Zusammensetzung.

1 Mol eines Kohlenhydrats aus $80 \cdot C_6 H_{12} O_6 - 79\ H_2O$ liefert bei der Verbrennung entsprechend dem Molgewicht und dem Brennwert von 1 g $80 \cdot 180 - (79 \cdot 18) \cdot 4{,}1825$ kcal und verbraucht hierzu $80 \cdot 6 \cdot 22{,}4$ l Sauerstoff. 1 l Sauerstoff kann daher bei Verbrennung eines solchen Kohlenhydrats 5,0484 kcal liefern. Auf die gleiche Weise errechnet sich für Maltose ein Brennwert von 5,025. Als Mittelwert wird daher die Zahl 5,047 kcal pro Ltr. O_2 verwendet. Der RQ ist bei Verbrennung von Zucker und Stärke nach der Gleichung $C_6 H_{12} O_6 + 6\ O_2 = 6\ CO_2 + 6\ H_2O +$ Energie, gleich 1, da ebensoviel Kohlendioxyd entsteht als Sauerstoff verbraucht wird. Für Fett soll als Beispiel das Tripalmitin mit $C_{51} H_{98} O_6$ verwendet werden, das ein Molgewicht von 806 besitzt. Bei einem Brennwert von 9,461 kcal/g erzeugt es pro Mol 51 Mol CO_2, damit ergibt sich der Brennwert der 72,5 Mol Sauerstoff zu 4,686 kcal/l O_2 und der RQ zu 0,7034. Für Pflanzenfett ergibt sich durch ganz entsprechende Rechnung ein Brennwert von 4,165 und ein RQ von 0,699 wegen der Oleinsäure. Die elementare Zusammensetzung des Körperfettes ist nicht identisch mit der des Tripalmitins oder Tristearins, nämlich [N. ZUNTZ (*1*)]:

Tabelle 7.

	C	H	O
Körperfett	76,54%	12,01%	11,45%
Tristearin	76,85%	12,36%	10,79%
Tripalmitin	75,93%	12,15%	11,92%

Für Körperfett ergibt sich daher ein Brennwert des Sauerstoffs von 4,686 und ein RQ von 0,707.

Viel schwieriger ist die Beurteilung des Sauerstoffbrennwertes bei der Verbrennung von Eiweiß, da nicht die gesamte in der calorimetrischen Bombe zu gewinnende Energie auch bei der Verbrennung im Körper frei wird. Wie schon Seite 11 hervorgehoben, geht ein Teil der Energie mit dem Harnstoff, aber auch mit anderen stickstoffhaltigen Substanzen im Harn verloren, und nach den Feststellungen von M. RUBNER bewirkt das Eiweiß eine Zunahme des Verbrennungswertes im Kot dadurch, daß außer den etwa unverdauten Resten, die verschwindend gering sind, Reste der Verdauungssäfte selbst mit 26,5% Ätherextrakt auftreten. Für Muskelfleisch gibt N. ZUNTZ (*1*) ein ausführliches Beispiel und errechnet hier einen RQ von 0,793 und einen Brennwert von 4,128 kcal pro Gramm Eiweiß und 4,476 kcal pro Ltr. O_2. Die Berechnung ist umständlich und verlangt eine genaue Analyse von Harn und Kot nicht nur auf den Stickstoffgehalt, sondern auch auf den Brennwert, ist also praktisch nur für wissenschaftliche Versuche durchführbar. Sie müßte zudem von Fleischart zu Fleischart, von einer Diät zur anderen jedesmal bestimmt werden, und nach den neueren Erfahrungen muß auch der Gewöhnungszustand des Körpers dabei berücksichtigt werden. Dies ist ja der

Grund gewesen, warum M. RUBNER für die Berechnung der Energie aus der Ernährung den Mittelwert von 4,1 kcal pro Gramm Eiweiß eingeführt hat. Für die Verbrennung körpereigenen Eiweißes im Hungerstoffwechsel liegen die Zahlen etwas höher. Leider haben sich in der Literatur offenbar Rechenfehler eingeschlichen, so daß z. B. die Tabelle von LANDOIS-ROSEMANN in sich unlogisch ist, entweder ist der angegebene O_2-Verbrauch um 4 cm^3 zu groß, oder der Wert für den RQ des Eiweiß zu klein. Da auch H. REIN (*4*) den niedrigeren Sauerstoffverbrauch angibt, wurde der RQ geändert. Die folgende Tabelle ist wenigstens in sich logisch, die Werte sind aber nicht als Absolutwerte zu betrachten, sondern als Mittelwerte über verschiedene Stoffwechsellagen und verschiedene Kostformen.

Tabelle 8.

1 g	O_2-Verbrauch cm^3	CO_2-Bildg. cm^3	Respir.-Quot.	Wärmeentwicklung kcal	Wärmewert von 1 l O_2	kcal/l von 1 l CO_2
Kohlenhydrat	828,8	828,8	1,000	4,183	5,047	5,047
Fett	2019,3	1427,3	0,707	9,461	4,686	6,629
Eiweiß	962,3	773,9	0,804	4,316	4,485	5,579

Mit Hilfe der nunmehr getroffenen Feststellungen lassen sich die drei Unbekannten, die verbrannte Menge von Eiweiß, Fett und Kohlenhydrat auf Grund von 3 Feststellungen bestimmen, nämlich der Messung des Sauerstoffverbrauchs und derKohlensäureproduktion und der Stickstoffausscheidung im Harn. Hierbei ist nicht nur der Harnstickstoff sondern der gesamte Stickstoff zu bestimmen und nach W. O. ATWATER mit 6,25 entsprechend 16% Gesamtstickstoff zu multiplizieren, um die während der Sekretion des Harns zersetzte Eiweißmenge festzustellen. Sowie die verbrannte Eiweißmenge bekannt ist, kann der Rest der Energie durch Verteilung von Kohlenhydrat und Fett unter Berücksichtigung des RQ berechnet werden. Hierzu eignet sich besonders eine graphische Darstellung von E. F. DUBOIS oder eine solche von A. AUGSBERGER*. Erfahrungsgemäß ist der Anteil des Eiweißes im Gesamtumsatz unter Ruhebedingungen etwa 15%. Freilich kann er heute bei eiweißarmer Ernährung wahrscheinlich etwa bis 10% heruntergehen. Ganz anders ist die Lage unter Arbeit und ganz besonders bei schwerer Arbeit. Hier kann fast der gesamte Umsatz allein aus Kohlenhydrat gedeckt werden. Im Brennwert des Sauerstoffs ist der Unterschied zwischen 10 und 15% Eiweißcalorien nur etwa 0,02 kcal pro Ltr. O_2 oder 0,4%, so daß es für viele Zwecke, besonders für die klinische Grundumsatzbestimmung, auch für andere Bestimmungen

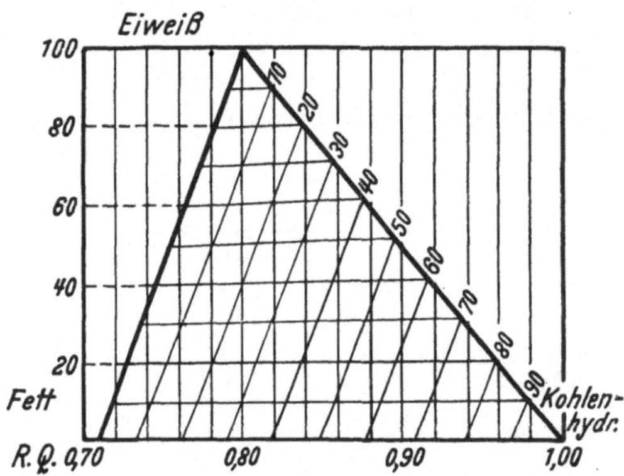

Abb. 9. Das Diagramm nach E. F. DUBOIS zeigt die Prozentsätze der Calorien, die von Eiweiß, Fett und Kohlenhydraten herkommen, je nach dem respiratorischen Quotienten. Die Abszisse gibt den R.Q. an, die Ordinate zur Linken den Prozentsatz der Calorien aus Eiweiß, die Diagonalen auf der rechten Seite des Dreiecks geben den Prozentsatz der Calorien aus Kohlenhydraten an. Wenn man die Prozente aus Eiweiß und Kohlenhydraten addiert und diese Summe von 100 subtrahiert, erhält man den Prozentsatz an Calorien aus Fett. Wenn z. B. der R.Q. 0,90 beträgt und Eiweiß 20% der Calorien liefert, so beträgt der Anteil der Kohlenhydrate an den Verbrennungsprozessen 61%, der der Fette 19%. (Aus P. GROSSER.)

* Zu beziehen von der Sandoz-A.G., Nürnberg

des Ruheumsatzes nicht erforderlich ist, den Stickstoff im Harn besonders zu bestimmen. Bei Grundumsatzbestimmungen sind ja andere Fehler, besonders der der absoluten Ruhe mindestens in der gleichen Größenordnung, und es hat keinen Sinn, die Genauigkeit auf einem Gebiet besonders weit zu treiben, wenn sie im gleichen Versuch auf anderen Gebieten merklich geringer ist. Solche kleinen Fehler fallen auch gegenüber den klinisch zu erwartenden Abweichungen, etwa bei Basedow, nicht ins Gewicht. Bei vielen Apparaten wird sogar nicht einmal der RQ, sondern nur die verbrauchte Sauerstoffmenge bestimmt und dann mit einem mittleren Brennwert des Sauerstoffs von 4,87 kcal pro l gerechnet, was etwa 15% Eiweiß und 20% Fettcalorien entspricht. Der Fehler kann dann in extremen Fällen —3 und + 9% gegenüber dem tatsächlichen Umsatz unter Berücksichtigung des RQ und des Eiweißanteiles betragen.

III. Grundumsatz.

1. Grundsätzliches.

Nach dem Gesetz von der Erhaltung der Energie steht es von vorneherein fest, daß der Gesamtenergieumsatz des Körpers sämtliche Energieabgaben decken muß. An solchen Energieabgaben lassen sich nur die Muskelarbeit, der Energieaufwand bei der Verdauungsarbeit und zusätzlicher Energieaufwand für die Erhaltung der Körperwärme bei ungünstigen klimatischen Bedingungen einsparen. Die Lebewesen, und zwar die Warmblüter wie die Kaltblüter, unterscheiden sich von einfacheren Maschinen wesentlich dadurch, daß selbst unter solcher Vermeidung von Energieverbrauch für äußere Zwecke noch ein mehr oder minder großer Energieumsatz übrigbleibt, der von A. Magnus-Levy die Bezeichnung Grundumsatz erhalten hat. Ein ruhender Benzinmotor gibt die vorhergebildete Wärme nach physikalischen Gesetzen ab und verbraucht dann in Ruhe keinerlei Energie. Die Tiere, und ganz besonders die Warmblüter dagegen verbrennen in Ruhe verhältnismäßig große Mengen von Energielieferanten. Freilich wird die dabei gebildete Wärme zum Ersatz der Wärmeverluste nach außen benutzt, aber durch Verhinderung der Wärmeabgabe kann diese Verbrennung nicht ausgeschaltet, ja kaum vermindert werden. Die Tatsache dieses Grundumsatzes bedarf nach zwei Richtungen der Begründung. Rein naturwissenschaftlich muß der grundsätzliche Unterschied gegenüber unseren Maschinen aufgezeigt und so verständlich gemacht werden, nach welchen Naturgesetzen der Grundumsatz zu fordern ist. Und teleologisch muß wenigstens Verständnis dafür gefunden werden, daß diese Einrichtung trotz des ungeheuren Energieverschleißes zweckmäßig und sparsam ist.

2. Leistungsbereitschaft.

Schon eine genauere Betrachtung komplizierter Maschinen zeigt, daß auch bei diesen in Ruhe, ohne äußere Arbeitsleistung, Energie verbraucht wird. Nicht der Benzinmotor, aber der Akkumulator im Kraftwagen verliert allmählich durch unvollkommene Isolation die in ihm aufgespeicherte Energie, ganz abgesehen von den Verlusten durch Verdampfung des Brennstoffs aus dem Tank und dem Vergaser. Beide Energievorräte dienen der Arbeitsbereitschaft des Kraftwagens und sind für den Ruhezustand allein entbehrlich. Durch Energieaufwand während des Laufs des Motors wurde der Akkumulator aufgeladen, wobei zunächst die chemische Energie in Wärme, diese unter starken Verlusten entsprechend dem 2. Hauptsatz der Thermodynamik in mechanische Arbeit verwandelt wurde, und über Reibungs- und Wärmeverluste wurde hieraus Elektrizität erzeugt, die wieder chemische Spannkraft in den Bleiplatten des Akkumulators lieferte. Jede dieser

Umwandlungen ist mit Energieverlust verbunden, und die Aufrechterhaltung der Spannkraft des Akkumulators erfordert wegen der unvermeidlichen Kriechströme immer wieder diesen Aufwand, alles nur zum Zweck der Bereitschaft für Arbeit, um in jedem Augenblick mit Hilfe dieses Energievorrates den Benzinmotor über den Anlaßmotor in Betrieb setzen zu können.

In gleicher Weise sind die gesamten Zellen des Körpers jeden Augenblick bereit zur Arbeitsleistung ihrer besonderen Art. Wie C. Oppenheimer ausführt, wird diese Leistungsbereitschaft der Zelle durch die Herstellung von Spannungsunterschieden zwischen Zelle und Umgebung erreicht, indem in der Zelle nicht nur andere Konzentrationen als in der Umgebung aufrecht erhalten werden, sondern außerdem chemisch labile, energiereiche Stoffe in hoher Konzentration gespeichert sind, durch deren Spaltung oder Oxydation jederzeit Energie gewonnen werden kann. Nicht nur die einmalige Herstellung dieser Bereitschaft zur Arbeitsleistung, sondern auch die dauernde Aufrechterhaltung dieses Spannungszustandes kostet Energie, da die Diffusionsverluste entsprechend den Konzentrationsunterschieden und andere, wenn auch im einzelnen nicht aufweisbare Verluste an Spannkraft dauernd ersetzt werden müssen. Der Grundumsatz der ruhenden Zellen ist daher eine notwendige Folgerung aus der ständigen Leistungsbereitschaft der Zellen. Unser naturwissenschaftliches Erklärungsvermögen versagt erst bei der Frage, nach welchen Naturgesetzen die Zelle befähigt ist, diesen Spannungszustand überhaupt anzustreben und herzustellen. Hier müssen wir uns zufrieden geben mit der Feststellung, daß die Herstellung der Leistungsbereitschaft durch solchen ständigen Spannungszustand eine Grundvoraussetzung des Lebens ist, die natürlich letzten Endes in der besonderen Eigenschaft des lebendigen Eiweißes, seiner Befähigung zur Assimilation und Organisation, begründet liegt, ohne daß wir physiologisch die dabei wirksamen intramolekularen und intermolekularen Kräfte und trotz E. Pflüger (*3*) chemisch die Radikale und Seitenketten angeben könnten, die hier wirksam werden. Teleologisch läßt sich aber mit E. Pflüger (*1*) [ausführliche Darstellung bei E. Grafe (*1*)] sagen, die Zelle bestimmt selbst ihren Umsatz, wenigstens ihren Ruheumsatz, und lebensfähig sind nur die Organismen, deren Zellen ausreichende Leistungsbereitschaft und damit einen unvermeidlichen Grundumsatz haben. Sparsam ist, wieder teleologisch betrachtet, dieser Grundumsatz dann, wenn die dabei anfallende Wärmemenge gerade zur Deckung der Wärmeverluste nach außen ausreicht, so daß für die Zwecke der Wärmeregulation in Ruhe weder ein besonderer Zusatzstoffwechsel erforderlich, noch eine besondere Einrichtung zur Abfuhr überflüssiger Wärmemengen benötigt wird. Dieser Gesichtspunkt hat in der Literatur zu umfangreichen Auseinandersetzungen geführt, auf die im Abschnitt Oberflächenregel zurückzukommen sein wird. Kausal bleibt aber zu untersuchen, ob dieser Spannungszustand eine völlig unbeeinflußbare Lebensfunktion der Zellen darstellt, oder ob sein Entstehen, seine Wiederherstellung nach Arbeitsleistung und seine Höhe nicht doch bekannten Naturgesetzen unterliegen.

3. Das Massenwirkungsgesetz und die Temperaturregel.

Nach dem Vorgehen von C. v. Voit hat O. Krummacher sich 1928 sehr energisch dafür eingesetzt, daß für den Umsatz der Nährstoffe im Körper das Massenwirkungsgesetz von Guldberg und Waage zwar nicht völlig unmodifiziert, aber doch im Prinzip ebenso gilt wie für alle anderen chemischen Reaktionen. Daß nahezu jede Resonanz hierauf ausgeblieben ist, dürfte mit auf die Autorität von E. Pflüger (*1*) zurückzuführen sein, der außer in der oben zitierten Arbeit in zahlreichen Veröffentlichungen dafür eingetreten ist, daß die Zelle ihren Stoffwechsel als Lebensfunktion selbst bestimmt. E. PFLÜGER hat als Hauptbeweis die fast völlige Unabhängigkeit des Stoffwechsels vom Sauerstoffpartiardruck herangezogen, die freilich nach der Zusammenstellung von H. JOST nur für Tiere mit stark hämoglobinhaltigem Blut ausreichend gewährleistet ist. Hierfür sei aus der neueren Literatur nur HALL erwähnt, der Meeresfische mit 8,3% und 4,0% Hämoglobin fand, bei denen eine Steigerung des Sauerstoffpartiardruckes von 20 auf 110 mm Hg den Stoffwechsel um 45%, bei der zweiten Art aber um 600% steigert, wie das für niedere Tiere im Bereich niedriger O_2-Partiardrucke längst bekannt ist. Der Beweis von E. PFLÜGER ist daher nicht stichhaltig: Durch das Hämoglobin wird nur dafür gesorgt, daß unter üblichen Lebensbedingungen der Sauerstoff stets im Überschuß vorhanden ist und daher nicht begrenzender Faktor für die Reaktionsgeschwindigkeit ist. Sowie jedoch Sauerstoffmangel herrscht, wie z. B. bei den Versuchen von O. MEYERHOF und R. MEIER an Fröschen in Anoxybiose, sinkt auch der Stoffwechsel entsprechend ab. O. KRUMMACHER zieht die Stoffwechselsteigerung nach Eiweißfütterung als Beispiel für das Massenwirkungsgesetz heran, und 1942 hat A. SCHÜTZ eine ganze Reihe von Versuchen vorgelegt, durch die eine Steigerung der Verbrennung von Dextrose sowohl bei Blutzuckersteigerung, als bei Kohlendioxydverminderung in der Hyperventilation, also sowohl bei Erhöhung der Konzentration des Ausgangsproduktes, wie bei Verminderung der Konzentration eines der Endprodukte dargetan wird. Und Sauerstoffatmung ist nach Versuchen von LENGGENHAGER und von A. SCHÜTZ imstande, den Blutzucker als Ausdruck der erhöhten Verbrennungsgeschwindigkeit zu senken. Daß das Massenwirkungsgesetz nicht so ohne weiteres auf den Menschen anwendbar ist, liegt in erster Linie daran, daß jede Veränderung der wirksamen Konzentrationen in der Umgebung der Zellen sofort mit Regulationen beantwortet wird, durch die die Störung nach Möglichkeit beseitigt wird. Dies gilt besonders für Änderungen der CO_2-Konzentration, die sofort zur Mehratmung und zu Durchblutungsänderungen führt, solange das Nervensystem intakt ist. Nach Zerstörung des Rückenmarks bei künstlich beatmeten Fröschen dagegen (*Ozorio de Almeida*) sinkt der Sauerstoffverbrauch mit steigender Kohlendioxydkonzentration. Einen weiteren Beweis dafür, daß die Konzentration der Ausgangs- und Endprodukte für den Grundumsatz der Zellen zur Erhaltung ihrer Leistungsbereitschaft von Bedeutung ist, sehe ich in der Tatsache, daß bei langdauernder Unterernährung mit dem Absinken des Bluteiweißgehaltes auch der Grundumsatz deutlich absinkt, und die wunderbare Tatsache, daß jeder Glykogenschwund durch Muskelarbeit mit Auffüllung der Glykogendepots beantwortet wird, erhält im Lichte des Massenwirkungsgesetzes als Gleichgewichtszustand chemischer Reaktionen eine recht einfache plausible Erklärung, so unübersichtlich auch die Reaktionsketten sind, die dazu erforderlich sind.

Auch für die Gültigkeit der Temperaturregel von VAN'T HOFF bringt A. SCHÜTZ einen neuen Versuch am Menschen.

Tabelle 9.

	Bedingung	Körpertemperatur oral	Umsatz gegen Sollgrundumsatz
1	Bad 35—36° C	36,9	+ 14%
2	Bad 43—44° C	39,8	+ 72%
3	Ruhe, normale Atmung	36,8	+ 19%
4	willkürliche Hyperventilation wie bei 2	36,8	+ 41%

Ein Teil der Umsatzsteigerung im warmen Bad kann demnach durch die Hyperventilation (Atemarbeit und Abrauchen von CO_2 als Endprodukt der

Verbrennung) erklärt werden, aber der Rest ist auf die Temperatursteigerung zu beziehen. Beim Kaltblüter ist die Abhängigkeit des Umsatzes von der Körpertemperatur seit langem bekannt und gehorcht der VAN'T HOFFschen Regel wenigstens im mittleren Bereich der Temperaturen (H. JOST). (Abb. 10). Beim Stoffwechsel handelt es sich ja stets um lange Reaktionsketten, für deren jedes einzelne Glied das Massenwirkungsgesetz und die Temperaturregel, diese aber mit einem der einzelnen Reaktion zukommenden Temperaturkoeffizienten, Gültigkeit hat. Außerdem sind physikalische Vorgänge, besonders die Diffusion, aber auch solche an Kolloiden zwischen die Reaktionsglieder eingeschaltet. Eine weitere Steigerung der Reaktionsgeschwindigkeit mit steigender Temperatur muß daher ausbleiben, sowie diese physikalischen, nur wenig mit der Temperatur beschleunigten Vor-

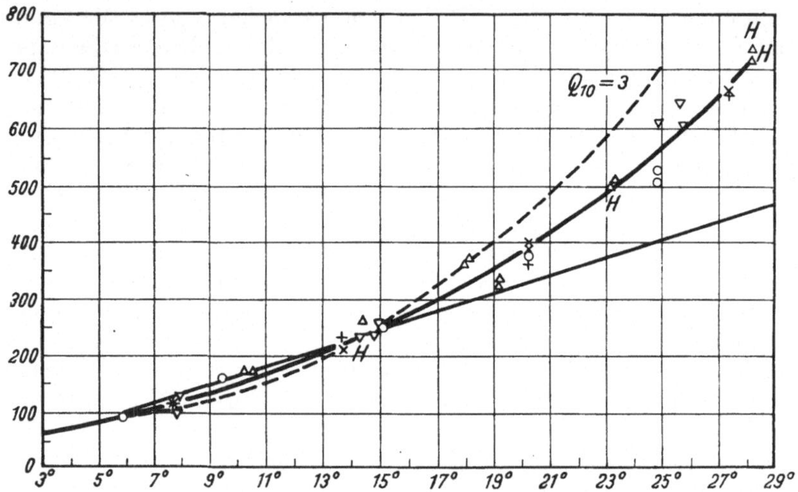

Abb. 10. Aus JOST, B.-B.V, 409. RGT-Kurve bei Wirbeltieren. × enthirnte Kröte; + narkotisierter Frosch; 0 curaresierter Frosch; ▽ Normalfisch; △ narkotisierter Fisch; H Hund. (Die Stoffwechselwerte in willkürlichen Einheiten.) (Nach KROGH.)

gänge der begrenzende Faktor für die Reaktionsgeschwindigkeit werden. Schon hierdurch ergibt sich für den Temperaturkoeffizienten der Reaktionen ein Maximum (G. EMBDEN und H. JOST und A. PÜTTER). Bleibt aus physikalischen Gründen eine einzelne Reaktion solcher Reaktionsketten zurück, so stauen sich die Endprodukte der vorhergehenden Reaktionen an und vermindern nach dem Massenwirkungsgesetz ihre Reaktionsgeschwindigkeit, so daß die ganze Reaktionskette gebremst wird, soweit nicht durch die Anhäufung von Zwischenprodukten andere, Ausweichreaktionen eine merkliche Reaktionsgeschwindigkeit bekommen und dadurch die Gesamtreaktion in anderer Richtung als vorher abläuft. Ein anschauliches und altbekanntes Beispiel für diese Folgerungen aus dem Massenwirkungsgesetz, der Temperaturregel und der Zwischenschaltung physikalischer Vorgänge ist die Bindung des Sauerstoff ans Hämoglobin. Das Gleichgewicht zwischen Bindung und Abgabe des Sauerstoffs aus Oxyhämoglobin ist zunächst vom Sauerstoffpartiardruck abhängig. Ist jedoch die Verweildauer der roten Blutkörperchen in den Lungencapillaren zu kurz, so wird die Diffusion des Sauerstoffs der begrenzende Faktor für die Bindung. Und da die Abgabe des Sauerstoffs einen höheren Temperaturkoeffizienten als die Bindung hat, sinkt bei gleichem Sauerstoffpartiardruck die Sättigung mit steigender Temperatur. Bei sehr hoher Temperatur endlich erhält die Methämoglobinbildung eine ins Gewicht fallende Reaktionsgeschwindigkeit, und die Reaktion verläuft in ganz anderer Richtung. Das Beispiel kann aber gleichzeitig einen weiteren Gesichtspunkt anschaulich machen. Bei den praktisch in der Lunge für gewöhnlich herrschenden Sauerstoffspannungen ist das Gleichgewicht nahe an der vollen Sättigung, infolgedessen kann auch eine starke Steigerung des Sauerstoffpartiardrucks keine wesentliche Verschiebung des Gleichgewichts hervorrufen. Die Reaktion spielt sich in dem nahezu horizontalen Ast der Bindungskurve ab, so daß sie fast wie eine Ionenreaktion beinahe bis zu Ende verläuft. Damit wird die Gültigkeit des Massenwirkungsgesetzes verdeckt, die erst im Gewebe bei niedrigem Sauerstoffpartiardruck deutlich wird. Die erreichte Konzentration des Sauerstoffs im roten Blutkörperchen scheint eine Lebensfunktion dieser Zellen zu sein, und erst genaueres Zusehen zeigt die Gültigkeit des Massenwirkungsgesetzes. Es ist nun zu vermuten, daß in genau derselben Weise der Bereitschaftszustand der Zellen, der sich in Konzentrationsunterschieden und dem damit zusammenhängenden Ruhepotential ausdrückt, von den Konzentrationen der erforderlichen Stoffe in der Zellumgebung abhängig ist. Man kann erwarten, daß auch hier geringe Änderungen in der Zellumgebung wenig wirksam sind, falls der Gleichgewichtszustand des Ruhestoffwechsels im asymptotischen Ast der zugehörigen „Bindungskurven" liegt, und erst bei starken Änderungen der Nährstoffkonzentrationen wird man merkliche Änderungen der Leistungsbereitschaft der Zellen erwarten dürfen. Es ließen sich hierfür zahlreiche Beispiele aus der Nervenphysiologie sowie aus der des Herzmuskels und ihrer Abhängigkeit von den umgebenden Ionen anführen. Bei merklichem Absinken der Nährstoffkonzentration ist aber ein Zustand verminderter Leistungsbereitschaft und gleichzeitig verminderten Energieaufwandes zu dessen Aufrechterhaltung aus dem 2. Hauptsatz der Thermodynamik zu folgern, wie wir das im Hunger tatsächlich sehen. Es wäre eine schöne und dankbare Aufgabe für die Gewebezüchtung, diese Gesetzmäßigkeiten zu erforschen. Leider hat die Verschiedenheit der Methodik bisher, soviel ich sehe, dazu geführt, daß solche Fragen der Gewebezüchtung fernlagen. Mit dem Absinken der Nährstoffkonzentration muß sich das Gleichgewicht nicht nur zu niedrigerer Leistungsbereitschaft, sondern auch zu niedrigeren Konzentrationen der Bereitschaftsstoffe und damit zur „Abmagerung" der Zellen verschieben. Es scheint nun irgendeine untere Grenze zu geben, unterhalb derer sich überhaupt kein Gleichgewicht mehr einstellt, bei deren Unterschreitung vielmehr der Verbrauch zelleigener Substanzen unaufhaltsam weitergeht, während sich die Zelle vergeblich bemüht, ohne die erforderliche Energiezufuhr ihre Leistungsbereitschaft aufrecht zu erhalten oder unterhalb derer jede tatsächliche Leistung bei Erregung die Zersetzung unersetzbarer Zellbestandteile hervorruft, so daß auf die eine oder andere Art der Selbstverbrauch, der Hungertod eintritt. Damit wird verständlich, daß ein Leben im Bereich des asymptotischen Astes der Gleichgewichtskurve die nötige Sicherheit bietet, um auch bei wiederholter Erregung und bei vorübergehender Stockung der Zufuhr (z. B. bei tetanischer Erregung der Muskulatur) nicht gleich bis an den Rand des Verderbens zu geraten. Der hohe Spannungszustand erfordert aber zu seiner Aufrechterhaltung auch einen hohen Grundumsatz, der damit im teleologischen Sinn zweckmäßig erscheint.

Der ganze Körper ist aus zahlreichen Zellarten aufgebaut, die sehr verschieden hohe Leistungsbereitschaft für ihren Erregungszustand haben. Die Zellen der Leber, der Muskulatur, des Zentralnervensystems dürften einen vielfach höheren Energieaufwand für die Erhaltung ihrer Leistungsbereitschaft haben, als etwa die Bindegewebszellen oder die Knochenzellen, wie sich das auch in der Blutversorgung der Organe ausdrückt [A. PÜTTER (*1*)]. Auch die Richtung der Leistungsbereitschaft ist grundverschieden, sie richtet sich bei der Muskulatur in erster Linie auf die Leistung mechanischer Arbeit, bei den Drüsenzellen auf die Lieferung chemischer oder osmotischer Leistungen, beim hämatopoetischen System und dem Epithel dagegen auf die Vermehrung ihrer eigenen Substanz. Der Gesamtgrundumsatz des ganzen Körpers besteht nach solchen Überlegungen nur zum Teil aus der Summe der Grundumsätze seiner Zellen. Ein merklicher Teil der Zellen ist ständig, schon in voller Körperruhe, in Tätigkeit, teilweise zur Sicherung des Körperbestandes wie durch Lieferung von Ersatz für verlorenes Epithel, teilweise im Dienst der Beschaffung und Verteilung des Nachschubs und der Sicherung der Umgebungskonstanz für die anderen Körperzellen, wie das Blut, das Herz, die Atmung, große Teile des vegetativen Nervensystems, aber auch die Zellen der Depots, wie die des Fettgewebes. Der Grundumsatz des ganzen Körpers ist daher mehr als die Summe der Zell-Grundumsätze.

4. Oberflächenregel.

Die reinen Diffusionsverluste an Energie zwischen den Zellen und ihrer Umgebung müssen durch die Oberfläche der Zellen hindurch erfolgen. Nach den Gesetzen der Diffusion muß daher die Größe des Verlustes für die einzelne Zelle proportional den Konzentrationsunterschieden, dem Diffusionsgefälle (und damit umgekehrt proportional dem Diffusionsweg), und proportional der Zelloberfläche sein. Mit A. PÜTTER (*1*), E. WEINLAND und M. v. PFAUNDLER (*2*) braucht diese Diffusionsoberfläche nicht gleich der ganzen Zelloberfläche zu sein, die „aktive" Oberfläche kann aber in erster Näherung als aliquoter Teil der Gesamtoberfläche betrachtet werden. Es ist nach A. PÜTTER und vielen anderen auch denkbar, daß im Zellinneren noch Grenzflächen vorhanden sind, an denen Potentialsprünge und damit verbunden Energieverluste schon in Ruhe bestehen. Der Zellgrundumsatz muß demnach beim Ganztier proportional der aktiven Zelloberfläche, nicht proportional dem Zellvolumen sein. Bei im Mittel gleicher Durchschnittsgröße der Zellen verschiedener Tiere ist die aktive Zelloberfläche aber näherungsweise proportional der Außenoberfläche des ganzen Tieres, nicht proportional dem Tiergewicht. Beispiele dafür, daß die Organleistungen proportional der aktiven Zelloberfläche für sehr verschiedene Tiere gleich sind, finden sich nach den Angaben von A. PÜTTER bei H. JOST.

Aber auch der Arbeitsstoffwechsel derjenigen Organe und Zellgruppen, die im Dienste der übrigen Zellen in Körperruhe tätig sind, geht nach H. v. HÖSSLIN mit ihrem Querschnitt und damit mit einer Fläche parallel, wie ja auch das relative Gewicht der inneren Organe (Herz, Blutmenge, Niere) bei kleinen Tieren viel größer ist als bei großen, so daß die Gewichte parallel der Hautoberfläche, nicht parallel dem Tiergewicht gehen. Nach diesen Überlegungen erscheint es nicht auffallend, wenn der Grundumsatz ganzer Tiere näherungsweise proportional ihrer Oberfläche, nicht proportional ihrem Gewicht ist. Die geschichtliche Entwicklung der Oberflächenregel ging aber unter dem überwältigenden Eindruck des Gesetzes von der Erhaltung der Energie zunächst andere Wege, die von M. v. PFAUNDLER (*2*) meisterhaft zusammengefaßt dargestellt sind. Aufbauend auf ältere Literatur formulierte M. RUBNER (*1*) das „Oberflächengesetz" als reine Folgerung aus den Wärmeverlusten an der Körperoberfläche der Warmblüter. Er fand, daß der „Ruheumsatz" beim Warmblüter in weitem Bereich streng proportional der Körperoberfläche, und zwar rund 1000 kcal/m^2 und Tag sei, wie das seine Tabelle für Hunde verschiedener Größe ausweist.

Später hat H. BOHNENKAMP die Oberflächenregel als strenge Folgerung aus der Wärmeabgabe an der Körperoberfläche mit Leidenschaftlichkeit wenigstens für den Menschen verteidigt, obwohl M. PÜTTER (*1*) inzwischen die RUBNERsche Tabelle zu größeren Tieren hin erweitert hatte. Dabei zeigte sich dann allerdings,

Tabelle 10.

	Gewicht der Tiere in kg	Pro 1 qm Oberfläche Cal pro Tag 15° C
1	31,2	1036
1	24,0	1112
3	19,8	1207
4	18,2	1097
5	9,61	1183
6	6,50	1153
7	3,19	1212

daß das Oberflächengesetz keineswegs mehr gilt, vielmehr ist der Stoffwechsel bei großen Tieren deutlich größer, als er zur Deckung der Wärmeverluste an der Körperoberfläche nach M. RUBNER sein dürfte:

Tabelle 11.

Tierart	Gewicht in kg	Oberfläche in qm	Sauerstoffverbrauch pro kg u. Std in g	Sauerstoffverbrauch pro qm u. Std in g	Brutto-Calorien pro qm u. Tag	Bemerkungen
Meerschweinchen . . .	0,445	0,055	1,416	10,7	850	
Kaninchen	4,14	0,247	0,797	12,4	980	
Ratte	0,0805	0,0177	3,180	13,3	1050	
Maus	0,019	0,0068	7,60	19,8	1560	
Katze	2,75	0,19	1,356	18,4	1460	
Schaf	66	1,62	0,59	20,8	1650	
Mensch	60	1,46	0,52	19,0	1500	
Schwein	135	2,5	0,391	19,6	1550	
Rind	650	6,8	0,313	27,5	2200	
Hund	6,5	0,333	1,580	28,5	2250	
Nashorn	275	4,05	0,538	36,4	2900	
Seelöwe	110	2,2	0,930	42,8	3400	
Walroß	450	5,6	0,982	44,3	3500	Umsatz aus Futtermengen berechnet.
Elefant	3500	21,0	0,367	61,2	5030	
Kamel	400	5,2	0,920	71,0	5650	

Nur innerhalb einer Tierspezies, und da für gleiche Lebensalter scheint das Oberflächengesetz nicht nur bei Warmblütern, sondern auch bei poikilothermen Tieren eine gute Näherung zu ergeben. Im Hinblick auf das Oberflächengesetz wurde zuerst von MEEH eine Formel zur Berechnung der Körperoberfläche angegeben: Oberfläche $= K \sqrt[3]{\text{Gewicht}^2}$, die Konstante K beträgt nach MEEH für den Menschen 13,312. Die Formel setzt stillschweigend voraus, daß geometrische Ähnlichkeit zwischen verschieden großen Menschen besteht. Für praktische Zwecke hat sich die Formel als unbrauchbar erwiesen (F. B. TALBOT und F. G. BENEDICT), weil die Konstante K in Wirklichkeit nicht konstant ist. Bekanntlich variiert beim Erwachsenen die Sitzhöhe viel weniger als die Gesamtgröße (W. M. KROGMANN), so daß die geometrische Ähnlichkeit nicht gewahrt ist. C. v. PIRQUET hat versucht, den Grundumsatz aus der Sitzhöhe zu bestimmen, seine Methode ist aber nicht gebräuchlich geworden, obwohl sie gut fundiert zu sein scheint (H. GÜNTHER). Dagegen hat sich die Formel von P. DU BOIS und E. F. DU BOIS durchgesetzt und gilt als beste Näherung:

$$\text{Oberfläche} = \text{Gewicht}^{0,425} \cdot \text{Länge}^{0,725} \cdot 71,84,$$

wobei 71,84 eine Konstante* ist, oder vereinfacht

$$\text{Oberfläche} = \sqrt{G} \cdot \sqrt{L} \cdot 167{,}2.$$

G. Tommaseo und L. Haimovic haben an 50 gesunden Kindern von 2—12 Jahren festgestellt, daß die tatsächlichen Körperoberflächen 5—25% unter den nach der du Boisschen Formel berechneten lagen. Bei Kindern ist daher die Berechnung der Oberfläche nach du Bois mit Vorsicht anzuwenden. Übrigens beansprucht die Oberflächenberechnung jetzt nur noch Interesse für vergleichende Untersuchungen, für die theoretische Begründung des Grundumsatzes dagegen erscheint sie uns nicht mehr so wichtig als zu Rubners Zeiten.

Inzwischen hat sich die Auffassung durchgesetzt, daß es überhaupt keine kausale Erklärung ist zu behaupten, der Energieumsatz sei proportional der Körperoberfläche oder proportional einer anderen Fläche, z. B. der von A. Pütter vorgeschlagenen sauerstoffaufnehmenden Lungenoberfläche. H. Winterstein sagt: „Nicht die Größe der Atmungsflächen bedingt die Intensität des Stoffwechsels der höheren Tiere, sondern beide haben sich gemeinsam entwickelt in dem harmonischen Zusammenhang, der alle Teile des Organismus auszeichnet.“ F. B. Talbot und F. G. Benedict lassen die Oberfläche nur als praktisch brauchbares Maß gelten, lehnen aber den ursächlichen Zusammenhang zwischen Wärmeabgabe und Grundumsatz scharf ab, besonders, da das Neugeborene pro m^2 einen viel niedrigeren Umsatz hat als der Erwachsene. Schon Robert Mayer ging bei seinen Überlegungen über das Gesetz von der Erhaltung der Energie von der Auffassung aus, daß die Tropenbewohner wegen der erschwerten Wärmeabgabe einen geringeren Stoffwechsel haben müßten. Die Deckung der Wärmeabgabe kann im Sinn der kausalen Betrachtung nicht die Ursache des Energiewechsels sein, sondern nur im teleologischen Sinn der Zweck. Und hierbei interferieren noch zahlreiche Zwecke. Erst dann, wenn die Erhaltung der Körpertemperatur gefährdet wird, also bei kalter Umgebung, steht die Wärmeregulation als vornehmster Zweck des Energieumsatzes im Vordergrund, und dann gilt, wie O. Krummacher anführt, außer der Oberflächenregel auch das Rubnersche Gesetz von der isodynamen Vertretung der Nährstoffe (s. S. 43). Rubners Versuche wurden bewußt im Gebiet der chemischen Wärmeregulation, unterhalb der Indifferenztemperatur, durchgeführt, und er selbst spricht auch nicht von Grundumsatz, sondern von Ruheumsatz. Erst 1906 wurde der Grundumsatz durch A. Magnus-Levy als der niedrigste Umsatz bei der Indifferenztemperatur definiert, für den die Wärmeregulation keine Rolle spielt. Die sehr wichtige und starke Abhängigkeit sowohl des Ruheumsatzes, wie des Gesamtumsatzes von der Körpertemperatur wie von der Umgebungstemperatur bleibt hier unbe-

* Ersetzt man in der Formel von du Bois die Körpergröße nach der Gleichung $G = L^3 \cdot k$, durch das Gewicht, wobei k der Rohrerindex mit Werten zwischen 1,1 und 1,5 mal 10^{-5} für Erwachsene ist, so ergibt sich

$$\log\ (\text{Oberfläche}) = 0{,}425 \log G + \frac{0{,}725}{3} \log G + \log 71{,}84 - \frac{0{,}725}{3} \log k$$

$$\text{oder Oberfläche} = G^{2/3} \cdot \frac{71{,}84}{k^{0{,}725/3}}.$$

Dies ist die Formel von Meeh, und die Konstante von Meeh muß demnach für einen bestimmten Rohrerindex mit der von du Bois identisch werden. Hierzu muß die Konstante von Meeh so geschrieben werden, daß sie ebenso wie die du Bois-Formel die Oberfläche in Quadratzentimeter angibt, die Konstante heißt dann 1331,2 und die Identität beider Formeln ergibt sich für

$$k = \left(\frac{71{,}84}{1331{,}2}\right)^{3/0{,}725} = 0{,}56704 \cdot 10^{-5},$$

also für einen Rohrerindex, der die Hälfte bis ein Drittel der tatsächlichen Werte darstellt. Dementsprechend gibt die Meehsche Formel auch zu große Oberflächen.

sprochen, da sie in einem eigenen Band (Wärmeregulation) ausführlich behandelt werden soll.

Sowie wir die Oberflächenregel nicht kausal, sondern teleologisch auffassen, haben andere Zwecke der Natur neben der Wärmeregulation noch gleiche Berechtigung, von denen zwei angeführt seien. Größere Tiere haben größere Massen zu bewegen und haben daher einen längeren physiologischen Moment als kleinere Tiere, die ihre leichten Glieder mit geringer Trägheit schnell bewegen können. Daher ist es zu verstehen, daß im allgemeinen größere Tiere ein längeres Leben haben als kleine, wenn hier auch keine feste Beziehung besteht, und daß sich bei ihnen die gesamten Lebensäußerungen langsamer und daher auch mit geringerem Stoffwechsel je kg Tiergewicht abspielen können als bei den lebhafteren kleinen Tieren. Auch die Entwicklungs- und Wachstumsgeschwindigkeit hängt stark von der Tiergröße ab, wie M. v. PFAUNDLER (*1*) dargetan hat. M. RUBNER hat dazu folgende Tabelle angegeben (zit. nach PFAUNDLER-SCHLOSSMANN).

Tabelle 12.

	kg bei der Geburt	Verdoppelungszeit in Tagen	Intrauterine Entwicklungszeit in Tagen
Meerschweinchen	0,05	13	67
Kaninchen	0,06	6	28
Katze	0,12	9	56
Hund	0,28	8	63
Schwein	1,50	16	120
Mensch	3,00	150—180	280
Schaf	3,90	12	154
Rind	35,0	47	285
Pferd	50,0	60	340

Im Sinne der DARWINschen Auffassungen ist es auch zu verstehen, daß diejenigen Arten die größten Aussichten auf Erhaltung haben, bei denen der sowieso zur Fristung des Lebens der Zellen nötige Stoffwechsel, hervorgerufen durch die Lebensgeschwindigkeit der Zellen, gerade ausreicht, um die Wärmeabgabe zu decken, so daß im Mittel weder für die Wärmeregulation zusätzlich Energie verbraucht wird, noch unter den gewöhnlichen Lebensbedingungen zusätzliche Leistungen zur Abgabe der sowieso gebildeten Wärmemenge erforderlich sind. Eine unbefangene Betrachtung der Tab. 11 legt dabei den Gedanken nahe, daß bei sehr großen Landtieren das Verhältnis zwischen dem für andere Zwecke nötigen Umsatz und dem Energiebedarf für die Deckung der Wärmeverluste immer ungünstiger wird. Hier scheint der für Transportzwecke im Körper erforderliche Energieaufwand mit wachsender Tiergröße so stark anzusteigen, daß eine obere Grenze der Säugetiergröße im DARWINschen Sinne zu vermuten ist.

5. Grundumsatzwerte beim Menschen.

Beim Menschen ist der Grundumsatz, wie die Erfahrung lehrt, abhängig von 4 Größen: vom Alter, dem Geschlecht, der Körpergröße und dem Gewicht. Statt Körpergröße und Gewicht kann zusammen die allerdings praktisch sehr viel schwieriger zu bestimmende Körperoberfläche benutzt werden. Für die „Normalwerte“ des Grundumsatzes wurden von S. HARRIS und F. G. BENEDICT auf Grund umfangreicher Untersuchungen Gleichungen für Erwachsene aufgestellt. Demnach ist der Grundumsatz W kcal/Tag bei Männern im Alter A von 21 Jahren und älter, dem Körpergewicht G kg und der Körpergröße H cm:

$$W = 66,473 + 13,7516G + 5,003H - 6,755A.$$

Entsprechend ist der Grundumsatz für Frauen:

$$W = 655{,}096 + 9{,}563G + 1{,}850H - 4{,}676A.$$

Für amerikanische Kinder wurden durch F. G. BENEDICT und F. B. TALBOT zunächst nur Werte nach dem Körpergewicht angegeben, die F. B. TALBOT (*1*) 1938 auf 2 Tabellen, geordnet nach dem Körpergewicht und nach der Körpergröße, erweitert hat. O. KESTNER und H. W. KNIPPING geben ebenfalls eine Normaltabelle für Kinder und Jugendliche bis 20 Jahre an, die ebenso wie die Tabellen von S. HARRIS und F. G. BENEDICT aus 2 Teilen für Gewicht und Größe zusammengesetzt ist und damit anpassungsfähiger als die TALBOTsche Tabelle ist. Eine Zusammenstellung der Tabellen von S. HARRIS und F. G. BENEDICT und von O. KESTNER und H. W. KNIPPING findet sich bei H. W. KNIPPING und H. L. KOWITZ. Einen Überblick über den Gang des Grundumsatzes nach Alter und Geschlecht gibt die Abb. 11 nach KRAUT-LEHMANN-BRAMSEL. Als Körpergrößen und Gewichte sind dabei deren Mittelwerte benutzt, die für die deutsche Bevölkerung 1927 ein recht zutreffendes Mittel sein dürften, die allerdings inzwischen durch die Wachstumsbeschleunigung um nahezu 5 cm zu kleine Erwachsenengrößen für Männer enthält [O.F. RANKE (*3*)]. Die Zahlen von O. KESTNER und H. W. KNIPPING schließen für Mädchen besser an die BENEDICTschen Werte für Frauen an, als die TALBOTschen Angaben für Mädchen, während umgekehrt bei den Männern die TALBOTschen Zahlen ohne Sprung in die BENEDICTschen übergehen, die KESTNER-KNIPPINGschen Tabellen aber ein Maximum bei 19 Jahren ergeben. Ob dieses auch von KRAUT-LEHMANN-BRAMSEL hervorgehobene Maximum reell ist, oder verschwindet, wenn einmal Zahlenmaterial von einem Untersucher über alle Altersgruppen vorliegt, wenn insbesondere dabei auch die Wachstumsbeschleunigung berücksichtigt wird, läßt sich noch nicht mit Sicherheit sagen. In der deutschen Lebensmittelrationierung war die Gruppe der Jugendlichen bald von 12—18, bald bis 20 Jahre, von 1939 bis Herbst 1948 besonders berücksichtigt, und bei der deutschen Wehrmacht bekamen die Soldaten unter 20 Jahren ebenfalls einen Sonderzuschlag an Calorien. Freilich waren hier die Gründe andere, nämlich die erhöhten Anforderungen an den Baustoffwechsel während der Ausbildungszeit. Die Tabellen und das Diagramm von W. M. BOOTHBY, J. BERKSON und H. L. DUNN zeigen nichts mehr von diesem Maximum, sondern ergeben (Abb. 13a) ein flaches Maximum von 16 bis 21 Jahren für Männer, während bei Frauen überhaupt jedes Maximum in der Jugend fehlt. Die Abb. 13a und b geben jedoch schon den Tagesumsatz/m² Körperoberfläche wieder, so daß sie nur mit

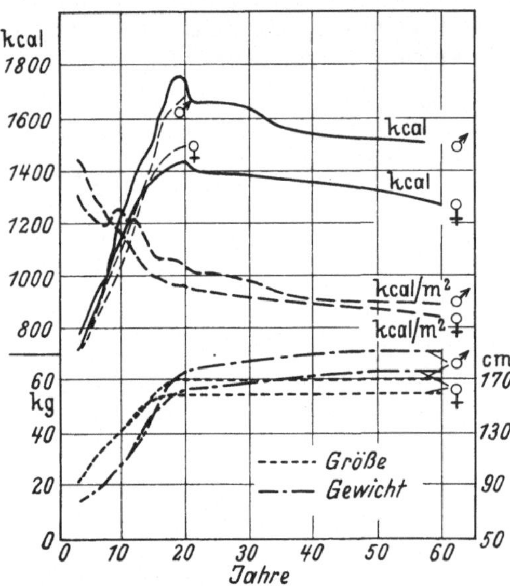

Abb. 11. Altersgang des Grundumsatzes (ausgezogen, oberste Kurve), des Grundumsatzes kcal/m² nach DU BOIS (gestrichelt in der Mitte), sowie von Gewicht (strichpunktiert), und Größe (punktiert). Körpergröße und Gewicht sind die Mittelwerte nach KRAUT, LEHMANN und BRAMSEL. Die Oberfläche wurde nach DU BOIS berechnet. Für die Jugendlichen bis 20 Jahre sind die Grundumsatzzahlen von KESTNER und KNIPPING ausgezogen, die nach TALBOT dünn gezeichnet, oberhalb 20 Jahren sind die Werte von HARRIS und BENEDICT verwendet. Das Maximum um 20 Jahre scheint sich nach BOOTHBY, BERKSON und DUNN nicht zu bestätigen.

dem mittleren Teil der Abb. 11 verglichen werden können. Für die Berechnung der Oberfläche wurde das Nomogramm nach du Bois aus Tab. Biol. III, 495 benutzt, nur um zu zeigen, daß der Grundumsatz pro m² Oberfläche von der Geburt an sinkt, mit einer vorübergehenden Zunahme zur Zeit des größten Wachstums. Im Mannesalter ist der Grundumsatz pro m² Oberfläche etwa 1000 kcal/m², sinkt aber im Alter bis auf etwa 800 kcal/m². Für das weibliche Geschlecht sind nicht nur die Grundumsatzzahlen für Erwachsene merklich kleiner als für Männer, entsprechend der geringeren durchschnittlichen Körpergröße, sondern auch die Zahlen für den Umsatz je m² Oberfläche. Während die Alterskurven des Grundumsatzes je m² Körperoberfläche der Literatur (Bethe-Bergmann V, 195 ff) keine Zunahme um das 10. Lebensjahr zeigen, errechnen sich diese nach den vorliegenden Tabellen der Normalwerte (Abb. 11). Die Untersuchungen von Shock a. Soley, bei denen die gleichen Schüler einer Schule über 5 Jahre untersucht wurden, beginnen erst mit $11^3/_4$ Jahren, enthalten also gerade diesen Gipfel nicht mehr. Verständlich wäre dieser Anstieg zur Zeit der zweiten Wachstumsperiode schon. Statistisch wäre dies aber nur nachzuweisen, wenn Jugendliche in gleichem Wachstums- und Entwicklungsstadium verglichen werden. Der zweite Wachstumsschub setzt nicht bei allen Jugendlichen im gleichen Alter ein, so daß sich solche Nebengipfel statistisch verwischen, wie die sogenannten Eisheiligen, die kalten Tage im Mai, die zwar fast jedes Jahr auftreten, aber nicht immer zum gleichen Datum, und daher bei der Mittelwertbildung über mehrere Jahre verschwinden. Außerdem sei hier darauf aufmerksam gemacht, daß der aus Sauerstoffzehrung und Kohlendioxydproduktion errechnete Grundumsatz bei wachsenden Individuen nicht allein zur Richtschnur der Ernährung gemacht werden darf, da er methodisch den Stoffansatz nicht enthält. Während in der deutschsprachigen Literatur der Grundumsatz vorwiegend in kcal/Tag angegeben wird, benutzt die angelsächsische, besonders die umfangreiche amerikanische Literatur ganz vorwiegend die Angabe von kcal/Tag und m² Oberfläche oder von kcal/Std und m² Oberfläche. Bei der Berechnung der Oberfläche wird meist mit dem Stichwort „du Bois" angegeben, welche Formel benutzt wurde. Wenn auch die Oberflächenformel ursächlich nichts mit dem Grundumsatz zu tun hat, scheint mir doch ein doppelter methodischer Vorteil dieser Berechnungsweise vorzuliegen. Die Tabellen und das Diagramm von W. M. Boothby, J. Berkson und H. L. Dunn lassen deutlich erkennen, daß die mittlere Streuung (Standard Deviation) zwischen 77 und 48 kcal/m² und Tag oder rund 3,7 bis 4,4% des Umsatzes bei dieser Berechnungsmethode erstaunlich niedrig bleibt. Und außerdem kann die Berechnung sehr viel bequemer ohne umfangreiche Interpolationstabellen graphisch vorgenommen werden als nach den Harris-Benedict-Tabellen und den Talbotschen Ergänzungen. Daß sich diese Berechnungsmethode bei uns bisher nicht durchsetzen konnte, ist wohl mit darauf zurückzuführen, daß keine bequem zu handhabenden Unterlagen über die du Boissche Oberflächenformel und den Gang des Grundumsatzes pro m² Oberfläche nach W. M. Boothby, J. Berkson und H. L. Dunn greifbar waren. Diese Autoren geben ebenso wie A. Augsberger je ein Nomogramm für die Berechnung. Nomogramme sind im Laboratorium etwas sehr Schönes und Brauchbares, beim Lesen oder Nachschlagen eines Buches dagegen halte ich das Diagramm für angenehmer, da es allein einen Überblick über den Gang solcher Funktionen gibt. Deswegen werden hier die Oberflächenformel von du Bois und je ein Diagramm für Männer und Frauen nach den Unterlagen von W. M. Boothby, J. Berkson und H. L. Dunn nebeneinandergestellt, so daß (statt des Aufschlagens der Tabellen und Addition der 2 Werte für Körpergröße und Gewicht und für das Alter) aus Körpergröße und Gewicht die Hilfszahl „Körperoberfläche" aus Abb. 12, und aus Alter und Körperoberfläche der Soll-

Grundumsatz aus Abb. 13a für Männer und aus Abb. 13b für Frauen sofort entnommen werden kann. Beispielsweise hat ein Astheniker von 178 cm und 60 kg darnach eine Oberfläche (DU BOIS) von 1,75 m² (Abb. 12) und bei einem Alter von 19½ Jahren einen Sollumsatz von 1650 kcal/Tag (Abb. 13a), während derselbe

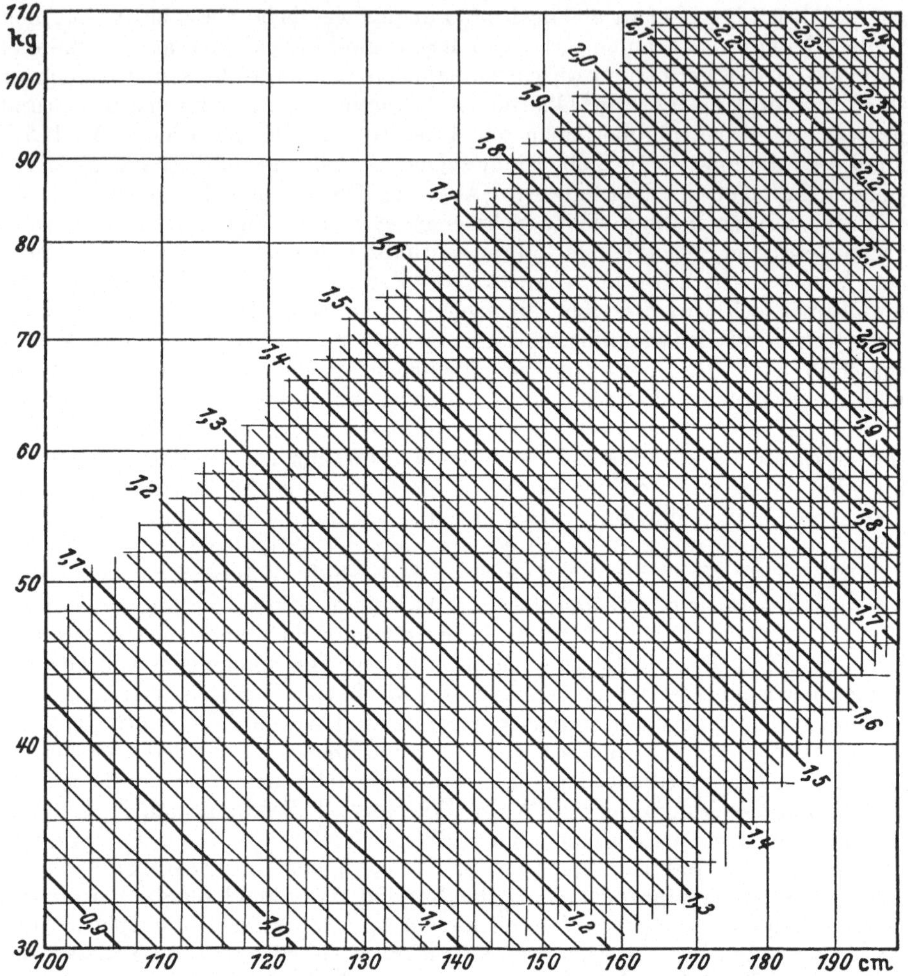

Abb. 12. Körperoberfläche nach DU BOIS als Funktion von Körpergröße in Zentimeter (Abszisse) und Gewicht in Kilogramm (Ordinate), grobes Netz: je 10 cm und 10 kg. Feines Netz: je 2 cm und 2 kg. — *Benutzungsanweisung*: Es wird der Schnittpunkt zwischen der gemessenen Körpergröße (Abszisse) und dem gemessenen Gewicht (Ordinate) aufgesucht, und zwischen den schrägen Geraden interpoliert. Die Zahlen an den schrägen Geraden sind m² Körperoberfläche nach DU BOIS nach der genauen Formel auf S. 25. Doppelt logarithmisches Netz.

bei einem Alter von 53 Jahren nur mehr 1500 kcal/Tag Sollumsatz hätte. Nach den HARRIS-BENEDICT-Formeln hätte derselbe im Alter von 19½ Jahren 1650 und mit 53 Jahren 1424 kcal Soll-Grundumsatz. Bei Normalgewichtigen ist der Unterschied der beiden Berechnungsarten geringer als in diesem Beispiel. In den Abb. 13a und b ist der Soll-Grundumsatz für die Normalwerte von Körpergröße und Gewicht nach KRAUT-LEHMANN-BRAMSEL eingezeichnet, der sich nach dieser Berechnungsweise ergibt. Beim Vergleich mit Abb. 11 ist zu beachten, daß dort der Maßstab des Alters gleichmäßig ist, während er in Abb. 13 so verzerrt ist, daß der Grundumsatz pro m² geradlinig abfällt. Die Jahre zwischen 13 oder 14 und 20

Jahren sind daher stark gedehnt. Hier zeigt sich nun bei Männern nichts von dem Gipfel um 20 Jahren, im Gegenteil, das absolute Maximum mit 1635 kcal pro Tag ist schon um das 17. Lebensjahr erreicht, während bei Frauen erst in der

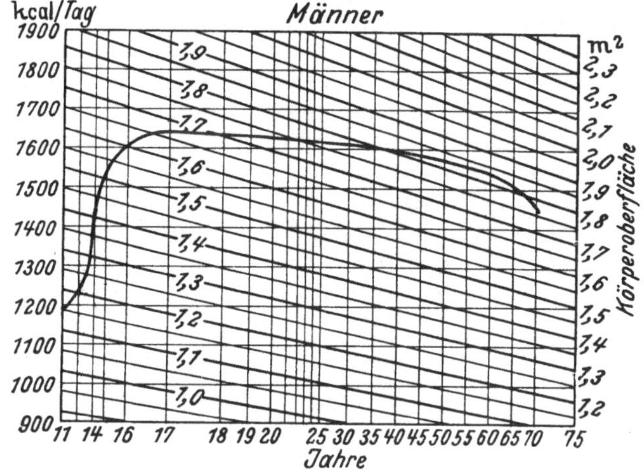

Abb. 13a.

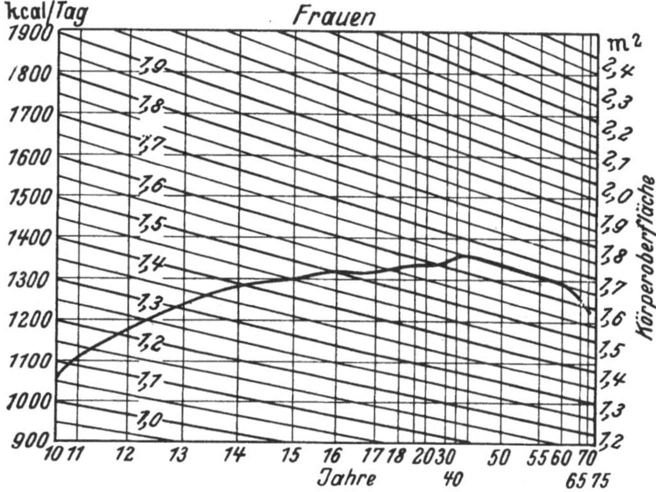

Abb. 13b.

Abb. 13a und 13b. Soll-Grundumsatz nach BOOTHBY, BERKSON und DUNN als Funktion des Alters (Abszisse) und der Körperoberfläche (DU BOIS) (schräge Gerade). Der Altersmaßstab ist so verzerrt, daß die Kurven für die Körperoberfläche Gerade werden. Hierdurch drängen sich besonders in Abb. 13b (Frauen) die mittleren Jahrzehnte so stark zusammen, daß ab 20 Jahren für Frauen, ab 25 Jahren bei Männern, nur jedes 5. Lebensjahr als Netz durchgezogen wurde. Ab 60 Jahren in Abb. 13a und ab 65 Jahren in Abb. 13b sind die Werte von BOOTHBY und Mitarbeitern schon extrapoliert worden. Dicke Kurve: Sollgrundumsatz für die Durchschnittswerte von Körpergröße und Gewicht nach KRAUT-LEHMANN-BRAMSEL. — *Benutzungsanweisung*: Es wird der Schnittpunkt des Alters und der schräg nach rechts abfallenden Kurve der Körperoberfläche (aus Abb. 12 bestimmt) aufgesucht, und am linken Rand der zu diesem Schnittpunkt gehörende Soll-Grundumsatz (horizontale Linien) aufgesucht. Zur Berechnung des Soll-Umsatzes nach dem Sollgewicht ist Abb. 22, S. 66 mit Erläuterung heranzuziehen. Umzeichnung nach den Originaltabellen von BOOTHBY, BERKSON und DUNN; Amer. J. Physiol. 116, S. 474, Mittelwerttabelle.

Menopause der höchste Sollgrundumsatz mit 1360 kcal/Tag erscheint. Die Steilheit des Anstiegs in der Jugend bei 13—14 Jahren ist teils durch den Altersmaßstab verstärkt, und außerdem sicher deswegen sehr vorsichtig zu beurteilen, weil die Pubertät nicht bei allen jungen Männern gleichzeitig eintritt. Immerhin scheint sie mit einem viel größeren Anstieg des Sollgrundumsatzes verbunden zu sein, als bei Mädchen. Die Berechnung kann überhaupt nur als ein Versuch betrachtet werden, da die verwendete Wachstumskurve von KRAUT, LEHMANN und BRAMSEL sich auf den Durchschnitt der deutschen Bevölkerung zwischen den Kriegen, die Werte des Umsatzes pro m² Oberfläche aber auf amerikanische Unterlagen beziehen. Die Abhängigkeit der Pubertät von Klima und Kultur ist bekannt, aber auch vom Ernährungszustand ist der mittlere Grundumsatz deutlich abhängig. Es ist denkbar, daß der Unterschied zwischen den HARRIS-BENEDICT-Tabellen und der Berechnung nach DU BOIS-BOOTHBY darauf zurückzuführen ist, daß HARRIS-BENEDICT mehr ernährungsmäßig Untergewichtige untersucht haben als BOOTHBY und Mitarbeiter. Es sind noch keine Unterlagen vorhanden, ob konstitutionell gegenüber dem Durchschnitt Untergewichtige ebenso wie ernährungsmäßig Untergewichtige einen geringeren Grundumsatz pro m² Oberfläche haben. Hierauf wird im Kapitel Energiewechsel bei Unterernährung näher eingegangen.

Tabelle 13. *Grundumsatz, kcal/m²* (DU BOIS). *Stunde ausgeglichene Mittelwerte, Alter in vollendeten Lebensjahren nach* W. M. BOOTHBY, J. BERKSON *und* H. L. DUNN.

Vollendete Lebensjahre	kcal/m² · Stunde				Vollendete Lebensjahre	kcal/m² · Stunde			
	Männer		Frauen			Männer		Frauen	
	Mittelwert	mittlere Abweichung	Mittelwert	mittlere Abweichung		Mittelwert	mittlere Abweichung	Mittelwert	mittlere Abweichung
Jahre					Jahre				
6	53,0	3,2	50,5	2,9	41	38,2	2,3	35,5	2,2
7	52,4	3,2	48,5	2,9	42	38,0	2,3	35,5	2,2
8	51,5	3,2	46,7	2,9	43	37,9	2,3	35,4	2,2
9	49,9	3,2	46,1	2,9	44	37,7	2,3	35,4	2,2
10	48,0	3,2	45,7	2,9	45	37,6	2,3	35,3	2,2
11	47,2	3,2	45,1	2,9	46	37,5	2,3	35,1	2,2
12	46,8	3,2	43,9	2,9	47	37,4	2,3	34,9	2,2
13	46,5	3,2	42,5	2,9	48	37,2	2,3	34,7	2,2
14	46,4	3,2	41,1	2,9	49	37,1	2,3	34,6	2,2
15	46,1	3,2	39,7	2,9	50	37,0	2,3	34,4	2,2
16	45,5	3,1	38,6	2,8	51	36,8	2,3	34,2	2,2
17	44,4	3,0	37,6	2,7	52	36,7	2,3	34,0	2,2
18	42,9	2,8	37,0	2,6	53	36,6	2,3	33,8	2,2
19	42,2	2,7	36,6	2,6	54	36,5	2,3	33,6	2,2
20	41,6	2,5	36,3	2,5	55	36,3	2,3	33,4	2,2
21	41,2	2,4	36,2	2,4	56	36,2	2,3	33,3	2,2
22	40,9	2,3	36,1	2,3	57	36,1	2,3	33,2	2,2
23	40,7	2,3	36,1	2,2	58	36,0	2,3	33,1	2,2
24	40,5	2,3	36,0	2,2	59	35,8	2,3	32,9	2,2
25	40,3	2,3	36,0	2,2	60	35,7	2,3	32,8	2,2
26	40,1	2,3	35,9	2,2	61	35,6	2,3	32,8	2,2
27	40,0	2,3	35,9	2,2	62	35,5	2,3	32,7	2,2
28	39,9	2,3	35,9	2,2	63	35,4	2,3	32,6	2,2
29	39,7	2,3	35,9	2,2	64	35,3	2,3	32,5	2,2
30	39,6	2,3	35,8	2,2	65	35,1 +	2,3 +	32,4	2,2
31	39,5	2,3	35,8	2,2	66	35,0 +	2,3 +	32,3	2,2
32	39,3	2,3	35,8	2,2	67	34,9 +	2,3 +	32,3	2,2
33	39,2	2,3	35,7	2,2	68	34,8 +	2,3 +	32,3	2,2
34	39,1	2,3	35,7	2,2	69	34,7 +	2,3 +	32,2	2,2
35	38,9	2,3	35,7	2,2	70	34,5 +	2,3 +	32,2	2,2
36	38,8	2,3	35,6	2,2	71	34,4 +	2,3 +	32,1 +	2,2 +
37	38,7	2,3	35,6	2,2	72	34,1 +	2,3 +	32,1 +	2,2 +
38	38,5	2,3	35,6	2,2	73	33,9 +	2,3 +	32,1 +	2,2 +
39	38,4	2,3	35,6	2,2	74	33,7 +	2,3 +	32,0 +	2,2 +
40	38,3	2,3	35,5	2,2	75	33,4 +	2,3 +	32,0 +	2,2 +

+ extrapoliert.

Grundsätzliche Abweichungen von den Tabellenwerten fand C. Curci für italienische Frauen, die durchschnittlich einen 12% höheren Grundumsatz als nach den Tabellen haben, G. W. Crile und D. P. Quiring (*2*) für Maya-Quichê-Indianer, deren Grundumsatz um 1—22% unter den Tabellenwerten liegt, und A. G. Eaton für New Orleans, in dessen warmem Klima die Mittelwerte im Durchschnitt um 10% niedriger liegen als nach den Tabellen. Etwas genauer auf die Ursachen und den zeitlichen Verlauf der Grundumsatzsenkung bei weißen Einwanderern in den Tropen geht W. Radsma ein. Neu eingewanderte Europäer haben einen um rund 10%, nach einigen Jahren um 7,5% gesenkten Grundumsatz, während in den Tropen geborene Weiße nur 1,7% unter Tabellenwert liegen. Die Eskimos haben nach A. Høygaard in Ostgrönland einen durchschnittlich 13% höheren Grundumsatz als die Norm. G. W. Crile und D. P. Quiring (*1*) fanden bei Eskimomännern + 16,4%, bei Frauen sogar + 29% erhöhte Grundumsatzwerte. Dies steht in guter Übereinstimmung mit den Referaten von J. Jongbloed und B. W. Grutterink, die bei allerdings nur 2 Versuchspersonen im Winter 103,3 ± 4,3%, im Sommer 86,3 ± 3,6% der Tabellenwerte des Grundumsatzes fanden. Dagegen beschreibt F. Maignon, daß bei Hunden, Meerschweinchen und Ratten die Umgebungstemperatur keinen Einfluß auf den Gaswechsel habe. Es ist verständlich, daß sich hier alle Übergänge vom Verhalten des Menschen, der zu allen Jahreszeiten gleichartig tätig ist, bis zum Winterschläfer finden, der doch temperaturabhängig ist.

Man hat sich allgemein gewöhnt, klinisch erst Abweichungen von mehr als 10% vom Normalwert der Tabellen diagnostisch zu verwerten. Ehe auf die hormonale Regelung des Grundumsatzes eingegangen wird, muß doch ein kurzes Wort zum Wert solcher Normaltabellen gesagt werden. Es entspricht einer allgemeinen statistischen Erfahrung innerhalb und außerhalb der Biologie, daß alle Einzelwerte jeder beliebigen Art um einen Mittelwert nach der Gaussschen Verteilung streuen. Es ist dabei gleichgültig, ob man die mit einem Bohrer in Metallstücken gebohrten Löcher ausmißt, oder eine komplizierte biologische Größe mißt, verschieden ist dabei nur das Streumaß (mittlere Abweichung vom Mittelwert, standard deviation), das um so kleiner wird, je mehr man sich der technischen Präcision nähert. In der Biologie kann man im Durchschnitt mit einer mittleren Abweichung von 5—10% rechnen, solange die Meßfehler nicht selbst noch größere Abweichungen bedingen. Es ist also von vorneherein zu erwarten, daß zwei gleich große, gleich schwere und gleich alte Menschen gleichen Geschlechts auch innerhalb dieser Schwankungsbreite denselben Grundumsatz haben. Allmählich bürgert sich die statistische Methode in der Medizin ein. Für die Korrelation zwischen Größe und Gewicht liegen neuerdings Literaturangaben über die Korrelation und die mittlere Abweichung vor. (W. M. Krogmann, O. F. Ranke und K. Pheiffer). J. Berkson und W. M. Boothby untersuchen die mittlere Abweichung des Grundumsatzes zwischen verschiedenen Personen (interindividuelle Abweichung) sowie die Abweichungen zwischen verschiedenen Messungen derselben Person (intraindividuelle Abweichung) gegenüber den Tabellenwerten je m^2 Körperoberfläche. Sie finden schon bei Gruppen von 639 Männern und 828 Frauen eine sehr gleichmäßige Gausssche Verteilung, wenn sie in die zwei Gruppen bis 19 Jahre und von 20 Jahren an unterteilen. Die mittleren Abweichungen vom Mittelwert betragen für die interindividuelle Abweichung:

Tabelle 14.

	Männer	Frauen
unter 20 Jahren	6,5%	6,8%
20 Jahre und mehr	6,7%	6,9%

Diese mittlere Abweichung setzt sich noch zusammen aus der intraindividuellen Abweichung des Einzelnen und der interindividuellen Abweichung des Mittelwertes der Einzelperson vom allgemeinen Mittelwert. Die intraindividuelle Abweichung des Einzelnen von seinem Mittelwert beträgt:

Tabelle 15.

	Männer	Frauen
unter 20 Jahren und über 20 Jahre	3,5%	4,7%

Sie streut weder nach dem Alter noch nach anderen Gesichtspunkten, wenn nur methodische Fehler ausgeschaltet sind. Ähnliche Ergebnisse der intraindividuellen Abweichung finden S. Harris und F. G. Benedict und andere. Niedrigere Werte hat nur F. G. Benedict (*2*) an sich selbst gefunden, nämlich 2,2%, der natürlich eine ungewöhnliche Erfahrung in Stoffwechselversuchen hat. Der unsichere klinische Brauch, Abweichungen unter 10% nicht zu verwerten, läßt sich nunmehr zahlenmäßig unterbauen. Die statistische Wahrscheinlichkeit, daß ein Einzelwert nicht mehr normal ist, läßt sich aus der Gausssсhen Verteilungskurve unmittelbar entnehmen, sowie nur die mittlere Abweichung bekannt ist. Mit einer mittleren Abweichung von 6,667% wird diese Wahrscheinlichkeit*:

Tabelle 16.

Abweichung vom Tabellenwert in %	2	4	6	8	10	12	14	16	18	20
Mathematische Wahrscheinlichkeit einer pathologischen Ursache %	4	17	33	51	67	82	95	97	98	99

Demnach kann man bei 10% Abweichung vom Tabellenwert nur in zwei Dritteln der Fälle eine pathologische Ursache vermuten, während bei 20% Abweichung unter 100 Fällen nur mehr einer sein wird, der trotzdem normal ist. Systematische Abweichungen finden sich aber auch durch Rasseneigentümlichkeiten, über die S. 33 berichtet wurde.

6. Grundumsatz bei Kindern.

Schon methodisch ist die Bestimmung des Grundumsatzes bei Säuglingen viel schwerer als bei größeren Kindern und Erwachsenen. Dazu kommt, daß Säuglinge es nicht ohne Schädigung vertragen, die nötige Zeit nüchtern zu bleiben. Der Grundumsatz macht beim Säugling wegen seines raschen Wachstums nur einen geringeren Anteil des Gesamtumsatzes aus als beim Erwachsenen in Ruhe. Nach früheren unzureichenden Untersuchungen haben F. B. Talbot und F. G. Benedict und andere Autoren die Mindestwärmebildung beim Neugeborenen gemessen. Die Mittelwertskurve gehorcht der Gleichung Mindestwärme = Gewicht · 41 ± 1,64 kcal, (Bethe-Bergmann V, 187, aus Abbildung errechnet). Demnach ist mit bemerkenswerter Genauigkeit die Mindestwärmebildung proportional dem Körpergewicht und unabhängig von der Größe, gleich 41 kcal/kg. Der Grundumsatz von älteren Kindern geht aus der folgenden Tabelle 17 hervor. Nimmt man noch die Ergebnisse an Frühgeburten hinzu, die durch E. Ghetti neuerdings ergänzt worden sind, so ergibt sich die Kurve der Abb. 14 für die kcal/m² Oberfläche, die nach F. B. Talbot der stärkste Beweis gegen das Oberflächengesetz ist. Ich glaube, man könnte auch dagegen argumentieren, daß ja bei Säuglingen und noch mehr bei Frühgeburten die Wärmeregulation noch recht

* $\left(\frac{W_0 - W_t}{W_0}, W_0 = 0{,}39894,\ W_t = \text{Wahrscheinlichkeit bei } t \text{ in Vielfachen von } \sigma.\right)$

Tabelle 17. *Der Energieverbrauch des älteren Kindes.*

Gewicht	Entsprechende Oberfläche	Entsprechendes Alter	Erhaltungs-umsatz pro Tag	Energieverbrauch absolut pro Tag (Cal) bei einem Arbeitszuschlag von		
kg	qm	Lebensjahr	(Cal) absolut	30%	65%	100%
10	0,554		508,6	661,2	839,2	1017,2
11	0,590	2.	541,7	704,2	893,8	1083,4
12	0,626		574,7	747,1	948,3	1149,4
13	0,660	3.	605,9	787,7	999,7	1211,8
14	0,694		637,2	828,4	1051,4	1274,4
15	0,727		667,5	867,8	1101,4	1335,0
16	0,759	4.	696,8	905,8	1149,7	1393,6
17	0,791		726,2	944,2	1198,2	1452,4
18	0,822	5.	754,7	981,1	1245,3	1509,4
19	0,853		783,1	1018,0	1292,1	1566,2
20	0,883	6.	810,7	1053,9	1337,7	1621,4
21	0,913		838,2	1089,7	1383,0	1676,4
22	0,942	7.	870,9	1132,2	1436,9	1741,8
23	0,971		891,5	1158,9	1470,9	1783,0
24	0,999		917,2	1192,4	1513,4	1834,4
25	1,027	8.	942,9	1225,8	1555,8	1845,8
26	1,055		968,6	1259,2	1598,2	1937,2
27	1,083	9.	994,3	1292,6	1640,5	1988,0
28	1,111		1020,0	1326,0	1683,0	2040,0
29	1,137	10.	1043,9	1357,1	1722,4	2087,8
30	1,162		1066,8	1386,8	1760,2	2133,6
31	1,188		1090,7	1417,9	1799,7	2181,4
32	1,214	11.	1114,6	1448,9	1839,1	2229,2
33	1,240		1138,4	1479,9	1878,2	2276,8
34	1,266		1162,3	1516,9	1917,8	2324,6
35	1,292	12.	1186,2	1542,1	1957,2	2372,4
36	1,317		1209,1	1571,8	1995,0	2418,2
37	1,344	13.	1233,9	1604,1	2635,9	2467,8
38	1,367		1255,0	1631,5	2070,8	2510,0
39	1,393		1278,9	1662,6	2110,2	2557,8
40	1,416	14.	1300,1	1690,1	2145,2	2600,2
41	1,439		1321,1	1717,4	2179,8	2642,2

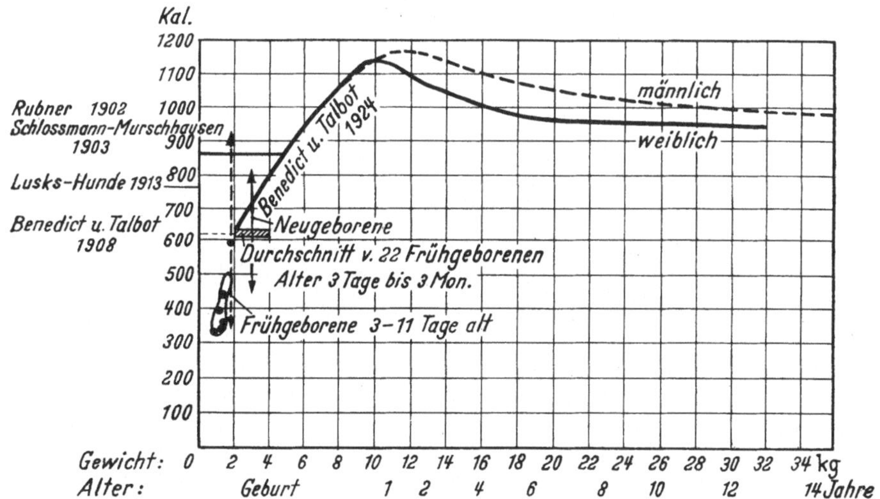

Abb. 14. Grundumsatz/m² Körperoberfläche (DU BOIS-LISSAUER) von Frühgeborenen bis zu 14 Jahren. (Aus GROSSER.)

unvollkommen ist, *weil* sie der Oberflächenregel noch nicht gehorchen. Mit der Geburt ist unter anderem auch eine vollständige Umstellung des Energiewechsels nötig. Intrauterin muß die beim Baustoffwechsel gebildete Wärme mit geringem Temperaturgefälle an das mütterliche Blut abgegeben werden, nach der Geburt treten große Wärmeverluste und damit die Notwendigkeit ein, für Zwecke der Wärmeregulation den Energiewechsel beträchtlich zu erhöhen. Es ist daher nicht verwunderlich, wenn auch die Umstellung auf die Oberflächenregel erst allmählich erfolgt [M. v. PFAUNDLER (*3*)]. Beim Säugling ist der Grundumsatz nur schwer von den anderen Teilen des Gesamtumsatzes abzutrennen. Es mag daher hier gleich der Gesamtumsatz des Säuglings besprochen werden. F. B. TALBOT schätzt den Verbrauch für Muskeltätigkeit zu 25%, und den für das Wachstum mit 3 Monaten auf 36, mit 6 Monaten auf 26 und mit 9 Monaten auf 21% der Gesamtnahrungszufuhr. Einen Überblick über den Gesamtverbrauch im ersten Lebensjahr gibt Abb. 15 nach F. B. TALBOT. Es ist bezeichnend, daß O. HEUBNER schon lange vor der genauen Kenntnis des Verhaltens des Grundumsatzes aus praktischen Gründen für die Ernährung die nötige Energiezufuhr des Säuglings nach dem Gewicht berechnete. Der Energiequotient gibt den täglichen Nahrungsbedarf in kcal pro Kilogramm Körpergewicht an. Er ist, unter Einbeziehung der Werte von R. SEUFERT:

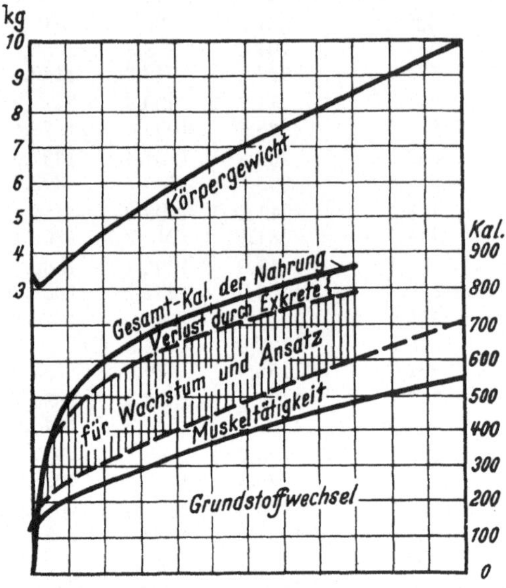

Abb. 15. Zusammensetzung des Stoffwechsels im 1. Lebensjahr nach TALBOT. (Aus P. GROSSER.)

Tabelle 18.

Bei Frühgeburten

	1000—1500 g	94—119 kcal/kg
	1500—2000 g	86—119 ,,
	2000—2500 g	75—112 ,,
Normale,	1. Vierteljahr	100—110 kcal/kg
	2. Vierteljahr	90 ,,
	3. Vierteljahr	80 ,,
	4. Vierteljahr	70 ,,

Im zweiten Lebensjahr sinkt der Energiequotient dann weiter auf 60 kcal/kg und Tag, M. M. DAVIDOVA kommt zu etwas höheren Werten bis zu 100 kcal/kg und Tag. Da die Mindestwärmebildung des Neugeborenen nur 41 kcal/kg ist, bleiben dem normalen Säugling anfangs 59, später weniger kcal/kg für den Arbeitsstoffwechsel und das Wachstum übrig. Die Gewichtszunahme beträgt in den ersten Monaten 29—36 g am Tag, so muß etwa ein 4 Wochen alter Säugling von 4 kg seine Muskeltätigkeit, die Verdauungsarbeit und den Verdauungsverlust sowie dieses Wachstum mit 220 kcal/Tag bestreiten, und für das Wachstum allein bleiben 144 kcal oder rund 4,4 kcal pro Gramm Zunahme, während W. CAMERER nur 1—1,5 kcal/g Gewichtszunahme annahm. Es soll dabei nicht verschwiegen werden, daß solche Berechnungen nur grobe Schätzungen sein können, denn selbst die Angaben eines einzelnen Forschers wie F. B. TALBOT schwanken zwischen 41 und 55 kcal/kg Energiequotient für den Grundumsatz.

7. Gesamtumsatz des Kindes.

Bei Kindern kann man im allgemeinen nicht gut von Arbeitsstoffwechsel sprechen. Doch steigt ihr Gesamtumsatz natürlich gegenüber dem Grundumsatz genau wie bei den Erwachsenen außer durch die spezifisch-dynamische Wirkung der Nahrung hauptsächlich durch die Muskelarbeit. Natürlich muß auch der Verlust an Energie durch Harn und Kot berücksichtigt werden, wenn die erforderliche Energiezufuhr bestimmt werden soll. Die Literatur verfügt besonders in den Beobachtungen ERICH MÜLLERS über ausreichende Erfahrung, daß der Arbeitszuschlag der Spielkinder erstaunlich hoch, 73—121% des Grundumsatzes beträgt, während nach W. CAMERER der Umsatz älterer Kinder, ganz besonders der Mädchen, merklich niedriger ist.

Tabelle 19.

Anzahl	Lebensalter	Gewichts-durchschnitt kg	Oberfläche m^2	Brennwert der Nahrung kcal/Tag	davon verwertet kcal/Tag	verwertete Energie pro m^2 Oberfl.	Arbeits-zuschlag %
7	3.	11,14	0,596	1061	942	1580	73
9	4.	12,18	0,634	1243	1122	1770	93
6	5.	13,93	0,692	1460	1315	1900	107
10	6.	14,92	0,725	1631	1472	2030	121
	Knaben:						
	5—6	18	0,82		1380	1680	83
	7—10	24	1,03		1480	1440	61
	11—14	34	1,29		1610	1250	38
	15—16	52,8	1,72		2100	1220	?
	Mädchen:						
	2—4	12,7	0,65		957	1470	60
	5—7	16,6	0,78		1140	1460	60
	8—10	22,3	0,95		1320	1390	51
	11—14	31,0	1,24		1650	1330	48
	15—18	41,9	1,47		1360	930	3

Die Beobachtungen von W. CAMERER (untere Hälfte der Tabelle) wurden an seinen eigenen Kindern gemacht, und zwar durch jahrelange Berechnung der zugeführten Nahrung. Ich kann aus eigener Beobachtung meiner Kinder sagen, daß der Umsatz der Mädchen individuell und zeitlich sehr verschieden ist, es gibt Konstitutionen und psychische Verhaltungsweisen mit sehr geringem Bedarf, wie sie in den Arbeitslagern gezüchtet worden sind, und ausgesprochene Vielfresser, zu denen die heranwachsenden Knaben gewöhnlich gehören, soweit sie freie Betätigungsmöglichkeit haben. Dem trägt auch E. MÜLLER Rechnung, wenn er dem Arbeitszuschlag für Kinder je nach Temperament und Betätigungsmöglichkeit einen Spielraum von 30—100% des Grundumsatzes einräumt. KRAUT-LEHMANN-BRAMSEL setzten für ihre statistischen Betrachtungen für Kinder aller Altersstufen 10/6 Grundumsatz an, was gerade dem Mittelwert dieses Spielraumes entspricht. Für den absoluten Verbrauch im Kindesalter siehe auch Tabelle 17, S. 35 (E. MÜLLER). Die Ergebnisse von WARDLAW, H. S. HALCRO und C. J. WHITE an australischen und von B. G. KRISHNAN an süd-indischen Kindern stehen mit diesen älteren Zahlen in guter Übereinstimmung, während im Health Bulletin Nr. 23 für 2—5jährige niedrigere Werte, etwa entsprechend 30% Zuschlag zum Grundumsatz, angegeben sind.

Bei Kindern mit abnormen Körpermaßen fand M. BRUIN, daß bei Knaben bis 35%, bei Mädchen bis 30% Übergewicht das tatsächliche Gewicht, darüber das der Körperlänge entsprechende Normgewicht + $^1/_3$ des Übergewichtes zu richtigen Grundumsatzwerten der Tabellen führte.

IV. Regulierung des Umsatzes.

Für die Regulierung des Umsatzes sind zwei ganz verschiedene Gebiete zu unterscheiden, nämlich die Regelung des Energieverbrauches — abgesehen von den willkürlich hervorgerufenen „Arbeitscalorien" — derart, daß der Grundumsatz weitgehend noch über Jahre konstant bleibt, und die zweite damit gar nicht zusammenhängende Regelung der Energiezufuhr entsprechend dem Bedarf, durch die erreicht wird, daß das Körpergewicht trotz wechselnder Umstände konstant bleibt. Während die erste dieser Regelungen, die des Zellstoffwechsels, unserem Willen völlig entzogen ist, kann die Energiezufuhr über gewohnheitsmäßige Beeinflussung von Appetit und Sättigungsgefühl auch willkürlich bis zu einem gewissen Grade beeinflußt werden.

1. Regelung des Energieverbrauchs.

Zusammenfassende Darstellungen finden sich bei E. GRAFE sowie bei W. WINKLER. Es ist eine merkwürdige und beachtenswerte Tatsache, daß der Stoffwechsel, jederzeit bereit zu den mächtigsten Ausschlägen nach oben für Zwecke der Wärmebildung oder der Muskelarbeit, in Ruhe mit einer ungewöhnlichen Genauigkeit wieder auf einen individuellen und sogar auf wenige Prozent vorhersagbaren Wert zurückkehrt. Der zur Aufrechterhaltung der Leistungsbereitschaft der Zellen erforderliche Grundumsatz gehorcht, wie das oben ausgeführt wurde, den bekannten Grundgesetzen der Chemie und Physik. Diese Gesetze können jedoch nur erklären, daß für eine bestimmte Leistungsbereitschaft und für die dazu erforderlichen Ruhearbeiten der Hilfsorgane auch ein bestimmter Grundumsatz erforderlich ist. Man könnte sich vorstellen, daß irgendwo ein enger Querschnitt eingeschaltet ist, wie die Drosselklappe am Automobilmotor, so daß in der Zeiteinheit nicht mehr als eine bestimmte Maximalmenge verbrennen kann. Ob diese Drossel in der Größe der inneren Stoffaustauschflächen (E. WEINLAND), in der Lungenoberfläche [A. PÜTTER (*1*)] oder in der Konzentration oder der Menge von Fermenten usw. gesucht wird, immer muß man entgegenhalten, daß diese Drossel für andere Zwecke weit geöffnet werden kann, z. B. für den Arbeitsstoffwechsel, der das sechsfache des Ruhestoffwechsels noch für eine Stunde betragen kann. Die einzelnen Zellen und der Gesamtkörper kehren auch nach solchen starken Erschütterungen des Stoffwechselgleichgewichts rasch und sicher auf denselben Grundumsatz wie vorher zurück. Die Höhe dieses Grundumsatzes ist, wie erwähnt, von der Tierart und der Tiergröße, besonders von der Organisation als Warmblüter oder Kaltblüter, abhängig und keineswegs eine mit Naturgesetzen erklärbare Naturkonstante. Als Ursache für die Begrenzung des Grundumsatzes müssen wir daher nach einer Regulierung suchen. In erster Linie die Pathologie, aber auch schon die Beobachtung der verschiedenen Entwicklungsphasen ganz normaler Kinder haben erkennen lassen, daß die Drüsen mit innerer Sekretion, Hypophyse, Thyreoidea, Pankreas, in der Jugend die Thymus und später die Sexualdrüsen, einen gewaltigen Einfluß auf den Stoffwechsel, den Energiewechsel und den Stoffansatz haben. Die Wirkung der Drüsen mit innerer Sekretion wird in diesem Buch nicht besprochen. Hier soll nur aus der neueren Literatur erwähnt werden, daß B. RUBENSTEIN in monatelangen Bestimmungen eine jahreszeitliche Schwankung des Grundumsatzes von Frauen um 3,5% mit dem Minimum im Frühjahr, und eine Schwankung mit der Periode um 6%, mit dem Minimum am 8. Tage der Periode, dem Maximum etwa 5 Tage vor der Periode gefunden hat. Neben der hormonalen Regelung des Grundumsatzes spielen aber noch eine Reihe anderer endogener Faktoren eine Rolle. W. LUDWIG hatte 1938 nebenbei gefunden, daß die Vorschaltung eines Totraumes ohne Widerstandsveränderung vor die Atemwege eine eben meßbare Stoffwechselsenkung hervorruft. Die Frage, ob es sich dabei um eine Senkung des Umsatzes nach dem Massenwirkungsgesetz oder eine nervöse Regulation handelt, hat H. REIN (*3*) dann gründlich untersucht und festgestellt, daß der Ruhestoffwechsel von Haut-Muskel-Gebieten des Hundes spontane Änderungen zeigt, die nach Denervierung wegfallen. Diese nervös bedingten Stoffwechselsenkungen können durch Zugabe von wenig CO_2 zur Einatemluft (bis 4%) hervorgerufen werden. Das zugehörige Zentrum liegt in der Medulla oblongata. Große CO_2-Mengen führen dagegen zu Abwehrmaßnahmen des Körpers mit Stoffwechselsteigerung. Die Stoffwechselsenkung durch CO_2 kann kein Mangeleffekt durch verminderte Durchblutung sein, da lokale Stoffwechselstörungen (z. B. nach Ischämie) die Minderdurchblutung sofort durchbrechen. Neben der hormonalen Stoffwechselregelung besteht demnach sicher eine periphere Beeinflussung des Gewebsstoffwechsels, die bei Adrenalin im Sinne der Steigerung wirkt und demnach dem Sympathicus zugehören muß. C. S. STEFANESCU hat dann mit Hilfe von kleinen Atropingaben auch eine Steigerung des Grundumsatzes bei Ausschaltung des Parasympathicotonus gefunden, ob aber damit ein Überwiegen des Sympathicus in den Zentren oder eine Ausschaltung peripherer Parasympathicuserfolge bewirkt wurde, scheint noch nicht entschieden. C. H. HEYMANS und A. L. DELAUNOIS haben auch durch Druckentlastung des Carotissinus und die dadurch hervorgerufene Steigerung des Sympathicotonus eine Stoffwechselsteigerung beim narkotisierten Hund gefunden.

Die bekannte Stoffwechselsteigerung nach Splenektomie hat T. GIUFFRÉ genau untersucht. Nach Reizdosen von Ferrisaccharat fand er eine Gaswechselsteigerung um durchschnittlich 30%, bei Blockierung des retikuloendothelialen Apparates mit Ferrisaccharat oder Trypanblau eine Senkung um 40% des Ausgangswertes. Auf welchem Weg diese Wirkung des retikulo-endothelialen Apparates zustande kommt, ist noch unklar. Neuerdings hat H. REIN (*4*) gezeigt, daß der Herzstoffwechsel entscheidend über die Milz beeinflußt wird, und daß hierzu die Leber notwendig ist. Die Wirkung wird sicher auf dem Blutweg, nicht auf dem Nervenweg ausgelöst. Auch ob die Steigerung des Stoffwechsels, die von W. WILBRANDT, R. WILBRANDT und B. STEINMANN und anderen bei vermindertem Luftdruck gefunden wurde, und die besonders bei raschem Höhenwechsel 20—30% des normalen Grundumsatzes betragen kann, über das Kohlendioxyd geht, das hierbei abgeatmet wird, und somit wieder über das Massenwirkungsgesetz, oder über das autonome Nervensystem, ist eine offene Frage. Bei manchen Tieren ist die Luftdruckänderung unwirksam auf den Grundumsatz, z. B. bei Ratten [J. GIAJA (*1*)], andere, wie das Ziesel [J. GIAJA (*2*)], lassen sich dagegen sogar in Winterschlaf bringen, wenn sie bei mäßiger Temperatur verdünnter Luft ausgesetzt werden. Wir sehen noch nicht klar, auf Grund welcher Reize das GRAFEsche Zentralorgan im zentralen Grau um den 3. Ventrikel den Grundumsatz und die Körpertemperatur einstellt, entgegen der R-G-T-Regel (VAN'T HOFF), so daß die Körpertemperatur bei wechselnder Umgebungstemperatur konstant gehalten wird oder auf andere Werte eingestellt wird, die dann ebenso hartnäckig festgehalten werden, ganz besonders aber, wie sich die Gewebszellen mit ihren Bedürfnissen an den Stoffwechsel dem ganzen Spiel anpassen, kurz worin der prinzipielle Bauunterschied zwischen Warmblütern und wechselwarmen Tieren besteht, wir sehen nur mehr oder weniger klar die Folgen und die Zwecke dieser ganzen Regulation. Eine ausführliche Besprechung dieser Fragen ist nicht Aufgabe dieses Bandes.

Eine wahrscheinlich rein zentrale Störung des GRAFEschen Regulationszentrums für den Grundumsatz im Zwischenhirn beobachtete W. WINKLER mit Schwankungen des Grundumsatzes zwischen 80 und 170%. A. GASNIER und A. MAYER (*1*, *2*, *3*) fanden in Kaninchenversuchen, daß die täglichen Schwankungen von Gewicht, Energieumsatz und Nahrungsaufnahme bei Beanspruchung der Regulation durch Umgebungstemperaturen zwischen — 3° und + 30° geringer waren als bei Indifferenztemperatur.

2. Die Regelung der Energiezufuhr. Hunger.

Nach den chemischen Untersuchungen (dies. Lehrbuchs S. 98) müssen wir unterstellen, daß alle Nährstoffe, die in den Verdauungskanal gelangen, bis auf geringe ausnutzbare Reste tatsächlich in den Körper aufgenommen werden. Desto erstaunlicher ist die Konstanz des Körpergewichtes und des Grundumsatzes bei frei gewählter Kost, die in Bestätigung der alten VOITschen Angaben von J. JONGBLOED und B. W. GRUTTERINK, J. BERKSON und W. M. BOOTHBY und H. L. DUNN, S. HARRIS und F. G. BENEDICT, sowie AUB und DU BOIS und W. M. BOOTHBY, J. BERKSON und W. A. PLUMMER gefunden wurde.

Eine Konstanz des Körpergewichts könnte außer durch die Regelung des Appetits auch über die von E. GRAFE (*2*) diskutierte und nach ihm bewiesene Luxuskonsumption bei übermäßiger Nahrungszufuhr, also durch Erhöhung des Zellumsatzes bei Steigerung der Konzentration der Nährstoffe im Sinne des Massenwirkungsgesetzes bis zu einem gewissen Grade gesichert sein. Wir kommen hierauf bei Unterernährung und Mast zurück. Da jedoch auch der Grundumsatz erstaunlich konstant bleibt, kann die Regelung nur über die Nahrungsaufnahme erfolgen. Hierbei sei erwähnt, daß das Wort Hunger ursprünglich im Deutschen sowohl den Wunsch nach Nahrungsaufnahme beschreibt, wie den Zustand, der als Allgemeingefühl unangenehm zum Bewußtsein kommt. S. LAUTER hat treffend die Vieldeutigkeit des Wortes Hunger dargestellt. Er hebt hervor, daß für die Regelung des Gleichgewichtszustandes sowohl eine afferente Meldung — mit dem Blut, und wegen der Mischung des Blutes im Herzen und Lungenkreislauf nur als Meldung des mittleren Gewebszustandes — wie ein Übergang ins Bewußtsein notwendig zu fordern sind. Denn die Nahrungsaufnahme ist eine dem Willen unterworfene aktive Tätigkeit. Die mangelnde begriffliche Trennung von Zustand und Bedarf der Gewebe, Empfindung und Gefühl des Hungers und Begehren nach Beseitigung des Gefühls, die alle mit dem Wort Hunger (engl. hunger) bezeichnet werden, erschwert sowohl die wissenschaftliche Bearbeitung, wie die Beschreibung der augenblicklichen Auffassungen. Es ist betrüblich und beruhigend zugleich, bei S. LAUTER zu lesen, daß die Auffassungen von PAWLOW, CANNON und CARLSON über die Ursachen des Hungers sich bei ALBRECHT VON HALLER 1776, nur jeweils gefärbt durch die augenblickliche Zeitströmung nach chemischer oder physikalischer Vorherrschaft, nach medizinischem oder metaphysischem Erklärungsbedürfnis, alle schon finden. Sicher ist nur durch die Arbeiten von CANNON und seinen Schülern, daß die Magenbewegungen der Empfindung des Hungers zeitlich vorausgehen, und daß die Magenbewegungen weitgehend, aber nicht streng parallel zum Blutzucker gehen (W. W. SCOTT, C. C. SCOTT und A. B. LUCKHARDT, F. BRAUCH). W. THIELE macht darauf aufmerksam, daß zwar einerseits die Magenbewegungen vom Blutzuckergehalt auf einem uns bisher nicht restlos bekannten Weg des Reflexes geregelt werden, daß aber andererseits die Motilität des Magens den Blutzuckergehalt zu regeln vermag, indem bei langsamer Entleerung ein zu steiler Anstieg des Blutzuckers verhindert wird. Die bewußte Empfindung des Hungers dürfte nach CANNON und seinen Mitarbeitern durch die Magenbewegungen hervorgerufen werden, ob es aber zum Hungergefühl kommt, hängt von zahlreichen Nebenumständen ab: Tätigkeit und Begeisterung, Trauer und Ekel, und die Gewohnheiten der zeitlichen Einteilung der Mahlzeiten, ja sogar Überlegungen und religiöse Überzeugung (G. ALBERTI) können das Hungergefühl ebenso beseitigen, wie Krankheit, Fieber und Füllung des Rectums (LOEW und PATTERSON), während umgekehrt das Bewußtsein, der Gefahr des Nahrungsmangels ausgesetzt zu sein, den Hunger zwingend werden läßt, und der Futterneid in der Mast der Schweine ein wichtiges Anreizmittel darstellt. Auch beim Menschen finden sich ähnliche Einflüsse. So macht S. LAUTER darauf aufmerksam, daß Neureiche dick zu werden pflegen, ebenso wie einige Berufe, die mit der Nahrung zu tun haben, wie Bäcker, Metzger, Wirt und Köche beiderlei Geschlechts zur Fettsucht neigen, ein Beweis, daß der Hunger kein untrüglicher Instinkt ist. Die Bedeutung der Erziehung, schon im Säuglingsalter, aber auch später für die Gewinnung der richtigen Erfahrung über das Zuträgliche geht nicht nur aus der Beobachtung des Festhaltens der bäuerlichen Bevölkerung an überkommenen Sitten und Kostformen hervor, sondern auch aus dem bekannten Wort, daß Fresser nicht geboren, sondern erzogen werden. Überhaupt stimme ich FLÖSSNER bei, daß S. LAUTER eine Reihe neuer Gedanken bringt, die beachtenswert sind. Hungergefühl macht tätig, das ist im politischen Tagesgeschehen als Bestätigung des Schillerwortes täglich zu beobachten: Es geht der Welt Getriebe durch Hunger und durch Liebe. S. F. MARGOLIN und M. E. BUNCH zeigen die erhöhte Aktivität besonders junger Ratten bei Hunger, und K. W. BASH zeigt, daß Durchschneidung des N. splanchnicus und N. vagus diese Aktivität vor dem Fressen hungernder Ratten zwar um 19% von 52 auf 33% der Versuche senkt, aber nicht ganz beseitigt. Demnach kann die Auslösung dieser Aktivität nicht allein auf die Magenbewegungen zurückgeführt werden. Endlich benutzte B. F. SKINNER Hunger und dosierte Ernährung, um die Aktivität seiner Tiere für andere Versuche konstant zu erhalten.

3. Appetit, Sättigung.

Die Auslösung der Nahrungsaufnahme erfolgt wohl auf Grund des Hungergefühls, aber, darauf macht wieder S. LAUTER aufmerksam, was und wieviel dann gegessen wird, hängt abgesehen vom Angebot von dem Verhältnis zwischen Appetit und Sättigungsgefühl ab. Die Sättigungsempfindung wird nach der bei S. LAUTER erwähnten Literatur vorwiegend vom Mageninnendruck, bei höheren Graden auch von der Bauchdeckenspannung und den Verdrängungsfolgen für Herz und Atmung hervorgerufen, und nicht etwa von der Befriedigung der Gewebsbedürfnisse, die erst Stunden später nach erfolgter Verdauung eintreten kann. In das Sättigungsgefühl aber gehen wieder Erfahrungswerte ein: Plötzlicher Abbruch schwerer körperlicher Arbeit, z. B. beim Sport durch einen Knöchelbruch, aber auch Umstellung von fettarmer, umfangreicher Kost zu konzentrierter Nahrung (eigene Erfahrung), führt zu Gewichtszunahme, also zur mindestens vorübergehenden Überfütterung, außerdem sind Dinge, wie die Kauarbeit mit maßgebend, die z. B. bei Rohkost so groß ist, daß lieber eine gewisse Abmagerung in Kauf genommen wird, als daß man mit den Kauwerkzeugen weiter arbeitet. Das Sättigungsgefühl kann mindestens vorübergehend durch Ballaststoffe der Nahrung betrogen werden. Die Kenntnis dieser Zusammenhänge wird von der Hausfrau bei der Zusammenstellung von Speisen benutzt, wenn z. B. das fettreiche und daher energiereiche Schweinefleisch mit dem calorisch wertlosen Ballaststoff Sauerkraut gegeben wird, und so die Sättigung auf Grund der Magenfüllung bei einer gleichbleibenden Calorienaufnahme bewirkt wird. Die Ballaststoffe werden im chemischen Abschnitt gesondert behandelt. Auf Grund der Erfahrung der letzten Jahre wird wohl auch S. LAUTER nicht mehr aufrechterhalten, daß die Sättigungsdauer nicht dem Caloriengehalt der Nahrung parallel geht, wenn auch zuzugeben ist, daß einzelne Genußmittel, wie Kaffee und Kakao, im Verhältnis zu Brot einen Sättigungswert haben, der ihren calorischen Wert übersteigt, während Alkohol gerade umgekehrt einen zu niedrigen Sättigungswert hat, so daß der Alkoholiker zur Fettsucht neigt. Doch ist bei Genußmitteln zu berücksichtigen, daß sie ebenso wie das Nicotin durch Reiz oder Lähmung die Empfindungen betrügen können. Der Appetit (wörtlich: Begehren) kann über mannigfache Koch- und Darbietungskünste dazu führen, daß dem Sättigungsgefühl erst spät durch Beendigung der Nahrungsaufnahme nachgegeben wird. Hierin liegt die Wirkung vieler Erholungsstätten und Sanatorien zur Mast und die praktische Bedeutung der Essensgebräuche, bis zu den Auswüchsen in emporgekommenen Staaten, die dann am Wohlleben zugrunde gegangen sind (JAKOB BURCKHARDT). Der Appetit richtet sich jedoch nicht allein auf die Qualität und die Menge, sondern auch auf einzelne Nahrungsmittel, ja bei den Gelüsten der Schwangeren auf einzelne, dem tatsächlichen Gewebsbedarf entsprechende Stoffe wie Kalk. Ratten haben (nach C. P. RICHTER, C. P. RICHTER und B. BARELARE und viele weitere Arbeiten) getrennt nach Eiweiß, Kohlenhydrat, Kochsalz, Kalk, Phosphor, Kalium und den Vitaminen Appetit. Und Hunde lehnen nach N. A. ROZHANSKY vitaminarme Kost mit Erbrechen und Achylie ab, wenn sie zwischen den Versuchstagen immer wieder Gelegenheit zu freierer Nahrungswahl haben. Doch wäre es gefährlich, aus solchen Befunden zu schließen, daß der Appetit ein untrüglicher Naturinstinkt sei. Nicht nur das Beispiel des Alkohols zeigt zur Genüge, daß wir uns auf den Appetit nicht verlassen dürfen und wie stark die Gewohnheit auf unsere Nahrungsaufnahme einwirkt. Auch Tiere können Suchten verfallen und lernen Giftiges und Ungiftiges erst auf Grund von Erfahrungen unterscheiden. Die Einschaltung der Großhirnrinde in die Nahrungsaufnahme ist (S. LAUTER) beim höher organisierten Tier notwendig, um die willkürlichen Maßnahmen zur Nahrungssuche zu ermöglichen, sie bedingt aber eine Vielfalt von Einflüssen, die das Einhalten eines Gleichgewichts zwischen Einnahmen und Ausgaben an Stoffen und Energie dem rein naturwissenschaftlichen Verständnis entziehen. Nur die gesteigerte Aktivität im Hunger und die faule Lethargie des Satten lassen uns ahnen, auf welchem Umweg dieses Gleichgewicht doch, trotz aller fremden Nebeneinflüsse, wieder gesichert ist. Hunger ist nicht nur der beste Koch, Not macht auch erfinderisch, ohne daß wir mit Physik und Chemie nachweisen können, wie diese Tatsachen in der Organisation unseres Stoffwechsels und Zentralnervensystems verankert sind. Es handelt sich dabei in ähnlicher Weise wie beim Prinzip der chemischen Wärmeregulation um eine begrenzte Abweichung von dem Verhalten der unbelebten Natur. Dort steigt die Reaktionsgeschwindigkeit mit der Temperatur und mit der Konzentration der reagierenden Stoffe entsprechend dem Massenwirkungsgesetz an. Bei den Warmblütern dagegen sinkt der Umsatz mit steigender Körpertemperatur im Regulationsbereich, und er steigt auf Grund der besonderen Einrichtungen nicht proportional der Konzentration der hauptsächlich reagierenden Stoffe, der Kohlenhydrate und dem Sauerstoff im Blut.

V. Isodynamie und spezifisch-dynamische Wirkung.

1. Brennwert und freie Energie.

Nach M. RUBNER (7) drückt sich der Bedarf der Zellen außer einer bestimmten kleinen Menge Eiweiß nicht stofflich, sondern energetisch aus. „Die Quelle der Energie, ob Eiweiß, Fett oder Kohlenhydrate, ist gleichgültig, nur auf die Befriedigung des Energiebedarfes überhaupt kommt es an.“ Wir wissen heute, daß außer dem Eiweiß auch andere Stoffe, wie ungesättigte Fettsäuren und Vitamine, stoffliche Bedürfnisse des Körpers sind, die nicht nur energiemäßig beachtet werden dürfen, und daß außerdem wenigstens beim Fett eine obere Grenze der Zufuhr besteht, oberhalb derer Störungen eintreten, wie das im Physiologisch-Chemischen Teil näher ausgeführt wurde. Trotzdem bleibt stofflich gesehen noch ein weiter Spielraum zwischen minimaler und maximaler Fettzufuhr, zwischen Eiweißminimum, einschließlich des zum Wachstum nötigen Eiweißes, und fast reiner Eiweißfettkost z. B. der Eskimos. Im Körper kommt es aber im Gegensatz zu der Darstellung von M. RUBNER keineswegs nur auf die Gesamtenergie an, ausgedrückt im Brennwert der Nährstoffe. Ein einfaches Beispiel möge dies beleuchten: Verbrennungsmotore können sowohl Benzin wie Benzol oder Gemische beider Stoffe als Quelle ihrer Energie benutzen. Ist jedoch ein Vergaser durch seine Einrichtung des Verhältnisses zwischen Luftzufuhr und Kraftstoffzufuhr auf Benzin eingestellt, so arbeitet er mit Benzol unwirtschaftlich, weil die zu große Luftzufuhr ihn unzweckmäßig kühlt, im umgekehrten Fall kann die Verbrennung nicht vollständig ablaufen, weil das Benzin mehr Sauerstoff benötigt als das Benzol. Für einen Heizofen kommt es nur auf den Brennwert von Benzin und Benzol an, im Kraftwagen aber außerdem auf seine technische Einrichtung, die es nicht erlaubt, wahllos den einen oder anderen Brennstoff mit günstigstem Wirkungsgrad zu verwenden.

Solange die Energie im Körper nur zur Deckung der Wärmeverluste benutzt wird, ist es auch nach unserer heutigen Überzeugung gleichgültig, mit welchen der drei Energielieferanten das Energiebedürfnis gedeckt wird, solange dabei der erlaubte Spielraum der Zusammensetzung vom Eiweißminimum bis zum Fettmaximum eingehalten bleibt. Allerdings werden dabei der intermediäre Stoffwechsel und seine Hauptarbeitsstätten Leber und Niere mehr als bei mittlerer Zusammensetzung der Nahrung belastet. Für Zwecke der Wärmeregulation können sich Fett, Eiweiß und Kohlenhydrat innerhalb des zulässigen Spielraumes energetisch vertreten nach Maßgabe der Brennwerte. Rein energetisch sind nach M. RUBNER (7) mit 100 g Fett isodynam:

Tabelle 20.

	Direkt am Tier bestimmt	Aus der Verbrennungswärme berechnet
Muskeleiweiß	225	213
Stärkemehl	232	229
Muskelfleisch	243	235
Rohrzucker	234	235
Traubenzucker	256	255

Hierbei ist besonders schon beim Eiweiß berücksichtigt, daß Verluste der Energie mit Kot und Harn eintreten, wie das S. 11 schon dargelegt wurde. Deswegen sind die Nettobrennwerte des Eiweißes im Mittel ja nur mit 4,1 kcal/g statt über 5,5 kcal angesetzt. Im Chemischen Teil hat K. LANG ausführlich dargelegt, daß diese Verluste durch Ausscheidung von Aminosäuren und Lactose noch von zahlreichen Nebenumständen, besonders von der Art der Aminosäuren der Nahrung, abhängt. Bei relativ hohen Eiweißgaben allerdings steigt bei Vorschulkindern nach J. E. HAWKS, J. M. VOORHEES, M. M. BRAY und M. DYE der Calorienverlust mit dem Harn beträchtlich an. Bei 3 g Eiweiß je kg Körpergewicht war der Energieverlust mit dem Harn 7,3%, bei 4 g schon 12% der zugeführten Gesamtcalorien. Seit M. RUBNER steht in allen Lehrbüchern, es seien 227 g Kohlenhydrat oder Eiweiß isodynam mit 100 g Fett. Innerhalb der Ungenauigkeit, die sich nach der vorstehenden kleinen Tab. 20 ergibt, trifft dies auch zu, soweit die Energie nur in Form von Wärme für Zwecke der Wärmeregulation erforderlich ist. Sowie jedoch die Energie der Nährstoffe nicht nur als Wärme, sondern für andere Zellleistungen verwendet werden muß, kommt es ebenso wie bei dem Beispiel des Benzinmotors auf die Einrichtung der Zellen an, ob sie alle chemische Energie der Nährstoffe nach Maßgabe der Brennwerte für ihre Leistungen mit demselben Wirkungsgrad verwenden können. Zum Beispiel ist der Erholungsstoffwechsel des Muskels an die Verbrennung von Spaltprodukten gebunden, die vorher aus Glucose oder aus Fettsäuren gebildet wurden. Steht Glucose nicht zur Verfügung, sondern z. B. Fett als Energiespender, so ist es keineswegs selbstverständlich, daß die Muskelzelle Fett mit dem gleichen Wirkungsgrad für diese Vorgänge verwenden kann. Einerlei, ob zuerst aus dem Fett in der Muskelzelle oder in Hilfsorganen wie der Leber Kohlenhydrat gebildet werden muß, oder ob Spaltstücke des Fettes in die Reaktionskette eingebaut werden, jedesmal muß (C. OPPENHEIMER) nach dem Entropiesatz ein mehr oder minder großer Anteil der freien Energie als Wärme verlorengehen, der nach neuesten amerikanischen Angaben allerdings sehr gering ist. Was für die Tätigkeit der Muskelzellen gilt, gilt mutatis mutandis für jeden Stoffwechsel, auch für den Grundumsatz der Zellen. Dann braucht also keineswegs mehr der Brennwert der Nährstoffe maßgebend zu sein für die aus den Nährstoffen für den Stoffwechsel der Zellen verfügbare Energie. Isodynam für solche Zwecke außer der Wärmebildung sind dann nicht mehr Mengen gleichen Brennwerts, sondern solche Mengen, die den gleichen Betrag für die Tätigkeit frei werdender Energie enthalten. C. OPPENHEIMER diskutiert die Frage, ob überhaupt die Calorie noch als geeigneter Maßstab verwendet werden darf, da dieses Maß nur den Brennwert, nicht aber den Wirkungsgrad beim Energiewechsel der Zellen berücksichtigt. Es hat indessen nicht nur historische Gründe, wenn trotzdem an der Calorie als Energiemaß festgehalten wird. Zunächst ist ja die Wärmebildung für die Zwecke der Wärmeregulation wenigstens beim Warmblüter eine wichtige und in Ruhe die umfangreichste Aufgabe des Energiewechsels. Außerdem aber ist der Brennwert der einzige Energiewert der Nährstoffe, der immer und überall gleich bleibt, während je nach der Stoffwechsellage, nach Tätigkeit, Wachstum, Regeneration, nach Wunden oder Krankheiten der Betrag an freier, für die betreffende Tätigkeit verwertbarer Energie schwankt. Und zuletzt läßt sich zwar der Brennwert etwa neugebildeten Gewebes exakt messen, aber nicht der Energieaufwand an freier Energie zu seiner Bildung, ganz abgesehen davon, daß mit der Calorienrechnung übersichtliche, genügend abgestufte, aber auch nicht unbequem große Zahlen für den Tagesumsatz erzielt werden. Es ist daher viel bequemer und handlicher, den Brennwert mit einem Faktor, dem Wirkungsgrad, auf die für Tätigkeiten der Zellen verwertbare freie Energie umzurechnen, als die Calorie als Maßstab zu verlassen. Statt des Wirkungsgrades für diese Umsetzungen wird seit alters nach dem Vorgehen von M. RUBNER derjenige Anteil der Brennwertsenergie angegeben, der nicht anders als in Form von Wärme verwendet werden kann. Ein großer Teil dieser Wärme tritt schon kurz nach der Nahrungsaufnahme auf. Er ist darauf zu beziehen, daß die Nährstoffe nicht in beliebiger Form gespeichert werden können, sondern hierzu in diejenigen Depotstoffe verwandelt werden müssen, für die gerade Aufnahmefähigkeit besteht. Es leuchtet sofort ein, daß außer den Umwandlungsverlusten auch die ja völlig im Körperinneren ablaufenden Vorgänge der Verdauung, Resorption und des Transportes zu den Depots nach außen nur als Wärmeerzeugung in Erscheinung treten. Diesen beiden zwangsläufig eintretenden Verlustanteilen an freier Energie der Nährstoffe für die Aufnahme und die Verarbeitung in depotfähige Stoffe hat M. RUBNER (*5*) den Namen spezifisch-dynamische Wirkung gegeben und sie damit erklärt, daß intermediäre Stoffwechselvorgänge nach der Resorption eintreten, um die Nahrungsstoffe für den eigentlichen Zellstoffwechsel vorzubereiten, und nur die Restenergie nach Abzug dieser Umbauenergie für das eigentliche Zelleben zur Verfügung steht. Hieraus schloß M. RUBNER schon, daß die spezifisch-dynamische Wirkung zwar für Zwecke der Wärmeregulation nutzbar gemacht werden kann, daß aber alle energieverbrauchenden Leistungen der Körperzellen darüber hinaus ihren normalen Energieverbrauch haben, einerlei, ob Nahrung mit großer oder kleiner spezifisch-dynamischer Wirkung verwendet wird. In zahllosen Einzelarbeiten, die G. LUSK bis 1931 zusammengefaßt hat, hat sich diese RUBNERsche Ansicht voll bestätigt.

Ein weiterer Verlust an freier Energie kann auftreten, wenn Depotstoffe, z. B. Fett, für Zelltätigkeiten herangezogen werden, für die Kohlenhydrate den höchsten Wirkungsgrad haben. Gewöhnlich pflegen wir uns ja täglich mehrmals gemischte Nahrung zuzuführen. Der Körper ist daher, wie C. OPPENHEIMER ausführt, darauf eingerichtet, die Kohlenhydrate als „tägliches Geld“ in verhältnismäßig geringer Menge in Form von Glykogen zu speichern, so daß der Energieverbrauch zwischen den Mahlzeiten hieraus gedeckt werden kann. Als langfristig angelegtes Depot wird vom Körper das Fett benutzt, das in Notzeiten oder bei unvorhergesehenem hohem Bedarf angegriffen wird. Fett ist nicht nur wegen seines hohen Brennwerts raumsparend als Depotstoff, es ist außerdem viel reaktionsträger als Kohlenhydrat und stört daher nicht im gleichen Maß die Gleichgewichtslage des Stoffwechsels durch Erhöhung der Konzentration einer der leicht angreifbaren Komponenten. Dafür kostet es Energie, wenn auch nicht sehr viel, bei Bedarf aus dem Fett wieder freie Energie für Zelltätigkeit zu gewinnen, wie es Unkosten bringt, das fest angelegte Geld flüssig zu machen. Diese Verluste an freier Energie bei der Verwendung dafür nicht besonders günstiger Energielieferanten für den Zellstoffwechsel haben bisher keinen besonderen Namen, sondern werden in den Wirkungsgrad z. B. der Muskulatur mit hineingerechnet.

2. Spezifisch-dynamische Wirkung.

Die beiden Anteile an Energieverlust freier Energie, die spezifisch-dynamische Wirkung und die Umwandlungsverluste beim Hungerstoffwechsel machen es demnach stofflich wie energetisch nicht gleichgültig, mit welchem Stoff die Energie zugeführt wird. Werden 100 kcal des Grundumsatzes durch Eiweiß zugeführt, so steigt der Umsatz um rund 30 kcal, werden sie durch Fett ersetzt, so steigt er um etwa 4 kcal, und bei Ersatz durch Kohlenhydrat um näherungsweise 6 kcal, so daß die zugeführten 100 kcal nur 70, 96 und 94 kcal des Grundumsatzes abdecken können. Nach Nahrungszufuhr steigt der Umsatz — bei sonstiger völliger Körperruhe und ohne Inanspruchnahme der Wärmeregulation — je nach der Menge der zugeführten Nahrung für einige bis 6, ja 8 und mehr Stunden erheblich an, um dann wieder zur Norm abzufallen. Der Verlauf dieser Stoffwechselsteigerung ist nicht nur von der Art der zugeführten Nährstoffe, sondern auch vom Ernährungszustand und der Gewöhnung an den zugeführten Nährstoff abhängig. Im Durchschnitt findet man bei Fettgabe eine Gesamtsteigerung des

Umsatzes um 4% der zugeführten Energie, aber auf der Höhe der Wirkung kann die Steigerung für die einzelne Stunde 30% des Gesamtumsatzes ausmachen (J. R. MURLIN und G. LUSK). Bei unterernährten Diabetikern kann besonders bei häufigen kleinen Fettzugaben die spezifisch-dynamische Wirkung ganz oder fast ganz fehlen (H. B. RICHARDSON und E. H. MASON), oder bei fehlender Gewöhnung an Fett, bei hungernden Menschen, beträchtlich höher als normal sein (E. H. MASON). Bei Gaben von Zucker ist die spezifisch-dynamische Wirkung kürzer als bei Fett, mit dem Maximum nach 1—2 Std und mit einem Gesamtwert von 4—10%, im Mittel etwa 6% je nach Art und Menge der Kohlenhydrate. Dabei wird aber nach M DANN und W. H. CHAMBERS nur ein kleiner Teil des zugeführten Zuckers verbrannt, der größte Teil wird, wenigstens beim Hund, in der 3.—4. Std nach Nahrungszufuhr als Glykogen abgelagert (G. FISHER und M. B. WISHART), soweit er nicht mit hohem Respirationsquotienten in Fett umgebaut wird, wobei der Umsatz für einige Stunden auf das Doppelte des Grundumsatzes ansteigen kann (M. WIERZUCHOWSKI und S. M. LING). Weitaus am stärksten ist die spezifisch-dynamische Wirkung von Eiweiß nach Höhe und Dauer, wie folgendes Beispiel von H. B. WILLIAMS, J. A. RICHE und G. LUSK zeigt:

Tabelle 21. *Umsatz eines 13,5 kg schweren Hundes nach Zufuhr von 1200 g Fleisch.*

Zeit nach Eiweißgabe	kcal/Std	% über Grundumsatz
Grundumsatz	22,3	0
2. Std	36	61
3. Std	42	88
4.—10. Std	40	80
14. Std	36	61
18. Std	30	35
21. Std	25	12

Auch von der Höhe der Eiweißgabe ist die Wirkung abhängig, wie das Beispiel von R. WEISS und A. RAPPORT dartut:

Tabelle 22.

Zugeführtes Fleisch	Urin-N (6. Std)	Steigerung über Grundumsatz	je 100 kcal Extraprotein erhöht den Stoffwechsel um
200 g	0,47 g	30%	50 kcal
400 g	0,74 g	38%	38 ,,
600 g	0,99 g	51%	36 ,,
700 g	1,55 g	51%	37 ,,
800 g	1,30 g	60%	32 ,,
1200 g	2,00 g	80%	35 ,,

Wie die spezifisch-dynamische Wirkung von der Art des Eiweißes abhängt, ist nicht mehr eine rein energetische, sondern vorwiegend eine chemische Frage und wird daher beim Eiweißstoffwechsel dargestellt. Besonders zu erwähnen ist nur, daß es Nahrungskombinationen gibt, bei denen sich die spezifisch-dynamischen Wirkungen der Komponenten addieren, wie z. B. Fett, Glucose und Glykokoll (J. R. MURLIN und G. LUSK).

Tabelle 23.

Nahrungsstoff	spezifisch-dynamische Wirkung	
Fett	17%	(6.—8. Std)
Glucose	30%	(2.—3. Std)
Glykokoll	21%	
	Summe 68%	
alle 3, Fett 4 Std früher.	64%	

Andere Kombinationen, besonders solche, die sich hinsichtlich der Aminosäuren ergänzen, verhalten sich gerade umgekehrt, die spezifisch-dynamische Wirkung der Komponenten ist höher als die der Kombination. Geradezu eine negativ-spezifisch-dynamische Wirkung hat nach H. GREMELS die Kombination Alkohol-Glucose-Lävulose mit langanhaltender Blutzuckersenkung mit Schlafbedürfnis, so daß bei Basedowkranken damit Gewichtszunahmen erzielt werden konnten. Aus allen diesen Beobachtungen hat T. S. HAMILTON den wichtigen Schluß gezogen: Je besser eine Nahrung den an ein Tier gestellten Anforderungen entspricht, desto geringer ist ihre spezifisch-dynamische Wirkung. Die spezifisch-dynamische Wirkung des Eiweißes kann nach den alten RUBNERschen Versuchen wie nach den Bestätigungen durch J. R. ANDERSON und G. LUSK nicht zur Muskelarbeit verwendet werden; als Beispiel möge ein Versuch von F. MEYER erwähnt werden: Bei einem 10,5 kg schweren Hund, der mit 500 g rohem, fettarmem Rindfleich gefüttert wurde, betrug der Umsatz in Körperruhe:

Tabelle 24.

	Cal	davon Grundumsatz	davon spezifisch-dynamische Wirkung
An Ruhetagen	281	234	47
nach d. 1. Arbeitstag . . .	304	234	70
1. Tag nach d. 2. Arb.-Tag	302	234	68
2. Tag nach 2. Arb.-Tag. .	289	234	55

Nach schwerer Muskelarbeit ist also die spezifisch-dynamische Wirkung von Eiweiß gegenüber der Norm sogar erhöht, um die Muskeln zu restituieren.

Endlich zeigt N. TSAMBOULAS, daß die spezifisch-dynamische Wirkung aller Nährstoffe bei wohlgenährten, wohlhabenden Versuchspersonen höher ist als bei ärmeren, und besonders die Wirkung von Eiweiß kann bei Eiweißmangel ganz gering werden. Die Zahlen der Literatur, besonders der amerikanischen, beziehen sich stets auf wohlgenährte Versuchspersonen. Das Alter hat nach G. LUCCHI und G. DOMENICONI keinen Einfluß auf die spezifisch-dynamische Wirkung.

Im Einzelfall kann, wie die vorstehenden Ausführungen zeigen, die spezifisch-dynamische Wirkung der Nahrung recht verschieden ausfallen. Für statistische Zwecke besonders der Nahrungsberechnung benötigen wir jedoch einen Mittelwert, der es erlaubt, aus Grundumsatz, spezifisch-dynamischer Wirkung und Ausnutzungsverlusten die notwendige Zufuhr zu berechnen. Dies gelingt leicht unter Benutzung der Tatsache, daß die spezifisch-dynamische Wirkung von Eiweiß, Fett und Kohlenhydrat sich im wesentlichen additiv verhält, wenn auch E. B. FORBES, J. W. BRATZLER, E. J. THACKER und L. F. MARCY eine Abhängigkeit von der Kombination, besonders zwischen Eiweiß und Kohlenhydrat, festgestellt haben. Folgendes frei gewählte Beispiel mag erläutern, wie man aus der Kostform auf die spezifisch-dynamische Wirkung wenigstens größenordnungsmäßig schließen kann: Es betrage bei einer Kost in völliger Körperruhe der Anteil an:

Tabelle 24a.

	% der Calorien	Zufuhr		resorbiert		spezif.-dynam. Wirkung	
		g	kcal	g	kcal	%	kcal
Eiweiß	15	74	304	68	280	30	84
Fett	25	54	506	50	466	4	19
Kohlehydrat.	60	297	1220	274	1124	6	67
Gesamt	—		2030		1870		170
ab spez.-dyn. Wirkung					170		
Grundumsatz					1700		

Das Beispiel zeigt außerdem, daß es in Zeiten mit normaler Ernährung für statistische Zwecke genügt, mit einer spezifisch-dynamischen Wirkung von 10% zu rechnen. Dagegen werden minderwertige Nahrungsmittel, wie sie besonders in Zeiten des Hungers teils freiwillig, teils auf staatlichen Druck Verwendung finden, beträchtlich schlechter ausgenutzt (siehe S. 94, Ausnutzung der Nahrung). Die nötige Zufuhr allein für den Ruheumsatz beträgt dann:

1. Grundumsatz nach den Normtabellen,
2. Zuschlag für spezifisch-dynamische Wirkung 10%,
3. Zuschlag für die Ausnutzung 8% des Umsatzes oder rd. 9% des Grundumsatzes.

Die Summe aus allen drei Anteilen ist dann schon 119% des Grundumsatzes, die zur Erhaltung des Körperbestandes erforderlich sind. Bei körperlicher Arbeit sind die Beträge für die spezifisch-dynamische Wirkung und Ausnutzung natürlich ein größerer Teil des Grundumsatzes, da sie ja jeweils die gesamte Nahrungszufuhr betreffen, die jeweils 119% des Energiebedarfs enthalten muß, oder mit anderen Worten, nur 84% der mit der Nahrung zugeführten Energie $\left(\frac{100}{119}\right)$ steht für die Deckung der Bedürfnisse des Grundumsatzes und der Muskelarbeit zur Verfügung.

VI. Arbeitsumsatz.

1. Begriffsbestimmung.

Unter Arbeit versteht der Physiker eine Energieform, meßbar in mkg, der Physiologe dagegen muß den Begriff der Körperarbeit weiter fassen. Es gibt zahllose Formen von Arbeit der Körperzellen oder ganzer Organe, bei denen die mechanische Energie entweder ganz fehlt oder, wie etwa im Verdauungskanal, im Hintergrund gegenüber den chemischen Ergebnissen steht, selbst die Muskeln, die Organe, die allein zur Erzeugung mechanischer Energie befähigt sind, benutzen wir mit genau demselben Stoffwechsel und der gleichen Innervation, nur in anderer Kombination einmal z. B. zum Bergsteigen, zur Hebung des Körpers gegen die Schwerkraft, einmal nur zur Versteifung der Beine und des Rumpfes und des Nackens, ohne daß dabei mechanische Arbeit geleistet wird. Schon in den ältesten Zeugnissen (Nibelungenlied) wird das Wort Arbeit durchaus auch für psychische Vorgänge benutzt, die wir heute als geistige Arbeit bezeichnen. Ich sehe das Gemeinsame aller dieser sehr verschiedenen „Arbeiten“ von Drüsen Muskeln und Nervenzellen der Hirnrinde darin, daß wir subjektiv hinterher das Gefühl der Ermüdung haben. Arbeit nennen wir, was hinterher eine Abspannung, ein Erholungsbedürfnis hervorruft. Mit dieser und nur mit dieser Begriffsbestimmung fassen wir auch gleichzeitig alle Vorgänge, bei denen im Körper zusätzliche Stoffwechselvorgänge über den Erhaltungsumsatz hinaus ablaufen, den wir durch keine Maßnahme willkürlich einschränken oder steigern können. Wir sprechen ebenso davon, daß unsere Speicheldrüsen mit der Nahrungsaufnahme oder schon vorher zu arbeiten beginnen, wie von der Nierenarbeit, der Muskelarbeit, einerlei, ob wir dabei äußere mechanische Arbeit leisten oder sämtliche Energie wieder zu Wärme verwandelt wird, wie die Herzarbeit. So umfaßt der Begriff der Arbeit für den Physiologen im Gegensatz zum Physiker die verschiedensten Energieformen von der chemischen potentiellen Energie über die Wärme bis zur mechanischen Energie. Das Wesentliche ist dabei nicht die Art der Energie, sondern die Tatsache der zusätzlichen, über den Erhaltungsumsatz hinausgehenden Anstrengung.

Aus dem Gesetz von der Erhaltung der Energie mußte sofort geschlossen werden, daß alle solche Arbeit aus anderer Energie gedeckt werden muß. Schon A. L. Lavoisier folgerte aus der Tatsache, daß Körperarbeit den Sauerstoffverbrauch und die CO_2-Abgabe steigern, daß die Verbrennungsvorgänge dabei ansteigen. Die Arbeiten von M. RUBNER (*5*), N. ZUNTZ (*1*) und die Bilanzversuche auch bei Muskelarbeit von W. O. ATWATER und F. G. BENEDICT sind Marksteine auf dem Wege zu unserer heutigen unumstößlichen Meinung, daß das Bibelwort, wer nicht arbeitet, soll auch nicht essen, auch umgekehrt mit voller Strenge gilt: Ohne Energieverbrauch keine Arbeit. Es ist notwendig, diese Errungenschaft festzuhalten, solange politische Kräfte ohne Kenntnis solcher Grundtatsachen die Ernährung von Völkern zu lenken suchen.

Der Gesamtenergieverbrauch für sämtliche arbeitenden Zellen des Körpers überlagert sich rein additiv über den Erhaltungsumsatz, wie schon bei der Besprechung der spezifisch-dynamischen Wirkung belegt wurde, unbeschadet der Tatsache, daß die chemischen Umsetzungen sich nicht streng in Betriebs- und Baustoffwechsel trennen lassen: energetisch betrachtet besteht diese Trennung weiter. Wir können im Experiment natürlich mehr oder weniger genau den Energiewechsel einzelner Organe messen, für den Gesamtumsatz ist jedoch allein das Integral über sämtliche Einzelumsätze maßgebend, das sich aus zahlreichen Einzelposten zusammensetzt. Bei Muskelarbeit z. B. wird gleichzeitig Atmung und Kreislauf zum Antransport der benötigten Stoffe und zum Abtransport der Schlacken und der Wärme vermehrt tätig, im Zentralnervensystem erhöht sich der Stoffwechsel der zugehörigen Ganglienzellen, die Umstellung des Kreislaufs unterbricht mehr oder weniger andere Tätigkeiten, wie die Verdauung; die gebildete Wärme wird unter Betätigung der Schweißdrüsen abgeführt, sogar die Niere ist mit der Ausscheidung der Schlacken beschäftigt, und die Bereitstellung des Brennmaterials für den Muskel beansprucht die Leber. Die Anteile aller dieser einzelnen Posten am Gesamtumsatz bedingen, daß nicht alle der für Muskelarbeit aufgewendeten Energie tatsächlich in den Muskeln zur Wirkung kommt. Selbst die Mehrarbeit zum Aufsuchen, zur Aufnahme, Verdauung und Resorption der Nahrung entsprechend dem gesteigerten Energiebedarf muß noch zum Arbeitsstoffwechsel gerechnet werden. Einen anschaulichen Vergleich bietet das Leben im Staatswesen: Soll z. B. ein Kanal gebaut werden, so muß ein Teil der bewilligten Gelder abgezweigt werden für die Tiefbauingenieure und Geologen, die das Projekt ausarbeiten, es müssen Bagger und Transportmittel in entfernten Fabriken gebaut werden, Zementfabriken werden ihren Betrieb erweitern, andere Bauvorhaben werden zurückgestellt, um die erforderlichen Arbeitskräfte freizubekommen, alles Erforderliche muß auf eigens verlängertem oder erweitertem Eisenbahnnetz herangeführt werden, und dann erst beginnt die eigentliche Arbeit. Da jedoch auf viele Arbeiter nur ein Ingenieur und auf mehrere Ingenieure nur ein Geologe trifft, wird der Nahrungsverbrauch der Arbeiter vollkommen im Vordergrund stehen, selbst wenn die Ingenieure und Geologen beträchtlich besser leben als die Arbeiter. Und der Mehrbedarf für Zement- und Maschinenfabriken belastet den Haushalt unter Umständen lange vor dem Beginn der eigentlichen Arbeit, wie sich die wirtschaftlichen Folgen des Kanalbaues für die Landwirtschaft, durch deren Äcker der Kanal gelegt wurde, erst nach Jahren in der Steuerbilanz des Bezirkes getreu widerspiegeln. Ganz entsprechend spielt der Arbeitsumsatz des Zentralnervensystems bei Arbeit jeder Art mengenmäßig eine untergeordnete Rolle, sogar gegenüber dem Mehrverbrauch der Muskeln, die dem Körper für etwaige Schreibarbeit die richtige Haltung geben, und denen der Atmung und des Kreislaufs, die auf Grund des Seufzens über eine mathematische Aufgabe mehr brauchen als die Ganglienzellen, nur weil die Muskelzellen zahlenmäßig überwiegen. Diese Tatsachen sind lange bekannt und oft genug beschrieben (A. DURIG) und bedürfen keiner Nachkontrolle, auch wenn es den Geistesarbeitern in Zeiten der Rationierung unbequem ist.

Wir sind gewohnt, alles noch zum Arbeitsstoffwechsel zu rechnen, was nach Abschluß der Arbeit an Umsatzerhöhung gegenüber dem Erhaltungsumsatz gemessen wird, bis der Grundumsatz wieder erreicht wird. Dieser Erholungsstoffwechsel betrifft die Beseitigung der unmittelbaren Folgen des Arbeitsstoffwechsels an allen Organen, natürlich mengenmäßig wieder in erster Linie die Muskulatur. Eigentlich wäre es richtiger, auch noch die Steigerung der spezifisch-dynamischen Wirkung des Eiweißes an den folgenden Tagen zum Arbeitsumsatz zu rechnen, die ja ohne die Arbeit nicht eingetreten wäre. Dies erfolgt aber ganz von selbst, wenn wir den Arbeitsstoffwechsel beim Arbeiter in seiner täglichen Arbeit messen, da hier dann der Reststoffwechsel der vorhergehenden Arbeitstage miterfaßt wird.

2. Die Quelle der Muskelkraft.

Ursprünglich betrachtete J. LIEBIG (*1*) das Eiweiß als Quelle der Muskelkraft, das unter Umständen erst nachträglich [J. LIEBIG (*2*)] als Harnstickstoff meßbar wird. Die lange Reihe der Arbeiten von C. v. VOIT, von A. FICK und J. VISLICENUS mit ihrer berühmt gewordenen Besteigung des Faulhorns bis zu W. O. ATWATER, A. V. HILL und O. MEYERHOF haben uns gelehrt, daß in erster Linie das Kohlenhydrat die Quelle der Muskelkraft ist, wie es überhaupt für alle Zellen, nicht nur die Muskelzellen, der Brennstoff für den Tätigkeitsstoffwechsel ist (J. J. R. MACLEOD). Der schon mehrfach berührte Streit der Meinungen, ob dabei das Fett unmittelbar in den tätigen Zellen als Brennstoff verwendet werden kann (G. LUSK) oder grundsätzlich vorher ganz (J. J. R. MACLEOD) oder teilweise (V. CAPRARO) in der Leber in Glykogen verwandelt werden muß, war bisher noch nicht eindeutig beantwortet. E. GRAFE (*1*) bestreitet noch die Umwandlung von Fett in Glykogen nach Muskelarbeit und erklärt das Absinken des RQ mit der angeblichen Retention von Kohlensäure nach Hyperventilation. Demgegenüber muß darauf hingewiesen werden, daß A. ECKERT schon 1920 Versuche vorgelegt hat, bei denen nach ungewöhnlich schwerer Radfahrarbeit im Hunger der RQ für mehrere Stunden zwischen 0,7 und 0,5 lag. Er kommt zu dem eindeutigen Schluß, „daß der Körper in Ruhe nach erschöpfender Muskelarbeit trotz des Mangels an Kohlenhydrat im Stoffwechsel Glykogen aus Körpermaterial bildet und speichert". A. ECKERT findet, daß nach solcher Arbeit ein starker Zerfall von Körpereiweiß eintritt, der die Glykogenbildung voll erklären könnte, ohne daß Glykogen aus Fett gebildet wird. E. H. CHRISTENSEN und O. HANSEN fanden bei gut trainierten Versuchspersonen, daß im Lauf schwerer Arbeit bis zur Erschöpfung eine zunehmende Fettverbrennung eintritt. Der 2. Hauptsatz der Thermodynamik verlangt auf alle Fälle bei Verwendung eines anderen Stoffes als dem, für den die Muskelzelle mit günstigstem Wirkungsgrad gebaut ist, einen Energieverlust. Nach Berechnungen von H. BORSOOK und H. M. WINEGARDEN würde der Umbau von Fett in Traubenzucker mit einem Umwandlungsverlust von 21% der theoretisch-isodynamen Menge verbunden sein. R. J. ANDERSON und G. LUSK fanden bei einem Hund in der Tretmühle folgenden Stoffwechselenergieaufwand, um 1 kg Körpersubstanz 1 m fortzubewegen:

Tabelle 25.

	Energieaufwand		%	RQ
	Einzelwerte	Mittel		
Standardkost	0,570—0,585	0,580 mkg	100	0,78
nach 70—100 Traubenzucker	0,550—0,579	0,561 „	95—100	0,95
3.—13. Hungertag	0,570—0,595	0,584 „	98—103	0,717 (ohne Eiweiß)

Hieraus wie aus den Versuchen von A. KROGH und J. LINDHARD und M. E. MARSH, die beim Menschen bei hohen Fettgaben bis zu 11% Mehraufwand für Muskelarbeit fanden, schließt G. LUSK (*2*), daß das Fett unmittelbar ohne Umbau in Zucker im Muskel verbraucht werden kann. Nach dem neuesten Stand der physiologischen Chemie kann ein Zwischenprodukt des Fettsäurenabbaues sowohl unmittelbar als Quelle der Muskelkraft wie als Zwischenstufe des Umbaues von Fett in Kohlenhydrat verwendet werden. Demnach dürfte *während* der Arbeit eine unmittelbare Fettverbrennung eintreten, *nach* der Arbeit aber eine Auffüllung der erschöpften Kohlenhydratvorräte durch Umwandlung von Fett in Glykogen, falls nicht Kohlenhydrate mit der Nahrung zugeführt werden. Mit dieser Auffassung lassen sich alle beschriebenen Befunde widerspruchslos deuten,

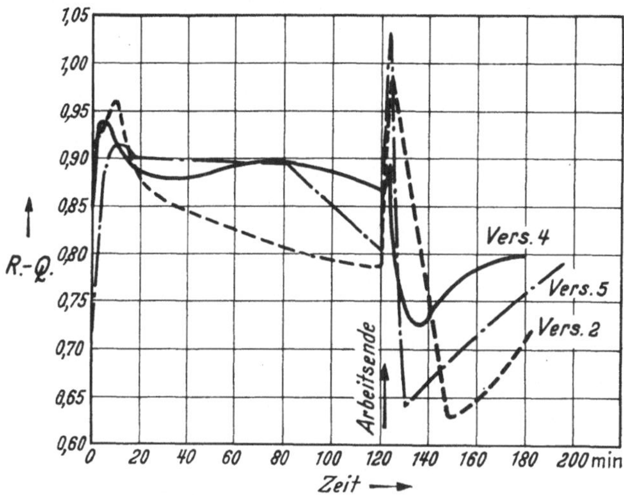

Abb. 16. Verhalten des RQ während und nach körperlicher Arbeit. Die tiefsten RQ werden besonders nach langdauernder Schwerarbeit in der Erholungsphase beobachtet. [Aus E. ATZLER (*3*).]

wenn man zusätzlich annimmt, daß die Kohlenhydrate als Brennmaterial verwendet werden, solange sie in ausreichender Menge vorrätig sind, und daß im Kohlenhydratmangel Fett in Kohlenhydrat verwandelt wird. Sonst wäre das Absinken des RQ unter 0,7 in der Erholungsphase nach schwerer Muskelarbeit für Stunden, das J. H. TALBOTT, A. FÖLLING, L. J. HENDERSON, D. B. DILL, H. T. EDWARDS und R. E. L. BERGGREEN und weitere Beobachter bestätigen, nicht erklärbar, das nur durch Verwandlung von Fett in Glykogen verständlich ist (Abb. 16). Die Beantwortung der chemisch-physiologischen Frage, ob tatsächlich Fett in Kohlenhydrat verwandelt werden kann, ist nicht Aufgabe der energetischen Betrachtung und berührt uns hier deswegen nicht, weil es vom energetischen Standpunkt aus nur darauf ankommt, welcher Teil der Verbrennungsenergie der Muskelarbeit zugute kommt, nicht aber, wo diese Umwandlungsverluste im einzelnen vor sich gehen (C. OPPENHEIMER). Deckt die Nahrungszufuhr den Bedarf nicht und sind die Fettvorräte des Körpers erschöpft, so wird auch Eiweiß zur Muskelarbeit verbrannt, und zwar nicht nur die geringen Mengen, die ständig dabei als Abnützung ersetzt werden müssen, sondern als eigentliche Energiequelle. Dasselbe erfolgt bei übermäßiger Eiweißzufuhr.

3. Wirkungsgrad.

Der Bruch $\frac{\text{mechanische Arbeit}}{\text{aufgewendete Energie}}$ wird in der Maschinentechnik als Wirkungsgrad bezeichnet. Sinngemäß erweitern wir den Begriff des Wirkungsgrades auch da, wo die gebildete Körperarbeit sich überhaupt nicht oder nur sehr indirekt in mechanischer Arbeit ausdrückt, und bezeichnen als relativen Wirkungsgrad für unsere Zwecke den Bruch $\frac{\text{geleistete Körperarbeit}}{\text{aufgewendete Energie}}$, einerlei, ob es sich um mechanische Arbeit, um die Wärmeregulation oder um geistige Arbeit handelt, ob die mechanische Arbeit einen meßbaren Betrag ausmacht, oder ob sich die Körperarbeit bequemer in andern Maßen, z. B. der Fortbewegungsgeschwindigkeit oder den je Arbeiter und Tag geförderten Kohlenmengen eines Bergbaubetriebes ausdrücken läßt. Freilich kann dann dieser relative Wirkungsgrad nur mehr in Relativzahlen zum höchsten beobachteten Wert angegeben werden, während er bei Wärmeentwicklung und mechanischer Arbeit in absoluten Zahlen als Prozentsatz der umgesetzten Energie erhalten wird. Es ist bemerkenswert, daß der Wirkungsgrad der Organismen bei der Wärmebildung 100% der verbrannten Nettoenergie beträgt, während gerade die Heizung in der Technik, ganz besonders natürlich in Einzelöfen des Haushalts, mit sehr schlechtem Wirkungsgrad arbeitet.

Die Benutzung des Wirkungsgrades erlaubt allein den Zusammenhang zwischen der mit der Nahrung zugeführten Energie und der geleisteten Arbeit quantitativ zu erfassen. Mit seiner Hilfe sind zahllose Einzelarbeitsarten in mühseligen Versuchsreihen untersucht worden [E. ATZLER (*1*, *2*, *4*), sämtliche Bände Arb. Physiol.], deren Fülle hier nicht aufgezählt werden soll. Dagegen sind einige prinzipielle Fragen der Arbeitsphysiologie zu besprechen.

Zunächst muß der Wirkungsgrad noch etwas genauer definiert werden. Von der Gesamtnahrung wird ein Teil für den Erhaltungsumsatz, der Rest für die Arbeit verwendet. Für volkswirtschaftliche Betrachtungen muß nach K. SCHREBER (*1*, *2*) der gesamte Bruttoverbrauch einschließlich des Erhaltungsumsatzes berücksichtigt werden. Ein einfaches Zahlenbeispiel soll das veranschaulichen. Es mögen für irgendeine Arbeit, z. B. einen Straßenbau, täglich 40000 kcal zur Verfügung stehen, und der Erhaltungsumsatz je Arbeiter sei 2000 kcal/Tag.

Tabelle 26.

Zahl der Arbeiter	Erhaltungsumsatz	Arbeitsumsatz	Bruttowirkungsgrad
10	20000	20000	50
15	30000	10000	25
40	40000	0	0

Die gleiche Betrachtungsweise gilt für die geldliche Seite wenigstens in weitem Umfang. Für den Arbeitgeber ist der Arbeiter mit dem geringsten Anteil des Erhaltungsumsatzes am Gesamtumsatz am wirtschaftlichsten, und daher sind auch die Bestrebungen von TAYLOR und das STACHANOW-System verständlich. Dem ist aber eine Grenze in der dauernden Arbeitsfähigkeit gesetzt.

Nach Abzug des Erhaltungsumsatzes vom Gesamtumsatz bleibt der eigentliche Arbeitsumsatz übrig, so daß der Bruch $\frac{\text{geleistete Arbeit}}{\text{Gesamtumsatz - Erhaltungsumsatz}}$ mit E. HANSEN als Nettowirkungsgrad sämtlichen zur Körperarbeit zusätzlich erforderlichen Umsatz einschließlich den für Kreislauf, Atmung usw. enthält. Es wurde schon darauf aufmerksam gemacht, daß eigentlich die spezifisch-dynamische Wirkung der nunmehr zusätzlich erforderlichen Nährstoffe und der

Restitutionsumsatz mit zum Arbeitsumsatz, nicht zum Erhaltungsumsatz zu rechnen sind, aber meist vernachlässigt werden, ganz abgesehen vom Erholungsumsatz, der durch richtige Versuchsanordnung (E. SIMONSON) berücksichtigt werden kann. J. E. JOHANSSON hat dann vom Arbeitsumsatz einen weiteren Betrag für die sogenannte Leerbewegung abgezogen, beispielsweise beim Heben von Gewichten für das Heben und Senken des Körpers. Der eigentliche „reine Wirkungsgrad" nach Abzug der Leerarbeit bleibt dann, und darin liegt seine Bedeutung, in weiten Bereichen unabhängig von der Arbeitsschwere, wie folgendes Beispiel zeigt (F. FULL und G. LEHMANN).

Tabelle 27.

Gewicht	Arbeitsumsatz für einmaliges Heben und Senken	Nach Abzug des Leerumsatzes	Mehrumsatz je kg Gewicht
0	294	—	—
7	591	297	42,4
16	999	705	44,0
21	1192	898	42,7
25,25	1364	1070	42,4
30,25	1780	1480	49,1
35,25	2128	1834	52,0

Erst bei sehr schwerer Arbeit steigt der Umsatz je Einheit der geleisteten Arbeit an, weil dann zusätzliche Arbeit zur Versteifung des Körpers, für ungeübte Hilfsmuskeln usw. geleistet werden muß. Der Bestwert des Wirkungsgrades liegt für die verschiedenen Berechnungsarten bei sehr verschieden schwerer Arbeit. Als

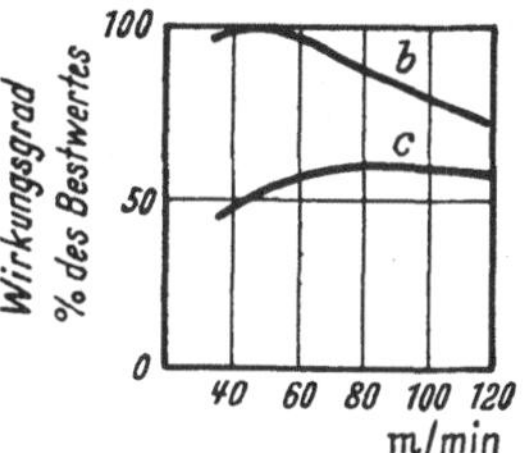

Abb. 17. Wirkungsgrad beim Gehen ohne Last in der Ebene bei optimaler Schrittlänge. Abszisse: Geschwindigkeit; Ordinate: Wirkungsgrad in Prozenten des Bestwertes; b: bei Berücksichtigung nur des Arbeitsumsatzes; c: bei Berücksichtigung des Gesamtumsatzes einschließlich Ruheumsatz. Der Bestwert von b (Spazierengehen) liegt bei 50 m/min = 3 km/st, der von c bei 90 m/min = 5,4 km/st, 115 Schritt/min und einer Schrittlänge von 78 cm. [Aus O. F. RANKE (1).]

Beispiel sei das Gehen in der Ebene ohne Last angeführt (Abb. 17). Der Bestwert des Bruttowirkungsgrades einschließlich des Erhaltungsumsatzes liegt je nach der Körpergröße bei 90 m/min oder 5,4 km/Std und einer Schrittlänge von 78 cm, der Bestwert des Nettowirkungsgrades bei 50 m/min, 3 km/Std und einer Schrittlänge von 51 cm. Mit dem Bestwert des Bruttowirkungsgrades erreicht man mit dem geringsten Umsatz ein Ziel, mit dem Bestwert des Nettowirkungsgrades ohne Erhaltungsumsatz ist die Anstrengung je Meter Weg am geringsten. Der Arbeiter wird ganz unbewußt als Arbeitstempo lieber den Nettowirkungsgrad berücksichtigen, der Arbeitgeber sehr bewußt den Bruttowirkungsgrad, der bei ihm auch noch durch Generalunkosten belastet ist, obwohl der reine Wirkungsgrad in weitem Bereich konstant bleibt. Das Absinken des reinen Wirkungsgrades bei sehr schwerer Arbeit ist aber die Ursache, daß bei Brutto- und Nettowirkungsgrad ein Maximum auftritt.

Der reine Wirkungsgrad der verschiedenen Arbeitsarten ist noch von einer großen Zahl von Nebenumständen abhängig. An äußeren Faktoren spielt besonders die verlangte Bewegungsgeschwindigkeit und die Art des Werkzeugs eine große Rolle. Es ist Aufgabe der Arbeitsphysiologie, für jede Arbeitsart den Bestwert des reinen Wirkungsgrades je nach diesen Bedingungen aufzusuchen. Beispiele hierfür finden sich in den schon genannten Arbeiten E. Atzlers und seiner Schule. Leistungsmindernde Einflüsse, wie Hitze und Kälte, Sauerstoffmangel, Staub, Erschütterung [O. F. Ranke (*1*, *2*)], müssen beim Vergleich zwischen Laboratoriumsversuch und den tatsächlichen Verhältnissen im Berufsleben berücksichtigt werden. Die Zahl der Untersuchungen hierüber ist in den letzten Jahren durch die Kriegsereignisse stark angewachsen, ganz besonders im Hinblick auf die Luftfahrt. Die Vermeidung statischer Haltearbeit erlaubt auch heute noch, durch Änderung der Gebräuche den Wirkungsgrad zu erhöhen und die Ermüdung hinauszuschieben. Als Beispiel sei erwähnt, daß die Straßenbahnführer in München seit Beginn stehen mußten und erst seit dem Jahre 1948 sich auf Hocker setzen dürfen.

Eine etwas gründlichere Besprechung erfordern die inneren Umstände, die den Wirkungsgrad beeinflussen, da sich daraus Folgerungen für den unterschiedlichen Umsatz bei der gleichen Arbeit ergeben. Entsprechend dem Obengesagten nimmt der reine Wirkungsgrad bei schwerer Arbeit oberhalb des Gültigkeitsbereiches der Johanssonschen Regel bei allen Arbeitsarten ab, da dann zusätzliche Arbeit zum Versteifen des Körpers und für Hilfsmuskeln geleistet werden muß. Als zweiter wesentlicher Faktor für den Wirkungsgrad ist die Schnelligkeit der Bewegungen zu nennen. Es gibt für jede Arbeitsart eine optimale Bewegungsgeschwindigkeit (Abb. 18, H. Lupton), die besonders von A. V. Hill auch theoretisch untersucht wurde. Sie hängt einmal von der Möglichkeit zu geeigneter Innervation, also vom Zentralnervensystem, dann aber auch von den Maßen der bewegten Glieder ab: Kleine Menschen mit kurzen Beinen machen zwar kleinere Schritte, dafür aber mehr Schritte in der Zeiteinheit. An den Maschinen, z. B. einer Handkurbel, sind daher die Optima nicht für alle Menschen gleich.

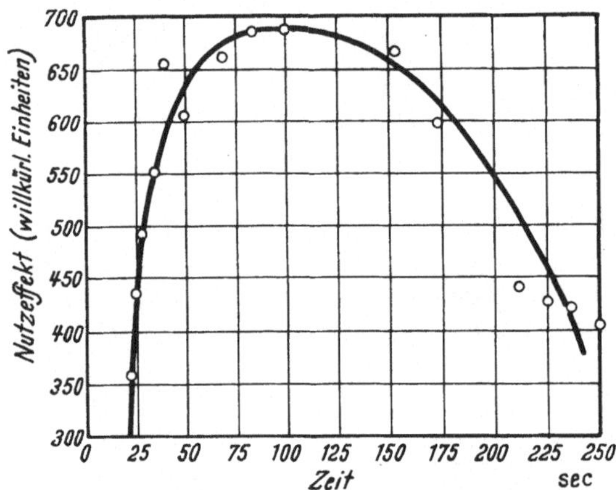

Abb. 18. Verlauf des Wirkungsgrades (Nutzeffektes) beim Ersteigen einer Treppe, Abszisse: aufgewendete Zeit, Ordinate: Wirkungsgrad. (Nach H. Lupton.)

Viel bedeutungsvoller aber nicht nur für den Wirkungsgrad, sondern auch für die Grenze der Leistungsfähigkeit ist der körperliche Zustand, der mit dem einen Wort Training die anatomische Veränderung, die Anpassung an die besondere Arbeitsart, und die Übung des Zentralnervensystems zur günstigsten, sparsamsten Koordination umfaßt. Jeder von uns weiß aus der eigenen Erfahrung, mit wie unzweckmäßigem Kraftaufwand zunächst Arbeiten ohne Übung ausgeführt wurden. Der Fahrschüler gerät in Schweiß beim halbstündigen Führen eines Kraftwagens, eine Tätigkeit, die später wenigstens beim Personenwagen ohne wesentliche Anstrengung körperlicher Art verläuft. Für schwere körperliche Arbeit ist mit der zunehmenden Übung des Zentralnervensystems das zweckentsprechende Wachstum derjenigen Muskelgruppen verbunden, die besonders beansprucht werden, so daß die ungünstiger arbeitenden Hilfsmuskeln entlastet werden. Bewegungsstudien geben Aufschluß über die sparsamen, zweckmäßigen Bewegungen des Geübten gegenüber den ausfahrenden, unnötigen des Ungeübten. Daneben sinkt mit dem Training auch der Aufwand für Kreislauf und Atmung, und Blut und autonomes Nervensystem passen sich dem Bedarf an. Das Studium aller dieser Veränderungen gehört seit langem zum klassischen Besitz der Arbeitsphysiologie [E. ATZLER (*3, 4*)].

Der absolute Bestwert des Muskelwirkungsgrades spielte früher (C. OPPENHEIMER) in der Literatur deswegen eine wichtige Rolle, weil daraus geschlossen wurde, daß der Muskel keine Wärmekraftmaschine sein kann. N. ZUNTZ und HAGEMANN schätzten den reinen Muskelwirkungsgrad auf 40%, A. FICK fand ursprünglich 55%. In der neueren Literatur wird diese Frage nicht mehr diskutiert, nachdem A. V. HILL aus Überlegungen über die initiale und die Erholungswärme den größten theoretischen Wirkungsgrad des Muskels zu 0,5 bestimmt hatte. Es sei dahingestellt, ob durch die Arbeiten von H. REICHEL der theoretische Wirkungsgrad des Muskels nicht einer neuen Betrachtung bedarf, nachdem die initiale Wärme nicht mehr als Stoffwechselwärme, sondern als thermo-elastischer Effekt zu betrachten ist. H. REICHEL erhält in einem rohen Überschlag den Wirkungsgrad für höhere Belastungen zu 28,6%.

Dagegen wurde der Nettowirkungsgrad und sein Optimum für zahlreiche Arbeitselemente untersucht, der sich ergibt, wenn die mechanische Arbeit durch den Zusatzumsatz dividiert wird. Einen Überblick erlaubt die folgende Tab. 28 (E. SIMONSON).

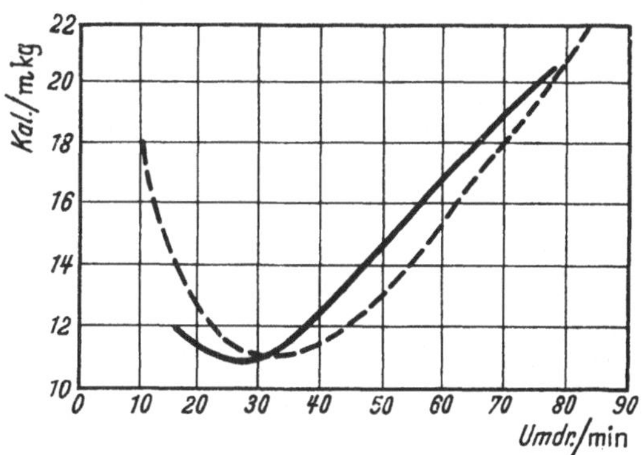

Abb. 19. Abhängigkeit des Wirkungsgrades beim Kurbeldrehen von der Umdrehungsgeschwindigkeit bei zwei verschiedenen Versuchspersonen. Die Lage des Minimums ist nur wenig, der optimale Wirkungsgrad gar nicht von der Wahl der Versuchspersonen abhängig. [Aus E. ATZLER (2).]

Wenn der Zusatzumsatz jedes Arbeitselementes aller Berufe bekannt wäre, müßte sich daraus und aus der täglichen Arbeitsleistung der Nahrungsbedarf berechnen lassen. Die Mißerfolge der ersten Versuche auf diesem Gebiet (H. WOLPERT, G. BECHER und J. W. HÄMÄLÄINEN, T. M. CARPENTER und F. G. BENEDIKT), die viel zu hohe Verbrauchswerte fanden, lagen nicht am Prinzip. Es ist köstlich zu lesen, wie bei H. WOLPERT drei Professoren um den unglücklichen Schneider in der Respirationskammer herumstehen, der dann, natürlich völlig befangen, viel zu eifrig gearbeitet und dabei wohl auch die sonst gewohnte Übung verloren hat. Auch wird er nicht gewagt haben, wie sonst Arbeitspausen einzulegen. G. FARKAS, J. GELDRICH und A. SZAKÁLL (*1, 2, 3*) und S. LANG und F. LEÖVEY haben bei Erntearbeiten, dem Dreschen und allen dabei vorkommenden Nebenarbeiten, sowohl Einzelumsätze der Teilarbeiten wie den Gesamtumsatz gemessen und haben damit gezeigt, daß mit der DOUGLAS-Sackmethode sehr gute Übereinstimmung mit den Gesamtumsätzen zu erzielen ist, besonders nachdem die Methodik durch die Benutzung einer kleinen tragbaren Gasuhr erweitert wurde, wie sie E. KOFRÁNYI und H. F. MICHAELIS entwickelten, aus der nur 1‰ in die Analysensäcke gefüllt wird. Für die Berechnung des Tagesumsatzes aus den Arbeitselementen ist es aber auch nötig, Angaben über die Stoffwechselsteigerung für Sitzen, Stehen und Gehen zu haben. Für das lässige Stehen wird bei 75 Frauen von R. H. TEPPER und F. A. HELLEBRANDT eine Steigerung von im Mittel 16,20% über den Grundumsatz gemessen, aber mit starker individueller Streuung, während F. A. HELLEBRANDT wesentlich größere Steigerungen für freies, entspanntes Stehen und etwa gleiche Werte nur für angelehntes Stehen fand. In unveröffentlichten Versuchen haben wir bei Männern im Durchschnitt 21% Steigerung über den Grundumsatz für lässiges Stehen erhalten. Für das Gehen findet R. MARGARIA 0,5 kcal je kg und km in der Ebene bei einer optimalen Marschgeschwindigkeit um 3—5 km/Std, beim Lauf in der Ebene zwischen 7 und 15 km/Std dagegen 1,0 kcal je kg und km. Für das Sitzen ist nur die alte Angabe (zitiert bei SIMONSON, S. 827) mit 28,9% Steigerung für stilles Lesen und Tischstütze zu finden. Wir selbst fanden bei bequemem Sitzen mit Rückenlehne nur etwa 9% über Grundumsatz.

Tabelle 28.

Arbeit	Optimaler Wirkungsgrad in % „Nettowirkungsgrad"	Autor
Gewichtheben	8,4	ATZLER, LEHMANN, HERBST, MÜLLER
Gewichtheben	14,0	HANRIOT und RICHET (nach Abzug der Leerbewegung)
Feilen	9,4	AMAR
Hantelstoßen	10,0	FULL und LEHMANN
Horizontaler Stoß	14,0	LEHMANN
Horizontale Vorwärts- und Rückwärtsbewegung (Arm am Schwungradergometer)	23,0	CHATHCART, RICHARDSON u. CAMPBELL
Kurbeln	18,0	SPECK
Kurbeln	22,0	ATZLER und Mitarbeiter
Kurbeln	18,0	LINDHARD
Radfahren	21,6	BENEDIKT und CARPENTER
Radfahren	30,0	BENEDIKT u. CATHCART (n. Abzug d. Leerlaufs)
Radfahren	28,0	CAMPBELL, DOUGLAS u. HOBSON
Radfahren	27,0	HANSEN
Schwungradergometer . . .	26,0	HILL
Schwimmen	3,0	LINDHARD, LILJESTRAND u. STENSTRÖM
Rudern	25,0	HENDERSON und HAGGARD
Gehen	23,0	BENEDIKT und MURSCHHAUER
Steigen	34,3	ZUNTZ und LEHMANN, ZUNTZ u. SCHUMBURG
Steigen	22,0	DURIG und ZUNTZ
Steigen	23,1	BREZINA u. REICHEL (Bruttowirkungsgrad)
Schieben	26,8	ATZLER und HERBST
Ziehen	24,0	ATZLER und HERBST
Ziehen (Hund und Pferd) .	29—33	ZUNTZ

Die Energiewechselsteigerung für zahlreiche Arbeitselemente vieler Berufe, besonders des Bergbaues, der Eisenindustrie und der Industrie der Steine und Erden, haben G. LEHMANN, E. A. MÜLLER und H. SPITZER mit zahlreichen Mitarbeitern kürzlich zusammengestellt. Die Hauptschwierigkeit, aus solchen Arbeitselementen den Tagesbedarf zu berechnen, liegt nach ihnen darin, daß in sehr sorgfältigen Zeitstudien die Verteilung dieser Arbeitselemente auf den Arbeitstag festgestellt werden muß. Fast in allen Berufen wechseln, oft in Abständen von wenigen Minuten, sehr anstrengende Arbeitsarten mit weniger schweren oder mit arbeitsbedingten Pausen. Als Beispiel sei erwähnt der Wechsel zwischen Pickeln und Schaufeln oder zwischen Auswechseln des Arbeitsstückes, Zentrieren und Drehen. Und gerade bei diesen Zeitstudien gehört große Übung und Erfahrung dazu, um eine Beeinflussung durch die Beobachtung zu vermeiden. Eine weitere, zeitbedingte Schwierigkeit ist die Umrechnung auf Vollleistung. Während des letzten Jahrzehnts, in dem alle diese Beobachtungen gesammelt wurden, lag die Leistung der einzelnen Arbeiter und der ganzen Werke wesentlich unter der früheren Friedensleistung. Es ist nicht ganz leicht abzuschätzen, welchen Anteil an dieser Leistungsminderung die mangelhafte Ernährung der Arbeiter, welchen Anteil aber das Veralten von Maschinen und Einrichtungen hat. So dürften für die Auswertung die Einzelwerte geringere Bedeutung haben als die Gesamtergebnisse, aus der die Einstufung der Berufe in Gruppen von gleichem täglichem Calorienbedarf hervorgeht.

4. Ernährungsbedarf der Berufe.

Inzwischen wurde auf Vorschlag von A. Durig (*2*, *3*, *4*) ein ganz anderer Weg zur Bestimmung des Arbeitsumsatzes bei tatsächlicher Berufsausübung eingeschlagen. Da er die Grundlage des Rationierungssystems in Deutschland wurde, soll hierauf näher eingegangen werden. Statt die Energieausgaben in mühseliger und wegen der psychischen und körperlichen Beeinflussung der Versuchspersonen nie ganz einwandfreier Weise zu bestimmen, schlägt A. Durig vor, die Energieeinnahmen durch möglichst genaue Erhebung der Ernährung zu bestimmen, wobei nach Familiengruppen, Berufsgruppen und Einkommensgruppen zergliedert werden muß. Die Einzelwerte sind dann in Grundumsatzteilen anzugeben, um vergleichbare Zahlen zu erhalten. Nur so könnte die Willkür, die bisher auch auf internationalen Sitzungen eine einheitliche Festlegung der Berufsschwere verhinderte, durch fundierte Werte für alle erfaßten Berufe ersetzt werden. Freilich gibt es seit langem Einzelwerte für einzelne Berufe, z. B. die Tabelle von M. Rubner (*7*).

Tabelle 29.

Beruf	Gesamt-Calorien	Motorische Calorien	Die motorischen machen in % der Gesamt-Calorien
Büroarbeit	2556	622	24,6
Lithograph	2662	771	28,9
Schneider	2681	796	29,6
Zeichner	2836	928	32,7
Damenschuster	2881	966	33,5
Hauswart	2895	973	33,6
Mechaniker	3189	1247	39,3
Schreiner	3257	1274	38,5
Lastträger, 45 kg Last	3370	1409	44,7
Herrenschuster	3437	1461	42,6
Lastträger, 65 kg Last	3492	1519	43,5
Sog. schwere Arbeit	3776	1724	45,6
Heutragen	3910	1898	48,2
Soldat, Manöver	3960	2018	50,9
Last 65 kg bergauf	5012	2120	42,4
Erntearbeiter	4388	2279	52,6
Mähen	4836	2846	58,9
Holzfäller	5600	3360	60,0

Sowie jedoch solche Werte aus statistischen Erhebungen errechnet werden sollen, ergibt sich eine grundsätzliche Schwierigkeit. Die Familien, deren Verbrauch bestimmt wird, bestehen aus Mann, Frau und Kindern, die naturgemäß verschiedenen Bedarf haben. Nicht weniger als 35 verschiedene Methoden (siehe H. Kraut, G. Lehmann und H. Bramsel) der Bewertung nach Alter und Geschlecht verwirren die Gemüter. Nicht nur die Berücksichtigung des verschiedenen Verbrauches nach dem Alter war sehr unterschiedlich, hauptsächlich war trotz der Rubnerschen (*7*) Angaben die Berufsschwere nirgends berücksichtigt außer in den groben Einteilungen einer leichten, mittleren und schweren körperlichen Arbeit (Soc. des. nations, Hyg. Sekt., Genf 1936), die noch dazu bei statistischen Berechnungen dadurch ersetzt wurde, daß der Mann als „Vollperson", Frauen und Kinder als 0,9 und 0,5 bis 0,75 Vollpersonen eingesetzt wurden (Einzelschriften zur Statistik des Deutschen Reiches Nr. 22, I u. II). Welche ungeheure Bedeutung aber eine richtige Berücksichtigung des tatsächlichen Bedarfes im Zeitalter der Lebensmittelkarte nicht nur aus Gründen der sozialen Gerechtigkeit, sondern besonders für die Erhaltung voller Arbeitsfähigkeit und damit für die Volkswirtschaft hat, liegt auf der Hand. In Übereinstimmung mit

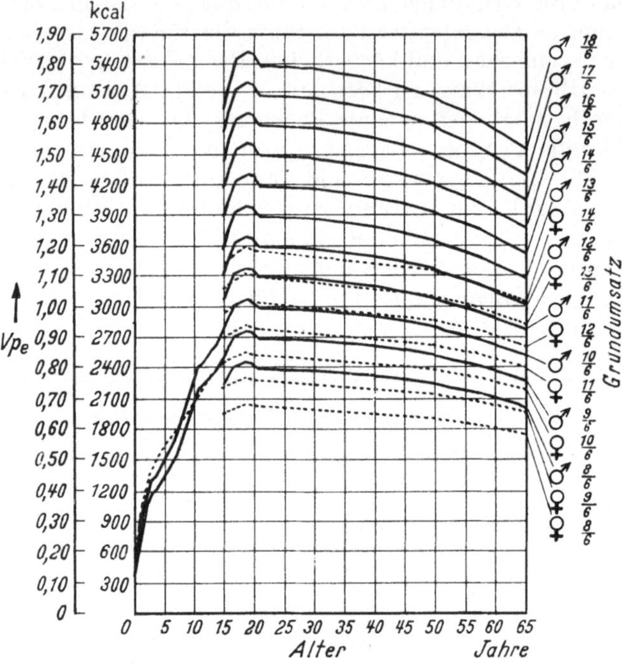

Abb. 20. Vollpersonenberechnung aus Lebensalter und Arbeitsschwere. Der Grundumsatzberechnung liegen die Tabellen von Harris und Benedict für das Alter oberhalb 20 Jahren, die von Kestner und Knipping für Kinder zugrunde. Ausnutzungsverlust und spezifisch-dynamische Wirkung sind berücksichtigt. (Aus H. Kraut, G. Lehmann und H. Bramsel.)

A. Durigs Vorschlag gehen H. Kraut, G. Lehmann und H. Bramsel vom Grundumsatz aus, der aus Alter, Geschlecht, Körpergröße und Gewicht relativ sicher zu berechnen ist, und berechnen den Zuschlag für die verschiedenen Arbeitsarten in Grundumsatz-Sechsteln, um so wie A. Durig zugleich die Tageseinteilung in $^1/_3$ Schlaf, $^1/_3$ Arbeit, $^1/_3$ Freizeit unterzubringen. Natürlich wäre zu diskutieren, ob die Berufsarbeit einen Zuschlag proportional dem Grundumsatz verlangt oder einen nur von der Berufsschwere abhängigen Caloriensatz je Arbeitsstunde, wie das früher (H. Wolpert, E. Simonson) allein angenommen wurde. H. Kraut, G. Lehmann und H. Bramsel halten auf Grund ihrer Erfahrung den begangenen Fehler für kleiner, wenn der Arbeitszuschlag in Grundumsatzteilen angegeben wird, weil dann die bei der Arbeit bewegte Masse des eigenen Körpers mit berücksichtigt ist. Für die Zwecke der Statistik ist es nun entscheidend, welcher Mittelwert des Grundumsatzes für die Berechnung des Bedarfes einer Bevölkerung eingesetzt wird. H. Kraut, G. Lehmann und H. Bramsel helfen sich aus dieser Schwierigkeit, indem sie die statistischen Mittelwerte von Körpergröße und Gewicht für beide Geschlechter nach dem Alter zusammenstellen und diese Mittelwerte (Abb. 11) der Grundumsatzberechnung nach S. HARRIS und F. G. BENEDICT zugrunde legen. Zu dem so festgestellten mittleren Grundumsatz kommt dann der von A. DURIG vorgeschlagene Zuschlag von 8% für Verdauungsarbeit und spezifisch-dynamische Wirkung der Nahrung. Damit wird der Calorienverbrauch festgelegt. Erstaunlicherweise wird aber übersehen, daß der Calorienbedarf der Nahrung noch um die Ausnutzungsverluste im Kot und Harn von rund 10% zu erhöhen ist, wenn der Caloriengehalt der Nahrung in üblicher Weise berechnet wird. Diesen Fehler machen die Autoren aber sofort dadurch wieder großenteils wett, daß sie als Mittelwert des um 8% erhöhten Grundumsatzes den recht hohen Wert von 1800 kcal/Tag für den Mann einsetzen, während nach ihren eigenen Angaben für die Altersgruppen von 31 bis 40 Jahren der Grundumsatz zwischen 1712 und 1788 kcal/Tag liegt. Später berichtigen H. KRAUT und H. BRAMSEL dahin, daß sie den Tabellen über den Nährwertgehalt nur die ausnutzbaren Calorien entnehmen. Unter Berücksichtigung von Freizeit und Berufsarbeit, für die zwischen $^1/_6$ und $^8/_6$ Grundumsatz-Zuschlag je nach dem Beruf gerechnet wird, erhalten KRAUT-LEHMANN-BRAMSEL eine Vollpersonenberechnung für jedes Alter, Geschlecht und die Berufsschwere. die elastisch genug ist, um vom statistischem Mittelwert bis zum Einzelfall angewendet zu werden (Abb. 20).

H. KRAUT und H. BRAMSEL haben diese, zunächst nur geschätzte Berufsschwere der einzelnen Berufe auf Grund umfangreicher Berechnung nach Erhebungen des Statistischen Reichsamtes von 1927/28 an 2000 Familien nachkontrolliert und kommen damit zu einer Berufstabelle, die wegen ihrer Übersichtlichkeit hier benutzt wurde, um die neue Zusammenstellung von G. LEHMANN, E. A. MÜLLER und H. SPITZER in diese Form zu bringen. Die Zahlen der Hygienesektion des Völkerbundes von 1936, die neuerdings z. B. durch L. BINET wieder aufgegriffen werden, die Angaben von H. KRAUT und H. BRAMSEL und die in Tab. 30 wiedergegebenen Normen des Food and Nutrition Board, National Research Council 1949 überschreiten 4000 kcal/Tag nur unwesentlich.

Tabelle 30. *Calorienbedarf nach den Normen des Food and Nutrition Board 1949.*

Erwachsene, männl. (70 *kg*)		*Erwachsene, weibl.* (56 *kg*)
bei Ruhe	2500	2100
bei mäßiger Tätigkeit	3000	2500
bei intensiver Tätigkeit	4500	3000
während Schwangerschaft (2. Hälfte)		2500
während der Stillzeit		3000

Kinder bis zu 12 Jahren		*Kinder über 12 Jahre*		
unter 1 Jahr	100 kcal/kg Körpergewicht			
1—3 Jahre	1200 kcal	Mädchen	13—15 Jahre	2800 kcal
4—6 Jahre	1600 „		16—20 Jahre	2400 „
7—9 Jahre	2000 „	Knaben	13—15 Jahre	3200 „
10—11 Jahre	2500 „		16—20 Jahre	3800 „

Inzwischen hat sich aber durch umfangreiche Versuche und Erhebungen von G. LEHMANN, E. A. MÜLLER und H. SPITZER herausgestellt, daß die obere Grenze des Calorienbedarfes für schwere Berufe ganz erheblich höher liegt, als diese und frühere Angaben vermuten ließen.

Die neue Tabelle von G. LEHMANN, E. A. MÜLLER und H. SPITZER gibt für jeden aufgeführten Beruf neben dem Schwerpunkt auch die Streubreite des täglichen Calorienbedarfes an, die sich daraus ergibt, daß der Grundumsatz und der Arbeitsumsatz je nach Körpergröße, Gewicht und Alter in weiten Grenzen schwanken. Merkwürdigerweise gehen die Autoren in einem Schätzungsverfahren für den täglichen Calorienbedarf, das sie neu entwickeln, gar nicht mehr darauf ein, daß nach A. DURIG und ihren eigenen früheren Arbeiten der Gesamtumsatz vom Grundumsatz abhängt, sondern geben ausschließlich Mittelzahlen für den Ruheumsatz (2100 kcal/Tag) und Stundenwerte für die Körperstellung und die Arbeitsart an, nämlich:

Tabelle 31. *Berechnung des kalendertägigen Calorienbedarfs, bezogen auf 6 Arbeitsschichten je Woche.*

Männer: Grundwert für Grundumsatz, Freizeit und Verdauung . . . 2100 kcal/Tag
+ Stundenwert A für Körperstellung . . . . „
+ Stundenwert B für Arbeitsschwere . . . . „
Tagesbedarf . . . . kcal/Tag

Frauen: (2100 + A + B) · 0,85 kcal

A. Körperstellung	Stundenwert	B. Art der Arbeit		Stundenwert
Liegen/Sitzen . . .	20	Handarbeit	leicht	25
			schwer	50
Stehen	40	Armarbeit	leicht	75
			schwer	125
Gehen.	120	Körperarbeit	leicht	200
Steigen	250		mittel	300
			schwer	400
			sehr schwer	500

In der folgenden Tab. 32 wird versucht, die umfangreiche Berufstabelle von G. LEHMANN, E. A. MÜLLER und H. SPITZER übersichtlich zusammenzufassen, wobei allerdings der Streubereich der einzelnen Berufe verlorengeht und nur mehr die Schwerpunkte berücksichtigt sind. Zugleich werden die Arbeitsmerkmale nach Art der älteren Tabelle angegeben, die für den Calorienbedarf maßgebend sind.

Tabelle 32. *Tagesbedarf an kcal.*

Grundumsatz	Männer	Frauen	Art der Arbeit	Berufsbeispiele
8/6	2400	2000	Sitzend, l. Handarbeit	Buchhalter
9/6	2700	2250	Sitzend, l. Handarbeit	Stenotypistin, Uhrmacher,
			stehend, l. Handarbeit	Friseur
			gehend	Schäfer (Flachland)
10/6	3000	2500	Sitzend, s. Handarbeit	Weberin, Korbflechter
			sitzend, s. Armarbeit	Omnibusfahrer
			stehend, l. Körperarbeit	Mechaniker
			gehend, l. Handarbeit	Einrichter, prakt. Arzt
			treppensteigend	Zählerableser
11/6	3300	2750	sitzend, s. Handarbeit	Schuhmacher
			sitzend, s. Arm-, l. Körperarbeit	Dampfbaggerführer
			stehend, s. Armarbeit	Lokführer
			gehend, l. Körperarbeit	Elektromonteur
			treppensteigend, l. Körperarbeit	Briefträger
12/6	3600	3000	sitzend, s. Armarbeit	Pflastersteinhauer
			stehend, mittl. Körperarbeit	Montageschlosser, Masseur
			gehend, mittl. Körperarbeit	Hausfrau, Fleischer
			steigend, s. Armarbeit	Schornsteinfeger

Tabelle 32. (Fortsetzung.)

Grundumsatz	Männer	Frauen	Art der Arbeit	Berufsbeispiele
13/6	3900	3250	stehend, sehr s. Körperarbeit	Brennholzsäger (Kreissäge)
			gehend, s. Körperarbeit	Balletteuse, Wagenschieber
			steigend, mittl. Körperarbeit	Bauzimmerer
14/6	4200	—	stehend, schwerste Körperarbeit	Kohlenhauer (günstige Lagerung)
			gehend, sehr s. Körperarbeit	Landarbeiter
			steigend, s. Körperarbeit	Winzer (Mosel)
15/6	4500	—	stehend, schwerste Körperarbeit	Holzfäller
			gehend, sehr s. Körperarbeit	Kohlentrimmer, Mehlsackträger
16/6	4800	—	ungünstige Stellung schwerste Körperarbeit	Kohlenhauer (flache Lagerung)
17/6	5100	—	gehend, schwerste Körperarbeit	Erntearbeiter (Ungarn)

Tabelle 33. *Zur Ergänzung vorstehender Tabelle werden die nach* LEHMANN *in die einzelnen Berufsschweren fallenden Berufe aufgeführt.*

8/6 Grundumsatz *Männer: 2400* *Frauen: 2000*

Berufsbeispiele:

Buchhalter.

9/6 Grundumsatz *Männer: 2700* *Frauen: 2250*

Berufsbeispiele:

Stenotypistin, Näherin, Goldschmied, Uhrmacher, Optiker, Zigarrenmacher, Schäfer (Flachland), Fördermaschinist, Brillenschleifer, Buchdrucker, -binder, Handsetzer, Laborant, Apotheker, Friseur, Zahnarzt.

10/6 Grundumsatz *Männer: 3000* *Frauen: 2500*

Berufsbeispiele:

Weberin, Schneider, Fußballmacher, Weber (mech.), PKW-Fahrer, Lichtpauser, Spinner, Korbflechter, Töpfer, Textilverkäuferin, Fahrkartenverkäuferin, Steiger, Metallgießer, Hammerführer, Nietenwärmer, Vorzeichner, Einrichter, Ankerwickler, Zählerableser, Mechaniker, Hutmacher, Sattler, Bier-, Seifensieder, Konditor, Schauspieler, prakt. Arzt, Betriebsingenieur, Omnibusfahrer, Dampfermaschinist.

11/6 Grundumsatz *Männer: 3300* *Frauen: 2700*

Berufsbeispiele:

Dreherin, Steinabnehmerin, Hausangestellte (8 Std), Dampfbaggerführer, Grabsteinmetz, Marmorschleifer, Ziegelformer, Schlosser, Kernmacher, Werkzeugmacher, Kupferschmied, Elektromonteur, Schriftgießer, Schuhmacher (handwerkl.), Handweber, Gerbereiarbeiter, Kistenmacher, Knüppelgatterschneider, Tischler, Kunststoffpresser, Glaser, Straßenpflasterer (Kleinpflaster), Straßenbahnschaffner, Elektrokarrenfahrer, Berufsklavierspieler, Stukkateur, Hochbaumaurer, Weichensteller, Lokführer, Briefträger, Autoschlosser, Koch.

12/6 Grundumsatz *Männer: 3600* *Frauen: 3000*

Berufsbeispiele:

Reispflanzerin (Italien), Hausfrau, Putzfrau, Fertigwalzer (Feinstraße), Kupolofenschmelzer, Mittelblechwalzer, Walzer (Grobstraße), Montageschlosser, Nieter, Kesselschmied, Färber, Böttcher, Stellmacher, Fleischer, Bäcker, Anstreicher, Einschaler, Dachdecker, Rangierer, Gepäckarbeiter, Schornsteinfeger, Masseur, Fensterputzer, Pflastersteinhauer, Dachziegelformer (Betonhandschlagmaschine).

Tabelle 33. (Fortsetzung.)

13/6 Grundumsatz *Männer: 3900* *Frauen: 3250*

Berufsbeispiele:

Balletteuse, Waschfrau (8 Std), Wagenschieber, Kokereiarbeiter, Handformer und Gießer, Knüppelputzer, Zinkschmelzer, Drahtzieher, 3. Schmelzer (Siemensmartinofen), Kettenschmied (Hand), Brennholzsäger, (Kreissäge), Wegebauarbeiter, Bauzimmerer, Lokheizer.

14/6 Grundumsatz *Männer: 4200*

Berufsbeispiele:

Ringofeneinsetzer, Ofenmann (Feinstraße, Handbedienung), Hebeler, Winzer (Mosel).

15/6 Grundumsatz *Männer: 4500*

Berufsbeispiele:

Kohlenhauer (günst. Lagerung), Bausteinhauer, Drahtwäscher, Holzfäller, Kohlentrimmer, Eisenträger, Mehlsackträger.

16/6 Grundumsatz *Männer: 4800*

Berufsbeispiele:

Kohlenhauer (flache Lagerung), Handversatzarbeiter, Gleisbauarbeiter.

17/6 Grundumsatz *Männer: 5100*

Berufsbeispiele:

Kalklader vor der Wand, Erntearbeiter (Ungarn).

Zahlreiche Einzeluntersuchungen ergänzen und bestätigen im wesentlichen diese Einteilung der Berufsschwere, ohne aber eine derartige Übersicht zu erlauben (G. Farkas und Mitarbeiter, H. Pelc und M. Podzimková-Rieglová, W. Schmidt-Lange und O. Gilch und viele andere).

Für statistische Zwecke der Volksernährung kann der Durchschnittsverbrauch je Kopf der Bevölkerung verwendet werden, wie das M. Rubner (*7*) und S. Marsili getan haben. Die Durchschnittswerte schwanken — wegen des geringeren Verbrauchs der Kinder — um 2800 kcal/Tag und Kopf der Bevölkerung und sind nach S. Marsili in Italien von 1926—1936 auf 2738 kcal/Tag und Kopf abgesunken. Nur reiche Länder, wie Nordamerika, haben Durchschnittsverbrauche von mehr als 3000 kcal/Tag. Natürlich ist der Durchschnittsverbrauch vom Altersaufbau des Volkes abhängig. Zuverlässiger, aber sehr viel schwerer statistisch zu erfassen ist daher die Berechnung des Nahrungsbedarfes nach Vollpersonen, wobei die Bevölkerung nach den Angaben der Abb. 11, S. 28, oder Abb. 20, S. 58, und der vorstehenden Tabelle auf Vollpersonen mit einem Bedarf von 3000 kcal/Tag umzurechnen ist. Für statistische Zwecke ist allerdings zu berücksichtigen, daß auch die Berechnung des Nährwertgehaltes der Nahrungsmittel mit einem merklichen Fehler belastet ist, da die Zusammensetzung der Nahrungsmittel je nach den Erntejahren merklich schwankt.

Die Folgen einer Minderzufuhr von Calorien auf die berufliche Arbeit sollen beim Kapitel Hunger und Unterernährung besprochen werden.

Naturgemäß ist in den letzten Jahren der Umfang der Berichte über die Ernährung des Soldaten besonders groß (I. Concepcion, W. Kittel-W. Schreiber-W. Ziegelmayer, Peregrino jr., R. Faria, I. des Cilleuls et R. Crosnier und viele andere). Die Wehrmachtsverpflegung im Frieden enthielt fast überall 4000—4200 kcal/Tag, nur in einzelnen Ländern, z. B. in Brasilien, erhielt die Polizei bis zu 5200 kcal/Tag, während die körperlich kleinen und leichten Polizisten auf den Philippinen mit 3700 kcal/Tag auskommen konnten. Immer wieder wird trotz der klaren Ausführung von A. Durig (*1*) versucht, den Arbeitsumsatz bei geistiger Arbeit zu messen. A. Puca fand unter Grundumsatzbedingungen den Umsatz beim Lesen chemischer Formeln um 3—19% gesteigert, folgert jedoch selbst nicht, daß diese Steigerung des Sauerstoffverbrauchs im Gehirn lokalisiert ist. J. Jongbloed maß die CO_2-Produktion beim Kopfrechnen und schwierigen Lesen im Mittel um 4,5% über Ruheumsatz. Es ist verständlich, daß selbst für den durchaus wahrscheinlichen Fall, daß der Stoffwechsel einiger 1000 Ganglienzellen dabei wesentlich ansteigt, dieser Mehrverbrauch verschwindend gegenüber dem sonstigem Umsatz des ganzen Körpers ist, während das Gehirn natürlich in der Lage ist, auch ohne mechanische Arbeit durch seelische Erregung die Körperzellen zu wesentlichem und leicht meßbarem Mehrverbrauch anzuregen. Der geistige Arbeiter braucht eben nicht mehr Calorien, als seiner körperlichen Anstrengung entspricht, sondern eine Nahrung, die nach Zusammensetzung und Verdaulichkeit für ihn geeignet ist[1].

Auch die Sportmedizin hat in den letzten Jahren, besonders nach der Olympiade 1936, zahlreiche Veröffentlichungen über zweckmäßige Ernährung hervorgebracht, die aber zum größten Teil nicht die Calorienmenge, sondern den Eiweißgehalt mit den exorbitant hohen Angaben von SCHENK über die Olympiakämpfer zum Gegenstand haben. Die entgegengesetzte Auffassung (knappe, hochwertige Kost) vertritt E. A. SCHMID-TRÄCHSEL im Gegensatz zu M. WENK, während F. W. LAPP einen mittleren Standpunkt einnimmt. H. WIEBEL unterscheidet die Sporternährung deutlich von der bei Berufsarbeit, da beim Sport kein Stoffwechselgleichgewicht eingehalten werden kann. Daß die körperliche Leistungsfähigkeit nicht allein von der Calorienzufuhr abhängt, zeigen z. B. die Arbeiten von G. W. PARADE, teilweise mit H. OTTO, über die Alkalireserve und die Flut von Veröffentlichungen über den Einfluß der Vitamine auf die Leistungsfähigkeit, von der die Arbeit von N. N. JAKOWLEW über die Erhöhung der Arbeitsfähigkeit und des Wirkungsgrades und Verminderung der Ermüdbarkeit von Meerschweinchen durch Vitamin C erwähnt sei.

Die Bedeutung der Zusammensetzung der Kost nach Eiweiß, Fett und Kohlenhydrat für die körperliche Leistungsfähigkeit wurde von E. H. CHRISTENSEN und O. HANSEN (*3, 4*) untersucht. Bei trainierten Versuchspersonen konnte nach einseitiger Kohlenhydraternährung 2—3mal solange gearbeitet werden wie nach Fetternährung mit nur 5% Kohlenhydratcalorien. Dieser günstige Effekt ist nur vorhanden, wenn das Kohlenhydratangebot den Blutzuckerspiegel in die Höhe zwingt, dessen Sinken als Ursache der cerebralen Ermüdung aufgefaßt wird.

VII. Energieumsatz bei verminderter Energiezufuhr.

Es wurde schon bei der Besprechung der Regelung des Umsatzes hervorgehoben, daß bei freier Nahrungswahl, bei unbeschränkter Calorienzufuhr sich ein Gleichgewichtszustand zwischen Energieabgabe und -zufuhr einstellt. Das Körpergewicht, abgesehen von kleinen täglichen Schwankungen und den jahreszeitlichen und Altersänderungen, wie der Grundumsatz bleiben weitgehend konstant. Es ist nun eine Grundtatsache jeder Regelung, daß ein derartiger Gleichgewichtszustand nur erreicht werden kann, wenn Störungen des Gleichgewichts automatisch beseitigt werden. Wie der Depressorreflex den Blutdruck zur Norm zurückzubringen versucht, wenn durch Steigerung der peripheren Widerstände ein Anstieg erfolgt ist, so muß zur Erhaltung des Gleichgewichts im Energiewechsel jede Verschiebung aus der Gleichgewichtslage damit beantwortet werden, daß entgegengesetzt gerichtete Verschiebungen eintreten. Ein Mehrverbrauch an Energie muß durch Mehraufnahme, ein Minderverbrauch durch Senkung der Zufuhr beantwortet werden. Da wir den Gleichgewichtszustand beobachten, kann nicht gefragt werden, ob diese Regulationen eintreten, sondern nur, welche

[1] Anmerkung bei der Korrektur: siehe aber K. WACHHOLDER, Verh. dtsche. Ges. inn. Med. **55**, 336 (1949).

Hilfsmittel dazu benutzt werden. Und eine zweite, nicht minder grundlegende Tatsache jeder Regelung ist es, daß bei ausreichend starker Beanspruchung solcher Regelungen das Gleichgewicht aus seiner Ruhelage mehr oder weniger verschoben wird. Je vollständiger die Regelung arbeitet, je steiler sie schon bei geringen Verschiebungen Gegenmaßnahmen einwirken läßt, desto geringer ist die Verschiebung aus der Gleichgewichtslage, je flacher dagegen die Regulation verläuft, desto weiter entfernt sich der neue Gleichgewichtszustand von dem bisherigen. Während die Körpertemperatur außerordentlich steil und damit genau einreguliert wird, dürfte die Regulierung des Körpergewichts verhältnismäßig flach verlaufen, besonders gegenüber der Nahrungszufuhr, so daß sich das neue Gleichgewicht bei Veränderung der Zufuhr erst langsam und auf einem deutlich anderen Niveau einstellt. Man könnte versucht sein, hierin eine zweckmäßige Anpassung an den Wechsel der äußeren Lebensbedingungen mit der Jahreszeit, aber auch mit Mißernten und sonstigen Störungen der Nahrungszufuhr zu erblicken.

1. Körpergewichtsnormen.

Der sichtbare Ausdruck für die Gleichgewichtslage zwischen Zufuhr und Abgabe von Energie und Stoff ist das Körpergewicht. Es ist kein Wunder, wenn daher ganz besonders in den letzten Jahren mit staatlich gelenkter oder durch Zwang zudiktierter Rationierung die Normwerte des Körpergewichts vielfache Beachtung gefunden haben. Das Ergebnis waren immer wieder Standardwerte in Form von Tabellen oder Kurven, durch die jedem Alter und Geschlecht je nach der Körpergröße bestimmte Normalgewichte zudiktiert wurden. Die Literatur, auf die hier nicht näher eingegangen werden soll, berücksichtigt zum Teil auch weitere Konstitutionsmerkmale, so besonders den Brustumfang, aber außer A. Keys diskutiert fast niemand den Normbegriff. Er sagt, „abgesehen von den Verbesserungen der Messungen und der Klassifikationen schließen alle diese Standardwerte einige grobe Unsicherheiten ein: 1 . . . .; 2. es wird als sicher angenommen, daß der Durchschnitt der beste Wert ist; das ist ein hübsches demokratisches Argument, aber kaum ein wissenschaftliches“. Die Untersuchung eines ganz ungewöhnlich großen, vollkommen einheitlichen Zahlenmaterials, nämlich von 3 Musterungsjahrgängen der gesamten männlichen Jugend Deutschlands [O. F. Ranke und K. Pheiffer, O. F. Ranke (*3, 4*)] hat nun ergeben, daß eine nahezu völlig reine, korrelationslose Streuung von einem Altersmittelwert von Größe und Gewicht übrigbleibt, wenn die Korrelation zwischen Größe und Gewicht mit Hilfe der Ähnlichkeitsparabel Gewicht $=$ k $\cdot$ (Körperlänge)^3 beseitigt wird; die Konstante k ist der bekannte Rohrerindex, der in der Literatur (W. M. Krogmann) wegen seiner Unzuverlässigkeit bei Kindern mehrfach abgelehnt wird. Ausreichendes Zahlenmaterial zur Prüfung dieser Bedeutung des Rohrerindex liegt bisher nur für Männer zwischen 17 und 29 Jahren vor (J. Bausenwein). Unterhalb 15 Jahren ist allerdings der Rohrerindex kein geeigneter Maßstab, da in der Pubertät die Entwicklung sehr verschieden ist, auch die Pubertät unregelmäßig einsetzt, und daher der Altersgang des Rohrerindex sich auf den Einzelnen nicht anwenden läßt. Ein konstanter Rohrerindex für ein bestimmtes Alter würde aussagen, daß die Einzelpersonen zwar verschieden groß, aber geometrisch ähnlich wären. Um diese geometrische Ähnlichkeit streuen die Einzelpersonen nach einer Gaussschen Verteilung, und wie die Berechnungen gezeigt haben, ohne jede besondere Häufung etwa um die bekannten Konstitutionstypen. Diese Typen sind daher Idealfälle, lassen sich aber statistisch nicht unterbauen. Statt zu sagen, der Pykniker hat ein im Verhältnis zu seiner Körperlänge größeres Gewicht als der Astheniker, könnte man ebensogut sagen, das Gleichgewicht zwischen Zufuhr und Abgabe von Energie und Stoffen liegt bei ihm mehr auf der Höhe der Zufuhr als beim Astheniker oder als beim Durchschnitt seines Alters. Ich halte es nicht für berechtigt zu sagen, der Astheniker ist erst bei stärkerem Untergewicht gegenüber dem Durchschnitt zu mager als der Pykniker, jedenfalls sind mir keine Untersuchungen darüber bekannt, ob etwa der Astheniker erst bei dem gleichen prozentualen Untergewicht unter seinem Normgewicht leistungsunfähig oder lebensunfähig wird wie der Pykniker. Freilich erreicht der Astheniker auch bei freier Nahrungswahl nicht das Normgewicht des Pyknikers, er hat also für seine Person eine Gleichgewichtslage zwischen Zufuhr und Abgabe, die unter dem Durchschnitt liegt, dafür ist er auch in anderen Richtungen, z. B. in der Ausdauer gegenüber Hunger höchstwahrscheinlich, und in der Widerstandskraft gegen Tuberkulose sicher benachteiligt gegenüber dem Durchschnitt. Und damit erhält der Durchschnitt doch eine höhere, auch wissenschaftlich zu begründende Berechtigung als nur die eines demokratischen Arguments. A. KEYS selbst betont, daß Untergewichte bis 10% gegenüber den Standardwerten wenig besagen, während Gewichtsverluste von mehr als 10% bei Personen, die vorher nicht fettleibig waren, eine entschiedene Verschlechterung der Widerstandskraft und der Arbeitsfähigkeit bedeuten und auch subjektiv so empfunden werden. Das spricht dafür, daß der Astheniker weniger widerstandsfähig gegen Unterernährung ist als, vorsichtig ausgedrückt, der Fettleibige. Im übrigen ist nach A. KEYS die Schnelligkeit der Gewichtsabnahme sehr wesentlich für ihre Bedeutung: Die Folgen scheinen bei gleichem Gewichtsverlust um so schwerwiegender zu sein, je schneller das Gewicht verloren wurde.

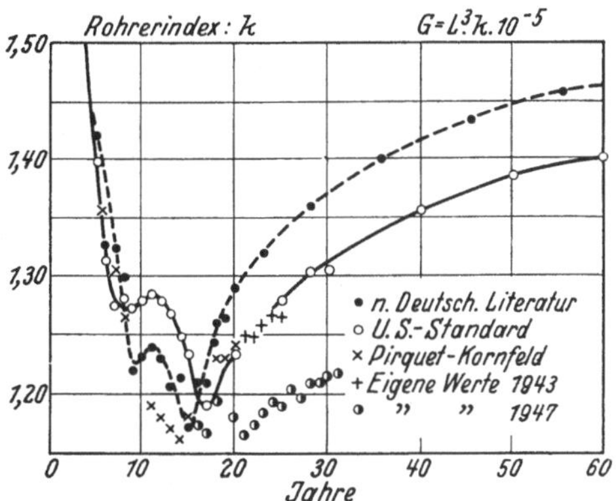

Abb. 21. Gang des ROHRERindex (Ordinate) als Funktion des Alters (Abszisse) nur für Männer. Die Punkte · entsprechen der Wachstumskurve von KRAUT-LEHMANN-BRAMSEL, die Kurve 0 dem amerikanischen GrößenGewichtsstandard für eine Erwachsenengröße von 170 cm. Die „eigenen“ Werte 1943“,, wurden an Medizinstudenten (ausschließlich aktiver Sanitätsfähnriche), die „1947“ an den Studenten der Erlanger Universität gewonnen. (BAUSENWEIN.)

Die üblichen Standardwerte in Tabellen und Kurven haben deswegen keine allgemeine Anerkennung zu erwarten, weil ihre Gültigkeit sich immer nur auf eine bestimmte Bevölkerung bezieht, und sowie sie auf eine hochwüchsigere Bevölkerung übertragen werden, entstehen Abweichungen gegenüber der durch den Rohrerindex dargestellten geometrischen Ähnlichkeit der Menschen. So ergab der auf eine mittlere Körpergröße von 164 cm bezogene amerikanische Standard für die deutsche Bevölkerung Übergewichte von 3—5 kg, die bei Umrechnung auf eine Mittelgröße von 170 cm von selbst verschwinden. Die sogenannte Wachstumsbeschleunigung, die besser Größenzunahme hieße, die seit dem Mittelalter ausweislich den schon der vorigen Generation deutlich zu kleinen Ritterrüstungen besteht, ist keineswegs abgeschlossen. So muß jeder andere Index außer dem Rohrerindex wieder seine Gültigkeit verlieren. Eine andere Deutung dieser Unterschiede zwischen dem deutschen und amerikanischen Index hat H. KRAUT (mündliche Mitteilung Sept. 1949) gefunden: Die amerikanischen Tabellen stimmen mit den Mittelwerten einer reinen Arbeiterbevölkerung aus dem Industriegebiet in Deutschland gut überein, während sie gegenüber den Mittelwerten aus der gesamten deutschen Bevölkerung zu niedrig sind. Die Lebensversicherungsstatistiken europäischer und amerikanischer Herkunft sind vollkommen unvergleichbar, weil sich in Amerika vorwiegend die Arbeiterbevölkerung, in Europa dagegen in erster Linie die Gutsituierten versichern lassen.

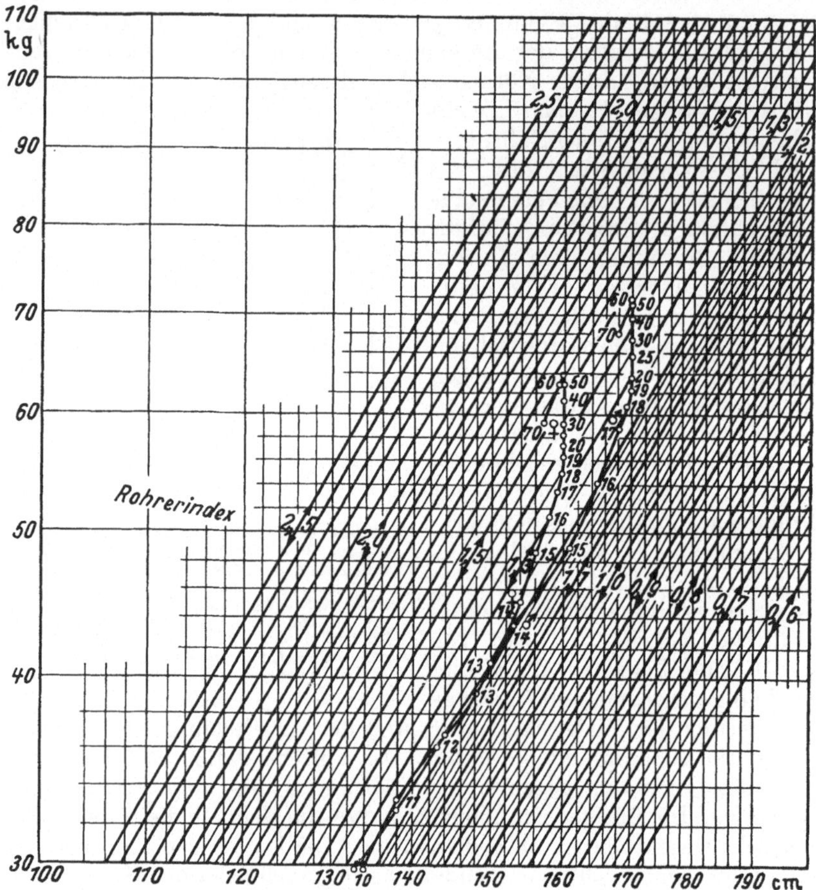

Abb. 22. Rohrerindex mal 10^5 als Funktion von Körpergröße in Zentimeter (Abszisse) und Körpergewicht in Kilogramm (Ordinate) in doppelt logarithmischem Netz, wie bei Abb. 11. Die Wachstumskurve nach Kraut-Lehmann-Bramsel für Männer und Frauen ist mit kleinen Zahlen des Alters eingetragen. Bei den höchsten Altersstufen wird sie durch Gewichtsabnahme und Zusammensinken des Körpers rückläufig. Infolge der sogenannten Wachstumsbeschleunigung dürfte die Mittelgröße für erwachsene Männer 1949 etwa bei 175 cm liegen. Die zugehörigen Mittelgewichte sind auf den schrägen Geraden des Rohrerindex für die eingezeichnete Wachstumskurve und das betreffende Alter zu suchen. *Benutzungsanweisung*: Es wird der zum Schnittpunkt von Körpergröße in Zentimeter (Abszisse) und Körpergewicht in Kilogramm (Ordinate) gehörige Rohrerindex durch Interpolation zwischen den schrägen Geraden aufgesucht.

Ausgehend von den Mittelgewichten und Mittelgrößen von Kraut-Lehmann-Bramsel, die in Abb. 11 (S. 28) wiedergegeben sind, ergibt sich eine Alterskurve des Rohrerindex, die durch weitere Literaturangaben ergänzt hier wiedergegeben sei [Abb. 21, O. F. Ranke (*3*)]. In dem durch das eigene, genau aufgearbeitete Zahlenmaterial belegten Bereich zwischen 17 und 29 Jahren wird die mittlere Streuung um die Mittelwerte nach kleineren Gewichten wiedergegeben durch eine Abnahme des Alters-Rohrerindex um rund 9% (zwischen 9,4 und 8,7%), und die etwas größere Streuung zu Übergewichten durch eine Zunahme des dem Alter entsprechenden Rohrerindex um rund 10% (zwischen 10,2 und 9,7%). In dem Bereich zwischen diesen beiden Grenzkurven des Rohrerindex liegen rund

68% aller Einzelwerte, und unter der unteren oder über der oberen Grenzkurve liegen rund 16% aller Einzelwerte. Unter einer weiteren, um 1,5 σ_k vom Mittelwert entfernten Kurve liegen nur noch rund 6,7%, unter der 2 σ_k vom Mittelwert entfernten Kurve noch rund 2,3% der Einzelwerte. Der einem Einzelfall entsprechende ROHRERindex kann leicht aus der Abb. 22 entnommen werden. Ganz entsprechend wie S. 34 für den Grundumsatz ausgeführt, erscheint es mir richtiger, statt eines zahlenmäßigen Untergewichts die mathematische Wahrscheinlichkeit dafür anzugeben, daß dem Untergewicht eine besondere Ursache zugrunde liegt, daß es sich also nicht um eine besondere Lage des Gleichgewichts zwischen Zufuhr und Abgabe auf Grund der Konstitution, sondern um Unterernährung, Überanstrengung, oder Krankheit handelt. Diese mathematische Wahrscheinlichkeit beträgt rund (s. Tab. 34).

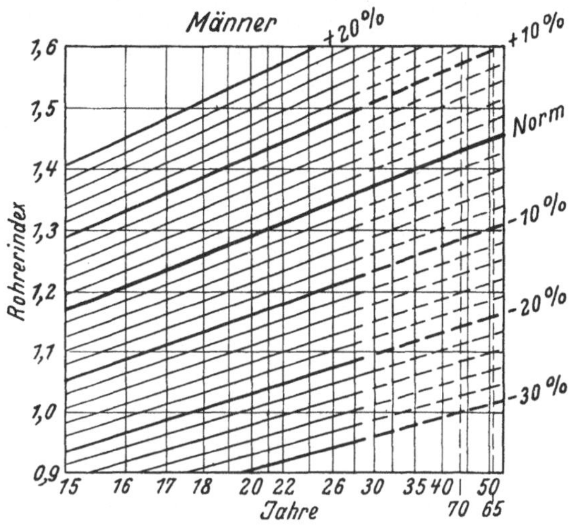

Abb. 23. Altersgang des ROHRERindex für Männer. Der Altersmaßstab (Abszisse) ist so verzerrt, daß der ROHRERindex der Wachstumskurve nach KRAUT-LEHMANN-BRAMSEL zwischen 15 und 57,5 Jahren auf einer Geraden (Norm) ansteigt. *Benutzungsanweisung:* Der Schnittpunkt des aus Abb. 22 entnommenen ROHRERindex mit dem Alter ergibt durch Interpolation auf den schrägen Geraden die Abweichung des einzelnen ROHRERindex vom Durchschnitt, und damit zugleich die Abweichung des Körpergewichts vom Durchschnitt in Prozenten an. Alter über 57,5 Jahren sind rückläufig auf den gestrichelten Senkrechten zu interpolieren.

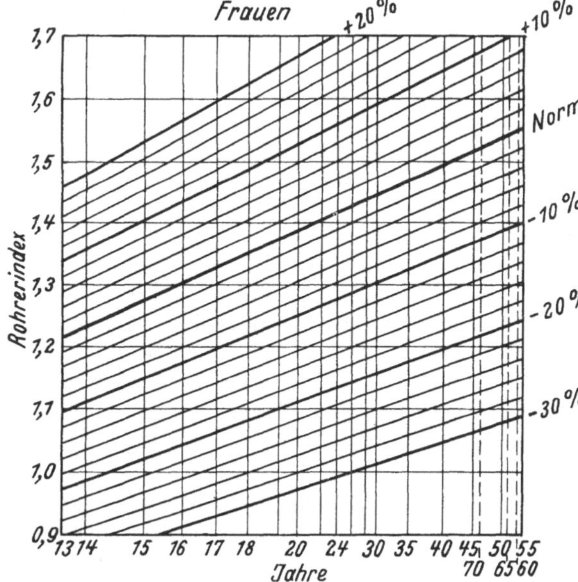

Abb. 24. Altersgang des ROHRERindex für Frauen, ebenso wie Abb. 23.

Als Beispiel möge der Wert des ROHRERindex für das Alter von 30 Jahren von 1947 der Abb. 21 von 1,22 gegenüber dem Normwert von 1,37 für das gleiche Alter benutzt werden. Die Abb. 23 zeigt, daß dieser Wert rund 11% unter der Norm liegt, so daß mit mehr als 50% Wahrscheinlichkeit (bei 10% Minderwert sind es 46%, bei 12% schon 59% Wahrscheinlichkeit), eine besondere Ursache für die Einstellung dieses Gleichgewichts zu vermuten ist. Diese Ursache ist in dem gewählten Fall natürlich die Ernährungslage im Jahre 1947. Die Prozentzahlen in Abb. 23 und 24 sind zugleich die Prozentzahlen des Untergewichts gegenüber dem Altersmittel. Leider fehlen nicht nur Unterlagen für die Altersgruppen über 30 Jahren, sondern vollkommen solche für Frauen. Hier liegen nur die Mittelwerte für jedes Alter mit ausreichender Sicherheit vor, aber keine verwendbare Angabe über die mittlere Streuung des ROHRERindex. Die aus der Abb. 24 entnommenen Minderwerte des ROHRERindex geben daher zwar den Prozentsatz des Untergewichts gegenüber dem Altersdurchschnitt richtig an, es läßt sich aber nicht mit ausreichender Sicherheit die mathematische Wahrscheinlichkeit einer besonderen Ursache angeben.

Tabelle 34.

Minderwert des ROHRER-index gegenüber der Altersnorm % (Männer)	2	4	6	8	10	12	14	16	18	20	22	24	26	28	30
Mathematische Wahrscheinlichkeit einer besonderen Ursache %*	2,5	10	20	33	46	59	71	80	86	92	95	97	98,5	99,2	99,6

In der Praxis der Genehmigung von Zulagekarten wegen Unterernährung war es in Westdeutschland üblich, bei 20% Untergewicht gegenüber der Norm ärztlicherseits Zulagen zu befürworten. Da jedoch die Norm lange Zeit nicht gesetzlich geregelt war, wurden die verschiedensten Indices zur Grundlage der Berechnung gemacht. Besonders gerne wurde der BROCAsche Index (Körpergröße in Zentimeter minus 100 ergibt das Sollgewicht in Kilogramm) benutzt, hauptsächlich deswegen, weil er bei mittleren Körpergrößen sehr günstig für den Bewerber um Zulagen ist, abgesehen von seiner Einfachheit. Hieraus erhellt schon, daß er ungerecht gegenüber den Großen und Kleinen ist. Dies trifft in noch höherem Maß für den amerikanischen Standard zu, der nur bei kleinen Körpergrößen zutreffende, bei größeren über 164 cm dagegen zunehmend zu kleine Mittelgewichte angibt. Ganz unzulässig erscheint mir die Methode, mit der H. TRÄBERT (*1, 2, 3*) praktisch jedes Untergewicht durch Berücksichtigung von weiteren Konstitutionsmerkmalen und einer Streubreite hinwegdisputiert. H. GÜNTHER zeigt neuerdings, daß der alte PIRQUETsche Index doch eine höhere Bedeutung hat. H. GÜNTHER geht dazu ausführlich auf die richtige Messung der Oberlänge ein und zeigt dann, daß das Gewicht gleich der Oberlänge$^3 \cdot 106$, oder, unter Benutzung des Brustumfanges, gleich dem Brustumfang mal Oberlänge$^2 \cdot 100$ oder gleich dem Brustumfang$^2 \cdot$ Oberlänge $\cdot$ 94,3 ist, wenn man die Längen in Metern ausdrückt. Dadurch wird wenigstens die konstitutionell verschiedene Oberlänge, ein Maß, das als Maß zwischen Knochenpunkten nicht durch Fettleibigkeit oder Magerkeit verändert wird, berücksichtigt, aber auch um diese Werte streuen die Einzelwerte tatsächlicher Personen in einem von H. GÜNTHER nicht genauer angegebenem Maß. Tatsächlich leicht feststellbar bleiben aber immer nur Körpergröße und Gewicht, wenigstens bei Massenstatistiken. Daher halte ich es für zweckmäßiger, diese zur Grundlage von Indices zu machen als andere, auch gut begründete, aber schwieriger feststellbare Maße.

In den letzten Jahren waren von Körpergröße und Gewicht Normalzahlen aus begreiflichen Gründen nicht zu erhalten, mindestens nicht in Europa. Die Ergänzung der alten Werte und die Anerkennung einer einheitlichen, wirklich fundierten Berechnungsmethode scheint mir eine wichtige Aufgabe für die Zukunft zu sein.

* berechnet als $\frac{W_0 - W_t}{W_0}$, wobei W_0 die Wahrscheinlichkeit des Mittelwertes, W_t die Abweichung bedeutet. t ist der Abstand vom Mittelwert in Vielfachen der mittleren Streuung, hier von 9%.

2. Energiewechsel bei Unterernährung.

Trotz der umfangreichen Hungersnöte, die im Verlaufe und nach dem zweiten Weltkrieg außer ihrer ständigen Heimat in Asien ganz Europa heimgesucht haben, in deren Ausläufer wir heute noch stehen, sind die grundlegenden Erkenntnisse auf dem Gebiet des Energiewechsels nicht mehr wesentlich gegenüber dem Stande nach dem ersten Weltkrieg vorangetrieben worden. Dagegen hat die physiologische Chemie erst in den letzten beiden Jahrzehnten volles Verständnis für zahlreiche, bisher unklare Zusammenhänge erreicht. Die einzige wesentlich neue Erkenntnis ist vielleicht die, daß es eine deutliche Grenze der Regulationsbreite auch gegenüber verminderter Energiezufuhr gibt, unterhalb derer sich kein Gleichgewicht mehr einstellt, sondern allmählich der Tod dem vergeblichen Kampf ein Ende macht.

Frühere Darstellungen (E. Grafe) beginnen gewöhnlich, wohl aus historischen Gründen mit dem Stoffwechsel beim absoluten Hunger. Es empfiehlt sich jedoch, die geringeren Grade des Energiemangels voranzustellen, zumal wir heute mit A. Keys[1] deutlicher als früher zwischen plötzlich einsetzenden und ganz allmählich sich steigernden Störungen der Energiezufuhr zu unterscheiden haben. Beim vollständigen Fasten entwickelt sich innerhalb weniger Tage eine Ketonurie, während bei verminderter Nahrungszufuhr nach A. Keys' Referat etwa 600 kcal/Tag an Kohlenhydrat ausreicht — ein Betrag, der praktisch kaum unterschritten wird — um die Ketonbildung sicher zu verhindern. Die Acidose beim Fasten wirkt nach A. Keys stark auf die Koordination von Bewegungen, während die rohe Muskelkraft für Einzelanstrengungen lange erhalten bleibt. Umgekehrt schädigt die langdauernde Unterernährung die neuromuskuläre Koordination nur gering, während im Minnesota-Experiment die rohe Muskelkraft für Einzelanstrengung nur um 3%, die Ausdauer bei schwerer, erschöpfender Arbeit um 85% abnahm. Beim Vergleich zwischen absolutem Fasten und Unterernährung ist der Unterschied in der Acidose sofort aufzuweisen, während er zwischen einigen Monaten einer scharfen Einschränkung der Nahrungszufuhr und der völligen Anpassung des Stoffwechsels und der Organe an eine jahrelange, dafür sich nur ganz allmählich steigernde Unterernährung nicht so ohne weiteres zu fassen ist. Doch hat man den Gesamteindruck, daß die geistige und körperliche Arbeitsfähigkeit im Minnesota-Experiment viel weiter und rascher abgesunken ist als in Deutschland bei gleichen Gewichtsabnahmen gegenüber der Norm. Daher können die nur einige Monate durchgeführten Unterernährungsversuche der Amerikaner (F. G. Benedict, W. R. Miles, P. Roth und H. Monmouth Smith, A. Keys und Mitarbeiter) nicht in allen Punkten mit den Zuständen einer 10 Jahre andauernden Mangelernährung in Europa übereinstimmen, wenn auch allein diese exakten Laboratoriumsversuche zu meßbaren Ergebnissen geführt haben.

A. Keys diskutiert außerdem die Frage des Eiweißmangels und unterscheidet dabei zwischen der asiatischen Hungersnot, die wegen der überragenden Bedeutung des Reis als Nahrungsmittel stets mit Eiweißmangel und Mangel an einigen Vitaminen verbunden ist, und der europäischen Hungersnot, bei der durch hohe Ausmahlung des Getreides und Kartoffeln, sowie durch Gemüse die Kost „qualitativ überraschend gut“ sei, und daher die calorische Unterernährung das Bild beherrscht. Über die Qualität der Kriegskost und Nachkriegskost haben wir vielleicht mehr praktische Erfahrung als A. Keys, doch ist ihm zuzustimmen, daß das Bilanzminimum an Eiweiß nach dem Krieg nur stellenweise und zeit-

[1] Die von A. Keys angeführte neuere ausländische Literatur stand nicht im Original zur Verfügung. Sie wird daher nicht einzeln zitiert, sondern auf das Referat verwiesen.

weise unterschritten wurde. Hier wird ausschließlich die calorische Unterernährung betrachtet. Die Folgen des Eiweißmangels, des Vitaminmangels und des Mangels an einzelnen Stoffen sind unter den entsprechenden Stoffen in diesem Buch zu finden. Vitaminmangel spielt in Europa nur eine ganz untergeordnete Rolle.

E. PFLÜGER (*1*, *3*) und N. ZUNTZ (*2*) hatten die Auffassung begründet und dauernd festgehalten, daß die Zelle ihren Bedarf selbst bestimmt. Die klare Folgerung daraus war, daß mindestens der Grundumsatz durch Unterernährung nur insoweit vermindert werden kann, als dabei die Zahl der Zellen und ihr Gesamtvolumen abnimmt. Sämtliche Tierversuche von M. RUBNER bis F. G. BENEDICT und RITZMANN ergaben nun ebenso wie die Selbstbeobachtungen von N. ZUNTZ und A. LOEWY, daß der Energieumsatz bei Unterernährung ebenso wie bei absolutem Hunger rasch absinkt, und zwar mehr, als der Abnahme des Körpergewichts entspricht. Auch die Abnahme des Eiweißbestandes als Repräsentanten des Zellvolumens des Körpers geht viel langsamer vor sich als die des Energiewechsels. Als Beispiel sei die Tabelle von G. LUSK (*1*) nach Messungen von F. G. BENEDICT und Mitarbeitern an Studenten angeführt, die 3 Wochen lang eine Netto-Calorienzufuhr von 1375 kcal/Tag bei einem Bedarf von 4000 kcal erhielten.

Tabelle 35. *Einfluß der Unterernährung auf Oxydationen, Gewicht und Eiweißbestand.*

	Bei normaler Diät	Am Ende der Periode mit 1375 Calorien der Nahrung	Abnahme in %
Grundumsatz in Calorien	1745,0	1293,0	32,0
Calorien pro Kilogramm	25,7	20,4	20,0
Calorien pro Quadratmeter Körperoberfläche .	872,0	647,0	27,0
Körpergewicht in Kilogramm	67,9	63,4	6,5
Körper-N in Gramm	2037,0	1972,0	3,2

Es ist ganz einerlei, ob die Wärmeproduktion summarisch, auf das Kilogramm Körpergewicht oder den Quadratmeter Oberfläche bezogen angegeben wird, immer ist die Abnahme der Wärmeproduktion vielmal größer als die des Körpergewichts oder gar die des Körpereiweißbestandes, ausgedrückt im Stickstoffbestand. Diese Herabsetzung des Energieumsatzes bei Unterernährung hat sich sowohl bezüglich des Grundumsatzes wie der spezifisch-dynamischen Wirkung in allen späteren Untersuchungen bestätigt.

Das Minnesota-Experiment 1944/45 ging insofern weiter, als es sich über einen viel längeren Zeitraum von 24 Wochen erstreckte, und ergibt nach dem Referat von A. KEYS folgende Zahlen.

Tabelle 36.

Zeit seit Beginn	Absinken des Körpergewichts in %	Absinken des Grundumsatzes in % des Anfangs-Wertes	Absinken des Grundumsatzes je kg Körpergewicht	Absinken des Grundumsatzes je m² Körperoberfläche %
0	0	0	0	0
12 Wochen	15%	32,3%	20,5%	
24 Wochen	24%	39,3%	20,3%	28%

Die Abnahme des Grundumsatzes erreicht nur wenig höhere Werte als in dem Versuch von 1921, das Gleichgewicht zwischen Zufuhr und Abgabe von Energie ist also nach 12 Wochen schon zu $^4/_5$ erreicht, wenn man annimmt, daß es nach 24 Wochen vollständig eingespielt ist, aber dabei sinkt der Umsatz je kg

Körpergewicht im zweiten Abschnitt nicht mehr weiter ab. F. B. TALBOT (*2*) macht darauf aufmerksam, daß der Grundumsatz am zweckmäßigsten nicht je kg Körpergewicht oder gar je m² Körperoberfläche angegeben wird, sondern im Vergleich zu den Normalwerten derselben Körpergrößen — und natürlich dem entsprechenden Alter und Geschlecht. Er fand bei unterernährten Mädchen ein Mindergewicht von 10—20% und eine Abnahme des Grundumsatzes von 7,2 bis 10,4% gegenüber dem Sollumsatz. Eine ausführliche Arbeit von K. WACHHOLDER (*1*) aus der Zeit um 1940—1942 über die Senkung des Grundumsatzes bei Studenten ist mir leider zur Zeit nicht zugänglich. Er schloß aus Ergometerversuchen, daß Senkungen des Grundumsatzes bis 200 kcal unter den Sollwert noch ohne starke Einbuße an Leistungsfähigkeit bleiben, während stärkere Abnahmen erst nach Einschmelzung von Muskulatur und damit von Leistungsfähigkeit eintreten. L. LANDSTORFER fand in 57 Grundumsatzbestimmungen 1948, vorwiegend vor der Währungsreform und der damit einhergehenden Verbesserungen der Ernährungslage, folgende Mittelwerte:

Tabelle 37.

Anzahl	Geschlecht	Alter	Gewichtsdifferenz zwischen Sollgewicht und Istgewicht	Differenz zw. Sollumsatz nach dem Istgewicht und dem Istumsatz	Differenz zw. Sollumsatz nach dem Sollgewicht und dem Istumsatz
34	Männer	22—41 J.	— 13,3% ± 2,39	— 7,1% ± 2,0	— 11,9% ± 2,53
23	Frauen	18—36 J.	— 11,5% ± 2,16	— 11,4% ± 2,13	— 15,7% ± 2,0

Der Korrelationskoeffizient zwischen Gewichtsdifferenz und Umsatzdifferenz gegen den Sollumsatz nach dem Istgewicht war bei Männern 0,11 ± 0,16, bei Frauen 0,08 ± 0,21, also keine gesicherte Korrelation. Dagegen betrug der Korrelationskoeffizient zwischen Gewichtsdifferenz und der Differenz zwischen dem Sollumsatz nach dem Sollgewicht und dem Istumsatz bei Männern 0,645 ± 0,10, bei Frauen 0,365 ± 0,181, also bei den 34 Männern eine gesicherte Korrelation, während bei Frauen die Zahlen nicht ausreichen. Auch hieraus zeigt sich, daß die Berechnung des Grundumsatzes nach den Normaltabellen brauchbare Werte ergibt. L. LANDSTORFER hat auf meinen Vorschlag die Mittelwerte von KRAUT-LEHMANN-BRAMSEL für das Sollgewicht und die Sollgröße zur Errechnung des dem Alter entsprechenden Rohrerindex benutzt, und hieraus mit der tatsächlichen Körpergröße das Sollgewicht errechnet. Die kleinen Streumaße von gleichmäßig rund 2% der oben stehenden Tabelle zeigen, daß dieser Weg gangbar ist. A. KEYS macht darauf aufmerksam, daß dieses Absinken des Grundumsatzes das calorische Defizit selbst progressiv vermindert. Die Einstellung des Grundumsatzes auf niedrigere Werte ist also eine Regulationsmaßnahme. Das endgültige Gleichgewicht zwischen Zufuhr und Abgabe von Energie stellt sich durch diese Regulation auf einen viel höheren Körperbestand ein, als wenn der Körper rücksichtslos weiter den alten Energieverschleiß aus Zeiten ohne Mangel beibehielte. Eine Deutung der Ursachen dieser Regulation kann auch A. KEYS nicht geben.

Die Senkung des Grundumsatzes erfolgt in Übereinstimmung mit den alten Befunden beim absoluten Hunger nicht sofort mit der Abnahme der Nahrungszufuhr, sondern erst im Laufe von 2—3 Tagen, und er steigt bei kurzdauernder Unterernährung erst 3—4 Tage nach Wegfall der Nahrungsbeschränkung, wie J. HUSBY bei Fastenkuren mit rund 1000—1100 kcal/Tag und 50—60 g Eiweißgehalt feststellte. Dies ist klinisch bedeutungsvoll, da die Grundumsatzmessung demnach auf die Ernährung der letzten Tage Rücksicht nehmen muß.

Die Grenze der Grundumsatzsenkung, die mit dem Weiterleben vereinbar ist, bei der sich also noch ein Gleichgewichtszustand zwischen Zufuhr und Verbrauch von Energie einstellt, wird von G. LEHMANN (*1*) mit 300 kcal/Tag als Mittelwert über eine größere Bevölkerung angegeben. Es ist dabei wesentlich, daß die Reduktion von Nahrung und Körpergewicht langsam, im Laufe von Jahren erfolgt, wie das in Deutschland während und nach dem zweiten Weltkrieg der Fall war. Die mögliche, mit dem Leben vereinbarte Reduktion des Körpergewichts hängt aber auch mit den verlangten Leistungen zusammen, und Senkungen des Grundumsatzes um wesentlich mehr als 200 kcal bedingen einen solchen Schwund der Muskulatur, daß dann die Leistungsfähigkeit unerlaubt und mit dem praktischen Leben unvereinbar gesenkt wird, so daß das Gleichgewicht nur dann weiterhin gewahrt bleibt, wenn wie im Krankenhaus dem Unterernährten alle körperliche Arbeit abgenommen wird.

Bedeutend stärker ist die Absenkung des Grundumsatzes beim absoluten Hunger. Sie setzt etwa am 5. oder 6. Tag des Fastens ein und erreicht nach der Zusammenstellung von N. KLEITMAN je nach der Dauer des Fastens Werte zwischen 25 und 40, ja, in dem Fall von M. LABBÉ und H. STÉVENIN 56% des Ausgangsgrundumsatzes.

Diese Tabelle legt den Vergleich mit den Werten der beiden Tabellen der amerikanischen Unterernährungsversuche nahe. Dort wie hier beträgt die stärkste Abnahme des Grundumsatzes je m² Oberfläche, mit einer Ausnahme, zwischen 27 und 32%, die erst bei kräftiger Unterernährung oder vollem Hunger erreicht wird, dort wie hier beträgt die Senkung des Grundumsatzes gegenüber dem Ausgangswert, wieder mit einer Ausnahme, deutlich mehr, bis zu 39%. Hieraus ließe sich rein schematisch folgende Darstellung der Regulation, unter Einschluß der Versuche von L. LANDSTORFER und der Ergebnisse von F. B. TALBOT ableiten:

Tabelle 38. *Der Effekt des Fastens auf Körpergewicht, Grundumsatz und Grundwärmeproduktion auf Gesamtgewicht und Oberfläche, in den Versuchen von* LABBÉ, TAKAHIRA *und* KLEITMAN.

Untersucher	Anzahl der Fasttage	Körpergewicht		% Verlust	Cal-Grundumsatz		% Verlust	Cal pro kg in 24 Std		% Verlust	Cal pro qm in 24 Std		% Verlust
		vor Hunger kg	nach Hunger kg		vor Hunger kg	nach Hunger kg		vor Hunger kg	nach Hunger kg		vor Hunger kg	nach Hunger kg	
LABBÉ und Mitarbeiter . . .	41	62,8	46,0	27	1787	782	56	26,6	17,0	36	1039	521	49
TAKAHIRA I . . .	12	50,2	42,9	14	1410	1067	24	28,1	24,8	13	904	730	19
TAKAHIRA II . . .	16	43,5	36,0	17	1278	917	28	29,4	25,4	14	929	722	22
TAKAHIRA III . .	17	48,1	41,8	13	1322	928	30	27,5	22,2	19	905	679	25
TAKAHIRA IV . .	26	77,0	64,7	16	1655	1122	32	21,5	17,4	20	940	688	27
TAKAHIRA V . . .	30	57,9	45,5	21	1525	935	39	26,4	20,6	22	919	624	32
KLEITMAN	42	65,5	48,9	25	1517	978	36	24,1	19,5	19	904	639	29

Bei geringem Nahrungsmangel nimmt der Grundumsatz nicht wesentlich rascher ab als dem Absinken des Sollumsatzes durch Absinken des Körpergewichts entspricht. Erst bei kräftiger Reduktion der Zufuhr setzt dann die deutliche Regulation ein, bei der der Grundumsatz wesentlich mehr absinkt, als es der Reduktion des Sollumsatzes entspricht. Dieser Bereich ist schon mit wesentlichen Verlusten z. B. an Muskelkraft und Ausdauer verbunden, überschreitet also den Bereich der normalen Schwankungen und erreicht schon bei etwa der Hälfte der Normalzufuhr an Calorien den Endwert, der auch bei Fasten nicht überschritten wird. Jenseits dieses Regulationsbereiches, bei noch geringerer Calorienzufuhr, stellt sich kein Gleichgewichtszustand zwischen Zufuhr und Abgabe von Energie ein, das Körpergewicht sinkt bis zur Todesgrenze ab.

Schwieriger als die Feststellung der Tatsache solcher Senkungen des Energieverbrauchs für das Zelleben ist die Deutung. Zunächst muß mit E. GRAFE festgestellt werden, daß die Vorstellung von E. PFLÜGER und N. ZUNTZ sicher nicht zutrifft, wonach die Zelle ihren Bedarf selbst bestimmt. K. WACHOLDER und G. LEHMANN (*1*) führen die Senkung des Grundumsatzes unter den, dem verminderten Körpergewicht entsprechenden Wert ohne lange Diskussion auf die Unterfunktion der Schilddrüse im Hunger zurück, während E. GRAFE die Literatur über diese Frage bespricht und zu dem Schluß kommt, daß man mit FR. MÜLLER, A. MAGNUS-LEVY und G. LUSK (*2*) eine wahre Verminderung der Zellatmung als Anpassungserscheinung rätselhaften Ursprungs als einzige brauchbare Erklärung heranziehen kann. Sollte es nicht doch möglich sein, im Sinne von O. KRUMMACHER das Massenwirkungsgesetz in einem übertragenen Sinn zur Erklärung der Umsatzminderung der Zellen im Nahrungsmangel heranzuziehen? Wir sehen täglich, wie sich derartige Gleichgewichtszustände auch auf dem Umweg über die kompliziertesten Gehirnfunktionen durchsetzen: Seit 10 Jahren wendet die deutsche Hausfrau alte Kleider und Anzüge, seit der gleichen Zeit ziehe ich jeden rostigen Nagel aus alten Kisten, und so wird erreicht, daß trotz des Mangels an Nachschub bei sparsamstem Verbrauch noch ein Gleichgewicht zwischen Materialgewinn und -verlust eingetreten ist. Es war eines der eindruckvollsten Erlebnisse der ersten Besatzungstage zu sehen, mit welcher Unbekümmertheit die amerikanischen Soldaten übrig gebliebene Speisen, nicht nur Reste, befehlsmäßig vernichteten, während die deutsche Hausfrau jedes etwas fettige Papier aufhob, um damit noch einmal eine Pfanne einzufetten. Überfluß führt überall zur Luxuskonsumption und Mangel zur Sparsamkeit. Das Gleichgewicht zwischen Herstellung und Verbrauch stellt sich in weiten Grenzen immer wieder her, nur der Preis, sei es in Form von Geldeswert, sei es in Form von aufgewendeter Arbeit, ändert sich mit der Lage des Gleichgewichts. Sollte es nicht möglich sein, einmal die chemischen Umsätze der Zelle mehr quantitativ nach dem Massenwirkungsgesetz zu betrachten, wie das O. KRUMMACHER für die spezifisch-dynamische Wirkung getan hat? Natürlich unterliegen die Körperzellen, mindestens die mit großem Energiebedarf wie Muskeln und Drüsen, dem sogenannten nutritiven Einfluß des autonomen Nervensystems. Die Frage wird aber damit nicht kompliziert, sondern vereinfacht, weil es genügen würde, den Einfluß der Mangellage auf das autonome Nervensystem kennen zu lernen, um Verständnis für die Veränderungen des Umsatzes unter veränderten Ernährungsbedingungen zu gewinnen. Ich verzichte darauf, auf diesen Fragenkomplex weiter einzugehen, da es zu weit vom Thema abführt.

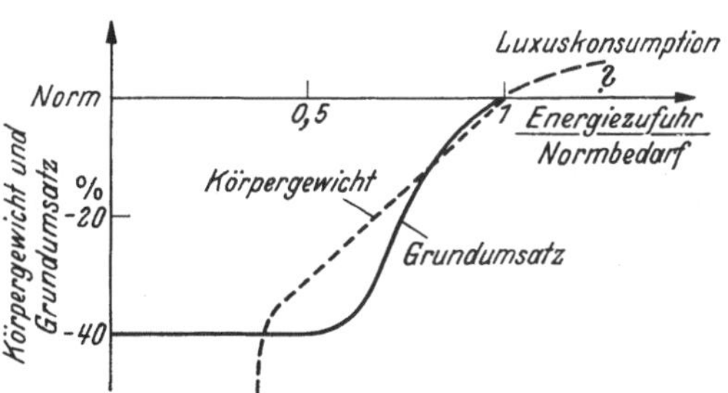

Abb. 25. Versuch einer Darstellung des Regulationsbereiches des Grundumsatzes. Bei mäßiger Unterernährung nimmt der Grundumsatz nur entsprechend dem Körpergewicht ab, bei starker Unterernährung überschreitet die Abnahme des Grundumsatzes die des Körpergewichts, bis bei zu niedriger Calorienzufuhr (etwa unter $^1/_2$ des Normbedarfes) sich kein Gleichgewicht mehr einstellt, das Körpergewicht erreicht keinen Endzustand mehr, sondern sinkt bis zur Todesgrenze ab.

Nicht nur der Grundumsatz, auch die spezifisch-dynamische Wirkung des Eiweiß ändert sich mit dem Ernährungszustand (B. CERA und C. LOMBROSO) eine Angelegenheit rein chemischer Natur, deren Beschreibung und Erklärung daher hier unterbleiben kann. Energetisch gesehen könnte aber dadurch eine wesentliche Ersparnis an Calorien eintreten, wenigstens solange die Wärmeregulation nicht zu einer zusätzlichen Verbrennung führt. Freilich finden sich auch Untersuchungen, nach denen Grundumsatz und spezifisch-dynamische Wirkung sich nicht additiv, sondern gerade gegensinnig verhalten. L. VIAMONTE CUERVO fand bei 7 Kranken mit nervösen Symptomen, daß die spezifisch-dynamische Wirkung von Eiweiß bei niedrigem Grundumsatz groß ist, doch ist dabei immer die Frage, ob bei Nervösen methodisch wirklich der Grundumsatz erfaßt werden kann. H. NOTHDURFT beschreibt bei Versuchspersonen, die nur wenige Prozent unter dem Sollumsatz lagen, ganz ähnliche gegensinnige und gleich große Ausschläge von Tageswerten des Grundumsatzes und der spezifisch-dynamischen Wirkung, schränkt diese Aussage aber gleich wieder wegen der Unsicherheit völliger Muskelentspannung bei der Grundumsatzmessung ein. Vorläufig scheint es mir mangels exakter, besonders auf die energetischen Verhältnisse gerichteter Versuche nicht erlaubt, aus der Senkung der spezifisch-dynamischen Wirkung bei Unterernährung allzugroße Calorienersparnisse herzuleiten.

Während der Körper bei Unterernährung am Grundumsatz und der spezifisch-dynamischen Wirkung insgesamt merkliche Energieeinsparungen zu machen versteht, ist weder in der europäischen noch der amerikanischen Literatur (A. KEYS) ein Versuch bekannt, daß auch für die Muskelarbeit oder die Wärmeregulation bei kalter Umgebung geringere Energiemengen benötigt werden als in gutem Ernährungszustand. Bei der Wärmeproduktion für Zwecke der Wärmeregulation entspricht es dem ersten Hauptsatz, daß eben nicht mehr Wärme aus der Verbrennung erzeugt werden kann, als der Verbrennungswärme entspricht. Nach den bekannten Versuchen von M. RUBNER (*5*) muß umgekehrt bei mangelndem Fettpolster in schlechtem Ernährungszustand mehr Wärme zur Aufrechterhaltung der Körpertemperatur aufgewendet werden als in gutem Ernährungszustand:

Tabelle 39.

Umgebungstemperatur	kcal pro kg und 24 Stunden	
	Hund schlecht genährt	Hund gut genährt
5,1	121,3	—
7,3	—	120,5
14,4	100,9	—
15,5	—	83,1
22,0	—	67,0
23,3	70,7	—
30,6	62,0	—
31,0	—	64,5

„Der schlecht genährte Hund ist bei 30,6° noch in chemischer Regulation, der gut genährte kommt zwischen 15—22° ins Gebiet der physiologischen Regulation" (M. RUBNER). Einsparungen an Energie für die Wärmeproduktion sind natürlich möglich, wenn die Körpertemperatur im Hunger herabgesetzt wird. Erwachsene Menschen und große Säugetiere halten jedoch nach E. GRAFE (*2*) die Körpertemperatur auch im Hunger konstant, nur kleine Säugetiere und Kinder können unter Umständen die Körpertemperatur nicht halten. Im Minnesota-Experiment fiel die Körpertemperatur nur um 1° Fahrenheit = 0,5° C in 24 Wochen. Es ist aber kein Zweifel für alle, die gehungert haben, auch wenn dies nicht mit Messungen belegt werden kann, daß im relativen wie im absoluten Hunger die physiologische Wärmeregulation in der Lage ist, durch Absperrung der ewig frierenden Glieder den Wärmeverlust nach außen erheblich herabzusetzen. Die Verminderung der Wärmeproduktion kann ja nur dann zum Temperaturgleichgewicht führen, wenn gleichzeitig mit Hilfe der physikalischen

Wärmeregulation die Wärmeabgabe gedrosselt wird. Und das Bett als Aufenthaltsort ist beim Hungernden nicht nur beliebt, weil die Ruhelage Arbeitscalorien einsparen läßt, sondern hauptsächlich, weil die Herabsetzung des Temperaturgefälles von der Haut zur Umgebung die einzige Möglichkeit ist, um die dauernd angespannte physiologische Regulation zu durchbrechen und endlich wieder „warme Beine" (Wilhelm Busch) zu bekommen.

3. Psychisches Verhalten bei Unterernährung.

Für die Muskelarbeit ist natürlich zu unterscheiden zwischen Einsparung von Muskelkontraktionen durch Verminderung der Bewegungen und der statischen Haltearbeit und den nicht beobachteten Einsparungen bei tatsächlich geleisteter Arbeit. Während akute Unterernährung bei Tier [H. Nothdurft (*2*)] und Mensch zur Aktivität führt, bedingt längere Unterernährung eine Sparsamkeit bei allen Bewegungen nicht nur auf dem Umweg über den Verstand, bis zu stuporösen Zuständen mit stundenlanger Vermeidung jeglicher Bewegung. Dadurch nähert sich der Tagesumsatz immer mehr dem um die spezifisch-dynamische Wirkung der Nahrung erhöhten Grundumsatz. Aber hier wird Arbeit eingespart, und nicht Energie bei tatsächlich geleisteter Arbeit. Auch der Handarbeiter ist in der Lage, noch durchaus merkliche Energiemengen durch unwillkürliche Einschränkung der Körperbewegung in Arbeit und Freizeit, nach G. Lehmann (*1*) 100—200 kcal/Tag einzusparen. Es ist beachtlich, daß im Minnesota-Experiment genau in der gleichen Weise wie in dem Riesenexperiment der Kriegsunterernährung in Deutschland eine Veränderung der Persönlichkeit mit dem Hunger einherging. Der Abschnitt aus A. Keys Referat möge wörtlich folgen:

„Hungernde Personen sind gewöhnlich jedweder Anstrengung abgeneigt, einschließlich denen des Intellekts, und ihre vorherrschende Beschäftigung mit Nahrung und ihrer eigenen Lage kann den Eindruck von Dummheit oder geistiger Unfähigkeit hervorrufen. Tatsächlich jedoch sind keine sicheren Zeichen für ein Absinken der grundlegenden geistigen Fähigkeiten vorhanden. Bei dem Experiment in Minnesota enthüllten erschöpfende Studien betreffs des Gedächtnisses, der Denkfähigkeit, des Wortreichtums und der Rechenfähigkeit usw. keine Veränderungen, obwohl der subjektive Eindruck bestand, daß die geistigen Fähigkeiten der meisten Versuchspersonen herabgemindert worden wären."

„Ernster Calorienmangel erzeugt tiefe Veränderung der Persönlichkeit und des subjektiven Empfindens (J. C. Franklin, B. C. Schiele, J. Brocek, A. Keys und B. C. Schiele, J. Brocek). Äußerlich sind die Hauptcharakteristika: Apathie, Depression, In-Sich-Gekehrtsein, soziale Berührungen werden vermieden, und die Interessen in geschlechtlicher Hinsicht nehmen schnell ab. Psychiatrische Methoden enthüllen neben der Depression einen wohl definierbaren Anstieg der Tendenz zu Hyperchondrie und Hysterie. Obgleich das Benehmen beinahe niemals aggressiv ist, ist leicht eine Tendenz zu erhöhter Reizbarkeit festzustellen. Das Benehmen, das an sich durch eine anwachsende Reizbarkeit ausgezeichnet sein würde, wird bestimmt durch die überwältigende physische Lethargie."

„Es ist schwierig, die ungeheuerliche Neigung des Hungernden, sich nur mit Nahrung und Essen zu beschäftigen, zu verstehen. Seine Gedanken neigen dazu, ausschließlich sich mit diesen Dingen zu beschäftigen. Das mag seinen Ausdruck finden in einem Zustand, in dem während des ganzen Tages vom Essen geträumt wird, oder dazu führen, daß sogar ein Interesse an wissenschaftlicher Agrikultur besteht. Feinheiten des Benehmens werden beiseite geschoben, wenn sie in Widerspruch geraten mit der vollen Hingabe an diese Interessen, sogar wenn die Nahrungsverabreichung im vollen Maße wiederhergestellt wurde, bestand die Neigung, sich vorherrschend mit der Nahrung zu beschäftigen, noch für viele Monate; das findet gewöhnlich seinen Ausdruck im Anhorten von Nahrungsmitteln, sogar dann, wenn nicht der geringste vernünftige Grund dafür vorhanden ist."

„Krisen im Gefühlsleben und ein ernsthaft gestörtes Benehmen können entstehen aus dem Konflikt zwischen der Konzentration auf die Nahrung und Überzeugungen, die vorher fest bestanden haben. Wiewohl diese zu einem reizbaren oder antisozialen Benehmen führen oder sogar selbst zerstörende Impulse zur Folge haben, so nehmen sie doch nicht den Charakter wirklicher Psychosen an."

„Die Veränderung der Persönlichkeit bei Wiederaufnahme der normalen Ernährung kann sogar noch komplexer sein; ganz gewiß kann das Benehmen viel variabler sein; wenn sich der physische Zustand bessert, nimmt die Neigung zur Depression und Hyperchondrie ab, aber sie kann in starkem Maße zurückkehren bei Enttäuschungen über das Ausmaß der Genesung oder beim Drohen erneuter Nahrungseinschränkungen. Die Rückkehr der physischen Kraft erlaubt die äußerliche Manifestation der bisher unterdrückten Reizbarkeit. In diesem Zustand sind diese Personen weit schwieriger zu behandeln und in einer ordentlichen sozialen Ordnung zu halten, als vorher, als ihre physischen Kräfte abnahmen. Diese Tatsachen haben offensichtlich große soziologische Bedeutung." Außerdem berichtet A. Keys noch eine Besserung der Hörschärfe im Zustand der Unterernährung ohne Veränderung der übrigen Sinne.

Es ist kein Wunder, daß Kinder normalerweise einen viel höheren Zuschlag zum Grundumsatz als Tätigkeitsbedarf haben als Erwachsene. Man braucht bloß zuzusehen, wie Kinder selbst bei gesittetem Spazierengehen fortlaufend unnötige Nebenbewegungen, Wechsel der Gangart, Hebungen und Senkungen des Körpers usw. durchführen, und wie gemessen und sparsam sich demgegenüber Erwachsene, besonders in höherem Alter bewegen. Wir alle kennen das traurige Bild der Kinder aus den letzten Jahren, die gehen wie Greise und nicht nur Spiel und Sport, sondern auch jede heftigere Bewegung vermeiden.

4. Arbeitsfähigkeit bei Unterernährung.

Der Energieverbrauch bei beruflicher, körperlicher Arbeit — dazu gehört schon der Weg von und zur Arbeitsstelle auch bei geistig Arbeitenden — hängt nur vom Wirkungsgrad ab. Und dieser kann wohl durch Übung und Anpassung, aber nicht durch Hunger verbessert werden. Es ist mir keine einzige Literaturangabe bekannt, die eine Verbesserung des Wirkungsgrades körperlicher Arbeit auch nur in Erwägung zieht, außer der Untersuchung von I. M. Rabinowitch, der aus der Berechnung der Kost bei 500 Diabetikern ein Energiedefizit gegenüber dem ebenfalls berechneten Energieverbrauch entsprechend der geleisteten Arbeit erhält und als einzigen Ausweg eine Steigerung des Muskelwirkungsgrades für möglich hält. Die ältere Literatur dagegen [siehe E. Grafe (*1*)] zeigt eindeutig, daß der Muskelwirkungsgrad im Hunger derselbe ist wie sonst, nur sinkt er wegen der rascheren Ermüdung schneller ab als beim gut Ernährten. Es kann somit der Energieverbrauch für körperliche Arbeit nur durch Verminderung der geleisteten Arbeit herabgesetzt werden. Hier unterscheidet G. Lehmann (*1*) zwei Berufsgruppen, die sich verschieden verhalten: Nur wenig Arbeitscalorien kann derjenige einsparen, der von vornherein entsprechend seinem Beruf nur einen geringen Arbeitsenergiebedarf hat, und derjenige, der durch äußeren Zwang zur Einhaltung einer bestimmten Leistung angehalten wird. Dieser Zwang kann durchaus in der Berufsart liegen, wie beim Briefträger oder Lokomotivheizer, nicht zu vergessen bei der Hausfrau. Solche Menschen müssen daher schneller an Gewicht abnehmen, bis die mangelnde Leistungsfähigkeit zum Abbruch der

Berufsarbeit zwingt, oder bis durch anderweitige Entlastung, z. B. Verkleinerung des Austragebezirkes beim Briefträger, sich auf vermindertem Körpergewicht und verminderter Leistungsfähigkeit ein neues Gleichgewicht einstellt. Demgegenüber kann die Mehrzahl der körperlich schwer Arbeitenden viel leichter das Gleichgewicht zwischen ihrer durch alle Kartensysteme höheren Nahrungszufuhr und den Ausgaben durch Herabsetzung der tatsächlichen Arbeitsdauer ausschließlich aller Pausen oder durch Verminderung der Leistung in der Zeiteinheit aufrechterhalten. Sie haben daher in den vergangenen Jahren im Durchschnitt nicht so stark an Gewicht verloren wie die sogenannten Normalverbraucher. Dies geht z. B. auch aus der folgenden graphischen Darstellung von Wägungen der Gesundheitsabteilung des bayer. Innenministeriums in Betrieben usw. im Vergleich zur Kartenernährung hervor, die ich der Freundlichkeit von Dr. D. O. HASENBRING verdanke.

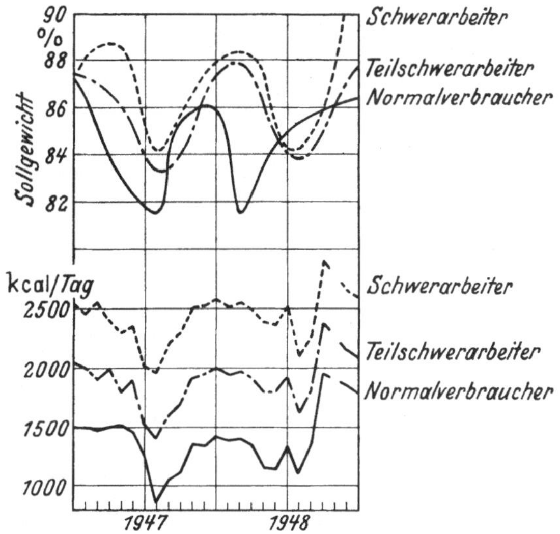

Abb. 26. Gewicht (oben) und Calorienzufuhr (unten) bei Normalverbrauchern, Teilschwerarbeitern und Schwerarbeitern als Funktion der Zeit in den Jahren 1947 und 1948. Wägungen der Gesundheitsabteilung des bayr. Innenministeriums. Die stark streuenden Monatswerte werden durch Verlaufskurven gemittelt, um den charakteristischen Gang anschaulich zu machen.

Die Schwerarbeiter haben vor der Währungsreform deutlich weniger Untergewicht als die Normalverbraucher, und mit der Verbesserung der Ernährung erholen sie sich viel schneller als die anderen Gruppen. Auch innerhalb eines Betriebes konnte ich diesen Unterschied feststellen.

Tabelle 40.

Arbeitsart	Zulagestufe	Anzahl	Mittelwerte von Alter	Größe cm	Gewicht kg	Untergewicht kg gegen Brocca-Index	Kartentagessatz	Geschätzter Bedarf bei voller Leistung
Hitzearbeiter Carbidofen . . .	Schwerstarb.	57	43 J. 11 M.	165,54	62,68	2,86	2270	3900
KA II	Schwerstarb.	92	42 J. 9 M.	167,02	63,48	3,54	2270	36—3900
Reparatur-Schlosser . .	Schwerarbeiter	38	37 J. 8 M.	168,40	61,90	6,50	1925	36—3900

Ein kleiner Teil der Arbeiter konnte zweimal, im April und im Juni 1947 gewogen werden. Wegen der geringen Zahlen werden hier nur Schwerstarbeiter und Schwerarbeiter einander gegenüber gestellt:

Tabelle 41.

Gruppe	Anzahl	kg-Gewichtsabnahme April-Juni 1947	Mittlerer Fehler kg	Streuung der Gewichts-Abnahme kg
Schwerstarbeiter . .	25	1,388	± 0,407	± 1,99
Schlosser	15	3,12	± 0,414	± 1,55
Alle	40	2,04	± 0,327	± 2,04

Wie die Tabelle zeigt, wird die Streuung um die mittlere Gewichtsabnahme bei der Aufteilung in die beiden Gruppen kleiner, und die Differenz der beiden Gruppen ist statistisch trotz der kleinen Zahl gesichert. Bei der Beurteilung der Absolutzahlen ist zu berücksichtigen, daß die Werke in ländlicher Umgebung liegen, die Arbeiter daher sowohl durch die Werkskantine, wie durch Beziehungen zur Landbevölkerung Nebenquellen der Ernährung hatten.

Ganz entsprechend fand A. Keys im Minnesota-Experiment eine starke Einsparung von Calorien durch Herabsetzung der körperlichen Arbeit, die ja, soweit sie in Bewegung und statischer Haltearbeit besteht, schon durch das absinkende Körpergewicht vermindert wird.

Beim Minnesota-Experiment war die tägliche Gesamtenergieausgabe am Ende der Hungerperiode etwa die Hälfte der in der Kontrollperiode, obwohl ein feststehendes Programm von Beschäftigungen und Übungen eingehalten wurde.

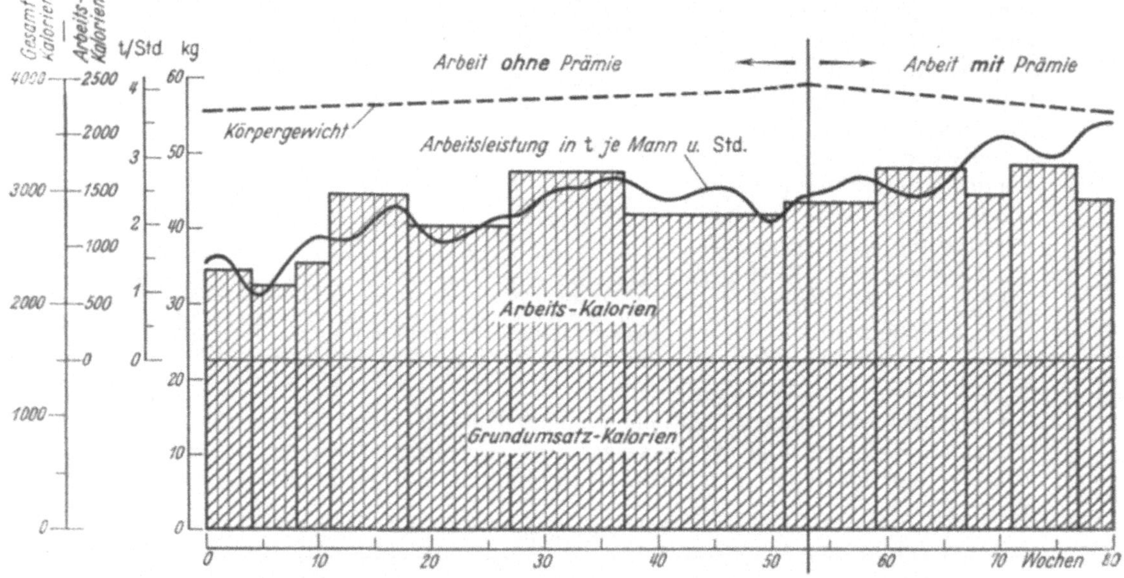

Abb. 27. Arbeitsleistung beim Auffüllen eines Eisenbahndammes in Abhängigkeit von der Ernährung, mit und ohne Prämie in Form von Zigaretten. [Aus H. Kraut (2).]

Hierdurch kann sich ein Gleichgewicht zwischen Zufuhr und Abgabe von Energie mit erträglicher Verminderung des Körpergewichts noch auf erstaunlich niedrigem Ernährungsniveau einstellen.

Es bleiben noch zwei wichtige Fragen zu beantworten. Bei der Einstellung auf ein neues Gleichgewicht haben wir für jede bestimmte Energiezufuhr zwei Variable, nämlich die dann noch geleistete Arbeit und das Körpergewicht. Es kann sich das neue Gleichgewicht daher bei wenig Arbeit und geringem Gewichtsverlust, aber auch bei wenigstens relativ hoher Arbeitsleistung, dafür aber starkem Gewichtsverlust einstellen, oder sogar der Gewichtsverlust unaufhaltsam bis zur Arbeitsunfähigkeit fortschreiten, so daß überhaupt kein Gleichgewicht mehr erreicht wird. Unmittelbar verbunden damit ist die praktisch sehr wichtige Frage, wie lange Zeit bis zur Einstellung eines neuen Gleichgewichts vergeht. Beide Fragen hat H. Kraut (*1*, *2*) teils durch Versuche, teils durch sorgfältige Statistik eindeutig beantwortet. Abb. 27 zeigt zunächst das Ergebnis der Beobachtung an 20 ausländischen Arbeitern, die unter wechselnder Nahrungszufuhr zuerst als Normalverbraucher 2370 kcal/Tag, dann als Schwerarbeiter 2850 kcal/Tag erhielten und während der ganzen Beobachtungsdauer von 80 Wochen Schutt aus Güterwagen abzuladen hatten. Die Arbeitsmenge geht mit einer Latenzzeit von 2—3 Wochen erstaunlich genau parallel zu den Arbeitscalorien, die nach Abzug des Ruheumsatzes von 1700 kcal/Tag übrigbleiben, ohne daß irgendein anderer Arbeitsantrieb hinzugekommen wäre. Dabei stieg das Körpergewicht in 4 Monaten um durchschnittlich 4 kg je Mann an. Erst mit dem zusätzlichen Arbeitsantrieb durch eine Zigarettenprämie stieg die Arbeitsleistung weiter an,

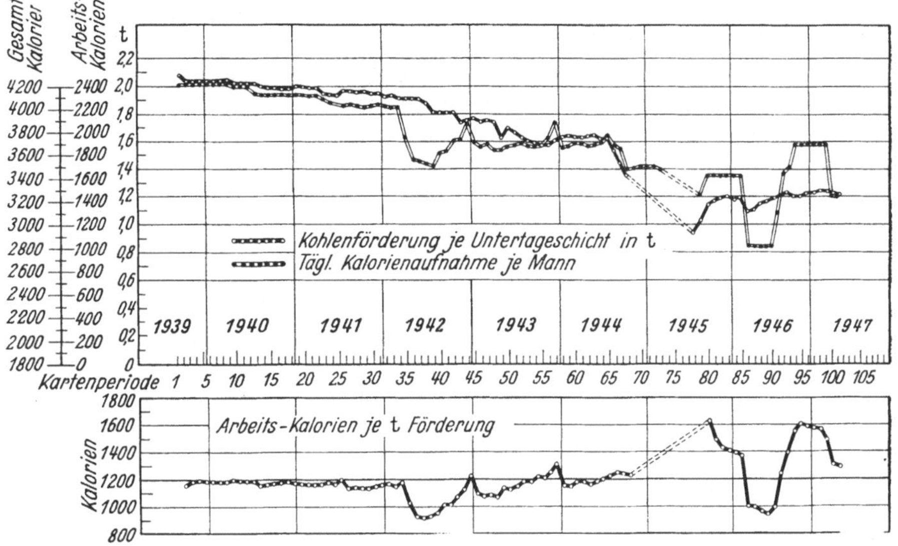

Abb. 28. Kohlenförderung je Untertagsschicht und Calorien der Ernährung, unten reziproker Wirkungsgrad als Arbeitscalorien je Tonne Förderung. Das Parallelgehen der beiden oberen Kurven wird 1942 und nach der Besetzung durch politische Einflüsse unterbrochen. [Aus H. KRAUT (2).]

als den Arbeitscalorien entsprach, und das Körpergewicht nahm im Lauf von ½ Jahr um 3,5 kg ab. Die Lage des Gleichgewichts zwischen Gewichtsabnahme und Arbeitseinschränkung ist demnach von Nebenumständen wie dem Arbeitsantrieb abhängig, der die Leistungsbereitschaft [G. LEHMANN (2)] verändert. Hierzu gehören neben psychisch wirksamen Einflüssen auch solche aus der Ernährung, z. B. der Eiweißanteil (H. NOTHDURFT). Für diese Nebeneinflüsse hat H. KRAUT (1, 2) noch ein Beispiel angeführt: Die Kohlenförderung im gesamten Ruhrbergbau (Abb. 28).

Tabelle 42.

Jahr	Arbeitsaufwand je Produktionseinheit in %	
	Werk Hart	Werk Trostberg
1939	100	100
1940	96,7	97,6
1941	90,1	94,5
1942	105,2	115,1
1943	112,5	120,3
1944	115,1	130,7
1945	—	—
1946	192,0	146,4

Trotz der Rationskürzung ab 6. 4. 42 blieb die Kohlenförderung relativ hoch, so daß vorübergehend weniger Arbeitscalorien auf die Tonne geförderte Kohle entfielen. H. KRAUT vermutet, daß in dieser Zeit die größten Gewichtsabnahmen der Bergarbeiter auftraten. Erst in der Besatzungszeit und den starken wirtschaftlichen Spannungen erfolgt dann in kurzen Zeitabständen je nach der Hoffnung auf Besserung und der Enttäuschung bald eine Vermehrung, bald eine Verminderung der Arbeitscalorien je Tonne geförderter Kohle. Einen ähnlichen Einfluß der allgemeinen Arbeitsantriebe konnte ich in Trostberg feststellen, wo in den Jahren 1940/41 der Arbeitsaufwand je Produktionseinheit unter den Vorkriegswerten lag, obwohl die Ernährung in dieser Zeit schon nicht mehr friedensmäßig war.

Das starke Ansteigen des Arbeitsaufwandes gegen Ende des Krieges und nach dem Krieg ist dagegen ernährungsbedingt. Ein weiteres Beispiel für psychische Antriebe ist der besonders schlechte Ernährungszustand der Mütter während und nach dem Krieg, die vermehrte Arbeit auf sich nehmen mußten, dabei aber alles Erreichbare ihren Kindern zusteckten.

H. KRAUT und G. LEHMANN (*1*) heben besonders hervor, daß nicht nur mit jeder Einschränkung der Ernährung ein Absinken der Leistung, sondern ebenso mit jedem Ansteigen der Nahrungszufuhr ohne sonstige Antriebe eine Steigerung der Leistung verbunden ist, solange die Arbeitscalorien noch unter dem normalen Verbrauch des betreffenden Berufes liegen. G. LEHMANN (*1*) konnte auf Grund dieser Tatsache nachweisen, daß einzelne Betriebe Zusatzcalorien über die Rationssätze hinaus beschafft hatten, und konnte die Menge dieser Zusatzcalorien auf wenige Prozent genau angeben, nur durch Vergleich der Produktionsleistung je Arbeiter mit den Arbeitscalorien. Die hohe volkswirtschaftliche Bedeutung dieser Umkehrung des Gesetzes von der Erhaltung der Energie liegt auf der Hand.

VIII. Einschmelzung von Körpersubstanz bei Energiemangel.

Es ist eine der merkwürdigsten Tatsachen, daß der belebte Organismus nicht nur in der Lage ist, sich aus körperfremden Substanzen selbst zu ergänzen, wie das im Wachstum und der Regeneration erfolgt, sondern daß er außerdem seine eigene Körpersubstanz, und zwar nicht nur die Vorratsstoffe, die in guten Zeiten angehäuft werden, als Energiequelle verwenden kann. Der Vergleich mit einer Kraftmaschine, die sich selbst aufbaut, und die bei Mangel an Brennmaterial sich selbst verheizt, ist oft durchgeführt worden (z. B. C. OPPENHEIMER). Die Tatsache als solche ist seit Urzeiten bekannt. Die ersten messenden Versuche darüber, worauf eigentlich die Gewichtsabnahme beim Hunger beruht, stammen wohl von FRERICHS 1848 (zit. nach C. v. VOIT), die umfangreichsten und grundlegenden Versuche wieder von C. v. VOIT und M. RUBNER, auf deren Erkenntnisse alle späteren Untersuchungen aufbauen. Die stoffliche Seite, besonders die Frage der Stickstoffausscheidung im Hunger, ist bei LANG dargestellt, so daß hier nur die energetische Seite zu besprechen ist.

Naturwissenschaftliches Verständnis für die Einschmelzung von Körpersubstanz im Hunger, wenn auch noch ohne beweiskräftige Unterlagen läßt sich unter Benutzung des GAUSSschen Verteilungsgesetzes finden. Wie auf S. 21 auseinandergesetzt, muß sich bei mangelnder Nährstoffkonzentration das Stoffwechselgleichgewicht der Zelle bei vermindertem Energiebestand der Zellen einstellen. Es ist nun durchaus wahrscheinlich, daß nicht alle Zellen gleich beschaffen sind, sondern daß sowohl die Höhe ihrer Leistungsbereitschaft, wie ihre Widerstandsfähigkeit gegenüber Energiemangel nach einer GAUSSschen Verteilung streut. Daher werden bei höheren Graden des Energiemangels einige Zellen ihren Gleichgewichtszustand nicht mehr aufrechterhalten können, während andere noch eine, wenn auch verminderte Leistungsbereitschaft behalten. So müssen diejenigen Zellen, die die geringste Widerstandskraft haben, eingeschmolzen werden, und ihr Energiebestand kann den übrigen zugute kommen.

1. Einschmelzung der Organe im Hunger.

An der Einschmelzung sind die verschiedenen Gewebe in ganz ungleicher Weise beteiligt. In allen Lehrbüchern figuriert hier der verhungerte Kater von C. v. Voit im Vergleich zu einem möglichst gleichen, in voller Ernährung getöteten:

Tabelle 43. *Ein verhungerter Kater hatte nach* C. v. Voit *verloren:*

	Prozent des ursprünglich Vorhandenen	Prozent des Gesamtverlustes des Körpers		Prozent des ursprünglich Vorhandenen	Prozent des Gesamtverlustes des Körpers
1. Fett	97	26,2	9. Darm	18,0	2,0
2. Milz	66,7	0,6	10. Lungen	17,7	0,3
3. Leber	53,7	4,8	11. Pankreas	17,0	0,1
4. Hoden	40,0	0,1	12. Knochen	13,9	5,4
5. Muskeln	30,5	42,2	13. Zentr. Nerven	3,2	0,1
6. Blut	27,0	3,7	14. Herz	2,6	0,02
7. Nieren	25,9	0,6	15. Gesamter übriger		
8. Haut	20,6	8,8	Rest des Körpers	36,8	5,0

Danach nimmt das Fettgewebe bis auf verschwindende Reste, und mengenmäßig am wirksamsten die Muskulatur an Gewicht ab. Außer älteren Arbeiten liegt aus den letzten Jahren eine Reihe pathologisch-anatomischer Befunde vor, so von Uehlinger. Hier sei eine sonst nicht zugängliche Tabelle von W. Giese wiedergegeben, die ich freundlicherweise von ihm zur Verfügung gestellt bekam. Er fand an 31 in Hungeratrophie Verstorbenen folgende Mittelwerte:

Tabelle 44. *Körper- und Organgewichte bei Hungeratrophie.*

	Mittelwert	Soll	Defizit
Körpergewicht	39,0 kg	65,0 kg	40%
Leber	1133 g	1578 g	28%
Herz	233 g	305 g	24%
Milz	136 g	169 g	20%
Niere	140 g	141 g	—
Nebennieren	13,6 g	13,71 g	—
Hypophyse	0,68 g	0,63 g	—

Danach ist der Organschwund beim hungernden Menschen wesentlich anders verteilt als bei diesem alten Tierversuch. Besonders gehört auch das Herz zu den Organen mit hohem Gewichtsverlust, während umgekehrt die Nieren und übrigens die Drüsen mit innerer Sekretion keinen meßbaren Schwund aufweisen. Natürlich schwindet das Fettgewebe fast vollständig und die Muskulatur immer noch stärker als die inneren Organe, wie die Abnahme des Körpergewichts um 40% gegenüber den geringeren Organverlusten zeigt.

A. Keys geht in seinem Referat sehr ausführlich auf den Organschwund ein und berichtigt in Unkenntnis dieser europäischen Arbeiten die alten Angaben in wesentlichen Punkten: Auf Grund der Literatur (A. Boehme, K. Staunig, W. Alwens, G. C. E. Burger, H. R. Sanstead, J. Drummond, A. W. M. Pompen, E. H. La Chapelle, J. Groen und K. P. M. Mercx) glaubt A. Keys, daß die

Hungerosteopathie nicht eine reine Folge der Unterernährung, sondern bei Kombination mit Mangel an Vitamin D oder Calcium auch bei Kombination mit Phosphormangel auftritt. Sie war in Holland bei qualitativ ungenügender Kost und geringer Besonnung, aber auch bei amerikanischen Soldaten in japanischer Gefangenschaft aufgetreten. Die Osteoporose wurde im Minnesota-Experiment trotz sorgfältiger Untersuchung vermißt, wohl nicht nur wegen der kurzen Zeit von einem halben Jahr der Unterernährung, sondern auch wegen der qualitativ guten Zusammensetzung der dabei benutzten, calorisch unzureichenden Ernährung.

Bei den Muskeln kommt es in mäßiger Unterernährung wohl nur zu einer Verminderung des Sarkoplasmas, und erst bei starkem Mangel zur Einschmelzung ganzer Zellen, übrigens sind bei der Wiederherstellung nach Unterernährung auch Mitosen, also wahre Zellvermehrungen im Muskel beobachtet worden. Im Gegensatz zur älteren Literatur und in Übereinstimmung mit W. Giese wurde im Minnesota-Experiment (A. Keys, A. Henschel und H. L. Taylor) eine Verminderung des Durchschnittsbruttovolumens des Herzens um 17% im Teleröntgenkymogramm gemessen. A. Keys schließt daraus eine starke Beteiligung des Herzmuskels am allgemeinen Schwund der Muskulatur, „aber bei Tieren beträgt der Gewichtsverlust des Herzens im allgemeinen etwas weniger als proportional zu dem totalen Gewichtsverlust wäre“. Die funktionelle Schädigung des Herzens ist beträchtlich, daher die plötzlichen Todesfälle bei geringen Anstrengungen, aber hier kann ebenso wie bei der Körpermuskulatur die rasche Ermüdbarkeit stärker sein, als die Abnahme des Gewichtes vermuten läßt. Die zirkulierende Blutmenge (P. L. Mollison, A. Henschel, O. Mickelsen, H. L. Taylor und A. Keys) nimmt im Hunger sowohl relativ zum Körpergewicht wie absolut deutlich zu. Im Minnesota-Experiment wurden anfangs durchschnittlich 3,15 l oder 45,3 cm^3/kg, nach 6 Monaten Unterernährung 3,41 l oder 59,3 cm^3/kg Körpergewicht an reinem Plasmavolumen gemessen. Bei tatsächlichen Hungersnöten kommt dazu aber oft eine Dehydratation infolge von Durchfällen. Die Zahl der roten Blutkörperchen, und nahezu parallel die Hämoglobinkonzentration nehmen bei der Unterernährung stark ab. Im Minnesota-Experiment wurden statt 15,1% Hb nach 12 Wochen 12,6%, nach 24 Wochen 11,7% Hb gefunden, bei einem um etwa 7% vergrößerten Durchschnittsvolumen der roten Blutkörperchen. Die Leukocyten nahmen im Mittel von 6346 auf 4129 im Kubikmillimeter ab, ohne daß die von A. D. Bigland wieder beobachtete Lymphocytose bestätigt werden konnte.

Die Haut wird nach A. Keys dünn, trocken, schuppig, unelastisch, bleich und grau, wie Altershaut, und zeigt häufig, auch im Minnesota-Experiment, eine schmutzigbraune Pigmentation unbekannter Genese, die sicher nichts mit Nicotinsäuremangel zu tun hat. Auffallend ist die auch bei Reizung geringe Durchblutung der porzellanweißen Sklera. Natürlich wird auch der Verdauungskanal von der allgemeinen Atrophie betroffen. Doch betont A. Keys besonders, daß die in Hungergebieten ganz gewöhnlichen Durchfälle (W. R. Aykoryd, A. Porter, C. Debray, M. Zaracovitch, B. Ranson, J. Jacquemin, G. Robert und M. Siraga, J. Brozek, S. Wells und A. Keys, A. M. Butler, J. M. Ruffin, M. M. Sniffen und M. E. Wickson) im Minnesota-Experiment dank der sorgfältigen hygienischen Maßnahmen und der guten Qualität der Nahrungsmittel vollkommen ausgeblieben sind. Demnach seien für die Durchfälle immer zusätzliche Störungen, besonders natürlich verdorbene Nahrungsmittel und Infektionen verantwortlich, Störungen, die dann einen widerstandslosen Magen-Darmkanal betreffen und daher leichter wirksam werden als in normalen Zeiten. Nur eine Häufung der Magengeschwüre (H. E. Magee) muß wohl auf die Unterernährung selbst geschoben werden. Es ist daher nicht zu verwundern, daß zur Wiederauffütterung auch eine derbe landläufige Kost nur in häufigen, kleineren Portionen verwendet werden kann, solange die Hungernden noch Hunger verspüren. Erst wenn der Appetit fehlt, ist die Prognose schlecht, und auch intravenöse Zufuhr vermag wenig zu nützen, wie die Hilfsmaßnahmen im Konzentrationslager Belsen ergeben hätten.

Ganz in Übereinstimmung zu den alten von C. v. VOIT begründeten Auffassungen bleiben Gehirn und Nervengewebe von merklicher Gewichtsabnahme verschont, obwohl die histologische Untersuchung (C. M. JACKSON) Atrophie, trübe Schwellung, Chromatolyse und sonstige degenerative Veränderungen zutage fördert, ganz besonders in den Vorderhornzellen des Rückenmarks. Die Gewichtsabnahme wird durch Füllung der Vakuolen und Ersatz der Zellen durch Flüssigkeit verhindert.

2. Funktionelle Störungen im Hunger.

Von den funktionellen Störungen steht neben der Ermüdbarkeit und Schwäche der Muskulatur und den schon geschilderten Veränderungen der Persönlichkeit die Schädigung des Kreislaufs im Vordergrund (A. KEYS, A. HENSCHEL und H. L. TAYLOR). Die Hungerbradykardie ist vielleicht in den ersten Stadien des Hungerns stärker als gegen das Ende mit der Neigung zu Kollaps in Herzbeschleunigung. Im Gegensatz zum Beri-Beri-Herz ist der Anstieg der Pulsfrequenz bei körperlicher Arbeit normal, während bei Beri-Beri geringe Anstrengung schon starke Herzbeschleunigung hervorruft. Das Ekg (E. L. CARDOZO und P. EGGINK, E. SIMONSON, A. HENSCHEL und A. KEYS) ist normal, nur mit Verminderung aller Amplituden, und die Schlagfolge ist sogar regelmäßiger als in voller Ernährung. Der Blutdruck wurde in Übereinstimmung mit allen deutschen Autoren [z. B. K. WACHHOLDER (*1*)] im Hunger herabgesetzt gefunden, und zwar um so mehr, je ernster der Hungerzustand ist. Dabei sinkt der systolische Blutdruck stärker, um 10—30 mm Hg, als der diastolische; so daß zugleich entsprechend dem absolut und im Verhältnis zum Umsatz verminderten Herzminutenvolum die Amplitude des Blutdrucks sinkt. Obwohl die subjektiven Beschwerden fehlen, zeigen Ohnmachten und Schwindel die geringe Anpassungsbreite des Kreislaufs im Hunger. Besonders wichtig erscheint, daß in der Wiederherstellung nach Hungerzeiten der Kreislauf mit seiner Anpassungsbreite hinter den wieder wachsenden Anforderungen herhinkt, so daß besonders bei Überfütterung nicht nur hohe Pulsfrequenzen, sondern spontane Ohnmachten vorkommen. „Die volle Wiederherstellung des Herzens wird nicht so leicht erreicht wie die des Körpergewichts.“ Wie die Hypertonie während des Hungers seltener und besonders (J. BROZEK, C. B. CHAPMAN und A. KEYS) weniger bösartig wird, so tritt sie gehäuft mit dem Wiedereinsetzen normaler Ernährung auf (T. STAPLETON).

Im Zusammenhang mit den Hilfsaktionen für die vom Krieg betroffenen Länder ist besonders von amerikanischen Behörden versucht worden, leicht durchzuführende Messungen als Nachweis für den Hungerzustand zu standardisieren. Besonders wurde die Messung des Hämoglobins, des Serumeiweißes und des Blutdrucks hervorgehoben. Wie bei allen Methoden erlaubt aber kein einzelner Befund einen sicheren Schluß, ganz besonders in quantitativer Hinsicht. Nahezu alle organischen und funktionellen Symptome des Hungers kommen einzeln und vereint auch bei anderen Krankheiten oder Zuständen vor. So wertvoll daher solche Messungen zu statistischen Zwecken sind, eine Einzeldiagnose läßt sich schon wegen der physiologischen Streubreite nicht darauf gründen. Der Vergleich zwischen den Angaben aus verschiedenen Gebieten und von verschiedenen Autoren würde allerdings sehr erleichtert, wenn die Methoden zur Erfassung des Hungerzustandes unbeschadet der Problematik ihrer Allgemeingültigkeit soweit vereinheitlicht werden könnten, daß Zahlenvergleiche ermöglicht werden. Die sicherste Methode scheint mir allerdings die im Massenexperiment nur schwer zu verwirklichende Messung des Grundumsatzes zu sein, dessen Wert im Vergleich zum Sollwert nach der Körpergröße ein untrügliches Kennzeichen des Ernährungszustandes ist, das auch durch die differentialdiagnostisch wichtigen Krankheiten nicht hervorgerufen wird. Darüber hinaus wäre es sehr erwünscht, daß die psychischen Folgen des Hungers auch außerhalb der Medizin bekannt würden. Manches harte Urteil über Menschen und Schicksale würde anders ausfallen, wenn die Juristen wüßten, daß oft genug statt Strafen eine Ernährungszulage am Platz wäre.

3. Energiebilanz im Hunger.

Die Energieausgaben bei Unterernährung setzen sich mengenmäßig aus der Wärmeabgabe und der geleisteten äußeren Arbeit, sachlich jedoch aus dem Grundumsatz, der spezifisch-dynamischen Wirkung und dem Arbeitsumsatz zusammen. Wie mehrfach auseinandergesetzt, ist hierbei der Grundumsatz allein völlig unvermeidlich als Ausdruck des Zellebens, während die anderen beiden Posten im Hunger und völliger Körperruhe eingespart werden können.

Nicht nur beim Tier, sondern auch beim Menschen verfügen wir über eine große Anzahl zum Teil sehr exakter Versuche über das Verhalten des Energiestoffwechsels bei völligem Fasten, und zwar vorwiegend von Hungerkünstlern, ein Beruf, mit dem heute wohl wenig Geld zu verdienen wäre. Der längste messend verfolgte Versuch am Menschen (M. LABBÉ und H. STÉVENIN) dauerte 42 Tage, die längste bekannte Hungerzeit ist die von Mac Swiney, Bürgermeister von Cork, der nach 75 Tagen Hungerstreik am 25. Oktober 1920 im Gefängnis starb [A. PÜTTER (*3*)]. Die Zeit, in der ohne Nahrungszufuhr das Leben noch gefristet werden kann, ist außer von dem geforderten Energieverbrauch natürlich vom Ernährungszustand zu Beginn des Fastens abhängig. Die alten Angaben, daß der Verlust von 45,4—48,2% des Sollgewichts an die Grenzen des Todes führe, weisen schon darauf hin, daß nicht eine bestimmte Zeit, sondern bis zu einem Minimum an Körperbestand das Leben erhalten bleibt. Es ist nicht ganz leicht, den Gewichtsverlust beim Hungern in dieselbe Beziehung zum Energieumsatz zu bringen, da ja auch der Wasser- und Mineralbestand des Körpers sich dabei ändert und besonders in den ersten Tagen noch starke Gewichtsverluste durch Entleerung des Darmes eintreten, die nichts mit dem Hungerstoffwechsel zu tun haben. Erst jenseits der 1. Woche sinkt das Gewicht mit einer ausreichenden Konstanz ab, so daß von A. PÜTTER (*3*) und F. G. BENEDICT mathematische Formulierungen gegeben werden konnten. Übereinstimmend mit den Angaben von M. RUBNER (*5*) für das Tier gilt für den Hungerstoffwechsel nicht das Oberflächengesetz, sondern die Abnahme des Grundumsatzes geht parallel mit dem Gewicht. Hieraus ergibt sich mathematisch eine Exponentialfunktion der Zeit mit negativem Exponenten von der Form $y = y_0 \cdot e^{-kt}$, y ist dabei der brennbare Körperbestand. A. PÜTTER (*3*) schätzte aus den vorliegenden Daten den täglichen Verlust für den Menschen zu 1,2—1,3% der verbrennbaren Körpersubstanz, während er für kleine Tiere entsprechend ihrem großen Umsatz pro kg Gewicht größer ist. 50% des brennbaren Körperbestandes des Menschen sind dann nach 54—58, 60% nach 71—77 Tagen Nahrungsentzug verbrannt. Natürlich kann eine solche Gleichung nicht beliebig weit bis zum Hungertod die Verhältnisse beschreiben, da zuletzt die Fettreserven des Körpers aufgezehrt sind und dann die weiter noch erforderliche Energie nur durch rasche Einschmelzung von

Eiweiß, also von Zellen geliefert werden kann. Außerdem laufen beim vollständigen Nahrungsentzug aus normaler Versorgung heraus zwei verschiedene Vorgänge nebeneinander ab, nämlich einmal die Abnahme des am Stoffwechsel beteiligten Zellbestandes und dann die Herabsetzung des Grundumsatzes der einzelnen Zelle im Sinne der Sparmaßnahmen. Die hohe Bedeutung einer derartigen einfachen Beziehung würde jedoch darin liegen, daß sie erlauben würde, die Einstellung auf ein neues Gleichgewicht bei verminderter Ernährung wenigstens ungefähr zahlenmäßig zu verfolgen. Rein quantitativ betrachtet kann die restliche Ernährung energetisch nur einen Teil der lebenden Substanz des Körpers erhalten, der Rest muß durch Einschmelzung von Körpersubstanz seinen Energiebedarf decken. Nicht berücksichtigt ist bei der einfachen Übertragung der Ergebnisse der Hungerversuche auf die Unterernährung einmal, daß bei Zugabe von Kohlenhydraten Eiweiß eingespart wird (siehe dieses Buch, S. 116), die Berechnungsergebnisse werden daher untere Grenzwerte der Überlebungsdauer bei Unterernährung ergeben. Im gleichen Sinne wirkt zweitens die Tatsache, daß dem Körper bei Unterernährung mehr Zeit zum Umbau von Organen bleibt, daß eine Anpassung eintreten kann. Bei gleichzeitiger körperlicher Arbeit während Unterernährung und Hunger muß außer dem Ruheumsatz auch der Arbeitsbedarf aus dem Körperbestand gedeckt werden. Hier liefert die einfache Übertragung der Hungerversuche Maximalzahlen der Überlebungsdauer, weil nun umgekehrt Stoffwechselschwierigkeiten zur Vermeidung der Acidose in Kauf genommen werden müssen, z. B. der Umbau von Fett und Eiweiß in Kohlenhydrat ausweislich des abnorm niedrigen RQ von 0,54 (A. Eckert). E. Grafe (*1*) tut diese Befunde etwas schnell mit dem Hinweis auf CO_2-Retentionen aus Atmungsgründen nach der Arbeit ab, ohne die Zeitdauer solcher Abweichungen genügend zu beachten, die bei A. Eckert etwa 3 Std mit RQ-Werten unter 0,7 betrug. Jede solche Schwierigkeit bedeutet ein Abweichen vom Optimum und damit einen zusätzlichen Energieverlust, so daß der Wirkungsgrad der Muskelarbeit unter solchen Verhältnissen vermindert sein dürfte. Außerdem bleibt nun dem Körper weniger Zeit zur Anpassung, so daß der mit dem Leben verträgliche Verlust an Körpersubstanz wesentlich geringer als bei längerer Zeit sein muß. Daraus wird verständlich, daß Menschen auf der Flucht schon Hungers sterben, ehe ihr Gewichtsverlust so groß ist als beim Hungertod in Körperruhe, und das Wort Tod an Erschöpfung bekommt wieder seinen wörtlichen Sinn. Die Überlebenszeit bei Hunger mit schwerer, eben noch ohne Stoffwechselvergiftung z. B. durch Niereninsuffizienz, erträglicher Arbeit muß aus diesen beiden Gründen kürzer sein als bei einfacher Übertragung der mathematischen Beziehungen in Hungerversuchen.

Im folgenden Diagramm ist versucht, die Verhältnisse graphisch darzustellen. Bei Wahl eines logarithmischen Zeitmaßstabes werden die Kurven des täglichen Energiebedarfes bei Unterernährung und Hunger mit und ohne Arbeit Gerade, die mit dem Pütterschen Tagesbedarf von 1,2% des Energiebestandes etwa nach 1 Jahr auf 1% des Anfangswertes (genau nach 384 Tagen) abgesunken sind, und sich damit nach 1 Jahr auch dem endgültigen Gleichgewichtszustand bis auf 1% genähert haben, falls der Abfall nicht in den Bereich der unerträglichen, mit dem Tode endigenden Werte führt. Bei nicht wesentlich zu niedriger Calorienzufuhr dürfte nach dem Gesagten die Todesgrenze durch Anpassung zu kleineren Werten des Energiebestandes verschoben sein, die Überlebensdauer also verlängert sein, während umgekehrt bei schwerer Arbeit auch dann, wenn diese stoffwechselmäßig noch beherrscht wird, die Todesgrenze erhöht sein dürfte, wie das die gestrichelte Kurve andeutet. Bei der Unsicherheit der Unterlagen hat es keinen Sinn, das Diagramm mit einer überflüssigen Scheingenauigkeit zu versehen, indem nun der „normale“ Ruhestoffwechsel von 2000 kcal noch aufgegliedert wird. Zu der Schätzung bin ich durch Addition von mittlerem Grundumsatz, 250 kcal unvermeidlicher Körperarbeit und 8% spezifisch-dynamischer Wirkung gekommen, habe aber absichtlich die runde Zahl 2000 kcal/Tag eingesetzt, für die ebensogut 2100 kcal stehen könnte.

Der Schnittpunkt der abfallenden Geraden je nach der Nahrungszufuhr (in Netto-kcal, nach Abzug der Ausnutzungsverluste) mit der Todesgrenze ergibt die minimal zu erwartende Überlebungszeit. Das Diagramm zeigt sofort, daß unterhalb 1000 kcal Nettozufuhr, also 1100 kcal Bruttozufuhr sich wahrscheinlich kein Gleichgewicht mehr einstellen wird, daß diese Zufuhr also die Verhungerungsgrenze darstellen dürfte. Diese Grenze finden L. BINET, P. CASTAIGNE u. M. BOCHET bei alten Leuten zwischen 71 und 86 Jahren während der Hungerjahre in Paris. Natürlich kann diese Grenze nur erreicht werden, wenn diesen Verhungernden jegliche Körperarbeit abgenommen wird. Die gleiche Gerade stellt aber auch den Zustand bei 1200 kcal Nettozufuhr und 200 kcal täglichem Arbeitsumsatz usw. dar. Freilich ist hier zu berücksichtigen, daß zur Erhaltung der Arbeitsfähigkeit in diesem Ausmaß der Abbau der Organe, besonders der Muskeln, nicht ebensoweit getrieben werden kann wie ohne jede Arbeit. Solche Zustände führen also schon um so früher zur Einschränkung des Arbeitsumsatzes, je größer dieser vorher war. Nach G. LEHMANN (*1*) kann der Gesamtumsatz maximal etwa um 4—500 kcal sinken, ehe eine die Leistungsfähigkeit stark beeinträchtigende Einschmelzung von Muskulatur eingetreten ist. Bei 1000 kcal täglichem Arbeitsumsatz verhält sich der mit 1000 kcal Ernährte daher bei entsprechendem Arbeitsantrieb wie ein Hungernder ohne Arbeit, bis nach etwa 3 Wochen der Körper so reduziert ist, daß die Arbeit nicht mehr geleistet werden kann. Dann wird er notgedrungen die Arbeit einschränken, um nach einiger Zeit des Überganges auf die Gerade mit 1000 kcal ohne Arbeit zu gelangen, wobei er sich so verhält, als ob er bisher nicht 3 Wochen, sondern 2 Monate nur 1000 kcal erhalten hätte. Der Übergang wird in Wirklichkeit schon von Anfang an beginnen, es wird also die Arbeit sehr bald, dafür nicht sofort in vollem Umfang, eingeschränkt werden. Leider fehlen in der Literatur Angaben über gleichzeitige Messung von Arbeitsfähigkeit, Energiezufuhr und Energieabgabe mit Ausnahme der Berichte von H. KRAUT (siehe S. 78), bei deren Besprechung schon erwähnt wurde, daß Nahrungszulagen und Streichungen etwa nach 3 Wochen zu einem neuen Gleichgewicht geführt haben.

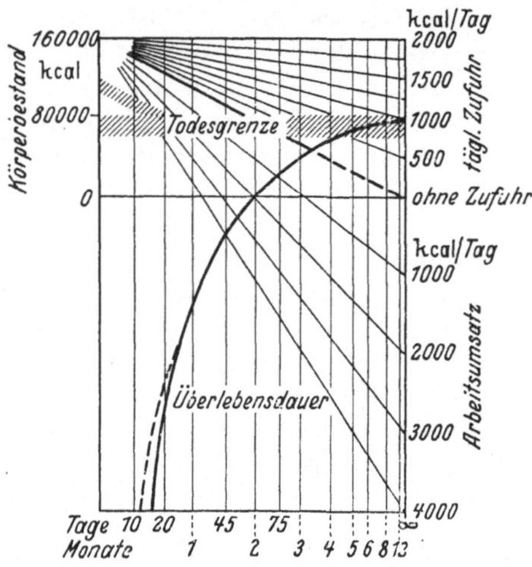

Abb. 29. Absinken des brennbaren Körperbestandes als Funktion der Zeit (Abszisse), der Nahrungszufuhr (in Rein-Calorien ohne Verluste!) und des Arbeitsumsatzes (rechter Rand). Die Überlebensdauer ergibt sich aus dem Schnittpunkt der Verlaufsgeraden des Körperbestandes mit der „Todesgrenze“, die Überlebensdauer ist als Funktion des Arbeitsumsatzes und der Nahrungszufuhr eingetragen.

Bei nicht völlig unzureichender Ernährung dagegen, besonders ohne viel körperliche Arbeit, ist die Zeit bis zum Erreichen des neuen Gleichgewichtes sehr lang, sie beträgt erwartungsgemäß mindestens 1 Jahr. Dies macht verständlich, warum die deutsche Bevölkerung bis zur Währungsreform doch nicht insgesamt verhungert ist, da die mittlere tatsächliche Zufuhr in den Mangeljahren doch um

1500 kcal/Tag lag. Dagegen sind solche Zeiten wie die Hungersnot im Ruhrgebiet mit rund 800 kcal/Tag im Frühjahr 1948 deswegen ganz besonders bedenklich, da sie sich nicht an eine Periode normaler Ernährung, sondern an eine langdauernde Unterernährung mit rund 1200 kcal/Tag anschloß, so daß ein großer Teil der Bevölkerung nichts mehr zuzusetzen hatte. Das Diagramm läßt vermuten, daß der Gleichgewichtszustand bei 1200 kcal einem Zustand entspricht, als ob nach normaler Ernährung etwa 3 Monate lang 800 kcal zur Verfügung gestanden wären, so daß nach weiteren 2 Monaten die Todesgrenze erreicht sein muß.

Es sei nochmals betont, daß diese Darstellung keinen Anspruch auf mathematische Genauigkeit erhebt, auch wenn etwas Mathematik zur Herstellung des Diagramms benötigt wird. Aber solche Zusammenfassung hat außer der Erleichterung des Überblickes über die ungeheuerlich angeschwollene Literatur gleichzeitig die Wirkung, Fragestellungen nahezulegen. Es wäre erwünscht, Genaueres darüber zu erfahren, wie sich die Leistungsgrenzen für verschieden schwere Muskelarbeit zur Todesgrenze verhalten und welchen Verlauf die Todesgrenze bei verschieden langer Anpassungszeit hat. Die größte Steilheit des Abfalls der Geraden bei Arbeit ist bekannt: sie beträgt nach B. Balke etwa 9—10000 kcal pro Tag für 2tägige Leistung oder 6,25% des Körperbestandes, so daß die Todesgrenze ungefähr nach spätestens 8 Tagen, wahrscheinlich aber wegen der geringen zur Anpassung verfügbaren Zeit früher erreicht wäre, bei 10tägiger Leistung hat B. Balke etwa 6000 kcal/Tag oder 2,7% des Energiebestandes erreicht, beides aber mit Ernährung, die allerdings 5500 kcal/Tag nicht zu überschreiten vermochte.

Es ist merkwürdig, daß die Benutzung der mathematischen Behandlung zugleich ein Nebenergebnis hat, das wenig beachtet, doch jedem von uns aufgefallen sein muß: Der Zeitmaßstab wird im Diagramm mit sinkendem Energiebestand des Körpers immer größer, und ohne auf die quantitative Seite dieser Frage näher einzugehen, entspricht dies genau der persönlichen Erfahrung: Während in einem Leben der Fülle die Zeit verweilt, obwohl sie so schön ist, flieht sie mit unheimlicher Schnelligkeit in den Jahren des Hungerns: unser subjektiver Zeitmaßstab ist zweifellos vom Ernährungszustand abhängig, so daß gleiche Zeiten uns im Zustand der Unterernährung kürzer vorkommen als bei Leibesfülle. Diese Erfahrung ist keineswegs auf den physiologischen Wandel des Zeitmaßstabes durch das zunehmende Alter zurückzuführen, sie wird mir von Kindern ebenso bestätigt wie von Erwachsenen, einschließlich der Beobachtung, daß seit der Währungsreform die Zeit allmählich wieder ihre bisherige Raserei einschränkt.

IX. Erholung nach Unterernährung. Mast.

Das wichtigste Erfordernis bei der Wiederherstellung nach Hungerperioden ist die Zufuhr ausreichender Energiemengen. Je nach Fehlern der vorangegangenen Ernährung muß natürlich auch das Defizit an Stoffen, besonders an Vitaminen bei der asiatischen Hungersnot, gedeckt werden. Die umfangreiche Erfahrung der Amerikaner nach dem zweiten Weltkrieg hat aber nach A. Keys ergeben, daß nahezu jedes Nahrungsmittel geeignet ist für die Auffütterung, nur bei Personen in ausgesprochen erschöpftem Zustand sei eine leichtverdauliche Kost in vielen kleinen Mahlzeiten erforderlich. Darüber hinaus hat die deutsche Erfahrung an Rußlandheimkehrern ergeben, daß fette Nahrung zu tödlichen Verdauungsstörungen führen kann. Vitamingaben sind nur beim Bestehen von Vitaminmangelkrankheiten erforderlich, sie ergeben ausweislich des Minnesota-Experiments auch keine Beschleunigung des Heilungsverlaufes. Besonders wichtig ist, daß sich das Körpergewicht deutlich schneller der Norm nähert wie die volle Funktionstüchtigkeit von Kreislauf, Muskulatur und Stoffwechsel. Die Erholungsgeschwindigkeit ist abhängig vom Alter, und bei älteren Personen deutlich langsamer. Bei jugendlichen Erwachsenen rechnet A. KEYS in der Regel mit einem ganzen Jahr bis zu völliger Wiederherstellung, wenn der Gewichtsverlust zwischen 20 und 30% gelegen hatte.

Der Grundumsatz ist nach A. KEYS während der Wiederauffütterung und noch einige Monate darüber hinaus über den Normalumsatz für das Istgewicht hinaus erhöht. Nach Erreichen des alten Körpergewichts lag er im Minnesota-Experiment noch 13% über dem alten normalen Grundumsatz derselben Personen. Das ist verständlich, da ja außer der Deckung des Energiebedarfes der noch übriggebliebenen Zellen nun zunächst ein Wachstum mit Umsetzungen zu zelleigenen Stoffen eintreten muß. Auch in den Hauptwachstumszeiten der Jugend ist der Grundumsatz je m^2 Oberfläche viel größer (Abb. 13a und b, S. 31) als nach Abschluß des Wachstums. Das lange Anhalten der Stoffwechselsteigerung deutet aber schon an, daß die Umbauten im Körperinneren noch andauern, wenn das Körpergewicht schon wieder normal geworden ist. Funktionell drückt sich diese Verzögerung der vollen Herstellung in der nach A. KEYS angeblich fast 1 Jahr nachweisbaren Verminderung der muskulären Ausdauer und besonders in dem Zurückbleiben der Leistungsfähigkeit des Herzens gegenüber den erhöhten Ansprüchen des wiederhergestellten Körpergewichts aus. Die Erfahrung in Deutschland scheint mir dem etwas zu widersprechen. Ich habe selbst gesehen, wie die gleichen KZ-Insassen von Dachau, die ein deutsches Lazarett am 30. April 1945 aus einem stehengebliebenen Transportzug in jämmerlichem Zustand übernahm, 6 Wochen später im Lager Feldafing Fußball spielten, also freiwillige und nicht geringe körperliche Anstrengungen vollbrachten, ganz abgesehen von den weiten Fußmärschen in die Umgebung des Lagers, die schon früher einsetzten. Auch die Angaben von H. KRAUT bezüglich des Nachhinkens der Arbeitsfähigkeit gegenüber der Ernährung, alle Erfahrungen über das Training für körperliche Anstrengung lassen eine Erholungszeit in der Größenordnung von 6 Wochen bis zu einigen Monaten erwarten, wenn nur die Ernährungsbedingungen optimal sind. Aber nicht allein die Nahrungszufuhr ist entscheidend für die Wiederherstellung. Die starke Abhängigkeit der Rekonvaleszenz nach Krankheiten und besonders nach chirurgischen Eingriffen von der Einstellung der Kranken ist bekannt. Ebenso, wie ein starker Wille oder äußerer Zwang zur Wiedererlangung der vollen Leistungsfähigkeit durch stetige Übung und Anstrengung bis an die Grenzen der Kraft die Erholung wesentlich beschleunigt, ebenso kann der Genuß einer Rente oder andersartigen Versorgung zu fauler Lethargie und damit zu langer Verzögerung in der Erholung führen. So dürften die im Sport üblichen Trainingszeiten von 6 Wochen Minimalzeiten für das Erreichen eines vollkommen angepaßten Zustandes sein, die besonders beim Fehlen einer starken äußeren Triebkraft auch ohne schuldhaftes Sichgehenlassen nicht ausreichend sind.

Die Geschwindigkeit der Gewichtszunahme wie der übrigen Erholung hängt in weiten Grenzen von der zugeführten Nahrung ab. In Erweiterung der deutschen Erfahrung zur Heilung nach Hungerschäden glaubt A. KEYS auf Grund des Minnesota-Experiments, daß Eiweißgaben über 70 g/Tag keinen Vorteil bringen, während in Deutschland die Zufuhr ausreichender Eiweißmengen das Hauptproblem war. Die Erholung geht nach A. KEYS ausgesprochen langsam, wenn die Zufuhr unter 2700 kcal/Tag liegt, und über 5000 kcal/Tag ist nicht nur unnötig, sondern kann gefährlich werden. Im Minnesota-Experiment lag das Optimum bei gleichzeitiger leichter Beschäftigung in der Gegend von 3500 kcal/Tag. Die schon erwähnten deutschen Lazarette gaben 1945 an bettlägerige Erholungsbedürftige 3300 kcal/Tag. Es hat sich aber immer wieder gezeigt, daß die Hungernden selbst jeden Maßstab für das Erforderliche und Zuträgliche verloren haben. Sie stopfen in ihrer schon geschilderten Angstpsychose vor dem Verhungern wahllos alles in sich hinein, was ihnen unter die Hände kommt, auch Verdorbenes, und auch die Rußlandheimkehrer hatten keinen Instinkt dafür, die richtigen, zuträglichen Speisen nach Art und Menge auszuwählen. Nach Hungersnöten pflegt die volle Nahrungsfreiheit erst langsam wiederzukehren, dann ist eine ärztliche Vorsorge vor dem Zuviel nicht notwendig. Der einzelne jedoch, der durch Krankheit, Operation oder einen unglücklichen Zufall unterernährt war und aufgefüttert werden soll, bedarf unbedingt der ärztlichen Betreuung. Hierbei muß nicht nur auf genügende Calorienmengen und das Eiweißminimum geachtet werden. Wie im Chemisch-Physiologischem Teil ausgeführt wird, können auch andere einzelne Stoffe, z. B. das Calcium, der limitierende Faktor für die Gewichtszunahme werden.

Die Rückkehr der körperlichen Kraft, sagt A. Keys, erlaubt die Manifestation der bisher unterdrückten Reizbarkeit. Wir haben diese soziologischen Folgen der Hungersnot in Europa bis zur Neige genossen und haben den Eindruck, daß Neid, Mißgunst und Haß die am längsten überdauernden Symptome der Unterernährung sind. Schon Shakespeare läßt Cäsar sagen: „Laßt dicke Männer um mich sein, die keine Grillen haben und des Nachts gut schlafen.“ Der Physiologe hat gute Hoffnung, daß mit dem sozialen Fortschritt auf dem Umweg über körperlich satte Menschen die politische Befriedung der Welt verbunden sein wird.

Literatur.

Alberti, G.: Mäßige Kost und Gesundheit. Milano 1942. — Alwens, W.: Münch. Med. Wschr. **66**, 1071 (1919). — Anderson, R. J., u. G. Lusk: J. biol. Chem. **32**, 421 (1917). — Atwater, W. O.: Ergebn. der Physiol. **3**, I, 497 (1904). — Atzler, E.: (*1*) Körper und Arbeit, Leipzig 1927; (*2*) Ergebn. der Physiol. **27**, 709 (1928); (*3*) Ergebn. der Physiol. **40**, 325 (1938); (*4*) Ergebn. der Physiol. **41**, 164 (1939). — Aub, J. C., u. Dubois, Rogers: J. Nutrition **18**, 195 (1939). — Augsberger, A.: Klin. Wschr. **22**, 123 (1944). — Aykoryd, W. R.: Ind. M. Rec. **59**, 113, 116 (1939). —

Balke, B.: Klin. Wschr. **22**, 223 (1944). — Bash, K. W.: J. comp. Psychol. **28**, 137 (1939). — Bausenwein, J.: Doktordissertation, Erlangen 1949. — Becher, G., u. J. W. Hämäläinen: Scand. Arch. Physiol. **31**, 198 (1904). — Benedict, F. G.: (*1*) Am. J. of Physiol. **24**, 345 (1909); (*2*) Am. J. of Physiol. **110**, 521 (1935). — Benedict, F. G., W. R. Miles, P. Roth u. H. Monmouth Smith: Carnegie Inst. of Wash. Publ. 1919, Nr. 280. — Benedict, F. G., u. Ritzmann: Carnegie Inst. of Wash. Publ. 1925. — Benedict, F. G., u. F. B. Talbot: Carnegie Inst. Publ. of Wash. 1921, Nr. 213. — Benzinger, Th., u. H. Hartmann: Luftf. Med. **1**, 129 (1936). — Berg, H. H.: Synopsis **1**, 77 (1948). — Berkson, J., u. W. M. Boothby: Am. J. of Physiol. **121**, 669 (1938). — Bethe, A., u. G. v. Bergmann: Hdbuch der norm. und pathol. Physiol., Berlin 1928 V, Stoffwechsel und Energiewechsel. — Bigland, A. D.: Lancet **1**, 243 (1920). — Binet, L., P. Castaigne, u. M. Bochet: Bull. Acad. Méd. Paris III. s. 126, 203 (1942). — Boehme, A.: Dtsch. med. Wschr. **45**, 1160 (1919). — Bohnenkamp, H.: Ergebn. der Physiol. **34**, 848 (1932). — Boothby, W. M., J. Berkson, u. H. L. Dunn: Am. J. of Physiol. **116**, 468 (1936). — Boothby, W. M., J. Berkson, u. W. A. Plummer: Ann. int. Med. **11**, 1014 (1937). — Boothby, W. M. ,u. W. L. Paulson: Ann. Rev. Physiol. **2**, 169 (1940). — Borsook, H., u. H. M. Winegarden: Proc. nat. Acad. Sci. USA. **16**, 559 (1930). — Brauch, F.: Z. klin. Med. **134**, 581 (1938). — Brock, J., H. Knauer, B. de Rudder, J. Becker, u. K. Klinke: Biologische Daten für den Kinderarzt, **3**, Stoffwechsel, Berlin 1939 — Brozek, J., C. B. Chapman, u. A. Keys: (zit. nach A. Keys: J. Am. Med. Ass. **138**, 500 (1948)). — Brozek, J., S. Wells, u. A. Keys: Am. Rev. Soviet. Med. **4**, 70 (1946). — Bruin, M. de: Am. J. Dis. Childr. **57**, 29 (1939). — Burckhardt, J.: Weltgeschichtliche Betrachtungen, Stuttgart 1941. — Burger, G. C. E., H. R. Sanstead, u. J. Drummond: Lancet **2**, 282 (1945). — Butler, A. M., J. M. Ruffin, M. M. Sniffen, u. M. E. Wickson: J. Med. **233**, 639 (1945).

CAMERER, W.: Stoffwechsel des Kindes, Tübingen 1896. — CAPRARO, V.: Boll. Soc. ital. Biol. sper. **16**, 389 (1941). — CARDOZO, E. L., u. P. EGGINK: Canad. M. A. J. **54**, 145 (1946). — CARPENTER, TH. M.: Ann. Rev. Physiol. **3**, 131 (1941). — CARPENTER, TH. M., u. F. G. BENEDICT: J. of biol. Chem. **6**, 271 (1909). — CASPARI, W., u. N. ZUNTZ: in TIGERSTEDT, Hdbch. der physiol. Meth. **1**, III, 1 (1910). — CERA, B., u. C. LOMBROSO: Biochem. Z. **296**, 28 (1938). — CHRISTENSEN, E. H., u. O. HANSEN: Scand. Arch. Physiol. **81**, (*1*): 137, (*2*): 152, (*3*): 160, (*4*): 172, (*5*): 180 (1939). — CONCEPCION, I.: Philippine J. Sci. **62**, 89 (1937). — CRILE, G. W., u. D. P. QUIRING: (*1*) J. Nutrition **18**, 361 (1939);(*2*) J. Nutrition **18**, 369 (1939). — CURCI, C.: Endocrinologie **14**, 1 (1939).

DANN, M., u. W. H. CHAMBERS: J. of biol. Chem. **89**, 675 (1930). — DAVIDOVA, M. M.: Pediatr. **11**, 15 (1939). — DEBRAY, C., N. ZARACOVITCH, B. RANSON, B. JACQUEMIN, G. ROBERT, u. M. SIRAGA: Semaine d. hôp. de Paris **22**, 863 (1946). — DELAUNOIS, A. L., u. L. J. VERHOESTRAETE: Arch. Int. Pharmacodynamie **68**, 442 (1942). — DES CILLEULS, J., u. R. CROSNIER: Bull. Acad. Med. Paris, III. s. **127**, 200 (1943). — DUBOIS, E. F.: J. of biol. Chem. **59**, 45 (1924). — DUBOIS, D., u. E. F. DUBOIS: Arch. Int. Med. **17**, 863 (1916). — DURIG, A.: (*1*) J. Ber. Physiol. **9**, 1, 266 (1928); (*2*) Wien. klin. Wschr. **1937 I**, 701; (*3*) Wien. klin. Wschr. **1938 I**,1, 38; (*4*) Wien. klin. Wschr. **1939 I**, 217.

EATON, A. G.: J. Labor. a. clin. Med. **24**, 1255 (1939). — ECKERT, A.: Z. Biol. **71**, 137 (1920). — EMBDEN, G., u. H. JOST: Hoppe-Seylers. Z. **165**, 224 (1927).

FARIA, R.: Rev. Med. mil. **30**, 243 (1941) (portugiesisch). — FARKAS, G., J. GELDRICH, u. A. SZAKÁLL: (*1*) Arb. Physiol. **1**, 466 (1929); (*2*) Arb. Physiol. **2**, 97 (1930); (*3*) Arb. Physiol. **5**, 434 (1932). — FARKAS, G., S. LÁNG, u. F. LEÖVEY: Arb. Physiol. **5**, 569 (1932). — FERNANDEZ-MORO NOGUERA, J.: Rev. Clin. espan. **5**, 38 (1942). — FICK, A.: Landw. Jber. **27** (1869). — FICK, A., u. J. VISLICENUS: Vierteljahresschr. Züricher naturf. Ges. **10** (1865). — FISHER, G., u. M. B. WISHART: J. of biol. Chem. **13**, 49 (1912). — FLÖSSNER, O.: Ber. Physiol. **104**, 229 (1938). — FORBES, E. B., J. W. BRATZLER, E. J. THACKER, u. L. F. MARCY: J. Nutrition **18**, 57 (1939). — FRANKLIN, J. C., B. C. SCHIELE, J. BROZEK, u. A. KEYS: J. Clin. Psychol. **4**, 28 (1948). — FRERICHS: zit. nach C. v. VOIT: Z. Biol. **2**, 307 (1866). — FULL, F., u. G. LEHMANN: Pflügers Arch. **201**, 611 (1923).

GASNIER, A., u. A. MAYER: Ann. de Physiol. **15**, (*1*): 145, (*2*): 157, (*3*): 186 (1939). — GHETTI, E.: Fisiol. e Med. **13**, 83 (1943). — GHETTI, E., u. M. MORSELLI: Clin. pediatr. **21**, 433 (1939). — GIAJA, J.: (*1*) C. r. Soc. Biol. Paris **128**, 687 (1938); (*2*) Acad. roy. Serbe, Ser. B **6**, 185 (1940). — GIESE, W.: Veröffentl. a. d. Geb. d. Heeres-San. Wesens **116**, 11 (1944). — GIUFFRE, T.: Fisiol. e Med. **9**, 415 (1938). — GLATZEL, H.: Nahrung und Ernährung, Verständl. Wiss. **39**, Berlin 1939: Synopsis **1**, 1 (1948). — GRAFE, E.: (*1*) Ergebn. der Physiol. **21**, II, 1 (1923); (*2*) Hdbch. der norm. und pathol. Physiol. V, 212 (1928); (*3*) Hdbch. der norm. und pathol. Physiol. V, 260 (1928). — GRANDE, C. F.: Rev. Clin. espan. **4**, 1 (1942). — GREMELS, H.: Arch. exper. Path. u. Pharmakol. **205**, 57 (1948). — GROSSER, P.: Hdbch. der norm. u. pathol. Physiol. V, 167, Berlin 1928. — GÜNTHER, H.: Z. f. d. ges. Inn. Med. u. ihre Grenzgeb. **4**, 276 (1949).

HALL, F. G.: Am. J. of Physiol. **88**, 212 (1929). — HAMILTON, T. S.: J. Nutrition **17**, 583 (1939). — HANSEN, E.: Scand. Arch. Physiol. **51**, 1 (1927). — HARRIS, S., u. F. G. BENEDICT: (*1*) Carnegie Inst. of Wash. Publ. 1919, Nr. 279; (*2*) J. biol. Chem. **46**, 257 (1921). — HAWKS, J. E., J. M. VOORHEES, M. M. BRAY, u. M. DYE: J. Nutrition **19**, 77 (1940). — HELLEBRANDT, F. A.: Am. J. of Physiol. **129**, 773 (1940). — HENSCHEL, A., O. MICKELSEN, H. L. TAYLOR, u. A. KEYS: Am. J. of Physiol. **150**, 170 (1947). — HESS, G. H.: zit. nach W. OSTWALD: Grundriß der allgem. Chemie, 2. Aufl., S. 209, Dresden 1923. — HEUBNER, O.: zit. nach PFAUNDLER-SCHLOSSMANN: Hdbch. d. Kinderheilkde. **1**, 351, Berlin 1931. — HEYMANS, C., u. A. L. DELAUNOIS: Arch. internat. Pharmacodynamie **67**, 289 (1942). — HILL, A. V.: J. of Physiol. **56**, 19 (1922). — HÖSSLIN, H. v.: Arch. Anat. u. Physiol., physiol. Abtlg. **1888**, 323. — HOLZER, W.: Wien. klin. Wschr. **1940 II**, 924. — HØYGAARD, A.: Untersuchungen über die Ernährung und die Physiopathologie der Eskimos. Vorgenommen in Angmagssalik, Ostgrönland, 1936 bis 1937, Oslo 1941. — HUSBY, J.: Acta Med. Scand. **130**, 20 (1948).

JACKSON, C. M.: The Effects of Inanition and Malnutrition upon Growth and Structure, Philadelphia 1925. — JAKOWLEW, N. N.: Fiziol. Z. **30**, 384 (1941). — JOHANSSON, J. E.: Scand. Arch. Physiol. **11**, 273 (1901). — JONGBLOED, J.: Nederl. Tijdschr. Geneesk. **1942**, 2012. — JONGBLOED, J., u. B. W. GRUTTERINK: Nederl. Tijdschr. Geneesk. **1943**, 76. — JOST, H.: in Hdbch. der norm. u. pathol. Physiol. V, 377 (1928).

KAYSER, CH.: Ann. de Physiol. **16**, 1 (1940). — KERN, B.: Münch. Med. Wschr. **1940 I**, 377. — KESTNER, O., u. H. W. KNIPPING: Die Ernährung des Menschen, 2. Aufl., Berlin 1926. — KEYS, A.: J. Am. Med. Ass. **138**, 500 (1948). — KEYS, A., u. Mitarbeiter: Science **103**, 669 (1946). — KEYS, A., A. HENSCHEL, u. H. L. TAYLOR: Am. J. of Physiol. **150**,

153 (1947). — KITTEL, W., W. SCHREIBER, u. W. ZIEGELMAYER: Soldatenernährung und Gemeinschaftsverpflegung, Dresden und Leipzig 1939.—KLEITMANN, N.: Am. J. of Physiol. **77**, 233 (1926). — KNIPPING, H. W.: (*1*) Münch. Med. Wschr. **1924**, 553; (*2*) Z. exper. Med. 53. — KNIPPING, H. W., u. H. L. KOWITZ: Klinische Gasstoffwechseltechnik, Berlin 1928 — KOFRÁNYI, E., u. H. F. MICHAELIS: Arb. Physiol. **11**, 148 (1940).—KRAUT, H.: (*1*) Science **104**, 495 (1946); (*2*) Ärztl. Wschr. **3**, 499 (1948).—KRAUT, H., u. H. BRAMSEL: Arb. Physiol. **12**, 197 (1942). — KRAUT, H. u. W. DROESE: Angew. Chem. **1941**, 1. — KRAUT, H., G. LEHMANN, u. H. BRAMSEL: Arb. Physiol. **10**, 440 (1939). — KRAUT, H., u. A. SZAKÁLL: Arb. Physiol. **11**, 408 (1941). — KRISHNAN, B. G. Indian. J. med. Res. **26**, 631 (1939) — KROGH, A.: Cpt. rend. des séances de la soc. de biol. **87**, 458 (1922).—KROGH, A., u. J. LINDHARD: Biochemic. J. **14**, 290 (1920). — KROGMANN, W. M.: Tab. Biol. **20**, 1941. — KRUMMACHER, O.: Ergebn. Physiol. **27**, 188 (1928).

LABBÉ, M., u. H. STÉVENIN: Arch. des mal de l'app-dig. et de la nutr. **15**, 631 (1925). — LANDOIS-ROSEMANN: Lehrbuch der Physiologie des Menschen, 15. Aufl., Berlin-Wien 1919 (I, 345). — LANDSTORFER, L.: Doktordissertation, Erlangen 1948. — LAPP, F. W.: Wien. klin. Wschr. **1941 I**, 406. — LÁSZLÓ, G., u. I. HÓRVÁTH: Z. klin. Med. **139**, 656 (1941). — LAUTER, S., Hunger, Appetit und Ernährung, Leipzig 1937. — LAVOISIER, A. L.: Oevre de Lavoisier, Paris 1862. — LEHMANN, G.: (*1*) Vortrag, Wiesbaden 13. 5. 1948; (*2*) Ber. Physiol. **135**, 438 (1949). — LEHMANN, G., E. A. MÜLLER, u. H. SPITZER: Arb. Physiol. (1949), im Erscheinen. — LENGGENHAGER: zit. nach A. SCHÜTZ: Doktordissertation, Bern 1942. — LIEBIG, J.: (*1*) Die Tierchemie oder die organische Chemie in ihrer Anwendung auf Physiologie und Pathologie, Braunschweig 1842; (*2*) Sitz.-Ber. d. bayer. Akad. d. Wiss. **2**, 443 (1869). — LOEW, E. R., u. T. L. PATTERSON: Quart. J. Exptl. Physiol. **28**, 305 (1938). LOEWY, A. u. N. ZUNTZ: Biochem. Z. **90**, 244 (1918). — LUCCHI, G., u. G. DOMENICONI: Rass. Fisiopat. **10**, 593 (1938). — LUDWIG, W.: Arb. Physiol. **10**, 406 (1939). — LUPTON, H.: J. Physiol. **57**, 68 (1923). — LUSK, G.: (*1*) Physiol. Rev. 1, 523 (1921); (*2*) Ergebn. Physiol. **33**, 121 (1931).

MACLEOD, J. J. R.: Ergebn. Physiol. **30**, 408 (1930). — MAGEE, H. E.: Brit. M. J. **1**, 475 (1946). — MAGNE, H.: Energetique, Paris 1939. — MAGNUS-LEVY, A.: in C. v. NOORDEN: Hdbch. der Pathologie des Stoffwechsels, 2. Aufl., Berlin 1906 I. — MAIGNON, F.: Radiologica (Berl.) **3**, 191 (1938). — MARGARIA, R.: Atti Accad. naz. Lincei, Mem., VI, s. **7**, 297 (1938). — MARGOLIN, S. E., u. M. E. BUNCH: Comp. Psychol. Monogr. 16, **4**, 1 (1940). — MARSH, M. E.: Am. J. of Physiol. **81**, 497 (1927). — MARSILI, S.: Profilassi **12**, 148 (1939). — MASON, E. H.: J. clin. Invest. **4**, 353 (1927). — MEEH: siehe VIERORDT: Tabellen, 3. Aufl., Jena 1906. — MEYER, F.: Arb. Physiol. **2**, 372 (1930). — MEYERHOF, A., u. R. MEIER: Pflügers Arch. **204**, 448 (1924).—MOLLISON, P. L.: Brit. J. **1**, 4 (1946). — MÜLLER, E.: in PFAUNDLER-SCHLOSSMANN: Hdbch. d. Kinderheilkde. **1**, 426 (1931). — MURALT, A. v.: Praktische Physiologie, Berlin-Heidelberg 1948. — MURLIN, J. R.: Ann. Rev. Physiol. **1**, 131 (1939). — MURLIN, J. R., u. G. LUSK: J. biol. Chem. **22**, 15 (1915). — MUSEHOLD, P.: in Hdbch. der ärztl. Erf. im Weltkrieg 1914/18, VII, 98, Leipzig 1922.

NAGEL, W.: Hdbch. der Physiologie, Braunschweig 1909, Bd. **1**. — NOTHDURFT, H.: (*1*) Ber. Physiol. **135**, 441 (1949); (*2*) Pflügers Arch. **242**, 700 (1939). — NOYONS: siehe z. B. WETERINGS, P. A. A.: Nederl. Tijdschr. Geneesk. **39**, 321 (1943).

OPPENHEIMER, C.: Der Mensch als Kraftmaschine, Leipzig 1921. — ORR, J. B.: Nature (Lond.) **1939 II**, 733; J. Inst. publ. Health. a. Hyg. Lond. **2**, 661 (1939); **3**, 9 (1940); **3**, 37 (1940). — O ZORIO DE ALMEIDA: J. de Physiol. et pathol. gén. **23**, 525 (1925).

PARADE, G. W., u. H. OTTO: Z. klin. Med. **137**, 7, 10, 13, 17, 22, 25 (1939). — PELC, H., u. M. PODZIMKOVÁ-RIEGLOVÁ: Trav. Inst. Hyg. publ. Etat tchécoslov. **9**, 24 (1938). — PEREGRINO, JR.: Rev. Med. mil. **29**, 453 (1940) (portugiesisch). — PFAUNDLER, M. v.: (*1*) Körpermaßstudien an Kindern, Berlin 1916; (*2*) Pflügers Arch. **188**, 272 (1921); (*3*) in PFAUNDLER-SCHLOSSMANN: Hdbch. d. Kinderheilkde. 4. Aufl., Berlin 1931, Bd. **1**. — PFLÜGER, E.: (*1*) Pflügers Arch. **6**, 43 (1872); (*2*) Pflügers Arch. **6**, 190 (1872), Nachtrag; (*3*) Pflügers Arch. **10**, 251 (1875). — PIRQUET, C. v.: Z. Kinderheilkde. 14—18 (1916—1918). — POMPEN, A. W. M., E. H. LA CHAPELLE, J. GROEN, u. K. P. M. MERCX: Wetenchappelijke Uitgeverij 1946. — PORTER, A.: The Diseases of the Madras Famin of 1877—78, Madras Government Press 1889. — PUCA, A.: Riv. Psicol. **33**, 38 (1937). — PÜTTER, A.: (*1*) Z. allg. Physiol. **12**, 125 (1911); (*2*) Z. allg. Physiol. **16**, 574 (1914); (*3*) Die Naturwissensch. **9**, 31 (1921).

RABINOWITCH, I. M.: J. Nutrition **16**, 549 (1938). — RADSMA, W.: Nederl. Tijdschr. Geneesk. **1940**, 2023. — RANKE, O. F.: (*1*) Arbeits- und Wehrphysiologie, Leipzig 1941; (*2*) in Arbeitsleistung und Ernährung, Priv. Forschungsinst. für den Industrie- und Städtebau/B-231, Dachau, Manuskriptdruck 1947; (*3*) Vortrag, Wiesbaden 13. 5. 1948; (*4*) Ber. Physiol. **135**, 440 (1949). — RANKE, O. F., u. K. PHEIFFER: Z. menschl. Vererbungs- und

Konstitutionslehre **28**, 177 (1944). — REICHEL, H.: Z. Biol. **98**, 510 (1938). — REIN, H.: (*1*) Abderhaldens Hdbch. der biol. Arb. Meth. Abt. IV, Tl. 13, 754 (1937); (*2*) Luftfahrtmed. **4**, 20 (1940); (*3*) Ber. dtsch. chem. Ges. **74**, 171 (1941); (*4*) Physiologie des Menschen, 10. Aufl., Berlin-Heidelberg 1949; (*5*) Physiologen-Kongreß, Göttingen 1949). — RICHARDSON, H. B., u. E. H. MASON: J. biol. Chem. **57**, 587 (1923). — RICHTER, C. P.: Am. J. Physiol. **122**, 668 (1938). — RICHTER, C. P., u. B. BARELARE, JR.: Am. J. Physiol. **127**, 199 (1939). — ROGERS, CH.: J. Nutrition **18**, 195 (1939). — ROTH, P., u. P. E. BUCKINGHAM: Am. J. clin. Path. **9**, 79 (1939). — ROTHSCHUH, K. E.: Synopsis **1**, 15 (1948). — ROZHANSKY, N. A.: Vopr. Pitanija **8**, Nr. 5, 5 (1939). — RUBENSTEIN, B.: Am. J. Physiol. **119**, 635 (1937). — RUBNER, M.: (*1*) Z. Biol. **19**, 535 (1883); (*2*) Z. Biol. **21**, 250 (1885); (*3*) Z. Biol. **30**, 73 (1894); (*4*) Z. Biol. **42**, 261 (1901); (*5*) Die Gesetze des Energieverbrauches bei der Ernährung, Leipzig-Wien 1902; (*6*) Hdbch. der norm. u. pathol. Physiologie, Berlin 1928, V, 25; (*7*) Hdbch. der norm. u. pathol. Physiologie, Berlin 1928, V, 134; (*8*) siehe bei GRAFE, E.: Hdbch. der norm. u. pathol. Physiologie, Berlin 1928, V, 220; (*9*) Festschrift für C. LUDWIG, Marburg 1890.

SCHENK, PAUL: Med. Welt **1936**, 1537 u. 1609. — SCHIELE, B. C., u. J. BROZEK: Psychosom. Med. **10**, 31 (1948). — SCHMIDT-LANGE, W., u. O. GILCH: Arch. Hyg. **123**, 13 (1939). — SCHMID-TRÄCHSEL, E. A.: Schweiz. Med. Wschr. **1940 II**, 654. — SCHREBER, K.: (*1*) Pflügers Arch. **159**, 276 (1914); (*2*) Pflügers Arch. **197**, 300 (1922). — SCHÜTZ, A.: Doktordissertation, Bern 1942. — SCOTT, W. W., C. C. SCOTT, u. A. B. LUCKHARDT: Am. J. Physiol. **123**, 243 (1938). — SEUFERT, R.: Doktordissertation, Frankfurt/Main (1939). — SHOCK, u. SOLEY: J. Nutrition **18**, 143 (1943). — SIMONSON, E.: (*1*) Hdbch. der norm. u. pathol. Physiologie XV, **1**, 738, Berlin 1930; (*2*) Ergebn. Physiol. **37**, 299 (1935). — SIMONSON, E., A. HENSCHEL, u. A. KEYS: Am. Heart J. **35**, 584 (1948). — SKINNER, B. F.: J. comp. Physiol. **30**, 139 (1940). — STAPLETON, T.: Lancet **2**, 850 (1946). — STAUNIG, K.: Wien. klin. Wschr. **32**, 712 (1919). — STEFANESCU, C. S.: Wien. med. Wschr. **1941 II**, 631. — STEFFENSEN, K.: Nord. Med. (Stockholm) **1942**, 3059.

TALBOT, F. B.: (*1*) Am. J. Dis. Child. **55**, 455 (1938); (*2*) Am. J. Dis. Child. **56**, 61 (1938). — TALBOT, F. B., u. F. G. BENEDICT: Carnegie Inst. of Wash. Publ. Nr. 302. — TALBOTT, J. H., A. FÖLLING, L. J. HENDERSON, D. B. DILL, H. T. EDWARDS, u. R. E. L. BERGGREEN: J. biol. Chem. **78**, 445 (1928). — TAYLOR: zit. nach SIMONSON: Hdbch. der norm. u. pathol. Physiologie XV, **1**, 519, Berlin 1930. — TEPPER, R. H. u. F. A. HELLEBRANDT: Am. J. Physiol. **122**, 563 (1938). — THIELE, W.: Z. klin. Med. **136**, 664 (1939). — THOENES: Mschr. Kinderheilkde. **91**, 279 (1942). — TIGERSTEDT, R.: in W. NAGEL: Hdbch. der Physiologie **1**, 331, Braunschweig 1909. — TIGERSTEDT, R.: Hdbch. der physiol. Meth. **1**, Leipzig 1910. — TIGERSTEDT, R.: in W. NAGEL, Hdbch. der Physiologie **1**, **441**, Braunschweig (1909). — TOMMASEO, G., u. L. HAIMOVIC: Arch. ital. Pediatr. **8**, 311 (1941). — TRÄBERT, H.: (*1*) Das deutsche Gesundheitswesen **1947**, 632; (*2*) Das deutsche Gesundheitswesen **1948**, 402; (*3*) Z. f. d. ges. Inn. Med. **3**, 45 u. 50 (1948). — TRENDELENBURG, W.: Anleitung zu den physiol. Übungen, Berlin 1938. — TSAMBOULAS, N.: Z. klin. Med. **136**, 327 (1939).

UEHLINGER: Hungerkrankheit, Hungerödem, Hungertuberkulose, Basel (1949).

VIAMONTE CUERVO, L.: Arch. de Med. int. **3**, 433 (1937) (spanisch). — VOIT, C. v.: Z. Biol. **2**, 307 (1866).

WACHOLDER, K.: (*1*) Vortrag, Ernährung der Wehrmacht, Berlin 1942; (*2*) Pflügers Arch. **250**, 534 (1948). — WARDLAW, H. S., HALCRO, u. C. J. WHITE: Austral. J. exper. Biol. a med. Sci. **18**, 9 (1940). — WEINLAND, E.: Z. Biol. **69**, 1 (1919). — WEISS, R., u. D. RAPPORT: J. biol. Chem. **60**, 513 (1924). — WENK, M.: Schweiz. med. Wschr. **1940 I**, 302. — WIEBEL, H.: Ernährung und Leistungssport, Leipzig 1941. — WIERZUCHOWSKI, M. u. S. M. LING: J. biol. Chem. **64**, 697 (1925). — WILBRANDT, W., R. WILBRANDT, u. B. STEINMANN: Pflügers Arch. **240**, 698 (1938). — WILLIAMS, H. B., J. A. RICHE, u. G. LUSK: J. biol. Chem. **12**, 349 (1912). — WINKLER, W.: Wien. Arch. Inn. Med. **32**, 241 (1938). — WINTERSTEIN, H.: Hdbch. d. vergl. Physiologie I, **2**, 262 (1921). — WOLPERT, H.: Arch. Hyg. **26**, 68 (1896).

ZUNTZ, N.: (*1*) Pflügers Arch. **68**, 191 (1897); (*2*) Biochem. Z. **90**, 244 (1918). — ZUNTZ, N., u. HAGEMANN: Landw. Jber. **27**, Erg.-Bd. III (1898). — ZUNTZ, N., u. A. LOEWY: zit. nach E. GRAFE: Hdbch. der norm. u. pathol. Physiologie V, 212, Berlin 1928.

B. Das Stoffliche.

Einleitung.

Der Organismus bedarf der Zufuhr chemischer Substanzen nicht allein zur Gewinnung von Energie, sondern auch um das Material zum Aufbau seiner Zellen und Gewebe, zur Schaffung der für ihn adäquaten physikalisch-chemischen Bedingungen, zur Bildung von Wirkstoffen, Sekreten und anderem mehr zu erhalten. Der Kreis der für rein stoffliche Zwecke benötigten Substanzen ist nicht unbeträchtlich. Wir finden in ihm neben Verbindungen, die außerdem zur Gewinnung von Energie eingesetzt werden können, solche Stoffe, die nur als Körperbausteine (im weitesten Sinne des Worts) Verwendung finden. Einen Teil der Körperbausteine vermag der Organismus im intermediären Stoffwechsel selbst aufzubauen. Den anderen Teil kann er jedoch nicht selbst bilden. Er ist daher auf die ständige Zufuhr dieser Stoffe mit der Nahrung angewiesen. Wir kennen heute etwa 50 solcher unentbehrlicher Nahrungsfaktoren: die essentiellen Aminosäuren, die essentiellen Fettsäuren, die Vitamine und die Mineralstoffe einschließlich der Spurenelemente. Wird einer dieser Stoffe nicht oder in einer nur ungenügenden Menge aufgenommen, so entwickeln sich nach einer mehr oder minder langen, im wesentlichen von den Vorräten des Körpers abhängigen Zeit, typische Ausfallserscheinungen.

Eine richtige Ernährung muß also zwei Voraussetzungen erfüllen: volle Befriedigung der energetischen und der stofflichen Bedürfnisse. Ungenügende Versorgung mit Energie gibt sich rasch und eindeutig zu erkennen. Die auftretenden Gewichtsverluste sind ein untrügliches Symptom. Dagegen ist es nicht immer leicht, kleinere Abweichungen von der optimalen Zufuhr aller zu stofflichen Zwecken benötigten Substanzen festzustellen. Die Symptome bilden sich meist schleichend im Verlauf längerer Zeiten aus und bleiben zunächst vieldeutig und wenig charakteristisch.

Auch die längsten beim Menschen möglichen Ernährungsversuche umfassen nur einen kleinen Bruchteil der gesamten Lebensdauer. Geringe Abweichungen von einer optimalen Ernährung wirken sich aber erst nach langer Zeit, vielleicht überhaupt noch nicht in der ersten Generation, sondern in der nächsten, ja sogar unter Umständen in der übernächsten aus. Zur Erweiterung der Kenntnisse muß man hier zum Tierversuch greifen, und zwar insbesondere an kleinen, kurz lebenden Tieren, von denen sich viele Generationen in allen ihren Lebensäußerungen (Wachstum, Fortpflanzung, Gesundheit, Lebensdauer usw.) innerhalb kurzer Zeit beobachten lassen. Die Streubreite biologischer Reaktionen ist zumeist groß. Die Verwendung kleiner, billig zu haltender Tiere hat den weiteren Vorteil, daß mit einer großen Anzahl von Individuen gearbeitet werden kann, was eine statistische Auswertung und Sicherung der Ergebnisse ermöglicht. Aus diesen Gründen sind Ratten und Mäuse die wichtigsten Versuchstiere für Ernährungsversuche geworden.

Inwieweit die im Tierexperiment gewonnenen Erfahrungen auf den Menschen übertragen werden können, muß von Fall zu Fall entschieden werden. Es gibt biologische Fragestellungen allgemeinerer Art. Hier sind Mensch und Tier zumeist denselben Gesetzen unterworfen und reagieren daher gleich oder zumindest ähnlich. In vielen Einzelfragen weichen aber Mensch und Tier erheblich voneinander ab. Glücklicherweise hat sich die Ratte als ein für Ernährungsversuche besonders geeignetes Versuchstier erwiesen, da sie — im Gegensatz zu dem früher häufig verwendeten Hund — ähnliche Ernährungsbedürfnisse hat wie der Mensch. Die große Kunst des Experimentierens besteht nicht zuletzt darin zu entscheiden, wann der Tierversuch zur Klärung von Problemen der menschlichen Ernährung herangezogen werden darf und wann nicht.

Leider ist der „Bedarf“ an einem Nahrungsfaktor ein nur schlecht zu definierender Begriff. Manchmal versteht man darunter die minimale Menge, deren Zufuhr gerade eben ausreichend ist, um ein Stoffwechselgleichgewicht oder die Erhaltung des Körperbestands zu garantieren („Bilanzminimum“). Mitunter meint man aber damit auch die wünschenswerte Zufuhr, die (meist unter Einkalkulierung einer erheblichen Sicherheitsspanne) als ausreichend erachtet wird, die bestmögliche Gesundheit zu gewährleisten. Beides sind nun sehr verschiedene Dinge und sollen daher im folgenden auch streng auseinandergehalten werden.

Besondere Schwierigkeiten bereitet die Definition des Minimalbedarfs. Wenn wir damit (wie es zumeist geschieht) diejenige Menge eines Nahrungsfaktors bezeichnen, die zur Aufrechterhaltung der Bilanz und damit des Körperbestands erforderlich ist, so bezieht sich unsere Feststellung streng genommen nur auf den augenblicklichen körperlichen Zustand. Der Organismus kann aber in vielen Lagen in einem Stoffwechselgleichgewicht sein, in einer Mittellage, aber auch in einem etwas reduzierten Zustand mit verringerten Reserven oder in einem besseren Zustand mit prall gefüllten Speichern. In den meisten Fällen wird sich also durch mäßige Drosselung oder Vergrößerung der Zufuhr ein neuer Gleichgewichtszustand erreichen lassen, der mit einem veränderten Minimalbedarf einhergeht.

I. Die Ausnutzung der Nahrung.

1. Die scheinbare Ausnutzung.

Unter Ausnutzung schlechthin, besser gesagt „scheinbarer Ausnutzung“, versteht man den Anteil der Nahrung, der zur Resorption gelangt und daher tatsächlich im intermediären Stoffwechsel verwertet werden kann. Man bestimmt die Ausnutzung als Differenz zwischen Einnahme und Ausscheidung im Kot. Die Ausnutzung ist eine für die Praxis der Ernährung wichtige Größe, ihre Kenntnis ist für die Aufstellung von Kostsätzen unerläßlich. Dagegen kommt ihr kein wissenschaftlicher Wert zu. In der folgenden Tabelle sind Mittelwerte der Ausnutzung von den wichtigsten Nahrungsmitteln zusammengestellt. Die Ausnutzung ist individuell stark verschieden. Ihre Bestimmung ist umständlich und für die Versuchspersonen lästig, da ihre Bewegungsfreiheit aus naheliegenden Gründen erheblich eingeschränkt werden muß. Hinzu kommt die Unannehmlichkeit, längere Versuchsperioden hindurch eine gleichbleibende und häufig einseitig zusammengesetzte Kost aufnehmen zu müssen. Die mitgeteilten Ausnutzungswerte beziehen sich daher zumeist nur auf wenige Versuchspersonen. Ihnen kommt infolgedessen lediglich ein bedingter Wert zu, im konkreten Einzelfall ist mit mehr oder minder großen Abweichungen zu rechnen.

Animalische Nahrungsmittel und reine Nährstoffe wie Zucker und Fett werden nahezu quantitativ ausgenutzt. Eine große Zahl von Untersuchungen liegt über die Ausnutzung von Fleisch vor. Alle Autoren fanden eine ausgezeichnete Ausnutzbarkeit von Trockensubstanz (90—98%), Eiweiß (93—98%) und Fett. Zwischen den einzelnen Fleischsorten bestehen kaum Unterschiede. Auch die Art der Zubereitung (roh, gekocht, gebraten, geräuchert, gepökelt) ist praktisch ohne Einfluß. Die Ausnutzung der inneren Organe wie Leber, Niere, Gehirn entspricht etwa der des Muskelfleischs. Stärkere Durchwachsung mit Bindegewebe kann die Ausnutzbarkeit herabsetzen. Schlachtabfälle (Schwarten, Magen, elastische Gewebe) werden fast so gut ausgenutzt wie Fleisch. Relativ ungünstig stellt sich

Blut mit einer Ausnutzung des N von 85—96%. Entfärbte Blutpräparate werden schlechter ausgenutzt, was leicht verständlich ist, da die Entfärbung, z. B. durch Behandlung mit Hydroperoxyd, eine tiefgehende Denaturierung des Eiweiß verursacht und dadurch den encymatischen Abbau erschwert. Fischfleisch wird genau so gut ausgenutzt wie Fleisch der Warmblüter.

Tabelle 45. *Ausnutzung der Nahrung.*

	Nicht resorbiert werden in % der Einfuhr:	
	Calorien	N
Ei[1]	4,1	2,6
Fleisch[4]	4,4	2,5
Weizenbrot feinst[2]	4,5	12,3
Reis geschält[2]	4,9	19,3
Kartoffeln gekocht[2]	5,6	20,4
Milch[3]	7,1	6,2
Weizen 70% ausgemahlen[2]	7,1	24,6
Mais[2]	8,3	15,5
Gerste[2]	9,5	31,5
Käse[3]	10,0	10,0
Vollweizen[7]	11,0	25,8
Äpfel[2]	11,6	131,6
Roggen 72% ausgemahlen[2]	11,7	39,7
Mohrrüben[2]	12,7	38,9
Hafermehl[6]	13,4	30,4
Roggen 82% ausgemahlen[2]	13,5	40,3
Bananen[5]	13,9	45,1
Kopfsalat[3]	16,7	21,4
Kohlrabi[3]	18,1	27,6
Weißkraut und Rotkraut[3]	20,0	27,8
Spargel[3]	20,0	26,7
Grüne Erbsen[3]	20,9	28,8
Blumenkohl[3]	21,2	28,0
Kohlrüben[2]	21,8	65,1
Spinat[3]	24,3	27,0
Wirsing[3]	29,7	25,3
Erdbeeren	32,8	91,3

[1] M. RUBNER: Arch. Anat. Physiol. **1916**, 123, 351.
[2] RUBNER, M.: Arch. Anat. Physiol. **1918**, 53.
[3] NOORDEN, C. VON, und H. SALOMON: Handbuch der Ernährungslehre. Bd. I. Berlin 1920.
[4] RUBNER, M.: Handbuch der normalen und pathologischen Physiolcgie. Bd. V. Berlin 1920.
[5] HEUPKE, W.: Klin. Wschr. **1940** II, 686. (Berechnet unter der Annahme, daß 1 g Trockenkot 5,0 kcal. Brennwert hat.)
[6] McCANCE, R. A., und E. M. GLASER: Brit. J. Nutrit. **2**, 221 (1948).
[7] McCANCE, R. A., und C. M. WALSHAM: Brit. J. Nutrit. **2**, 26 (1948).

Bei den pflanzlichen Nahrungsmitteln ergeben sich meist größere Verluste. Der Inhalt der Pflanzenzellen ist in Zellwände eingeschlossen, welche häufig von den Verdauungsfermenten nur schwer angegriffen werden können. Alte pflanzliche Gewebe besitzen stark verholzte und mit Mineralstoffen inkrustierte Zellmembranen. Die Ausnutzbarkeit pflanzlichen Materials hängt daher wesentlich von dem Alter ab. Der wichtigste factor limitans für die Ausnutzung vegetabilischer Nahrung ist der Gehalt an Zellmembranen (Tab. 46). Die Zellmembran besteht aus Cellulose, Pentosanen, Lignin, Proteinen, Lipoiden und Mineralstoffen. Ihre Verwertbarkeit durch den Menschen wird im wesentlichen durch den Gehalt an Cellulose begrenzt. Bekanntlich verfügt der Mensch über kein eigenes Ferment zur Aufspaltung von Cellulose. Ein Teil derselben wird jedoch durch Mikroorganismen zerlegt, und zwar hauptsächlich im Coecum. Die Verwertbarkeit der

Cellulose ist in der Tierreihe um so besser, je stärker das Coecum entwickelt ist. Pflanzenfresser vermögen daher Nahrungscellulose gut auszunutzen. Bei der Einwirkung der Mikroorganismen auf Cellulose entstehen neben niederen Fettsäuren reichlich Gase (Wasserstoff, Methan, Kohlendioxyd). Diese Gasentwicklung empfinden viele Menschen als sehr lästig und das Wohlbefinden beeinträchtigend.

Tabelle 46. *Gehalt pflanzlicher Nahrungsmittel an Zellmembranen* (M. RUBNER).

	% Zellmembran in der Trockensubstanz	Die Zellmembran enthält %	
		Cellulose	Pentosane
Kartoffel (geschält)	5,6	46,4	11,9
Schwarzwurzel	12,5	47,0	24,2
Kohlrübe	22,2	55,1	20,7
Meerrettich	26,4	44,7	24,6
Mohrrübe	26,5	44,0	23,9
Spargel	21,3	45,7	16,5
Gurke	22,8	55,9	17,7
Spinat	23,1	43,3	21,7
Winterkohl	25,9	40,2	26,7
Wirsing	29,0	42,9	21,9
Kopfsalat	29,7	47,7	20,7
Blumenkohl	32,6	43,8	22,1
Äpfel	8—15	40—56	7—21
Kirschen	10	26	23
Erdbeeren	18	38	18
Birnen	19—24	29—35	32—35

Allgemein bekannt sind diese Erscheinungen nach dem Verzehren von Hülsenfrüchten. In welchem Umfang der Mensch an der Energieverwertung der von den Bakterien bewirkten Cellulosespaltung beteiligt ist, entzieht sich jeder Berechnung. Die anderen Bestandteile der Zellmembran wie z. B. die Pentosane werden auch vom Menschen relativ gut nutzbar gemacht. Der Begriff „Rohfaser“ des Nahrungsmittelchemikers deckt sich nicht vollkommen mit dem Unverdaulichen der Zellmembran.

Die Kohlenhydrate werden aus allen Nahrungsmitteln praktisch quantitativ ausgenutzt. Auch die Ausnutzung der üblichen Speisefette ist vorzüglich, man findet meist Ausnutzungswerte von 95—98%. Fette werden um so besser resorbiert, je näher ihr Schmelzpunkt der Körpertemperatur gelegen ist. Mit dem Ansteigen des Schmelzpunktes über 50° nimmt die Resorbierbarkeit rasch ab. Die

Tabelle 47. *Beziehung zwischen Schmelzpunkt und Ausnutzbarkeit von Fetten* (A. D. HOLMES und H. J. DEUEL JR.).

Verfüttert wurden jeweils 100 g eines verschieden hoch hydrierten Erdnußöles.

F.	Ausnutzung
37°	98,1%
39°	95,5%
43°	96,5%
50°	92,0%
52,4°	79,0%

strenge Korrelation zwischen Schmelzpunkt und Ausnutzung findet man nur bei reinen Triglyceriden. Die üblichen Nahrungsfette sind Gemische, die neben Neutralfetten auch Lipoide enthalten, welche die Resorbierbarkeit beeinflussen können. In dieser Beziehung sind die Phosphatide besonders wichtig. Durch ihre emulgierende Wirkung können sie die Resorbierbarkeit von Fetten erheblich steigern (V. AUGUR, H. S. ROLLMAN und H. J. DEUEL jr.). In Gegenwart von 15—20% Lecithin werden auch Fette mit einem hohen Schmelzpunkt, die sonst nur schlecht resorbierbar wären, befriedigend ausgenutzt. Nach K. F. MATTILL und J. W. HIGGINS ist weniger die Höhe des Schmelzpunktes als der Gehalt an Stearinsäure oder noch höheren, gesättigten Fettsäuren für das Ausmaß der Ausnutzung entscheidend. Tristearin wird vom Menschen nur zu 9—14% ausgenutzt (H. WENDT). Versetzt man Öle mit Stearinsäure, so wird ihre Resorption verschlechtert (R. HOAGLAND und G. S. SNIDER). So setzt ein Zusatz von 25% Stearinsäure zu Olivenöl die Ausnutzung von 97,1% auf 76,5% herab. Calcium und Magnesium können unter Umständen die Fettausnutzung beeinflussen. Die Ausnutzbarkeit niedrigschmelzender Fette wird von ihnen nicht, die hochschmelzender dagegen erheblich beeinträchtigt (Tab. 48).

Tabelle 48. *Einfluß von Calcium und Magnesium auf die Ausnutzbarkeit von Triglyceriden durch Ratten* (A. L. S. CHENG, M. G. MOREHOUSE und H. J. DEUEL jr.).

Triglycerid.	F.	Ausnutzbarkeit in %	
		ohne Ca und Mg	In Anwesenheit von Ca und Mg
Trilaurin	47,8°	97,3	70,5
Trimyristin	56°	76,6	37,7
Tripalmitin	66,5°	27,9	12,8
Tristearin	70°	18,9	10,6

Auch die nicht in der Natur vorkommenden Fettsäuren des synthetischen Fettes werden gut ausgenutzt (H. KRAUT, Ä. WEISCHER und R. HÜGEL). Äthylester der Fettsäuren werden vom Menschen nur schlecht resorbiert (E. ROST, G. SONNTAG und A. WEITZEL). Bei Ratten liegen anscheinend die Verhältnisse anders (J. OZAKI). Speck, bei dem das Fett in Bindegewebssepten eingeschlossen ist, wird schlechter ausgenutzt als die freien Nahrungsfette. Fette, deren Genuß zu Verdauungsstörungen führt, wie z. B. Leinöl oder Sesamöl, werden verständlicherweise nur unvollkommen resorbiert.

Ob die Höhe der Fettzufuhr auf das Ausmaß der Resorption von Einfluß ist, wurde schon des öfteren untersucht. Ein sicherer Einfluß konnte nicht nachgewiesen werden. Fettmengen von 300 g und darüber wurden von den Versuchspersonen genau so gut ausgenutzt, als solche von 50 g. Die Zusammensetzung des Kotes ist beim Menschen praktisch dieselbe, ob die Nahrung 100 g oder 200 g Fett enthalten hat (E. E. WOLLAEGER, M. W. COMFORT und A. E. OSTERBERG).

Die Frage, ob die Höhe der Eiweißzufuhr die Ausnutzung der Nahrungsfette beeinflußt, kann noch nicht endgültig beantwortet werden. Sicher feststehend ist nur, daß häufig die Ausnutzung aller Nahrungsbestandteile bei starkem Eiweißmangel beeinträchtigt ist. Die Ursache dürfte in der Fermentarmut der Verdauungssekrete zu suchen sein.

Die Fettmengen, die ein gesunder Organismus resorbieren kann, sind beträchtlich. E. STRACK und G. FRIEDRICH stellten im Tierversuch (Hund) eine Maximalverwertung von 16,5—17,0 g pro kg Körpergewicht und Tag fest.

Von praktischer Wichtigkeit ist die Ausnutzbarkeit von Nahrungsmittelgemischen, insbesondere die der üblichen gemischten Kost. M. RUBNER zeigte, daß sich die Ausnutzbarkeit eines Gemisches berechnen läßt, wenn man leicht verdauliche Stoffe wie z.B. tierische Nahrungsmittel kombiniert. Auch bei Mischung von tierischen mit pflanzlichen Nahrungsmitteln liegen die Verhältnisse noch einigermaßen additiv. Kombinationen vegetabilischer Nahrungsmittel ergeben zumeist erhebliche Differenzen von dem berechneten Wert, und zwar in dem Sinne, daß die Ausnutzung besser ist, als auf Grund der Komponenten zu erwarten gewesen wäre. Völlig resorbierbare Nahrungsbestandteile wie Zucker und Fette bleiben auch dann praktisch quantitativ verwertbar, wenn man sie anderen Nahrungsmitteln zusetzt.

Einige Ausnutzungsbefunde für die übliche gemischte Kost sind in der Tab. 49 zusammengestellt. Die Ergebnisse anderer Autoren decken sich damit. Die Tabelle zeigt erneut die vorzügliche Ausnutzung von Fetten und Kohlenhydraten. Roh gerechnet kann man im Durchschnitt mit einem Calorienverlust von 8% bei der üblichen gemischten Kost rechnen.

Tabelle 49. *Die Ausnutzung gemischter Kost.*

Nicht resorbiert wurden in % der Zufuhr:				s. Fußnote
Protein	Fett	Kohlenhydrat	Calorien	
3,8—11,7	1,7—12,7	0,9—5,2	2,6—12,7	1
13,0—17,7	4,1— 5,5	5,6—7,0	6,0— 7,5	2
12,8—17,1	5,4— 6,0	4,2—6,1	6,1— 7,4	3
3,8—36,7	2,0—14,7	1,8—7,7	2,5— 9,9	4
3,2—16,4	1,8— 9,9	1,1—6,3	5,6—11,5	5

Die Bestimmung des Brennwertes des Kotes ist bei Bilanzversuchen wichtig. Die Verwendung von Mittelwerten ist wegen der großen Streubreite nicht zu empfehlen (Tab. 50).

Tabelle 50. *Der Brennwert des Kotes.*

Autor	Calorien pro g Trockenkot		
	Minimum	Maximum	Mittel
M. RUBNER[6]	4,62	5,33	5,04
K. LANG und E. SCHÜTTE[7]	4,66	5,56	4,98
W. O. ATWATER[8]	4,37	6,24	5,38
M. HINDHEDE[9]	4,17	5,47	4,89
M. HINDHEDE[10]	4,58	5,53	5,01

Die Ausnutzung der Nahrung ist anscheinend weitgehend unabhängig von äußeren Faktoren. Körperliche Arbeit ist ohne jeden Einfluß. Unschmackhafte Kost wird ebenso gut ausgenutzt wie schmackhafte; unangenehme oder gar ekelhafte äußere Bedingungen beim Essen (z. B. schlechte Gerüche) wirken sich auf die Ausnutzung nicht aus. Der Unterschied liegt nur in der reduzierten Nahrungsmenge, die aufgenommen wird. Nach Hungerperioden soll die Resorption verschlechtert sein.

Die Menge der abgesonderten Verdauungsfermente ist in gewissem Umfang vom Bedarf abhängig. Am leichtesten läßt sich dies am Beispiel der Fettverdauung zeigen. Nach einer länger dauernden fettarmen Ernährung sinkt das Vermögen, Fette im Darm aufzuspalten, ab. Wird nun plötzlich eine größere Fettmenge verzehrt, so sind mehr oder minder starke Verdauungsstörungen die Folge. Umgekehrt kann man den Organismus auf die Verdauung größerer Mengen eines Nahrungsmittels trainieren.

[1] US Department of Agriculture. Bull. Nr. 44, 53, 69, 89, 109, 117. Washington 1897 bis 1902.
[2] G. RENVAL: Scand. Arch. Physiol. **16**, 94 (1904).
[3] E. BECKER: Scand. Arch. Physiol. **50**, 283 (1927).
[4] K. SEPPÄ: Scand. Arch. Physiol. **57**, 159 (1929).
[5] H. O. ATWATER: Ergebn. Physiol. **3**, Abt. I, 497 (1904).
[6] Arch. Anat. Physiol. 1918, 53.
[7] Unveröffentlichte Versuche.
[8] Ergebn. Physiol. **3**, Abt. I, 497 (1904).
[9] Scand Arch. Physiol. **30**, 97 (1913).
[10] Scand. Arch. Physiol. **39**, 78 (1920).

Eine auswertbare Bestimmung der Ausnutzung eines Nahrungsmittels oder einer Kostform kann nur durch langfristige Bilanzversuche am Menschen erfolgen. Versuchsperioden von unter einer Woche Dauer sind von zweifelhaftem Wert. Tiere verhalten sich häufig bezüglich Ausnutzung völlig anders als der Mensch. Gänzlich verwerflich ist die Methode der künstlichen Verdauung in vitro, die vielfach empfohlen und erst unlängst von H. STEUDEL wieder propagiert wurde. Man erfaßt mit ihr bestenfalls nur einen einzigen Faktor, der für die Ausnutzung wichtig ist, nämlich die encymatische Spaltbarkeit, vernachlässigt aber alle anderen Faktoren, die mindestens ebenso wichtig sind, wie Resorption und Motorik des Verdauungstraktes.

2. Die wahre Ausnutzung.

Die Definition der Ausnutzung als Differenz zwischen Aufnahme mit der Nahrung und Ausscheidung im Kot setzt stillschweigend voraus, daß der Kot nur aus unverdauten Nahrungsresten besteht. Dies ist aber meistens nicht der Fall. Neben Unverdautem enthält der Kot noch Reste der Verdauungssekrete und Darmbakterien. Die Menge der Bakterien ist beträchtlich. Man hat geschätzt, daß über 50% der Trockensubstanz aus Bakterien bestehen können. Es ist anzunehmen, daß die Bakterien ihre Leibessubstanz aus den Bestandteilen der Nahrung aufbauen. Man rechnet daher konventionellerweise die Bakterienfraktion zu den unresorbierten Teilen der Nahrung.

Zur Berechnung der „wahren" Ausnutzung muß man die Substanzmenge kennen, die aus Resten der Verdauungssekrete besteht. Besonderes Interesse erweckte von jeher die Bestimmung der wahren Ausnutzung des Eiweiß. Sie hat die Ermittlung des Sekret-N zur Voraussetzung. Alle Versuche, den Sekret-N auf direktem Wege zu bestimmen, haben zu keinem Erfolg geführt, wie z. B. die Methode von TH. PFEIFFER. PFEIFFER nahm an, daß die den Sekret-N repräsentierenden und daher dem Organismus selbst entstammenden Substanzen in Pepsin-Salzsäure löslich seien, während die unverdauten Nahrungsreste, die ja im Magen schon einmal einer solchen Behandlung unterworfen gewesen waren, ungelöst blieben.

Man kann den Sekret-N leicht auf indirektem Wege bestimmen (L. B. MENDEL und M. S. FINE). Hierfür ermittelt man zuerst Volumen und N-Gehalt der Faeces bei der zu untersuchenden Versuchskost. Dann verabfolgt man eine N-freie Nahrung, der so viel unverdauliches, N-freies Material zugesetzt ist, daß das gleiche Kotvolumen wie bei der Versuchskost erhalten wird und bestimmt den N-Gehalt der Faeces wieder. Der Sekret-N der Versuchskost errechnet sich dann als Differenz zwischen den beiden N-Werten:

$$\text{Sekret-N} = \text{Kot-N (Eiweiß)} - \text{Kot-N (eiweißfrei)}.$$

In der Tab. 51 ist die Sekret-N-Menge für eine praktisch vollkommen resorbierbare Nahrung zusammengestellt.

Tabelle 51. *Die Ausscheidung-von Sekret-N pro 100 g Nahrungstrockensubstanz.*

Gattung	Sekret-N g	Autor
Ratte.	0,19	H. H. MITCHELL und T. S. HAMILTON[1]
Ratte.	0,1164	A. A. ALBANESE[2]
Mensch	0,23	H. H. MITCHELL und T. S. HAMILTON[1]
Mensch	0,09—0,114	M. BRICKER, H. H. MITCHELL und KINSMAN[3]

[1] „The Biochemistry of Amino Acids". New York 1929, S. 238.
[2] In M. SAHYUN: „Proteins and Amino Acids in Nutrition". New York 1948, S. 51.
[3] J. Nutrit. **30**, 269 (1945).

Durch Zusatz von unverdaulichem Material zur Nahrung steigt die Ausscheidung von Sekret-N etwa proportional zum Rohfasergehalt an. Andere Faktoren beeinflussen die Menge des Sekret-N nur wenig. Sie ist insbesondere unabhängig von Körpergröße, Proteingehalt der Nahrung und Aufnahme von Stoffen, welche die Sekretion von Verdauungssäften stimulieren (z. B. Extraktivstoffe von Fleisch). Innerhalb weiter Grenzen ist sie auch unabhängig von der pro kg Körpergewicht verzehrten Nahrungsmenge.

Aus dem Gesagten geht hervor, daß zwischen der „scheinbaren“ Ausnutzung und der „wahren“ Ausnutzung nur dann große Unterschiede bestehen, wenn die Kost viel Unverdauliches enthält, und daß beide Größen für leicht resorbierbare Nahrungsmittel praktisch identisch sind.

Das im Kot ausgeschiedene Fett ist nur zum geringsten Teile unresorbiertes Nahrungsfett. Schon F. Müller hatte festgestellt, daß auch bei längerem Fasten noch regelmäßig Fett im Kot ausgeschieden wird. Desgleichen enthält der Kot Fett, wenn eine fettfreie Diät eingehalten wird (W. M. Sperry); wie schon in anderem Zusammenhange erwähnt wurde, besteht keine Proportionalität zwischen Höhe des Fettverzehrs und Fettmenge im Kot (J. H. Annegers, J. H. Boutwell und A. C. Irvy). Kotfett hat eine ganz andere Zusammensetzung als Nahrungsfett und unterscheidet sich von diesem hinsichtlich seiner Kennzahlen (Jodzahl, Verseifungszahl usw.). Seine Konstitution ist anscheinend unabhängig vom Nahrungsfett und bleibt auch bei fettfreier Ernährung unverändert. Untersuchungen mit deuteriertem Fett haben einwandfrei gezeigt, daß ein großer Teil des Kotfetts in den Darm sezerniertes Fett ist. Man muß also auch bei den Fetten zwischen einer scheinbaren und wahren Ausnutzung unterscheiden. Mit der Bestimmung des Sekret-Fettes hat sich C. F. Longworthy befaßt, der folgende Gleichung zur Berechnung desselben entwickelt hat:

$$\text{Sekret-Fett} = \text{Gewicht des Trockenkotes} \times 0{,}0989.$$

Die wahre Ausnutzung eines Nahrungsmittels ist lediglich von wissenschaftlichem Interesse. Für die Praxis der Ernährung ist allein die Ausnutzung im klassischen Sinne („scheinbare“ Ausnutzung) entscheidend. Denn sie verlangt die Aufstellung einer Bilanz, und dabei ist es gleichgültig, woher die einzelnen Posten stammen. Mit dem Kot ausgeschiedene Substanzen stellen in jedem Falle für den Organismus eine Ausgabe dar, ob sie nun unresorbierte Nahrungsreste oder Körpersekrete sind. Die gute „wahre“ Ausnutzung cellulosereicher Nahrungsmittel, wie z. B. von Broten aus hoch ausgemahlenem Mehl, darf uns nicht darüber hinwegtäuschen, daß diese bilanzmäßig nicht günstig sind.

3. Der Einfluß des Kauens auf die Ausnutzung.

Gründliches mechanisches Zerkleinern an und für sich schlecht verdaulicher Nahrungsmittel begünstigt im allgemeinen deren Ausnutzung. Um so erstaunlicher ist es, daß der Einfluß des Kauens auf die Ausnutzung nur minimal ist. Ärzte und Zahnärzte weisen immer darauf hin, daß gutes Kauen zu einer richtigen Gesundheitspflege gehöre. In Laienkreisen ist die Meinung verbreitet, man könne durch sehr langes Kauen den Nahrungsbedarf des Menschen herabsetzen. In extremster Weise hat Fletcher diesen Standpunkt vertreten. Beim „Fletchern“ soll jeder Bissen etwa 100mal gekaut werden. „30 Bissen, die ungefähr 2500 Kauakte oder andere Mundbewegungen innerhalb von 30—35 Minuten benötigen, befriedigten den Appetit vollkommen“, schreibt Fletcher wörtlich. N. Zuntz hatte die Gelegenheit, Stoffwechselversuche mit Fletcher als Versuchsperson anzustellen. Sie ergaben, daß von einer Kost, die leicht verdaulich war und aus Kartoffeln,

Butter und Margarine bestand, durch FLETCHER 92—95 % der verzehrten Calorien ausgenutzt wurden. Die Nahrungsausnutzung lag also völlig im Rahmen der Norm.

F. SCHÜTZ, E. BECKER und K. SEPPÄ haben systematische Untersuchungen über den Einfluß des Kauens und des Zustandes des Gebisses auf die Ausnutzung durchgeführt. BECKER variierte die Kaufähigkeit seiner Versuchspersonen durch experimentelles Aufsetzen loser Kronen, SCHÜTZ arbeitete mit einer Versuchsperson vor und nach Sanierung des überaus schlechten Gebisses. SEPPÄ ließ seine Versuchspersonen gut oder ungenügend kauen. Alle diese Versuche, die mit den verschiedensten Diätformen angestellt worden waren, ergaben übereinstimmend nur minimale, in die Fehlerbreite der Methodik fallende Unterschiede der Ausnutzung bei gutem oder schlechtem Kauen (Tab. 52). Ja sogar die zahnlose Versuchsperson von SCHÜTZ nutzte die Nahrung ebenso gut, wenn nicht besser aus, wie später, nachdem sie im Besitz eines gut sitzenden Gebisses war.

Tabelle 52. *Ausnutzung der Calorien bei gutem und schlechtem Kauen.*

	SCHÜTZ	BECKER	SEPPÄ
Nahrung gut gekaut	92,5	93,7	94,5
Schlecht gekaut	90,8	94,2	94,0
Essen ohne Zähne	94,0	—	—

In diesen Versuchen handelt es sich um gesunde, erwachsene Versuchspersonen. Bei Störungen des Magen-Darm-Kanals und vielleicht auch bei Kindern können die Verhältnisse durchaus anders liegen.

4. Die Ausscheidung essentieller Aminosäuren im Kot.

Der Kot-N besteht, wenn man von den Bakterien absieht, aus Resten des Nahrungseiweiß und N-haltigen Sekreten. L. SHEFFNER, J. B. KIRSNER und W. L. PALMER haben untersucht, wie groß die Mengen an essentiellen Aminosäuren sind, die durch den Kot verlorengehen. Das Ergebnis ihrer Untersuchungen ist in der Tab. 53 wiedergegeben. Die Befunde wurden an 2 Versuchspersonen erhoben, die Aminosäurezufuhr erfolgte in Form von Eiweiß; lediglich Methionin wurde in manchen Fällen als reine Aminosäure zugelegt. A. ALBANESE und Mitarb. stellten bei Kindern fest, daß etwa 22 % des Kot-N aus einem Protein bestehen, das eine unabhängig von der Art des Nahrungseiweiß konstante Aminosäurezusammensetzung besitzt.

Tabelle 53. *Der Gehalt des Kots an essentiellen Aminosäuren* (L. SHEFFNER, J. B. KIRSNER und W. L. PALMER).

Aminosäure	Gesamtzufuhr in 6 Tagen g	Ausscheidung in 6 Tagen g
Arginin	13,3—26,0	1,2—2,1
Histidin	6,9—13,8	0,6—0,9
Isoleucin	17,1—28,4	1,4—2,3
Leucin	24,7—39,0	1,8—2,9
Lysin	13,2—31,7	1,9—2,9
Methionin	6,4—14,8	0,5—0,9
Threonin	11,5—19,8	1,4—2,2
Valin	16,9—27,5	1,5—2,6

II. Die Ballaststoffe.

Unter Ballaststoffen versteht man die unverdaulichen Bestandteile der Nahrung. Für den Menschen ist Cellulose der wichtigste Ballaststoff. Daneben kommen noch Pentosane, Pektine und Lignin in Betracht. Die einzelnen

Tierarten können diese Substanzen in verschiedenem Ausmaße verwerten. Dem Begriff Ballaststoff kommt daher nur ein relativer Wert zu. Die Ballaststoffe verlassen den Körper unausgenutzt und bedingen daher eine Vermehrung der Kotmenge (Tab. 54).

Tabelle 54. *Kotmenge bei verschiedenen Nahrungsmitteln* (H. EPPINGER).
Gewicht des aschefreien Trockenkots nach Verfütterung des betreffenden Nahrungsmittels in einer Menge, daß der tägliche Energiebedarf des Menschen gedeckt wird.

Nahrungsmittel	Trockenkot g	Nahrungsmittel	Trockenkot g
Fleisch	26	Mais	51
Eier	26	Rüben	101
Weißbrot	36	Wirsing	113
Makkaroni	37	Kartoffel	133
Milch	42	Schwarzbrot	146
Reis	50		

Auch den Ballaststoffen kommt eine nicht zu unterschätzende Bedeutung für die Ernährung zu. Völliges Fehlen von Ballaststoffen im Futter führt bei Versuchstieren zu schweren Krankheitserscheinungen. Ebenso wenig empfehlenswert ist ein zu hoher Gehalt der Kost an Unverdaulichem, denn er bedingt ein übermäßig großes Nahrungsvolumen und zwingt zu einer vermehrten Sekretion von Verdauungssäften, wodurch die Bilanz an Eiweiß und Mineralstoffen verschlechtert wird. Außerdem werden — zum mindesten beim Menschen — Störungen des Wohlbefindens verursacht. Für die Ballaststoffe gibt es also, wie im übrigen auch für alle anderen Nahrungsfaktoren, einen optimalen Bereich der Zufuhr. Weder Mangel noch übergroße Zufuhr wirken sich günstig aus. Eine richtige Ausbalanzierung der Nahrung ist in jeder Beziehung wichtig.

Man pflegt die Bedeutung der Ballaststoffe in ihrer die Peristaltik fördernden Wirkung zu erblicken. Bei der üblichen gemischten Kost sind Schwarzbrot und Gemüse die Hauptlieferanten für Ballaststoffe. Der Nahrung des Großstädters wirft man zu große Armut an Ballaststoffen vor und führt die als Zivilisationsfolge häufig beobachtete alimentäre chronische Obstipation darauf zurück. Hinsichtlich der obersten, das Wohlbefinden nicht beeinträchtigenden Grenze der Zufuhr an Unverdaulichem kann man M. RUBNER zustimmen, der forderte, daß die Kost weniger als 13% Verlust an Trockensubstanz bzw. Calorien aufweisen solle.

A. J. CARLSON und F. HOELZEL haben durch Einbau von 10—25% an reizlosen, unverdaulichen Stoffen in das Futter von Ratten die Lebensdauer der Tiere, vor allem die der Männchen, verlängern können. Vermutlich wirken hierbei die Ballaststoffe nur indirekt, dadurch daß sie den Verdauungstrakt füllen und die Aufnahme von hochwertigem Futter verringern, so daß die Calorienaufnahme herabgesetzt wird. Durch eine Beschränkung der Nahrungszufuhr wird aber die Lebensdauer von Ratten vergrößert (siehe S. 254). Der Befund von C. M. MCCAY, daß durch Zulagen von 10% Cellophan das Wachstum junger Ratten verzögert werde, hängt vielleicht mit der starken Darmreizung durch seine Diätformen zusammen. In Notzeiten werden von vielen Menschen große Mengen unverdaulicher Stoffe verzehrt, um das Hungergefühl zu betäuben. Der Erfolg hängt von der Art des Vorgehens ab. F. HOELZEL, der sich Jahrzehnte hindurch mit solchen Fragestellungen befaßt und eine große Zahl von Selbstversuchen durchgeführt hat, fand, daß man das Hungergefühl sogar steigern kann, nämlich dann, wenn man auf einmal viel Unverdauliches ißt. Trotz starken Völlegefühls kommt es dann zu starken Leerkontraktionen des Magens. Röntgenologisch findet man einen leeren Magen und volle Därme. Das Hungergefühl läßt sich weitgehend unterdrücken, wenn man in kurzen Abständen jeweils wenig Unverdauliches aufnimmt. Man muß selbstverständlich ein Material wählen, das keine Darmreizung hervorruft. Am besten ist Cellulose in Form von Baumwollfasern geeignet. Durch Essen von Baumwollfasern kann man das Hungergefühl für 2—3 Tage vollkommen unterdrücken. Dann spürt man ein Verlangen nach einer adäquaten Nahrung. Ißt man sie 1—2 Tage lang, so kann man wieder für 1—2 Tage von Baumwollfasern leben.

Hungern hat mitunter diätetische Wichtigkeit. HOELZEL spricht ihm eine weit größere Bedeutung zu. Der Trieb, Nahrung aufzunehmen, sei beim Menschen und auch bei domestizierten Tieren, z. B. Versuchsratten, größer als dem tatsächlichen Nahrungsbedarf entspricht. Man könne in solchen Fällen das Hungern durch Verzehr von Unverdaulichem erleichtern.

Während des Krieges wurden in Deutschland Cellulosederivate wie Tylose, Fondin usw. als Bindemittel und Verdickungsmittel für Speisen zugelassen. Sie werden im Verdauungstrakt in nur geringem Umfange aufgespalten; ihre Unschädlichkeit ist erwiesen.

In gewissem Maß gibt es eine Anpassung an schlackenreiche Kost. Menschen, die von Jugend an viel grobes Brot gegessen haben, nutzen es besser aus als andere Personen. Tierversuche haben gezeigt, daß junge Tiere, denen ein ballaststoffreiches Futter verabreicht wird, längere und voluminösere Därme besitzen, als normal ernährte Kontrolltiere.

III. Die Bedeutung der Kohlenhydrate für die Ernährung.

Der größte Teil unserer Nahrung besteht aus Kohlenhydraten. In einer gut ausbalanzierten Kost sollten etwa 12—15% der Calorien durch Eiweiß und 20—30% durch Fett gedeckt werden. Für die Kohlenhydrate bleiben dann rund 60% übrig. Minderwertige Kostformen enthalten mehr Kohlenhydrate, da diese billiger und leichter zu erzeugen sind. Die Nachteile einer zu kohlenhydratreichen Ernährung sind bei uns allbekannt. Sie bestehen — wenn man von den Symptomen der Eiweißverarmung absieht — im wesentlichen in dem zu geringen Sättigungswert der Mahlzeiten, so daß sich der Hunger schon kurze Zeit nach dem Essen wieder einstellt, und in der Neigung zum Auftreten unerwünschter Gärungserscheinungen im Darm. Hinzu kommt, daß kohlenhydratreiche Kostformen meist auch eine übermäßig hohe Aufnahme von Ballaststoffen mit ihren subjektiv und objektiv unangenehmen Folgen bedingen. Besondere Schwierigkeiten ergeben sich bei der Ernährung von Schwer- und Schwerstarbeitern, da die Deckung eines hohen Energiebedarfs durch fettarme und kohlenhydratreiche Nahrung infolge des großen Nahrungsvolumens nahezu unmöglich ist.

Für die Aufnahme von Kohlenhydraten besteht in allerdings nur geringem, noch nicht endgültig abgrenzbarem Umfang ein spezifisches stoffliches Bedürfnis. J. BEATTIE schließt auf Grund der kritischen Würdigung des bis heute vorliegenden experimentellen Materials, daß der gesamte intermediäre Stoffwechsel nur dann reibungslos abläuft, wenn mindestens 10% der Energie in Form von Kohlenhydrat zugeführt werden. Hochgradiger Mangel an Kohlenhydrat bewirkt Stoffwechselstörungen, die sich in erster Linie durch das Auftreten von Acetonkörpern zu erkennen geben. W. McCLELLAN berichtet über 2 Personen, die ein ganzes Jahr lang ausschließlich von Fleisch bzw. inneren Organen lebten. Bei täglicher Aufnahme von 100—130 g Eiweiß und 175—250 g Fett wurden nur 5—10 g Kohlenhydrat zugeführt. Die Personen befanden sich die ganze Zeit über in ausgezeichnetem physischen und psychischen Zustand; die Ausscheidung von 0,5—10 g Aceton zeigte aber doch eine bestehende Stoffwechselstörung an. Der Glykogengehalt der Leber wird stark von dem Ernährungsregime beeinflußt. Hohe Glykogenwerte setzen genügende Zufuhr von Kohlenhydrat voraus. Die normale Funktion der Leber hat aber einen ausreichenden Glykogengehalt zur Voraussetzung. In dem Leberglykogen hat der Organismus eine für ihn leicht disponible Reserve. Ihre Bedeutung zeigt sich deutlich bei Belastung des Körpers z. B. durch Kälte. Die Kälteresistenz von Tieren, die längere Zeit vorher mit reichlichen Mengen Kohlenhydrat ernährt worden waren, ist erheblich besser, als die von kohlenhydratarm gefütterten (K. LANG und W. GRAB).

Der Organismus kann im intermediären Stoffwechsel leicht Kohlenhydrat aus Fett und vor allem aus Eiweiß bilden. Maximal können etwa 58% des verfütterten Eiweiß in Kohlenhydrat übergehen. Die Zuckerbildung erfolgt nicht aus allen Aminosäuren, sondern nur aus einigen, die man als „glucoplastische Aminosäuren" zu bezeichnen pflegt.

Die glucoplastischen Aminosäuren.

Glykokoll	Prolin
Alanin	Oxyprolin
Serin	Asparaginsäure
Cystin	Glutaminsäure
Arginin	

Bei eiweißreicher Kost werden die Glykogenreserven des Organismus durch alle diejenigen Maßnahmen, die sonst zu raschem Schwund des Glykogen führen, sehr viel langsamer erschöpft. Man nennt dieses Phänomen „Proteineffekt" (A. MIRSKI, I. ROSENBAUM, L. STEIN und E. WERTHEIMER; W. R. TODD, J. M. BARNES und L. CUNINGHAM). Auf die proteinsparende Wirkung des Zuckers wird in anderem Zusammenhange einzugehen sein (S. 116).

Normalerweise wird die Hauptmenge der Kohlenhydrate in Form von Stärke verzehrt. Gekochte Stärke wird unabhängig von ihrer Herkunft vom Organismus gut verwertet. Dagegen bestehen Unterschiede hinsichtlich der Ausnutzbarkeit roher Stärke verschiedenen Ursprungs. Rohe Kartoffelstärke verhält sich den Verdauungsfermenten gegenüber ziemlich resistent und wird daher sowohl vom Menschen als auch von Tieren nur in beschränktem Umfange resorbiert. Die Ausnutzung der rohen Stärke von Getreidearten ist praktisch vollständig.

Der Zuckerverbrauch nimmt in allen Ländern in steigendem Ausmaße zu. Ob dies zu begrüßen oder abzulehnen ist, wurde schon häufig diskutiert. Zahlreiche Tierversuche haben ergeben, daß es ziemlich gleichgültig ist, in welcher Form man Kohlenhydrat gibt, ob als Zucker oder als Stärke. Die Bedenken gegen die massive Verwendung von Rohrzucker in der menschlichen Ernährung gründen sich vornehmlich darauf, daß Saccharose ein reiner Nährstoff sei, und daher die Zufuhr aller der Ernährungsfaktoren, die Begleitstoffe der natürlichen Lebensmittel sind (Vitamine, Salze, Ballaststoffe), notleide. Dieser Einwand hat sicherlich seine Berechtigung. Man darf aber bei solchen Argumentationen nicht zu weit gehen und den Zucker zu einem reinen Genußmittel degradieren. Zucker ist ein wichtiges und unersetzliches Nahrungsmittel. Es ist außerordentlich zu bedauern, daß sich der Staat dieser Erkenntnis verschließt und ein Volksnahrungsmittel durch hohe Steuern verteuert.

Die anderen Kohlenhydrate treten gegenüber Stärke und Rohrzucker in der üblichen Kost mengenmäßig stark zurück. Von größerer ernährungsphysiologischer Bedeutung ist noch der Milchzucker, der ja für den Säugling das einzige Nahrungskohlenhydrat ist. Lactose hat eine Reihe wichtiger ernährungsphysiologischer Aufgaben. Nach der Galactose-Komponente besteht ein stoffliches Bedürfnis zum Aufbau der Galactoside. Lactose bewirkt, daß der Darm mit wünschenswerten Bakterien besiedelt wird. Auf diese Weise ist Lactose ein wesentlicher Faktor für die Resorption von Calcium und für die Synthese von Vitaminen durch Darmbakterien.

Interessanterweise wirkt sich die Aufnahme größerer Lactosemengen beim entwöhnten Tier ungünstig aus, wofür der Galactoseanteil des Moleküls verantwortlich ist. Kostformen, in denen Galactose 50% und mehr der Kohlenhydratzufuhr ausmacht, bewirken bei Ratten toxische Symptome wie Gewichtsstürze, Durchfälle, Ödeme, Koma (B. C. GUHA, P. HANDLER), die nicht allein auf die zunächst als Ursache vermutete calorische Unterernährung zurückgeführt werden können. Bekanntlich kann ja Galactose vom Organismus nur in beschränktem Umfange umgesetzt werden. Die chronische Verabreichung größerer Galactosemengen führt regelmäßig zur Entwicklung von Katarakten (A. M. YUDKIN und C. H. ARNOLD; B. H. ERSHOFF). J. BERTRAND und R. LECOQ beschrieben histologische Veränderungen peripherer Nerven als Folge der Verfütterung von Galactose. Futtermischungen, die 35% Xylose enthalten, bewirken gleichfalls das Auftreten von Katarakten (W. J. DARBY und P. L. DAY).

IV. Die Bedeutung der Fette für die Ernährung.

1. Der Fettbedarf.

Fette und Kohlenhydrate sind weitgehend, aber nicht unbegrenzt in isodynamen Mengen gegenseitig austauschbar. Wo die Grenzen der Vertretbarkeit gelegen sind, ist noch Gegenstand von Diskussionen.

G. O. BURR und M. M. BURR ernährten Ratten mit einer sorgfältig von allen Fettspuren befreiten Nahrung, jedoch unter Zugabe der fettlöslichen Vitamine. Nach etwa 3 Monaten entwickelten sich bei den Versuchstieren schwere Ausfallerscheinungen: Veränderungen der Haut, Ausfall der Haare, Störungen des Wasserhaushaltes, Erlöschen der Fortpflanzungsfähigkeit. Nach etwa 5 Monaten wuchsen die Tiere nicht mehr, schließlich kam es zu Gewichtsstürzen, Hämaturie und nach weiteren 3–4 Monaten trat der Tod ein. Durch kleine Zulagen Fett — 10 Tropfen Fettspeck — ließen sich die Symptome verhüten bzw. heilen. Weitere Untersuchungen vor allem von H. M. EVANS und S. LEPKOVSKI ergaben, daß die Wirksamkeit des Fettes auf seinem Gehalt an bestimmten höher ungesättigten Fettsäuren beruht. Als wirksam erwiesen sich Linolsäure, Linolensäure, Arachidonsäure (E. M. HUME, L. C. NUNN und SMEDLEY-MCLEAN) sowie $\Delta^{9,11}$-Oktadekandiensäure. Die Wirksamkeit ist an eine bestimmte chemische Konstitution gebunden, denn P. KARRER und H. KOENIG haben weitere mehrfach ungesättigte Fettsäuren geprüft, sie aber für biologisch unwirksam befunden.

Der Organismus ist demnach auf die regelmäßige Zufuhr kleiner Mengen von bestimmten mehrfach ungesättigten Fettsäuren, den sogenannten „essentiellen Fettsäuren" angewiesen. Die einzelnen essentiellen Fettsäuren wirken aber durchaus verschieden gegenüber den genannten Symptomen (Tab. 55).

Tabelle 55. *Wirkung der essentiellen, höher ungesättigten Fettsäuren.*

	Wachstum	Hautsymptome	Wasserhaushalt
Linolsäure	+	+	+
Arachidonsäure	+	+	+
Linolensäure	+	—	—
Oktadekandiensäure . .	+	—	?
Ester von Lebertran . .	+	—	—

Den essentiellen Fettsäuren kommt anscheinend noch eine Bedeutung für die Regulation des Fettstoffwechsels zu; sie steuern die Resorption der Fette aus dem Darm, ferner auch die Synthese von Fettsäuren im intermediären Stoffwechsel. Tiere, die nur mit hydrierten Fetten gefüttert werden, vermögen in ihrem Körper nur wenig Fett zu speichern (L. GSCHÄDLER und G. VIOLLIER). Völlig fettfrei ernährte Tiere sind imstande Fett zu bilden, nicht aber die mehrfach ungesättigten Fettsäuren (G. O. BURR und A. J. BEBER). Letztere können vom Organismus auch nicht abgebaut werden.

Tabelle 56. *Der Gehalt von Fetten an essentiellen Fettsäuren in %*[1].

Tierische Fette		Pflanzliche Fette	
Butter	1,9 —4,0	Gerste-Keimöl	63
Rinderfett	1,1 —5,0	Kokosnußöl	6,0— 9,2
Hammelfett	3,0 —5,0	Kakaobutter	2
Leberfett	3,0 —7,0	Baumwollsamenöl	35,0—50,0
Milch (Kuh)	0,15—0,23	Mais-Keimöl	42
Fischöle	Spur	Weizen-Keimöl	44,0—52,0
Margarine	2,0—5,0	Sojaöl	56,0—63,0
		Olivenöl	4,0—14,0
		Sonnenblumenöl	52,0—64,0
		Erdnußöl	20,0—24,0

Die benötigten Mengen an essentiellen Fettsäuren sind gering. Aus diesem Grunde haben manche Autoren diese Fettsäuren in die Vitamine eingereiht und sie als Vitamin F bezeichnet. Der Tagesbedarf einer Ratte an Linolsäure wurde im kurativen Test zu 20-60 mg bestimmt. Die prophylaktische Dosis bezgl. Wachstum dürfte bei etwa 20 mg liegen. Wegen der Kleinheit der benötigten Dosen setzt eine Reproduktion der Befunde von BURR die vollkommene Entfernung aller Fettspuren aus der Nahrung voraus.

BROWN, HANSEN, BURR und MC QUARRIE haben im Selbstversuch geprüft, ob sich die an Ratten erhobenen Befunde auch am Menschen bestätigen lassen. BROWN nahm 6 Monate hindurch eine äußerst fettarme Kost, die nur 0,03 g Fett pro kg Körpergewicht enthielt, zu sich, ohne daß das subjektive Wohlbefinden beeinträchtigt wurde oder sich die Symptome des Fettmangels ausbildeten. Eine nähere Analyse zeigt jedoch, daß der Organismus im Verlauf des Versuches an ungesättigten Fettsäuren verarmt war. Die Jodzahl des Bluts war von 123 auf 93 abgesunken, und der Gehalt des Blutfetts an Arachidonsäure hatte von 3,2 auf 1,8% sowie der an Linolsäure von 5,7 auf 3,2% abgenommen. Der Versuch erweist, daß offensichtlich auch der Mensch auf die Zufuhr von essentiellen Fettsäuren angewiesen ist, daß es jedoch schwierig, wenn nicht unmöglich ist, mit den üblichen Nahrungsmitteln eine so fettarme Diätform zusammenzustellen, daß mit ihr die schweren Symptome des Fettmangels zu erzeugen sind.

Beim Ekzem findet man teilweise die Jodzahl des Bluts erniedrigt. Dieser Befund hat zu Versuchen geführt, Ekzeme durch reichliche Verabfolgung der essentiellen, höher ungesättigten Fettsäuren therapeutisch zu beeinflussen. Über die damit erzielten Erfolge liegt eine recht widerspruchsvolle Literatur vor. Kinder sind anscheinend gegen Fettmangel empfindlicher als Erwachsene. Bei sehr fettarmen Kostformen haben BROWN, HANSEN, BURR und MC QUARRIE Hautekzeme beobachtet, die durch Fettzulagen verschwanden.

T. W. BIRCH hat die Vermutung ausgesprochen, daß Vitamin B_6 zur Verwertung der essentiellen Fettsäuren benötigt werde. Es ist durch die Arbeiten zahlreicher Autoren erwiesen, daß Pyridoxin die Fettbildung aus anderen Nährstoffen, insbesondere aus Eiweiß begünstigt. Ein näherer Einblick in die Zusammenhänge fehlt jedoch noch.

Es ist schon lange bekannt, daß Fett in großem Umfang aus den anderen Nährstoffen gebildet werden kann, und zwar auch bei einer recht fettarmen Kost.

[1] Bordens Review of Nutrition Research. 9, Nr. 4 (1948).

Bemerkenswerterweise wird in diesem Fall immer ein gleichartig zusammengesetztes Fett mit einer Jodzahl von 64—72 in den Depots abgelagert, gleichgültig ob Eiweiß und Kohlenhydrat verfüttert wurde. Dieses „physiologische Depotfett“ ist härter, als das bei Fettzufuhr gespeicherte. Das Depotfett ist bekanntlich im Gegensatz zu dem Organfett exogen beeinflußbar (Tab. 57). Im Hunger werden alle Fettdepots gleichmäßig angegriffen, eine Selektivität für bestimmte Fettsäuren besteht nicht.

Tabelle 57. *Abhängigkeit der Zusammensetzung des Depotfetts vom Nahrungsfett* (L. B. MENDEL und W. E. ANDERSON).
Die Nahrung enthielt jeweils 60% Fett.

	Jodzahl	
	Nahrungsfett	Depotfett
Sojaöl	132	123
Getreideöl. . . .	124	114
Baumwollsamenöl	108	107
Erdnußöl	102	98
Speck	63	72
Butterfett . . .	36	56
Kokosnußfett . .	8	35

Die Frage, ob über die Zufuhr der kleinen benötigten Mengen an essentiellen Fettsäuren hinaus ein stoffliches Bedürfnis für Fette besteht, wurde häufig untersucht. Übereinstimmend hat sich ergeben, daß junge Ratten auch bei sehr fettarmem Futter heranwachsen und gedeihen können, vorausgesetzt, daß sie genügende Mengen der fettlöslichen Vitamine und der höher ungesättigten Fettsäuren erhalten (T. B. OSBORNE und L. B. MENDEL; J. C. DRUMMOND und K. H. COWARD; PALMER und KENNEDY). G. G. MCKENZIE, J. MCKENZIE und E. V. MCCOLLUM haben mehrere Generationen von Ratten bei einer Nahrung, die nur 0,27% Fett enthielt, gezüchtet, ohne irgendwelche Ausfallserscheinungen beobachten zu können. Insbesondere waren Wachstum und Zeugung normal. Auch Kücken wachsen bei einer praktisch fettfreien Diät normal heran. Eine fettarme Kost ist energieärmer als eine fetthaltige. Läßt man die Versuchstiere, wie es in diesen Versuchen meist geschehen ist, ad libitum fressen, so gleichen sie die verminderte Energiezufuhr durch einen höheren Verzehr aus. Dadurch steigt aber automatisch die Aufnahme von Eiweiß, was vermutlich für den Ausfall der Versuche nicht gleichgültig ist.

Das Ergebnis dieser Tierversuche läßt sich aber nicht ohne weiteres auf die menschliche Ernährung übertragen. Denn in allen diesen Versuchen hatten die Tiere ein calorisch ausreichendes Futter erhalten, das viel hochwertiges Protein und alle fettlöslichen Vitamine in ausreichender Menge enthielt. Bei der Ernährung des Menschen liegen die Verhältnisse wesentlich anders. Für den Menschen ist eine fettarme Ernährung immer gleichbedeutend mit einem Defizit an fettlöslichen Vitaminen. Außerdem pflegt Mangel an Fett immer mit ungenügender Zufuhr an Eiweiß und unzureichender Calorienaufnahme verknüpft zu sein. Denn ausgeprägte Fettarmut ist Anzeichen einer Mangelernährung mit minderwertigen Lebensmitteln.

Die angeführten Versuche haben gezeigt, daß die Versuchstiere bei sehr fettarmen Diätformen heranwachsen und leben können. Diese Ernährungsart ist aber keineswegs optimal für die Tiere. Wachstum, Fortpflanzungsfähigkeit und Ablauf aller anderer körperlichen Funktionen sind günstiger, wenn die Nahrung Fett in ausreichender Menge enthält (H. J. DEUEL jr., E. R. MESERVE, E. STRAUB, C. HENDRICK und B. T. SCHEER). Ist die Nahrung nun gar nicht nur fettarm, sondern auch calorisch nicht ausreichend und womöglich noch eiweißarm, so wirkt sich der Fettmangel noch viel stärker aus. Die Leistungsfähigkeit ist stark reduziert (B. T. Scheer, S. Dorst, J. F. Codie und D. F. Soule) und der ganze körperliche Zustand herabgesetzt. Die Folgen ungenügender Energiezufuhr sind bei fettarmer Kost viel schärfer ausgeprägt, als wenn ausreichend Fett zugeführt wird. Die Gewichtsverluste sind größer, und die Mortalität liegt höher. Umgekehrt erholen sich Versuchstiere nach einer Fütterungsperiode mit unzureichender Nahrungszufuhr schneller und besser, wenn sie ein fettreiches Futter erhalten (B. T. Scheer, J. C. Codie und H. J. Deuel jr.). Der Organismus kann das Futter besser verwerten, wenn es genügend Fett enthält (E. B. Forbes, R. W. Swift, R. F. Elliot und W. H. James). Die Wärmebildung wird herabgesetzt und die Energie dafür zu wertvolleren Zwecken, z. B. bei wachsenden Tieren zum Ansatz von Körpersubstanz, verwendet. Dieser wichtige Effekt des Nahrungsfettes ist unabhängig von der Höhe der Eiweißzufuhr, vorausgesetzt, daß sie nicht unzureichend ist (C. E. French, A. Black und R. W. Swift). Anscheinend bewirkt die Zufuhr von Fett eine Verbesserung der Resorption und eine Verminderung der Ausscheidung von Aminosäuren im Harn (P. B. Pearson und F. Panzer). Nach R. Silberberg und M. Silberberg beschleunigt Fett die Entwicklung des Skelets wachsender Mäuse. Das anatomische Bild der Wachstumszonen der Knochen 2 Monate alter Tiere, die 25% Fett im Futter hatten, entsprach dem 4 Monate alter, fettarm aufgezogener. Fett nimmt offensichtlich einen aktiven Anteil an fundamentalen Lebensprozessen und ist als Nahrungsfaktor nicht ohne weiteres ersetzbar. Diese seine Funktion tritt bei sonst optimaler Ernährung wenig in Erscheinung. Sie wird deutlich, sobald die Nahrung in bezug auf andere Nahrungsfaktoren unzulänglich wird. Eine fettarme Kost ist in hohem Grad unökonomisch.

Fett verleiht dem Organismus unter Umständen Schutz gegen schädliche Einflüsse. Beispielsweise werden Mäuse gegen 2,4-Dinitrotoluol resistenter, wenn man ihnen reichlich Fett gibt (C. C. Clayton und C. A. Baumann). Hierbei wirkt Fett nur indirekt: die Tiere fressen das fettreichere Futter lieber, nehmen daher mehr Nahrung auf und werden dadurch gegen das Stoffwechselgift widerstandsfähiger. Bei fettreicher Kost vermag der Organismus mehr Reserven für Notzeiten anzusammeln, als bei sehr niederer Fettzufuhr. Infolgedessen können fettreich ernährte Tiere nachfolgende Hungerperioden länger überstehen und während der Hungerperiode mehr körperliche Arbeit leisten als Kontrollen, die wenig Fett, dafür aber mehr Kohlenhydrat oder Eiweiß erhalten haben (L. T. Samuels, R. C. Gilmore und R. M. Reinecke). Die kleinste Überlebenszeit wurde bei extrem eiweißreich gefütterten (92,4% aller Calorien in Form von Eiweiß!) Tieren beobachtet.

Hunde sind gegen Fettmangel viel empfindlicher als Ratten. Junge Hunde, die sehr fettarm ernährt werden, weisen verringerte Resistenz gegen allerlei Infektionen auf. Sie sind besonders für Pneumonien und Pyodermien empfänglich, die bemerkenswerterweise auf äußerliche Behandlung so gut wie gar nicht ansprechen (A. E. Hansen, O. Beck und H. F. Wiese).

Für die menschliche Ernährung ist Fett noch aus anderen, in Tierversuchen nicht zu Tage tretenden Gründen wichtig und unersetzlich. Fett besitzt einen hohen Sättigungswert und hat den größten Energiegehalt pro Gewichtseinheit. Eine fettarme Diät ist daher immer voluminöser als eine fettreiche. Fett macht den Menschen durch seinen hohen Sättigungswert unabhängiger von den Pausen zwischen den einzelnen Mahlzeiten. Die Leistungsfähigkeit (und zwar sowohl die körperliche als auch vor allem die geistige) ist dann am größten, wenn man sich seines Körpers am wenigsten bewußt ist. Man kann daher am intensivsten arbeiten, wenn man weder durch ein quälendes Hungergefühl noch durch eine unangenehme Völle des Magens abgelenkt wird. Dieser indifferente und der Arbeit förderlichste

Zustand dauert bei reichlicher Fettzufuhr länger an, als bei fettarmer Ernährung. So erklärt sich, daß der Fleisch- und Fettverzehr der städtischen Bevölkerung in den letzten Jahrzehnten stetig zugenommen hat. In der Stadt wohnen die meisten Menschen weit von ihrer Arbeitsstelle entfernt und müssen ihre Arbeitszeit einhalten, ohne ihre Behausung zwischendurch aufsuchen zu können. Dies führt zwangsläufig zu einer Verminderung der Zahl der Mahlzeiten und damit zu einer Verlängerung der Intervalle zwischen den einzelnen Nahrungsaufnahmen. Die Umstellung der Ernährung auf fett- und fleischreiche Diäten ist eine durchaus sinnvolle und physiologisch begründete Anpassung an die besonderen Verhältnisse der Großstadt. Die Mängel, welche diese Ernährungsform zunächst mit sich brachte, wie z. B. Armut an Vitaminen, Mineralstoffen und Ballaststoffen, hat man inzwischen kennengelernt und kann sie daher leicht abstellen. Der Krieg hat bei uns in Deutschland und auch in anderen europäischen Ländern diese Entwicklung unterbrochen; die Nahrung wurde zwangsläufig immer ärmer an Fett und Eiweiß. Man hat die ungünstige Auswirkung solcher Ernährungsregime auf die Arbeitsleistung durch Einrichtung von Werksküchen und dergleichen zu kompensieren versucht.

Das große Nahrungsvolumen einer fettarmen Ernährung ist den meisten Menschen lästig. Solche Kost wird im allgemeinen nur unter dem Zwang der Not in Hungerzeiten verzehrt und ist mit der Aufnahme minderwertiger Lebensmittel gleichzusetzen. Die in ihnen enthaltenen übergebührlich großen Mengen an Ballaststoffen vergrößern das Nahrungsvolumen, die Kotmenge und die Zahl der Kotentleerungen steigen an, und es kommt zu reichlicher Bildung von Darmgasen mit den bekannten unangenehmen Folgen in ästhetischer und gesellschaftlicher Beziehung. Infolge der leichten bakteriellen Angreifbarkeit der Kohlenhydrate entwickelt sich leicht eine abnorme Darmflora, die Anlaß zu Verdauungsstörungen gibt. Alle diese Momente sind aber der Erhaltung voller Leistungsfähigkeit abträglich.

Die üblichen Nahrungsfette sind Gemische verschiedener Stoffe. Neben den Neutralfetten findet man in ihnen wechselnde Mengen an Lipoiden und fettlöslichen Vitaminen. Man muß daher die Frage aufwerfen, ob die einzelnen Nahrungsfette nicht einen verschiedenen Wert für die Ernährung aufweisen, mit anderen Worten, ob man bei ihnen wie bei den Proteinen von einem unterschiedlichen „biologischen Wert" sprechen kann.

Ohne Zweifel ist es eine wichtige Aufgabe der Nahrungsfette, den Organismus mit den fettlöslichen Vitaminen zu versorgen. Der Nährwert eines Fettes hängt daher wesentlich von seinem Vitamingehalt ab. Die technische Vorbehandlung (Raffination) der Fette, welche ihre Entschleimung, Entsäuerung, Entfärbung und Desodorierung bezweckt, kann den Vitamingehalt erheblich verringern. Insbesondere ist die Entfärbung durch Adsorptionsmittel mit großen Vitaminverlusten verbunden.

Bei gleichem Vitamingehalt besitzen alle üblichen Nahrungsfette denselben Wert für die Ernährung. In den gründlichen Untersuchungen von H. J. Deuel jr. und Mitarbeitern hatten Butter, Margarine, Maiskeimöl, Baumwollsamenöl, Olivenöl, Erdnußöl und Sojaöl gleiche Wirkung auf Wachstum, Fertilität, Lactation und chemische Beschaffenheit des Körpers. Die Versuche erstreckten sich zum Teil über viele Tiergenerationen. Für die Volksernährung ist besonders der Befund wichtig, daß vitaminisierte Margarine sowohl für Kinder als auch für Erwachsene denselben Nährwert hat wie Butter. Diese Tatsache wurde von sehr vielen Autoren bestätigt (A. J. Carlson; B. von Euler und H. von Euler; H. J. Deuel jr.; H. Leichenberger, G. Eisenberger u. Carlson; Council on Foods and Nutrition).

J. BOER und Mitarb., ferner R. P. GEYER hatten mitgeteilt, daß Sommerbutter einen besonderen wachstumsfördernden Faktor enthalte, der mit Vaccensäure ($\triangle^{11}$-Elaidinsäure) identisch sei. Dieser Befund konnte jedoch nicht bestätigt werden (H. J. DEUEL jr.; B. VON EULER). Weder cis- noch trans-Octadecensäure erwies sich als wachstumsfördernd. Das Wachstum junger Ratten wurde durch Sommerbutter und andere Nahrungsfette (z. B. Baumwollsamenöl) in gleicher Weise beeinflußt.

Fettmangel hat die Bevölkerung häufig dazu verführt, flüssiges Paraffin, Mineralöle oder sonstige, dem Laien als Fett erscheinende, für technische Zwecke bestimmte Substanzen zum Kochen und Braten zu verwenden. Vor dem Verzehr dieser Stoffe ist dringend zu warnen. Sie führen alle zu mehr oder minder erheblichen Gesundheitsschäden (*Report of Council on Foods and Nutrition*). Mineralöle stören die Resorption der fettlöslichen Vitamine und hemmen die Ausnutzung von Calcium und Phosphorsäure in derartigem Grad, daß sich auch bei reichlicher Zufuhr dieser Mineralstoffe und Vitamin D eine experimentelle Rachitis erzeugen läßt. Besonders gefährlich ist Trikresylphosphat, das während des Krieges und in der Nachkriegszeit zu vielen tödlichen Vergiftungen Anlaß gegeben hat. Die Verwendung von Fetten dunkler Herkunft ist mit Gefahren verknüpft.

Auch der Verzehr von anoxydiertem und ranzigem Fett ist nicht empfehlenswert. H. V. WHIPPLE verfütterte solche Fette an Hunde und beobachtete bei ihnen Hautveränderungen, die bis zu tiefgehenden Geschwüren führten. Aufnahme größerer Mengen Dioxystearinsäure erzeugt bei Ratten Mangel an Vitamin K, der vermutlich auf einer Schädigung der das Vitamin synthetisierenden Darmbakterien beruht (G. NIGHTINGALE, E. E. LOCKART und R. S. HARRIS). Ranzige Fette enthalten Peroxyde, welche die Vitamine A, C, D, F, B_6 und die Pantothensäure zerstören und daher die Vitaminversorgung des Körpers gefährden.

2. Die oberste Grenze der Fettzufuhr.

Die Frage nach der obersten Grenze der Fettzufuhr, die ohne Beeinträchtigung von Gesundheit und Leistungsfähigkeit eine beträchtliche Zeit hindurch aufgenommen werden kann, hat große praktische Bedeutung. Denn wenn infolge von Transportschwierigkeiten (z. B. auf Expeditionen oder im Kriege) die Nahrungsmenge möglichst klein gehalten werden muß, oder wenn außergewöhnlich hohe körperliche Leistungen eine entsprechende Energiezufuhr verlangen, wird man auf fettreiche Kostformen zurückgreifen.

Fettzufuhren in Höhe von 85 und mehr Prozenten des Energiebedarfs sind unverträglich und führen nach kurzer Zeit zu hypoglykämischen Symptomen und starker Acetonkörperbildung. F. C. CONSOLAZIO und W. H. FORBES gaben 8 Versuchspersonen eine Diät, in der Fett (in Form von Pemmican) 71% der Calorienzufuhr ausmachte. Bei der Aufnahme dieser Kostform ergaben sich große Schwierigkeiten; ein Teil der Versuchspersonen hungerte lieber, als die Versuchskost zu essen. Alle Versuchspersonen wiesen Gewichtsabnahmen, Herabsetzung der Insulintoleranz und Ketonurie auf. Ob die hohe Fettzufuhr an und für sich oder irgend ein in dem Pemmican enthaltener Faktor für den Ausfall des Versuchs verantwortlich zu machen ist, konnte nicht festgestellt werden. Nach A. LÖWY und Mitarb. führen derart hohe Fettzufuhren zu Anämien, die durch eine hämolytische Wirkung freier Fettsäuren bedingt sein sollen.

K. LANG, E. SCHÜTTE und H. D. CREMER führten einen Versuch mit einer Fettzufuhr von 50—55% der Calorien bei stärkster körperlicher Belastung durch Arbeit und Kälte (Hochgebirgstouren) durch, der 14 Tage dauerte. Wurde das Fett in Form von natürlichen Fetten gegeben, waren Befinden und Leistungsfähigkeit der 6 Versuchspersonen ausgezeichnet. Veränderungen des Blutzuckerspiegels, der Alkalireserve und des Acetonkörpergehalts des Blutes gegenüber Kontrollpersonen, die bei einer normalen Kost unter den gleichen Bedingungen lebten, waren nicht festzustellen. Bei der Wiederholung des gleichen Versuchs an denselben Versuchspersonen mit einem synthetischen Fett ergaben sich schwere Verdauungsstörungen und Beeinträchtigungen der Leistungsfähigkeit, so daß die Mehrzahl der Personen den Versuch vorzeitig abbrach.

Man kann aus den angeführten Untersuchungen schließen, daß für eine beschränkte Zeit die obere zulässige Fettzufuhr bei etwa 50—60 Calorienprozenten Fett gelegen ist. Ohne körperliche Belastung dürfte jedoch eine so fettreiche Ernährung bei vielen Menschen auf Widerwillen stoßen. Für den Säugling ist eine Deckung des Energiebedarfs zu 50% aus Fett physiologisch, wie aus der Zusammensetzung der Milch hervorgeht. Diese hohe Fettaufnahme ist für den Säugling schon aus dem Grund wichtig, weil Fett die sonst nur schlechte Verwertung von Milchzucker verbessert. Bei Ratten kann man durch eine fettarme Kost alimentäre Lactosurie bzw. Galactosurie erzeugen.

3. Das Fettoptimum der Nahrung.

Die Frage nach dem Fettoptimum der Nahrung ist nicht leicht zu beantworten. Schätzungen älterer Autoren gehen weit auseinander; in den klassischen Kostmaßen werden Zahlen von 52 g (Rubner) bis zu 125 g (Atwater) genannt. Burnet und Aykroid haben in ihrem Gutachten für den Völkerbund die Aufnahme einer nicht zu kleinen Fettmenge empfohlen, ohne sich jedoch auf bestimmte Zahlenwerte festzulegen. Statistiken über den tatsächlichen Fettverzehr haben ergeben, daß unter unseren klimatischen Bedingungen bei einer frei gewählten Kost im allgemeinen etwa 25—30% der Calorien durch Fett gedeckt werden. H. Kraut und H. Bramsel haben auf Grund der Erhebungen von Wirtschaftsrechnungen in 2000 Haushalten den durchschnittlichen Fettverzehr des deutschen Volkes im Jahre 1927/28 auf 118 g (entsprechend 33,2—36,5% der Calorienzufuhr) berechnet.

Bei Berechnungen der Fettzufuhr ist zu beachten, daß man zwischen dem „sichtbaren“ und dem „verborgenen“ Fett unterscheiden muß. Unter dem ersten versteht man das Fett, das in Form von Butter, Margarine, Speiseölen und dergleichen in der Nahrung vorkommt und als solches ausdrücklich deklariert ist. Als „verborgenes“ Fett bezeichnet man solches, das neben den anderen Nährstoffen in vielen Nahrungsmitteln wie z. B. Fleisch, Milch, Eiern usw. enthalten ist. Die wechselnden Mengen des verborgenen Fettes machen die Berechnung der Fettzufuhr mit Hilfe der üblichen Nahrungsmitteltabellen für den Einzelfall nahezu unmöglich. Eine gewissenhafte Feststellung der tatsächlich verzehrten Fettmenge setzt die chemische Analyse der aufgenommenen Nahrung voraus.

Starling hat einmal die für den erwachsenen Menschen optimale Fettmenge der Nahrung von den anatomischen Verhältnissen des Magen-Darmkanals ausgehend zu berechnen versucht. Er stellte fest, daß das Fassungsvermögen des Verdauungstraktes zur Aufnahme der Nahrung nur dann ausreicht, wenn 20—25% der Calorien in Form des viel Energie in kleinem Volumen enthaltenden Fetts zugeführt werden.

Wie schon erwähnt, haben Tierversuche ergeben, daß eine fettarme Nahrung nicht optimal ist. Daß sie ungenügend ist, zeigt sich vor allem dann, wenn sie auch noch in bezug auf andere Nahrungsbestandteile mangelhaft ist. Bei einer fettarmen Kost wird der Bedarf an den fettlöslichen Vitaminen nicht gedeckt; zudem leidet die Resorption der ohnehin schon zu geringen Vitaminmengen not. Ein höherer Fettgehalt der Nahrung wirkt sich auf den Mineralhaushalt günstig aus, indem die Ausnutzung von Kalksalzen verbessert wird (J. H. JONES; A. KNUDSON und FLOODY). Speziell für den Menschen sind die Fette wegen ihrer leistungssteigernden Wirkung von größter Bedeutung. Hinzu kommt noch die subjektive Seite des Fettproblems. Steht genügend Fett zur Verfügung, so kann die Ernährung abwechslungsreicher und geschmackvoller gestaltet werden, als wenn dies nicht der Fall ist. Man kann dies nicht treffender und kürzer ausdrücken als mit den Worten von HOWE, der einmal sagte: „Fett hat die schöne Eigenschaft, unsere Freude am Essen zu vergrößern“.

Gegen einen größeren Fettgehalt der Nahrung sind auch schon Bedenken geltend gemacht worden. Sie gründen sich im wesentlichen auf die Vermutung, daß fettreiche Kostformen das Auftreten von Stoffwechselkrankheiten begünstigen sollen. Einwandfreie statistische oder experimentelle Unterlagen für solche Behauptungen liegen jedoch nicht vor. Die Autoren haben mehr oder minder gefühlsmäßig geurteilt. Ähnlich steht es aber auch in anderen Kapiteln der Ernährungsphysiologie, wo der Weg durch die Literatur gelegentlich noch dornenvoller ist. Wegen des Fehlens konkreter Angaben soll hier auf diese Frage nicht näher eingegangen werden, ebenso wenig auf die zahlreichen Arbeiten, die sich mit der Möglichkeit eines Zusammenhangs zwischen Tumorhäufigkeit und Tumorwachstum mit dem Fettgehalt der Nahrung beschäftigen, da ihre Ergebnisse widerspruchsvoll sind.

Wägt man alle einwandfrei festgestellten Befunde gegeneinander ab, so läßt sich der Schluß ziehen, daß das Optimum der Fettzufuhr in dem Bereich zwischen 20 und 35% der Calorienzufuhr zu suchen ist. Die Erfahrungen, die in den Jahren 1939—1945 mit der Rationierung in der Schweiz gemacht worden sind, weisen darauf hin, daß eher die untere Grenze dieses Bereichs zu empfehlen ist (A. FLEISCH).

Bei Überlegungen über die Fettversorgung ist zu beachten, daß die Höhe der Fettzufuhr in den Haushalt mancher B-Vitamine eingreift, und daß umgekehrt die Versorgung mit B-Vitaminen die Ablagerung von Fett, sowie die Umwandlung anderer Nährstoffe in Fett im Organismus zu beeinflussen vermag. Es ist schon lange bekannt, daß eine fettreiche Ernährung durch Verminderung des Kohlenhydratumsatzes aneurinsparend wirkt. Umgekehrt steigert sie den Bedarf an Lactoflavin, und zwar vermutlich indirekt durch Schädigung der B_2-synthetisierenden Darmbakterien (G. J. MANNERING, D. ORSINI und C. A. ELVEHJEM). Auf die engen Beziehungen zwischen Fettablagerung, Wirkung der essentiellen Fettsäuren und Pyridoxin wurde schon in anderem Zusammenhange eingegangen (siehe S. 106). Die Arbeiten von G. VIOLLIER lassen vermuten, daß auch noch andere B-Vitamine (Aneurin, Lactoflavin, Pantothensäure) auf die Fettspeicherung und den Haushalt der Linolsäure von Einfluß sind. Interessant sind die Befunde von W. A. KREHL und A. CAVARLHO (zit. nach C. A. ELVEHJEM), wonach das Wachstum bei Pantothensäuremangel durch eine fettreiche Ernährung verbessert werden kann, während reichliche Fettzufuhr die Symptome des Biotinmangels verstärkt. Fett übt eine Nicotinsäure sparende Wirkung aus (W. D. SALMON).

Wohl die intensivsten Berührungspunkte ergeben sich zwischen Fett und Cholin bzw. Methionin. Die pathologischen Ablagerungen von Fett in der Leber als Folge eines Mangels an Cholin oder Methionin sind bei reichlicher Fettzufuhr intensiver als bei knapper. Die Beziehungen zwischen Fett und den Methylgruppenträgern sind sicherlich noch nicht bis in alle Einzelheiten bekannt. Man kann aber heute schon sagen, daß die Gewährung fettreicherer Kostformen die Sicherstellung einer genügenden Versorgung mit Cholin zur Voraussetzung haben sollte.

4. Synthetisches Fett als Nahrungsmittel.

Ausgangsmaterial für das synthetische Fett sind Paraffine, die katalytisch zu Fettsäuren oxydiert und nach Reinigung mit Glycerin verestert werden. Je nach Ausgangsparaffinen und Reinigungsprozessen erhält man verschiedenartige Präparate, was die Diskrepanzen zwischen den von einzelnen Untersuchern im biologischen Versuch erhaltenen Ergebnissen erklärt. Neben optimistischen Berichten wie z. B. von O. FLÖSSNER sind auch skeptische Stellungnahmen erschienen. Hinsichtlich der chemisch-technischen Fragen sei auf den zusammenfassenden Bericht von G. SCHILLER verwiesen. Die synthetischen Fette unterscheiden sich von den natürlichen in den folgenden Punkten:

1. durch ihren Gehalt an Fettsäuren mit einer ungeraden Kohlenstoffatomzahl, die zu rund 50% vertreten sind, da die aus den Paraffinen gewonnenen Fettsäuren eine lückenlose Reihe aller Carbonsäuren enthalten.
2. durch ihren Gehalt an Fettsäuren mit einem verzweigten Kohlenstoff-skelet,
3. durch ihren Gehalt an höher oxydierten Säuren (Oxysäuren, Oxosäuren, Dicarbonsäuren),
4. durch ihren Gehalt an bestimmten unverseifbaren Bestandteilen (Paraffine, Alkohole, Ketone),
5. durch das Fehlen der fettlöslichen Vitamine,
6. durch ihren sehr geringen Gehalt an ungesättigten Fettsäuren.

Eingehende Untersuchungen haben ergeben, daß Fettsäuren mit einer ungeraden Anzahl von Kohlenstoffatomen für den Organismus harmlos sind und von ihm genau so gut wie geradzahlige abgebaut und als Nährstoff verwendet werden können (H. APPEL, H. BÖHM, W. KEIL und G. SCHILLER; W. KEIL; R. EMMRICH und E. NEBE). Dagegen haben sich die Isofettsäuren als weniger harmlos erwiesen. Sie geben Anlaß zur Ausscheidung saurer Stoffwechselprodukte, insbesondere von Dicarbonsäuren und verzweigten Dicarbonsäuren (K. THOMAS und G. WEITZEL; H. HANSON; H. APPEL und Mitarb.). Auch die höher oxydierten Fettsäuren sind physiologisch nicht unbedenklich; sie bewirken gleichfalls die Ausscheidung saurer Stoffwechselprodukte im Harn. Das in einer Menge von rd. 1% in den synthetischen Fetten enthaltene Unverseifbare ist dagegen für den Tierkörper anscheinend harmlos.

Die Lipasen des Verdauungstraktes spalten synthetische Fette genau so gut wie natürliche (H. KRAUT, Ä. WEISCHER und R. HÜGEL; H. APPEL und Mitarb.). Auch hinsichtlich der Resorption bestehen keine wesentlichen Unterschiede. Präparate, die nicht von den Isofettsäuren befreit sind, haben sich im biologischen Versuch als den natürlichen Fetten deutlich unterlegen erwiesen. Bei Verfütterung an junge Tiere wurden Wachstumsverzögerungen festgestellt (E. NITSCHKE; P. N. WILLIAMS; H. APPEL und Mitarb.). K. LANG und W. GRAB fanden eine Herabsetzung der Kälteresistenz. Die Verträglichkeit höherer Dosen solcher Fette ist schlecht (K. THOMAS und G. WEITZEL), die Leistungsfähigkeit bei schwerer körperlicher Beanspruchung vermindert (K. LANG und E. SCHÜTTE). G. SCHALTENBRAND und J. SCHORN wiesen Schädigungen des Nervensystems nach Verfütterung synthetischer Fette nach.

Gegen synthetische Fette, die von den Isofettsäuren und den höher oxydierten Säuren befreit sind, dürften sich wohl kaum ernährungsphysiologische Bedenken erheben lassen. Solche Fette besitzen auf Grund des nur geringen Gehalts an ungesättigten Fettsäuren den Vorzug guter Haltbarkeit. Voraussetzung für ihre Verwendung in der Nahrung wäre eine Anreicherung mit fettlöslichen Vitaminen. G. KABELITZ hält synthetisches Fett für geeignet zur Ernährung von Diabetikern, da infolge der Anwesenheit großer Mengen ungeradzahliger Fettsäuren die Bildung von Ketonkörpern zurücktritt.

Die bisher erzeugten Mengen an synthetischem Fett waren nur unerheblich. Ob das synthetische Fett größere Bedeutung für die Ernährung gewinnen wird, hängt unter anderem von wirtschaftlichen Faktoren ab. Einstweilen liegen die Herstellungskosten noch über den Preisen von Naturfetten.

Im Zusammenhang mit den schädlichen Wirkungen der Isofettsäuren des synthetischen Fettes sei noch kurz darauf hingewiesen, daß aus Tuberkelbazillen toxische Isofettsäuren wie z.B. die Phthionsäure isoliert worden sind, deren Injektion Nekrosen, Absceßbildungen und Entwicklung tuberkuloider Granulome verursacht. Dieselben Schäden sind auch bei der Einverleibung synthetischer Fettsäuren ähnlicher Struktur wie die der Phthionsäure beobachtet worden (B. Gerstl und R. Tennant; J. Ungar, C. E. Coulthard und L. Dickinson). Als Beispiele solcher Säuren seien 2,12,15-Trimethyldocosansäure, 3,12,15-Trimethyldocosansäure und 3,13-Dimethyltricosansäure erwähnt.

Trotz aller Einwände, die man heute noch gegen das synthetische Fett erheben kann, sollte man dem ganzen Problem gegenüber eine positive Einstellung einnehmen. Der Verfasser möchte voll O. Flössner beistimmen, der schrieb: „Die Fettsynthese gehört zu den Arbeiten, die das Ziel haben, den Menschen vor Not zu bewahren, indem sie die Grundlagen seiner Existenz erweitern und zugleich seine Abhängigkeit von Außenmomenten verringern helfen".

5. Parenterale Ernährung mit Fettemulsionen.

In neuester Zeit erschienen einige Mitteilungen, die zeigen, daß auch eine Ernährung durch intravenöse Infusion von Fettemulsionen möglich ist. Die ersten Versuche waren nicht befriedigend, da in der Lunge und in der Milz granulomatöse Veränderungen auftraten. Es zeigte sich, daß sie auf das zur Emulgierung verwendete Sojalecithin zurückzuführen waren (J. M. McKibbin und F. J. Stare). R. P. Geyer und G. V. Mann und F. J. Stare haben dann durch Fraktionierung des Sojalecithin ein Präparat gewonnen, das Fette emulgiert, aber keine Organschäden hervorruft. Eine durch Hochdruckhomogenisierung mit diesem Sojalecithin hergestellte Fettemulsion erwies sich im Tierversuch als befriedigend. H. C. Meng und S. Freemann, die mit anderen Emulgatoren arbeiteten, sahen bei Infusionen 10%iger Fettemulsionen in einer Dosis von 3,15 g Fett pro kg Körpergewicht an Hunden keinerlei toxische Symptome. Parenteral beigebrachtes Fett vermag Nahrungsfett in vollem Umfange zu ersetzen, wie aus den Gewichtszunahmen der Versuchstiere, dem Anstieg der Blutfette und den positiven N-Bilanzen hervorgeht.

6. Cholesterin als Ernährungsfaktor.

Cholesterin ist ein entbehrlicher Nahrungsbestandteil, da es vom Organismus aufgebaut werden kann. Die Höhe seiner Zufuhr mit der Nahrung hängt von deren Gehalt an tierischen Fetten ab. Man schätzt, daß vom erwachsenen Menschen bei fettarmer Kost 0,04—0,11 g und bei fettreicher Ernährung bis zu 1,4 g Cholesterin im Tag aufgenommen werden. Da Cholesterin physiologischerweise im Alter, unter pathologischen Verhältnissen auch schon viel früher, in manchem Geweben abgelagert wird, und zwar bevorzugt in solchen, die einen nur trägen Stoffwechsel haben wie Knorpel, Aorta, Linse, Hornhaut, Trommelfell, wurde der Einfluß des Nahrungscholesterin auf die Organe häufig untersucht. Von besonderem Interesse waren hierbei die Zusammenhänge mit der Arteriosklerose.

Tierversuche haben ergeben, daß die einzelnen Tiergattungen auf die stetige Zufuhr hoher Cholesterindosen verschieden reagieren. Pflanzenfresser, die normalerweise in ihrem Futter nur wenig Cholesterin aufnehmen, speichern die Substanz an den erwähnten Stellen. Bei Kaninchen ließ sich durch Verfütterung von viel Cholesterin ein der menschlichen Atheromatose entsprechendes Bild erzeugen. Fleischfresser sind an hohe alimentäre Zufuhren von Cholesterin gewöhnt. Sie deponieren überschüssiges Cholesterin bevorzugt in der Leber (W. MENSCHICK und I. H. PAGE), von wo es aber anscheinend leicht wieder abgegeben werden kann (R. OKEY).

Neuere Untersuchungen haben gezeigt, daß das Ausmaß der Cholesterinablagerungen, sei es in die Aorta, sei es in die Leber, erheblich von der gleichzeitig in der Nahrung enthaltenen Cholinmenge beeinflußt wird (J. A. ROSENKRANTZ und M. BRUGER). Die älteren Arbeiten haben diesem Umstand nicht genügend Rechnung getragen und bedürfen daher einer Überprüfung.

Daß zwischen Art der Ernährung und Arteriosklerose Korrelationen bestehen, ist unbestreitbar. In unanfechtbarer Weise hat S. L. WILEMS an einem großen Sektionsmaterial eine Korrelation zwischen Arteriosklerose und Menge des Depotfetts festgestellt. Ebenso unbestreitbar ist es aber, daß die Ernährung nur *ein* Faktor unter mehreren bezüglich der Entstehung der Arteriosklerose sein kann. Die meisten Autoren stehen auf dem Standpunkt, daß Ablagerung von Lipoid das Vorhandensein einer primären Gefäßschädigung zur Voraussetzung hat. Eine interessante Hypothese wurde unlängst von J. R. MORETON aufgestellt, der annimmt, daß der Zustand der Blutlipoide von ausschlaggebender Bedeutung sei. Liegen diese in Form von übermäßig großen Partikelchen als „Makro-Chylomikra" vor, so können sie Embolien der Vasa Vasorum bedingen, die dann anatomische Veränderungen verursachen. Daß die Chylomikra stark cholesterinhaltig sind, ist wohlbekannt.

In das Problem der alimentären Genese der Atheromatose spielt auch die Frage hoher Eiweißzufuhren hinein, seit L. M. POLVOGT, E. V. MCCOLLUM und N. SIMMONDS bei Ratten durch überaus reichliche Verfütterung von Protein Vergrößerungen und anatomische Veränderungen der Niere erzeugt haben. Eine endgültige Klärung der Rolle der Ernährung bei der Entstehung der Arteriosklerose steht noch aus. Die Diskussion der Frage krankt einstweilen noch daran, daß die experimentellen Unterlagen dürftig sind, so daß die Plattform objektiven Wissens zu leicht verlassen werden kann.

Die Zufuhr größerer Mengen Cholesterin ist sicherlich nicht günstig. Die Zulage von 1% Cholesterin zu einem sonst adäquaten Futter verursacht bei jungen Ratten Wachstumshemmung und Verringerung der aufgenommenen Nahrungsmenge (W. M. SPERRY und V. STOYANOFF). Eine Erhöhung der Resistenz gegen Infektionen, die rein theoretisch von manchen Autoren erwartet wurde, konnte, jedenfalls am Beispiel von Salmonella, durch die große Cholesterinzufuhr nicht erzeugt werden. Die Frage eines möglichen Zusammenhanges zwischen Tumorwachstum und Höhe der Cholesterinzufuhr ist häufig untersucht worden. Die Mehrzahl der Autoren stimmt darin überein, daß das Angehen von Impftumoren bei einer cholesterinarmen Kost herabgesetzt sei.

V. Die Bedeutung des Eiweiß für die Ernährung.

1. Das absolute N-Minimum.

Auch bei eiweißfreier Kost werden N-haltige Substanzen ausgeschieden, ein Zeichen dafür, daß vom Organismus ein wenn auch niederes Niveau des Eiweißstoffwechsels aufrecht erhalten wird. Das Eiweiß dient unter dieser Bedingung vermutlich ausschließlich stofflichen Zwecken (Ersatz von Zellmaterial, Aufbau von Fermenten, Hormonen, Immunkörpern, Absonderung von Sekreten, Wachstum von Haaren, Nägeln und anderen Anhangsgebilden der Haut). Diesen minimalen N-Umsatz nennt M. RUBNER Abnutzungsquote, O. FOLIN endogenes

N-Gleichgewicht, E. F. Terroine spezifisch endogene N-Ausscheidung. Es sei hier kurz als absolutes N-Minimum bezeichnet.

Die Zusammenstellung einer gänzlich N-freien Kost ist unmöglich. Man muß sich daher darauf beschränken, eine möglichst N-arme Diätform zu verabreichen. In den besten Versuchen konnte die N-Aufnahme der Versuchspersonen auf etwa 0,2 g im Tag herabgedrückt werden. Bei der Berechnung des absoluten N-Minimums muß diese kleine N-Aufnahme selbstverständlich berücksichtigt, d. h. von der N-Ausscheidung abgezogen werden. Die Erreichung des Tiefpunktes der N-Ausscheidung bedarf einer gewissen Zeit, die von den Ernährungsverhältnissen der Vorperiode abhängig ist. Enthielt die Kost vorher viel Eiweiß, so ist eine größere Zeitspanne erforderlich, als nach Eiweißzufuhr in bescheidener Höhe. Im ersten Fall kann es 14 Tage und länger dauern, bis die minimale N-Ausscheidung erreicht wird, während nach mäßigen Proteineinnahmen 4—5 Tage ausreichen können.

Um die N-Ausscheidung auf die tiefsten Werte herabzudrücken, müssen verschiedene Voraussetzungen erfüllt werden. Entscheidend wichtig ist es, daß der Energiebedarf der Versuchsperson reichlich gedeckt wird. Ist dies nicht der Fall, so steigt die N-Ausscheidung an, weil dann Eiweiß nicht nur zu stofflichen Zwecken, sondern auch zur Gewinnung von Energie eingesetzt werden muß. Weiterhin soll die Kost viel Kohlenhydrate enthalten. Bei fettreichen Diätformen sinkt die N-Ausscheidung lange nicht so tief als bei stark kohlenhydrathaltigen. Die einzelnen Kohlenhydrate weisen hinsichtlich ihrer N-sparenden Eigenschaften kleine Unterschiede auf: in fallender Reihe sind Stärke, Rohrzucker und Glucose wirksam. Eine weitere Voraussetzung ist reichliche Versorgung mit Mineralstoffen. Nach E. V. McCollum und Hoagland; E. F. Terroine und Reichert; C. Röse und R. Berg soll die Kost außerdem basenüberschüssig sein.

Ob Muskelarbeit das absolute N-Minimum beeinflussen kann oder nicht, hängt von den Umständen ab. H. H. Mitchell und T. S. Hamilton vertreten nach kritischer Würdigung aller in der Literatur mitgeteilten Befunde den Standpunkt, daß Muskelarbeit ohne Einfluß sei. E. F. Terroine zieht aus den gleichen Versuchen den Schluß, daß zur Erzielung der tiefsten N-Ausscheidung Muskelruhe, zum mindesten Vermeidung schwerer Arbeit notwendig sei. Ein weiteres Erfordernis, das bei Versuchen über das absolute N-Minimum zu beachten ist, besteht in dem Vermeiden jeder Anspannung der Wärmeregulation.

F. Bertram und A. Bornstein haben alle bis zum Jahre 1928 mitgeteilten Werte für das absolute N-Minimum zusammengestellt. Im Mittel ergibt sich eine N-Ausscheidung im Harn von 0,0403 g pro Kilogramm Körpergewicht und im Kot eine solche von 0,0145 g. Als Durchschnittswert der Gesamtausscheidung kommt man demnach auf 0,0548 g N/kg. Den von den Autoren zusammengestellten Zahlen kommt nun aber recht unterschiedliche Beweiskraft zu. In den besten Versuchen wurden wesentlich tiefere Werte erreicht (Tab. 58).

Tabelle 58. *Minimalwerte der N-Ausscheidung im Harn.*

Versuchstage	g N pro kg Körpergewicht	Autor
71	0,024	H. J. Deuel jr., I. Sandford, K. Sandford und W. M. Botthby[1]
24	0,024	M. Smith[2]
7	0,025	M. D. Mezinesku[3]
7	0,023—0,032	E. E. Hawley, J. R. Murlin, E. S. Nasset und T. A. Szymanski[4]

[1] J. biol. Chem. **76**, 391 (1928). [2] J. biol. Chem. **58**, 15 (1925). [3] Biochem. Z. **313**, 89 (1942). [4] J. Nutrit. **36**, 153 (1948).

Die Kot-N-Ausscheidung betrug in diesen Versuchen — so weit bestimmt — etwa 0,7—1,1 g pro Tag. Addiert man den Kot-N zu den im Harn festgestellten Zahlen hinzu, so erhält man als Minimalwerte der N-Ausscheidung etwa 0,034 g N pro Kilogramm Körpergewicht, oder etwa 2,4 g N (entsprechend rund 15 g Protein) für einen erwachsenen Menschen. Da der gesamte N-Bestand eines Menschen auf etwa 2100 g zu veranschlagen ist, werden unter den Bedingungen des absoluten N-Minimums im Tag nur etwa 0,12% des Gesamt-N im endogenen Stoffwechsel umgesetzt.

E. F. Terroine und Sorg-Matter, ferner D. B. Smuts haben in vergleichenden Versuchen gezeigt, daß es richtiger ist, den Eiweißumsatz nicht auf das Körpergewicht, sondern auf den Grundumsatz zu beziehen, da der N-Bedarf proportional zu letzterem verläuft (Tab. 59). Der Eiweißumsatz ist also eine

Tabelle 59. *Die Beziehungen zwischen absolutem N-Minimum und Grundumsatz* (Terroine und Sorg-Matter).

Gattung	Absolutes N-Minimum g/kg/Stunde	Grundumsatz kcal/Stunde/kg	mg N pro kcal Grundumsatz
Maus	0,0348	12,0	2,90
Ratte	0,0188	7,8	2,41
Taube	0,0188	6,5	2,89
Hahn	0,0106	4,6	2,30
Kaninchen . .	0,0090	3,4	2,65
Hund	0,0067	2,39	2,80
Mensch . . .	0,00217	0,933	2,32

biologische Konstante. Die von Terroine für das absolute N-Minimum eingesetzten Zahlen liegen etwas zu hoch. Greift man auf die weiter oben mitgeteilten Werte zurück, so kann man das absolute N-Minimum für den Menschen auf rund 1,5 mg N pro Calorie Grundumsatz beziffern. Demnach entspricht der endogene Eiweißstoffwechsel rund 4,5% der Grundumsatz-Calorien.

Die minimale N-Ausscheidung spiegelt die Teilnahme aller Zellen und Gewebe am Eiweißstoffwechsel wieder und kann daher keine unveränderliche Konstante sein. Dies folgt allein schon aus der Abhängigkeit aller Stoffwechselvorgänge von dem Zustand des innersekretorischen Apparates. Eine gute Illustration hierfür ist der Versuch von H. J. Deuel jr. über das absolute N-Minimum (siehe Tab. 58), in dem Injektion von Thyroxin prompt eine Erhöhung der N-Ausscheidung zur Folge hatte.

Der im Harn unter den Bedingungen des absoluten N-Minimums ausgeschiedene N verteilt sich im Mittel beim Menschen folgendermaßen auf die einzelnen Fraktionen:

Harnsäure-N	4,2%	des Gesamt-N
Kreatinin-N	21,1%	„ „
Aminosäuren-N	6,1%	„ „
Ammoniak-N	13,6%	„ „
Harnstoff-N	48,4%	„ „
Undefinierter N	6,6%	„ „

Bei Tieren erhält man abweichende Befunde. Unter Berücksichtigung noch anderer Stoffwechseldaten kann man den endogenen Eiweißumsatz auf die folgenden Posten aufschlüsseln:

Harnsäure-N	0,07 g	pro Tag
Kreatinin-N	0,35 g	„ „
Abbau von Eiweiß-N	1,23 g	„ „
(Davon Globin)	0,60 g	„ „
Pyrrolfarbstoff-N	0,02 g	„ „
Verdauungssekret-N	0,70 g	„ „

Bekanntlich ist die Ausscheidung von Kreatinin im Harn außerordentlich konstant und unabhängig von der Höhe der Eiweißzufuhr mit der Nahrung. Die Konstanz der Kreatininausscheidung ist das Kernstück der Lehre von O. FOLIN von dem Dualismus des Proteinstoffwechsels geworden. Quelle des Harnkreatinin ist das Muskelkreatin, das aus den 3 Aminosäuren Arginin, Glykokoll und Methionin gebildet wird.

2. Der biologische Wert von Eiweißkörpern.

Es ist schon lange bekannt, daß die einzelnen Proteine verschieden großen Wert für die Ernährung besitzen. K. THOMAS gebührt das Verdienst, als erster diese Differenzen meßbar gemacht und eine exakte Definition des Begriffs der biologischen Wertigkeit gegeben zu haben. Die Bestimmung des biologischen Werts der Nahrungsproteine hat großes wissenschaftliches und praktisches Interesse. Es ist daher verständlich, daß zahlreiche Verfahren hierfür angegeben worden sind. Die wichtigsten lassen sich auf 4 verschiedene Prinzipien zurückführen:

1. Bestimmung durch Ersatz von Körpereiweiß durch das zu testende Protein. Als Kriterium dient in diesem Falle das Eiweißbedürfnis des erwachsenen Organismus oder eines seiner Organe (Plasma, Leber).

2. Bestimmung durch die Verwertbarkeit des Proteins zum Wachstum. Hier ist also das Eiweißbedürfnis des wachsenden Organismus Kriterium.

3. Bestimmung durch Züchtung von Tieren über mehrere Generationen hinweg, wobei Kriterium die Aufrechterhaltung aller Funktionen des Organismus ist.

4. Bestimmung durch die Aminosäureanalyse des zu testenden Proteins und Berechnung des biologischen Wertes.

Daneben sind noch andere Teste vorgeschlagen worden, so z. B. Eignung des Proteins, die Milchproduktion zu fördern, die Motorik der Versuchstiere zu beeinflussen, Stoffwechselbedürfnisse von Mikroorganismen zu decken. Kurz gesagt, man kann jede beliebige, durch Eiweiß beeinflußbare Äußerung des Lebens als Test verwerten. Der Proteinbedarf des Organismus kann nun aber für die einzelnen aufgezählten Funktionen verschieden sein. Man mißt also mit den verschiedenen Methoden nicht genau dasselbe und kann daher auch nicht erwarten, daß man bei Verwendung verschiedener Methoden identische Resultate erhält. Korrekterweise muß man daher bei Angaben von biologischen Werten noch hinzufügen, auf welchen Test sie sich beziehen. Im allgemeinen findet man jedoch eine weitgehende Paralleletät der Ergebnisse, wenn man den biologischen Wert mit verschiedenen Methoden bestimmt.

a) Die Bestimmung des biologischen Wertes durch Ersatz von Körpereiweiß.

THOMAS definiert die biologische Wertigkeit als die Anzahl Gramme Körpereiweiß, die durch 100 g des betreffenden Nahrungsproteins ersetzt werden können. Zur Bestimmung der biologischen Wertigkeit stellte THOMAS die Versuchsperson zunächst durch Verabreichung einer N-freien Kost auf das absolute N-Minimum ein, legte dann das zu untersuchende Protein zu und kontrollierte die Einfuhr und Ausscheidung von N. Die biologische Wertigkeit berechnete er dann nach der Formel:

$$\text{b. W.} = \frac{\text{Harn-N}_{\text{(bei eiweißfreier Kost)}} + \text{N-Bilanz}}{\text{N-Aufnahme}} \times 100.$$

Die N-Bilanz ist um so günstiger, je hochwertiger das verfütterte Protein ist. Diese Bestimmungsart hat zur Voraussetzung, daß das Eiweiß quantitativ ausgenutzt wird. Ist dies nicht der Fall, bzw. wird viel N im Kot ausgeschieden, so müssen Korrekturen eingeführt werden. Entsprechende Formeln wurden von THOMAS, ferner R. WAGNER sowie MARTIN und ROBISON entwickelt. Die einwandfreie Bestimmung des biologischen Werts verlangt die Kenntnis folgender Daten:

a) Menge des Kot-N bei Verfütterung des betr. Proteins;

b) Menge des Kot-N in der eiweißfreien Periode;

c) Menge des unausgenutzten Eiweiß-N (= a — b);

d) Menge des verzehrten Eiweiß-N;

e) Menge des resorbierten N (= d — c);

f) Wahre Verdaulichkeit $\frac{e \times 100}{d}$ in Prozenten;

g) Menge des Harn-N bei Verfütterung des Proteins;

h) Menge des Harn-N in der eiweißfreien Periode;

i) Menge des Harn-N aus dem nicht verwerteten Protein stammend (= g — h)

k) Menge des retinierten N (= e — i).

$$\text{Biologischer Wert} = \frac{k \times 100}{e}.$$

Die Bestimmung der biologischen Wertigkeit eines Proteins ist für die Versuchspersonen unangenehm und setzt willige und zuverlässige Personen voraus. Daher wurde die Mehrzahl der Daten in Selbstversuchen der Autoren gewonnen. Die Tab. 60, in welcher die wichtigsten am Menschen gewonnenen Zahlen zusammengefaßt sind, stützt sich infolgedessen auf relativ wenige Versuchspersonen. Die größte Schwierigkeit der Ermittlung der biologischen Wertigkeit besteht darin, daß zuverlässige Werte nur durch langfristige Versuche erhalten werden können.

Tabelle 60. *Der biologische Wert von Nahrungsproteinen für den Menschen* (Methode von THOMAS oder eine ihrer Modifikationen).

Protein	Biologischer Wert				
Rindfleisch	105[1]	67[9]			
Milch	100[1]	92[2]	43[3]	67[4]	62[7]
Vollei	94[9]	83[2]	65[7]		
Fisch	94[1]				
Eieralbumin	91[9]				
Reis	88[1]	68[2]			
Kartoffel	79[1]	71[2]	82[6]		
Roggenbrot (80%)	75[5]				
Hefe (Saccharomyces)	71[1]				
Casein	70[1]	69[9]			
Weizenbrot (75%)	65[5]				
Spinat	64[1]				
Linsen	60[6]				
Erbsen	56[1]				
Erdnuß	56[9]				
Weizenmehl	40[1]	31[8]			
Mais	24[1]	54[2]			

[1] K. THOMAS: Arch. Anat. Physiol. 1909, 219.
[2] R. WAGNER: Z. exp. Med. **33**, 250 (1923).
[3] W. LINTZEL und W. BERTRAM: Biochem. Z. **297**, 315 (1938).
[4] H. BEIER: Diss. Jena 1939.
[5] H. MANGER: Diss. Jena 1939.
[6] O. E. GOTTSCHALK: Diss. Jena 1940.
[7] E. E. SUMNER und J. R. MURLIN: J. Nutrit. **16**, 141 (1938).
[8] C. I. MARTIN und R. ROBISON: Biochem. J. **16**, 407 (1922).
[9] E. E. HAWLEY und Mitarb.: J. Nutrit. **36**, 153 (1948).

Wie die Tabelle zeigt, bestehen große Differenzen zwischen den Ergebnissen verschiedener Untersucher. Dies hängt mit den angedeuteten Schwierigkeiten einer einwandfreien Bestimmung zusammen. Am häufigsten wird der Fehler gemacht, zu kurze Versuchsperioden, insbesondere zur Einstellung auf das absolute N-Minimum, zu wählen. Die abweichenden Ergebnisse der Autoren (*3, 4, 5, 6*) dürften darauf zurückzuführen sein.

Zur Umgehung der Schwierigkeiten hat H. H. MITCHELL die Ratte als Versuchstier eingeführt.

Im Lauf der Zeit sind sehr viele Untersuchungen mit der Methode von MITCHELL durchgeführt worden. Die wichtigsten Befunde sind in der Tab. 61 zusammengefaßt.

Tabelle 61. *Der biologische Wert von Nahrungsproteinen nach der Methode von* H. H. MITCHELL.
Die Nahrung enthielt jeweils 8—10% des betreffenden Proteins.

Protein	Biologischer Wert
Vollei	94[1]
Eieralbumin	88[5]
Milch	85[1] 86[2] 89[3] 78[4] 86[12]
Lactalbumin	84[12]
Eiereiweiß	83[1]
Fische	80—90[6]
Rinder-Leber	77[1]
Rinder-Niere	77[1]
Reis	77[5]
Schweineschinken	74[1]
Rindfleisch	69[1] 63[6]
Hefe	69[11]
Casein	67[1]
Kartoffeln	67[1] 72[7]
Weizen-Vollkorn	67[1] 66[8]
Haferflocken	65[1]
Soja	64[1] 54[8]
Gerste	64[5]
Mais-Vollkorn	60[1]
Kokosnuß	58[9]
Hirse	57[5]
Linsen	41[8]
Kakao	37[1]
„Tankage“ (Fleischabfälle)	32[10]

Die einzelnen Proteine rangieren teilweise etwas anders als nach der Methode von THOMAS. Die grundsätzliche Überlegenheit der tierischen Proteine über die pflanzlichen bleibt aber unberührt. Die gute Brauchbarkeit des Verfahrens zeigt sich in den nur wenig differierenden Ergebnissen verschiedener Untersucher. Die genaue Einordnung von Fleisch ist schwierig, da seine Zusammensetzung, insbesondere sein Gehalt an Bindegewebe stark wechseln kann. Das im Bindegewebe

[1] H. H. MITCHELL und T. S. HAMILTON: Biochemistry of Amino Acids, S. 556. New York 1929.
[2] K. P. BASU, M. C. NATH und M. O. GHAVI: Indian J. Med. Res. **23**, 789 (1936).
[3] H. A. MATILL: J. Nutrit. **3**, 17 (1930).
[4] E. E. SUMNER: J. Nutrit. **16**, 129 (1938).
[5] T. LI: Chinese J. Physiol. **4**, 49 (1930).
[6] LANHAM jr., B. WILLIAM und J. M. LEMON: Food. Res. **3**, 549 (1938).
[7] H. KAO, W. H. ADOLPH und H. LIU: Chinese J. Physiol. **9**, 141 (1935).
[8] M. SWAMINATHAN: Indian J. Med. Res. **24**, 767 (1937).
[9] H. H. MITCHELL und V. VILLEGAS: J. Dairy Sci. **6**, 222 (1923).
[10] H. H. Mitchell: J. Biol. Chem. **58**, 905 (1924).
[11] B. SURE und F. HOUSE: Fed. Proc. **7**, 299 (1948).
[12] M. C. KIK: Cereal Chem. **16**, 441 (1939).

reichlich vertretene Kollagen ist infolge des Fehlens essentieller Aminosäuren ein sehr minderwertiges Protein und drückt daher den biologischen Wert von Fleisch herab. „Tankage“ (Abfälle bei der Fleischkonservierung) bestehen zum großen Teil aus Bindegewebe; der niedere biologische Wert ist daher leicht verständlich.

Eine ähnliche Methode wurde von M. A. B. Fixen zur Bestimmung des biologischen Werts von Nahrungsproteinen verwendet. Die Ergebnisse decken sich im wesentlichen mit denen der Methode von Mitchell.

Die Bestimmung des biologischen Werts nach den bisher erwähnten Methoden setzt die vorherige Einstellung der Versuchspersonen auf das absolute N-Minimum voraus. Dies ist nicht nur für die Versuchspersonen subjektiv unangenehm, sondern kann auch zu prinzipiellen Meßfehlern Anlaß geben, da unter unphysiologischen Bedingungen gearbeitet wird. Aus diesem Grunde haben E. E. Sumner, H. B. Pierce und J. R. Murlin ein Verfahren vorgeschlagen, bei dem die Versuchspersonen als Vorperiode eine 5% Eiweiß in Form von Eiern enthaltende Standarddiät erhalten. Dieses Vorgehen gründet sich auf die Annahme, daß bei der Eierdiät nicht mehr N im Kot verloren geht, als bei N-freier Kost.

Bei der Bestimmung des biologischen Werts erhält man für ein und dasselbe Protein verschiedene Werte je nach Höhe der Eiweißzufuhr (H. H. Mitchell). Ist das zu untersuchende Protein zu nur 5% im Futter enthalten, so ergibt sich

Tabelle 62. *Abhängigkeit des biologischen Wertes von der Höhe der Eiweißzufuhr* (H. H. Mitchell).

Protein	Biologischer Wert	
	bei 5% Protein	bei 10% Protein im Futter
Milch	93	85
Hafer	79	65
Mais.	72	60
Kartoffel. . .	69	67

eine höhere biologische Wertigkeit, als wenn es zu einem größeren Prozentsatz in der Nahrung vorhanden ist. Einige Zahlenbeispiele, welche die Größenordnung des Effekts aufzeigen sollen, sind in der Tab. 62 zusammengestellt. Ursache des Phänomens ist vermutlich der Umstand, daß bei höherer Proteinzufuhr Verschiebungen zwischen stofflicher und energetischer Verwertung des Eiweiß im Körper stattfinden. Mitchell denkt insbesondere an die höhere spezifisch dynamische Wirkung der größeren Eiweißration. Der Anteil des Nahrungsproteins, der Körpereiweiß ersetzt, ist ja bestimmend für den biologischen Wert. Die Rangordnung der Proteine als solche bleibt jedoch erhalten. Es gibt aber auch Ausnahmen: Die biologische Wertigkeit des Kartoffelproteins ist nahezu unabhängig von der Höhe der Zufuhr. Dies beruht darauf, daß die Kartoffel viel Nichteiweiß-N enthält oder mit anderen Worten, daß das Roheiweiß (Gesamt-N $\times$ 6,25) nicht dem tatsächlichen Eiweiß entspricht. Andere pflanzliche Nahrungsmittel wie z. B. Rüben weisen gleichfalls erhebliche Unterschiede zwischen Reineiweiß und Roheiweiß auf. Bei Berechnung von Kostsätzen muß dies berücksichtigt werden. Die wichtigsten Beispiele sind in der Tab. 63 wiedergegeben.

Zur Bestimmung des biologischen Wertes kann man auch das Vermögen der Proteine wählen, Eiweißverluste erwachsener Tiere zu ersetzen. Dieser Versuchsanordnung bediente sich z. B. Peretti. Er gab Ratten ein calorisch ausreichendes, vitaminreiches, aber N-freies Futter und bewirkte dadurch Gewichtsabnahmen und Eiweißverarmung des Organismus. Wenn die Gewichtsverluste etwa 20—25% des Körpergewichts erreicht hatten, verfütterte er das zu testende Protein und bestimmt die pro Gramm Protein erzielbare Gewichtszunahme. In ähnlicher Weise gingen auch R. M. Tomarelli und F. W. Bernhart vor. Sie ermittelten bei erwachsenen, durch eine Vorperiode von 1 Woche Dauer mit N-freiem Futter ihrer Eiweißvorräte beraubten Ratten unter Standardbedingungen die Menge Eiweiß, welche das Körpergewicht konstant erhielt. Dabei wird das zu testende Protein je 1 Woche hindurch in verschieden hoher Dosierung verfüttert. Man trägt graphisch die Milligramme N pro Tag und Quadratdezimeter Oberfläche als Abszisse und die beobachteten Gewichtsveränderungen als Ordinate auf. Die Proteinmenge, mit der gerade eben Gewichtskonstanz erreicht wird, läßt sich dann leicht interpolieren.

Tabelle 63. *Eiweiß-N und Nichteiweiß-N in pflanzlichen Lebensmitteln* (M. Rubner).

Lebensmittel	% N in der Trockensubstanz		Eiweiß-N in % des Gesamt-N
	Eiweiß-N	Nichteiweiß-N	
Haselnüsse	2,97	0,14	96
Salat	3,85	0,54	88
Spinat	4,53	1,00	82
Äpfel	0,22	0,07	76
Grünkohl	3,14	1,47	68
Kartoffel	0,70	0,70	50
Mohrrübe	1,40	1,67	46
Rosenkohl	2,76	3,41	45
Kohlrübe	0,51	0,63	45
Rote Rübe	0,65	0,95	41
Wirsing	1,49	2,14	41

Man kann als Test für die Wertigkeit von Eiweiß auch die Regeneration bestimmter Organe wählen. Beispielsweise läßt sich die Fähigkeit, Plasmaeiweiß zu bilden, verwenden. Entzieht man Hunden täglich Blut unter Reinjektion der abzentrifugierten Erythrocyten („Plasmapherese"), so wird der Plasmaeiweißspiegel erheblich gesenkt. Hunde besitzen einen Reservevorrat an Aufbaustoffen für Plasmaeiweiß, der es ihnen erlaubt, auch bei N-freiem Futter 30—40% der verlorenen Plasmaproteine zu regenerieren. Verfüttert man nun zusätzlich zu der Grundkost das zu testende Protein (unter standardisierten Bedingungen), so wird die Regeneration des Plasmaeiweiß beschleunigt. Die experimentelle Technik wurde von D. Melnick, G. R. Cowgill und E. Burack eingehend beschrieben. In der folgenden Tab. 64 sind die von W. T. Pommerenke, H. B. Slavin, D. H. Kariber und G. H. Whipple erhaltenen Befunde wiedergegeben.

Tabelle 64. *Der biologische Wert von Proteinen beim Ersatz von Plasmaeiweiß.*

Protein	Die Bildung von 1 g Plasmaeiweiß benötigt g Nahrungseiweiß
Serumeiweiß	2,6
Cerealien	2,7—4,6
Muskel- oder Lactalbumin	5,3—6,0
Leber, Casein, Herzmuskel	6,5—8,0
Lachsmuskel	15,0

E. A. Weech und E. Goettsch erhielten folgende Werte für das Vermögen, Plasmaeiweiß zu bilden, wenn Serumeiweiß, das sich auch in ihren Versuchen am wirksamsten erwies, gleich 100 gesetzt wird: Eiereiweiß 77, Muskeleiweiß 59,Lebereiweiß 56 und Casein 48.

Auch die Regeneration von Lebergewebe nach partieller Entfernung der Leber wurde als Test für den biologischen Wert von Proteinen verwendet z. B. von H. C. Harrison und C. N. Long.

Die biologische Wertigkeit eines Proteins läßt sich weiterhin dadurch bestimmen, daß man die Eiweißmenge ermittelt, welche gerade eben ausreicht, um ein N-Gleichgewicht aufrechtzuerhalten. Diese Eiweißmenge pflegte man bisher im deutschen Sprachgebrauch mit dem wenig glücklichen Namen „physiologisches Eiweißminimum“ zu bezeichnen. Im folgenden wird mit KRAUT und LEHMANN (S. 153) der Begriff „physiologisches Eiweißminimum“ durch den wesentlich besseren „Bilanzminimum“ ersetzt werden. Der N-Umsatz ist im Bilanzminimum höher als unter den Bedingungen des absoluten N-Minimums, da — wie die Mehrzahl der Forscher annimmt — ein Teil der Nahrungsproteine auch mit zur Energielieferung herangezogen wird. Die Höhe des Bilanzminimums ist begreiflicherweise vom biologischen Wert des verfütterten Eiweiß abhängig. Je besser der biologische Wert ist, um so kleinere Mengen genügen, um noch ein N-Gleichgewicht zu erlauben.

Schon sehr viele Autoren haben sich mit dem Bilanzminimum befaßt, zumal man früher glaubte, aus seiner Kenntnis ließen sich Schlüsse auf den Eiweißbedarf ziehen. H. C. SHERMAN hat alle bis zum Jahre 1920 durchgeführten Bestimmungen des Bilanzminimums, 109 an der Zahl, zusammengestellt. Die gefundenen Werte liegen zwischen 21 und 65 g Eiweiß für einen 70 kg schweren Menschen. Weitaus die Mehrzahl der Versuche (94 von den 109) ergab eine geringere Streubreite zwischen 29 und 56 g. Die in der Zwischenzeit gewonnenen Zahlen bewegen sich in derselben Größenordnung.

Die Höhe des Bilanzminimums hängt aber nicht nur von dem biologischen Wert des Nahrungsproteins ab, sondern kann auch von einer Reihe anderer Faktoren beeinflußt werden: Art und Menge der neben dem Eiweiß verfütterten Nährstoffe und der Ernährung in der vorangegangenen Zeit. Durch eine reichliche Deckung des Calorienbedarfs und Zufuhr von viel Kohlenhydrat läßt sich der N-Umsatz besonders tief senken. Zulage von 200 g Glucose bewirkt eine Einsparung von etwa 1,4 g N. Die Drosselung des N-Umsatzes durch Glucose geht mit einer Retention von Tryptophan einher (A. ALBANESE, V. IRBY und J. E. FRANKSTON).

E. V. MCCOLLUM und HOAGLAND hatten gefunden, daß das Bilanzminimum vom Säure-Basengleichgewicht beeinflußt wird und zwar in dem Sinne, daß die N-Ausscheidung bei einer säureüberschüssigen Nahrung vergrößert wird. Sie erklärten ihren Befund damit, daß bei einer sauren Kost mehr Ammoniak mit dem Harn ausgeschieden werde, ja daß bei niederen Eiweißzufuhren sogar Körpereiweiß abgebaut werden müsse, um das zur Neutralisierung der Säure benötigte Ammoniak zu liefern. Bei Eiweißaufnahmen, die das Bilanzminimum übersteigen, wirkt sich die Lage des Säure-Basengleichgewichts aber nicht mehr auf den N-Umsatz aus (STEENBOCK, NELSON und E. B. HART; H. C. SHERMAN und GETTLER; PALLADIN). Erst starke Säuerungen, wie sie unter physiologischen Bedingungen nicht vorkommen, führen zu einer Vermehrung der N-Ausscheidung (H. SILWER). Diese eindeutigen Befunde seien besonders hervorgehoben, weil C. RÖSE und R. BERG mit weit über das Ziel hinausschießendem Fanatismus eine basenüberschüssige Ernährung propagiert haben.

Auch der N-Bestand des Organismus und damit die Art der Ernährung in der vorangehenden Periode wirkt sich auf das Bilanzminimum aus. A. PÜTTER erhielt mit einer Kost, die so eiweißarm war, daß sie kein N-Gleichgewicht erlaubte, nach Einschaltung einer Hungerperiode sogar eine positive N-Bilanz. J. R. MURLIN und Mitarbeiter zeigten, daß wiederholte Perioden N-freier Ernährung den Menschen gegen die eiweißentziehende Wirkung dieser Diät resistenter machen.

D. MELNICK und G. R. COWGILL haben ein elegantes Verfahren zur Feststellung des Bilanzminimums angegeben. Sie stellen die Versuchspersonen zunächst bei einer eiweißfreien, aber calorienreichen Kost auf eine negative N-Bilanz ein und legen dann das zu testende Protein in verschiedenen Höhen zu, aber stets so, daß das N-Gleichgewicht nicht ganz erreicht wird. Unter diesen Bedingungen besteht zwischen N-Aufnahme und N-Bilanz eine lineare Beziehung, so daß man die N-Menge, bei der gerade eben eine ausgeglichene Bilanz bestehen würde, graphisch oder rechnerisch ermitteln kann. Die Berechnung erfolgt auf Grund der Gleichung

$$Y = a + bX$$

Y = N-Bilanz,
a = N-Ausscheidung in Harn und Kot bei eiweißfreier Kost,
b = biologischer Wert des Nahrungsproteins,
X = N-Aufnahme (wahrer resorbierter N).

Die zur Aufrechterhaltung des N-Gleichgewichts benötigte N-Menge erhält man durch Auflösung der Gleichung nach X, wenn Y gleich null gesetzt wird.

In der Tab. 65 sind einige ältere und neuere Werte für das Bilanzminimum des Menschen zusammengestellt.

Tabelle 65.
Zur Aufrechterhaltung des N-Gleichgewichts vom erwachsenen Menschen benötigte Eiweißmengen.

Eiweiß	Benötigte Menge an Protein			Autor
	g Protein / Tag	g N / m² Oberfläche	mg N pro kcal / Grundumsatz	
Ei	26,7		2,67	1
Milch	24,4	2,17	2,76	1
Weizenmehl fein	42,1	3,74	4,76	1
Sojamehl	25,4	2,26	2,88	1
Gemischte Kost mit 47% tierischem Protein	27,6	2,45	3,12	1
Ei	19,9	1,77		2
Gemischte Kost mit 33% tierischem Protein	27,1	2,41		2
Maiskeime	20,7	1,84		3
Brauereihefe	24,0	2,13		3
Beefsteak	19,2	1,94		3
ilch	27,6			4
indfleisch	26,0			4
Kartoffel	29,6			4
Weizenbrot	38,4			4
Fleisch	32,6			5
Wirsing	67,5			5
Kohlrüben	79,4			5
Kartoffeln	23,7			6
Kartoffeln	26,1			7
Linsen	47,8			7
Gemischte Kost, Protein zu 70% aus Cerealien	31,7	3,07	2,51	8

Hunde lassen sich mit 80—90 mg Lactalbumin-N pro kg Körpergewicht, 100 bis 110 mg Fibrin-N und 130—140 mg Casein-N (entsprechend etwa 1,6—2,4 mg N pro Calorie Grundumsatz) im N-Gleichgewicht erhalten (C. F. KADE JR., J. H. PHILIPPS und W. A. PHILIPPS), Ratten mit 2,78 mg Ei-N pro Calorie Grund-

[1] BRICKER, M. L., H. H. MITCHELL und G. M. KINSMAN: J. Nutrit. **30**, 269 (1945).
[2] HOAGLAND, R., und G. G. SNIDER: J. agr. Res. **34**, 297 (1927).
[3] MURLIN, J. R., L. E. EDWARDS, S. FRIED und T. A. SZYMANSKI: J. Nutrit. **31**, 715 (1946).
[4] LAUTER, S., und M. JENKE: Dtsch. Arch. Klin. Med. **146**, 173 (1924).
[5] RÖSE, C., und R. BERG: Münch. Med. Wschr. 1918, II, 1011.
[6] KON, S. K., und A. KLEIN: Biochem. J. **22**, 258 (1928).
[7] HÄUSSER, H.: Diss. Jena 1940.
[8] BRICKER, M. L., R. F. SHIVELY, J. M. SMITH, H. H. MITCHELL und T. S. HAMILTON: J. Nutrit. **37**, 163 (1949).

umsatz, 3,34 mg Milch-N oder 6,07 mg Soja-N (M. L. Bricker und H. H. Mitchell).

Das Bilanzminimum sollte zweckmäßigerweise als Milligramme N pro Calorie Grundumsatz angegeben werden, weil die Gesetzmäßigkeit, daß das Bilanzminimum für Mensch und Tier in der gleichen Größenordnung gelegen ist, hierbei deutlich wird. Wählt man die übliche Berechnung pro kg Körpergewicht, so wird diese Gesetzmäßigkeit verwischt. Bricker und Mitchell verweisen auf folgendes Beispiel, in dem das Gesagte klar zu Tage tritt (Tab. 66).

Tabelle 66.
Vergleich des Bilanzminimums von Mensch und Ratte (Bricker und Mitchell) *für Milcheiweiß.*

	mg N pro kg Körpergewicht	mg N pro Calorie Grundumsatz
Mensch . .	65	2,76
Ratte. . .	229	3,34

b) Die Bestimmung des biologischen Wertes durch das Wachstum.

T. B. Osborne, L. B. Mendel und E. L. Ferry haben das Wachstum junger Tiere (meist Ratten) als Test für den biologischen Wert eingeführt. Man bestimmt hierbei die pro Gramm des verfütterten Proteins erzielbare Gewichtszunahme. Bei Ermittlung des „Wachstumswertes" ist es wichtig, die Versuchtiere nicht ad libitum fressen zu lassen. Man muß vielmehr Sorge tragen, daß die Nahrungsaufnahme bei allen eingesetzten Tieren etwa gleich groß ist. Denn die Intensität des Wachstums hängt auch von der Quantität des verzehrten Eiweiß ab. Das Wachstum wird überhaupt von vielen Faktoren beeinflußt und zwar von endogenen und exogenen. Das alte, von Liebig aufgestellte Gesetz des Minimums gilt auch für das Tier. Man kann daher mit Hilfe des Wachstums jeden vom Organismus benötigten Stoff testen, wenn man ihn in einer solchen Menge verfüttert, daß er zum limitans factor für das Wachstum wird. In der Tat wurden so auch viele Untersuchungen über die Bedeutung von Mineralstoffen, Spurenelementen und Vitaminen für den Organismus durchgeführt.

Tabelle 67. *Wachstumswert in Abhängigkeit vom Eiweißgehalt der Nahrung* (M. Goettsch). *Casein, Reis und Bohnen als Eiweißquelle.*

Prozente Protein im Futter	Gewichtszunahme der Ratten pro g Nahrungseiweiß	
19,1	1,9 g bei Männchen	1,6 g bei Weibchen
16,7	2,1	1,8
14,3	2,3	2,1
11,9	2,4	2,2
9,5	2,3	2,3

Die Bestimmung des biologischen Wertes von Proteinen mit dem Wachstumstest hat im großen und ganzen zu denselben Ergebnissen geführt, wie sie mit den anderen Methoden erhalten worden waren. Wegen der starken Abhängigkeit des Wachstums von allerlei Einflüssen sind die absoluten Zahlen, die in verschiedenen Versuchsreihen erhalten wurden, nicht immer ohne weiteres miteinander vergleichbar. Man beschränkt sich häufig auf die Wiedergabe relativer Zahlen, wobei der biologische Wert eines hochwertigen Proteins — etwa Milcheiweiß — gleich 100 gesetzt wird. Wohl die Mehrzahl aller Bestimmungen der biologischen Wertigkeit wurden mit Hilfe des Wachstumstestes durchgeführt. Die Bedürfnisse des Organismus für das Wachstum und für die Erhaltung des Stoffbestandes sind aber nicht völlig die gleichen. Manche Proteine haben daher für das wachsende

Tier einen anderen biologischen Wert als für das ausgewachsene. Bei Besprechung der essentiellen Aminosäuren wird noch auf diesen Fragenkomplex zurückzukommen sein.

Der Wachstumswert ändert sich etwas mit dem Eiweißgehalt der Nahrung, wie die Tab. 67 zeigt. Er ist bei hohen Eiweißzufuhren geringer. Weiterhin wird er durch die Fütterungsdauer und das Geschlecht beeinflußt. Daten für den Wachstumswert der wichtigsten Proteine findet man in der Tab. 68.

Tabelle 68. *Der Wachstumswert von Proteinen* (A. A. ALBANESE).
Die Werte beziehen sich auf Ratten, deren Nahrung jeweils 10% des betreffenden Proteins enthielt. Fütterungsdauer 4—8 Wochen.

Nahrungsmittel	Wachstumswert	Nahrungsmittel	Wachtumswert
Vollei	3,8	Haferflocken	2,2
Rindfleisch	3,2	Rinder-Blutserum	2,1
Rinderherz	3,1	Weizenkleie	2,0
Rinderniere	2,9	Tuberin (Kartoffel)	2,0
Lactalbumin	2,9	Reis	1,9
Magermilchpulver	2,9	Leinsamenmehl	1,9
Weizenkeime	2,9	Gerste	1,8
Rinderleber	2,7	Roggenbrot	1,7
Eiereiweiß	2,6	Weizen	1,5
Sojamehl	2,3	Weißbrot	1,1
Casein	2,2	Brauerei-Hefe	0,9
		Grüne Erbsen	0,4

c) Die Bestimmung des biologischen Wertes durch Züchtung von Tieren über mehrere Generationen.

Wohl des umfassendsten Testes zur Bestimmung der biologischen Wertigkeit haben sich E. V. McCOLLUM und seine Mitarbeiter bedient, indem sie Tiere über viele Generationen hinweg beobachteten. Hierbei läßt sich der Einfluß des Proteins auf sämtliche Äußerungen des Lebens, wie Wachstum, Fähigkeit zur Fortpflanzung, Lactation, Lebensalter usw. feststellen. Seine Versuche ergaben, daß sich die Proteine in die folgende Reihe mit fallendem biologischen Wert einordnen lassen:

1. Niere,
2. Weizen,
3. Milch und Leber,
4. Fleisch, Gerste, Roggen,
5. Mais, Hafer,
6. Leguminosen.

Das Ergebnis steht nicht in voller Übereinstimmung mit den Befunden anderer Autoren, die sich allerdings anderer Testmethoden bedienten. Auffallend ist die schlechte Einstufung der Milch in den Versuchen von McCOLLUM. Die Ursache der Diskrepanzen dürfte sein, daß McCOLLUM seine Versuche zu einer Zeit durchführte, in der unsere Kenntnisse über Vitamine noch beschränkt waren. Die Zusammensetzung seiner Kostformen läßt daher den biologischen Wert der Proteine nicht rein zur Auswirkung kommen, vielmehr ergeben sich Überlagerungen durch Vitaminwirkungen.

d) Die Bestimmung des biologischen Wertes durch Berechnung.

Die großen Fortschritte, welche die Analytik der Aminosäuren in den letzten Jahren gemacht hat, und zwar insbesondere durch Ausarbeitung mikrobiologischer Methoden, haben es ermöglicht, die Zusammensetzung der Nahrungsproteine weitgehend aufzuklären. Eine Zusammenfassung der wichtigsten Daten bezüglich des Aminosäuregehaltes von Nahrungsproteinen findet man in den Tab. 69 u. 70.

Tabelle 69. *Aminosäurezusammensetzung von Proteinen.*
(g-Aminosäure pro 100 g Protein mit 16% N.)

Aminosäure	Vollei[1]	Eiereiweiß[1]	Eigelb[1]	Fleisch[1]	Fischmuskel[1]	Leber[2]	Niere[2]	Milch[2] Kuh	Milch[2] Mensch	Lactalbumin[2]
Arginin . .	6,4	5,8	8,2	7,2	7,4	6,6	6,3	4,3	6,8	3,9
Histidin . .	2,1	2,2	2,6	1,9	2,2	3,1	2,7	2,6	2,8	2,1
Isoleucin . .	8,0			6,3	6,0	5,4	5,2	6,2	7,5	6,4
Leucin . . .	9,2			8,0	7,1	8,4	7,9	11,3	10,1	10,4
Lysin . . .	7,2	6,5	5,5	7,6	7,8	6,7	5,5	7,5	7,2	9,6
Methionin .	4,1	4,4	3,6	3,2	3,2	3,2	2,7	3,3	2,5	3,1
Phenylalanin	6,3	5,5	5,7	4,5	4,8	6,1	5,5	5,3	5,9	5,4
Threonin . .	4,9	4,1	3,6	5,3	5,1	4,8	4,6	4,6	4,5	5,4
Tryptophan.	1,5	1,6	1,6	1,2	1,3	1,8	1,7	1,6	1,9	2,5
Valin . . .	7,3			5,8	5,8	6,2	5,3	6,6	8,8	6,4
Cystin . . .	2,4	2,3	1,9	1,1	1,6	1,3	1,5	1,0	3,4	4,1
Tyrosin . .	4,5	4,8	5,3	3,1	3,6	4,6	4,8	5,5	5,1	4,4

Aminosäure	Casein[1]	Gehirn[1]	Globin[1]	Gelatine[1]	Serumeiweiß[1]	Hafer[3]	Roggen[3]	Reis[3]	Weizen[3]	Gerste[3]
Arginin . . .	4,1	6,6	3,5	9,3	5,8	7,4	5,4	8,7	4,5	4,5
Histidin. . .	2,5	2,6	7,6	1,0	2,6	2,2	2,2	2,3	2,0	1,8
Isoleucin . .	6,5	3,6	1,5	1,7	3,0	4,2	4,0	5,1	3,6	3,8
Leucin . . .	12,1	13,4	16,6	3,7	18,0	6,5	6,2	7,7	6,8	5,5
Lysin . . .	6,9	6,2	9,0	5,0	8,0	3,0	3,3	2,8	2,5	2,4
Methionin . .	3,5	3,0	0,8	0,8	1,9	1,0	1,1	1,4	1,0	1,0
Phenylalanin	5,2	4,9	7,7	2,5	5,4	4,6	3,0	4,6	3,8	5,7
Threonin . .	3,9	5,8	6,8	1,5	6,3	3,6	3,9	3,6	3,0	3,6
Tryptophan .	1,8	1,3	1,5	0,0	1,7	1,3	1,3	1,3	1,4	1,1
Valin	7,0	4,9	8,2	2,5	6,0	5,3	5,0	6,3	4,1	5,1
Cystin . . .	0,4	1,8	0,4	0,1	3,6	1,4		1,4	1,8	
Tyrosin . . .	6,4	4,1	2,4	0,2	5,4	4,1		5,6	4,4	

Aminosäure	Baumwollsamen[1]	Mais[3]	Leinsamen[1]	Erdnuß[1]	Soja[1]	Erbsen[4]	Weizenkeime[2]	Maiskeime[2]	Brauerei-Hefe[5]	Nährhefe[2]	Kartoffel[6]
Arginin . .	7,4	4,7	6,9	9,4	5,8	8,9	6,0	6,8	4,3	4,0	4,4
Histidin . .	2,6	2,2	1,9	2,1	2,3	1,2	2,5	2,7	2,8	2,3	1,7
Isoleucin . .	3,4	6,4	3,4	3,4	4,7	4,1	3,0	3,7	5,9	5,8	11,3
Leucin . . .	5,0	15,0	7,5	5,5	6,6	6,4	7,4	6,7	7,4	6,8	
Lysin . . .	2,7	2,3	2,0	3,0	5,8	5,0	6,4	5,8	7,5	8,0	5,0
Methionin .	1,6	1,4	2,3	1,3	2,0	1,0	2,0	2,3	2,7	2,8	1,6
Phenylalanin	6,8	4,8	5,8	5,4	5,7	4,8	4,2	5,6	4,1	2,9	5,4
Threonin . .	3,9	3,0	4,5	1,5	4,0	3,9	3,8	4,4	5,5	5,1	3,7
Tryptophan.	1,3	0,5	1,6	1,0	1,6	0,7	1,0	1,3	1,3	1,2	0,8
Valin . . .	3,7	5,3	5,8	4,0	4,2	4,0	4,1	5,8	5,0	5,4	4,8
Cystin . . .	2,0	1,5	1,9	1,6	1,9	1,2	0,6	1,2	1,0	1,1	1,7
Tyrosin . .	3,2	5,5	5,1	4,4	4,1		3,8	4,9	3,6	3,4	

H. H. MITCHELL und R. J. BLOCK haben untersucht, ob man den biologischen Wert eines Eiweißkörpers auf Grund der Kenntnis seines Gehalts an den essentiellen Aminosäuren berechnen kann. In der Tat fanden sie eine enge Korrelation zwischen den beiden Daten. Als Basis ihrer Berechnungen wählten sie das Vollei,

[1] BLOCK, R. J., und D. BOLLING: „The Amino Acid Composition of Proteins and Foods." Springfield 1945.
[2] BLOCK, R. J.: Advances in Protein Chemistry II, 119. New York 1945.
[3] JONES, D. B., A. CALDWELL und K. D. WIDNESS: J. Nutrit. **35**, 639 (1948).
[4] MITCHELL, H. H., und R. J. BLOCK: J. Biol. Chem. **163**, 599 (1946).
[5] BLOCK, R. J., und D. BOLLING: Arch. Biochem. **7**, 313 (1945).
[6] SLACK, E. B.: Nature **161**, 211 (1948).

das den höchsten biologischen Wert aller Nahrungsproteine besitzt und demnach auch die günstigste Zusammensetzung aufweisen muß. Bestimmten sie nun das maximale Defizit eines Proteins an einer essentiellen Aminosäure (ausgedrückt in Prozenten), so ließ sich sein biologischer Wert nach der folgenden Gleichung berechnen:

$$\text{Biol. Wert} = 102 - 0{,}634 \times \text{maximalem Defizit.}$$

Unter Einsetzung der in der Tab. 69 aufgeführten Daten für die Aminosäurezusammensetzung der Nahrungsproteine kommt man bei der Berechnung der Aminosäuredefizite und des biologischen Wertes zu den in der Tab. 71 wiedergegebenen Zahlen. Wie man sieht, ist die Übereinstimmung zwischen den experimentell festgestellten und berechneten Werten für die biologische Wertigkeit bei den tierischen Proteinen befriedigend. Größere Diskrepanzen ergeben sich bei den Pflanzeneiweißkörpern, was im wesentlichen die folgende Ursache hat:

Maßgebend für den biologischen Wert ist weniger der analytisch feststellbare Gehalt an Aminosäuren, als vielmehr die Aminosäuremenge, die tatsächlich zur Resorption gelangt. Die Ausnutzung der Aminosäuren ist aber aus den einzelnen Nahrungsproteinen verschieden und aus pflanzlichen Proteinen teilweise schlecht. Dies geht sehr schön aus einer Untersuchung von A. A. KUIKEN und C. M. LYMAN hervor (Tab. 72).

Vielleicht entstehen mitunter Diskrepanzen zwischen experimentell gemessenem und errechnetem biologischen Wert dadurch, daß bei der Zubereitung der Nahrung die chemische Struktur der Proteine verändert wurde. Näheres hierüber siehe S. 164.

Tabelle 70. *Der Gehalt von Proteinen und Nahrungsmitteln an essentiellen Aminosäuren* (M. J. HORN, D. B. JONES und A. E. BLUM).

Nahrungsmittel	N %	Arginin %	Histidin %	Leucin %	Lysin %	Methionin %	Phenylalanin %	Threonin %	Valin %	Isoleucin %
Arachin	18,30	13,50	2,16	7,61	2,72	0,24	6,96	2,89	4,85	4,55
Casein	16,07	3,81	2,65	9,22	8,20	2,58	4,89	4,80	6,90	5,63
Kokosnuß-Globulin	17,42	16,73	1,52	7,18	4,37	2,02	5,10	4,06	5,92	4,43
Conarachin	18,20	16,53	2,05	6,61	4,69	2,13	4,32	1,93	3,68	3,98
Baumwollsamen-Globulin	18,00	14,72	3,38	7,06	4,15	1,14	8,13	3,96	6,05	4,62
Edestin	18,55	16,51	2,50	7,50	3,23	2,12	5,43	4,34	6,39	5,54
Gelatine	18,32	9,11	0,77	3,30	4,44	0,78	2,33	2,10	2,90	1,25
Glycinin	17,30	7,94	1,97	8,07	6,90	1,15	5,82	3,00	4,56	5,69
Lactalbumin	15,39	3,42	1,50	12,90	10,80	1,62	3,59	5,37	5,82	6,12
Eieralbumin (kryst.)	15,98	6,03	2,06	9,43	6,32	4,43	7,17	4,48	7,54	7,41
Rindermuskel	16,00	7,87	1,98	9,37	10,00	2,75	4,58	5,80	5,85	6,50
Erdnuß, Gesamtglobuline	18,01	14,16	1,65	7,45	3,50	1,00	5,75	3,24	5,00	4,28
Phaseolin	16,07	5,97	2,24	10,50	7,20	1,12	8,04	4,16	6,00	6,69
Weizenkleie-Globulin	17,76	13,30	1,86	6,35	4,15	1,04	4,22	3,50	6,56	3,82
Zein	16,00	1,95	0,76	21,10	0,21	1,41	7,30	2,62	3,98	5,03
Gerstengraupen	1,86	0,53	0,21	0,89	0,28	0,12	0,68	0,42	0,60	0,53
Brasilnuß	9,03	7,62	1,08	4,09	1,80	2,78	2,06	1,60	2,70	2,09
Maiskeime, entfettet	3,93	2,18	0,67	1,84	1,45	0,35	0,96	1,09	1,39	,92
Maiskeime unextrahiert	2,22	0,65	0,31	1,99	0,32	0,20	0,73	0,54	0,74	0,61
Baumwollsamenmehl	10,36	7,72	1,62	4,25	2,92	0,85	3,40	2,38	2,91	2,16
Vollei, getrocknet	8,11	4,82	1,17	6,37	4,00	1,39	3,71	3,00	3,55	4,43
Magermilchpulver	6,57	1,15	1,01	4,24	2,91	0,85	1,82	2,15	2,84	2,51
Hafermehl	2,73	1,26	0,38	1,32	0,51	0,18	0,79	0,62	0,90	0,76
Erdnußmehl	10,15	7,76	1,34	4,25	1,92	0,52	3,33	1,93	2,83	2,44
Erbsen	4,15	1,95	0,75	2,05	1,70	0,25	1,34	1,09	1,41	1,27
Reis	1,26	0,69	0,18	0,68	0,22	0,11	0,38	0,28	0,50	0,35
Roggen, Vollkorn	1,98	0,67	0,27	0,83	0,41	0,14	0,56	0,49	0,62	0,51
Sojamehl	8,85	4,33	1,32	4,16	3,97		2,63	2,53	2,72	2,71
Weizenkeime, entfettet	6,50	2,80	0,84	2,44	2,52	0,51	1,41	1,63	1,96	1,46
Weizenkeime, unextrahiert	3,07	0,86	0,39	1,13	0,48	0,19	0,78	0,57	0,79	0,69
Trockenhefe (Bierhefe)	7,71	2,26	0,78	3,25	3,50	0,53	1,79	2,54	2,54	2,37

Tabelle 71. *Differenzen des Aminosäuregehaltes der Nahrungsproteine gegenüber dem Vollei in Prozenten und der daraus berechnete biologische Wert.*

Aminosäure	Fleisch	Fisch	Leber	Niere	Milch	Lact-albumin	Casein	Gehirn	Globin	Serum
Arginin	+ 13	+ 16	— 2	— 2	— 33	— 39	— 36	+ 3	— 45	— 9
Histidin	— 10	+ 5	+ 48	+ 29	+ 20	0	+ 19	+ 24	+ 62	+ 24
Isoleucin . . .	— 21	— 25	— 32	— 35	— 22	— 20	— 19	— 55	— 81	— 62
Leucin	— 13	— 23	— 9	— 14	+ 23	+ 13	+ 32	+ 46	+ 80	+ 96
Lysin	+ 6	+ 9	— 7	— 24	+ 4	+ 33	— 4	— 14	+ 25	+ 11
Methionin . . .	— 22	— 22	— 22	— 34	— 20	— 24	— 15	— 27	— 81	— 55
Phenylalanin. .	— 27	— 23	— 3	— 13	— 16	— 14	— 17	— 22	+ 22	— 14
Threonin . . .	+ 9	+ 4	— 2	— 6	— 6	+ 10	— 21	+ 18	+ 39	+ 29
Tryptophan . .	— 20	— 13	+ 20	+ 13	+ 7	+ 67	+ 20	— 13	0	+ 13
Valin	— 21	— 21	— 15	— 27	— 10	— 13	— 4	— 33	+ 13	— 18
Biolog. Wert berechnet . .	85	86	82	80	88	87	89	67	51	63

	Hafer	Roggen	Reis	Weizen	Gerste	Mais	Soja	Erbsen	Hefe	Weizen-keime
Arginin	+ 16	— 16	+ 36	— 30	— 30	— 26	— 9	+ 39	— 37	— 4
Histidin	+ 5	+ 5	— 9	— 5	— 14	+ 5	+ 9	— 43	+ 9	+ 19
Isoleucin . . .	— 47	— 50	— 36	— 55	— 52	— 20	— 41	— 49	— 27	— 62
Leucin	— 29	— 33	— 16	— 26	— 40	+ 63	— 28	— 30	— 26	— 20
Lysin	— 58	— 54	— 61	— 65	— 67	— 68	— 19	— 30	+ 11	— 11
Methionin . . .	— 76	— 73	— 66	— 76	— 76	— 66	— 51	— 76	— 32	— 51
Phenylalanin. .	— 27	— 52	— 27	— 40	— 10	— 24	— 10	— 24	— 54	— 33
Threonin . . .	— 26	— 20	— 26	— 39	— 26	— 20	— 18	— 20	+ 4	— 23
Tryptophan . .	— 13	— 13	— 13	— 9	— 27	— 67	+ 7	— 53	— 20	— 33
Valin	— 27	— 32	— 14	— 44	— 30	— 27	— 43	— 45	— 26	— 44
Biolog. Wert berechnet . .	54	56	60	54	54	59	70	54	68	63

Tabelle 72. *Die Ausnutzbarkeit von Aminosäuren aus Nahrungsproteinen.*
Ausgenutzt wurden an Aminosäuren in Prozent der Zufuhr aus dem Protein von:

Aminosäure	Roastbeef	Baumwollsamen	Erdnuß	Weizen
Arginin	100,7	93,7	99,5	96,4
Histidin.	100,5	88,9	98,8	98,8
Isoleucin	99,9	82,5	97,2	95,0
Leucin	99,7	78,8	97,0	95,4
Lysin.	99,7	63,6	97,0	92,8
Methionin.	100,1	80,7	95,8	94,9
Phenylalanin . . .	98,8	86,6	97,9	96,9
Threonin	99,7	78,3	94,8	92,2
Tryptophan	99,2	89,3	97,2	93,2
Valin.	99,4	76,7	95,8	93,2

D. W. WOOLLEY isolierte aus verschiedenen krystallisierten Eiweißkörpern Strepogenin, ein Peptid, das auf Grund seiner Wachstumswirkung bei Streptokokken entdeckt worden war. Casein ist beispielsweise reich an Strepogenin. Die Vermutung, daß Strepogenin auch für den höheren Organismus von Bedeutung sei, hat sich nicht bestätigen lassen. Eine Reihe exakter experimenteller Untersuchungen hat einwandfrei ergeben, daß richtig hergestellte Eiweißhydrolysate, in denen alle Peptide zerstört waren, denselben Wert für Wachstum und Erhaltung von Tieren besitzen, wie das unhydrolysierte Eiweiß (R. H. SILBER, E. E. HOWE, C. C. PORTER und C. W. MUSKETT). Peptide sind demnach für Wachstum und Erhaltung von Säugetieren überflüssig.

Der geringere biologische Wert der Pflanzenproteine ist in erster Linie auf ihren niederen Gehalt an Lysin und teilweise auch Methionin zurückzuführen. In der Tat kann man ihren Wert durch Ergänzung mit diesen Aminosäuren erheblich steigern. Methionin ist auch für manche tierischen Proteine der limitierende Faktor. Manche Proteine sind nicht vollwertig, weil sie zu wenig Isoleucin enthalten, wie z. B. Globin, Serumeiweiß, Gehirnproteine, Getreidekeime. Größere Defizite ergeben sich mitunter auch beim Valin oder Tryptophan. Die Versorgung mit den anderen essentiellen Aminosäuren ist durch alle Nahrungsproteine gewährleistet.

Überblickt man alle aufgeführten Verfahren zur Bestimmung der biologischen Wertigkeit, so ergibt sich im großen und ganzen folgende Gesetzmäßigkeit:

1. Den höchsten biologischen Wert besitzen die Proteine von Ei und Milch.

2. Von einem mittleren biologischen Wert ohne große Unterschiede untereinander sind die Proteine von Fleisch, Kartoffeln und Cerealien.

3. Den geringsten biologischen Wert weisen die Proteine der Leguminosen (mit Ausnahme der Sojabohne) auf.

Bei der Bestimmung des biologischen Werts von Proteinen (vor allem im Tierversuch) ist zu beachten, daß die Zufuhr an allen Nahrungsbestandteilen, insbesondere an Vitaminen, optimal ist. Mangel an den B-Vitaminen setzt die Verwertbarkeit des Eiweiß für den Organismus stark herab, so daß sein biologischer Wert vermindert erscheint.

3. Der physiologische Nutzwert der Proteine.

Unter dem physiologischen Nutzwert („net utilization") versteht man das durch 100 dividierte Produkt aus wahrer Ausnutzung und biologischem Wert. In der Tab. 73 ist der physiologische Nutzwert der wichtigsten Nahrungsproteine zusammengestellt.

Tabelle 73. *Der physiologische Nutzwert von Proteinen* (A. ALBANESE). Die Werte wurden an Ratten gewonnen.

Nahrungsmittel	physiol. Nutzwert	Nahrungsmittel	physiol. Nutzwert
Vollei	94	Casein	68
Eigelb	89	Maiskeime	61
Milch	86	Haferflocken	61
Eiereiweiß	83	Weizen (Vollkorn)	61
Magermilchpulver	80	Gerste	58
Rindfleich	76	Baumwollsamenmehl	56
Rinderniere	76	Brauereihefe	56
Rinderleber	75	Kartoffel	60
Schweizerkäse	72	Mais (Vollkorn)	49
Sojamehl	72	Weizenbrot (80% Ausmahlg.)	49
Leinsamenmehl	72	Grüne Bohnen	32
Weizenkeime	71	Kakao	13
Reis	70		

4. Die essentiellen Aminosäuren und ihre Bedeutung für den Organismus.

a) Allgemeines.

W. C. ROSE verdanken wir den wichtigen Befund, daß der Organismus nur einen Teil der die Proteine zusammensetzenden Aminosäuren aufzubauen vermag; die anderen müssen regelmäßig und in genügender Menge mit der Nahrung zugeführt werden. ROSE verfütterte an junge Ratten an Stelle von Eiweiß Aminosäuregemische, aus denen er die zu testende Aminosäure fortließ. Mit Hilfe dieses

Testes fand er, daß die Aminosäuren bezüglich ihrer Wachtumswirkung in 3 Gruppen eingeteilt werden können:

1. In solche, die zum Wachstum unentbehrlich sind (essentielle Aminosäuren),

2. in solche, die zwar zum Wachstum nicht unentbehrlich sind, dasselbe jedoch beschleunigen,

3. in solche, die keinen Einfluß auf das Wachstum haben (entbehrliche Aminosäuren).

Essentielle Aminosäuren	Wachstum beschleunigende Aminosäuren	Entbehrliche Aminosäuren
Histidin	Arginin	Alanin
Isoleucin	Cystin	Asparaginsäure
Leucin	Glutaminsäure	Citrullin
Lysin	Prolin	Glykokoll
Methionin	Serin	Oxyprolin
Phenylalanin	Tyrosin	
Threonin		
Tryptophan		
Valin		

NH_2—C(=NH)—NH—CH_2—CH_2—CH_2—HC(NH_2)—COOH

Arginin

HC═C—CH_2—CH(NH_2)—COOH (Ring: HN—CH═N)

Histidin

CH_2(NH_2)—CH_2—CH_2—CH_2—HC(NH_2)—COOH

Lysin

(CH_3)(CH_3)CH—CH_2—HC(NH_2)—COOH

Leucin

(CH_3)(C_2H_5)CH—HC(NH_2)—COOH

Isoleucin

(Indolring) C—CH_2—CH(NH_2)—COOH, ‖CH, NH

Tryptophan

CH_2—S—CH_3, CH_2—HC(NH_2)—COOH

Methionin

(Benzolring)—CH_2—HC(NH_2)—COOH

Phenylalanin

CH_3—(HO—C—H)—(H—C—NH_2)—COOH

Threonin

(CH_3)(CH_3)CH—HC(NH_2)—COOH

Valin

Cystin und Tyrosin werden im Organismus aus Methionin bzw. Phenylalanin gebildet, während der umgekehrte Prozeß, also der Übergang von Cystin in

Methionin oder der von Tyrosin in Phenylalanin nicht möglich ist. Da jedoch auch ein Bedarf des Organismus an Cystin und Tyrosin besteht, läßt sich ein Teil des benötigten Methionin durch Cystin (etwa $^1/_6$) und etwa die Hälfte des Phenylalanin durch Tyrosin ersetzen (M. WOMACK und W. C. ROSE).

Ermangelung oder Fehlen einer essentiellen Aminosäure bedingen eine generelle Störung des Eiweißstoffwechsels, da der Aufbau von Körperprotein durch die Zufuhr der essentiellen Aminosäuren limitiert wird. Muß trotz des Fehlens einer essentiellen Aminosäure ein für den Organismus wichtiges Protein aufgebaut werden, so wird ein weniger wichtiges Körperprotein (zumeist Muskeleiweiß) aufgespalten, um die betreffende Aminosäure zu gewinnen. Die anderen dabei anfallenden Aminosäuren, die nicht zur Proteinsynthese benötigt werden, fallen einem sofortigen Abbau anheim; ein relativ hoher Prozentsatz wird dann durch den Harn ausgeschieden (näheres hierüber siehe S. 146). Eine Speicherung freier Aminosäuren findet im Organismus nicht statt. Mangel an einer essentiellen Aminosäure hat also zur Folge, daß der Organismus nicht in der Lage ist, seinen Eiweißbestand zu erhalten. Gewichtsabnahme und negative N-Bilanzen sind die Folge. Diese beiden Symptome haben es möglich gemacht, auch den Aminosäurebedarf des erwachsenen Individuums festzustellen.

Bekanntlich wird unter den Bedingungen des absoluten N-Minimums, unter denen der Eiweißumsatz rein stofflichen Zwecken dient, eine nicht unbeträchtliche Menge Harnstoff (rund 50% der gesamten N-Ausscheidung durch den Harn) abgegeben, ein Zeichen dafür, daß Eiweiß bzw. Aminosäuren völlig zerstört werden. Dieser früher schwer deutbare Befund ist nun erklärbar geworden: die durch den Abbau von Körperprotein freigewordene und nach Herausnahme der benötigten Mengen essentieller Aminosäuren zur Eiweißsynthese nicht mehr adäquate Mischung von Aminosäuren muß zwangsläufig einem raschen Abbau anheimfallen.

Der Bedarf an essentiellen Aminosäuren ist für die einzelnen Lebewesen etwas verschieden (Tab. 74). Merkwürdigerweise ist Glykokoll für Küken essentiell. Arginin und Histidin sind zur Aufrechterhaltung des N-Gleichgewichts für den erwachsenen Menschen nicht notwendig.

Tabelle 74. *Der Bedarf an essentiellen Aminosäuren.*

+ Die Aminosäure ist essentiell.
— Die Aminosäure ist entbehrlich.

Die eingeklammerten Zahlen beziehen sich auf den Prozentsatz, in dem die betreffende Aminosäure im Futter enthalten sein muß, um ein optimales Wachstum zu gewährleisten, wenn die Nahrung auch die nichtessentiellen Aminosäuren enthält.

Aminosäure	Wachsende Ratte	Erwachsene Ratte	Küken	Erwachsener Mensch
Arginin	+ (0,2)	—	+ (1,2)	—
Histidin	+ (0,4)	—	+ (0,3)	—
Isoleucin	+ (0,5)	+	+ (0,6)	+
Leucin	+ (0,9)	+	+ (1,4)	+
Lysin	+ (1,0)	+	+ (0,9)	+
Methionin	+ (0,6)	+	+ (0,5)	+
Phenylalanin	+ (0,7)	+	+ (0,9)	+
Threonin	+ (0,6)	+	+ (0,6)	+
Tryptophan	+ (0,2)	+	+ (0,25)	+
Valin	+ (0,7)	+	+ (0,8)	+
Glykokoll	—	—	+ (1,0—1,5)	—

Die früher von A. A. ALBANESE mitgeteilten Zahlen für den Aminosäurebedarf des erwachsenen Menschen lagen zum Teil wesentlich höher, stützten sich aber auf ein bei weitem kleineres experimentelles Material. Kinder benötigten einer viel größeren Zufuhr an essentiellen Aminosäuren pro kg Körpergewicht als Erwachsene. Nach den Versuchen von ALBANESE und Mitarbeitern beträgt der Bedarf von Säuglingen an Tryptophan 23—40 mg/kg, an Methionin 99 mg/kg und an Isoleucin 90 mg/kg. Das ist etwa das Fünffache des Bedarfs eines Erwachsenen.

Tabelle 75. *Der Bedarf des erwachsenen Menschen an essentiellen Aminosäuren.* (Nach W. C. ROSE.)

Aminosäure	Tägliche Zufuhr in g		Zahl der verwendeten Versuchspersonen
	Minimalbedarf	wünschenswert	
Isoleucin	0,70	1,4	8
Leucin	1,10	2,2	8
Lysin	0,80	1,6	27
Methionin	1,10	2,2	13
Phenylalanin	1,10	2,2	22
Threonin	0,50	1,0	19
Tryptophan	0,25	0,5	31
Valin	0,80	1,6	23

Wie schon erwähnt wurde, führt der Mangel an essentiellen Aminosäuren zu negativen N-Bilanzen. Fehlende Zufuhr von Tryptophan oder Lysin bedingt beim Menschen einen täglichen N-Verlust von etwa 4 g (L. E. HOLT, ALBANESE, BUEMBACK, KAJDI und WANGERIN). Fehlen von Valin führt zu einer Mehrausscheidung von 2,9 g N und von Methionin zu einer solchen von 1,6 g N (W. C. ROSE, W. J. HAINES und J. E. JOHNSON). In diesen Versuchen hatte die N-Zufuhr jeweils 7 g und die Calorienaufnahme 3000 kcal. betragen.

Es ist nicht zweckmäßig, den Versuch zu unternehmen, bei einer bezüglich Protein nicht optimalen Nahrung die N-Zufuhr durch Verabfolgung eines unvollständigen Proteins oder Aminosäuregemisches zu vergrößern. Man erreicht damit nur das Gegenteil, nämlich eine weitere Verschlechterung der N-Bilanz. Folgendes Beispiel möge dies erläutern: Ratten wachsen nicht optimal, wenn das Futter als einzige N-Quelle Casein enthält. Legt man ihnen ein tryptophanfreies Fibrinhydrolysat zu, so wird das Wachstum noch weiter verringert.

Der Aufbau von Körpereiweiß verlangt die *gleichzeitige* Anwesenheit aller essentiellen Aminosäuren. E. GEIGER verfütterte an junge Ratten ein mit Tryptophan ergänztes Proteinhydrolysat; unter diesen Bedingungen wuchsen die Tiere normal heran. Gab er das Tryptophan jedoch nicht gleichzeitig mit dem Hydrolysat, sondern einige Stunden später, so war die Tryptophanzulage erfolglos und die Tiere gediehen nicht. Eine andere Versuchsanordnung benutzten P. R. CANNON und Mitarbeiter. Sie fütterten Ratten in folgendem Turnus: die Tiere erhielten 1 Std hindurch ein Gemisch von 5 essentiellen Aminosäuren, mußten dann 1 Std fasten und bekamen dann 1 Std lang ein Gemisch der 5 anderen essentiellen Aminosäuren usw. Bei dieser Art der Ernährung erlitten die Tiere schwere Gewichtsverluste, während sie sofort an Gewicht zunahmen, wenn alle 10 essentiellen Aminosäuren gleichzeitig gegeben wurden. Der Befund, daß zum Eiweißaufbau alle essentiellen Aminosäuren gleichzeitig vorliegen müssen, hat große praktische Bedeutung. Diese Forderung wird nur erfüllt, wenn bei der Verdauung alle Aminosäuren gleichzeitig in Freiheit gesetzt und resorbiert werden. Die Spaltungsgeschwindigkeit von Proteinen kann daher den biologischen Wert derselben beeinflussen. Ein regelmäßiger Zustrom aller Aminosäuren ist am günstigsten. Es ist zweckmäßiger, regelmäßig Eiweiß in die Nahrung einzubauen, als Eiweiß in größeren Abständen in Form von „Eiweißstößen“ aufzunehmen. Ohne Kenntnis der Zusammenhänge waren schon früher M. MATSUOKA und J. A. TROTZKI durch N-Bilanzversuche zu derselben Schlußfolgerung gekommen.

Die Eiweißsynthese im Organismus setzt aber nicht nur ausreichende Zufuhr aller essentiellen Aminosäuren, sondern auch genügende Energieversorgung voraus (E. P. BENDITT, E. M. HUMPHREYS, R. W. WISSLER, C. H. STEFFEE, L. E. FRAZIER und P. R. CANNON). Unterhalb einer bestimmten Calorienzufuhr (bei Ratten etwa 25 kcal./Tag) begrenzt die Energieaufnahme die Eiweißbildung. Oberhalb dieser Grenze ist die Eiweißsynthese proportional der Proteinmenge und der Proteinqualität. Eine Erhöhung der Calorienzufuhr wirkt sich dann in der Ablagerung von Fett aus. Zum Studium der Eiweißsynthese im Organismus hat P. R. CANNON eine elegante Methode, von ihm „Rat Repletion Method" genannt, entwickelt. Ratten erhalten zunächst ein eiweißarmes Futter, wodurch sie ihrer Proteinvorräte beraubt werden und im Wachstum zurückbleiben. Gibt man ihnen nun eine adäquate Ernährung (pro Tag 15 g Futter mit 1,35 g Protein und 48 kcal.), so nehmen sie in gesetzmäßiger Weise an Gewicht zu: um etwa 35—40 g innerhalb von 7 Tagen, um etwa 50—55 g innerhalb von 10 Tagen und um 65—70 g innerhalb von 14 Tagen. Dabei werden die verschiedenen Arten der Körperproteine (Plasma-Eiweiß, Muskel-Eiweiß, Leber-Eiweiß, Hämoglobin, Encyme, Immunkörper usw.) regeneriert.

Ein weiteres generelles Symptom des Mangels an einer essentiellen Aminosäure besteht im Appetitverlust (W. C. ROSE, L. E. FRAZIER und Mitarbeiter). Die Tiere fressen nur noch die Hälfte oder ein Drittel der normalen Nahrungsmenge. Dieser Umstand ist bei allen Versuchen mit unvollständigen Aminosäuregemischen zu beachten. Aber auch wenn der Appetitverlust durch zwangsweise Einverleibung des Futters kompensiert wird, wirkt sich der Mangel an einer essentiellen Aminosäure in Gewichtsverlusten und negativer N-Bilanz aus. Der Appetitmangel ist ein interessantes Symptom: eine Nahrung, die zum Aufbau von Körpereiweiß nicht geeignet ist, wird vom Organismus von vornherein abgelehnt!

Im Tierversuch bewirkt der Mangel an einer essentiellen Aminosäure Vascularisationen der Cornea (V. SYDENSTRICKER, W. K. HALL, L. L. BOWLES und H. C. SCHMIDT; M. E. MANN, W. M. CAHILL und R. M. DAVIS; J. R. TOTTER und P. L. DAY). Eine Übersicht über die bisher festgestellten Veränderungen an der Cornea und Linse junger Ratten vermittelt die Tab. 76.

Tabelle 76. *Veränderungen der Cornea und Linse junger Ratten durch Aminosäuremangel* (W. K. HALL, L. L. BOWLES, V. P. SYDENSTRICKER und H. L. SCHMIDT JR.).

Mangelsubstanz	Veränderungen der Cornea			Veränderungen der Linse				
	Vascularisierung	Trübung	Ulcera	Trübung	Trennung der Fasern	Erweiterung der Nähte	Rinden- und Kern-Trennung	Kern-Opazität
Protein	++++	+++	+	+	+	+		
Arginin	+	+						
Histidin	++	++		+	+	+	+	+
Isoleucin	++	++		+				
Leucin	+++	+++		+	+	+		
Lysin	+++	++		+				
Methionin	+++	+		+				
Phenylalanin	++++	++++	+	+	+	+	+	+
Threonin	++	++		+	+	+		
Tryptophan	++++	++++	+	+	+	+	+	+
Valin	++	++		+				

Der Bedarf an den essentiellen Aminosäuren ist für den Menschen und die Tiere etwas verschieden; die größte Differenz besteht hinsichtlich der schwefelhaltigen Aminosäuren. Infolgedessen sind die biologischen Wertigkeiten mancher Proteine für Mensch und Tier nicht identisch. Näheres hierüber siehe S. 138.

Interessanterweise haben Zellen, die in vitro wachsen, ein anderes Aminosäurebedürfnis als der Gesamtorganismus. Sie benötigen nicht alle essentiellen Aminosäuren, dafür aber einige andere. Fibroblasten wachsen optimal, wenn ihnen folgende Aminosäuren zur Verfügung stehen: Arginin, Asparaginsäure, Cystin, Glutaminsäure, Histidin, Lysin, Methionin, Prolin und Tryptophan (A. FISCHER).

Die Zufuhr der essentiellen Aminosäuren allein ist ausreichend, das Wachstum zu ermöglichen und alle Lebensfunktionen aufrechtzuerhalten. Zulage der anderen Aminosäuren bewirkt jedoch eine deutliche Verbesserung der Ernährung.

Tabelle 77. *Wachstumswirkung von Aminosäuregemischen* (W. C. ROSE, M. J. OESTERLING und M. WOMACK).

Art des verfütterten Aminosäuregemisches	Gewichtszunahme der Ratten in 28 Tagen
10 essentielle Aminosäuren	79.1 ± 0.82 g
10 essentielle Aminosäuren + Glutaminsäure	91,6 ± 1,07 g
10 essentielle Aminosäuren + Glykokoll, Alanin, Serin, Cystin Prolin, Oxyprolin, Tyrosin, Glutaminsäure, Asparaginsäure	108,4 ± 1,28 g

Neben den vier allgemeinen Symptomen des Mangels an einer essentiellen Aminosäure (Wachstumsstörung, negative N-Bilanz, Abnahme des Appetits, Veränderungen an Cornea und Linse) erzeugt das Fehlen einiger davon außerdem noch spezifische Ausfallserscheinungen.

b) Arginin, Prolin, Oxyprolin und Glutaminsäure.

Der tierische Organismus vermag Arginin aufzubauen. H. BORSOOK und DUBNOFF, ferner H. A. KREBS bewiesen die Existenz einer Transaminase, welche die Aminogruppe der Glutaminsäure auf Citrullin unter Bildung von Arginin überträgt. Der Umfang der Synthese reicht jedoch nicht aus, den Bedarf des wachsenden Organismus zu decken. Dagegen sind anscheinend erwachsene Menschen und Tiere nicht unbedingt auf die Zufuhr dieser Aminosäure angewiesen. Läßt man Arginin aus dem Futter ausgewachsener Ratten fort, so reagieren die Tiere mit einem Nachlassen des Appetits. Gleicht man jedoch den verringerten Futterverzehr durch eine Zwangsfütterung genügender Mengen aus, dann führt der Argininmangel nicht zu Gewichtsverlusten und einer negativen N-Bilanz (R. W. WISSLER und Mitarbeiter). Die Zufuhr von Arginin ist aber zur Herstellung optimaler Ernährungsbedingungen wünschenswert.

L. E. HOLT, A. A. ALBANESE und Mitarbeiter beobachteten, daß junge Männer eine an Arginin arme Diät mit Azoospermie beantworteten. Zulagen von Arginin stellten innerhalb einiger Wochen wieder normale Verhältnisse her. W. C. ROSE gab 4 Männern 30—65 Tage lang eine argininarme Ernährung, fand aber nur bei einem derselben eine Herabsetzung der Spermatocytenzahl. Der hohe Argininigehalt der die Spermatocyten aufbauenden Protamine gibt diesen Befunden eine plausible Erklärung. Fehlen von Arginin in der Nahrung läßt beim erwachsenen Menschen das N-Gleichgewicht unbeeinflußt.

Zieht man junge Ratten mit einem Futter auf, das keine der C_5-Aminosäuren (Arginin, Prolin, Oxyprolin, Glutaminsäure) enthält, so bewirkt die Zulage von Arginin eine erhebliche Wachstumssteigerung. Das Wachstum wird aber noch besser, wenn alle C_5-Aminosäuren gleichzeitig im Futter enthalten sind (M. WOMACK und W. C. ROSE). Die Größenordnung der Effekte geht aus der Tab. 78

Tabelle 78. *Wachstumswirkung der C_5-Aminosäuren.*

Zulage an Aminosäuren	Gewichtszunahme junger Ratten in 28 Tagen g
Arginin	91,2 ± 1,66
Arginin + Prolin	96,8 ± 1,48
Arginin + Glutaminsäure	102,0 + 2,04
Arginin + Oxyprolin	91,0 ± 1,77
Arginin + Prolin + Glutaminsäure	105,8 ± 2,19

hervor. Oxyprolin ist wirkungslos. Daß die C_5-Aminosäuren im Stoffwechsel miteinander verknüpft sind, haben die Versuche von M. ROLOFF, S. RATNER und R. SCHOENHEIMER sowie von M. R. STETTEN und R. SCHOENHEIMER mit den markierten Substanzen erwiesen. Das Ergebnis dieser Untersuchungen läßt sich in das Schema zusammenfassen:

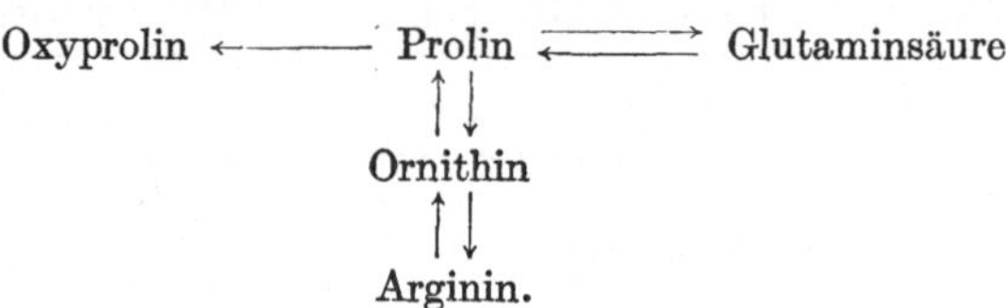

Die Ernährungsversuche von WOMACK und ROSE zeigen, daß offensichtlich Prolin und Glutaminsäure nur zum Teil in Arginin übergehen, es also nicht voll ersetzen können.

Die Angabe, daß die regelmäßige Verabreichung von 8—12 g l-Glutaminsäure pro Tag an Schwachsinnige die geistigen Leistungen verbessere (J. C. PRICE, H. WAELSCH und T. J. PUTNAN; H. WAELSCH und J. H. PRICE; K. E. ALBERT, P. HOCH und H. WAELSCH; F. T. ZIMMERMANN, B. B. BURGEMEISTER und T. J. PUTNAN), hat die Glutaminsäure in den Mittelpunkt des Interesses gerückt. Die merkwürdige Wirkung der Glutaminsäure soll auch im Tierversuch nachweisbar sein, indem Ratten leichter dressierbar werden und sich in Irrgärten besser zurecht finden (F. T. ZIMMERMANN und S. ROSS; K. E. ALBERT und C. J. WARDEN). Diese Befunde wurden mit der Angabe von H. WEIL-MALHERBE in Zusammenhang gebracht, wonach Glutaminsäure die einzige Aminosäure ist, die von Gehirnschnitten umgesetzt wird. Eine Reihe kritischer Nachprüfungen haben jedoch die Beeinflussung geistiger Leistungen durch Verfütterung von Glutaminsäure nicht immer bestätigen können (H. C. HAMILTON und E. B. MAHER; M. H. MARX; E. STELLAR und W. D. MCELROY).

c) Histidin.

Bei Verfütterung einer histidinfreien Nahrung an Ratten oder Hunde kann die N-Bilanz noch einige Tage lang positiv bleiben; die Mehrausscheidung an N setzt relativ spät ein (A. T. FULLER, A. NEUBERGER und T. A. WEBSTER; R. ELMAN, H. W. DAVEY und Y. LOON). Kurzfristige Versuche können daher zu falschen Ergebnissen führen. Eine befriedigende Erklärung läßt sich für das beobachtete Phänomen einstweilen noch nicht geben. Vielleicht vermag der Organismus Histidin noch aus einer anderen Quelle als den Körperproteinen zu beziehen. Carnosin und Anserin, die im Muskel in erheblicher Menge vorhanden sind, scheiden in dieser Hinsicht aus; sie können nicht in Histidin übergeführt werden. Vielleicht schreitet der irreversible Abbau des Histidin so langsam fort, daß der Organismus noch einige Zeit in der Lage ist, Protein aus dem vorhandenen Histidin aufzubauen.

Neben den allgemeinen Symptomen des Mangels an einer essentiellen Aminosäure beobachtet man im Tierversuch bei einer histidinarmen Kost noch das Auftreten von Hypoproteinämie und Anämie. Diesen Befund, der auf Grund des hohen Histidingehalts von Globin leicht verständlich ist, hatten schon FONTÉS und THIVOLLE erhoben.

Im Gegensatz zum Tier ist der erwachsene Mensch anscheinend nicht auf die Zufuhr von Histidin angewiesen. W. C. ROSE hat (auch in langfristigen Versuchen) 42 Personen bei histidinarmen Kostformen im N-Gleichgewicht erhalten können. Inwieweit das Kind oder der kranke Mensch der Histidinzufuhr bedürfen, läßt sich heute noch nicht entscheiden. A. A. ALBANESE, L. E. HOLT, J. E. FRANKSTON und V. IRBY berichten über einen merkwürdigen Befund, den sie an 3 Männern bei einer histidinarmen Kost erhoben hatten. Die Versuchspersonen bleiben zwar im N-Gleichgewicht, schieden aber nach einigen Wochen im Harn eine Substanz aus, die mit dem Indicanreagens von SHARLITT eine grüne Farbe gab. Nach Zufuhr von Histidin verschwand die Substanz rasch wieder aus dem Harn. Die Frage nach der Natur des Stoffs und ob seine Entstehung als Anzeichen einer Stoffwechselstörung zu werten ist, konnte nicht geklärt werden. Die Versuchspersonen wiesen weder eine Anämie noch eine Hypoproteinämie auf.

d) Leucin und Isoleucin.

Spezifische Folgen des Mangels an Leucin und Isoleucin sind bisher noch nicht beschrieben worden. Man findet lediglich die allgemeinen Symptome (Wachstumsverzögerung, negative N-Bilanz, Störung des Appetits, Corneaveränderungen). A. A. ALBANESE und Mitarbeiter haben Kindern 3 Wochen hindurch eine an beiden Aminosäuren arme Ernährung (Hydrolysat von Rinderhämoglobin als Eiweißquelle) verabreicht. Außer dem Sistieren der Gewichtszunahme konnten sie keinen klinischen Befund erheben. Insbesondere kam es weder zu Anämien noch zu Hypoproteinämien.

e) Lysin.

Die Unentbehrlichkeit von Lysin für das Wachstum wurde schon von T. B. OSBORNE und L. B. MENDEL sowie von B. SURE festgestellt. Auf wachsende Tiere wirkt sich Lysinmangel in katastrophaler Weise aus; neben der fehlenden Gewichtszunahme findet man Hypoproteinämie, Anämie, Degeneration der Muskulatur und Störungen in der Entwicklung des Skelets (H. A. HARRIS, NEUBERG und SANGER; A. G. HOGAN und Mitarbeiter).

Erwachsene Tiere haben einen geringeren Lysinbedarf als wachsende. Daher hat z. B. das lysinarme Edestin für die ausgewachsene Ratte nahezu denselben biologischen Wert wie Lactalbumin, während es für das junge Tier völlig minderwertig ist. Aus dem gleichen Grunde hat Fleisch bei wachsenden Tieren einen guten Ergänzungswert für die Cerealienproteine, aber einen nur geringen bei älteren Tieren. Erwachsene Ratten können auch bei lysinarmen Kostformen bei guter Gesundheit bleiben (T. B. OSBORNE und L. B. MENDEL; E. W. BOURROUGHS, H. S. BOURROUGHS und H. H. MITCHELL; H. H. MITCHELL). Sie zeigen aber Fortpflanzungsstörungen, da der Östruscyclus durch Lysinmangel unterdrückt wird (R. COURRIER und R. RAYNAUD; P. B. PEARSON). Im Gegensatz zu OSBORNE, BOURROUGHS und MITCHELL messen P. A. WOLF und R. C. CORLEY sowie R. W. WISSLER und Mitarbeiter dem Lysin auch für die ausgewachsene Ratte eine größere Bedeutung bei, da in ihren Versuchen Lysinmangel sofort von schweren Gewichtsstürzen und negativer N-Bilanz begleitet war.

Alle bisherigen Erfahrungen weisen darauf hin, daß Lysin auch für den erwachsenen Menschen unentbehrlich ist. Das hat große praktische Bedeutung, da die Pflanzenproteine, insbesondere die für die Volksernährung so wichtigen Eiweißstoffe der Cerealien, relativ wenig Lysin enthalten. A. A. ALBANESE fand als Folgen des Lysinmangels Störungen der Menstruation, ferner subjektive Beschwerden wie Übelkeit, Kopfschmerzen, Schwindel und abnorme Empfindlichkeit gegen Lärm.

f) Methionin und Cystin.

T. B. Osborne und L. B. Mendel haben als erste die besondere Wichtigkeit der schwefelhaltigen Aminosäuren für die Ernährung erkannt. Sie fanden, daß man die biologische Wertigkeit vieler Proteine durch Zusatz von Cystin verbessern kann. Damals war Methionin noch unbekannt. W. C. Rose zeigte dann in seinen grundlegenden Untersuchungen über die essentiellen Aminosäuren, daß nur das Methionin in der Nahrung unersetzlich ist, da der Organismus Cystin aus Methionin bilden kann. Wachsende Tiere gedeihen, wenn das Futter nur Methionin, aber kein Cystin enthält. Offensichtlich besteht auch ein Bedarf an Cystin. Ein Teil des Methionin (etwa $^1/_5$ bis $^1/_6$) läßt sich daher bei Mensch und Tier durch Cystin ersetzen. Der Bedarf an Methionin wird also bei gleichzeitiger Zufuhr von Cystin um diesen Betrag ermäßigt. A. A. Albanese und Mitarbeiter konnten unlängst den Bedarf von Säuglingen im 4.—11. Monat zu 85 mg/kg l-Methionin bei fehlender Cystinzufuhr bestimmen, dagegen zu 65 mg/kg, wenn die Nahrung 1% Cystin enthielt.

Verfüttert man an junge, wachsende Ratten eine Diät, die weder Methionin noch Cystin enthält, so beobachtet man neben dem Wachstumsstillstand noch andere Ausfallssymptome: eine makrocytäre, hyperchrome Anämie, Hypoproteinämie und Ausscheidung einer vermutlich der Homogentisinsäure ähnlichen Substanz im Harn. Als Kardinalsymptom findet man schwere Lebernekrosen. Beide S-haltigen Aminosäuren sind wichtige Ernährungsfaktoren und unentbehrlich für eine normale Leberfunktion. Ihre Beziehungen zur Leber sind aber komplizierterer Art, weswegen ihnen ein besonderes Kapitel (S. 252) vorbehalten ist.

Methionin besitzt die Fähigkeit, bei Tieren den Eiweißumsatz durch Verbesserung der N-Bilanz ökonomischer zu gestalten. Bei einer eiweißarmen Kost verringert es die Einschmelzung von Körpereiweiß und ist daher eiweißsparend und die N-Retention verbessernd, was sich z. B. in beschleunigtem Wachstum oder in einer schnelleren Wiederherstellung von geschädigten Geweben auswirkt (L. L. Miller, M. Brush, W. William und P. P. Swanson; J. B. Allison, J. A. Anderson und R. D. Seeley; S. A. Localio, M. E. Morgan und J. W. Hinton). Keine andere der essentiellen Aminosäuren hat auch nur annähernd den gleichen Effekt.

Für den Menschen hat Methionin im Gegensatz zu den Befunden am Tier keine proteinsparenden Eigenschaften (C. Riegel, C. E. Koop und R. P. Gripper; R. M. Johnson, H. J. Deuel jr., M. G. Morehouse und J. W. Mehl). Die Zulage von je 3 g dl-Methionin hat keinen Einfluß auf die Höhe der N-Ausscheidung im Harn, gleichgültig ob die Eiweißzufuhr 75 g, 14 g oder 5 g Protein beträgt. Methionin beschleunigt beim Menschen die Wiederherstellung nach Verletzungen oder Verbrennungen nicht. Der Mensch hat offensichtlich einen geringeren Methioninbedarf als die (bisher untersuchten) Tiere. W. M. Cox und Mitarb. geben hierfür eine einleuchtende Erklärung: die Tiere benötigen mehr Methionin als der Mensch, weil sie ganz mit Haaren bedeckt sind und daher mehr Keratin aufbauen müssen. Keratine zeichnen sich bekanntlich durch ihren hohen Gehalt an schwefelhaltigen Aminosäuren aus. Daß eine cystinreiche Ernährung das Haarwachstum fördert, ist schon seit längerer Zeit bekannt (J. R. Beadles, W. M. Braman und H. H. Mitchell) und wird in der Zucht von Wollschafen praktisch nutzbar gemacht.

Der Befund, daß Methionin für den Menschen nicht die gleiche Wichtigkeit besitzt wie für die Tiere, klärt manche Widersprüche in der ernährungsphysiologischen Literatur auf, so z. B. die alte Streitfrage, ob Lactalbumin dem Casein hinsichtlich seines biologischen Wertes überlegen sei. In Tierversuchen hatte sich immer erwiesen, daß Lactalbumin einen höheren biologischen Wert besitzt als Casein, wie T. B. OSBORNE und L. B. MENDEL für die Ratte, H. B. LEWIS für den Hund, C. D. BAUER und C. P. BERG für Mäuse und J. ALMQUIST für Küken gezeigt hatten. Dagegen sind beide Proteine für den *Menschen* von gleichem Wert (A. J. MUELLER und W. M. COX jr.). Diese Tatsache sei besonders hervorgehoben, weil W. LINTZEL in der deutschen Literatur den besonderen Wert des Milcheiweiß für die menschliche Ernährung in Zweifel gezogen hat.

Die Proteine von Kuh- und Menschenmilch unterscheiden sich im wesentlichen nur durch ihren verschiedenen Gehalt an den S-haltigen Aminosäuren. Die menschliche Milch ist ärmer an Methionin, dafür aber reicher an Cystin. Nach R. J. BLOCK und D. BOLLING finden sich im Protein der Menschenmilch 2,4% Methionin und 1,6—4,0% Cystin gegen 3,5% Methionin und 0,7% Cystin im Eiweiß der Kuhmilch. Beide Milcharten haben für den Menschen denselben biologischen Wert und führen zu einer identischen N-Retention (H. E. HARRISON; H. H. GORSON, S. Z. LEVINE, M. A. WHEATLEY und E. MAPPLES). A. A. ALBANESE und Mitarb. betonen jedoch, daß für den Säugling hinsichtlich seiner Versorgung mit Methionin nur eine geringe Sicherheitsspanne vorhanden sei und daß gegen Ende des ersten Lebensjahres ein Methioninmangel auftreten könne. Beim künstlich ernährten Säugling ist die Sicherheitsspanne größer und die Gefahr eines Methioninmangels geringer.

Neuerdings hat A. GAJDOS mitgeteilt, daß Methionin in täglichen Dosen von 1—2 g Anämien günstig beeinflusse, da es als Baustein für das Globin benötigt werde.

Das Nahrungscystin läßt sich durch Glutathion ersetzen. Glutathion wird in der Darmwand und in der Leber leicht in seine Komponenten aufgespalten und aus ihnen wieder resynthetisiert. Der Glutathiongehalt der Leber hängt von der Höhe der Zufuhr an Methionin und Cystin mit der Nahrung ab. Durch eine vermehrte Zufuhr der S-haltigen Aminosäuren kann man ihn nicht über die Norm steigern. Dagegen läßt sich das umgekehrte leicht erzielen: durch eine an den S-haltigen Aminosäuren arme Ernährung wird der Glutathiongehalt der Leber, nicht aber derjenige der anderen Organe, stark reduziert (G. LEAF und A. NEUBERGER; LACLAU und MARENZI). Parenteral beigebrachtes Cystin bzw. Glutathion wird nicht gespeichert, sondern innerhalb kürzester Frist oxydiert, was aus der vermehrten Sulfatausscheidung im Harn zu ersehen ist.

Lanthionin, eine weitere schwefelhaltige Aminosäure, kann Cystin in der Ernährung vertreten (D. B. JONES, A. CALDWELL und M. J. HORN), jedenfalls in der dl-Form. meso-Lanthionin ist unwirksam (D. B. JONES, DIVINE und M. J. HORN).

g) Phenylalanin und Tyrosin.

Bei der wachsenden Ratte läßt sich etwa die Hälfte des benötigten Phenylalanin durch Tyrosin ersetzen (M. WOMACK und W. C. ROSE), ebenso bei Küken (GRAU). Tyrosin kann nur dann für Phenylalanin eintreten, wenn eine bestimmte Grenzmenge Phenylalanin zur Verfügung steht. Da Adrenalin und Thyroxin im Organismus aus Phenylalanin bzw. Tyrosin entstehen, wurde schon die Vermutung ausgesprochen, daß sich ein Mangel an diesen Aminosäuren in Unterfunktionen von Schilddrüse und Nebennierenmark auswirke. Der endgültige Beweis für diese Annahme ist aber noch nicht geführt worden. Der Tagesumsatz beider Hormone liegt in der Größenordnung weniger Milligramme!

Der normale Umsatz der cyclischen Aminosäuren Phenylalanin, Tyrosin und Dioxyphenylalanin ist an eine genügende Zufuhr von Ascorbinsäure gebunden (R. R. SEALOCK und Mitarb.). Skorbutische Meerschweinchen reagieren auf die Einverleibung der genannten Aminosäuren mit der Ausscheidung großer Mengen Homogentisinsäure, p-Oxyphenylbrenztraubensäure und p-Oxyphenylmilchsäure.

h) Threonin.

Über die spezifischen Folgen eines Threoninmangels ist bisher wenig bekannt geworden. Anscheinend bestehen Beziehungen zwischen der Wirkung von Threonin und Cholin. Nach einer Mitteilung von W. H. GRIFFITH und M. F. NAWROCKI verstärkt eine reichliche Zufuhr an Threonin die Fettinfiltration der Leber und die hämorrhagische Degeneration der Niere bei Cholinmangel, und zwar indirekt über eine Stimulierung des Stoffwechsels, welche den Bedarf an Cholin steigert und daher die Ausfallssymptome vergrößert.

i) Tryptophan.

Tryptophan wird zur Hämoglobinbildung benötigt; tryptophanarme Kostformen führen zur Anämie (G. FONTÉS und L. THIVOLLE; T. HAMADE; A. A. ALBANESE, L. E. HOLT, C. KAJDI und J. E. FRANKSTON). Tryptophan-Verabreichung verbessert die Hämoglobinbildung bei manchen Formen experimenteller Anämie wie z. B. der durch Phenylhydrazin hervorgerufenen (K. M. YESHODA und M. DAMODARAN). Weitere Folgen tryptophanarmer Ernährung sind Alopecie und Veränderungen des Zahnschmelzes. Tryptophan wird zur Fortpflanzung benötigt. Tryptophanarm aufgezogene Ratten beiderlei Geschlechts werden steril (W. F. KELLER). Schwerer Tryptophanmangel wird von Ratten nicht lange ertragen, meist erfolgt der Tod schon nach 6—13 Tagen (H. SPECTOR). Im terminalen Stadium treten schwere Krämpfe auf.

Kinder sind gegen Tryptophanmangel besonders empfindlich und haben pro kg Körpergewicht einen 5mal so hohen Bedarf an der Aminosäure als Erwachsene. Auf mangelnde Zufuhr reagieren sie außer mit Wachstumsstillstand und Anorexie noch mit einer Hypoproteinämie (A. A. ALBANESE und Mitarb.), die bei Erwachsenen nicht auftritt (L. E. HOLT und Mitarb.).

Der Mensch und die Tiere vermögen einen Teil des Tryptophan in Nicotinsäure überzuführen. Hierauf beruht die schon lange bekannte Antipellagra-Aktivität mancher Proteine wie z. B. der Milch. In einer noch unbekannten Art greift Pyridoxin in diesen Umwandlungsprozeß ein. Reichliche Tryptophanzufuhr verstärkt den Pyridoxinbedarf des Organismus. Näheres über diesen Fragekomplex siehe S. 227.

k) Valin.

Valin entfaltet im Organismus Wirkungen, die ein besonderes Interesse erwecken. Valinfrei ernährte Tiere geraten rasch in einen lebensbedrohenden Zustand. Sie werden gegenüber Berührung empfindlich und zeigen Koordinationsstörungen und Zwangsbewegungen (W. C. ROSE). Derartige Symptome des Valinmangels sind beim Menschen noch nicht beobachtet worden.

5. Die Ergänzung von Proteinen.

Mit der täglichen Nahrung wird ein Gemisch zahlreicher Eiweißkörper verschiedenen Ursprungs verzehrt. Maßgeblich für die Güte der Ernährung ist daher der biologische Wert dieses Gemisches. Es hat sich nun ergeben, daß der biologische Wert eines Proteingemisches deutlich höher liegen kann, als nach Art und Menge der einzelnen Komponenten zu erwarten gewesen wäre. Die Größenordnung des Effektes ist aus den folgenden Beispielen zu ersehen: H. H. MITCHELL bestimmte den biologischen Wert eines Gemisches aus 3 Teilen Mais und 1 Teil Milch für Ratten zu 75,5. Die Berechnung aus den Komponenten ergibt aber nur 67,1. 2 Teile Weizenmehl und 1 Teil Eierprotein haben einen biologischen Wert von 75; auf Grund der Berechnung wäre ein Wert von 66 zu erwarten gewesen.

Der Organismus benötigt die tägliche Zufuhr einer bestimmten Menge jeder essentiellen Aminosäure. Der biologische Wert eines Proteins wird im wesentlichen durch diejenige essentielle Aminosäure begrenzt, die in der geringsten Konzentration in ihm enthalten ist. Enthält nun die Nahrung zwei verschiedene Proteine, die beide an und für sich minderwertig sind, d. h. also eine oder mehrere der essentiellen Aminosäuren nicht oder in ungenügender Menge enthalten, so kann der Fall eintreten, daß das eine Protein gerade diejenige Aminosäure im Überschuß zuführt, die dem andern mangelt. Nehmen wir beispielsweise an, der eine Eiweißkörper sei arm an Methionin, aber reich an Lysin, und bei dem anderen Protein lägen die Verhältnisse gerade umgekehrt. Jedes der beiden Proteine hätte für sich allein genommen einen nur geringen biologischen Wert. Die Mischung der beiden Eiweißkörper ist aber hochwertig, denn sie enthält genügend Methionin und Lysin. Die beiden Eiweißkörper haben also die Fähigkeit, sich gegenseitig zu „ergänzen“. Eiweißmischungen ergänzen sich selbstredend nur dann, wenn sie gleichzeitig verfüttert werden, so daß alle Aminosäuren dem Organismus zur selben Zeit zur Verfügung stehen.

In den folgenden Tabellen sind die wichtigsten Eiweißkombinationen aufgeführt, bei denen sich eine gute Ergänzung, also eine Steigerung des biologischen Wertes ergeben hat, sowie diejenigen, bei denen dies nicht der Fall war.

Tabelle 79. *Eiweißkombinationen mit gutem Ergänzungswert.*

Cerealien	+ Fleisch oder innere Organe[1, 2, 3]
Cerealien	+ Milch[1, 15, 18]
Weizen	+ Milch, Fleisch oder Ei[4, 7, 20]
Weizen	+ Erdnuß[5]
Weizen	+ Hefe[6, 21]
Mais	+ Milch[8, 16, 21]
Mais	+ Erdnuß[9, 21]
Mais	+ Reiskleie[17]
Mais	+ „Tankage“[8, 19]
Mais	+ Hefe[21, 22]
Mais	+ Soja[21]
Hafer	+ Erdnuß[10]
Kartoffeln	+ Milch oder Lactalbumin[13]
Leguminosen	+ Innere Organe, Milch[1, 14]
Leguminosen	+ Weizen oder Roggen[11]
Leguminosen	+ Weizenkeime oder Roggenkeime[12]
Weizen	+ Fisch[23]

[1] McCollum, E. V., N. Simmonds und H. T. Pearson: J. Biol. Chem. **47**, 139, 207 (1921).
[2] Hoagland, R., und G. D. Snider: J. agr. Res. **32**, 1025 (1926); **34**, 279 (1927).
[3] Rose, M. S., und E. V. McCollum: J. Biol. Chem. **78**, 535, 549 (1928).
[4] Rose, M. S., und G. M. McLoad: J. Nutrit. **1**, 29 (1928).
[5] Eddy, W. H., und R. S. Eckman: J. Biol. Chem. **55**, 119 (1923).
[6] Kon, S. K., und Z. Markuze: Biochem. J. **25**, 1476 (1931).
[7] Mitchell, H. H., und G. G. Carman: J. Biol. Chem. **68**, 183 (1926).
[8] Mitchell, H. H.: J. Biol. Chem. **58**, 923 (1924).
[9] Jones, D. B., A. J. Finks und C. O. Johns: J. Franklin Institute **196**, 829 (1923).
[10] Smuts, D. B., und J. C. Marais: Onderpoort J. Vet. Sci. **11**, 151 (1939).
[11] Markuze, Z.: Biochem. J. **28**, 463 (1934).
[12] Stare, F. J., und D. M. Hegstedt: Fed. Proc. **3**, 120 (1944).
[13] Jones, D. B., und E. M. Nelson: J. Biol. Chem. **91**, 705 (1931).
[14] Basu, K. P., und M. K. Halder: Indian J. Med. Res. **16**, 189 (1934).
[15] Sherman, H. C., und J. Crocker: J. Biol. Chem. **53**, 50 (1922).
[16] Hart, E. B., und H. Steenbock: J. Biol. Chem. **42**, 167 (1920).
[17] Maynard, L. A., F. M. Fronda und T. C. Chen: J. Biol. Chem. **45**, 145 (1923).
[18] Hart, E. B., und H. Steenbock: J. Biol. Chem. **38**, 267 (1919).
[19] Mitchell, H. H., und C. H. Kick: J. agr. Res. **35**, 857 (1927).
[20] Osborne, T. B., und L. B. Mendel: J. Biol. Chem. **37**, 757 (1919).
[21] Sure, B.: J. Nutrit. **36**, 59, 65 (1948).
[22] Macrae, T. F., M. M. El-Sadr und K. C. Sellers: Biochem. J. **36**, 460 (1942).
[23] Kik, M. C., und E. V. McCollum: Amer. J. Hyg. **8**, 671 (1928).

Die beiden Tabellen lassen die allgemeine Gesetzmäßigkeit erkennen, daß die pflanzlichen Proteine durch tierisches Eiweiß gut ergänzt werden. Die Kombination Kartoffeln-Milcheiweiß ist nach eigener Erfahrung sehr glücklich. Die pflanzlichen Proteine besitzen untereinander im großen und ganzen keinen Ergänzungswert. Es ist insbesondere ernährungsphysiologisch nicht günstig, solche Proteine zu kombinieren, welche die gleichen biologischen Funktionen haben, also etwa Cerealien mit Cerealien, oder Leguminosen mit Leguminosen.

Ob sich Proteine gegenseitig gut ergänzen, konnte früher nur empirisch festgestellt werden. Da heute der Bedarf an den essentiellen Aminosäuren einigermaßen bekannt ist, läßt sich der Ergänzungswert von Nahrungsmitteln berechnen,

Tabelle 80. *Eiweißkombinationen ohne Ergänzungswert.*

Cerealien.	+ Cerealien[1]
Cerealien.	+ Kartoffeln[1]
Cerealien.	+ Soja[2]
Cerealien.	+ Gelatine[3]
Brot.	+ Gemüse[4]
Mais.	+ Soja[5]
Leguminosen	+ Kartoffeln[1]
Leguminosen	+ Leguminosen[6]
Leguminosen	+ Fleisch[1, 7]
Leguminosen	+ Fisch[8]

falls man ihre Aminosäurezusammensetzung kennt. Man kann nunmehr zielbewußt biologisch wertvolle Eiweißkombinationen zusammenstellen. Der Bedarf des Organismus an Aminosäuren ist nicht konstant; bei bestimmten physiologischen und pathologischen Zuständen (Wachstum, Gravidität, Rekonvaleszenz von Hungerzuständen oder konsumierenden Krankheiten, Lactation) ist er verändert. Eiweißmischungen, die für solche Spezialerfordernisse besonders geeignet sind, lassen sich ebenfalls „synthetisch" zusammensetzen.

Die Wertigkeitssteigerung von Proteingemischen hat eine große Wichtigkeit für Notzeiten, in denen nur wenige und großenteils minderwertige Nahrungsmittel zur Verfügung stehen. Durch eine zielbewußte und den Fortschritten der Forschung Rechnung tragende Ernährungslenkung ließe sich vermutlich viel Elend verhindern.

Die Fortschritte der chemischen Industrie lassen erwarten, daß in absehbarer Zeit manche der essentiellen Aminosäuren in so großem Umfange synthetisch gewonnen werden können, daß eine Aufwertung unvollständiger Proteine durch die ihnen fehlenden Aminosäuren in den Rahmen des Möglichen fallen wird. Auch durch diese Maßnahme wird sich manche Not hungernder Völker lindern lassen.

Der biologische Wert vieler Proteine wird durch den Mangel an Methionin begrenzt. Zugabe von synthetischem Methionin macht solche Proteine hochwertig. Als Beispiel seien die Leguminosen erwähnt. Die Tab. 81 und 82 führen zwei Versuchsergebnisse an, die zeigen, daß man das minderwertige Leguminoseneiweiß durch Ergänzung von Methionin nahezu bis zu einem vollwertigen Protein aufwerten kann.

[1] McCollum, E. V., N. Simmonds und H. T. Pearson: J. Biol. Chem. **47**, 139, 175 (1921).

[2] Basu, K. P., M. C. Nath und R. Mukherjee: Indian J. Med. Res. **24**, 1001 (1937). Landigham, van, A. H., und P. B. Lyon: Arch. Biochem. **13**, 475 (1947); Keith, T. P., und Mitarbeiter: J. Animal. Sci. **1**, 120 (1942).

[3] Mitchell, H. H.: J. Biol. Chem. **58**, 923 (1924).

[4] Rose, M. S., und G. McLoad: J. Nutrit. **1**, 29 (1928).

[5] Maynard, L. A., F. M. Fronda und T. C. Chen: J. Biol. Chem. **45**, 145 (1923).

[6] Basu, K. P., M. C. Nath und M. O. Ghani: Indian J. Med. Res. **23**, 789, 811 (1936).

[7] Lehrer, W. P., E. Woods und W. M. Beeson: J. Nutrit. **33**, 469 (1947).

[8] Kik, M. C., und E. V. McCollum: Amer. J. Hyg. **8**, 671 (1928).

Tabelle 81. *Ergänzung von Erbsen mit Methionin* (F. J. STARE und D. M. HEGSTEDT). Junge Ratten erhielten ein Futter mit jeweils 10% Protein.

	Gewichtszunahme pro g Protein
Ei	2,50 g
Erbsen	0,95 g
Erbsen + 0,3% dl-Methionin	2,04 g

Tabelle 82. *Ergänzung von Leguminosen mit Methionin* (W. C. RUSSELL und Mitarbeiter). Junge Ratten erhielten ein Futter mit jeweils 10% Protein.

	Gewichstzunahme pro g Protein
Trockenfleisch	3,0 g
Erbsen	0,4 g
Soja	1,6 g
Erbsen (oder andere Leguminosen) + 0,1% dl-Methionin	1,5—1,8 g
Leguminosen + 0,6% dl-Methionin	2,0 g

Es sei hervorgehoben, daß Methionin auch der begrenzende Faktor des biologischen Wertes der Soja ist.

Fleisch hat einen relativ niederen Gehalt an Methionin und kann daher durch Ergänzung mit dieser Aminosäure so aufgewertet werden, daß es den biologischen Wert des Volleies erreicht (LYMAN und Mitarb.; R. HOAGLAND und G. G. SNIDER). R. HOAGLAND, N. R. ELLIS, O. G. HANKINS und G. G. SNIDER geben für Rindfleisch einen mittleren Methioningehalt von 0,33% und einen Cystingehalt von 0,13% gegen 0,41% Methionin und 0,20% Cystin im Ei an. Mit 10% Fleischprotein ist die Methioninzufuhr noch nicht ausreichend, um ein optimales Wachstum von Ratten zu gewährleisten. Erst wenn das Futter 15% Fleischeiweiß enthält, wird der Bedarf an den S-haltigen Aminosäuren voll gedeckt.

Auch Casein ist nicht reich an Methionin und Cystin. M. C. KIK gab Ratten im Futter jeweils 9% Casein und bestimmte dessen biologischen Wert zu 75. Ergänzte er das Casein durch eine Zulage von täglich 25 mg Cystin, so stieg der biologische Wert auf 80; ersetzte er das Cystin durch 25 mg dl-Methionin, ergab sich ein biologischer Wert von 84.

Lysin ist der limitierende Faktor für den biologischen Wert der Cerealienproteine. Durch Ergänzung mit Lysin kann man ihren Wert daher heben (C. A. KUETHER und V. C. MYERS). Mais bedarf außerdem noch einer Zulage an Tryptophan (B. SURE), um ihn für Ratten hochwertig zu machen. Zein ist im Gegensatz zu dem Befund an der Ratte für den Säugling selbst nach Ergänzung mit Lysin und Tryptophan minderwertig, da es im Darm nur unvollkommen aufgespalten wird (A. A. ALBANESE und Mitarb.).

Tabelle 83. *Ergänzung von Cerealien durch Aminosäuren* (B. SURE). Ratten erhielten ein Futter, in dem die Cerealienmehle jeweils 89% ausmachten.

	Gewichtszunahme pro g Protein
Weizenmehl	0,88
Weizenmehl + 8 mg Lysin	1,22
Weizenmehl + 20 mg Lysin	1,45
Weizenmehl + 40 mg Lysin	1,60
Weizenmehl + 60 mg Lysin	1,86
Maismehl	1,21
Maismehl + 20 mg Lysin	1,16
Maismehl + 10 mg Tryptophan	1,21
Maismehl + 20 mg Lysin + 10 mg Tryptophan	2,10

Bei der Aufwertung von Proteinen durch Zugabe von Aminosäuren kann man des guten auch zu viel tun. Die Zufuhr höherer Dosen einzelner Aminosäuren kann sich nämlich recht ungünstig auswirken. Bei der Zulage von Aminosäuren muß man immer in den biologischen Grenzen bleiben. Es ist zu vermuten, daß diejenige Mischung von Aminosäuren, welche dem Bedarf des Menschen am nächsten kommt, auch den höchsten Wert für die Ernährung besitzt. Nach dem heutigen Stand unseres Wissens besitzt das Vollei die günstigste Zusammensetzung.

Eine übermäßige Zufuhr von Methionin wirkt schädlich, wie der folgende Versuch zeigt: C. F. KADE jr. und J. SHEPERD fütterten Ratten mit einer Nahrung, die 8% Casein enthielt. Zulagen von 1,0—1,5% dl-Methionin verbesserten dieses Ernährungsregime deutlich. Ein Zusatz von 2—3% dl-Methionin verursachte aber eine Verschlechterung und wirkte sich in einem verzögertem Wachstum aus.

Die Zufuhr von 0,2—0,3 g l-Tyrosin pro 100 g Ratte führt zu schweren Krankheitserscheinungen, wenn sie durch längere Zeit fortgesetzt wird. Verkürzung der Lebensdauer, Gewichtsverluste, Keratitis, Conjunctivitis, Alopecie, Cheilosis u. a. m. wurden als Folgen beschrieben (W. SCHWEIZER; Y. KOTAKE, Z. MATSUOKA und M. OKAGAWA; L. H. NEWBURGH und P. L. MARSH). Bei Hunden und Kaninchen wurden schwere Nephritiden beobachtet. N. F. SHAMBOUGH erzeugte bei Ratten und Kaninchen durch Verfütterung von Tyrosin Lebernekrosen. Anreicherung des Futters mit 3% Oxyprolin bewirkt bei jungen Ratten Wachstumsstörungen (M. WOMACK und W. C. ROSE).

D. H. SPRUNT injizierte eiweißarm gehaltenen Mäusen täglich je 15 mg Methionin und stellte fest, daß die Empfänglichkeit der Tiere gegen eine Infektion mit Schweine-Influenzavirus zunahm.

6. Die Verwertbarkeit von d-Aminosäuren.

Die Möglichkeit, minderwertige Proteine durch Zusatz der fehlenden Aminosäure aufzuwerten, und die Anwendung von Proteinhydrolysaten und Aminosäuremischungen zur parenteralen Ernährung lassen die Frage nach Verwertbarkeit und Verträglichkeit der d-Aminosäuren stellen. Die synthetisch hergestellten Aminosäuren sind ja Racemate und enthalten zur Hälfte die unnatürlichen Aminosäuren der d-Reihe.

Im Wachstumstest oder durch Feststellung, ob nach Verfütterung die Ausscheidung einer d-Aminosäure im Harn erfolgt, ferner durch Studium der entstehenden Stoffwechselprodukte ließ sich beweisen, daß einige der d-Aminosäuren vom tierischen Organismus verwertet werden können. Die Fähigkeit der Verwertung ist jedoch bei den einzelnen Tierarten verschieden. Eine Zusammenfassung der bisher bekannt gewordenen Befunde findet man in der Tab. 85. Die Verwertbarkeit einer d-Aminosäure hat ihre Umwandlung in die l-Form zur Voraussetzung.

Der biologische Wert von Aminosäuregemischen, welche Racemate solcher Aminosäuren einschließen, die unverwertbar sind (für den Menschen wären dies dl-Histidin, dl-Phenylalanin und dl-Tryptophan), ist geringer als der eines entsprechend zusammengesetzten Proteins (J. R. MURLIN und Mitarb.). Die Verabfolgung solcher Gemische ist demnach zum mindesten unökonomisch. Die Zufuhr größerer Mengen von d-Aminosäuren ist schädlich, wie ein Versuch von K. A. J. WRETLIND zeigt (Tab. 84).

Während geringere Zufuhren an racemischen Aminosäuren noch Gewichtszunahmen der Versuchstiere erlaubten, bewirkten höhere Konzentrationen Gewichtsstürze. Die intravenöse Applikation von Aminosäuregemischen, die nur l-Aminosäuren enthalten, kann rascher erfolgen, ohne daß es zu Übelkeit und anderen Zwischenfällen kommt, als wenn auch Racemate zugegen sind. dl-Serin wirkt stark toxisch und erzeugt Leber- und Nierenschäden, Proteinurie und eine hohe Sterblichkeit (W. N. FISHMAN und C. ARTOM).

Tabelle 84. *Die toxische Wirkung von d-Aminosäuren.*
Ratten erhielten alle essentiellen Aminosäuren nur als Racemate.

% der racemischen Aminosäuren im Futter	Tägliche Gewichtsveränderungen g
10	+ 0,33
20	+ 0,89
30	— 0,11
40	— 0,63

Tabelle 85. *Die Verwertbarkeit der d-Aminosäuren.*

Aminosäure	Mensch	Ratte	Maus	Küken
Arginin	+[1]	?[1]		
Histidin	—[2]	+[3]	+[4]	
Isoleucin		—[5, 6]	—[7]	—[9]
Leucin		+[8] —[6]	—[7]	—[9]
Lysin	+[10]	—[11]	—[4]	
Methionin	+[12]	+[13]	+[7]	
Phenylalanin	—[12]	+[6]	+[7]	+[14]
Threonin	+[10]	+[15]	+[7]	
Tryptophan	—[16]	+[17]	+[7] —[18]	+[19]
Valin		—[6]	—[7]	—[9]
Cystin	+[20]	—[21, 22]		
Tyrosin	—[23]	+[24]		

Wesentliche Unterschiede zwischen der Resorbierbarkeit von d- und l-Aminosäuren bestehen nicht. Die Nierenschwelle ist für manche d-Aminosäuren etwas tiefer gelegen als für die entsprechenden l-Formen (R. H. SILBER, A. O. SEELER und E. E. HOWE).

[1] ALBANESE, A. A., V. IRBY und J. E. FRANKSTON: J. Biol. Chem. **160**, 25 (1945).
[2] ALBANESE, A. A., V. IRBY und J. E. FRANKSTON: J. Biol. Chem. **160**, 441 (1945).
[3] COX, G. J., und C. P. BERG: J. Biol. Chem. **107**, 497 (1934).
[4] TOTTER, J. R., und C. P. BERG: J. Biol. Chem. **127**, 375 (1939).
[5] ALBANESE, A. A.: J. Biol. Chem. **157**, 613 (1945).
[6] ROSE, W. C.: Science **86**, 298 (1937).
[7] BAUER, C. D., und C. P. BERG: J. Nutrit. **26**, 51 (1943).
[8] RATNER, S., R. SCHOENHEIMER und D. RITTENBERG: J. Biol. Chem. **134**, 653 (1940).
[9] GRAU, C. R., und D. W. PETERSON: J. Nutrit. **32**, 181 (1946).
[10] ALBANESE, A. A.: Advances in Protein Chemistry III, 227. New York, 1947.
[11] BERG, C. P.: J. Nutrit. **12**, 671 (1936).
[12] ALBANESE, A. A.: Bull. Johns Hopkins Hospital **75**, 175 (1944).
[13] JACKSON, R. W., und R. J. BLOCK: J. Biol. Chem. **122**, 425 (1938).
[14] GRAU, C. R.: J. Biol. Chem. **170**, 661 (1947).
[15] WEST, H. D., und H. E. CARTER: J. Biol. Chem. **122**, 611 (1938).
[16] ALBANESE, A. A., und J. E. FRANKSTON: J. Biol. Chem. **155**, 101 (1944).
[17] BERG, C. P., und M. POTGIETER: J. Biol. Chem. **94**, 661 (1932).
[18] KOTAKE, Y., K. ICHIHARA und H. NAKATA: Z. Physiol. Chem. **243**, 353 (1936).
[19] WILKENING, M. C., und B. S. SCHWEIGERT: J. Biol. Chem. **171**, 209 (1947).
[20] ALBANESE, A. A.: J. Biol. Chem. **158**, 101 (1945).
[21] LAWRIE, N. R.: Biochem. J. **26**, 435 (1932).
[22] DU VIGNEAUD, V., R. DORFMAN und H. S. LORING: J. Biol. Chem. **98**, 577 (1932).
[23] ALBANESE, A. A., V. IRBY und M. LEIN: J. Biol. Chem. **166**, 513 (1946).
[24] BUBL, E. C., und J. S. BUTTS: J. Biol. Chem. **174**, 637 (1948).

Vor der chronischen Anwendung racemischer Aminosäuren in der menschlichen Ernährung muß gewarnt werden, so lange ihre Unschädlichkeit nicht einwandfrei erwiesen ist. Die Entdeckung von KÖGL, daß bösartige Tumoren d-Aminosäuren enthalten können, mahnt zur Vorsicht.

7. Die Ausscheidung von Aminosäuren im Harn.

Bei einer normalen Ernährung werden etwa 0,6—2,4 g Aminosäuren entsprechend etwa 0,1—0,4 g Amino-N pro Tag im Harn ausgeschieden. Nur ein Teil der Aminosäuren liegt im Harn in freier Form vor; ein nicht unerheblicher Prozentsatz ist peptidartig gebunden. Bei der Asparaginsäure und der Glutaminsäure ist dies in besonders hohem Maße der Fall. Eine Übersicht über die Ausscheidung der essentiellen Aminosäuren bei der gewöhnlichen Ernährung findet man in der Tab. 86.

Tabelle 86. *Ausscheidung der essentiellen Aminosäuren im Harn beim Menschen. Gesamtaminosäuren im 24-Stunden-Harn, mikrobiologisch bestimmt.*

Aminosäure	A. L. SHEFFNER und Mitarb.[1]	H.W. WOODSON und Mitarb.[2]	M. S. DUNN und Mitarb.[3]
Arginin	25,8 mg	23,7 mg	35,6 mg
Histidin	263,3	203,3	188,5
Isoleucin	17,5	20,3	19,3
Leucin	25,8	21,2	31,2
Lysin	100,0	73,2	83,1
Methionin	8,3	8,6	11,9
Threonin	60,0	53,8	57,8
Valin	20,8	19,8	29,0

Die Höhe der Eiweißzufuhr hat auf die Menge der ausgeschiedenen Aminosäuren nur geringen Einfluß. R. D. ECKARDT und C. S. DAVIDSON stellten bei einer Zufuhr von 150 g Eiweiß eine Gesamtausscheidung von 1,094 g Aminosäuren (0,4% der Einfuhr) und bei einer Eiweißaufnahme von 75 g eine Ausscheidung von 0,919 g Aminosäuren (0,6% der Einfuhr) fest. Bei eiweißfreier Kost fanden sie 0,494 g Aminosäuren pro Tag im Harn. Im Gegensatz zu den älteren Autoren betonen die jüngeren Untersucher, daß die Ausscheidung der Aminosäuren in keiner Beziehung zu der Exkretion anderer N-haltiger Harnbestandteile (Harnsäure, Harnstoff, Kreatinin, Ammoniak) steht und unabhängig vom Harnvolumen ist. Die eiweißsparende Wirkung großer Kohlenhydratmengen ist altbekannt. Verzehr von viel Kohlenhydrat senkt auch die Aminosäureausscheidung im Harn, und zwar in besonders hohem Maße die von Tryptophan (A. ALBANESE und Mitarb.). Im übrigen ist der Einfluß der Ernährungsart auf die Höhe der Aminosäureexkretion im Harn nur gering.

Lediglich der biologische Wert des Nahrungsproteins ist in dieser Beziehung von Wichtigkeit. Mit zunehmendem biologischen Wert wird die Menge an ausgeschiedenen Aminosäuren immer geringer. Verfüttert man dagegen ein Protein, in dem eine oder mehrere der essentiellen Aminosäuren gänzlich fehlen, so steigt die Aminosäureausscheidung steil an. Beispielsweise wurde Mäusen als einzige N-Quelle oxydiertes Casein gegeben, dem Cystin, Methionin und Tryptophan fehlten. Die Tiere schieden im Mittel 24,5% der Nahrungsaminosäuren im Harn aus. Der Organismus vermag aus solchem minderwertigen Protein kein Körpereiweiß aufzubauen und entledigt sich seiner daher rasch. Ein Teil der Aminosäuren wird

[1] J. Biol. Chem. **175**, 107 (1948).
[2] J. Biol. Chem. **172**, 613 (1948).
[3] Arch. Biochem. **13**, 207 (1947).

Tabelle 87. *Abhängigkeit der Aminosäurenausscheidung im Harn vom biologischen Wert des Nahrungsproteins* (H. E. SAUBERLICH und C. A. BAUMANN).

Mäuse erhielten ein Futter, das 8% Protein enthielt.

Nahrungsprotein	Aminosäuren im Harn in % der Aufnahme
Arachin	4,7
Casein	3,4
Fibrin	2,7
Eieralbumin . . .	1,5
Lactalbumin . . .	1,0

der niederen Nierenschwelle wegen ausgeschieden, der Rest fällt Desaminierungen und anderen Abbauprozessen anheim.

8. Der Gehalt des Blutes und der Organe an freien Aminosäuren.

Nach den Untersuchungen von O. WISS ist der Gehalt des Blutes an Aminosäuren von der Art der Ernährung abhängig. Seine Ergebnisse sind in der folgenden Tabelle zusammengefaßt.

Tabelle 88.

Der Aminosäuregehalt des Blutes in Abhängigkeit von der Art der Ernährung (Ratte).

Aminosäure in mg%	Hunger	kohlenhydratreich	eiweißreich	fettreich
Arginin	7,46	5,78	7,26	7,78
Histidin	1,7	1,7	1,8	1,6
Isoleucin	1,44	0,39	1,58	0,96
Leucin	2,51	1,24	2,06	1,52
Methionin	0,27	0,11	0,32	0,13
Phenylalanin	1,47	0,78	1,22	0,88
Threonin	2,8	1,66	3,16	1,9
Tryptophan	0,66	0,45	0,65	0,49
Valin	5,1	3,5	7,54	4,33
Lysin	8,8	8,14	13,3	8,6
Alanin	4,27	10,9	6,5	7,1
Asparaginsäure	0,68	0,84	0,9	0,8
Cystin	1,06	1,0	1,03	1,14
Glutaminsäure	14,4	20,1	10,9	20,3
Glykokoll	4,6	3,85	7,7	4,95
Oxyprolin	0,01	0,11	0,81	0,08
Prolin	1,66	2,52	2,9	2,96
Serin	1,56	2,44	2,52	4,15
Tyrosin	1,09	0,62	0,68	0,87

Auch der Aminosäuregehalt der Leber und der anderen Organe wird durch die Ernährung beeinflußt (O. WISS). Nach den Untersuchungen von H. T. THOMPSON, P. E. SCHURR, L. M. HENDERSON und C. A. ELVEHJEM sowie P. E. SCHURR, H. T. THOMPSON, L. M. HENDRRSON und C. A. ELVEHJEM zeigt das Verhalten der Aminosäuren in den Geweben beim Hunger keine allgemeine Gesetzmäßigkeit. Meist findet man erhöhte Werte, mit Ausnahme von Prolin, das in allen Geweben, Histidin, das in Muskel und Gehirn, Valin und Phenylalanin, die im Gehirn, Threonin, das in der Milz abnimmt. Bei einer N-Verarmung des Organismus bleiben die Aminosäurekonzentrationen konstant oder zeigen fallende Tendenz, wobei aber zwischendurch Steigerungen über die Norm vorkommen können.

9. Die parenterale Ernährung mit Plasma, Proteinhydrolysaten und Aminosäuregemischen.

Traumen und chirurgische Eingriffe führen zu großen Eiweißeinbußen des Organismus. Die Gewebsschädigung als solche bedingt schon eine negative N-Bilanz. Hinzu kommen direkte Eiweißverluste durch verlorenes Blut, Absonderung von Wundsekreten, Bildung von Eiter, Abstoßen von Nekrosen usw. Zumeist sind die hohen N-Ausgaben noch mit verringerten Einnahmen verbunden, da der Appetit herabgesetzt ist. Lang anhaltende negative N-Bilanzen entsprechend 20, 30, ja 40 g Eiweiß pro Tag sind schon beobachtet worden. Die Folgen der Eiweißverarmung sind verzögerte Wundheilung, Verminderung der Resistenz gegen Infektionen, Störungen der Magen-Darmfunktion u. a. m. Die Zufuhr ausreichender Proteinmengen ist daher in diesen Fällen eine unerläßliche therapeutische Maßnahme. Auf natürlichem Wege ist sie nicht immer, oder nicht mit der genügenden Geschwindigkeit durchführbar. Die schönen Untersuchungen von WHIPPLE und seinen Mitarb. haben gezeigt, daß nur ein Bruchteil des mit der Nahrung aufgenommenen Proteins zur Neubildung von Körpereiweiß (z. B. Plasmaeiweiß oder Hämoglobin) verwendet wird. Mit abnehmendem biologischen Wert des Nahrungsproteins tritt die Synthese von Körpereiweiß immer mehr zurück. Der Nutzeffekt parenteral beigebrachten Proteins zur Eiweißsynthese ist besser. Aus den genannten Gründen ist es daher bei chirurgischen Erkrankungen mitunter angezeigt, einen großen Teil des benötigten Proteins parenteral zu verabreichen.

Tabelle 89. *Zusammensetzung der Serumalbumine.*

Aminosäure	Mensch	Rind	Hund
Arginin	6,2%	6,2%	5,8%
Histidin	3,5	3,8	3,1
Isoleucin	1,7	2,9	2,2
Leucin	11,0	13,7	10,9
Lysin	12,3	12,4	9,6
Methionin	1,3	0,8	1,7
Phenylalanin	7,8	6,2	6,9
Threonin	5,0	6,5	4,0
Tryptophan	0,2	0,6	1,7
Valin	7,7	6,5	7,6
Cystin	5,6	6,5	4,3
Tyrosin	4,7	5,5	5,4

Zuerst bediente man sich mit Erfolg der Infusion von arteigenem Serum oder Plasma. Sie hat aber erhebliche Nachteile: der Eiweißgehalt von Serum ist relativ gering, und der biologische Wert der Serumproteine des Menschen ist wegen ihres niederen Gehalts an Isoleucin und Tryptophan nicht hoch (D. M. HEGSTED, G. M. KIBBIN und F. J. STARE). Die Proteine von Rinderserum haben einen wesentlich höheren biologischen Wert (G. H. WHIPPLE und S. C. MADDEN; D. MELNICK, G. R. COWGILL und E. BURACK). Die Aminosäurezusammensetzung ist in der Tab. 89 wiedergegeben. Bei Aufnahme per os benötigt ein gesunder Mensch etwa 50 g Rinder-Serumalbumin zur Aufrechterhaltung des N-Gleichgewichts (R. D. ECKHARDT und Mitarb.). Ein entscheidendes Hindernis für eine breitere Anwendung der Seruminfusionen ist ihr hoher Preis, da für eine einzige Dosis schon mehrere Blutspender benötigt werden. Die Arbeiten zur Desantigenisierung von Tierseren sind noch nicht so weit fortgeschritten, um einen Ersatz von Menschenserum in größerem Umfange durch Tierserum zu ermöglichen.

Beim Hund zeigt der Verlust von 1 g Serumeiweiß eine Verminderung des Eiweißbestandes des Organismus um 30 g Organeiweiß an. Wenn diese Relation auch für den Menschen gilt und das Serumeiweiß gleichfalls mit dem Organeiweiß im Gleichgewicht steht, so ergibt sich rein rechnerisch, daß die Infusion von 500 cm³ Plasma (entspr. 30 g Protein) nur eine Zunahme des Plasmaeiweiß um 1 g bedingen kann. Das entspräche bei einem Plasmavolumen von 2500 cm³ einer Zunahme des Eiweißgehalts um 0,04% (S. C. WERNER). In der Tat wurden auch nach Plasmainfusionen beim Menschen keine Erhöhungen des Plasmaeiweißspiegels beobachtet. Dies gilt aber nur für eine oder wenige Infusionen von Plasma. R. TERRY, D. R. HAWKINS, E. H. CHURCH und G. H. WHIPPLE haben durch lange Zeit hindurch fortgesetzte große Plasmainfusionen bei Hunden Hyperproteinämien bis zu 11,5% Eiweißgehalt erzeugt. Wenn in diesen Versuchen der Plasmaeiweißspiegel auf 9,6—10,4% angestiegen war, trat eine Albuminurie auf, die den Verdacht nahelegt, daß für Plasmaeiweiß eine Nierenschwelle besteht.

Heute gibt man an Stelle des genuinen Eiweiß meistens Proteinhydrolysate, die entweder durch Säurehydrolyse oder encymatische Aufspaltung hergestellt werden. Bei der Säurehydrolyse wird das Tryptophan zerstört. Es muß daher nachträglich wieder zugesetzt werden. Bei der Infusion einwandfrei hergestellter Hydrolysate ist die Zahl der Nebenreaktionen (allergischer und pyrogener Art) nur gering. E. ELMAN sah bei 2729 Infusionen zu je 1 l in 0,8% der Fälle Nebenreaktionen, J. J. WEINSTEIN bei einer ähnlich großen Anzahl in 0,72%. Die intravenöse Applikation von Hydrolysaten bewirkt eine nur kurz anhaltende Steigerung des Aminosäuregehalts des Bluts. Meist ist innerhalb von 2 Std nach Beendigung der Zufuhr der alte Ausgangswert wieder erreicht. Der größte Teil der infundierten Aminosäuren wird zur Eiweißsynthese verwandt. Die Ausscheidung von Aminosäuren im Harn nimmt nicht wesentlich zu, wobei sich eine Abhängigkeit von der Infusionsgeschwindigkeit ergibt. Je langsamer infundiert wird, desto geringer ist die Ausscheidung im Harn (Tab. 90). Die Infusion muß im übrigen schon aus Gründen der Verträglichkeit langsam erfolgen.

Tabelle 90. *Einfluß der Geschwindigkeit der Infusion eines Aminosäuregemischs auf die Höhe der Aminosäurenausscheidung im Harn beim Menschen* (R. D. ECKHARDT und C. S. DAVIDSON).
Es wurden jeweils 500 cm³ 10%iges Aminosäuregemisch infundiert.
Langsame Infusion = 2 mg Amino-N/kg/min.
Schnelle Infusion = 10 mg Amino-N/kg/min.

Aminosäure	Ausscheidung in 24 Stunden			
	langsam infundiert		schnell infundiert	
	mg	% der Zufuhr	mg	% der Zufuhr
Arginin	8,7	0,3	37,8	1,5
Histidin	206	12,9	231	14,4
Isoleucin	9,6	0,2	98,6	2,6
Leucin	45,7	0,6	281	3,6
Lysin	149	3,5	354	8,4
Methionin	34,4	1,1	169	5,3
Phenylalanin	43,1	1,6	175	6,5
Threonin	155	14,1	196	17,8
Tryptophan	22,7	5,7	33,8	8,4
Valin	42,1	1,4	196	6,3
Summe	716	2,3	1772	5,8

Die gute Verwertbarkeit von parenteral beigebrachten Eiweißhydrolysaten wird durch die resultierende positive N-Bilanz erhärtet.

Zwischen den Wirkungen von parenteral verabreichten Hydrolysaten und solchen, die per os gegeben wurden, bestehen jedoch Unterschiede. R. D. ECKHARDT und C. S. DAVIDSON fanden Unterschiede bezüglich der Ausscheidung von

Aminosäuren im Harn (Tab. 91). Weiterhin erhoben sie den interessanten Befund, daß der Tagesbedarf an Phenylalanin bei parenteraler Gabe wesentlich höher lag, als bei Verfütterung der Aminosäure.

Tabelle 91. *Ausscheidung von Aminosäuren im Harn nach Verabreichung von Proteinhydrolysaten beim Menschen* (R. D. ECKHARDT und C. S. DAVIDSON).

Art der Einverleibung	mg Amino-N in 4 Std	Amino-N im Harn in % der Zufuhr
80 g Casein ungespalten per os	20	0,4
80 g Casein als Hydrolysat per os	158	2,9
80 g Casein als Hydrolysat parenteral	504	9,4

Die bisher aufgeführten Versuche lassen vermuten, daß es für den Organismus gleichgültig ist, ob er seinen Eiweißbedarf durch Verzehr von intaktem Eiweiß oder von Aminosäuregemischen bzw. Eiweißhydrolysaten deckt. Diese Vermutung ist aber nicht in allen Punkten zutreffend. W. C. ROSE hat nachgewiesen, daß — selbst bei einer hohen N-Zufuhr — zur Aufrechterhaltung des N-Gleichgewichts eine wesentlich höhere Energieaufnahme notwendig ist, wenn Aminosäuregemische verfüttert werden, als wenn intaktes Eiweiß verzehrt wird (Tab. 92). Eine Erklärung läßt sich für diesen auffallenden Befund einstweilen noch nicht geben. Es sei aber ausdrücklich betont, daß es heute sicher erwiesen ist, daß sich der Eiweißbedarf des wachsenden und des erwachsenen Organismus auch in langfristigen Versuchen voll durch Verabreichung von richtig zusammengesetzten Proteinhydrolysaten decken läßt.

Tabelle 92. *Calorienbedarf bei Verzehr von Eiweiß und von Aminosäuregemischen* (W. C. ROSE). Die Versuchsperson von 71,7 kg Gewicht erhielt in allen Versuchsperioden eine N-Aufnahme von 10 g pro Tag.

Quelle des Nahrungs-N	Versuchsdauer Tage	Calorienzufuhr pro kg	Mittlere N-Bilanz g
Casein ungespalten	6	45	+ 0,48
	7	35	+ 0,14
Säurehydrolysat von Casein	8	35	— 0,29
	6	45	+ 0,50
9 essentielle Aminosäuren	5	45	+ 0,33
	6	35	— 0,91
20 Aminosäuren	6	35	— 0,93
Casein ungespalten	5	35	+ 0,46
Encymatisches Hydrolysat von Casein	6	35	— 0,09

Zur parenteralen Ernährung sind auch schon partielle Hydrolysate verwandt worden, d. h. Hydrolysate, bei denen die Aufspaltung des Eiweiß nur so weit getrieben wurde, daß etwa 25—50% der Aminosäuren in Freiheit gesetzt waren. Solche Hydrolysate enthalten also viel Peptide. Nach der Infusion derselben werden große Mengen von Peptiden im Harn ausgeschieden. C. J. SMITH und Mitarb. fanden im Durchschnitt 11% der zugeführten Peptide im Harn wieder, H. H. N. CHRISTENSEN sogar über 30%.

Ein Nachteil der parenteralen Ernährung mit Proteinhydrolysaten besteht in dem großen Flüssigkeitsvolumen, das zwangsläufig verabfolgt werden muß. Die Deckung des Tagesbedarfs an Eiweiß erfordert die Infusion von 2—3 l Hydrolysat. Da die Infusionsgeschwindigkeit zwecks Vermeidung von Nebenreaktionen nur gering gehalten werden kann, braucht man viel Zeit, um die benötigte Aminosäuremenge beizubringen. Ein für die Anwendung dieser Ernährungsart wichtiger Gesichtspunkt wurde noch nicht erwähnt; es ist der Umstand, daß durch die Hydrolyse alle eine Allergie hervorrufenden Substanzen zerstört werden.

10. Die wünschenswerte Höhe der Eiweißzufuhr.

Von jeher hatte die Frage nach dem Eiweißbedarf des Menschen das größte theoretische und praktische Interesse. Sie läßt sich heute insoweit beantworten, als man sagen kann: Die Proteinzufuhr muß so bemessen sein, daß der Bedarf an den essentiellen Aminosäuren gedeckt ist. Legen wir die auf S. 133 wiedergegebenen Zahlen für den Aminosäurebedarf zugrunde, so ergibt die Berechnung, daß er mit etwa 30—40 g der tierischen Proteine gedeckt ist, daß aber wesentlich höhere Zufuhren an den pflanzlichen Proteinen vonnöten sind. So hohe Zahlen stehen aber im Widerspruch mit der Erfahrung, insbesondere mit den Beobachtungen der Kriegs- und Nachkriegsjahre. Man muß daraus schließen, daß das letzte Wort über den Aminosäurebedarf des Menschen noch nicht gesprochen und ein Teil der angeführten Werte revisionsbedürftig ist. Da man heute demnach noch keine konkreten Angaben über den wahren Eiweißbedarf machen kann, muß man sich darauf beschränken, die wünschenswerte Höhe der Zufuhr zu umreißen.

Die exakte Bestimmung des Eiweißbedarfs stößt auf verschiedene Schwierigkeiten.

1. Zwar ist die Höhe des absoluten N-Minimums bekannt; wir haben auch befriedigende Kenntnisse über den Eiweißbedarf für einzelne physiologische Funktionen, wie z. B. Ersatz von Körpereiweiß, Wachstum usw. Man ist aber von einer vollen Kenntnis aller Faktoren des Eiweißhaushaltes noch weit entfernt. Es ist daher nicht möglich, durch Addition aller Posten den Eiweißbedarf einwandfrei zu berechnen.

2. Das physiologische Eiweißminimum liefert uns aus Gründen, die im folgenden noch ausführlicher zu erörtern sind, keine Basis für die Berechnung des Bedarfs.

3. Untersuchungen über die Frage, wieweit man die Proteinzufuhr einschränken kann, bis sich Zeichen einer Beeinträchtigung von Gesundheit und Leistungsfähigkeit bemerkbar machen, können nicht zum Ziele führen. Die lange Dauer, die solche Versuche erfordern, wenn sie einwandfrei sein sollen, die Beschränkungen, welche dabei der Lebensführung auferlegt werden müssen, die Einförmigkeit der zu verabreichenden Kost und noch andere Umstände lassen solche Versuche von vornherein scheitern.

Die Höhe der wünschenswerten Eiweißzufuhr hat von jeher nicht nur die Ärzte, sondern auch Politiker, Volkswirtschaftler, Landwirte und nicht zuletzt auch die Allgemeinheit, insbesondere aber die in guten Zeiten üppig wuchernden Ernährungssektierer brennend interessiert. Zwei extreme Anschauungen standen sich lange Zeit mehr oder minder feindlich gegenüber. Die eine vertrat den Standpunkt, die Proteinzufuhr müsse hoch sein, die andere setzte sich für einen möglichst niederen Eiweißkonsum ein. Die moderne Ernährungsphysiologie hat eine mittlere Stellung bezogen. Man verfügt heute über unzweideutige Beweise, daß eine zu niedere, sich an der Grenze des physiologischen Eiweißminimums bewegende Eiweißaufnahme keine optimalen Lebensbedingungen schafft. Die Hungerjahre der Kriegs- und Nachkriegszeit haben die Gefahren einer Eiweißunterernährung in einem unfreiwilligen Massenexperiment nachdrücklich genug vor Augen geführt.

Wie erwähnt kann das N-Gleichgewicht schon mit 2—3 mg N pro Calorie Grundumsatz, entsprechend einer Eiweißzufuhr von 20—30 g im Tag erreicht werden (S. 124). In der Literatur findet man eine Reihe von Mitteilungen, in denen derart niedere Eiweißaufnahmen auf Grund relativ langfristiger Ernährungsversuche einzelner Personen empfohlen werden. Erwähnt seien in dieser Beziehung der Versuch von B. Süsskind, der allerdings mit seinem Ernährungsregime schlechte Erfahrungen machte (siehe auch die Kritik des Versuchs durch

M. Rubner), die Schilderung von C. Röse, der eine beachtliche körperliche Leistungsfähigkeit unter Beweis stellte, die Erfahrungen von E. Schmid, der sich davon überzeugte, daß sehr niedere Eiweißzufuhren keine optimalen Lebensbedingungen darstellen, und der Bericht von I. Abelin und E. Rhyn, in dem die gute körperliche und psychische Leistungsfähigkeit der Versuchsperson hervorgehoben wird. So interessant solche Mitteilungen auch an und für sich sind, so darf man ihre Bedeutung doch nicht überschätzen. Sie sind heuristische Beiträge, aber zur endgültigen Lösung des angeschnittenen Problems tragen sie nicht viel bei. Es handelt sich dabei um zu wenige Personen, die unter zu wenig festgelegten Bedingungen zu kurze Zeit beobachtet wurden, wobei zumeist noch zu wenige exakte Messungen von Stoffwechselgrößen oder physischen Daten erfolgten. Außerdem waren die Versuchspersonen psychisch voreingenommen und an dem Ausfall ihres Versuchs interessiert, da bei ihnen die Richtigkeit ihrer Lehre weltanschaulich fixiert war.

Eine Lebensführung in unmittelbarer Nähe des physiologischen Eiweißminimums bedeutet ein Leben an der Grenze einer Regulationsfähigkeit. Schon allein dieser Umstand wird jedem Arzt, der naturwissenschaftlich denkt, den Verdacht nahelegen, daß die Lebensbedingungen in diesem Fall unmöglich optimal sein können. Das physiologische Eiweißminimum ist keine konstante Größe, sondern durch endogene und exogene Einflüsse variierbar. Belastungen des Organismus, beispielsweise schon durch den kleinsten Infekt vergrößern es. Daher besteht dauernd die Gefahr, daß das N-Gleichgewicht nicht mehr aufrecht erhalten werden kann. Es wurde in den zitierten Arbeiten auch in der Tat des öfteren unterschritten. Einige experimentell festgestellte Tatsachen sind aber noch schwerwiegender als diese allgemeinen Bedenken.

Manche Versuche haben ergeben, daß der minimale Proteinbedarf des Menschen nicht völlig gedeckt ist, auch wenn gerade eben ein N-Gleichgewicht erreicht wurde. Unter den Bedingungen des physiologischen N-Minimums sind die Werte für Plasmaeiweiß und Hämoglobin noch subnormal (C. F. Wang, A. Lapi und D.M. Hegsted); auch wurden schon beginnende anatomische Veränderungen der Leber festgestellt. Nicht minder wichtig ist die Feststellung von H. Kraut und G. Lehmann und H. Michaelis, daß die volle körperliche Leistungsfähigkeit und psychische Leistungsfähigkeit („Leistungsbereitschaft") erst dann erreicht werden, wenn eine das physiologische Eiweißminimum (von den Autoren als Bilanzminimum bezeichnet) bei weitem übersteigende Eiweißmenge verzehrt wird. Seit dem klassischen Versuch von Fick und Wislicenus, die im Jahre 1866 bei der Besteigung des Faulhorns keine Zunahme der N-Ausscheidung beobachteten, weiß man, daß die für die Muskelarbeit benötigte Energie nicht durch den Umsatz von Eiweiß aufgebracht wird. Trotzdem verlangt die volle körperliche Leistungsfähigkeit offensichtlich eine Mehrzufuhr an Eiweiß. Die Mindestmenge an Eiweiß, die zur Erzielung einer maximalen Arbeitsleistung erforderlich ist, wird von Kraut und Lehmann als „funktionelles Eiweißminimum" bezeichnet und ist bei etwa 65—70 g Eiweiß gelegen. Eine darüber hinausgehende Vermehrung der Proteinzufuhr ist ohne Effekt auf die Leistungsfähigkeit. Körperliches Training erfordert erhöhte Eiweißaufnahmen, da beträchtliche Mengen Muskulatur aufgebaut werden müssen. Auch die Aufrechterhaltung einer großen Muskelmasse zwingt dem Organismus einen vermehrten Eiweißumsatz auf.

Die wünschenswerte Eiweißzufuhr muß demnach wesentlich höher liegen als das physiologische Eiweißminimum. Man hat dies schon immer vermutet und daher den Begriff des „hygienischen Eiweißminimums" eingeführt. Man verstand darunter diejenige Eiweißmenge, deren Zufuhr zur Aufrechterhaltung der vollen Gesundheit und Leistungsfähigkeit erforderlich ist. „Physiologisches Eiweißminimum" und „hygienisches Eiweißminimum" sind unglückliche und unhaltbare Sprachschöpfungen; sie sollten aus der ernährungsphysiologischen Nomenklatur ausgemerzt werden. Es wird daher hier vorgeschlagen, den Ausdruck „physiologisches Eiweißminimum" durch den von KRAUT und LEHMANN geprägten Begriff „Bilanzminimum" zu ersetzen. An Stelle von „hygienischem Eiweißminimum" sollte man von „wünschenswerter Eiweißzufuhr" sprechen, bis wir auf Grund fortgeschrittener Kenntnisse den Eiweißbedarf präzisieren können.

Über den Eiweißbedarf der Laboratoriumstiere sind wir relativ gut unterrichtet. Die grundlegenden Versuche von MCCOLLUM und seinen Mitarb. hatten erwiesen, daß bei Ratten mindestens 9% biologisch hochwertiges Eiweiß im Futter enthalten sein müssen, um den Ablauf aller Lebensvorgänge über Generationen hinweg zu ermöglichen. SLONAKER fand optimales Wachstum, Lebensdauer und Bewegungsdrang, wenn die Ratten 14—18% Eiweiß im Futter hatten. OSBORNE und MENDEL haben in ihren systematischen Untersuchungen über den Einfluß der Ernährung auf das Wachstum nur dann optimale Verhältnisse gesehen, wenn der Proteingehalt des Futters über 12% lag. In neuester Zeit von GOETTSCH durchgeführte Experimente ergaben bei der Beobachtung vieler Generationen von Ratten ein optimales Wachstum bei 16,7% Eiweiß. In Wachstumsversuchen an anderen Tieren hat man Zahlen erhalten, die sich in der gleichen Größenordnung bewegen: 15,6% für Mäuse (BING, LLOYD und BOWMAN), 15—17% für Schweine (MILLER und KEITH), 19—30% für Küken (MILNE).

H. C. SHERMAN und H. L. CAMPBELL haben Ratten nunmehr schon seit über 60 Generationen bei einem Futter gehalten, das aus 1 Teil Milchpulver und 5 Teilen Vollweizen besteht, und in dem das Eiweiß rund 16% der Calorien ausmacht. Eine Änderung des Futters durch Mischen von 1 Teil Milchpulver mit nur 3 Teilen Weizen, wodurch der Proteingehalt auf 24% der Calorien vermehrt wurde, wirkte sich in jeder Beziehung günstig auf die Tiere aus: das Wachstum wurde beschleunigt, die Geschlechtsreife früher erreicht, die Zeitspanne der Fortpflanzungsfähigkeit verlängert und die Zahl der geworfenen Jungen vergrößert. Diese Umstellung der Ernährung bringt aber nicht nur einen Zuwachs an Eiweiß, sondern auch an Nahrungsfaktoren wie Calcium. H. C. SHERMANN und C. S. PEARSON haben daher in einer weiteren Versuchsreihe der Grundnahrung Fleisch zugelegt. Da auch hier derselbe günstige Einfluß auf die Versuchstiere erzielt wurde, läßt sich nicht bezweifeln, daß in erster Linie die Vermehrung der Eiweißaufnahme hierfür verantwortlich zu machen ist. Weitere Angaben über die bessere Entwicklung von Ratten bei eiweißreichen Diätformen verdanken wir R. T. CONNER, HSUEH-CHUNG und H. C. SHERMAN. Ein hoher Eiweißgehalt des Futters ist auch für den Aufbau des Knochens wichtig. Kostformen, in denen ein so hochwertiger Eiweißkörper wie Lactalbumin in nur 9% oder noch weniger vertreten war, ergaben eine nur suboptimale Entwicklung des Skelets (H. E. ESTREMERA u. W. D. ARMSTRONG).

Alle diese Versuche erweisen, daß bei den aufgeführten Tieren optimales Wachstum eine Eiweißzufuhr in Höhe von rund 15—25% zur Voraussetzung hat. Dementsprechend findet man auch, daß der Eiweißgehalt der Milch von Tieren in diesem Bereich liegt und etwa der Wachstumsgeschwindigkeit parallel läuft (Tab. 93).

Eine Eiweißzufuhr in Höhe von etwa 15% der Calorien wird aber von diesen Tieren nicht nur zum optimalen Wachstum, sondern auch für einen optimalen Ablauf aller anderen Lebensprozesse (Fortpflanzungs- und Lebensdauer) benötigt.

Die im Tierversuch an Ratten gewonnenen Zahlen lassen sich nicht ohne weiteres auf den Menschen übertragen. Der Säugling wächst viel langsamer als ein junges Tier. Die Lebensvorgänge des Erwachsenen laufen langsamer und weniger intensiv ab, als bei den ausgewachsenen Laboratoriumsratten. Schon die

Bedürfnisse für Fortpflanzung und Lactation sind wesentlich geringer, als die der Versuchstiere mit ihrer raschen und großen Vermehrung.

Tabelle 93. *Eiweißgehalt der Milch und Wachstumsgeschwindigkeit* (M. RUBNER).

Tierart	Eiweißgehalt der Milch in Prozenten der Gesamtcalorien	Zeit bis zur Verdopplung des Geburtsgewichtes
Kaninchen	40,7	6 Tage
Hund	26,1	8 ,,
Schwein	22,6	12 ,,
Kalb	26,3	47 ,,
Pferd	28,2	60 ,,
Mensch	12,9	180 ,,

Analysen der Nahrung gut ernährter und im besten körperlichen Zustand befindlicher Personen ergeben im allgemeinen Eiweißgehalte von 10—15%. Eine Zusammenstellung der einschlägigen Befunde wurde unlängst von CUTHBERTSON veröffentlicht. Im Durchschnitt enthält die menschliche Nahrung 12—13% Eiweißcalorien. In der Tab. 94 sind willkürlich einige statistische Angaben über Calorienzufuhr und Eiweißaufnahme von Bevölkerungsgruppen zusammengestellt, wobei gute und schlechte Ernährungsverhältnisse berücksichtigt sind.

Tabelle 94. *Durchschnittswerte für den Eiweißgehalt der menschlichen Kost.*

Gegend und Jahr	Calorienzufuhr	Eiweißzufuhr	
		in g	in % der kcal.
Weltdurchschnitt vor 1914	2800	84	12,6[1]
Deutschland vor 1914	2770	81	11,9[1]
Deutschland 1927/28*	2500—3250	69—100	11,6—12,9[2]
Basel 1936/37	3273	93	11,9[3]
Schweden 1945	3700	105	11,8[4]
Marseille 1945	2150	70	13,7[5]
Wien 1945	2040	70	14,4[6]
Mainz 1946/47**	1120	32	12,1[7]

* Bezogen auf die Vollperson.
** Für den „Normalverbraucher“.

Die Aufstellung von Kostformen, die weniger als 10 Calorienprozente Eiweiß enthalten, ist schwierig, da die meisten Lebensmittel eiweißreicher sind. Bespielsweise macht das Eiweiß im Brot, das ja kein besonders proteinreiches Nahrungsmittel ist, rund 13—14% der Calorien aus.

Das Gesagte erweist, daß die Eiweißzufuhr bei der üblichen Ernährung immer ausreichend ist, den Bedarf zu decken, vorausgesetzt, daß das Calorienbedürfnis befriedigt wird und das verzehrte Eiweiß nicht minderwertig ist. Eine calorisch unzulängliche Ernährung führt immer automatisch zu Eiweißmangelzuständen. Diese Feststellungen gelten aber nur für unsere europäischen Ernährungsverhältnisse. In anderen Teilen der Welt, insbesondere im fernen Osten, leben viele Menschen von sehr eiweißarmen Lebensmitteln (z. B. Reis), so daß dort ungenügende Eiweißzufuhr auch bei völliger Deckung des Energiebedarfs möglich ist.

In den klassischen Kostmaßen z. B. von C. VOIT oder ATWATER wurde eine Tagesaufnahme von etwa 120 g Eiweiß empfohlen. Aber diese Kostmaße waren

[1] M. RUBNER: Sitzungsber. Preuß. Akad. Wiss. Phys.-Med. Klasse **11**, 341 (1920).
[2] H. KRAUT und H. BRAMSEL: Arbeitsphysiol. **12**, 222 (1942).
[3] W. BICKEL und H. KAPP: Helv. Med. Acta **14**, 543 (1947).
[4] E. ABRAMSON: Acta Med. Scand. **130**, Suppl. 206 (1948).
[5] A. CHEVALLIER und J. TREMOLIERES: Ann. Nutrit. Aliment. **1**, 215 (1947).
[6] M. PYKE: Brit. Med. J. **1946**, 677.
[7] Ernährungsamt Mainz.

weniger Ausdruck wissenschaftlicher Ergebnisse, als der Ernährungsgepflogenheiten der damaligen Zeit. Man hat sie lange Zeit als verbindlich erachtet, zumal die Autorität von Forschern wie RUBNER, TIGERSTEDT, BENEDICT u. a. dahinter stand. R. H. CHITTENDEN hat als erster in seinen vorbildlichen Versuchen gezeigt, daß diese Zahlen übertrieben hoch sind. Die Versuchspersonen von CHITTENDEN wiesen bei Eiweißzufuhren von 0,6—0,72 g/kg volle Gesundheit und beste Leistungsfähigkeit auf. Der Stand der Diskussion über die Eiweißfrage vor dem ersten Weltkriege geht aus der zusammenfassenden Darstellung von L. B. MENDEL hervor.

M. HINDHEDE hat sich in besonders scharfer Weise für einen möglichst niederen Eiweißverzehr eingesetzt. Da seine Lehren in Laienkreisen eine große Rolle gespielt haben und vielleicht nach Besserung der wirtschaftlichen Verhältnisse in Kreisen von Ernährungssektierern wieder spielen werden, seien sie kurz erwähnt. Seiner monomanen Proteinophobie wegen waren jedoch seine Versuche so einseitig angelegt und die von ihm verwendeten und empfohlenen Kostformen in bezug auf wichtige Nahrungsfaktoren wie Calcium und Vitamine so mangelhaft zusammengestellt, daß ihre Beweiskraft mehr als fragwürdig erscheint.

Die Auswertung von Ernährungsstatistiken aller Völker verbunden mit einer kritischen Sichtung des vorliegenden experimentellen Materials läßt uns heute die von C. VOIT und seinen Zeitgenossen geforderten 120 g Protein als zu hoch erscheinen. Wohl alle Ernährungsphysiologen stehen heute auf dem Standpunkt, daß die volle körperliche Leistungsfähigkeit des erwachsenen Menschen bei einer Eiweißzufuhr von 1 g/kg gewährleistet ist. Diese Auffassung hat ihren Niederschlag in dem bekannten Gutachten von E. BURNET und AYKROYD für den Völkerbund und in den Richtlinien des National Research Council der USA gefunden. In den letztgenannten werden nach der neuesten Revision von 1948 folgende Zahlen als wünschenswerte Eiweißzufuhr genannt:

1,0 g/kg für Erwachsene unabhängig von der Arbeitsschwere,
1,5 g/kg für Gravide,
2,0 g/kg für Lactierende,
1,0 g/kg für Kinder bis zu 10 Jahren,
1,2—1,4 g/kg für ältere Kinder und Jugendliche.

Nimmt man nun mit dem National Research Council den Calorienbedarf des körperlich nicht schwer arbeitenden Menschen zu 2400 Calorien an, so ergibt sich eine wünschenswerte Eiweißzufuhr in Höhe von 12,3% der Calorien.

Mit den üblichen Kostformen wird genügend Eiweiß aufgenommen, vorausgesetzt, daß der Energiebedarf gedeckt ist. Meist wird die Forderung gestellt, daß etwa 40—50% des gesamten Eiweiß in Form von tierischen, also hochwertigen Proteinen aufgenommen werden solle. Aber diese Forderung entspringt wohl mehr gefühlsmäßigen Momenten als exakten Messungen. Aufgabe des Nahrungseiweiß ist es, uns die benötigten essentiellen Aminosäuren zu liefern. Nach diesem Gesichtspunkt hat sich die Aufteilung in tierische und pflanzliche Proteine zu richten. Aus dem Gesagten geht hervor, daß unter normalen Verhältnissen bei nicht zu einseitig ausgewählten Kostformen die Eiweißbedürfnisse des Menschen wohl immer befriedigt werden dürften. Die Eiweißaufnahme des Schwerarbeiters wird im allgemeinen 1 g/kg überschreiten, da die üblichen Lebensmittel so eiweißreich sind, daß die Eiweißaufnahme bei einem Verzehr von 3000, 4000 oder mehr Calorien automatisch ansteigt. Bei einer Eiweißaufnahme von 1 g pro kg ist eine erhebliche Sicherheitsspanne mit einkalkuliert. Positive N-Bilanzen sind verschiedentlich schon bei einer Eiweißzufuhr von etwa 0,5 g pro kg festgestellt worden. Vor kurzem haben M. L. BRICKER, R. F. SHIVELY, J. M. SMITH, H. H. MITCHELL und T. S. HAMILTON eine Untersuchung veröffentlicht, die infolge ihrer außergewöhnlich langen Versuchsperioden von 70 Tagen besonderes Interesse verdient. Versuchspersonen waren 10 Studentinnen eines College. Zur Aufrechterhaltung des N-Gleichgewichtes und darüber hinaus für das „Wachstum des Erwachsenen“ (ein schlecht zu definierender Begriff, der nur andeuten soll, daß die Eiweißbedürfnisse des Erwachsenen sich nicht allein mit dem N-Gleichgewicht erschöpfen) waren erforderlich im Mittel 31,7 g Eiweiß = 19,2 g Eiweiß/m^2 oder 25 mg Eiweiß/kcal Grundumsatz oder 4 mg N/kcal Grundumsatz. Das entspricht etwa einer Eiweißzufuhr von 0,55 g/kg Körpergewicht. 70% des Eiweiß stammten aus Cerealien, 14,7% aus Fleisch, 13,4% aus Sahne und 1,9% aus Kartoffeln. Die Calorienzufuhr betrug 2148 pro Tag. Die Kontrolle des Blutbilds ergab keine Veränderungen während der Versuchszeit. In psychologischen Testen konnte gleichfalls keine Verschlechterung des Zustands festgestellt werden. Zu ähnlichen Zahlen waren auch D. M. Hegsted, A. G. Tsongas, D. B. Abbott und F. J. Stare in ihren Versuchen gelangt. Man kann also sicherlich mit weit weniger als 1 g Eiweiß/kg nicht nur auskommen, sondern auch in guter Verfassung bleiben. Eine andere Frage ist die, ob solche Zufuhren das Optimum darstellen. Die Entscheidung dieser Frage ist heute nicht möglich. Hält man Analogieschlüsse aus Tierversuchen in dieser Fragestellung für erlaubt, so muß man sagen, daß eine Eiweißzufuhr in dieser Höhe vermutlich nicht optimal ist.

Die Frage, ob eine lange Zeit hindurch fortgesetzte Aufnahme von mehr Eiweiß, als unbedingt erforderlich ist, schädlich sei, hat schon zu vielen, teilweise außerordentlich temperamentvoll geführten Diskussionen Anlaß gegeben. Die Verfechter einer eiweißärmeren Ernährung führen an, daß alles über den Minimalbedarf aufgenommene Eiweiß ein Luxus sei, da es ja doch nur abgebaut werde und dabei den Organismus, insbesondere die Nieren mit „Stoffwechselschlacken“ belaste und auch zur Bildung von schädlichen Substanzen (z. B. durch bakterielle Zersetzungen im Darm) führe, die schwere Störungen der Gesundheit hervorrufen könnten. Krebs, Arteriosklerose, Diabetes u. a. m. seien die Folgen einer zu hohen Eiweißaufnahme. Ein überzeugender Beweis für die Richtigkeit dieser Behauptungen wurde jedoch noch nie geführt.

Die Regulationsbreite aller Lebensvorgänge ist so groß, daß es sonderbar wäre, wenn dies für eine biologisch so bedeutsame Frage wie Höhe der Eiweißzufuhr nicht der Fall wäre. Die große Anpassungsfähigkeit des Menschen hat es ihm ermöglicht, sich die ganze Erde zu erobern. Die verschiedenen klimatischen Bedingungen, unter denen die Menschen leben, bedingen große Unterschiede in der Ernährungsweise. Völker, die sich in den höheren Breitengraden angesiedelt haben, müssen zwangsläufig auf eine vorwiegend animalische Ernährung zurückgreifen und haben damit automatisch eine hohe Eiweißzufuhr, die 200—300 g pro Tag (30% der Calorien und mehr) betragen kann. Da sie dabei gesund und leistungsfähig sind, besteht eigentlich kein Grund zu bezweifeln, daß ihre Ernährungsart für den Menschen adäquat ist. Auch Europäer oder Nordamerikaner, also Bewohner der gemäßigten Zone, haben auf Expeditionen oder in Experimenten jahrelang mit solchen Kostformen gelebt, ohne daß eingehende Untersuchungen ihres Gesundheitszustandes, Stoffwechsels oder Blutchemismus den geringsten Anhaltspunkt für das Bestehen einer pathologischen Veränderung ergeben hätten. Ihre physische und psychische Leistungsfähigkeit war ausgezeichnet (C. W. Lieb; W. McClellan).

Der Eiweißgehalt der Nahrung beeinflußt anscheinend das psychische Verhalten. In der Literatur werden viele Beispiele dafür angeführt, daß Völker, die sich durch besondere Leistungen ausgezeichnet haben, nicht eiweißarm lebten. Aber die Ernährung eines ganzen Volkes ist etwas sehr Komplexes und es ist schwierig, wenn nicht unmöglich, irgend etwas auf einen einzigen Faktor zurückzuführen. Es wird daher darauf verzichtet, auf diese Zusammenhänge, so interessant sie auch an und für sich sind, näher einzugehen. Leichter zu deutende und exaktere Unterlagen schuf auch hier das Tierexperiment. E. ABDERHALDEN und E. WERTHEIMER stellten deutliche Unterschiede im psychomotorischen Verhalten von Ratten in Abhängigkeit von ihrer Ernährung fest. Eiweißreich gehaltene Tiere zeigten eine größere spontane Beweglichkeit, aber auch eine vermehrte Schreckhaftigkeit und Bissigkeit, als kohlenhydratreich ernährte. Auch andere Forscher haben dies beobachtet. F. A. ACHELIS und H. NOTHDURFT sowie H. NOTHDURFT und H. E. EISSENBEISSER erweiterten die Befunde noch durch die Feststellung, daß der „spezifisch motorische Effekt" der Proteine ihrem biologischen Wert parallel geht. Vielleicht kann man darin eine Analogie zu der spezifisch-dynamischen Wirkung des Eiweiß erblicken.

Über das wichtige und interessante Problem, ob die Zufuhr von sehr viel Eiweiß schädlich ist und wo die obere Grenze der Verträglichkeit gesucht werden muß, liegen zahlreiche Untersuchungen vor. Eine befriedigende Antwort auf die gestellte Frage läßt sich aber noch nicht geben. Die ältesten Versuche stammen von C. VOIT, C. VOIT und PETTENKOFER und E. PFLÜGER, die Hunde längere Zeit hindurch nur mit magerem Fleisch ernährten, ohne dabei den geringsten auffälligen Befund erheben zu können. E. V. MCCOLLUM, N. SIMMONDS und H. T. PARSONS züchteten Ratten über mehrere Generationen hinweg mit einem Futter, das abgesehen von Mineralsalzen und Vitaminen nur aus tierischen Organen (Muskel, Leber, Niere) bestand. Auch diese Versuche ließen keinerlei Abweichung der Tiere von der Norm erkennen. Aus dem gleichen Arbeitskreis wurde jedoch einige Jahre später von L. M. POLVOGT, E. V. MCCOLLUM und N. SIMMONDS mitgeteilt, daß Kostformen mit rund 40% Protein bei Ratten zwar keine äußerlich erkennbaren Veränderungen bewirkten, und daß alle körperlichen Funktionen, insbesondere die Fortpflanzung, normal seien; die Autopsie der Tiere habe jedoch ergeben, daß die Nieren im Gegensatz zu völlig intakten übrigen Organen Vergrößerungen und Hämorrhagien sowie Degenerationen in den Tubuli aufwiesen. Außerdem wurde eine Erhöhung des Rest-N des Blutes festgestellt. Das gleiche Ergebnis erhielten auch T. B. OSBORNE, L. B. MENDEL und Mitarbeiter. Ihre Ratten gediehen bei Kostformen mit bis zu 80% Eiweiß ausgezeichnet, wiesen aber Nierenhypertrophien und Steigerungen des Rest-N im Blute auf. In der Folgezeit haben noch viele andere Autoren über Nierenvergrößerungen nach erheblich eiweißreichen Kostformen berichtet. V. B. READER und J. C. DRUMMOND teilten mit, daß Ratten bei einem 45—90% Protein enthaltenden Futter außer der Nierenhypertrophie noch ein Zurückbleiben im Wachstum zeigten und die Durchschnittsgröße nie erreichten. Es erscheint jedoch zweifelhaft, ob die Wachstumsstörung mit Sicherheit auf den Eiweißgehalt des Futters zurückgeführt werden kann, da sich etwaige Einflüsse anderer Nahrungsfaktoren in diesen Versuchen nicht mit Sicherheit ausschließen lassen.

Die experimentelle Erzeugung von Nierenveränderungen hat verständlicherweise Diskussionen darüber ausgelöst, ob eiweißreiche Kostformen die Ausbildung einer Hypertonie begünstigen. Ein Eingehen auf diese klinische Fragestellung ist im Rahmen der vorliegenden Ernährungsphysiologie nicht beabsichtigt, und zwar um so weniger, als eine Klärung der Frage noch nicht erfolgt ist. Ebensowenig soll hier das Problem behandelt werden, ob Zusammenhänge zwischen dem Eiweißgehalt der Nahrung und dem Wachstum von Tumoren bestehen. Die bisher darüber beigebrachten Unterlagen erlauben gleichfalls noch keine endgültige Stellungnahme.

Die Behauptung, die Zufuhr höherer Eiweißmengen sei schädlich, ist demnach weder bewiesen noch widerlegt worden. Die Vergrößerungen der Niere, die

McCollum, Osborne und andere beobachtet haben, müssen nicht notwendigerweise als etwas Pathologisches aufgefaßt werden. Man kann sie auch als kompensatorisch bedingt betrachten, da die Niere bei derart hohen Eiweißzufuhren unstreitig mehr Arbeit zu leisten hat. Vielleicht führen in dieser Frage solche Untersuchungen weiter, in denen durch eine Belastung des Organismus etwaige Unstimmigkeiten der Ernährung deutlicher gemacht werden können. In den Versuchen von J. Giaja und Gelineo, aus denen zu ersehen ist, daß eine einseitige Eiweißkost die Kälteresistenz von Tieren verschlechtert, findet man einen Anhaltspunkt hierfür, ebenso auch in der Angabe von J. A. Campbell, daß Eiweiß im Sauerstoffmangel nicht günstig sei.

11. Eiweißmangel und Aufbau von Körpereiweiß.

Die wissenschaftliche Erforschung der Eiweißmangelzustände begann im ersten Weltkrieg, als in zunehmendem Maße Hungerödeme beobachtet wurden. Aus der außerordentlich großen Zahl der damals erschienenen Mitteilungen seien nur die wichtigsten herausgegriffen: V. Knack und J. Neumann; C. Maase und H. Zondek; A. Lippmann; W. H. Jansen; R. v. Jaksch; H. Schittenhelm und W. Schlecht. Die experimentelle Erzeugung von Hungerödemen an Versuchstieren, die E. A. Kohman erstmals gelang, brachte eine Vertiefung der Kenntnisse. Der zweite Weltkrieg und die darauf folgenden Jahre führten in vielen europäischen Ländern zu einer Hungersnot von ungeheurem Ausmaß. Die Fülle von Beobachtungen fand ihren Niederschlag in einer großen Reihe von Publikationen. An neueren deutschen Zusammenfassungen seien erwähnt die von J. Kühnau, L. Heilmeyer, H. W. Bansi und das Heft der Synopsis über den Eiweißmangel. Ferner sei noch auf die zusammenfassende Arbeit von H. Gounelle verwiesen.

Eine längere Zeit hindurch fortgesetzte Zufuhr ungenügender Eiweißmengen führt zu einer fortschreitenden Proteinverarmung des Organismus, die sich in mannigfacher Weise auswirkt. Im allgemeinen spiegelt die Menge der Plasmaeiweißkörper den Proteinbestand des Organismus wieder. Aus den Versuchen von A. A. Weech, M. Wolstein und E. Goettsch kann man entnehmen, daß beim Hund der Verlust von 1 g Plasmaeiweiß eine Verminderung des Eiweißbestandes des Körpers von 30 g anzeigt. Zur Ermittlung der Menge an Plasmaproteinen muß man ihre Konzentration im Plasma sowie die zirkulierende Plasmamenge kennen. Denn es kann bei großen Flüssigkeitsverlusten (z. B. durch Erbrechen, Durchfälle, Schwitzen) vorkommen, daß ein infolge der Dehydratisierung verringertes Plasmavolumen normale, ja erhöhte Plasmaeiweißwerte vortäuscht. In erster Linie findet man eine Verminderung der Albuminfraktion, die als Muttersubstanz der anderen Körperproteine und als Hauptträger des kolloidosmotischen Drucks des Bluts von besonderer Wichtigkeit ist. Sinken der Eiweißgehalt des Plasmas und damit der kolloidosmotische Druck unter einen bestimmten Grenzwert ab, so entwickelt sich ein Ödem, das als auffälligstes Symptom des Eiweißmangels der Hungerkrankheit den Namen „Hungerödem" eingetragen hat. Als Grenzwert der Proteinkonzentration im Plasma, unterhalb deren mit dem Auftreten von Ödemen zu rechnen ist, werden 3—5% Gesamteiweiß bzw. 1—2% Albumin genannt. Häufig beobachtet man jedoch auch Hungerödeme bei normalen oder nur unwesentlich erniedrigten Plasmaeiweißwerten (A. Keys und Mitarbeiter; F. A. Denz). Die bekannte Theorie von Starling, nach welcher der Wasseraustausch durch die Capillarwand durch die beiden entgegengesetzt wirkenden Kräfte des hydrostatischen Drucks und des kolloidosmotischen Drucks der Plasmaproteine geregelt wird, schließt offensichtlich nicht alle Faktoren in sich ein und ist einer Revision bedürftig. Die Untersuchungen von A. Henschel,

O. Michelsen, H. L. Taylor und A. Keys haben ergeben, daß Plasmavolumen und Rhodanidraum im Verlauf der Eiweißunterernährung zwar nicht absolut zunehmen, wohl aber relativ, da die cellulären Körperbestandteile erheblich vermindert werden. Ödeme pflegten dann aufzutreten, wenn der Rhodanidraum 8—10% des Körpergewichts erreichte. Sie waren vermutlich dadurch bedingt, daß sich zwischen Körperzellen und extracellulärer Flüssigkeit ein Mißverhältnis entwickelte. Einige im Tierexperiment gewonnenen Daten findet man in der Tab. 95.

Tabelle 95. *Extracelluläre Flüssigkeit, Plasmaeiweiß und kolloidosmotischer Druck im experimentelle Eiweißmangel von Ratten* (S. E. Dicker).
Die normal ernährten Tiere erhielten 18% Casein, die eiweißarm gefütterten nur Rüben.

Art der Ernährung	Extracellulärer Flüssigkeitsraum cm³/100 g			Plasmaeiweiß %	KoD des Plasma mm
	Muskel	Leber	Gehirn		
Normal	16,7	22,6	38,6	7,06	196
7 Tage eiweißarm	24,1	34,3	38,7	6,75	192
14 „ „	32,3	38,1	40,6	6,46	163
42 „ „	44,8	35,5	40,4	5,02	102

Der absolute Wassergehalt der Organe (berechnet auf die fettfreie Sustanz) hatte in diesem Versuch nur sehr geringfügig zugenommen.

Eiweißmangel führt nicht zwangsläufig zu Hungerödemen. Viele Menschen reagieren nur mit einer Einschmelzung von Körpereiweiß ohne Einlagerung von Wasser („kachektische Form" des Eiweißmangels). In Deutschland hat im Verlauf der Hungerjahre 1946 und 1947 die Zahl der Hungerödemfälle trotz gleichbleibend schlechter Ernährung wesentlich abgenommen. Dagegen wies die Zahl der kachektischen Formen eine außerordentlich große Zunahme auf. Offensichtlich reagiert der gut ernährte Organismus, der plötzlich unterernährt wird, häufiger mit der Entwicklung von Hungerödemen, während sich bei einer langsameren Reduktion der Ernährung Regulationsmechanismen einschalten können, die eine so stürmische Reaktion verhindern. Vielleicht spielt auch die Art der Ersatzlebensmittel eine Rolle. Auf keinen Fall ist die Zahl der Hungerödemfälle ein Kriterium für den Grad der Unterernährung einer Bevölkerung.

Im Zustand des Eiweißmangels wird der Proteingehalt aller Organe vermindert. Der Eiweißgehalt der Leber ist in besonderem Ausmaße von der Proteinzufuhr mit der Nahrung abhängig. Rattenlebern verlieren bei eiweißfreier Kost innerhalb weniger Tage 20—25% ihres Proteinbestandes (Kosterlitz). Etwa 60% des „Extra-N", der in den ersten Tagen der eiweißfreien Kost ausgeschieden wird, stammen aus der Leber (R. M. Campbell und Kosterlitz). Alle Eiweißfraktionen der Leber werden in gleichem Umfang vermindert; es gibt keine besonders leicht mobilisierbare Fraktion (C. Dumazert und S. Grac). Die Leber ist das Organ, in dem am meisten Eiweiß gespeichert werden kann. Ob der Verlust des gespeicherten Lebereiweiß mit Funktionsstörungen des Organs verknüpft ist, läßt sich heute noch nicht übersehen. Bei geringen Eiweißverlusten wird die Leberfunktion anscheinend nicht beeinträchtigt. S. Sherlock hat bei 21 im Ruhrgebiet wohnhaften Personen, die seit Monaten nur rund 35 g Eiweiß pro Tag erhalten hatten, keine Störungen der Leberfunktion nachweisen können, obwohl eindeutige Symptome des Eiweißmangels vorhanden waren. Bezüglich der Folgen schweren Eiweißmangels auf die Leber siehe S. 252.

Die Eiweißverarmung eines Organismus drückt sich weiterhin in einer Anämie aus, da Globin nicht mehr in ausreichender Menge gebildet werden kann. Auch die Produktion anderer Proteine muß eingeschränkt werden, darunter der Aufbau von Wirkstoffen. Man findet daher im Eiweißmangel stark herabgesetzte Encymaktivitäten der Organe, so z. B. der Bernsteinsäuredehydrase, Fettsäuredehydrase,

Xanthinoxydase, Katalase, d-Aminosäureoxydase, Phosphatase, Kathepsin, Hyaluronidase, Cholinesterase (K. LANG; L. L. MILLER; V. R. POTTER und H. L. KLUG; J. R. TOBBIN JR., D. BERGENSTAHL und C. H. STEFFEE; R. A. MCCANCE, E. M. WIDDOWSON und A. O. HUTCHINSON). Ursache ist eine herabgesetzte Bildung von Fermentproteinen und nicht eine Abnahme des Gehalts an den Coencymen. Die Verminderung der Konzentration an Oxydationsfermenten wird aber im allgemeinen nicht zum begrenzenden Faktor für den Umfang der Gewebsoxydationen, da die Encyme normalerweise in sehr großem Überschuß vorhanden sind (K. LANG). Im Eiweißmangel werden häufig auch die hydrolytischen Encyme des Magen-Darm-Kanals in ungenügender Menge sezerniert, ein Zustand, der in der klinischen Literatur als „Afermentie" bezeichnet wird und der zu Resorptionsstörungen führen kann.

Es ist schon lange bekannt, daß Eiweißmangel zu einer Verminderung der Resistenz gegen Infektionen führt. Die neueste Zeit hat hierfür ein erschütterndes statistisches Material geliefert. Auch eine größere Zahl tierexperimenteller Untersuchungen liegt vor. E. A. KOHMAN, der wie schon erwähnt als erster Hungerödeme experimentell erzeugte, schildert, daß die histologische Untersuchung seiner Versuchstiere nahezu regelmäßig das Bestehen einer Pneumonie aufdeckte. J. B. MCNAUGHT, V. C. SCOTT, F. M. WOODS und G. H. WHIPPLE fiel die verminderte Infektionsresistenz ihrer eiweißverarmten Hunde auf. A. R. MAYER fand, daß die Letalität eiweißarm ernährter Ratten, die Diphtherietoxin injiziert bekamen, etwa 4mal so hoch war, als die eiweißreich ernährter Tiere. M. WATSON sowie E. C. ROBERTSON und M. E. DOYLE stellten eine erhebliche Resistenzsteigerung von Ratten und Mäusen gegen eine Infektion mit Erregern der Typhusgruppe fest, wenn die Tiere ein eiweißreiches Futter erhielten. In vielen Untersuchungen haben vor allem P. R. CANNON und Mitarbeiter, ferner A. W. DONALDSON und G. F. OTTO bewiesen, daß Eiweißmangel zu einer Verminderung oder sogar zu einem Verlust der Fähigkeit des Organismus, Immunkörper bilden zu können, führt. Man darf annehmen, daß die Verringerung der Resistenz gegen Infektionen damit ursächlich verknüpft ist. Selbstverständlich ist dies nur eine oberflächliche Betrachtung einer komplizierteren Frage. Bei J. METCOFF, D. B. DARLING, H. M. SCANLON und F. J. STARE findet man eine detailliertere Schilderung der Auswirkung des Eiweißmangels auf die Beantwortung einer Infektion.

Im Eiweißmangelzustand ist auch die Wundheilung verzögert. M. W. KOBAK, E. P. BENDITT, R. W. WISSLER und C. H. STEFFEE haben diese schon immer vermutete Tatsache in schönen Tierversuchen mit objektiver Methode bewiesen. Vermutlich ist die herabgesetzte Fähigkeit des an Eiweiß verarmten Organismus, Fibroblasten zu bilden, die Ursache.

Störungen der inneren Sekretion sind weitere Folgen einer unzureichenden Eiweißzufuhr. Hinsichtlich der Bildung von Proteohormonen oder solchen Hormonen, die sich von Aminosäuren ableiten (Thyroxin und Adrenalin), liegt der Zusammenhang klar zutage. Schwerer Eiweißmangel führt zu Cyclusstörungen (P. ASCHKENASY-LELU und A. ASCHKENASY), ja sogar zur Sterilität, wobei auch an die ungenügende Versorgung mit Tryptophan und Arginin zu denken ist. W. H. STEFKO hat eine eingehende Beschreibung der bei Hungerzuständen an den Sexualdrüsen zu beobachtenden Veränderungen gegeben. Eiweißmangel bewirkt ein Absinken der Produktion von Sexualhormonen, die teils direkt durch Wirkung auf die Keimdrüsen, teils indirekt durch Drosselung der Bildung von gonadotropen Hormonen bedingt ist. Als Folge solcher Hormonstörungen wurde schon das Auftreten von Gynäkomastie im Eiweißmangel beschrieben (E. C. JACOBS). Da die Leber wesentlich an den Umsetzungen von Sterinen beteiligt ist, können hier unter Umständen auch Störungen der Leberfunktion eine Rolle spielen.

Bei ungenügender Eiweißzufuhr müssen zur Deckung des Eiweißbedarfs große Mengen Körpereiweiß eingesetzt werden. Der Organismus verwendet hierfür in erster Linie Muskeleiweiß. Ein weiteres Symptom des Eiweißmangels ist daher die Muskelatrophie.

In diesem Zusammenhang ist die Frage aufzuwerfen, ob das Körpereiweiß immer eine konstante Zusammensetzung aufweist, oder ob nicht unter gewissen Umständen, wie z. B. bei Mangel an Eiweiß oder einer der essentiellen Aminosäuren ein verändertes, gewissermaßen „minderwertiges" Zelleiweiß aufgebaut wird. Die Erfahrungen, die beim Studium des Verhaltens der essentiellen Aminosäuren gemacht wurden, lassen Veränderungen nicht sehr wahrscheinlich erscheinen. A. Roche hat eine Herabsetzung des Lysingehalts der Muskulatur hungernder Ratten beschrieben. M. Florkin und G. Duchateau fanden im Eiweißmangel bei Mensch und Tier eine Verschiebung des Verhältnisses Arginin : Lysin zugunsten des zweiten im Plasmaeiweiß. Bei Mangel an den S-haltigen Aminosäuren werden die Haare von Ratten ärmer an Cystin und Methionin (E. V. Heard und H. B. Lewis). Der Gehalt von Hühnereiern an Cystin und Methionin kann alimentär beeinflußt werden (F. A. Sconka). Aber alle diese Untersuchungen beziehen sich nicht auf die Analyse isolierter Proteine, sondern betreffen das gesamte Eiweißgemisch des Gewebes, so daß die Ergebnisse vieldeutig sind und auch durch eine Verschiebung der einzelnen Eiweißfraktionen unter sich bedingt sein können. Die alimentäre Beeinflussung des Aufbaus definierter, funktionell wichtiger Proteine ist nicht wahrscheinlich, nachdem C. R. Grau, M. Polonovoski, P. Gounard und A. Leurette sowie K. Lang nachgewiesen haben, daß man den Organismus durch Überangebot an einzelnen Aminosäuren (Phenylalanin, Tyrosin, Oxyprolin) nicht dazu bewegen kann, Aminosäuren in vermehrter Menge, oder gar fremde, im Bauplan des betreffenden Proteins gar nicht vorgesehene Aminosäuren, in das Eiweiß einzubauen.

H. W. Bansi und G. Fuhrmann geben an, der Quotient N/S des Harns sei im Eiweißmangel erniedrigt. Sie deuten dies in dem Sinne, daß beim Abbau von Körpergewebe die schwefelhaltigen Aminosäuren in besonderem Umfange zu Umsetzungen herangezogen würden.

Calorische und Eiweißunterernährung führen zu einer Reihe psychischer Veränderungen: rasche psychische Ermüdbarkeit, Verlust der Merkfähigkeit, Apathie und zunehmenden Egoismus. Die klinischen Symptome des Eiweißmangels sollen hier nicht berücksichtigt werden.

Bei Ratten und Hunden kann man Hungerödeme durch Verabreichung sehr eiweißarmen Futters, z. B. mit Karotten als einziger N-Quelle erzeugen. Eine andere Methode zur Erzielung von Eiweißmangelzuständen besteht im laufenden Entzug von Plasmaeiweiß, Hämoglobin oder beidem. Sie wurde von Whipple und seinen Mitarbeitern in ihren grundlegenden Untersuchungen über die Regeneration der Blutproteine benützt.

A. Keys und Mitarbeiter haben an 34 freiwilligen Versuchspersonen ausgedehnte Untersuchungen über Entstehen und Heilung von Hungerschäden mit einer Kost durchgeführt, wie sie gegen Kriegsende in den meisten vom Kriege betroffenen europäischen Ländern üblich war, die im wesentlichen aus Vollkornbrot, Kartoffeln und Rüben bestand und die pro Tag 1760 Calorien und 49 g Eiweiß enthielt. Hochwertige Nahrungsmittel wie Fleisch, Fisch, Eier, Käse machten insgesamt im Tag nur rund eine Unze (28,3 g) aus. Die plötzliche Umstellung auf diese Mangelkost führte schon nach 2 Monaten zum Auftreten von Hungerödemen. Die Unterernährung wurde insgesamt 6 Monate lang fortgesetzt. Sie bewirkte im wesentlichen die folgenden Symptome: Abnahme des Körpergewichts um im Mittel 25%, zunehmende Schwäche, Depression, Ermüdung,

Anämie, Bradykardie, leichte Koordinationsstörungen, Veränderungen der Reaktionsgeschwindigkeit, geringgradige Hypoproteinämie. Veränderungen am Auge oder eine Abnahme der Intelligenz wurden nicht beobachtet.

Interessant ist der Bericht eines der Versuchsteilnehmer[1]; aus ihm lassen sich sehr schön die psychischen Folgen der Mangelernährung ersehen:

„Im November 1944 ging ich nach Minnesota, um dort an einem Ernährungsversuch teilzunehmen. Es handelte sich um die Feststellung des Minimums, das eine größere Bevölkerung zur Erholung von Hungerzuständen benötigt. Alle möglichen psychologischen Teste wurden an uns durchgeführt. Bei diesen Testen wurden wir uns stupid erscheinende Dinge gefragt, persönliche Fragen, Intelligenzfragen und Fragen, die unsere Fähigkeit, uns mit geistigen Dingen zu befassen, dartun sollten. Die psychologischen Folgen des Hungers sind unglaublich. Wir stellten uns dem Experiment zur Verfügung in dem Wunsche, den Unglücklichen im Ausland zu helfen. Dieses Gefühl hatten wir nach 2 Monaten verloren. Nach 5 Monaten Hunger war uns die Bevölkerung im Ausland gleichgültig. Der vorherrschende Gedanke war: Ich bin hungrig. Das war das einzig Wichtige. Ich war nur daran interessiert, ob ich wieder essen gehen könnte. Ich dachte nur an mich. Wir mußten an uns gerichtete Fragen beantworten, aber unsere ganze Haltung war nur nach innen gekehrt. Wir verloren jeden Anschein von Humanität und wurden zu Bestien. Ich erinnere mich, in Minnesota an einer Straßenecke einen Mann gesehen zu haben, über den ich wütend war, denn er konnte gehen, um sich etwas zu essen zu holen. Ein paar Tage später sah ich ein Kind auf einem Fahrrad. Mein erster Gedanke war, wie jemand so viel Kraft haben könne. Dann dachte ich daran, es fährt wahrscheinlich nach Hause zum Abendessen. Ich haßte es. Als der Krieg zu Ende ging, waren wir im ersten Monat der Erholung. Als die Neuigkeit kam, saßen wir gerade beim Abendessen. Das Kriegsende war wirklich für uns alle schicksalhaft. Wir sprachen darüber etwa 20 sec lang; dann diskutierten wir wieder darüber, was es morgen wohl zu essen gäbe ..."

In der zweiten Versuchsperiode untersuchten dann KEYS und Mitarbeiter, unter welchen Bedingungen eine Erholung von Hungerzuständen möglich ist. Bei bester Kost und 3500 Calorien pro Tag war bei ihren Versuchspersonen nach 3 Monaten erst eine 50%ige Wiederherstellung zu erreichen, die volle Erholung erforderte 8—12 Monate (siehe auch S. 87).

Der Wiederaufbau von Körpersubstanz verlangt die Zufuhr einer ausreichenden Energiemenge. E. P. BENDITT, E. M. HUMPHREYS, R. W. WISSLER, C. H. STEFFEE, L. E. FRAZIER und P. R. CANNON haben die gegenseitigen Beziehungen zwischen Energie- und Eiweißzufuhr in Versuchen an eiweißverarmten Ratten studiert. Unterhalb einer bestimmten Calorienzufuhr (25 kcal./Tag/Ratte) bestimmt die Calorienzufuhr das Ausmaß der Eiweißsynthese. War die Energieversorgung ausreichend, so wurde der Umfang der Eiweißsynthese von Menge und Qualität des Nahrungseiweiß determiniert. Das gleiche gilt auch für den Menschen. J. BEATTIE, P. H. HERBERT und J. BELL haben in ausgedehnten Untersuchungen über die Wiederherstellung hungergeschädigter Menschen gefunden, daß eine positive N-Bilanz sich erst oberhalb einer kritischen Schwelle der Calorienzufuhr von 35 kcal./kg erzielen läßt (Abb. 30).

Die unterste Grenze der N-Zufuhr, die gerade eben noch eine positive N-Bilanz erlaubt, sind 0,17 g N/kg. Die Beziehungen zwischen Höhe der Eiweißzufuhr und N-Retention bei einer calorisch ausreichenden Ernährung sind aus der Abb. 31 zu ersehen.

Eine Diät mit 20% Eiweißcalorien ergab den besten Nutzeffekt bezüglich N-Retention. H. W. BANSI und G. FUHRMANN haben ihre therapeutischen Erfahrungen über die Wiederherstellung Hungergeschädigter dahingehend zusammengefaßt: bei allen Kostformen, die weniger als 2000 Calorien und 70 g Eiweiß enthielten, wurde die N-Bilanz nie positiv. Zur Erzielung eines N-Gleichgewichts war die Zufuhr von 2000—2300 Calorien und 80—90 g Eiweiß erforderlich.

[1] Entnommen Bordens Review of Nutrition 8, Nr. 7 (1947).

Der Aufbau von Körpereiweiß wurde erst möglich, wenn die Calorienaufnahme 2300 überschritt und 90—100 g Protein gegeben wurden.

Da im Eiweißmangel in erster Linie Muskeleiweiß abgebaut wird, kann man die zur Erholung benötigte Relation der essentiellen Aminosäuren leicht überschläglich berechnen. In der Muskulatur kommen auf 1 Mol Tryptophan 10 Mol Lysin, 7 Mol Threonin, 4 Mol Methionin und 2 Mol Histidin. Zum Wiederaufbau von Körpereiweiß wird also die Zufuhr biologisch hochwertiger Proteine benötigt.

Interessanterweise vollzieht sich der Aufbau von Körpereiweiß im extremen Eiweißmangel nach Dringlichkeitsstufen. Offensichtlich sind Hämoglobin und die Plasmaproteine für den Organismus am wichtigsten, denn ihre Synthese wird

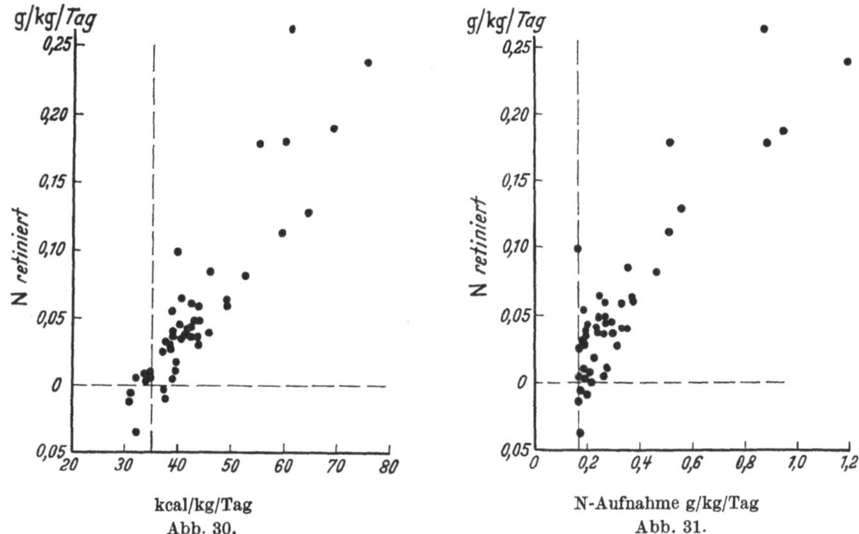

Abb. 30. Beziehungen zwischen der Calorienaufnahme in kcal/kg/Tag und der N-Retention in g/kg/Tag. Versuchsperioden von 10 Tagen und länger.

Abb. 31. Beziehung zwischen N-Aufnahme, ausgedrückt in g/kg/Tag und der N-Retention, gleichfalls in g/kg/Tag. Dauer der Versuchsperioden 10 Tage und länger.

der aller anderen Körperproteine vorgezogen. Im Eiweißmangel baut der Organismus sogar anderes Eiweiß ab, um Blutproteine bilden zu können. F. S. ROBSCHEIT-ROBBINS, L. L. MILLER und G. H. WHIPPLE; L. L. MILLER, F. S. ROBSCHEIT-ROBBINS und G. H. WHIPPLE; G. H. WHIPPLE, L. L. MILLER und F. S. ROBSCHEIT-ROBBINS haben an Hunden durch fortgesetzte Aderlässe und Verabreichung eines eiweißarmen Futters die höchsten Grade von Eiweißmangel erzeugt. Trotzdem hielten die Tiere eine wenn auch erniedrigte Konzentration von Plasmaproteinen und Hämoglobin (4—5% Plasmaeiweiß und 6—8% Hämoglobin) aufrecht. Hierfür muß anderweitiges Körpereiweiß eingesetzt werden. Der Verlust von 1 kg Körpersubstanz deckt den Aufbau von etwa 50—140 g Blutproteinen. Im Verlauf von 7—11 Wochen verlieren die Tiere hierbei 30—40% ihres Körpergewichts. Dabei bestehen große individuelle Unterschiede; manche Tiere halten einen relativ hohen Spiegel der Blutproteine aufrecht und erleiden dafür einen raschen Gewichtsverlust, andere senken die Blutproteine stark ab und weisen nur langsame Gewichtsabnahmen auf. Verfüttert man an solche eiweißverarmte Hunde ein Gemisch der 10 essentiellen Aminosäuren, so erzielt man damit eine erhebliche Synthese von Hämoglobin und Plasmaeiweiß. Das Körpergewicht nimmt aber bei einer positiven N-Bilanz weiter ab. Erst wenn biologisch hochwertige Proteine zugeführt werden, kommt es zu Gewichtszunahmen. Mit dieser Versuchsanordnung ließ sich auch der Einfluß der einzelnen Aminosäuren auf die Synthese von Hämoglobin und Plasmaeiweiß studieren. Durch Fortlassen von Methionin, Threonin, Phenylalanin oder Tryptophan aus dem Aminosäuregemisch wurde die N-Bilanz außerordentlich stark verschlechtert. Der Entzug von Histidin, Lysin oder Valin hatte einen etwas geringeren Effekt, während Arginin, Leucin und Isoleucin praktisch ohne Einfluß waren. Durch Wiederzulegen von Tryptophan und in etwas geringerem Umfange von Phenylalanin oder Threonin wurde die Synthese von Plasmaeiweiß stärker vermehrt als die von Hämoglobin, während umgekehrt Arginin, Histidin und Lysin den Aufbau von Hämoglobin stärker förderten. Weiterhin ließ sich feststellen, daß die einzelnen Proteine in unterschiedlichem Ausmaß die Neubildung von Plasmaeiweiß oder Hämoglobin fördern (F. R. ROBSCHEIT-ROBBINS und G. H. WHIPPLE). Beispielsweise wird Ei mehr zur Plasmaeiweißbildung, Fleisch mehr zur Hämoglobinsynthese benützt. Am günstigsten für beide ist Lebereiweiß.

In den meisten Stoffwechselversuchen an hungernden Individuen wurde kurz vor dem Tode eine erhebliche Steigerung der N-Ausscheidung, die sogenannte „prämortale Stickstoffsteigerung" beobachtet. Man pflegte sie darauf zurückzuführen, daß der Organismus mit zunehmendem Schwund seiner Fettreserven in steigendem Ausmaß Körpereiweiß zur Deckung des Energiebedarfs einsetzen muß. WHIPPLE und seine Mitarbeiter haben in den geschilderten Versuchen an hochgradig eiweißverarmten Hunden das Auftreten der prämortalen N-Steigerung vermißt. Da Tiere im Eiweißmangel außerordentlich empfänglich gegen Infektionen sind, wurden die Versuchstiere sehr sorgfältig gepflegt. Die Autoren nehmen an, daß die früher beobachteten prämortalen N-Steigerungen nur durch terminale Infektionen hervorgerufen worden seien, die dann einen Zusammenbruch des gesamten Stoffwechsels einleiteten.

12. Der Einfluß von Hitze und Konservieren auf den Nährwert von Eiweiß.

Einwirkung von Hitze kann den Nährwert von Proteinen verbessern oder verschlechtern. Ausnutzbarkeit und Verwertbarkeit der Soja werden durch eine geeignete thermische Vorbehandlung erhöht. Sojabohnen enthalten einen Trypsin-Inhibitor, welche die tryptische Aufspaltung der Proteine hemmt. Der Inhibitor ist ein Protein, das von M. KUNITZ isoliert und in krystallisierter Form dargestellt wurde. Durch Erhitzen wird es denaturiert und unwirksam. Viertel- bis halbstündiges Erhitzen im Autoklaven auf 108—110° stellen die günstigsten Bedingungen dar (R. A. EVANS, J. MCGINNIS und J. C. JOHN; J. R. WESTFALL und S. M. HANGE). Längeres Erhitzen oder Behandlung mit höheren Temperaturen bewirkt fortschreitende Verschlechterung der Produkte. Die Bedeutung des Trypsin-Inhibitors ist für die einzelnen Tierarten verschieden, da sie von der Ergiebigkeit der Verdauungsvorgänge im Magen abhängt. Ratten haben eine umfangreiche Magenverdauung, weswegen für sie kein wesentlicher Wertunter-

Tabelle 96. *Verminderung des biologischen Wertes von Proteinen durch thermische Vorbehandlung* (F. MARYAN und Mitarbeiter).

Behandlung des Eiweiß	Gewichtszunahme pro g Nahrungsprotein
Weißbrot unbehandelt	1,50 g
Weißbrot bei 150° geröstet	1,02
Reis roh	1,41
Puffreis	0,55
Mais roh	1,20
Mais bei 150° geröstet	0,82

schied zwischen roher und erhitzter Soja besteht (L. M. JOHNSON, H. T. PEARSONS und H. STEENBOCK) wie z. B. für Hühner, bei denen die Verdauungsprozesse im Magen keine große Intensität besitzen.

Der biologische Wert der meisten Proteine wird durch Erhitzen, insbesondere durch trockenes Erhitzen, geschädigt; so z. B. Casein, Lactalbumin, Fleisch, Fischmehl, Globin und Cerealien. Das übliche Kochen wird jedoch vertragen. Als Beispiel für den Umfang der thermischen Schädigung seien die Befunde von F. MARYAN und Mitarbeitern wiedergegeben, wobei das Wachstum junger Ratten als Test diente (Tab. 96).

R. J. BLOCK und Mitarbeiter stellten aus Mehl, Zucker, Eiereiweiß, Lactalbumin, hydriertem Pflanzenfett, Trockenhefe, Melasse und Salzen eine Cakesmischung her, deren Aminosäurezusammensetzung etwa der des Volleis entsprach, und die sie dann verschiedenen Wärmehandlungen unterwarfen. Das Ergebnis sieht man in der Tab. 97.

Tabelle 97. *Wirkung der Hitze auf den biologischen Wert von Proteinen* (R. J. BLOCK und Mitarbeiter).
Ratten erhielten eine Nahrung mit jeweils 25% Protein der Cakesmischung.

Vorbehandlung der Cakesmischung	Gewichtszunahme pro g Nahrungsprotein
Roh	3,3—3,5 g
Getrocknet und gebacken	2,4
Schnitten bei 100—120° getostet	0,7

Beide angeführten Versuche erweisen die erhebliche Verschlechterung des biologischen Werts durch Erhitzen auf höhere Temperaturen. Zunächst glaubte man, die Wertminderung sei durch die thermische Zerstörung von Lysin bedingt, da sich der alte biologische Wert zumeist durch Zulagen an Lysin wiederherstellen läßt. Eine Abnahme des Lysingehalts läßt sich aber analytisch nicht feststellen (H. H. MITCHELL und R. J. BLOCK). L. V. HANKES, W. H. RIESSEN, L. M. HENDERSON und C. A. ELVEHJEM haben den Gehalt von rohem, 4 min im Autoklaven bei 15 lbs. und 20 Std ebenso erhitztem Casein an den einzelnen Aminosäuren bestimmt und mit Ausnahme des Cystin, das durch das lange Erhitzen weitgehend zerstört worden war, keine deutlichen Veränderungen gefunden. Es zeigte sich aber, daß die encymatische Aufspaltbarkeit durch das lange Erhitzen verschlechtert worden war, während das kurze Erhitzen sogar zu einer Verbesserung derselben geführt hatte. Erhitzen in Gegenwart von Kohlenhydrat führt zu einem besonders starken Absinken des Nährwerts von Proteinen (E. E. MCINROY, H. K. MAURER und R. THIESSEN JR.), wobei in erster Linie Verluste der Aminosäuren Arginin, Cystin, Histidin und Lysin zu beobachten sind. Man nimmt an, daß beim Erhitzen neue Peptidbindungen entstehen, die gegen den Angriff der Verdauungsfermente resistent sind, etwa zwischen der ε-Aminogruppe des Lysin und der Carboxylgruppe einer Dicarbonsäure. Durch das Erhitzen von Proteinen mit Kohlenhydraten entstehen Komplexe beider, die leicht durch Pepsin und Chymotrypsin, aber schwer durch Trypsin oder Papaïn aufgespalten werden (J. R. LOWRY und R. THIESSEN JR.).

Proteine, die auf 110—140° erhitzt worden waren, werden in vitro durch Pankreatin schlechter aufgespalten (D. K. MECHAM und H. S. OLCOTT). Die Ausnutzbarkeit des Casein nimmt für Hunde stark ab, und zwar von 91% für rohes Casein auf 67% für auf 140° erhitztes Casein und auf 28% für auf 200° erhitztes Casein (E. O. WEST und Mitarbeiter). Die Verfütterung eines Caseinpräparats, das solch hohen Temperaturen ausgesetzt worden war, erwies sich zudem als schädlich. Außer einer Verzögerung des Wachstums wurde bei den Hunden Hypoproteinämie, Anämie und Leberverfettung beobachtet. Trockenes Erhitzen von Proteinen setzt ihren Wert auch für Menschen wesentlich herab, wobei anscheinend die Ausnutzung nicht verändert ist (J. R. MURLIN, E. S. NASSET und M. E. MARKS).

Auch beim Lagern kann der biologische Wert von Proteinen abnehmen. Ursache ist die Zerstörung essentieller Aminosäuren. A. Z. HODSON und G. M. KRUEGER untersuchten Trockenmilchpräparate, die 51 Monate lang gelagert hatten. Sie stellten fest, daß Proben, die verfärbt waren und einen dumpfen Geschmack angenommen hatten, einen verminderten Gehalt an einigen Aminosäuren aufwiesen. Die Verluste betrugen für Arginin 10%; für Histidin 20%; für Lysin 22%; für Methionin 12% und für Tryptophan 8,7%. Die Werte für die anderen Aminosäuren waren praktisch unverändert.

Tabelle 98. *Einfluß des Kochens auf den Aminosäuregehalt von Fleischeiweiß* (H. R. KRAYBILL).

Aminosäure	Rindfleisch		Schweinefleisch		Schaffleisch	
	roh	gekocht	roh	gekocht	roh	gekocht
Arginin	6,9%	6,5%	7,3%	6,5%	7,5%	7,0%
Histidin	3,2	2,7	3,7	3,2	3,0	3,0
Isoleucin	5,3	5,1	5,0	5,1	4,8	5,1
Leucin	8,4	7,9	—	—	—	—
Lysin	8,5	8,0	8,0	7,9	7,8	7,8
Methionin	2,4	2,4	2,2	2,0	1,8	2,2
Phenylalanin	4,1	4,1	—	—	—	—
Threonin	3,9	4,2	4,2	4,3	4,1	4,1
Tryptophan	0,8	0,8	—	—	—	—
Valin	—	—	5,2	5,0	5,2	5,2

Über den Einfluß der verschiedenen Konservierungsverfahren auf den Gehalt von Lebensmitteln an Aminosäuren liegen bisher noch nicht viele Untersuchungen vor. Die bis jetzt mitgeteilten Ergebnisse zeigen deutlich, daß manche Aminosäuren bei der Konservierung chemisch verändert werden können. In der Tab. 98 sind einige Daten über die Veränderungen des Aminosäuregehalts von Fleisch, die beim Kochen entstehen, zusammengestellt.

VI. Die Bedeutung der Mineralstoffe für die Ernährung.

1. Allgemeines.

Mineralstoffe sind integrierende Bestandteile des lebenden Protoplasmas. Der ungestörte Ablauf aller Lebensäußerungen hat einen eukolloidalen Zustand der lebenden Substanz zur Voraussetzung, an dessen Aufrechterhaltung die Mineralstoffe maßgeblich beteiligt sind. Weiterhin sind sie als Bausteine besonderer Gewebe wie Knochen und Zähne wichtig. Der Mineralbestand des Organismus wird durch wirksame Regulationsmechanismen, die nur unter extremen Bedingungen durchbrochen werden können, aufrecht erhalten. Die Mineralstoffe sind in mannigfaltiger Beziehung mit der Funktion von Hormonen, Fermenten und Vitaminen verknüpft. Eine auch nur oberflächliche Darstellung der vielfachen Verflechtungen würde den Rahmen dieser kurzen Darstellung der Ernährungsphysiologie bei weitem übersteigen.

Die Mineralstoffe des Organismus sind wie alle anderen Bausteine einem ständigen Umsatz unterworfen. Jede Erregung einer Zelle ist mit Verschiebungen ihres Mineralbestands verknüpft; Abgabe eines Sekrets oder Ausscheidung von

Wasser sind schon aus osmotischen Gründen mit der Eliminierung anorganischer Salze verbunden; Untergang und Aufbau von Körperzellen bedingen Freiwerden und Bindung von Mineralien. All diese Momente führen zu Mineralausgaben, die wieder ersetzt werden müssen. Der Organismus ist daher auf die ständige Zufuhr anorganischer Salze angewiesen. Der Mineralhaushalt des Organismus setzt sich im wesentlichen aus den folgenden Posten zusammen:

1. Einnahmen. Verwendung zum Ersatz für die Ausgaben an Bausteinen und für die Bedürfnisse der physikochemischen Regulationen. — Verwendung zum Aufbau von Körpersubstanz oder zur Auffüllung etwaiger Depots.

2. Ausgaben. Aus endogenen Umsätzen. — Aus etwaigen exogenen Überschüssen.

Der Mineralbedarf des Organismus ist verschieden, je nachdem es sich um einen reinen Erhaltungsstoffwechsel handelt oder ob noch zusätzliche Anforderungen zum Aufbau von Körpersubstanz (Wachstum oder Rekonvaleszenz nach konsumierenden Krankheiten oder Hungerzuständen) gestellt werden. Verluste an Körpersubstanz betreffen in erster Linie die Muskulatur. Aus dem Mineralgehalt des Muskels kann man daher überschläglich berechnen, wie groß die für den Aufbau benötigte Menge an Mineralstoffen ist.

Tabelle 99. *Der Gehalt des Muskels an Mineralstoffen.*

	In 1 kg Frischsubstanz sind enthalten					
	Na	K	Ca	Mg	Cl	P
Milligramme	700	3200	60	250	700	1800
Milliäquivalente	31	80	3	20	20	60

In den ersten Hungertagen ist die Mineralausscheidung höher, als sie dem Abbau von Körpergewebe nach, gemessen am N-Verlust, zu erwarten gewesen wäre. Der Mineralverlust entspricht erst nach einigen Tagen dem Zerfall von Körpersubstanz (J. L. Gamble, G. S. Ross und F. F. Tisdall). Der Mehrverlust am Anfang ist zum Teil durch den Abbau von Glykogen bedingt, dessen Quellungswasser mitsamt den darin enthaltenen Mineralstoffen frei wird, zum Teil durch Ausscheidung von extracellulärer Flüssigkeit. Beim Wiederaufbau von Körpersubstanz muß daher auch mit einer höheren Retention von Mineralstoffen gerechnet werden, als sich aus der obigen Tabelle ergibt. Beim Calcium liegen besondere Verhältnisse vor; seine Verluste im Hunger sind unerwartet hoch. Infolge der Hungeracidose kommt es zu großen Abzügen aus dem großen Calciumdepot des Organismus, dem Skelet. Körpersubstanz kann nur aufgebaut werden, wenn die entsprechende Menge an Mineralstoffen bereitgestellt wird. Bei einer Kost, die zwar reich an Calorien und Eiweiß ist, aber keine Mineralstoffe enthält, kann kein Ansatz von Körpergewebe erfolgen. Dieser Punkt muß insbesondere bei der Wiederherstellung von Hungergeschädigten berücksichtigt werden. Alkalien und Chlor werden wohl immer in ausreichender, ja zumeist überschüssiger Menge zugeführt werden. Aber Calcium und Phosphorsäure können leicht zum limitierenden Faktor für die Wiederherstellung werden. Beim Wachstum des Kindes muß außerdem noch das Skelet aufgebaut werden, was hohe Zufuhren an Calcium, Magnesium und Phosphorsäure verlangt. Daher ist auch der Gehalt an diesen Elementen in der physiologischen Nahrung des Säuglings, der Milch, besonders hoch. Die Milch ist in hervorragender Weise den Bedürfnissen des wachsenden Organismus angepaßt; der Gehalt an Protein und Mineralstoffen geht etwa der Wachstumsgeschwindigkeit parallel (E. Abderhalden) (Tab. 100). Die allgemeinen Wirkungen einer an Mineralstoffen insuffizienten Ernährung sind Wachstumsverzögerungen, Veränderungen in der Entwicklung der einzelnen

Organe, Störungen der Fortpflanzung und Lactation und als Ausdruck einer allgemeinen Drosselung der Lebensvorgänge Senkung des Grundumsatzes.

Die interessante Frage, ob sich der Mineralbestand des Organismus mit den gebräuchlichen Lebensmitteln alimentär beeinflussen läßt, kann heute noch nicht befriedigend beantwortet werden. Eindeutige Untersuchungen über den Mineralstoffwechsel verlangen die Aufstellung einer Bilanz, die Untersuchung der Transportwege und die Ermittlung des Mineralbestands der Gewebe. Solche Untersuchungen sind langwierig, schwierig und nicht immer durchführbar. Leider haben sich viele Autoren mit allzu wenig begnügt, findet man doch gar nicht selten Arbeiten, in denen der Mineralstoffwechsel an Hand einiger Blutuntersuchungen abgehandelt wird. Der Nutzen solcher Arbeiten ist naturgemäß gleich null, ja weniger, wenn man bedenkt, daß dadurch das Volumen der Literatur über Gebühr vermehrt wird und die Übersichtlichkeit darunter leidet.

Tabelle 100. *Wachstumsgeschwindigkeit und Gehalt der Milch an Mineralstoffen.*

	Verdopplung des Körpergewichtes Tage	Na mg%	K mg%	Ca mg%	Mg mg%	Cl mg%	P mg%
Mensch . .	180	20	80	32	4	50	30
Kuh. . . .	47	70	150	120	13	120	90
Ziege . . .	19	8	143	128	13	14	103
Schaf . . .	10	33	188	207	8	71	125

Viele Untersuchungen haben eindeutig bewiesen, daß die Körperzellen ihren Mineralbestand zähe festhalten und sich auch der Ersetzung einer Ionenart durch eine andere (etwa von Kalium durch Natrium) heftig widersetzen. Es ist erstaunlich, wie lange Zeit hindurch man eine an einem Mineralsalz insuffiziente Nahrung verabfolgen muß, bis sich Veränderungen des Blutspiegels oder des Salzgehalts eines Organs nachweisen lassen. Mineralüberschüssige Kostformen führen zu Retentionen in beschränktem Umfange. Die retinierten Mengen können aber leicht, mitunter sogar spontan wieder abgegeben werden und sind funktionell ohne Bedeutung für den Organismus. Dieser Umstand tritt in vielen Versuchen nur deswegen nicht in Erscheinung, weil die Versuchsdauer zu kurz bemessen war. Man pflegt in diesen Fällen von Retention von einer „Speicherung in Depots" zu sprechen, ohne aber zur Zeit den Mechanismus der Speicherung näher charakterisieren zu können, selbst wenn man die Lokalisation kennt, wie z. B. für Na^+ und Cl^-, die im wesentlichen in der Haut gespeichert werden. Der für dieses Phänomen mitunter gebrauchte Begriff „Supermineralisation" ist äußerst unglücklich gewählt.

Ob man beim gesunden Menschen auf alimentärem Wege eine echte „Transmineralisation", d. h. eine Veränderung der Relation der einzelnen Ionen im Blut oder in den Körperzellen erreichen kann, erscheint fraglich. Viele Erkrankungen gehen mit typischen Transmineralisationen einher; in diesen Fällen ist anscheinend eine alimentäre Beeinflussung möglich (Kaunitz).

2. Ernährung und Säure-Basen-Gleichgewicht.

Die säuernde oder alkalisierende Wirkung einer Kost ergibt sich nicht ohne weiteres aus ihrer chemischen Zusammensetzung, d. h. dem Verhältnis der Anionen zu den Kationen. In vielen Fällen bestehen zwischen dem rein physikalisch-chemischen und dem physiologischen Verhalten in vivo Unterschiede. Carbonate und Salze organischer Säuren wirken im Organismus alkalisierend, da Kohlendioxyd bei der Verbrennung der organischen Säure zu Kohlendioxyd und Wasser abgeatmet wird, so daß das Alkali übrigbleibt. Umgekehrt verursachen Ammoniumsalze anorganischer Säuren im Organismus eine Säuerung, weil Ammoniak durch die Harnstoffsynthese verschwindet, der Säurerest aber erhalten bleibt und Alkali zu seiner Neutralisation beansprucht. Bei Salzen, deren eines Ion wesentlich schlechter resorbierbar ist als das andere, findet man gleichfalls Unterschiede zwischen dem Verhalten in vivo und in vitro. So wirkt z. B. $CaCl_2$ säuernd, Na_2SO_4 dagegen alkalisierend.

Der Einfluß einer sauren oder alkalischen Kost auf die physikochemischen Konstanten des gesunden Menschen ist im allgemeinen nicht groß. K. A. HASSELBACH fand bei seinen Versuchspersonen nur sehr bescheidene Veränderungen der alveolaren CO_2-Spannung (Tab. 101). A. ROSSI konnte bei Menschen, Hunden,

Tabelle 101. *Alimentäre Beeinflussungen der alveolaren CO_2-Spannung* (K. A. HASSELBACH).

Kostform	Alveolare CO_2-Spannung mm	
	Vp. 1	Vp. 2
Vegetarische Kost	42,4	43,3
Gemischte Kost	41,4	38,3
Fleischkost	39,0	37,8
2 Tage Hunger	38,9	—

Kaninchen und Ratten keinen nachweisbaren Einfluß einer säure- oder basenüberschüssigen Kost auf die Alkalireserve des Blutes feststellen. CARERE-COMES verfütterte 5 Monate hindurch an Ratten eine Kost, die durch Zulagen von HCl oder $NaHCO_3$ sauer bzw. alkalisch gemacht worden war. Eine eindeutige Veränderung der Alkalireserve des Blutes wurde nicht erzielt. Die einzigen Unterschiede betrafen die p_H-Werte des Harns, die bei den sauer ernährten Tieren zwischen 6,0 und 6,5, bei den alkalisch gefütterten um 7,5 lagen. F. BISCHOFF und Mitarbeiter konnten durch 9tägige Verabreichung einer basischen Kost beim Menschen keine Veränderung von Alkalireserve und p_H des Blutes erzielen. Der p_H-Wert des Harns stieg von 5,8 auf 6,9. Umgekehrt führte eine saure Kost ebenfalls zu keiner p_H-Verschiebung des Blutes, während die Alkalireserve um 1 Millimol fiel. Erst durch tägliche Verfütterung von 15—20 g Ammoniumchlorid oder 45 g Natriumbicarbonat ließ sich eine Durchbrechung der Pufferung und Verschiebung des Blut-p_H um 0,2 Einheiten verbunden mit größeren Veränderungen der Alkalireserve erreichen. Diese Mengen von säuerndem oder alkalisierendem Salz würden einem täglichen Verzehr von 4½ Pfund Fleisch (säuernd) oder 18 Pfund Orangen (alkalisierend) entsprechen. Durch Verabreichung einer säure- bzw. basenüberschüssigen Nahrung werden also im wesentlichen nur Titrationsacidität und p_H des Harns verändert. Als Beispiel für die dabei in Frage kommenden Größenordnungen sei das Verhalten einer Versuchsperson von H. DENNIG, H. J. GOTTSCHALK und L. TEUTSCHER wiedergegeben.

Tabelle 102. *Einwirkung einer sauren und basischen Kost auf Blut und Harn* (H. DENNIG, H. J. GOTTSCHALK und L. TEUTSCHER).

Die saure Kost hatte chemisch-analytisch einen Säureüberschuß von 163 Milliäquivalenten, die basische einen Basenüberschuß von 156 Milliäquivalenten.

	Kostart		
	Standard	sauer	basisch
Harn-Titrationsacidität in Milliäquival.	303 —581	519 —871	385 —514
Harn-p_H	5,8— 6,2	5,2— 5,8	5,8— 6,6
Alveolare CO_2-Spannung mm	38,4— 39,0	38,2— 39,6	38,4— 40,1
Arterienblut CO_2 Vol%	54,0	57,7	61,4
Arterienblut-p_H	7,39	7,41	7,44

Deutlich meßbare Veränderungen der physikochemischen Konstanten erhält man erst unter unphysiologischen Bedingungen, z. B. durch Zufuhr größerer Mengen Säuren oder Basen bzw. säuernder oder alkalisierender Salze. Aber auch hier sind die Verschiebungen meist nur vorübergehend. H. DENNIG, D. H. DILL und I. H. TALBOTT wiesen nach, daß der Mensch durch Verabreichung von Ammoniumchlorid zwar in den ersten 5—7 Tagen nicht unbeträchtliche Mengen an

Tabelle 103. *Säure- und Basenüberschüsse von Lebensmitteln.*
Die Werte sind angegeben in cm^3 n Säure bzw. n Alkali pro 100 g Nahrungsmittel (auf Grund chemischer Analysen).

Nahrungsmittel	Säureüberschuß	Nahrungsmittel	Alkaliüberschuß
Fleisch (Rind)	12	Karotten	14
Hafermehl	12	Rüben	11
Vollweizen	12	Bohnen (getrocknet)	11
Ei	11	Kartoffel	9
Reis	9	Banane	8
Weizenmehl	9	Tomate	5
Weißbrot	6	Bohne (grün)	5
		Rettich	5
		Apfel	3
		Zwiebel	1

Tabelle 104. *Der Mineralstoffgehalt von Lebensmitteln.*

Lebensmittel	Na mg%[1]	K mg%[1]	Mg mg%[1]	Cl mg%[2]
Rindfleisch mager	78	422	17	40— 91
Kalbsleber	78	205	46	71— 79
Milch (Kuh)	45	158	10	89— 111
Hühnerei	147	154	13	98— 108
Quark	30	177	3	125— 228
Kartoffeln	20	554	34	26— 59
Linsen	180	521	—	82— 116
Reis (poliert)	9	61	20	18— 64
Weißbrot	366	126	30	933—1047
Makkaroni	122	—	8	100— 152
Kohlrabi	56	338	47	33— 73
Karotten	115	208	20	64— 65
Blumenkohl	48	116	17	32— 47
Wirsing	22	237	12	28— 54
Spargel	17	164	11	52— 74
Bohnen grün	20	300	16	30— 41
Erbsen grün	21	321	43	28— 52
Bohnen trocken	32	1044	134	41— 76
Kopfsalat	58	321	38	29— 61
Spinat	70	742	57	51— 52
Tomate	125	314	51	24— 51
Gurke	63	67	8	26— 39
Zwiebel	26	128	7	19— 32
Äpfel	12	68	3	12
Aprikosen	14	215	8	7— 12
Kirschen	108	68	1	Spur
Erdbeeren	21	104	13	22
Citronen	3	457	28	6
Bananen	54	361	32	50— 68

Natrium und Kalium verliert. Dann kommt aber allmählich eine vermehrte Ammoniakbildung in Gang und übernimmt die Neutralisation der Säure. Die vorher im Überschuß ausgeschiedenen Mengen an Natrium und Kalium werden

[1] SCHALL: Nahrungsmitteltabelle, 14. Aufl. Leipzig 1942.
[2] A. SZAKÁLL und B. SZAKÁLL: Arbeitsphysiol. 10, 534 (1939).

wieder eingespart und die Blut-p_H-Verschiebungen wieder rückgängig gemacht. Nur die Ausscheidung von Calcium bleibt noch für längere Zeit vermehrt. Im Endeffekt wird also auch durch eine kräftigere Säuerung nicht viel erreicht, wie Versuche zeigen, die langfristig genug durchgeführt werden. Die mitunter geäußerten gegenteiligen Behauptungen stützen sich auf zu kurze Versuchsperioden.

Aus dem Gesagten ergibt sich auch, daß die Frage, ob eine säureüberschüssige oder basenüberschüssige Ernährung für den Menschen günstiger sei, im Grunde genommen müßig ist. Die Regulationsfähigkeit des menschlichen Organismus ist so groß, die durch eine saure oder alkalische Kost mit den üblichen Nahrungsmitteln bewirkten Veränderungen sind so klein, daß eine wesentliche Beeinflussung des Körperzustandes unwahrscheinlich ist. Trotzdem werden immer wieder saure oder basische Kostformen als das wahre Heil für die Menschheit empfohlen. Wohl den extremsten Standpunkt hat R. BERG bezogen, der annimmt, daß eine saure Ernährung zu einem erhöhten Eiweißzerfall und damit zu einem vermehrten Bedarf an Nahrungseiweiß führe, wodurch sich dann (nicht näher definierte) „Stoffwechselschlacken" anhäufen und die Regulationsmechanismen des Körpers überbeansprucht werden, so daß Schädigungen des Organismus unvermeidlich seien. Manche Kliniker betonen, daß man durch eine saure oder alkalische Kost die biologische Reaktionslage des Organismus verändern könne, was sich z. B. in der Entzündungsbereitschaft der Haut auswirke. Ob das für solche Schlüsse beigebrachte Beweismaterial heute schon ausreichend ist, bleibe dahingestellt.

3. Natriumchlorid.

Natriumionen und Chlorionen lassen sich in ihrer Wirkung auf den Organismus nicht immer völlig trennen. Ihre Aufnahme erfolgt zum größten Teil gemeinsam in Form von NaCl; beiden gemeinsam ist auch ihre wichtigste Funktion, die Aufrechterhaltung des osmotischen Drucks der Körperflüssigkeiten. Die Mehrzahl der bisherigen Untersuchungen erlaubt leider keine Zuordnung zu den beiden einzelnen Ionen. Infolge der leichten analytischen Bestimmbarkeit des Chlorid und der schwierigeren des Natrium wurden die meisten Untersuchungen über den Kochsalzhaushalt nur durch Cl-Bestimmungen durchgeführt. Einer Klärung der angeschnittenen Probleme war aber dies bequeme Vorgehen nicht gerade förderlich.

Durch Verabreichung einer aus den üblichen, nicht besonders vorbehandelten Lebensmitteln bestehenden Kost, der kein Kochsalz zugesetzt ist, läßt sich im allgemeinen beim Erwachsenen kein hochgradiger Salzmangel hervorrufen (E. KERPEL-FROBENIUS). Der Organismus schränkt seine Ausgaben nach einem anfänglichen Salzverlust von 10—20 g so stark ein, daß gewöhnlich wieder ein Gleichgewicht zwischen Einfuhr und Ausscheidung erreicht wird. Erst durch Kombination von salzarmer Ernährung mit der Erschließung abnormer Wege der Salzausscheidung (Schwitzen, Entziehen von Magensaft, Erzeugung von Durchfällen, Gabe von Diureticis) lassen sich ernste Salzmangelzustände erzeugen.

R. A. MCCANCE konnte durch salzarme Kost und Schwitzen etwa 25—30% des extracellulären Cl-Bestandes entfernen. Durch laufenden Entzug von Magensaft verbunden mit salzarmer Ernährung ließ sich der Cl-Bestand von Tieren auf etwa die Hälfte herabdrücken (R. ROSEMANN; J. GLASS; K. MELLINGHOFF). Salzarme Kost und gleichzeitige Verabreichung von Diureticis führt gleichfalls zu extremer Salzverarmung des Organismus (H. F. GRÜNEWALD; J. MICHELSEN). Schwere Salzmangelzustände äußern sich in typischen Symptomen. Der Gehalt des Bluts an Natrium und Chlorid sinkt ab, wodurch der osmotische Druck verringert wird. Der Organismus versucht zunächst durch Verkleinerung des Blutvolumens und des extracellulären Wassers den osmotischen Druck möglichst lange aufrecht zu erhalten. Man beobachtet daher eine Bluteindickung, kenntlich an einer Hyperproteinämie und Zunahme des Hämoglobingehalts. Wird die Regulationsfähigkeit durchbrochen, so entstehen als Folge der osmotischen Störungen Krämpfe und Versagen des Kreislaufs. J. MICHELSEN stellte an Kaninchen fest, daß der Tod eintritt, wenn der Cl-Verlust 10—12 Millimole pro kg Körpergewicht erreicht hat. Salzmangel beeinflußt den Eiweißhaushalt; die N-Bilanz wird negativ und Körpersubstanz wird abgebaut. Der Rest-N des Bluts nimmt zu, was zuerst als eine kompensatorische Retention von Harnstoff zwecks Aufrechterhaltung des osmotischen Drucks gedeutet wurde. Spätere Untersucher wie z. B. MICHELSEN und KERPEL-FROBENIUS machten jedoch wahrscheinlich, daß die Rest-N-Steigerung durch eine Störung der Nierenfunktion bedingt ist. Weiterhin findet man im Salzmangel eine Acidose, hervorgerufen durch Anhäufung von Milchsäure und anderen organischen Säuren, Blutzuckersteigerung und Acetonurie (Selbstversuch von TAYLOR, zitiert nach T. B. ROBERTSON). Endlich gelangen noch Symptome von seiten der Muskulatur zur Beobachtung (Druckempfindlichkeit, Zuckungen). Pathologisch-anatomisch wurde mit Ausnahme von Hirnödem kein typischer Befund erhoben.

Wachsende Organismen sind gegen Salzmangel besonders empfindlich und reagieren auf ihn mit sofortiger Einstellung des Wachstums (A. H. SMITH und P. K. SMITH). Der Nutzeffekt des Eiweiß für das Wachstum ist vermindert (H. H. MITCHELL und G. G. CARMAN).

Normalerweise nimmt der Mensch eine den Bedarf bei weitem übersteigende Menge Kochsalz auf, da Natriumchlorid als Würzmittel verwendet wird. Die tägliche Zufuhr liegt in den Kulturstaaten im allgemeinen zwischen 5 und 20 g. Das Verlangen nach Kochsalz ist seit alter Zeit so verbreitet, daß man vermuten kann, ihm liege ein physiologisches Bedürfnis zugrunde. H. GLATZEL, der sich viel mit dieser Frage beschäftigt hat, sieht die Bedeutung des Kochsalzes für die Ernährung neben seiner Wirkung auf den osmotischen Druck und das Säure-Basen-Gleichgewicht in der günstigen Beeinflussung des Kohlenhydrathaushalts durch Aktivierung der Amylasen und des Insulin. Man kann auch noch diätetische Eigenschaften von Natriumchlorid anführen, so z. B. die Stimulierung der Magensaftsekretion.

Die Frage nach der untersten erträglichen Grenze der Kochsalzzufuhr besitzt größeres Interesse, da kochsalzarme Diäten vielfach zu therapeutischen Zwecken verordnet werden. Beispielsweise verwendet W. KEMPNER eine extrem kochsalzarme Diät, mit der pro Tag nur 0,2 g Cl und 0,15 g Na aufgenommen werden, zur Behandlung der Hypertonie. H. A. SCHROEDER, der über Erfahrungen mit dieser Diät berichtet, weist darauf hin, daß dabei Symptome der Salzverarmung mitunter beobachtet werden. R. STÖHR gibt an, daß Patienten, die an Erkrankungen des Herz-Gefäß- und Nierensystems leiden, extrem kochsalzarme Kostformen im allgemeinen gut vertragen, während andere Patienten wie z. B. Diabetiker sehr darunter leiden. Er unternahm daher an sich selbst und einer zweiten Versuchsperson eine Untersuchung, wie der gesunde Mensch auf eine so niedere Kochsalzzufuhr reagiert. Der Versuch dauerte 51 bzw. 36 Tage bei einer Zufuhr von rund 1 g NaCl und 2800 bzw. 3300 Calorien. Gewichtsverluste, zunehmende Müdigkeit, Schwindelgefühl und derartige Symptome zwangen zum Abbruch des Versuchs. Das Körpergewicht hatte um 8 kg abgenommen. Interessant war das Verhalten der NaCl-Ausscheidung (aus Cl-Analysen auf NaCl umgerechnet). Innerhalb der ersten Tage vollzog sich ein Rückgang der Ausscheidung auf 0,86 g; sie blieb dann 14 Tage auf diesem niederen Niveau, um dann wieder auf 1,4—2,1 g anzusteigen. Gleichzeitig mit der Vermehrung stellten sich die Symptome des Salzmangels ein. Das Blut wies keine wesentlichen Veränderungen auf: Cl nahm zu,

P, K, Mg, Ca zeigten eine ganz geringe Vermehrung. Das Plasmavolumen nahm erheblich ab, z. B. bei der einen Versuchsperson von 3970 cm³ auf 3086 cm³. TAYLOR mußte einen Selbstversuch mit einer Salzzufuhr von 0,1 g am 9. Tage wegen starker Acetonurie abbrechen. Demgegenüber betont K. EIMER, daß der Mensch bei Rohkost monatelang mit einer täglichen Kochsalzaufnahme von 0,5 bis 1,5 g auskommen könne. J. C. VERHAGE hält eine 0,2—0,3 g Natrium entsprechende Kochsalzaufnahme für ausreichend, um eine Salzverarmung des Organismus zu verhüten. Die Angaben sind noch zu widersprechend, um endgültige Angaben über den Minimalbedarf für Kochsalz machen zu können.

Die Zufuhr sehr großer Kochsalzmengen ist schädlich. Durch Verabreichung stark hypertonischer Kochsalzlösungen per os kann man Tiere töten. Ursache sind osmotische Störungen. Bekanntlich läßt sich bei Säuglingen durch Verabreichung einiger Gramme Kochsalz Fieber erzeugen („Kochsalzfieber"). Tierversuche weisen darauf hin, daß die obere Grenze der Kochsalzverträglichkeit bei einem 5% NaCl im Futter übersteigenden Gehalt gelegen ist. H. L. CAMPBELL hielt Ratten bei Diäten mit 1,32, 2,59 und 5,06% NaCl. Bis zu einem Alter von 4 Monaten ließ sich kein Unterschied im Wachstum feststellen. Die Tiere, die 5,06% NaCl erhalten hatten, wiesen jedoch Nierenschäden auf. P. S. SALEJ fand, daß ein 6% NaCl enthaltendes Futter für Schweine toxisch war. Nach 3 Tagen zeigten die Tiere Erregung, Speichelfluß und Pupillenerweiterungen; die Autopsie ergab eine schwere hämorrhagische Gastro-Enteritis. Die NaCl-Aufnahme hatte 2,25 g/kg betragen. Eine längere Zeit andauernde Beimischung größerer Salzmengen zum Trinkwasser ist für Säugetiere unverträglich. Die Grenzkonzentration liegt nach V. G. HELLER bei 1,5—1,7%. Steigert man den Salzgehalt, so verweigern die Tiere die Nahrungsaufnahme. Sie bleiben bis kurz vor ihrem Tode in anscheinend guter Verfassung, bis plötzlich Gewichtsverlust, Tremor und Ataxie das finale Stadium einleiten (D. NELSON). Bei einem Salzgehalt des Wassers von 2,5—3,0% sterben die Tiere innerhalb weniger Wochen (D. NELSON, sowie M. GOMPEL, F. HAMON und A. MAYER). Die obere Grenze der Kochsalzverträglichkeit für den Menschen ist unbekannt. Die angeführten Tierversuche lassen vermuten, daß sie wesentlich höher als die größten üblichen Kochsalzaufnahmen gelegen ist.

Vorwiegend vegetabilische und damit kaliumreiche Kostformen steigern das Bedürfnis, Kochsalz aufzunehmen. BUNGE, der zuerst auf diese Tatsache hingewiesen hat, nahm an, daß durch solche eine Verarmung an Natrium entstehe. H. GLATZEL erklärt den Kochsalzhunger durch die acidotische Wirkung, welche die durch die vegetabilische Kost zu erwartende Alkalisierung verhindern solle; er betont jedoch, daß auch noch andere Kochsalzwirkungen in Frage kommen könnten.

Natrium und Chlor werden praktisch ausschließlich im Harn ausgeschieden. Im Kot findet man Werte von 25—175 mg Cl. Bei der üblichen Kochsalzzufuhr befindet sich der Mensch in einem Gleichgewicht; die Ausscheidung entspricht der Zufuhr. Das Verhältnis Na:Cl im Harn variiert im Verlauf eines Tages stark. Cl kann im Harn an andere Kationen, Na an andere Anionen gebunden sein. Bei Betrachtung längerer Zeitperioden erfolgt jedoch die Ausscheidung von Natrium und Chlor in praktisch äquivalenten Mengen (F. MAINZER), wie es ja auch der Zufuhr entspricht.

NaCl wird auch durch den Schweiß eliminiert. Große körperliche Anstrengungen, insbesondere Hitzearbeit können daher erhebliche Salzverluste durch den Schweiß bedingen. G. LEHMANN und A. SZAKÁLL haben den Cl-Gehalt des Schweißes von Bergarbeitern und Hitzearbeitern zu etwa 30 Milliäquivalenten (rund 1 g) pro Liter bestimmt und Schweißabgaben von 3—7 l pro Arbeitsschicht gefunden. Der Cl-Gehalt des Schweißes geht mit zunehmender Anpassung an die Hitzearbeit zurück. Die Nahrung enthält im allgemeinen so viel Salz, daß auch diese großen zusätzlichen Ausgaben gedeckt sind. Kochsalzhaltige Getränke mit einem NaCl-Gehalt von 0,3—0,4% sind bei großen Anstrengungen im Sommer (Märsche, Bergtouren) insbesondere für Untrainierte zweckmäßig. Die Leistungsfähigkeit wird verbessert und die Gefahr von Hitzschlägen vermindert.

4. Natrium.

Untersuchungen über spezifischen Natriummangel verdanken wir E. Orent-Keiles und E. V. McCollum sowie O. Turpeinen. Eine extrem natriumarme Kost mit nur 0,002% Na wurde von Ratten zunächst etwa 14 Wochen lang ohne besondere auffällige Symptome vertragen. Dann wurde die N-Bilanz negativ, Gewichtsstürze traten auf und die Tiere verendeten an einer allgemeinen Kachexie. Junge Tiere stellten das Wachstum ein. Typisch für den Natriummangel sind Veränderungen der Haut und des Auges. Letztere beginnen mit einer blutigen Conjunctivalsekretion und führen zu Geschwürbildungen und Perforationen der Cornea. Auch Störungen der Fortpflanzung treten auf. Mangel an Chlor oder an Kochsalz verursacht die angedeuteten Symptome nicht oder nur sehr schwach. Im Natriummangel nimmt der Natriumgehalt des Blutes fortlaufend ab, während die Werte für die anderen Mineralbestandteile unverändert bleiben.

Versuche mit radioaktivem Natrium haben erwiesen, daß das Element rasch resorbiert wird und schon nach kurzer Zeit an alle die Stellen gelangt ist, die normalerweise Natrium enthalten. Ursache für die rasche Verteilung ist der Umstand, daß Natrium ein im wesentlichen extracelluläres Element ist.

Über den Natriumbedarf des Menschen und der Tiere ist noch wenig bekannt. Die Arbeiten von Sjolemma an Küken, von P. Schorrl an Ratten sowie die oben zitierten Versuche lassen vermuten, daß das optimale Wachstum von Tieren einen Natriumgehalt des Futters in Höhe von mindestens 0,3% zur Voraussetzung hat. Im übrigen wird auf den Abschnitt „Kochsalz“ verwiesen.

5. Chlor.

Über die Wirkungen eines isolierten Chlormangels ist man noch sehr wenig unterrichtet. Vermutlich ist der Ausfall der Versuche von R. Rosemann, J. Glass und K. Mellinghoff (siehe S. 171), die salzarm ernährten Tieren laufend größere Mengen Magensaft entzogen haben, weitgehend auf eine Chlorverarmung zurückzuführen. Ob dabei aber auch das Natrium mitbeteiligt ist, wurde von den Autoren nicht untersucht. Zum Wachstum ist die regelmäßige Zufuhr von Chloriden erforderlich (M. Marquis; L. Binet und M. Marquis). Verabreichung eines Futters, das nur 0,01% Cl enthielt, und in dem das fehlende Cl gegen PO_4 ausgetauscht war, an Ratten bewirkte eine erhebliche Wachstumsverzögerung. Andere typische Ausfallserscheinungen durch Cl-Mangel wurden von den Autoren nicht beschrieben. Der Organismus hat einen spezifischen Bedarf an Chlor zur Bereitung des Magensafts. Cl-Mangel bewirkt daher eine Verminderung der Magensaftsekretion. Exakte Angaben über den Chlorbedarf des Menschen lassen sich noch nicht machen. Chlorbilanzversuche verlangen die ständige analytische Kontrolle der aufgenommenen Lebensmittel, da die physiologischen Schwankungen ihres Cl-Gehalts groß sind und das Chlorid in ihnen auch häufig ungleichmäßig verteilt ist (A. Szakáll und B. Szakáll).

6. Kalium.

Kalium ist ein wichtiger Bestandteil aller Zellen. Jeder Erregungsvorgang ist mit Verschiebungen des Zellkalium verbunden. Es ist daher leicht verständlich, daß Kalium für den Organismus unentbehrlich ist. Kaliumarm ernährte Tiere sterben innerhalb weniger Wochen; die Sektion ergibt ausgedehnte pathologische Veränderungen in vielen Organen (G. A. SCHRADER, C. O. PRICKETT und W. D. SALMON; G. GRIJNS; E. S. EPPRIGHT und A. H. SMITH). Hunde reagieren auf Kaliummangel mit schweren Paralysen (W. R. RUEGAMER, C. A. ELVEHJEM und E. B. HART; S. G. SMITH). Bei Ratten erlaubte zwar eine niedere Kaliumzufuhr in Höhe von 0,010—0,015% des Futters noch normale Trächtigkeit; die Jungen entwickelten sich auf Kosten des Kaliumbestands der Mütter, konnten aber nicht großgezogen werden (L. A. HEPPEL und C. L. A. SCHMIDT).

Untersuchungen mit dem radioaktiven K^{42} haben gezeigt, daß das Element rasch resorbiert und in die Körperzellen übergeführt wird. Die Ausscheidung erfolgt praktisch ausschließlich durch die Niere. Nennenswerte Speicherung findet im Organismus nicht statt.

Wachsende Tiere haben einen hohen Kaliumbedarf. Junge Ratten benötigen für optimales Wachstum einen Kaliumgehalt des Futters von mindestens 0,2%, was einer täglichen Aufnahme von etwa 15—20 mg K entspricht (G. H. MILLER; G. GRIJNS). In derselben Größenordnung liegt auch der Kaliumbedarf von Küken (B. A. DOR). Dagegen kommen erwachsene Ratten mit 2 mg K pro Tag aus. Übergroße Kaliumzufuhren wirken sich ungünstig aus. Ein Kaliumgehalt des Futters entspr. 5% K_2CO_3 führte bei Ratten zu einer hohen Mortalität (P. B. PEARSON). Die Kaliumwirkung wurde durch gleichzeitige Gaben von viel Magnesium weitgehend kompensiert. Über den Kaliumbedarf des Menschen ist nichts sicheres bekannt. Man schätzt, daß die tägliche Zufuhr mindestens 2 g betragen soll, wobei aber eine reichliche Sicherheitsspanne mit einkalkuliert ist. Erscheinungen, die auf einen Kaliummangel schließen ließen, wurden beim Menschen nie beobachtet. Viele pflanzliche Nahrungsmittel, z. B. Kartoffeln, sind sehr kaliumreich. Vorwiegend vegetabilische Kost bedingt daher eine hohe Kaliumaufnahme. Die Muskelaktion ist mit einer Abgabe von Kalium aus dem Muskel verknüpft. Bei schwerer körperlicher Arbeit kann es daher zu vermehrter Kaliumausscheidung kommen. Der Kaliumbedarf ist demnach bei Arbeit gesteigert.

7. Magnesium.

Mangelnde Zufuhr von Magnesium führt zu schweren Ausfallserscheinungen. Als erstes Symptom findet man eine Dilatation der Blutgefäße, die sich durch Vermehrung des Blutvolumens noch verstärkt auswirkt. Bald entwickelt sich eine nervöse Übererregbarkeit, so daß schon geringe Reize genügen, um schwere, ja tödliche Krampfanfälle hervorzurufen, die sich aber von gewöhnlicher Tetanie dadurch unterscheiden, daß der Calciumgehalt des Blutes bei verminderten Magnesiumwerten normal ist. Ein länger dauernder Magnesiumentzug führt zu Wachstumsstillstand, schweren Durchfällen, Hautveränderungen mit Haarausfall und Ödemen, bis dann der Tod infolge allgemeiner Kachexie eintritt. Der Magnesiumbestand des Organismus wird auf etwa $^2/_3$ der Norm reduziert (H. D. KRUSE, E. R. ORENT und E. V. MCCOLLUM; E. V. TUFTS und D. M. GREENBERG; R. W. BROOKFIELD; G. A. SCHRADER, C. O. PRICKETT und W. D. SALMON; G. P. BARRON, P. B. PEARSON und S. O. BROWN). Magnesiumarm ernährte Tiere speichern in ihren Organen und im Skelet, vor allem aber in der Niere beträchtliche Calciummengen (E. V. TUFTS und D. M. GREENBERG), ihr Grundumsatz ist erhöht und sie vermögen die Nahrung, insbesondere das Eiweiß nicht mehr so gut zu verwerten, wie normal ernährte Tiere (M. KLEIBER, D. M. BOLTER und D. M. GREENBERG). Weitere Symptome des Magnesiummangels sind bei Ratten Degeneration der PURKINJE-Zellen im Kleinhirn und nephrotische Veränderungen der Niere bei Kaninchen (G. P. BARRON, S. O. BROWN und

P. B. PEARSON). Magnesium ist ein Bestandteil wichtiger Encyme; etwa 70% des Mg-Bestandes des Organismus befinden sich im Knochen.

Die Resorption des Magnesium vollzieht sich ähnlich der des Calcium. Die Zufuhr größerer Calciummengen hemmt die Ausnutzung von Magnesium. Das Element wird aus anorganischen Salzen und pflanzlichen Lebensmitteln gleich gut resorbiert. Die Ausscheidung erfolgt durch Niere und Darm.

Der Magnesiumbedarf für ein optimales Wachstum beträgt bei Ratten 4—6 mg/kg Körpergewicht (G. MEDES; E. V. TUFTS und D. M. GREENBERG). Kinder weisen positive Bilanzen auf, wenn die Zufuhr 6,0—10,2 mg/kg (C. C. WANG, M. KAUCHER und M. WING), 11,8—14,5 mg/kg (A. DANIELS), 10—20 mg/kg (C. F. SHUKERS, E. M. KNOTT und F. W. SCHLUTZ) beträgt. D. M. TIBETTS und J. C. AUB beobachteten bei Erwachsenen mit 4 mg/kg eine ausgeglichene Bilanz, während die Zufuhr von 6 mg/kg zu Retentionen Anlaß gab. Genaue Unterlagen über den Magnesiumbedarf des Menschen liegen nicht vor. Man schätzt ihn zur Zeit auf etwa 0,3 g pro Tag. Der früher von vielen Autoren angenommene Wert von 0,5 g ist sicherlich zu hoch gegriffen. Anlaß zu Befürchtungen, daß bei der üblichen Kost der Magnesiumbedarf nicht gedeckt werde, besteht nicht.

8. Calcium.

Calcium ist ein wesentlicher Bestandteil der lebenden Substanz; fundamental wichtige Äußerungen des Lebens sind an die Gegenwart von Calcium gebunden. Calciumionen beeinflussen die Permeabilität der lebenden Membranen; die Regulation der vegetativ gesteuerten Organe wird vom Calcium beeinflußt. Die Blutgerinnung benötigt die Gegenwart von Calcium. Das Element ist als Baustein des Protoplasmas, in besonderem Maße jedoch zum Aufbau spezieller Gewebe (Knochen und Zähne) unentbehrlich. Ungenügende Zufuhr dieses Mineralstoffs mit der Nahrung ist daher von schwerwiegenden Folgen begleitet. Die Wirkungen hochgradigen Calciummangels haben M. KLEIBER, M. D. BOELTER und D. M. GREENBERG; M. BOELTER und D. M. GREENBERG; D. M. GREENBERG und MILLER studiert. Wachsende Tiere nehmen nicht mehr an Gewicht zu, sie fressen weniger und haben erhöhten Grundumsatz. Nach etwa 2 Monaten werden sie auffallend träge und reagieren kaum mehr auf Reize; häufig entwickelt sich eine Paralyse der Hinterbeine. An vielen Stellen des Körpers treten Hämorrhagien auf. Schließlich sterben die Tiere an Entkräftung. Der Kalkgehalt des Blutes fällt schon frühzeitig auf etwa 5—6 mg% ab, ohne daß jedoch tetanische Symptome auftreten. Das Skelet ist praktisch nicht verknöchert.

Ist der Kalkmangel weniger hochgradig, so können sich die Folgen sehr viel später, unter Umständen erst in den folgenden Generationen manifestieren. H. L. CAMPBELL, O. A. BESSEY und H. C. SHERMAN fütterten Ratten mit einem Futter, das 0,094% Ca enthielt. Die Tiere wiesen kaum pathologische Befunde auf. Dagegen zeigten sich in der zweiten Generation schwere Mangelsymptome: die Tiere waren wesentlich kleiner und enthielten nur etwa 75—80% der Kalkmengen normaler Tiere. Die Aufzucht von Jungen war ihnen unmöglich.

Die Feststellung der Höhe des Calciumbedarfs des Menschen ist schwierig. Über 99% des Calciumbestands des Organismus liegen im Skelet fest. Die Existenz eines so großen Calciumdepots macht es nahezu unmöglich, den Calciumbedarf aus Bilanzversuchen zu berechnen. Denn unter dem Einfluß mannigfaltiger Faktoren können Abzüge aus dem Depot oder Speicherungen erfolgen, welche die Bilanz völlig verschleiern. Den Calciumbedarf von Tieren kann man leichter ermitteln, denn der Calciumhaushalt läßt sich sehr genau aus der Bilanz, verbunden mit der Analyse des gesamten Versuchtiers, feststellen. Bei der Aufstellung von Kalkbilanzen muß die Abgabe des Elements durch den Schweiß berücksichtigt werden, da überraschend große Mengen von Ca auf diesem Wege ausgeschieden werden können (H. H. MITCHELL und T. S. HAMILTON). Der Verlust von Ca durch den Schweiß ist in gewissem Grad von der Höhe der Kalkzufuhr abhängig. Bei anderen aufgeführten Elementen ist dies nicht der Fall.

Nicht alles in der Nahrung enthaltene Calcium wird resorbiert. Alle Faktoren, welche sich auf die Calciumausnutzung auswirken, sind daher für den Kalkhaushalt wichtig. Das im Kot ausgeschiedene Calcium setzt sich aus zwei Fraktionen zusammen: dem unresorbiert gebliebenen Nahrungskalk und dem in den Darm sezernierten Calcium. Die alte Streitfrage, ob der Darm ein Exkretionsorgan für Calcium ist, konnte durch Experimente unter Verwendung von isotopem Calcium endgültig im positiven Sinne entschieden werden (W. CAMPBELL, W. WESLEY und D. M. GREENBERG). In einem derartigen Versuch wurden innerhalb von 68 Std. 10,8% des verfütterten Calcium im Kot ausgeschieden. Es ist daher nicht angängig, allein das im Harn enthaltene Calcium als Maßstab für die Calciumresorption zu werten. Allerdings verläuft im allgemeinen die Ausscheidung im Harn mit der Resorption parallel (R. A. MCCANCE und E. M. WIDDOWSON).

Die Art des verfütterten Calciumsalzes ist für die Resorption entscheidend. Die üblichen Salze weisen jedoch nur geringe Unterschiede auf; lösliche Salze wie Chlorid, Lactat, Gluconat werden praktisch genau so gut resorbiert wie schwer lösliche, z. B. Phosphat, Sulfat oder Carbonat (STEENBOCK, HART, SELL und JONES; Y. ARMAND). Gegenwart von Oxalsäure oder Phytin (Phytinsäure) macht jedoch das Calcium nahezu völlig unresorbierbar.

Tabelle 105.

Ausscheidung von Mineralstoffen im Schweiß beim Menschen
(H. H. MITCHELL und T. S. HAMILTON).

	Mittlere Ausscheidung pro Liter Schweiß
Cu und Mn je	0,6 γ
Mg und P je	0,0022—0,022 mg
Fe.	1—2 mg
Ca.	20—70 mg

Oxalsäure ist in manchen Pflanzen, z. B. im Spinat (Tab. 106) in relativ großen Mengen enthalten. Das Calcium wird aus ihnen nur schlecht ausgenutzt (TISDALL; M. L. FINCKE; SPEIRS; G. NIELSEN und E. HOFF-JÖRGENSEN). B. SCHMIDT-NIELSEN und K. SCHMIDT-NIELSEN haben durch Verfütterung von Spinat an Ratten schwerste Kalkmangelzustände erzeugen können. Sie berechnen, daß eine Aufnahme von 250 g Spinat genügt, um die Tagesmenge Calcium, die ein Erwachsener sich zuführt, unresorbierbar zu machen. 100 g Spinat sind ausreichend, um den Kalk aus 200 g Milch auszufällen. Spinat sollte daher nur dann häufiger verabreicht werden (insbesondere an Kinder), wenn die Nahrung reichliche Kalkmengen enthält. Auch Kakao ist reich an Oxalsäure und verschlechtert mitunter die Ausnutzung der Kalksalze (H. H. MITCHELL und T. S. HAMILTON). Enthält die Nahrung genügend Kalk, so ist die Wirkung der Oxalsäure nur gering. Selbst ein über 40 Tage fortgesetzter täglicher Verzehr von 100 g Spinat übt dann bei Kindern keine Beeinträchtigung des Mineralhaushalts aus (P. BONNER und Mitarb.). G. G. MACKENZIE und E. V. MCCOLLUM haben täglich je 90 mg Kaliumoxalat an Ratten verfüttert, ohne Knochenveränderungen oder Wachstumsstörungen beobachten zu können. Selbst bei einer täglichen Zufuhr von 250 mg Kaliumoxalat war die Wirkung nur geringfügig. Es ließ sich lediglich ein nicht sehr erhebliches Absinken des Aschegehalts der Knochen feststellen. 250 mg

Kaliumoxalat sind das dreifache der bei parenteraler Einverleibung für Ratten tödlichen Dosis! Das Futter der Versuchstiere war aber mit 0,61% Ca kalkreich und enthielt viel Vitamin D. Das Bild änderte sich sofort, als ein Futter mit nur 0,35% Ca und ohne Vitamin D gegeben wurde. Eine Oxalatzufuhr, die ausreichend war, um den Nahrungskalk zu binden, verursachte Wachstumshemmung und Störung der Knochenbildung. Die Wirkung der Oxalsäure hängt also, wie man sieht, stark von der Zusammensetzung der Nahrung, insbesondere von der Versorgung mit Kalk und Vitamin D ab.

Tabelle 106.
Der Oxalsäuregehalt von Lebensmitteln (E. ROST).

Lebensmittel	Oxalsäure mg% im Frischgewicht
Kakao	450—480
Sauerampfer	270—320
Rhabarber (Stengel) .	230—500
Spinat	121—365
Kartoffeln	40
Rote Rüben	30—40
Bohnen (grün) . . .	28—45
Gurken	25
Weißkohl	20
Kohlrabi	7—31
Tomaten	5— 8
Karotten	Spuren
Pilze	,,
Äpfel	,,
Zwetschgen	,,

Auch Phytin erschwert die Resorption von Calcium. Daß Cerealien, insbesondere Hafermehl leicht rachitogen wirken, ist schon lange bekannt. Beim Kochen mit verdünnten Säuren geht diese Eigenschaft verloren (K. MELLANBY). Das rachitogen wirkende Prinzip ließ sich als Phytin identifizieren (BRUCE und KALLOW; K. MELLANBY). Man kann es durch Calcium kompensieren, also das Phytin gewissermaßen neutralisieren. R. A. MCCANCE und E. M. WIDDOWSON haben in verschiedenen Versuchsanordnungen bewiesen, daß Calcium bei Verzehr von Schwarzbrot schlechter ausgenutzt wird, als bei Aufnahme von Weißbrot. In den Cerealien liegt ein großer Teil des Calcium als Phytat und daher in einer nur schlecht resorbierbaren Form vor. Die Hauptmenge Phytin findet man in den Kleiebestandteilen. Daher kommt es, daß ein hoher Ausmahlungsgrad des Getreides die Ausnutzung des Calcium herabsetzt. Diese wichtigen Befunde sind von anderen Autoren bestätigt und erweitert worden (H. A. KREBS und K. MELLANBY; E. HOFF-JÖRGENSEN). Der letztgenannte Autor verfütterte an junge Hunde täglich 1 g Ca und 1 g P, wobei die Kalkbilanz stark positiv war. Legte er jedoch 0,93 g Phytin-P zu, so wurde die Kalkbilanz sofort negativ. Weiteres über diesen Fragenkomplex siehe S. 259.

Auch große Mengen PO_4-Ionen wirken sich auf die Kalkausnutzung ungünstig aus. Es ist daher sehr wichtig, daß die Phosphorsäure in den Nahrungsmitteln zum größten Teil in gebundener und nur in relativ kleinem Umfange in freier Form enthalten ist. Der größte Teil der Phosphorsäure wird bei der Verdauung erst dann in Freiheit gesetzt, wenn das Calcium schon resorbiert ist. Primäres Calciumphosphat ist leichter löslich und daher auch leichter resorbierbar als sekundäres. Das p_H im Dünndarm, insbesondere im Duodenum ist einer der wichtigsten Faktoren, welcher den Umfang der Calciumresorption bestimmt. Vermutlich wird das Calcium aus den obersten Dünndarmabschnitten resorbiert, noch ehe die Magensäure dort neutralisiert ist. Alle Momente, welche zu möglichst langer Aufrechterhaltung der sauren Reaktion an dieser Stelle führen, begünstigen die Ausnutzung des Calcium. Aus diesem Grunde verbessert Fett die Resorption von Calcium (HOLT und FORBES). BOYD, CRUM und LYMAN stellten bei Ratten eine Ausnutzung des Calcium aus Stearat von 25%, aus Palmitat von 38%, aus Oleat von 90% und aus vermischten Fettsäuren von Schweinefett von 72% fest. Es gibt aber auch Autoren, die eine Verschlechterung der Kalkresorption durch Fette gesehen haben. Vielleicht ist die Art der Fettsäuren von Bedeutung. Milchzucker fördert die Ausnutzung von Kalksalzen, wie man schon lange weiß. Vermutlich bewirkt die Lactose einen saureren Dünndarminhalt infolge bakterieller Milchsäurebildung. Umgekehrt bewirken alle Maßnahmen, die zu einer Herabsetzung der Wasserstoffionenkonzentration im oberen Dünndarm führen, eine Hemmung der Kalkaufnahme, wie z. B. Verabreichung alkalisierender Mittel. Die von R. EHRENBERG beschriebene Verbesserung der Resorption schwerlöslicher Kalksalze durch Gaben von Aneurin dürfte gleichfalls darauf beruhen, daß das Vitamin auf dem Wege über die Darmbakterien wirksam wird.

Substanzen, welche mit Calcium leicht lösliche Komplexsalze liefern, wie z.B. Weinsäure und Citronensäure, begünstigen die Aufnahme von Calcium aus dem Darm erheblich. Bekanntlich kann man die Entstehung einer experimentellen Rachitis bei Verfütterung einer rachitogenen Kost verhindern, wenn man gleichzeitig Citrat oder Tartrat gibt. Dieser Effekt dürfte vermutlich mit der besseren Resorption des Calcium zusammenhängen.

Eine voluminöse und an Ballaststoffen reiche Nahrung beeinträchtigt die Ausnutzung des Calcium. Die Verdauungssäfte enthalten wie alle Körperflüssigkeiten Calcium. Man schätzt, daß durch die Verdauungssekrete täglich etwa 0,3—0,5 g Ca in den Darm abgegeben werden; dies ist eine Kalkmenge, die nahezu so groß ist wie die mit der Nahrung aufgenommene. Voluminöse Kost verlangt aber eine vermehrte Sekretion von Verdauungssäften und vergrößert daher die in den Darm ausgeschiedene Menge Ca, was zu einer Verschlechterung der Bilanz führen muß. Ratten reagieren mit einer Verminderung der Kalkaufnahme, wenn man ihrem Futter über 20% Cellulose zusetzt (ADOLPH, WANG und SMITH; WESTERLUND).

Vitamin D fördert die Resorption von Calcium. Über den Mechanismus seiner Wirkung ist noch nichts näheres bekannt. Mangel an Vitamin D führt zu Veränderungen des Verhältnisses Ca:P im Blut und zu einer vermehrten Ausscheidung von Kalk durch den Darm.

Der Grad der Calciumresorption ist stark vom Proteingehalt der Nahrung abhängig. Bei eiweißreichem Futter ist die Kalkausnutzung besser als bei eiweißarmem (M. S. PITTMANN und B. L. KUNNERT; R. A. MCCANCE, E. M. WIDDOWSON und H. LEHMANN; H. ADOLPH und CHENG). Vielleicht ist auch für diesen Effekt die Wasserstoffionenkonzentration im Duodenum verantwortlich. Man hat auch an die Bildung leicht löslicher Komplexsalze mit den Aminosäuren gedacht.

Calcium wird am besten aus Milch und Käse ausgenutzt. Aus Fleisch, das mit Calcium angereichert ist, wird viel Kalk aufgenommen (J. MCQUARRIE, M. ZIEGLER und J. H. MOORE). Menschen, die sich wie die Eskimos mit einer praktisch reinen Fleischkost ernähren, haben eine sehr geringe Kalkzufuhr. Trotzdem spricht nichts dafür, daß sie ungenügend ist; Kalkmangelsymptome werden jedenfalls nicht beobachtet. Der Kalk wird in diesem Falle quantitativ ausgenutzt. Junge Ratten wachsen bei relativ kalkarmem Futter (0,2% Ca) besser, wenn die Eiweißzufuhr von 14% auf 20% gesteigert wird (H. C. SHERMAN, M. S. RAGAN und M. E. BAL). Animalische Lebensmittel sind eiweißreich und enthalten weder Oxalsäure noch Phytin. Sie weisen daher bezüglich der Kalkversorgung des Organismus große Vorteile auf. Calcium wird aus Knochenmehl gut resorbiert.

Die anderen, gleichzeitig mit dem Calcium in der Nahrung enthaltenen Mineralstoffe üben einen großen Einfluß auf den Calciumhaushalt aus. Eine isolierte Betrachtung des Calciumstoffwechsels ist also unmöglich. Reichliche Zufuhr von Magnesium verursacht eine vermehrte Ausscheidung von Calcium. Dieser Effekt des Magnesium wird aber immer geringer, je reicher die Nahrung an Phosphorsäure ist. Eine noch größere Bedeutung für den Kalkhaushalt hat die Relation Ca:P in der Nahrung. Optimale Verhältnisse liegen vor, wenn der Quotient Ca:P etwa der Zusammensetzung des Knochens entspricht, also sich zwischen 1 und 2 hält. Das Wachstum junger Ratten ist dann am besten (HAAG und PALMER;

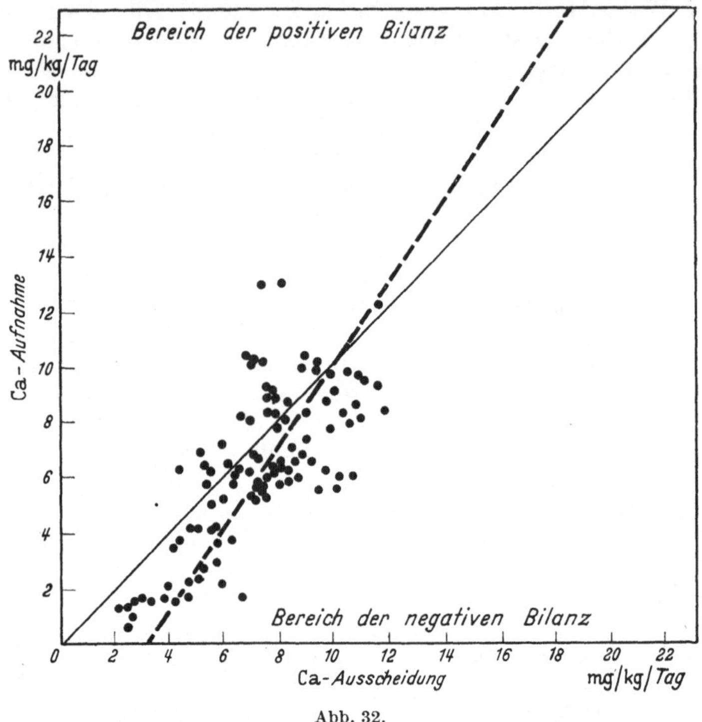

Abb. 32.

BETHKE, KICK und WILDER). Zuchtversuche über viele Generationen hinweg haben gezeigt, daß dann alle Lebensvorgänge völlig reibungslos ablaufen (COX und IMBODEN). Die Retention von Calcium ist besonders gut (TISDALL). In Gegenwart genügender Mengen Phosphorsäure kann auch bei einer suboptimalen Kalkzufuhr ausreichend Calcium retiniert werden (M. ELLI und H. H. MITCHELL; B. W. FAIRBANKS und H. H. MITCHELL; K. M. HENRY und S. K. KON). Eine ungünstige Relation Ca:P wirkt sich um so stärker aus, je geringer die Zufuhr an beiden Mineralstoffen wird. Enthält die Nahrung umgekehrt reichliche Mengen Ca und P, so verliert der Quotient Ca:P an Bedeutung.

Das Säure-Basengleichgewicht kann großen Einfluß auf den Kalkhaushalt gewinnen. Beim Menschen und auch bei der Ratte führt eine acidotische Stoffwechselrichtung zur vermehrten Ausscheidung von Ca im Harn (BOGERT und KIRKPATRIK; DENNIG, DILL und TALBOTT), was teils auf der Verbesserung der Resorption, teils auf Abzügen aus dem Skelet beruht. Unter physiologischen Bedingungen ist der Einfluß des Säure-Basengleichgewichts jedoch nur gering. Er wird deutlich, wenn stärkere Acidosen z. B. durch Verabreichung größerer Mengen

Ammoniumchlorid hervorgerufen werden (LOEB). Beim Menschen ist die Kalkausscheidung im Hunger infolge der Hungeracidose vermehrt (BENEDICT; GAMBLE, ROSS und TISDALL), wobei dem Skelet beträchtliche Kalkmengen entzogen werden. Verabreichung von Säuren hat bei Hunden oder Katzen kaum Einfluß auf die Kalkausscheidung im Harn. Der Säureeffekt ist jedoch bei solchen Tieren groß, die zur Neutralisierung der Säuren kaum Ammoniak einsetzen können, wie die Pflanzenfresser, z. B. Kaninchen. Der Einfluß des Säure-Basengleichgewichts auf den Kalkhaushalt hängt also im wesentlichen davon ab, ob der Organismus Ammoniak zur Einsparung anderer Kationen einzusetzen vermag.

Endogene Faktoren können sich noch schwerwiegender auf den Kalkhaushalt auswirken, als die bisher betrachteten exogenen. Daher kommt es auch, daß man bei allen Versuchen über den Kalkstoffwechsel erhebliche Unterschiede im Verhalten der einzelnen Versuchspersonen beobachtet. Ein und derselbe Mensch weist zu verschiedenen Zeiten große Abweichungen in seinem Calciumhaushalt auf (R. A. MCCANCE u. E. M. WIDDOWSON). Der Zustand des innersekretorischen Apparates, insbesondere derjenige der Nebenschilddrüsen, ist besonders hervorzuheben.

Ergebnisse von Tierversuchen lassen sich mit Bezug auf den Kalkstoffwechsel nur sehr bedingt auf den Menschen übertragen. Was den Calciumhaushalt betrifft, so reagieren Tiere, auch wenn man von innersekretorischen Einflüssen absieht, in mancher Beziehung anders als der Mensch. Ratten vermögen relativ mehr Calcium zu resorbieren als der Mensch; sie verfügen im Gegensatz zum Menschen in ihrem Darm über ein Phytin spaltendes Ferment (Phytase); Verfütterung von Phytin wirkt sich daher bei ihnen nicht in Änderungen der Kalkresorption aus. Hunde nutzen Calcium meist viel schlechter aus als der Mensch. Die Unterschiede zwischen Fleisch- und Pflanzenfressern wurden schon bei Besprechung der Einflüsse des Säure-Basengleichgewichts auf den Kalkhaushalt erwähnt.

H. H. MITCHELL und E. G. CURZON haben alle bis 1939 vorliegenden Untersuchungen über die Calciumbilanz des Menschen ausgewertet (Abb. 32). Bei ihrer graphischen Darstellung grenzten sie den Bereich positiver Kalkbilanzen von dem der negativen durch Ziehen der Diagonale ab. Die Diagonale bedeutet daher die Lage des Calciumgleichgewichts. Aus den Daten der Versuche ergab sich die Regressionsgleichung

$$y = 0{,}6826\,x + 3{,}0940$$

(y = mg Ca-Ausscheidung/kg Körpergewicht)
(x = mg Ca-Aufnahme/kg Körpergewicht).

Bei der graphischen Darstellung ergibt der Schnittpunkt der Geraden mit der Diagonale den mittleren Kalkbedarf, der bei 9,75 mg pro kg Körpergewicht gelegen ist. Bei den üblichen Kostformen beträgt der endogene Ca-Verlust im Mittel 3,1 mg, bestimmt durch Verabreichung Ca-freier Diäten. Da zur Erhaltung des Ca-Gleichgewichts 9,75 mg benötigt werden, ist die mittlere Ausnutzung des Ca bei rund 30% gelegen. Wie schon erwähnt, wirken sich auf den Kalkhaushalt eine große Anzahl endogener und exogener Faktoren aus. Der Calciumbedarf kann daher unmöglich konstant sein. Bei einer vorwiegend vegetabilischen, viel Cerealien enthaltenden Nahrung wird er größer sein als bei Zufuhr reichlicher Mengen tierischer Nahrungsmittel. Denn im ersten Fall wird viel Oxalsäure und Phytin aufgenommen, die im Verein mit einer mehr alkalotischen Stoffwechselrichtung die Resorption verringern und daher den Bedarf steigern. Unter Einkalkulierung einer aus solchen Gesichtspunkten sich ergebenden Sicherheitsspanne beziffert man heute die für den Menschen wünschenswerte Calciumzufuhr (National Research Council) auf täglich

0,8 g für Erwachsene, 1,0 g für Kinder unter 10 Jahren,
2,0 g für stillende Mütter, 1,2 g für Jugendliche.

H. KRAUT und H. WECKER nehmen an, daß sich der Mensch weitgehend an das Kalkangebot in der Nahrung anpassen könne. Als unterste Grenze der Kalkzufuhr, bei der gerade eben noch eine ausgeglichene Bilanz bestehen kann, fanden sie 0,30—0,35 g im Tag. Steigert man die Aufnahme von solch niederen Werten auf 1 g, so erhält man eine starke Retention, die jedoch nur vorübergehend ist und bald von einem Kalkverlust abgelöst wird. Der Organismus entledigt sich offensichtlich nach erfolgter Anpassung eines Teils der retinierten Menge. Bei niedriger Kalkzufuhr wird die Resorption kompensatorisch gesteigert (H. C. SHERMAN und L. E. BOOHER; M. ELLIS und H. H. MITCHELL; K. M. HENRY und S. K. KON).

Trotzdem muß man daran festhalten, daß in naher Nachbarschaft des Calciumminimums zu leben unzweckmäßig ist und ebensowenig empfohlen werden kann, wie die Existenz unmittelbar beim Eiweißminimum oder beim Minimum irgend eines anderen Ernährungsfaktors. Die Bilanz kann zwar ausgeglichen sein, aber doch spielt sich der Calciumstoffwechsel auf einem suboptimalen Niveau ab. Steigerung der Kalkzufuhr über das Minimum hinaus wirkt sich in erhöhtem Kalkbestand des Organismus (C. S. LANDORD und H. C. SHERMAN), beschleunigtem Wachstum, verbesserter Entwicklung (E. W. TOEPFER und H. C. SHERMAN) und hinausgeschobenem Greisenalter aus. Die biologisch wichtige Lebensspanne wird verlängert.

Übermäßig hohe Kalkzufuhr ist anscheinend nicht günstig. In Rattenversuchen sahen J. B. SHIELDS und H. H. MITCHELL bei einem Calciumgehalt des Futters von 1% noch nichts Nachteiliges, das Wachstum war nicht beeinträchtigt und der Kalkbestand des Organismus nicht über die Norm gesteigert; Futter mit 1,35% Ca bewirkte bei einzelnen Tieren Hypertrophie der Niere und Steinbildung in den Harnwegen (A. WILLIAMSON, D. M. HEGSTED, J. M. MCKIBBIN und F. J. STARE).

Der Kalkhaushalt ist im höheren Lebensalter verändert. Junge Individuen, die ihr Skelet noch aufbauen, können die dazu nötigen Salze auch bei relativ niederen Zufuhren (das Minimum darf selbstverständlich nicht unterschritten werden!) in den Knochen ablagern; allerdings ist die Entwicklung in diesem Falle verzögert. Mit zunehmendem Alter wird die Kalkablagerung immer schwieriger. Zuletzt findet sogar unter Umständen der umgekehrte Prozeß, eine Entkalkung des Knochens statt (C. M. MCCAY, M. F. CROWELL und L. A. MAYNARD; H. C. SHERMAN und H. L. CAMPBELL; H. L. CAMPBELL und H. C. SHERMAN). Verminderte Kalkzufuhren wirken sich im Alter leicht in Osteoporosen aus (E. C. OWEN und IRVING; K. M. HENRY und S. KON). Die Kalkzufuhr darf daher im Alter nicht zu klein bemessen sein. Ob aber eine erhöhte Kalkaufnahme wünschenswert ist, kann noch nicht beantwortet werden. Im Alter wird bekanntlich häufig Kalk in allen möglichen Geweben abgelagert. Vielleicht sind diese Verkalkungsvorgänge direkt mit einer Entmineralisierung des Skelets verknüpft. Hohe Fettzufuhren vergrößern bei alten Ratten die Ausscheidung von Calcium und verschlechtern die Kalkbilanz. Bei jungen Tieren wurde ein solcher Einfluß nicht festgestellt.

Die Lactation verlangt eine erhöhte Kalkzufuhr. Da die sezernierte Milch reichliche Mengen Calcium (Frauenmilch 30—35 mg%) enthält, ist dies weiter nicht verwunderlich.

Die Tab. 107 orientiert über den Kalkgehalt der wichtigsten Lebensmittel. Gleichzeitig kann man aus ihr die große Streubreite der Befunde ersehen, die leicht erklärlich ist. Boden und Wasser weisen regional ganz verschiedene Kalkkonzentrationen auf, weswegen für die Pflanzen bezüglich ihrer Kalkaufnahme je nach ihrem Standort große Differenzen bestehen. Wegen der erheblichen Schwankungen der Analysenwerte ist es unmöglich, im Einzelfall den Kalkgehalt der Nahrung unter Verwertung von Tabellenwerken zu berechnen. Untersuchungen über den Kalkhaushalt, die Anspruch auf Genauigkeit machen wollen, verlangen daher die ständige Kontrolle der Einfuhr durch Analysen. Den höchsten Kalkgehalt weisen Milch und Milchprodukte auf. Fehlen sie in der Nahrung, so ist diese gewöhnlich auch bezüglich Kalk insuffizient. Manche pflanzlichen Lebensmittel enthalten zwar viel Kalk, doch stößt seine Resorption manchmal auf Schwierigkeiten.

Tabelle 107. *Der Calciumgehalt von Lebensmitteln* (F. HOLTZ).

Lebensmittel	mg Ca in 100 g Frischsubstanz		
	Minimum	Maximum	Mittel
Käse	460	1440	850
Milch (Kuh)	113	130	123
Spinat	59	178	113
Grünkohl	105	124	113
Erbsen (getrocknet)	68	107	82
Quark	63	80	72
Ei	55	82	70
Kopfsalat	27	108	62
Kohl	29	65	47
Gerste	20	64	40
Brot (hochausgemahlen)	11	61	32
Weißbrot	22	39	30
Fische	15	41	25
Tomaten	9	42	21
Leber	5	32	19
Kartoffel	14	28	18
Fleisch	2	25	12
Apfel	3	15	8

Es ist schon des öfteren diskutiert worden, ob dem Trinkwasser eine Bedeutung für die Kalkversorgung zukommt. Die Härte des Wassers ist von Ort zu Ort verschieden. Von extrem weichen Wässern bis zu sehr harten findet man alle Übergänge. Mit dem Wasser kann daher an einem Ort sehr wenig, an einem anderen eine durchaus meßbare Menge Kalk aufgenommen werden. Bekanntlich unterscheidet man zwischen einer Sulfathärte (bleibende Härte) und einer Carbonathärte (temporäre Härte). Beim Kochen des Wassers bildet sich aus dem löslichen Calciumbicarbonat unter Entweichen von CO_2 unlösliches Carbonat, wodurch ein Teil des im Wasser ursprünglich vorhandenen Kalkes der Aufnahme entzogen wird. Im allgemeinen ist die Kalkzufuhr mit dem Wasser zu vernachlässigen. Bei mittleren Härtegraden dürften etwa 10% des gesamten Kalkbedarfs durch den Kalk im Trink- und Kochwasser gedeckt werden. Die verschiedentlich vorgeschlagene „Umhärtung" des Wassers durch Umwandlung der Carbonathärte in Sulfathärte, die man durch Zusatz von Alkalisulfat bewirken kann, hat sich als überflüssig und wenig wirkungsvoll erwiesen. Es wird durch sie keine bessere Erhaltung des Kalks beim Kochen bewirkt und das Auslaugen der Nahrungsmittel (insbesondere der Gemüse) beim Kochen nicht wirkungsvoll verhindert (GRIEBEL und HESS; BORRIS und ROTHE). Die Frage, ob sich ein hoher Kalkgehalt des Wassers beim Kochen der Lebensmittel günstig oder ungünstig auswirkt, kann heute noch nicht beantwortet werden. Hülsenfrüchte quellen in hartem Wasser genau so gut wie in weichem; sie werden aber beim Kochen in kalkhaltigem Wasser nicht so leicht weich, angeblich weil ihre äußere, pektinhaltige Schale durch Bildung von Calciumpektat gehärtet wird. Verdaulichkeit und Ausnutzung werden dadurch aber nicht beeinflußt (W. HEUPKE und E. KREBS). Hartes Wasser beeinträchtigt den Geschmack aromatischer Getränke (Kaffee u. Tee).

9. Phosphorsäure.

Phosphorsäure ist als Baustein von Knochen und Zähnen und als Bestandteil von Nucleotiden und Phosphatiden in großer Menge im tierischen Organismus enthalten. Da der Umsatz vieler Stoffe über phosphorylierte Zwischenstufen verläuft, ist die Phosphorsäure für den intermediären Stoffwechsel wichtig. Man schätzt, daß etwa 70—80% des Gesamtbestandes an Phosphorsäure im Skelet, 10% in der Muskulatur und etwa 1% im Nervensystem enthalten sind.

Ungenügende Zufuhr von Phosphorsäure verursacht schwere Ausfallserscheinungen (G. H. Day und E. V. McCollum; D. H. Copp, M. J. Chack und F. Duffy). Junge Ratten nehmen bei einem an Phosphorsäure sehr armen Futter (0,008% H_3PO_4) kaum an Gewicht zu und sterben nach wenigen Wochen an allgemeiner Kachexie. Ihr Skelet ist nicht verknöchert, die Kalkbilanz stark negativ. Mit 0,137% Phosphorsäure im Futter wuchsen junge Ratten in durchaus normaler Weise heran und wiesen keinerlei abnorme Symptome auf. Die nach 70 Tagen durchgeführten Analysen ergaben jedoch, daß ihr P-Gehalt erheblich unter der Norm lag. Bei einer Wiederholung des Versuchs konnten bei einzelnen Tieren auch pathologische Veränderungen festgestellt werden. Ein Gehalt des Futters von 0,137% Phosphorsäure liegt also noch deutlich unter dem erforderlichen Minimum (E. B. Forbes).

Tabelle 108. *Der Phytingehalt von Lebensmitteln* (R. A. McCance und Widdowson).

Lebensmittel	Phytin-P mg% des Frischgewichtes	Phytin-P in % des Gesamt-P
Reis unpoliert	240	68,5
Mais	210	58,0
Hafer	182	52,0
Weizen	168	46,4
Bohnen	154	50,0
Erbsen	124	46,3
Linsen	93	38,3
Vollkornbrot	87	36,5
Reis poliert	41	41,5
Sago	19	50,0
Kartoffel	6	19,3
Karotten	3	15,8
Weißbrot	3	5,1
Spinat	0	0
Äpfel	0	0

Die Resorption der Phosphorsäure wird durch Verfütterung von Stoffen, die Phosphat fällen, wie z.B. Eisensalze, Aluminiumsalze oder Berylliumsalze, verschlechtert (J. H. Jones; P. Rehm und J. C. Winters). Durch monatelang fortgesetzte Anreicherung des Futters mit 5% Aluminiumsulfat ließen sich bei Ratten unter Herabsetzung des P-Bestandes um 1/3 rachitische Knochenveränderungen erzeugen. Die Phosphorsäure des Phytin, das vom Menschen und vielen Tieren nicht aufgespalten werden kann, läßt sich besonders schlecht ausnutzen. Menschen scheiden von zugeführtem Phytin 20—60% unverändert wieder aus (R. A. McCance und Widdowson), auch Hunde (Patwardhan und Nhavi) und Küken (Common) können es kaum verwerten. Selbst für Ratten, die im Gegensatz zu den anderen Tieren im Darm über Phytase verfügen, ist Phytin meist eine schlechte P-Quelle (C. H. Krieger, R. Burkfeldt, C. R. Thompson und H. Steenbock). Die Ausnutzung des Phytin-P durch Ratten und Küken kann jedoch durch große Gaben von Vitamin D beträchtlich gesteigert werden (R. R. Spitzer und P. H. Phillips; J. McGinnis, L. C. Norris und G. F. Hender). Die Wirkungsweise des Vitamin D ist hierbei einstweilen noch rätselhaft, da es weder die Phytase noch die Resorption des Phosphat als solchen (R. R. SPITZER und Mitarbeiter) beeinflußt. Da 40—70% des gesamten in den Cerealien enthaltenen P in Form von Phytin vorliegen, ist diese Substanz ein für die Ernährung wichtiger Faktor. Phosphat wird aus Weizen vom Menschen besser retiniert (25—47% der Zufuhr) als aus Hafer (0—45% der Zufuhr) (H. B. BURTON). Die Phosphorsäure wird aus Gemüsen befriedigend ausgenutzt. Knochenmehl ist eine günstige P-Quelle.

Der Organismus kann seinen P-Bedarf sowohl aus anorganischen Phosphaten (primären, sekundären oder tertiären Alkaliphosphaten oder Calciumphosphaten) als auch aus organischen Phosphorsäureverbindungen decken. Im Magen-Darm-Kanal wird ja sowieso aus den Phosphorsäureestern Phosphorsäure abgespalten. Manche Beobachter wollen jedoch gesehen haben, daß organische Phosphorsäureverbindungen zur Deckung des P-Bedarfs günstiger seien, als anorganische. E. ATZLER und Mitarbeiter berichten, daß sie ein Defizit an P leichter durch organische als durch anorganische Phosphorsäureverbindungen hätten decken können.

Tabelle 109. *Der durchschnittliche Gehalt von Ratten an Calcium und Phosphorsäure in Abhängigkeit vom Lebensalter* (H. C. SHERMAN u. F. L. MCLEOD; H. C. SHERMAN u. E. J. QUINN).

Lebensalter	Calcium %	Phosphor %
Neugeboren	0,25	0,34
Nach 15 Tagen	0,60	0,49
Nach 30 Tagen	0,70	0,53—0,56
Nach 60 Tagen	0,75—0,85	0,57—0,65
Nach 90 Tagen	0,95—1,10	0,62—0,88
Erwachsen	1,00—1,20	0,70—0,75

Voluminöse Nahrung steigert die Phosphatausscheidung mit dem Kot; vermutlich ist die vermehrte Sekretion von Verdauungssekreten die Ursache. Die Ausscheidung der Phosphorsäure erfolgt durch die Nieren und den Darm, wobei rund 50—80% der Ausfuhr auf die Nieren entfallen. Versuche mit dem radioaktivem P^{32} haben gezeigt, daß etwa 20% des Kot-P nicht aus unresorbiertem Material entstammen, sondern in den Darm sezerniert werden. Vermutlich liegt die Phosphorsäure im Kot vorwiegend in Form von tertiärem Calciumphosphat vor.

H. HEINELT hat in einem sich über 1 Jahr erstreckenden Selbstversuch die tägliche Phosphat- und Calciumbilanz bestimmt. Bei einer Zufuhr von 3,0 bis 3,1 g P pro Tag war die Jahresbilanz praktisch ausgeglichen (+ 2,5 g P). Die Tagesbilanzen wiesen jedoch große Schwankungen zwischen —220 mg und + 119 mg P auf, die deutlich saisonmäßig bedingt waren. Die negativen Bilanzen fielen in die Monate Januar, Februar und Juli. Von November bis März zeigten die Bilanzen nur geringfügige Differenzen. In den Monaten März bis Juli bestand eine deutliche acidotische Stoffwechselrichtung, auf die HEINELT die beobachteten Schwankungen zurückführt. Auch E. ATZLER und Mitarbeiter haben einen langfristigen, 8 Monate währenden Bilanzversuch durchgeführt. Sie beobachteten gleichfalls wellenförmige, offensichtlich von klimatischen Faktoren (L. FISCHER) abhängige Schwankungen der Phosphatbilanz. Der Einfluß irgendwelcher Nahrungsfaktoren auf den Phosphathaushalt läßt sich daher ebensowenig wie beim Calcium in kurzfristigen Untersuchungen feststellen.

Es erscheint jedoch zweifelhaft, ob das Säure-Basen-Gleichgewicht tatsächlich so wie HEINELT annimmt, auf den Phosphathaushalt von Einfluß ist. W. R. SALTER, F. R. FARQUHARSON und D. M. TIBETTS; N. J. DAVIS und noch andere Autoren haben weder beim Erwachsenen noch beim Kind eine Einwirkung feststellen können.

Der Phosphathaushalt wird entscheidend von dem Verhältnis Ca:P in der Nahrung beeinflußt. Durch Verfütterung einer an Ca reichen, aber P-armen Kost kann man bei Ratten eine experimentelle Rachitis erzeugen (E. V. McCollum und Mitarbeiter; H. C. Sherman und A. M. Pappenheimer und viele andere Forscher). Mit Kostsätzen, in denen die Relation Ca:P = 1:1 bis 1:3 ist, gelingt dies nicht, die Knochen bleiben normal (L. K. Campbell). Meerschweinchen sind gegen ein Mißverhältnis von Ca:P empfindlicher als Ratten (R. Lecoq). Zufuhr von viel P und wenig Ca wirkt sich also ungünstig aus; Ratten gedeihen schlecht bei solchen Futtermischungen, ihre Knochen sind dünn, an den Knochen-Knorpelgrenzen liegen abnorme Verhältnisse vor. Weiterhin sind die Tiere meist stark übererregbar (E. A. Park, P. G. Shipley, E. V. McCollum und N. Simmonds). Immerhin ist ein Phosphatüberschuß aber noch leichter erträglich, als ein Kalküberschuß (über Rachitis erzeugende Kostformen siehe S. 245).

Die Bestimmung des P-Bedarfs des Menschen stößt auf dieselben Schwierigkeiten wie die des Calciumbedarfs. H. C. Sherman hat alle älteren Versuche zur Ermittlung des P-Minimums zusammengestellt und kommt auf Grund eigener Experimente und der Angaben der Literatur zu dem Schluß, daß der mittlere Phosphatbedarf eines 70 kg schweren Menschen 0,88 g P im Tag beträgt. Unterschiede zwischen Männern und Frauen bestehen nicht. Man beziffert heute die wünschenswerte Phosphatzufuhr unter der Voraussetzung, daß die Nahrung an allen anderen Bestandteilen, insbesondere an Calcium und Eiweiß optimal ist (National Research Council) zu

0,9 g im Tag für Erwachsene,
1,3 g im Tag für Kinder,
1,5 g im Tag für Gravide.

Phosphatmangelzustände sind beim erwachsenen Menschen wohl noch kaum zur Beobachtung gelangt. Die übliche Nahrung weist zumeist einen Überschuß an Phosphat auf. Dies gilt in besonders hohem Maße von der gegenwärtigen Ernährung in Deutschland.

Tabelle 110. *Der Bedarf von Tieren an Calcium und Phosphor* (E. W. Crampton).

Tierart	Calcium % im Futter	P % im Futter
Rinder und Schafe	0,20—0,40	0,20—0,35
Schweine	0,30—0,60	0,25—0,45
Geflügel	0,40—0,75	0,35—0,50

Vögel haben einen höheren Bedarf an Calcium und Phosphorsäure als Säugetiere, weil sie diese Mineralien laufend zum Bau der Eierschalen benötigen. Ratten retinieren vom Beginn der Trächtigkeit ab weit mehr Ca und P, als dem Gehalt der Jungen bei der Geburt entspricht, vermutlich um ein Depot für die Lactation zur Verfügung zu haben. Während der Saugperiode nimmt dann die Retention an den beiden Elementen noch zu, ist aber meist doch nicht ausreichend, um die Ausgaben zu decken. Die Phosphatbilanz ist daher während der Lactation häufig negativ.

Im Verlauf längerer Hungerperioden steigt die P-Ausscheidung in Tierversuchen erheblich an, ohne jedoch eindeutige Veränderungen der Relation N:P erkennen zu lassen. Dies deutet darauf hin, daß sich der Abbau der einzelnen Organe während der ganzen Zeit in etwa derselben Relation zueinander vollzieht. Die Verhältnisse liegen jedoch beim Menschen anscheinend komplizierter. Meist findet man hier die P-Ausscheidung im Hunger zuerst vermehrt und später vermindert.

Als Beispiel seien die Beobachtungen an 3 Hungerkünstlern wiedergegeben (Tab. 111), die einer Arbeit von C. TIGERSTEDT entnommen sind.

Tabelle 111. *P-Ausscheidung im Hunger* (C. TIGERSTEDT).

Hungertag	P-Ausscheidung in g		
	CETTI	BREITHAUPT	SUCCI
1.	1,13	0,68	0,84
2.	1,28	0,83	0,90
3.	1,35	1,11	0,92
4.	1,30	1,03	0,93
5.	1,25	0,96	1,03
6.	1,16	1,00	0,93
7.	1,16	—	0,81
8.	0,75	—	0,69
9.	0,90	—	0,59
10.	0,41	—	0,54

Die bei der Muskelaktion ablaufenden chemischen Umsetzungen schließen Phosphorylierungen und Dephosphorylierungen ein. G. EMBDEN, E. GRAFE und E. SCHMITZ empfahlen daher Phosphat in Dosen von einigen Grammen im Tag als leistungssteigerndes Mittel. Sie fanden, daß in Laboratoriumsversuchen alle Versuchspersonen mit einer einzigen Ausnahme mit Steigerungen der Leistungen bis zu 20% reagierten. Marschierende Truppen, die Phosphat erhalten hatten, zeigten geringere Ermüdung und ein viel besseres psychisches Verhalten als Kontrollen ohne Phosphat. Verabfolgung von Phosphat an Bergarbeiter bewirkte eine Steigerung der Förderleistung. In allen Fällen war die psychische Wirkung, die sich bis zur Euphorie steigern konnte, besonders auffällig. Die günstige Wirkung der Phosphatverabreichung, sei es in Form von primärem Natriumphosphat („Recresal"), sei es als Calciumsalz der Fructosediphosphorsäure („Candiolin"), führte EMBDEN auf eine Verbesserung der Ökonomie der Muskelarbeit zurück. Die Mitteilung von EMBDEN rief begreiflicherweise eine Flut von Nachuntersuchungen hervor, die teils ein positives, teil ein negatives Ergebnis zeitigten. In besonders eingehender und kritischer Weise wurde das Problem von E. ATZLER und Mitarbeiter überprüft. Von 4 Versuchspersonen reagierte nur eine einzige mit einer wesentlichen Steigerung der Leistungsfähigkeit auf die Verabfolgung von Phosphat. Die Autoren nehmen an, daß die günstigen Ergebnisse von EMBDEN darauf zurückzuführen seien, daß seine Versuche während des Krieges bei einer an P suboptimalen Kost (ein großer Teil des P lag noch dazu in Form von Phytin-P wegen des hohen Ausmahlungsgrades des Getreides vor) durchgeführt worden waren, wodurch die P-Zufuhr der leistungsbegrenzende Faktor gewesen sei. In neuester Zeit hat sich R. EHRENBERG erneut mit der Phosphatwirkung befaßt und über sehr gute Erfahrungen berichtet. Durch Recresal wird die psychische Leistung, gemessen an einem Rechentest, verbessert und die durch Körperarbeit bewirkte Verschlechterung geistiger Leistungen in ihr Gegenteil, eine Förderung verkehrt. Die meisten Autoren sind sich darin einig, daß eine durch längere Zeit (Wochen oder Monate) fortgesetzte Phosphataufnahme Voraussetzung für den Effekt ist, und daß dieser bald nach Absetzen des Mittels wieder verschwindet. Zufuhr größerer Mengen von anorganischem Phosphat verursacht häufig Durchfälle, durch die so große Phosphatmengen verloren gehen können, daß die Bilanz trotz der erhöhten Aufnahme negativ werden kann (ATZLER).

Harte körperliche Arbeit belastet den Phosphathaushalt. G. EMBDEN und E. GRAFE hatten gefunden, daß Arbeit die P-Ausscheidung in Harn und Kot steigert, und sie erklären das Phänomen durch eine vermehrte Abgabe von Phosphat durch die Muskeln an das Blut. Andere Untersucher waren bezüglich der Wirkung der Muskelarbeit auf die Phosphatausscheidung zu widersprechenden Resultaten gekommen. Eine Klärung der Frage erfolgte durch A. SZAKÁLL, welcher die Abhängigkeit der Ausscheidung von der Zeit verfolgte. Es zeigte sich, daß die Phosphatausscheidung im Harn bei großen Arbeitsleistungen nach anfänglich starker Vermehrung innerhalb kurzer Zeit wieder absinkt. In der anschließenden Erholungsphase tritt dann eine erhebliche Mehrausscheidung an Phosphat ein. Muskelarbeit bedingt also einen vermehrten Phosphatbedarf, ein Umstand, der bei dem Problem der Leistungssteigerung durch Phosphat nicht übersehen werden darf.

Es ist noch nicht endgültig geklärt, ob die Zufuhr reichlicher Phosphatmengen die N-Bilanz verschlechtert. ATZLER und E. GERHARTZ sowie noch andere Autoren haben einen solchen Einfluß beobachtet.

Die Zufuhr zu hoher Phosphatmengen wirkt schädlich (E. M. MCCAY und J. OLIVA; J. B. DUJNID; J. HALDI und Mitarbeiter). Ratten, deren Futter 5% NaH_2PO_4 enthielt, erkrankten an einer schweren tubulären Nephritis.

Eine Zusammenstellung der wichtigsten Daten über den P-Gehalt von Nahrungsmitteln auf Grund eigener Analysen und Angaben der Literatur verdanken wir F. HOLTZ. Die Streubreite der Werte ist erheblich; gewissenhafte Untersuchungen über den P-Haushalt verlangen daher eine chemisch-analytische Kontrolle der Einfuhren. Bei Betrachtung der Tab. 112 darf nicht übersehen werden, daß nicht alles in einem Lebensmittel enthaltene Phosphat auch zur Resorption gelangt.

Tabelle 112. *Der P-Gehalt von Lebensmitteln* (P. HOLTZ).

Lebensmittel	mg% P in der frischen Substanz		
	Minimum	Maximum	Mittel
Käse	450	1010	720
Eigelb	524	639	583
Erbsen trocken	374	528	446
Bohnen trocken	342	530	432
Linsen	286	500	372
Gerste	343	395	368
Haferflocken	200	460	365
Leber	250	355	304
Roggenmehl	163	362	285
Fleisch	134	287	210
Vollkornbrot	96	330	198
Quark	193	200	197
Fische	116	198	160
Weißbrot	93	232	155
Grieß	90	104	95
Grünkohl	74	112	92
Milch	87	94	91
Reis poliert	80	92	84
Kohlrabi	42	110	68
Spinat	47	80	61
Kartoffel	36	89	58
Salat	36	78	55
Kohlarten	27	94	47
Kohlrübe	42	45	44
Mohrrübe	23	44	35
Rhabarber	18	50	32
Tomate	20	41	27
Apfel	7	13	10

VII. Die Bedeutung der Spurenelemente für die Ernährung.

1. Allgemeines.

Im menschlichen und tierischen Organismus sind eine Reihe von Elementen in nur äußerst geringen Mengen enthalten. Man pflegt sie unter dem Begriff der Spurenelemente zusammenzufassen. Einige von ihnen haben für den Organismus große Bedeutung, z. B. als Bausteine wichtiger Substanzen und Wirkstoffe. Ihre ständige Zufuhr mit der Nahrung ist unerläßlich; Mangel an ihnen macht sich durch schwere Ausfallsymptome bemerkbar. Von vielen Elementen ist es noch nicht entschieden, ob sie im Tierkörper eine physiologische Funktion zu erfüllen haben. Der Beweis für die Unentbehrlichkeit eines Elements ist nicht leicht zu führen. Das sicherste Kriterium ist das Auftreten von Mangelerscheinungen bei fehlender Zufuhr. Es ist aber meist schwierig, die Nahrung von den winzigen in ihnen enthaltenen Mengen eines Spurenelements zu befreien und dafür zu sorgen, daß das betreffende Element auch nicht auf andere Weise aufgenommen werden kann. Es gibt Elemente, von denen man heute mit Sicherheit weiß, daß sie für den Organismus keinerlei Bedeutung haben und in ihn nur deswegen hineingelangt sind, weil sie als in der Natur weit verbreitete Stoffe zwangsläufig mit der Nahrung oder dem Trinkwasser zugeführt werden. Endlich gibt es noch Elemente, die für den Organismus sogar schädlich sind, in ihm normalerweise auch gar nicht vorkommen, mit denen der Mensch aber auf Grund der zunehmenden Industrialisierung ständig in Berührung kommt und die daher in

Tabelle 113. *Übersicht über die Spurenelemente.*

Für den Organismus unentbehrliche Elemente	Spurenelemente von fraglicher Bedeutung	Spurenelemente ohne Bedeutung („Begleitelemente")	Toxische Elemente
Eisen	Aluminium	Bor	Blei
Jod	Arsen	Brom	Quecksilber
Kobalt	Chrom	Fluor	Selen
Kupfer	Gold	Lithium	
Mangan	Molybdän	Rubidium	
Silicium	Nickel		
Vanadium[1]	Titan		
Zink	Radium		
	Uran		
	Zinn		

Tabelle 114. *Aufnahme und Ausscheidung von Spurenelementen durch den Menschen.*

Element	Aufnahme mit der Nahrung mg/Tag	Ausscheidung im Harn mg/Tag	Ausscheidung im Kot mg/Tag
Aluminium	10—40	0,04—0,1	10—40
Blei	0,29	0,01—0,02	0,32
Bor	9—20	9—20	
Brom	·	3—5	
Fluor	0,3—1,5	0,3—1,5	
Kobalt		0,03	0,15
Kupfer	2,3	0,02—0,05	2,0
Lithium	1,6—2,6	0,7	0,7—2,0
Mangan	4,3	0,01—0,02	3,5—4,5
Nickel	0,25—0,42	0,14—0,25	0,10—0,17
Silber	0,088	0,0	0,058
Zink	6—40	0,3	3—20
Zinn	17	0,01—0,02	22

[1] Hat nur für niedere Tiere eine biologische Bedeutung.

mehr oder minder großen Mengen aufgenommen werden. In manchen Gegenden der Welt kommt das toxisch wirkende Selen in der Erdrinde in größeren Konzentrationen vor, wird daher von den Pflanzen gespeichert und kann dann zu Erkrankungen von Mensch und Tier führen.

2. Eisen.

Eisen ist ein für das Leben unentbehrliches Element, das als Baustein für den roten Blutfarbstoff und für wichtige Oxydationsfermente benötigt wird. Die Symptome des Eisenmangels lassen sich daraus zwanglos ableiten. Im Vordergrunde steht die Eisenmangelanämie, eine hypochrome mit Verminderung des Erythrocytenvolumens einhergehende Anämie. Schwerere Eisenmangelzustände führen zu Veränderungen der Haut, der Haare und der Nägel. Weitere Folge ist eine hochgradige Adynamie. Eisenmangel geht mit einer Herabsetzung des Eisenspiegels im Plasma einher, der für gesunde Männer im Mittel etwa 125 γ% und für Frauen 90 γ% beträgt (L. HEILMEYER und K. PLÖTNER). Das Bestehen von Eisenmangelzuständen läßt sich daher durch Bestimmung des Plasmaeisen erkennen. Der gesamte Eisenbestand des Menschen beträgt in der Norm 4—6 g. 57% des Eisen liegen in Form von Hämoglobin, 7% in Form von Myoglobin, 16% in Form von Fermenteisen (WARBURG-KEILIN-System, Peroxydasen, Katalase) vor. Der Rest ist gespeichertes Eisen (Ferritin, Hämosiderin, anorganisches Eisen). Alimentär bedingte Eisenmangelzustände werden relativ häufig beobachtet, insbesondere bei den ärmeren Bevölkerungsschichten, da die billigen Lebensmittel wie Brot, Kartoffeln und Milch eisenarm sind.

Die neueren Arbeiten mit radioaktivem Eisen haben die für die Ernährung wichtige Frage der Resorption von Eisen weitgehend geklärt. Es ist jetzt erwiesen, daß der Mensch, wie man schon lange vermutet hatte, zweiwertiges Eisen besser zu resorbieren vermag als dreiwertiges (P. F. HAHN und Mitarbeiter; C. V. MOORE und Mitarbeiter; S. L. THOMPSETT). Ratten nutzen dagegen beide Wertigkeitsstufen etwa gleich gut aus. Die Eisenresorption wird durch die Gegenwart größerer Calciummengen verschlechtert (S. W. KLATZEIN; I. FUHR und H. STEENBOCK; H. D. ANDERSON, K. B. MCDONOUGH und C. A. ELVEHJEM) und durch einen niederen Quotienten Ca/P begünstigt. Enthält die Nahrung optimale Mengen Calcium und Phosphat, so verbessert Vitamin D die Speicherung von Eisen sowie die Bildung von Hämoglobin. Phytin, das ein selbst in saurer Lösung unlösliches Eisensalz bildet, verschlechtert die Resorption von Eisen (R. A. MCCANCE, EDGECOMBE und E. M. WIDDOWSON; E. M. WIDDOWSON und R. A. MCCANCE).

Da eine Anreicherung von Mehl mit Eisensalzen zur Diskussion steht, wurden Untersuchungen über die Resorbierbarkeit verschiedener Eisenverbindungen durchgeführt. Die Phosphate von zwei- und dreiwertigem Eisen haben sich als wenig geeignet erwiesen (H. R. STREET; S. FREEMAN und W. M. BARIL; H. BLUMBERG und A. ARNOLD). Am besten haben sich EisenII-sulfat und EisenIII-chlorid bewährt. Daß aus dem häufig zu therapeutischen Zwecken verordneten ferrum reductum viel Eisen zur Resorption gelängt, ist altbekannt.

Die Menge des resorbierten Eisen richtet sich nach dem Bedarf. Die Versuche von P. F. HAHN mit radioaktivem Eisen haben wahrscheinlich gemacht, daß die Darmschleimhaut eine Eisenverbindung enthält, die reversibel Eisen aufnimmt und im Gleichgewicht mit dem im Körper gespeicherten Eisen steht, die Eisenaufnahme also wie ein Ventil steuert. Nach S. GRANICK ist diese Eisenverbindung Ferritin, ein schon längere Zeit bekanntes Eisenproteid. Benötigt der Organismus viel Eisen, so wird auch viel Eisen resorbiert, so z. B. bei Eisenmangelanämien. Ist dagegen der Eisenbedarf gering, so ist das Ausmaß der Resorption aus der

Nahrung nur klein. Die Höhe des Eisenumsatzes richtet sich also nicht nach dem Angebot, falls die Nahrung überhaupt genügend Eisen enthält. Somit unterscheidet sich der Eisenstoffwechsel grundsätzlich von dem Stoffwechsel der anderen Mineralstoffe, dessen Umfang die Darmschleimhaut durch Variation der Ausscheidung steuert (G. S. WELCH, E. G. WAKEFIELD und M. ADAMS; R. A. MCCANCE und E. M. WIDDOWSON; W. M. FOWLER und A. P. BARER; D. M. GREENBERG, D. H. COPP und E. M. CUTHBERTSON sowie zahlreiche andere Autoren). Eisen, das einmal in den Körper aufgenommen wurde, kann nur sehr langsam wieder ausgeschieden werden (R. A. MCCANCE und E. M. WIDDOWSON). Im Schweiß werden relativ große Eisenmengen eliminiert (Tab. 104).

Auf Grund der zahlreichen bisher durchgeführten Bilanzversuche werden folgende Eisenaufnahmen empfohlen: 12 mg für Erwachsene, 15 mg für Schwangere und ältere Kinder, 7—12 mg für Kinder von 1—12 Jahren (National Research Council, Revision von 1948). Diese Zahlen sind hoch gegriffen und schließen einen beträchtlichen Sicherheitsfaktor ein.

Eisen, das für die Ernährung wertvoll sein soll, muß in den Lebensmitteln in einer solchen Form vorliegen, daß es aus ihnen leicht herausgelöst und zur zweiwertigen Stufe reduziert werden kann. Nicht alles in den Lebensmitteln vorhandene Eisen ist für den Organismus verwertbar. Versuche über Herauslösung und Reduktion des Eisen durch Magensaft oder Darmsaft haben ergeben, daß Ascorbinsäure ein wichtiger Faktor für den Eisenstoffwechsel ist und nicht nur reduzierend wirkt, sondern auch die Verwertbarkeit des Eisen steigert (L. HEILMEYER und v. MUTIUS; E. R. KIRCH, O. BERGHEIM, J. KLEINBERG und S. JAMES; O. BERGHEIM und E. R. KIRCH; J. GROEN). Durch Magensaft werden aus frischem Obst und Gemüse etwa 77—98% des darin enthaltenen Eisen ionisiert und reduziert, aus Eiereiweiß, Fleisch und Brot etwa 25—40%. Die vom Menschen tatsächlich resorbierten Eisenmengen sind relativ gering. F. A. JOHNSTON, B. FRENCHMAN und E. D. BOROUGHS fanden, daß bei einer täglichen Fe-Zufuhr von 7 mg im Mittel rund 11% des Eisen zur Resorption gelangten, und daß sich der Anteil des resorbierten Eisen durch Zulage von 200 g Fleisch (mit 3,4 mg Fe) auf 21% erhöhen ließ. Untersuchungen mit radioaktivem Eisen lassen vermuten, daß im allgemeinen nur 1—10% des Nahrungseisen resorbiert werden. Relativ schlecht ist auch die Verwertbarkeit von Hämoglobineisen; bei einer Zufuhr von 350 mg Hämoglobineisen wurde eine Resorption von nur 10—25% beobachtet (BLACK und POWELL).

Stärkere Blutungen führen zu erheblichen Eisenverlusten. Da Hämoglobin 0,34% Fe enthält, bedeutet ein Blutverlust von 100 cm^3 eine Einbuße von rund 55 mg Eisen. Größere Eisenverluste lassen sich nur langsam und schwierig durch Zufuhr von Eisen per os ersetzen. Der wirksamste Eisenersatz ist in diesem Falle noch immer die Bluttransfusion, da es kein in größerer Menge injizierbares Eisenpräparat gibt. Die Menstruation bedingt einen regelmäßigen Eisenverlust von 6—50 mg (Mittel 17,6 mg) pro Periode (D. SCHLAPKOFF und F. A. JOHNSTON). Aus diesem Grunde haben Frauen einen tieferen Plasmaeisenspiegel als Männer. Eine Zufuhr von 7 mg Eisen im Tag gewährt keine Sicherheit, daß die Eisenverluste durch die Menstruation unter allen Umständen ersetzt werden.

Über den Eisengehalt von Lebensmitteln orientiert die Tab. 117.

3. Kupfer.

Ein erwachsener Mensch hat einen Kupferbestand von etwa 150 mg. Kupfer ist für die Bildung der roten Blutkörperchen unentbehrlich. Näheres über seine Wirkungsweise ist aber noch nicht bekannt. Kupferarm ernährte Tiere entwickeln eine mikrocytäre, hypochrome Anämie. Sie vermögen in durchaus normaler Weise Eisen zu speichern, können ihr Depoteisen jedoch nicht mobilisieren und zum Aufbau von Hämoglobin einsetzen (C. A. ELVEHJEM und W. C. SHERMAN; E. MUNTWYLER und R. F. HAZARD). Auch die anderen Häminproteide werden von kupferarm ernährten Tieren in ungenügender Menge gebildet. Die Organe enthalten weniger Cytochrom (E. C. COHEN und C. A. ELVEHJEM), Cytochromoxydase (M. O. SCHULTZE) und Katalase (M. O. SCHULTZE und K. A. KUIKEN) als diejenigen normaler Tiere. Zufuhr von Kupfer stellt sofort wieder normale Verhältnisse her. Kupfermangel bewirkt bei schwarzen Ratten und Kaninchen außerdem noch Ergrauen der Haare, Alopecie und Dermatosis (F. J. GORTER; F. S. SMITH und G. H. ELLIS). Das Ergrauen der Haare ist ein durchaus verständliches Symptom, da das zur Pigmentbildung benötigte Encym Tyrosinase ein Kupferproteid ist. In manchen Gegenden der Erde sind die Böden arm an Kupfer. Tiere, die auf solchen Böden weiden, erkranken an Kupfermangelzuständen, die z. B. als „enzootische Ataxie" von Lämmern oder als „falling disease" von Rindern in der Literatur beschrieben sind, und bei denen Symptome von seiten des Nervensystems im Vordergrunde stehen.

Auf Grund der bisher durchgeführten Bilanzversuche kann man den Kupferbedarf des erwachsenen Menschen auf etwas mehr als 2 mg pro Tag schätzen. T. P. CHOU und W. H. ADOLPH fanden bei einer Aufnahme von 2 mg Cu pro Tag eine ausgeglichene Bilanz, R. M. LEVERTON sowie R. M. LEVERTON und E. S. BINKLEY bei Aufnahmen unter 2 mg negative Bilanzen, während eine Zufuhr von 2,65 mg eine geringe Retention erlaubte. Kupfereinnahmen von 6,5—13,0 mg führten zu erheblichen Speicherungen (F. HOLT und F. I. SCOULAR). Der Kupfergehalt der wichtigsten Lebensmittel ist in der Tab. 117 zusammengestellt. Hervorgehoben sei der niedere Gehalt der Milch an Kupfer und Eisen. Durch Eisenmangel und Kupfermangel hervorgerufene alimentäre Anämien werden daher bei Kindern relativ häufig beobachtet. Man nimmt an, daß Kinder außerdem einen höheren Kupferbedarf haben als Erwachsene; die Schätzungen bewegen sich zwischen 50 und 100 γ/kg pro Tag. Zur Kompensierung der niederen Eisen- und Kupferzufuhren mit der Milch kommen Neugeborene mit beträchtlichen Vorräten an beiden Metallen auf die Welt. Man findet in ihren Lebern das Vielfache der Eisen- und Kupferkonzentrationen von Erwachsenen.

Wie schon erwähnt, ist der Kupfergehalt der Böden regional recht verschieden. Über den Kupfergehalt von Lebensmitteln liegen bisher nicht viele Untersuchungen vor. Es ist anzunehmen, daß die Streubreite der Werte erheblich sein wird. Man muß daher die Frage aufwerfen, ob der Kupferbedarf überall gedeckt wird. J. L. MCCHEE hat 140 Personen, die ihre übliche, frei gewählte Kost verzehrten, 1 mg Cu pro Tag zugelegt. 138 der Personen reagierten darauf mit Steigerungen des Hämoglobingehalts des Blutes um 5—26%. Dem Kupfer als alimentärem Faktor sollte man daher größere Beachtung schenken als bisher. Über die Ausnutzung des Kupfer und die sie beeinflussenden Faktoren ist noch so gut wie nichts bekannt.

4. Zink.

Da Zink Bestandteil wichtiger Encyme ist, gehört es zu den unentbehrlichen Spurenelementen. Mangelnde Zufuhr bewirkt typische Ausfallserscheinungen wie Wachstumshemmung, Abnahme der Phosphataseaktivität in den Organen und Verminderung der Katalase in Leber und Niere. Da Katalase kein Zink enthält, muß die Wirkung auf das Encym indirekter Art sein. Die Sterblichkeit von Zinkmangeltieren ist erhöht, Haarverluste treten auf, und die Ausnutzung der Nahrung ist verschlechtert. Außerdem werden Hyperkeratosen der Haut und der Schleimhäute beobachtet (E. TODD, C. A. ELVEHJEM und E. B. HART; E. HOVE, C. A. ELVEHJEM und E. B. HART; R. H. FOLLIS JR., H. G. DAY und E. V. McCOLLUM; H. G. DAY und E. B. SKIDMORE). Die übliche Nahrung des Menschen enthält etwa 5—20 mg Zink (E. LUTZ; R. A. McCANCE und E. M. WIDDOWSON). Bei Zufuhren in dieser Höhe ist die Bilanz ausgeglichen. Die Hauptmenge von Zink wird mit dem Kot ausgeschieden; im Harn findet man etwa 0,3 mg pro Tag. Angaben über den Zinkgehalt der Nahrung findet man in der Tab. 117.

Die Zufuhr unphysiologisch hoher Dosen Zink (Zinkgehalt der Nahrung 0,7 %) erzeugt bei Ratten Anämie (W. R. SUTTON und V. E. NELSON; S. E. SMITH und E. J. LARSON). Durch Verabfolgung erhöhter Mengen Eisen, Kupfer und Kobalt bzw. Leberextrakt kann man die Tiere gegen diese Zinkwirkung schützen. Diese Befunde weisen darauf hin, daß zwischen den einzelnen Spurenelementen ein biologisches Gleichgewicht besteht, dessen Störung durch vermehrte Zufuhr eines einzigen Faktors einen „relativen Mangel" an den anderen hervorrufen kann. Ähnliche Wechselwirkungen kennt man auch in den Systemen Selen-Arsen und Molybdän-Kupfer.

Der Zinkbestand des Organismus ist relativ groß; er beträgt beim erwachsenen Menschen etwa 3—4 g.

5. Mangan.

Mangan gehört zu den unentbehrlichen Spurenelementen, mangelnde Zufuhr führt zu schweren Ausfallserscheinungen. Manganarm gehaltene Versuchstiere werden steril; bei weiblichen Tieren wird der Östrus unregelmäßig und erlischt schließlich, Männchen reagieren mit Sistieren der Spermatogenese und mit Testikeldegenerationen. Werfen manganarm ernährte Weibchen noch Junge, so gehen dieselben rasch zugrunde, weil sie nicht saugen können; sie enthalten in ihrem Körper praktisch kein Mangan (A. R. KEMMERER, C. A. ELVEHJEM und E. B. HART; SKINNER, EVELYN STEENBOCK; A. DANIELS und C. EVERSON; P. D. BOYER, J. H. SHAW und P. PHILIPPS; E. R. ORENT und E. V. McCOLLUM). Hühner sind gegen Manganmangel noch empfindlicher als Säugetiere und reagieren mit einer Verkürzung der Flügel- und Beinknochen („Perosis") sowie Veränderungen der Wirbelsäule. Der Aschegehalt der Knochen ist dabei herabgesetzt (C. D. CASKEY, GALLUP und L. C. NORRIS). Eine anormale Knochenentwicklung wurde bei Ratten nicht beobachtet, dagegen bei Kaninchen (G. H. ELLIS, S. B. SMITH und E. M. GATES).

Mangan ist Bestandteil einiger Encyme, z. B. von Arginase und Phosphatase. Bei Manganmangel findet man daher die Aktivität dieser Encyme in den Organen herabgesetzt. Anscheinend bestehen Beziehungen zwischen Mangan und einigen Vitaminen. Bei Beriberikranken ist der Mangangehalt des Blutes erniedrigt (E. HAMAMOTO). Zulagen von Aneurin verbessern die Manganbilanz. Mangan wird für die Verwertbarkeit des Aneurin im Organismus benötigt (M. SANDBERG, D. PERLA und O. M. HOLY). M. N. RUDRA nimmt an, Mangan sei zur Bildung der Ascorbinsäure notwendig; seine Beweisführung erscheint aber nicht überzeugend.

Der gesamte Manganbestand des Menschen beträgt etwa 30—40 mg. Bei einer Zufuhr von 3,7—5,8 mg Mn pro Tag besteht beim Menschen eine ausgeglichene Bilanz (K. P. BASU und M. C. MALAKER). Man schätzt den Manganbedarf des Menschen zu 0,02—0,03 mg pro kg Körpergewicht. Es ist anzunehmen, daß er bei der üblichen Kost ohne weiteres gedeckt wird. Angaben über den Mangangehalt der Nahrung findet man in der Tab. 117. Die Ausscheidung des Mangan erfolgt nahezu ausschließlich im Kot.

6. Kobalt.

In manchen Teilen der Erde, z. B. in Australien, Neuseeland und Schottland, gibt es kobaltarme Böden. Vieh, das auf ihnen gehalten wird, erkrankt an Mangelkrankheiten, die als „Enzootic Marasmus" oder „Pine Disease" in der Literatur beschrieben sind (R. MARSTON). Ihre führenden Symptome sind mikrocytäre oder normocytäre Anämien. Sie treten auf, wenn der Boden weniger als 3,9 γ/g an Co enthält (J. E. B. PATTERSON). Diese Beobachtungen erweisen, daß Wiederkäuer Kobalt benötigen. Man nimmt an, daß das Element bestimmte biologische Prozesse im Verdauungstrakt dieser Tiere aktiviert. Bis vor kurzem erschien es fraglich, ob Kobalt auch für den Menschen bzw. die anderen Tiere unentbehrlich ist. Die Versuche von J. F. THOMPSON und G. H. ELLIS und A. E. HOUK, A. W. THOMAS und H. C. SHERMAN zeigten, daß der Kobaltbedarf, falls ein solcher überhaupt bestehe, nur sehr klein sein könne und für Kaninchen unter 0,1 γ und für Ratten unter 0,03 γ pro Tag liegen müsse. Die Entdeckung von E. L. SMITH und E. L. RICKES und Mitarbeiter, wonach das vermutlich mit dem extrinsic Faktor des Antiperniziosastoffs identische Vitamin B_{12} eine Kobaltverbindung ist, macht eine Revision der alten Auffassung notwendig. Man muß nunmehr annehmen, daß Kobalt auch für den Menschen und Nichtwiederkäuer ein unentbehrlicher Nahrungsbestandteil ist.

Es ist schon lange bekannt, daß die Verabfolgung kleinerer Kobaltmengen an die üblichen Laboratoriumstiere zu einer Polycythämie führt, die mit einer Reticulocytose und Hyperplasie des Knochenmarks verbunden ist. Die hierfür benötigte Dosis liegt beim Hund bei 10 mg/kg und darüber (G. BREWER). Höhere Dosen schädigen die Erythropoese (ROBSCHEIT-ROBBINS und WHIPPLE). Versuche mit radioaktivem Kobalt haben ergeben, daß Ratten das Element nicht zu speichern vermögen, im Gegensatz zum Menschen, der beträchtliche Mengen retiniert (D. M. GREENBERG, D. H. COPP und E. M. CUTHBERTSON; N. L. KENT und R. A. MCCANCE).

Tabelle 115. *Kobaltgehalt einiger Lebensmittel.*

	mg% Co in der Trockensubstanz	Autor
Leguminosen	0,014—0,048	(1)
Leber	0,01	(2)
Cerealien	0,006—0,008	(1)
Milch	0,005—0,007	(1)
Fleisch	0,001	(2)

(1) B. AHMAT und E. V. MCCOLLUM: Amer. J. Hyg. **29**, A. 24 (1939).
(2) BERTRAND und MACHEBOEF: C. r. Acad. Sci. **180**, 1993 (1925).

7. Aluminium.

Ob Aluminium eine physiologische Bedeutung hat und daher für den Organismus unentbehrlich ist, läßt sich heute noch nicht mit Sicherheit entscheiden. Die Versuche von E. HOVE, C. A. ELVEHJEM und E. B. HART haben ergeben, daß Aluminium für die junge Ratte keinen deutlichen Wachstumseffekt besitzt, und daß Östrus und Fortpflanzung unabhängig vom Aluminiumgehalt der Nahrung sind. Falls Aluminium überhaupt für Ratten von Bedeutung sein sollte, so liegt die benötigte Dosis unter 1 γ pro Tier und Tag. Alle tierischen Gewebe enthalten Aluminium (E. P. UNDERHILL und F. I. PETERMANN; MEUNIER); die Konzentration wird mit zunehmendem Alter größer. Der Aluminiumbestand eines erwachsenen Menschen ist auf etwa 50—150 mg zu schätzen. Aluminium hat große technische Bedeutung gewonnen. Das Metall wird auch im Haushalt viel verwendet, Kochtöpfe, Bestecke, Trinkgefäße werden aus Aluminium angefertigt. Daher gelangen regelmäßig mehr oder minder große Aluminiummengen in die Speisen. Die dadurch bedingte Mehraufnahme an Aluminium ist auf 0,1—8 mg im Tag zu schätzen. In zahlreichen gründlichen Untersuchungen wurde jedoch festgestellt, daß Aluminiumaufnahmen, wie sie in den Kulturstaaten üblich sind, als völlig harmlos angesehen werden können und die Gesundheit in keinerlei Weise beeinträchtigen. Nur ein kleiner Teil des in der Nahrung

Tabelle 116. *Der Aluminiumgehalt von Lebensmitteln.*
(Alle Werte sind in mg Al pro kg Frischsubstanz angegeben.)

Lebensmittel und Autor	mg Al	Lebensmittel und Autor	mg Al
Fleisch[1]	4,4	Apfelfruchtfleisch[2]	1,1
Leber[2]	1,2	Apfelschale[2]	5,7
Eigelb[2]	0,3—1,0	Kartoffel geschält[2]	2,0
Eiweiß[2]	1,0	Kartoffelschale[2]	bis 308
Eimembran[2]	15—29	Weizenmehl[1]	10,7
Rüben[2]	0,36	Weizenkeime[2]	14—15
Petersilie[2]	43—45	Kohl, innere Blätter[2]	5,7—6,1
Zwiebel[1]	43	Kohl, äußere Blätter[2]	22,0
Frische Bohnen[2]	6,6	Kirschen[1]	35

[1] Underhill und Petermann: Amer. J. Physiol. **90**, 1, 15, 40, 52, 62, 67, 72 (1929).
[2] Hadorn, H.: Mitt. Lebensmitteluntersuchung **38**, 314 (1947).

Tabelle 117. *Der Gehalt von Lebensmitteln an Spurenelementen.*
(Bezogen auf je 1000 g frische Substanz.)

Lebensmittel	Fe mg	Cu mg	Mn mg	Zn mg	J γ	F mg
Rindfleisch	25[6]	0,8—1,2[5]	0,15[7]	47—50[1]	53—71[9]	1,3[10]
Ei	7[6]	2,3[5]	0,2—0,5[7]	9,8[1]	12—80[9]	0,13—0,42[10]
Milch	2[6]	0,2—1,6[5]	0,04[7]	2,8[8]	40—70[9]	0,55—0,91[10]
Fisch	3,2—9,6[3]	1,4—5,5[5, 3]	0,1—0,5[3, 4]		70—2400[9]	1,5[10]
Leber	105[6]	7—119[1, 3, 5]	2,5—3,9[7]	25—81[1]	19—87[9]	
Kartoffel	9[6]	1,7—2,8[5]	1,5[7]	2,3[1]	4—35[9]	0,07[10]
Weizen (Vollkorn)			27,3[7]	19,8[8]	12—64[9]	0,7[10]
Weizenmehl fein	10[6]	7,0[7]	1,7[7]			0,27[10]
Roggen (Vollkorn)	77[6]	4—30[6, 7]			20—64[9]	0,61[10]
Mais	34[6]	2,1—6,8[5]	6,3—10,8[7]		12[9]	0,62[10]
Hafer	63[6]	5,0[5]	48,7[7]	69,7[8]	36[9]	0,25[10]
Erbsen	9[6]	2,4[5]	9,8[7]	28—40[8]	64[9]	0,29[10]
Bohnen	32[6]	1,0—8,6[5]	20,7[7]		24[9]	0,11[10]
Linsen	126[6]				16[9]	0,23[10]
Mohrrüben	26[6]	0,8[5]	2,3[7]		5—7[9]	0,07[10]
Tomaten	78[6]	0,6[5]				0,09[10]
Spinat	154[6]	1,2[5]	5,3[7]	2,8[8]		0,44[10]
Salat	196[6]	0,4[5]	6,7[7]		27—50[9]	0,30[10]
Weißkohl	29[6]	0,6[5]	1,4[7]		20[9]	0,15[10]
Äpfel	3[6]	0,8[5]			1—21[9]	0,03—0,04[10]

[1] Rost, E., und Weitzel: Arbeiten aus dem Reichsgesundheitsamt **51**, 494 (1919).
[2] Remy: Z. Unters. Lebensmittel **64**, 545 (1932).
[3] Parks, T., und Rose: J. Nutrit. **6**, 95 (1933).
[4] Orent und McCollum: J. Biol. Chem. **92**, 651 (1931).
[5] Lindow, Elvehjem, Peterson und Hove: J. Biol. Chem. **82**, 465 (1929).
[6] Übernommen aus Schall: Nahrungsmitteltabellen. 14. Aufl. Leipzig 1942.
[7] Richards: Biochem. J. **24**, 1572 (1930).
[8] Todd und Elvehjem: J. Biol. Chem. **96**, 609 (1932).
[9] Fellenberg, Th. v.: Ergebn. Physiol **25**, 176 (1926).
[10] Fellenberg, Th. v.: Mitt. Lebensmittelunters. **39**, 124 (1948).

enthaltenen Aluminium gelangt tatsächlich zur Resorption (MACKENZIE; TOURTELLOTE, DEE und O. S. RASK). Der Organismus vermag Aluminium nicht in wesentlichem Umfange zu speichern. Pflanzen enthalten zumeist mehr Aluminium als Tiere.

Aluminium ist in den tierischen Organen und in den Pflanzen sehr ungleichmäßig verteilt. Membranen sind meist viel aluminiumreicher als der Zellinhalt. Beispiele hierfür findet man in der Tab. 116.

8. Fluor.

Fluor kommt normalerweise in allen tierischen Geweben in geringer Konzentration vor. Relativ große Mengen sind in Knochen und Zähnen enthalten. B. KLEMENT nimmt an, Fluor ersetze in ihnen Hydroxyl im Hydroxylapatit unter Bildung von Mischkrystallen. Der Fluorgehalt von Knochen und Zähnen ist von der Höhe der Zufuhr mit der Nahrung abhängig. Meerwasser hat einen relativ hohen Fluorgehalt. Infolgedessen sind Knochen und Zähne der Meertiere fluorreicher als diejenigen der Landtiere oder im Süßwasser lebenden Tiere. Trotz des reichlichen Vorkommens von Fluor im Organismus ist das Element nicht lebensnotwendig. Man kann Ratten mehrere Generationen bei einer praktisch fluorlosen Kost halten, ohne daß irgendeine Lebensfunktion beeinträchtigt wird (G. R. SHARPLESS und E. V. MCCOLLUM; EVANS und PHILIPPS). Der Fluorgehalt der Knochen und Zähne nimmt dann im Lauf der Generationen auf nahezu Null ab, ohne daß Veränderungen der Struktur oder der Härte erkennbar werden.

Die Zufuhr größerer Mengen von Fluor wirkt toxisch, es entwickelt sich eine „Fluorose" (D. A. GREENWOOD). Das Wachstum junger Tiere ist hierbei gestört, die Zähne weisen typische Veränderungen („mottled enamel") auf, und die Knochen werden sklerotisch. In manchen Gegenden ist das Trinkwasser so stark fluorhaltig, daß Fluorosen beobachtet werden. Die toxische Grenzkonzentration liegt bei 1,0—2,0 γ/g im Wasser (H. T. DEAN und E. ELVOVE).

Tabelle 118. *Zusammenhang zwischen der Häufigkeit der Zahncaries und dem Fluorgehalt des Trinkwassers auf Grund der Befunde an 7257 Schulkindern im Alter von 12—14 Jahren in 21 Städten der USA*[1].

Stadt und Staat	Zahl der Kinder	% der Kinder cariesfrei	F-Gehalt des Wassers[2]	Gesamthärte des Wassers[2]
Galesburg (Ill.)	273	27,8	1,9	247
Colorado Springs (Colo.)	404	28,5	2,6	27
Elmhurst (Ill.)	170	25,3	1,82	323
Maywood (Ill.	171	29,8	1,2	75
Aurora (Ill.)	633	23,5	1,2	329
East Moline (Ill.)	152	20,4	1,2	276
Joliet (Ill.)	447	18,3	1,3	349
Kewanee (Ill.)	123	17,9	0,9	445
Pueblo (Colo.)	614	10,6	0,6	302
Elgin (Ill.)	403	11,4	0,5	103
Marion (Ohio)	263	5,7	0,4	209
Lima (Ohio)	454	2,2	0,3	223
Evanston (Ill.)	256	3,9	0,0	131
Middletown (Ohio)	370	1,9	0,2	329
Quincy (Ill.)	330	2,4	0,1	88
Oak Park (Ill.)	329	4,3	0,0	132
Zanesville (Ohio)	459	2,6	0,2	291
Portsmouth (Ohio)	469	1,3	0,1	80
Waukegan (Ill.)	423	3,1	0,0	134
Elkhart (Ind.)	278	1,4	0,1	220
Michigan City (Ind.)	236	0,0	0,1	141

[1] Übernommen aus Bordens Review of Nutrition 9, Nr 3 (1948).
[2] Teile auf 1 Million Teile Wasser.

Dagegen hat die Zufuhr kleinerer Fluormengen ausgesprochen günstige Wirkungen. In zahlreichen Untersuchungen, die sich auf ein großes Zahlenmaterial stützen, wurde festgestellt, daß die Häufigkeit der Zahncaries herabgesetzt ist, wenn das Trinkwasser 0,5—1,0 γ/g F enthält (H. T. DEAN, F. A. ARNOLD und E. ELVOVE). In der folgenden Tab. 118 ist eine größere Reihe von Befunden, die an Kindern erhoben wurden, zusammengestellt. Fluor übt einen carieshemmenden Einfluß auch für Erwachsene aus. Diese Feststellungen gaben Anlaß, in einigen Gemeinden in den USA versuchsweise das Trinkwasser mit Fluorid auf einen Fluorgehalt von 1 γ/g anzureichern. Die bisherigen Erfahrungen aus diesem zunächst für die Dauer von 10 Jahren geplanten Versuch sind günstig. Der Mechanismus der Fluorwirkung auf die Zahncaries ist noch unbekannt. Im wesentlichen stehen zwei verschiedene Auffassungen zur Diskussion: Verminderung der Löslichkeit des Zahnschmelzes oder Hemmung encymatischer oder bakterieller Prozesse durch die relativ hohe Fluorkonzentration an der Oberfläche der Zähne. Als Stütze für die zweite Annahme wird angeführt, daß der Gehalt des Speichels an L. acidophilus mit zunehmender Fluorkonzentration im Trinkwasser immer geringer wird. Das Auftreten von Caries kann auch im Tierversuch durch kleine Fluorgaben negativ beeinflußt werden.

Aufnahme und Ausscheidung von Fluor sind je nach dem Fluorgehalt von Wasser und Boden regional verschieden. Man schätzt die tägliche Fluoraufnahme des Menschen zu etwa 0,5—1,5 mg pro Tag (F. J. MCCLURE; TH. V. FELLENBERG). Bei dem zweiten, höheren Wert sollen schon leichtere Symptome von Fluorose auftreten. Mit der Nahrung aufgenommenes Fluor wird nahezu quantitativ wieder mit dem Harn ausgeschieden. Der Mensch kann im Tag durch Harn und Schweiß bis zu 3—4 mg F eliminieren (F. MCCLURE, H. H. MITCHELL, T. S. HAMILTON und C. A. KINSER). Fluor geht auch in die Milch über, deren Fluorgehalt jedoch weitgehend von der Höhe der Aufnahme unabhängig ist (E. B. HART und C. A. ELVEHJEM). Über den Fluorgehalt von Nahrungsmitteln in der Schweiz orientiert die Tab. 117. Ausführliche Daten über den Fluorgehalt amerikanischer Lebensmittel findet man bei F. J. MCCLURE.

Die meisten pflanzlichen Nahrungsmittel enthalten etwa 0,01—0,03 mg% F unabhängig von der Fluorkonzentration des Wassers. Beim Kochen wird ein beträchtlicher Teil des Fluor durch das Kochwasser extrahiert. Das mit der Nahrung zugeführte Fluor wird von Mensch und Tier ziemlich vollkommen resorbiert. Die aufgeführten Zahlen erweisen, daß mit den Nahrungsmitteln nur wenig, etwa 0,3—0,4 mg, F aufgenommen wird, sehr viel mehr dagegen mit dem Trink- und Kochwasser, falls dieses einen nennenswerten Fluorgehalt aufweist. Die Höhe des Fluorumsatzes ist daher im wesentlichen von der Fluorkonzentration im Wasser abhängig.

9. Jod.

Die Bedeutung des Jod für den Menschen liegt in seiner Funktion als Baustein des Schilddrüsenhormons. Die regelmäßige Aufnahme einer ausreichenden Jodmenge ist daher Voraussetzung für eine normale Schilddrüsenfunktion. Der gesamte Jodbestand eines Menschen ist auf etwa 50 mg zu veranschlagen, wovon 50% in der Muskulatur, 20% in der Schilddrüse, 10% in der Haut und 6% in den Knochen vorhanden sind. Mit der Nahrung aufgenommenes anorganisches Jod wird von der Schilddrüse aufgenommen und rasch in organische Bindung übergeführt.

Der Umfang der Jodzufuhr ist regional verschieden, je nachdem Boden und Wasser mehr oder weniger Jod enthalten. Die Bevölkerung jodarmer Gegenden weist einen hohen Prozentsatz von Kropfkranken auf. Bei zu geringer Jodaufnahme beginnt nämlich die Schilddrüse in dem Versuch, sich an den Jodmangel anzupassen, zu hypertrophieren. Als Beispiel für die bestehende Korrelation zwischen Jodzufuhr und Schilddrüsengewicht sei in der Tab. 119 ein Versuch von VAN DEN BELT an Ratten wiedergegeben.

Tabelle 119. *Jodgehalt des Futters und Schilddrüsengewicht von Ratten.*

γ Jod pro 100 g Futter	Schilddrüsengewicht
41,1	8,5 ± 0,37 mg
31,3	9,3 ± 0,22 mg
3,2	13,1 ± 0,76 mg

In kropfreichen Gegenden wurden Jodaufnahmen von 20—80 γ pro Tag festgestellt, in kropffreien dagegen höhere Werte, die bis zu 350 γ betrugen. Zusammenfassende Darstellungen dieser Frage findet man bei TH. v. FELLENBERG und M. SAEGESSER. Versuche, bei Myxödemkranken die Thyroxinmenge zu bestimmen, welche zur Erreichung und Aufrechterhaltung eines normalen Grundumsatzes benötigt wird, ergaben, daß man hierfür 200—400 γ Thyroxin entsprechend einer Jodmenge von 130—260 γ im Tag braucht. Man darf demnach annehmen, daß der Jodbedarf des Menschen bei etwa 100 γ pro Tag gelegen ist. Unter Einkalkulierung einer Sicherheitsspanne veranschlagt man daher heute die wünschenswerte Jodzufuhr zu 150—300 γ (2—4 γ/kg) pro Tag. Angaben über den Jodgehalt von Lebensmitteln findet man in der Tab. 117. Manche Länder, in denen Kropf häufiger vorkommt, haben eine Kropfprophylaxe durch Beimischung von Jod zum Kochsalz (z. B. 0,01 % KJ) mit bestem Erfolg durchgeführt.

Die Aufstellung exakter Jodbilanzen ist schwierig, weil das Element nicht nur in Harn und Kot, sondern auch durch Haut und Lunge ausgeschieden wird. H. CAUER weist darauf hin, daß unter Umständen auch mit der Luft meßbare Jodmengen aufgenommen werden können.

Kropf läßt sich auf alimentärem Wege nicht nur durch einen Jodmangel hervorrufen. A. M. CHESNEY, T. A. CLAWSON und B. WEBSTER haben bei Kaninchen durch eine während längerer Zeit fortgesetzte Verfütterung von viel Kohl experimentell Kröpfe erzeugen können. Auch in anderen Pflanzen sind sogenannte „Kropfnoxen", also Substanzen, die zur Kropfbildung Anlaß geben, enthalten. Die in der Kohlrübe enthaltene Kropfnoxe wurde unlängst als 5-Vinyl-thiooxazolidon-(2) identifiziert (E. B. ASTWOOD und M. G. ETTLINGER).

5-Vinyl-thiooxazolidon-(2)

$$\begin{array}{ccccc} & H_2C & \text{———} & NH \\ & | & & | \\ H_2C{:}CH\cdot & HC & \cdot\ O\ \cdot & CS \end{array}$$

Die Ausbildung von Störungen der Schilddrüsentätigkeit auf diesem Wege dürfte beim Menschen kaum vorkommen; TH. WAGNER-JAUREGG schätzt, daß dazu die tägliche Aufnahme von 500—1000 g Kohl während eines halben Jahres erforderlich wäre. Das Auftreten von Kohlkröpfen läßt sich durch Zulagen von Jod verhindern. Reichliche Gaben von Vitamin C sollen gleichfalls eine Schutzwirkung entfalten (TH. WAGNER-JAUREGG). Auch rohe Sojabohnen enthalten eine Kropfnoxe (R. McCARRISON), die aber durch Hitze zum Teil inaktiviert wird. Im Tierversuch ließ sich ihre Wirkung durch die Verabreichung einer außerordentlich kleinen Jodmenge aufheben (1—2 γ Jod pro Tag und Ratte). Es ist anzunehmen, daß diese Soja-Kropfnoxe auf Grund ihrer Hitzelabilität und Ausschaltbarkeit durch Jod für die Ernährung bedeutungslos ist (A. W. HALVERSON, M. ZEPPLIN und E. B. HART).

10. Bor.

Bor ist ein für die Pflanzen unentbehrliches Element. Verschiedene Krankheiten von Kulturpflanzen konnten auf Mangel an Bor zurückgeführt werden. Für das Tierreich ist dagegen Bor anscheinend ohne Bedeutung. Borsäure läßt sich zwar in allen tierischen Geweben und Körperflüssigkeiten nachweisen. Sie ist jedoch für Wachstum, Gesundheit und Fortpflanzung entbehrlich. Sollte ein Borbedarf bestehen, so kann er nur gering sein und muß bei der Ratte unter 0,8 γ pro Tag liegen (E. Hove, C. A. Elvehjem und E. B. Hart; E. Orent-Keiles). Bor durchwandert leicht tierische Membranen und wird daher im tierischen Organismus nicht gespeichert. Infolge der analytischen Schwierigkeiten haben sich nur wenige Autoren mit dem Borsäurestoffwechsel von Mensch und Tier befaßt.

11. Silicium.

Das Element ist in der Natur weit verbreitet und daher ein regelmäßiger Bestandteil aller Lebewesen. Der tierische Organismus nimmt ständig Kieselsäure mit der Nahrung auf, und zwar Pflanzenfresser mehr als Fleischfresser. Pflanzenfresser scheiden daher auch mehr Kieselsäure aus. Die Tagesausscheidung

Tabelle 120. *Kieselsäuregehalt des Harns* (E. J. King, H. Stantial und M. Dolan).

Species	mg% SiO_2 im Harn	Species	mg% SiO_2 im Harn
Mensch	0,7—2,2	Kaninchen	7,2—27,2
Hund	0,9—2,7	Meerschweinchen	8,2—28,6
Katze	0,3—0,8	Schaf	11,9—17,2
Ratte	3,0—5,7		

des Menschen beträgt etwa 20—100 mg. Ihre Höhe hängt von der Zufuhr ab. Im Kot findet man bei der üblichen Ernährung etwa 150—350 mg SiO_2 im Tag, wovon ein Teil sicherlich auf eine Exkretion in den Darm zurückzuführen ist. Durch Einatmung von silikathaltigem Staub werden erhebliche Mengen SiO_2 in den Lungen und peribronchialen Lymphdrüsen abgelagert („Silikose"), was auch eine vermehrte Ausscheidung von Kieselsäure im Harn zur Folge hat. Dies zeigt, daß die Substanz auch auf diesem Wege resorbiert werden kann.

Ob Silicium für den Organismus von Bedeutung ist oder nur ein zufälliges Begleitelement darstellt, ist noch nicht endgültig entschieden. Der Befund von L. Holzapfel und I. Kerner-Esser sowie von P. Ohlmeyer und U. Olpp, daß Kieselsäure in organisch gebundener Form, und zwar als Bestandteil von Lipoiden im Tierkörper enthalten ist, macht es wahrscheinlich, daß die Substanz eine physiologische Funktion hat. Aus den Versuchen von M. Kochmann und L. Maier scheint zu folgen, daß Kieselsäure ohne Einfluß auf das Wachstum ist, doch sind sie nicht überzeugend. Symptome, für die ein Mangel an Kieselsäure in der Nahrung verantwortlich gemacht werden könnte, sind bisher nicht beschrieben worden. Man darf annehmen, daß der Kieselsäurebedarf, sofern ein solcher überhaupt bestehen sollte, bei der üblichen Ernährungsweise gedeckt wird.

Tabelle 121. *Der Kieselsäuregehalt von Lebensmitteln* (Breitwieser).

Lebensmittel	mg% SiO_2 in der Frischsubstanz	Lebensmittel	mg% SiO_2 in der Frischsubstanz
Fleisch	0,31—2,65	Weizen-Vollkorn	11
Leber	2,05—3,98	Mais-Vollkorn	9
Fisch	1,54—1,67	Gerste-Vollkorn	184
Roggen-Vollkorn	9	Hafer-Vollkorn	232

Längere Zeit hindurch fortgeführte Injektionen von Silicatlösungen sollen die Elastizität der Haut erhöhen, ferner bei Tuberkulose fibroplastische und leukocytotaktische Wirkungen entfalten. Es ist nicht beabsichtigt, hier auf den Fragenkomplex einzugehen, der mit den von manchen Seiten vermuteten therapeutischen Wirkungen der Kieselsäure zusammenhängt.

VIII. Die Bedeutung der Vitamine für die Ernährung.

1. Allgemeines.

Als Vitamine pflegt man organische Stoffe zu bezeichnen, die vom Organismus in kleinen Mengen benötigt werden, jedoch im intermediären Stoffwechsel nicht aufgebaut werden können, so daß sie regelmäßig mit der Nahrung zugeführt werden müssen. Das Unvermögen, die Vitamine selbst zu bilden, ist mitunter nur relativer Art; der Organismus vermag zwar, die Substanz zu synthetisieren, der Umfang der Synthese ist aber nicht ausreichend, um den Bedarf zu decken. Ein Beispiel hierfür bietet die Nicotinsäure. Die Vorstufe des Vitamin D wird in ausreichender Menge gebildet, aber ihre Umwandlung in das eigentliche Vitamin macht in klimatisch ungünstigen Regionen Schwierigkeiten wegen des Fehlens ausreichender Bestrahlung. Wie man sieht, bereitet die exakte Definition des Begriffs Vitamin Schwierigkeiten. Im Gegensatz zu den anderen organischen Nahrungsbestandteilen Eiweiß, Fett und Kohlenhydrat dienen die Vitamine nicht der direkten Energiegewinnung. Ihre Funktion ist mehr katalytischer Art. Wir wissen heute von vielen Vitaminen, daß sie in Encymsysteme eingebaut werden. Die Wirkungsart anderer Vitamine ist noch völlig ungeklärt.

Der Ausdruck Vitamin sei im folgenden weniger im Sinne eines chemischen Individuums, als im Sinne des Trägers einer definierten biologischen Wirkung gebraucht. Die Konstitutionsspezifität mancher Vitamine ist nämlich gering. Mitunter wirkt eine ganze Familie verwandter Substanzen auf den Organismus in gleichem Sinne ein.

Seit jeher pflegt man die Vitamine auf Grund ihrer Löslichkeit in zwei Gruppen einzuteilen: die fettlöslichen Vitamine und die wasserlöslichen Vitamine. Die folgende Übersicht enthält die heute gut charakterisierten Vitamine:

Fettlösliche Vitamine	*Wasserlösliche Vitamine*
Vitamin A	B-Vitamine:
Vitamin D	Aneurin
Vitamin E	Lactoflavin
(Vitamin F)	Niacin
Vitamin K	Pyridoxin
	Pantothensäure
	Biotin
	Inosit
	Cholin
	p-Aminobenzoesäure
	Pteroylglutaminsäure
	Vitamin B_{12}
	Vitamin C
	Vitamin P

Der Wirkungsmechanismus der fettlöslichen Vitamine und des Vitamin C liegt noch völlig im Dunkeln. Besser ist man über das Wesen der Wirkung der B-Vitamine orientiert. Die große Familie der B-Vitamine besteht aus Substanzen der verschiedensten chemischen Konstitution. Die B-Vitamine weisen aber manche gemeinsamen Eigenschaften auf, so daß es durchaus berechtigt ist, sie in eine Gruppe zusammenzufassen. Die B-Vitamine haben nicht nur Bedeutung für den Menschen und das höhere Tier; sie sind auch für viele niedere Lebewesen unentbehrliche Wuchsstoffe. Sie werden vom Organismus in Fermentsysteme eingebaut. Für viele ist dies eindeutig bewiesen, für andere sehr wahrscheinlich gemacht. Die B-Vitamine greifen demnach in definierte chemische Reaktionen des Organismus ein. Sie als Katalysatoren zu bezeichnen, ist jedoch nicht ganz korrekt; sie sind Teile von Katalysatoren, und zwar die exogenen. Man darf darüber nicht vergessen, daß auch der endogene Teil des Biokatalysators, das Apoferment (spezifisches Protein) gleichfalls von Wichtigkeit ist. Über die alimentäre Beeinflußbarkeit der Apofermente siehe K. LANG. Die große Konstitutionsspezifität der B-Vitamine ist eine weitere, ihnen allen gemeinsame Eigenschaft. Geringe Veränderungen des Moleküls führen bei ihnen aber nicht zu inaktiven Stoffen, sondern zu solchen, die eine dem Vitamin entgegengesetzte Wirkung haben und die man daher als *Antivitamine* zu bezeichnen pflegt. Die Antivitamine verdrängen die eigentlichen Vitamine von ihrem Apoferment. Hierfür ist die Konzentration beider Stoffe maßgebend. In den meisten Fällen werden viele Tausende von Hemmstoffmolekülen benötigt, um 1 Molekül eines Vitamins zu verdrängen. Es gibt aber auch Beispiele, in denen schon wenige Moleküle Hemmstoff genügen. Den Antivitaminen kommt große theoretische und praktische Bedeutung zu. Da die B-Vitamine für manche Bakterien Wuchsstoffe sind, entfalten die Antivitamine unter Umständen chemotherapeutische Wirkungen. Das bekannteste Beispiel ist in dieser Beziehung die Körperklasse der Sulfonamide. Die Antivitamine sind aber auch für die reine Forschung wichtig geworden. Mit ihrer Hilfe läßt sich die Wirkungsweise von Vitaminen und Encymen aufklären und ein wichtiger Einblick in den intermediären Stoffwechsel gewinnen. Für die eigentliche Ernährungslehre spielen die Antivitamine bisher keine so große Rolle. Es wird daher davon Abstand genommen, sie in dem Rahmen dieses Buches über Ernährungsphysiologie eingehender abzuhandeln.

Die B-Vitamine sind, wie schon erwähnt, nur bei der Katalyse bestimmter Reaktionen beteiligt. Ihre Stoffwechselfunktion braucht sich daher nicht notwendigerweise im Gesamtstoffwechsel eines Organs auszuwirken. In der folgenden Tabelle ist die Korrelation zwischen Atmung bzw. anaerober Glykolyse und dem Gehalt an den wichtigsten Vitaminen zusammengestellt.

Tabelle 122. *Korrelation zwischen Atmung, anaerober Glykolyse und Vitamingehalt von Organen* (R. J. WILLIAMS).

Vitamin	Korrelationskoeffizient für	
	Q_{O_2}	$Q_M^{N_2}$
Vitamin A	0,098	— 0,242
Vitamin E	— 0,277	0,140
Vitamin C	— 0,075	— 0,235
Aneurin	0,168	— 0,018
Lactoflavin	0,594	— 0,480
Niacin	0,107	— 0,337
Pantothensäure	0,205	— 0,344
Pyridoxin	0,227	— 0,037
Biotin	0,577	0,573
Inosit	0,572	0,470
Pteroylglutaminsäure	0,223	— 0,303

Nur wenige der Korrelationskoeffizienten sind in Anbetracht der Zahl der Beobachtungen von einer Größenordnung, daß sie als signifikant gelten können. Lactoflavin hat eine sichere Korrelation zur Gewebsatmung, was verständlich ist, denn es wird im Organismus Bestandteil der gelben Fermente. Biotin hat eine eindeutige Korrelation sowohl zur Gewebsatmung als auch zur anaeroben Glykolyse; seine Beteiligung an der WOOD-WERKMAN-Reaktion gibt hierfür eine zwanglose Erklärung. Die Korrelation zwischen Gewebsatmung und Inositgehalt der Organe ist einstweilen schwieriger zu deuten.

In der ersten Zeit nach der Entdeckung der Vitamine stand ihre isolierte, spezifische Wirkung im Vordergrund des Interesses. Dies drückte sich schon in der Nomenklatur der Vitamine aus: man sprach von dem antirachitischen Vitamin, dem Antidermatitis-Faktor usw. Durch Verbesserung der Untersuchungstechnik haben sich immer mehr Beziehungen direkter und indirekter Art zwischen den einzelnen Vitaminen ergeben. Man sollte daher diesen neueren Erkenntnissen schon in der Nomenklatur Rechnung tragen und die erwähnten Bezeichnungen fallen lassen. Die rationelle Nomenklatur der B-Vitamine ergibt sich aus ihrer chemischen Konstitution. Der Ausdruck „Vitamin B-Komplex" spiegelt den Stand unseres Wissens der Jahre 1917—1926 wieder, der Ausdruck „Vitamin B_2-Komplex" entspricht den Kenntnissen der Jahre 1927—1935.

In neuerer Zeit hat sich noch eine weitere Wandlung auf dem Gebiet der Vitaminlehre vollzogen. Ursprünglich erblickte man in den Vitaminen lediglich Nahrungsfaktoren und interessierte sich für ihre physiologischen Wirkungen. Da heute nahezu alle Vitamine synthetisch zugänglich geworden sind, kann man sie auch in großen Dosen anwenden. Dabei hat sich herausgestellt, daß sie zum Teil pharmakologische Wirkungen haben können. Die Vitamine sind daher nicht nur Ernährungsfaktoren, sondern sie sind auch wichtige Medikamente geworden.

Man kennt heute sicherlich nicht alle Vitamine. Nachfolgend sind die wesentlichsten nicht identifizierten oder nicht genügend charakterisierten Vitamine zusammengestellt:

Vitamin B_3. Ist ein thermolabiler Taubenwachstumsfaktor, der vermutlich Pantothensäure sein dürfte.

Vitamin B_4. Ist ein antiparalytischer Faktor für Ratten und Tauben, der vermutlich nichts anderes als Aneurin sein dürfte.

Vitamin B_5. Ist ein hitzestabiler Wachstumsfaktor für Tauben, der vermutlich mit Nicotinsäure identisch sein dürfte.

Vitamin B_7. Ist ein nicht näher charakterisierter und nicht identifizierter Tauben-Intestinal-Faktor.

Vitamin B_8. Hat sich als Adenylsäure erwiesen und ist somit kein Vitamin.

L_1 und L_2. Sind nicht identifizierte, für die Lactation wichtige Faktoren.

Animal protein factor. Ist vermutlich mit dem Vitamin B_{12} identisch.

Antistiffness-Faktor. Ist vermutlich ein Steroid.

2. Nachweis und Bestimmung der Vitamine.

Vitamine lassen sich mit biologischen, chemischen oder physikalischen Methoden nachweisen und bestimmen. Bis zur Aufklärung der chemischen Konstitution waren die Vitamine allein durch ihre biologische Wirkung definiert und konnten daher nur mit biologischen Methoden getestet werden. Leider verfügt man auch heute noch nicht über spezifische chemische Bestimmungsmethoden für die einzelnen Vitamine. Allen chemischen Vitaminbestimmungsverfahren haftet daher ein beträchtliches Maß von Unsicherheit an. Es gehört ein großes Können und ein feines Fingerspitzengefühl dazu, entscheiden zu können, wann man sich auf chemisch analytisch gewonnene Daten stützen kann und wann nicht. Die großen Vorzüge der chemischen Vitaminanalyse bestehen in ihrer Einfachheit, Billigkeit und dem durch sie ermöglichten Zeitgewinn.

Die biologischen Verfahren sind zwar zuverlässig, aber teuer, umständlich und zeitraubend. Für die B-Vitamine, die als Wuchsstoffe von manchen Mikroorganismen benötigt werden, haben sich in neuerer Zeit die mikrobiologischen Testverfahren weitgehend durchgesetzt. Diese Bestimmungsverfahren weisen alle Vorzüge auf: sie sind spezifisch, billig und rasch durchzuführen. Mit ihrer Hilfe lassen sich große Reihenuntersuchungen ohne großen Aufwand an Zeit und Material durchführen.

Die wichtigsten Bestimmungsmethoden der einzelnen Vitamine sind aus der Tabelle zu ersehen. Bezüglich Einzelheiten sei auf die folgenden Spezialwerke verwiesen: F. GSTIRNER[1]; W. J. DANN und G. H. SATTERFIELD[2]; The Association of Vitamin Chemists[3].

3. Der Vitamingehalt der Nahrungsmittel und Vitaminverluste bei der Zubereitung und Konservierung der Nahrung.

Bei Lagerung, Konservierung und Zubereitung von Nahrungsmitteln entstehen Vitaminverluste, die bei unsachgemäßem Vorgehen hohe Beträge erreichen können. Manche Vitamine sind lichtempfindlich (Lactoflavin, Pyridoxin und Vitamin K), andere thermolabil (Aneurin, Pantothensäure, Pteroylglutaminsäure) und andere leicht oxydabel (Ascorbinsäure, Vitamin A, Vitamin D, Vitamin E). Eine gute Erhaltung der Vitamine setzt daher möglichst weitgehende Ausschaltung der genannten Faktoren voraus, die zu einer Zerstörung der Vitamine Anlaß geben können.

Infolge ihrer überaus leichten Oxydierbarkeit ist die Ascorbinsäure das am meisten gefährdete Vitamin. Ihre Zerstörung kann schon sofort nach dem Ernten der Vegetabilien einsetzen. Viele Pflanzen enthalten Stabilisatoren, so z. B. Citronen, in denen man das Vitamin C nur mit der größten Mühe zerstören kann (W. GRAB). Im allgemeinen nimmt der Gehalt grüner Gemüse an Vitamin C beim Lagern rasch ab. Bei der Zubereitung ist die Art des Kochens, z. B. unter Zutritt oder Ausschluß von Luft, von größtem Einfluß. Längeres Warmhalten der Speisen führt zu praktisch vollständigem Verschwinden ihres Gehalts an Vitamin C (Tab. 125). Wesentlich ist das Material, aus dem der Kochtopf besteht, da Schwermetallspuren die irreversible Oxydation der Ascorbinsäure beschleunigen. Am gefährlichsten ist Kupfer, das noch in einer Verdünnung von 1:500000000 wirksam ist. Speisen, die in Kupfer- oder Messinggeschirren gekocht wurden, sind praktisch ascorbinsäurefrei.

Die Verluste an Aneurin bewegen sich etwa in den folgenden Größenordnungen: 20—30% beim Kochen, 30—50% beim Braten, 20—35% beim Backen und 20 bis 30% beim Eindosen. Die Zerstörung von Pantothensäure und Pteroylglutaminsäure liegt etwa in derselben Größenordnung.

Durch Verwerfen des Kochwassers oder Blanchierwassers ergeben sich große Verluste an den wasserlöslichen Vitaminen.

Unter Berücksichtigung der aufgezählten Momente läßt sich der Vitaminverlust bei der Zubereitung der Nahrung auf ein erträgliches Maß reduzieren. Größere Untersuchungsreihen haben ergeben, daß die im Haushalt zubereiteten Speisen zumeist erheblich mehr Vitamine enthalten, als die von Gaststätten

[1] „Chemisch-physikalische Vitamin-Bestimmungsmethoden". 2. Aufl. Stuttgart 1940.
[2] Biological Symposia, XII. Lancaster 1947.
[3] „Methods of Vitamin Assay". New York 1947.

Tabelle 123. *Übersicht über die wichtigsten*

Vitamin	Physikalisch	Chemisch
Vitamin A	UV-Absorption bei 328 mμ (Carotin bei 450 mμ)	Reaktion mit $SbCl_3$ (CARR-PRICE-Reakt.) Reaktion mit Glycerindichlorhydrin
Aneurin		Thiochromtest (UV-Fluorescenz nach Oxydation). Colorimetrisch nach Kupplung mit Diazoverbindungen
Lactoflavin		Überführung in Lumiflavin und Messung der Fluorescenzintensität
Niacin		Farbreaktion mit Bromcyan und aromatischen Aminen
Pyridoxin		Farbreaktionen auf dem Phenolcharakter beruhend
Pantothensäure		
Inosit		Isolierung und gravimetrische oder titrimetrische Bestimmung
Biotin		
Pteroylglutaminsäure		
Cholin		Als Reineckat oder Perjodid. Chemisch oder biologisch als Acetylcholin. Oxydation zu Trimethylamin
p-Aminobenzoesäure		Farbreaktion mit p-Dimethylaminobenzaldehyd
Ascorbinsäure		Titration mit Dichlorphenolindophenol, Entfärbung von Methylenblau, als 2,4-Dinitrophenylhydrazon
Vitamin D	Absorption bei 265 mμ	Reaktion mit $SbCl_3$. Reaktion mit $SbCl_3$ und Acetylchlorid in Äthylentrichlorid
Vitamin E		Mit $AuCl_3$. Reduktion von $FeCl_3$ und Farbreaktion mit Dipyridyl. Kupplung mit Diazoverbindungen
Vitamin K		

abgegebenen. Im Durchschnitt rechnet man im Haushalt mit folgenden Vitaminverlusten[1]:

Aneurin	30%
Lactoflavin	15%
Niacin	20%
Ascorbinsäure	35%

Das Konservieren der Lebensmittel kann heute in einer technisch so vollkommenen Weise durchgeführt werden, daß der Vitamingehalt im wesentlichen erhalten bleibt. Es ist gelungen, viele Generationen von Ratten bei ausschließlicher Verfütterung von Konserven zu züchten, ohne daß sich das geringste Symptom einer Mangelernährung ergeben hätte oder irgendeine Differenz gegen Kontrolltiere, die frisches Futter erhielten, beobachtet worden wäre. Näheres

[1] Report on nutrition and the production and distribution of food. Ottawa 1946.

Bestimmungsmethoden der Vitamine.

Biologisch	Mikrobiologisch
Wachstum Xerophthalmie Kolpokeratose	
Wachstum Kurativer Test bei Ratten Kurativer Test bei Tauben	Saccharomyces cerevisiae Phykomyces blacesleanus Streptococcus salivarius
Rattenwachstum	Lactobacillus casei
	Proteus morgagnii Lactobacillus arabinosus Leuconostoc mesenteroides
Rattenwachstum	Neurospora sitophila Saccharomyces carlsbergensis
Kükenwachstum	Lactobacillus casei Lactobacillus arabinosus Proteus morgagnii
	Saccharomyces cerevisiae
	Lactobacillus casei Lactobacillus arabinosus Streptococcus faecalis Clostridium butylicum
Affenanämie, kurativer Test Kükenwachstum	Lactobacillus casei Streptococcus faecalis
	Neurospora crassa, Stamm 34486
	Lactobacillus casei Neurospora crassa
Wachstum von Meerschweinchen Struktur der Zähne von Meerschweinchen	
„Line-Test“ an Ratten Hühner: Knochenasche, Röntgenbild der Knochen, Wachstum	
Ratte: Resorption der Feten	
Hühner, Prothrombinzeit	

über das Verhalten der Vitamine beim Konservieren findet man in dem Buch von G. LUNDE.

Die fettlöslichen Vitamine werden bei der technischen Vorbehandlung der Fette häufig weitgehend inaktiviert. Die bei der Raffination üblichen Prozesse (Erhitzen, Behandeln mit Adsorptionsmitteln) können zu einem völligen Verlust der Vitamine führen. Die Raffination der Fette ist vom Standpunkt des Ernährungsphysiologen aus betrachtet keine Veredlung, sondern eine Verschlechterung der Qualität. Die fettlöslichen Vitamine werden bei der Hydrierung zerstört. Nahezu alle Kulturstaaten tragen dieser Erkenntnis dadurch Rechnung, daß die Margarine nachträglich „vitaminisiert“ wird.

Es ist nicht angängig, im Kochen der Speisen einen Faktor sehen zu wollen, der den Vitamingehalt nur gefährdet. Kochen der Nahrung ist in vielen Fällen die Voraussetzung, daß die Vitamine vom Organismus überhaupt verwendet

Tabelle 124. *Gehalt von Nahrungsmitteln*
Alle Zahlen beziehen sich auf Milligramme

Nahrungsmittel	Aneurin	Lactoflavin	Niacin
Fleisch	0,1 — 0,23	0,2 —0,38	4 — 5
Leber	0,38 — 0,52	1,6 —3,7	10 —25
Milch (Frau)	0,005— 0,02	0,05 —0,16	0,2 — 0,5
Milch (Kuh)	0,02 — 0,04	0,10 —0,25	0,1 — 0,5
Ei	0,08 — 0,14	0,25 —0,30	0,8
Weizen (Vollkorn)	0,5 — 1,0	0,18 —0,25	3 — 8
Weizenkleie	0,5 — 1,0	0,6	25 —40
Roggen (Vollkorn)	0,24 — 0,42	0,15 —0,20	1,3 — 2,7
Mais (Vollkorn)	0,30 — 0,40	0,05 —0,20	1,0 — 3,0
Hefe (Brauereihefe)	3,0 —15,0	3,5 —8,0	10,0 —50,0
Erbsen (grün)	0,4 — 0,8	0,16 —0,28	0,7 — 2,1
Bohnen (grün)	0,07 — 0,25	0,20 —0,28	0,2 — 0,6
Sojabohnen	0,3 — 1,4	0,30 —0,75	4 —20
Spinat	0,06 —0,22	0,16 —0,36	0,4 — 1,7
Salat (Kopfsalat)	0,05 — 0,1	0,05 —0,15	0,2 — 0,3
Karotten	0,06 — 0,07	0,05 —0,10	0,4 — 1,5
Kartoffel	0,09 — 0,18	0,03 —0,04	1,2 — 1,3
Tomate	0,06 — 0,12	0,04 —0,05	0,3 — 0,6
Kohlarten	0,10 — 0,20	0,05 —0,1	0,1 — 0,4
Äpfel	0,001— 0,04	0,004—0,02	0,09— 0,5
Birnen	0,03 — 0,04	0,02 —0,12	0,2 — 0,3
Zwetschgen	0,01 — 0,05	0,02 —0,1	
Johannisbeere rot	0,06 — 0,1	0,01 —0,02	
Johannisbeere schwarz	0,02 — 0,08	0,01 —0,02	
Citrone			
Banane	0,05 — 0,16	0,05 —0,075	0,3 — 0,6

Tabelle 124a. *Gehalt von Nahrungsmitteln an fettlöslichen Vitaminen, bezogen auf je 100 g Frischsubstanz.*

Nahrungsmittel	Vitamin A IE	Carotin mg	Vitamin E mg	Vitamin K mg
Fleisch	50— 60	0	0,3 — 0,9	0,1 — 0,2
Leber	6000—14000		0,7 — 1,6	0,1 — 0,4
Milch (Frau)	200— 300	0,02— 0,03	0,5 — 1,8	0,004
Milch (Kuh)	200— 300	0,02— 0,04	0,03— 0,1	0,0 — 0,03
Ei	1000— 4000	1 — 1,5	0,5 — 1,5	0,1 — 0,2
Butter		0,3 — 0,8	2 — 3	
Weizen (Vollkorn)	0	0,2 — 0,3	6,5 — 7,5	0 — 0,02
Weizen (Kleie)	0	0,4	15	0,01
Roggen (Vollkorn)	0		2,2 — 4,5	
Mais (Vollkorn)	0	0,1 — 0,4	1,3 —10	0 — 0,04
Erbsen (grün)	0	0,14— 0,17	4 — 6	0,28
Bohnen (grün)	0	0,14— 0,22		
Sojabohnen	0	0,5 — 1	10 —15	0,2 — 0,3
Spinat	0	2,5 — 8	0,2 — 6	0,04— 3
Salat (Kopfsalat)	0	1 — 6	0,45— 2,5	
Karotten	0	2 —10	1,5 — 3	0,08
Kartoffel	0	0,03— 0,06		0,08
Tomate	0	0,3 — 2,3		0,4 — 0,8
Kohlarten	0	0 — 8	2 — 3	0,08— 3
Äpfel	0	0,05		
Birnen	0	0,08		
Zwetschgen	0	0,1 — 0,2		
Banane	0	0,2 — 0,3		

an wasserlöslichen Vitaminen.
Vitamin in 100 g frischem Nahrungsmittel.

Pyridoxin	Pantothensäure	Biotin	Inosit	Cholin	Pteroyl-glutaminsäure	Ascorbinsäure
0,4—0,8	0,6—2,0	0,002		100	0,01—0,03	0
0,6—2,5	4—6	0,15—0,2	100	600	0,04—0,1	15—30
0,15	0,25	0,0008			0,045	4—7
0,1—0,3	0,28—0,37	0,001—0,005	7	15	0,005	0,2—2,5
2,0	0,8 —4,8	0,1		350		0
0,4—0,7	0,5 —1,5			30	0,05—0,13	0—1,5
2,5	2—3					
	1—2					Spur
0,7 —4,0	0,3—0,8					Spur
3,0 —10,0	12,0—25,0	2,0—7,5	80—160	0,2—1,2	0,2 —1,2	0
0,08—0,19	0,38— 1,0	0,0035		260	0,2 —0,26	15— 30
					0,5 —0,9	5—15
0,35—0,64	1,2	0,054—0,061				20—45
0,5	0,12	0,007			0,26—0,30	30—80
0,2 —0,3					0,07—0,09	3—15
0,1 —0,2	0,05—0,25	0,002—0,007			0,04—0,09	2—10
0,2 —0,6	0,2 —0,7	0,0006		100	0,1 —0,15	6—35
0,2 —0,3	0,1 —0,4	0,004			0,12—0,14	10—24
0,1 —0,3	0,1 —1,4	0,002—0,07			0,14—0,50	10—70
0,05—0,2	0,0 —0,06	0,001	1—4			1—27
0,1 —0,2	0,03—0,3					3—6
	0,03—0,3					3—10
						20—60
						100—400
						40—60
0,3 —0,5	0,18	0,004—0,012				8—12

Tabelle 125.
Einfluß der Kochzeit auf den Gehalt von Nahrungsmitteln an Ascorbinsäure (A. SCHEUNERT).

Material	mg Ascorbinsäure in je 10 g Material			
	roh	gargekocht	2 Std warm-gehalten	6 Std warm-gehalten
Rosenkohl	11,5	6,8	4,1	3,3
Grünkohl	12,9	2,4	1,1	0,7
Kartoffeln	2,3	1,4	0,7	0,2

werden können. Durch das Kochen werden die Membranen der Pflanzenzellen zerstört, so daß ihr Inhalt besser resorbierbar wird. Mensch und Tier vermögen z. B. aus lebenden Hefezellen nur einen kleinen Teil der in ihnen enthaltenen B-Vitamine auszunutzen. Durch Kochen von Gemüsen wird die Verwertbarkeit von Carotin wesentlich verbessert. Mitunter, so z. B. durch Vernichtung des Aneurin spaltenden Ferments oder durch Denaturierung des Biotin bindenden Avidin, ermöglicht die thermische Vorbehandlung der Nahrung überhaupt erst die Vitaminaufnahme.

4. Ausnutzbarkeit und Verwertbarkeit von Vitaminen.

Der Vitamingehalt der tischfertigen Speisen ist für die Versorgung des Organismus mit Vitaminen nicht ausschlaggebend. Entscheidend ist vielmehr, wieviel Vitamine aus der Nahrung resorbiert und für den Organismus verwertet werden können. Die Forschung der letzten Jahre hat eine Reihe von Faktoren aufgedeckt, welche für die Ausnutzbarkeit von Vitaminen von Bedeutung sind.

In hohem Maße wirken sich naturgemäß Störungen der Verdauungstätigkeit aus, wie sie bei vielen pathologischen Zuständen bestehen, z. B. Hypermotilität,

Erbrechen, Durchfälle, Entzündungen u. dgl. Durch mangelhafte Resorption von Vitaminen hervorgerufene Hypovitaminosen und Avitaminosen sind schon des öfteren beschrieben worden. Adsorptionsmittel wie Tierkohle, Bolus alba, die häufig bei Verdauungsstörungen verordnet werden, verschlechtern die Ausnutzung der Vitamine (insbesondere der wasserlöslichen) erheblich. Auch der Aufschließungsgrad der Nahrung ist von Einfluß. Die B-Vitamine werden aus intakten Hefezellen nur in geringem Umfang aufgenommen, während ihre Resorption aus Hefe, deren Zellen durch die übliche Hitzetrocknung zerstört sind, praktisch quantitativ ist. Bei der Verabreichung von Vitamintabletten kann unter Umständen die Tablettenmasse die Resorption verschlechtern.

Die Resorption von Vitamin A wird in gewissem Umfange durch Art und Menge des Nahrungsfettes beeinflußt. Die Ausnutzung des präformierten Vitamin A ist zwar, abgesehen von A-Mangelzuständen, weitgehend vom Nahrungsfett unabhängig. Dagegen ist die Verwertbarkeit des Carotin bei einer fettarmen Kost außerordentlich schlecht. Aus rohen und gekochten Gemüsen wird nur ein sehr geringer Prozentsatz des Carotin resorbiert (Tab. 126). Auch Ratten nützen Carotin aus Gemüsen schlecht aus, wenn auch etwas besser als der Mensch. K. H. Wagner und Mitarbeiter berichten über eine 1—28% betragende Resorption, V. H. Booth über eine 33—56%ige. Durch Zulagen von Fett oder Lösen des Carotin in Öl wird die Ausnutzbarkeit erheblich verbessert. Da bei Störungen der Gallensekretion Verschlechterungen der Resorption von Carotin beobachtet werden, nimmt man an, daß Gallensäuren zur Resorption benötigt werden. Diese Vermutung wurde durch den Tierversuch bestätigt (J. L. Irvin, J. Kopala und G. G. Johnston).

Tabelle 126. *Die Ausnutzung von Carotin durch den Menschen.*

Aus Öl	Aus Karotten	Aus Spinat	Autor
59%	1%	6%	Van Eekelen[2]
46—56%	—	—	K. H. Wagner[3]
30—75%	30—60% (gekocht)	30—35% (gekocht)	T. K. With[4]
—	1% (roh)	45% (roh)	B. Eriksen[5]
—	19% (gekocht)	58% (gekocht)	B. Eriksen[5]
—	20% (roh)	—	Virtanen[6]
—	4% (gekocht	—	Virtanen[6]
66—82%	0—57% (Konserven)	23—75% (Konserven)	[1]
—	46—63% (homogenisiert)	27—49% (homogenisiert)	[1]

[1] Med. Res. Council. Spec. Rep. Nr. 264. (London 1949.)
[2] Nature **141**, 203 (1938).
[3] Vitamine und Hormone **1**, 455 (1941).
[4] Vitamine und Hormone **2**, 369 (1942).
[5] Klin. Wschr. **1941** I., 200.
[6] Z. Physiol. Chem. **270**, 141 (1941).

Lecithin verbessert die Resorption von Vitamin A und Carotin sehr stark (G. C. Esh und T. S. Sutton). Durch Verabreichung von Paraffinum liquidum oder Mineralölen kann man die Resorption aller fettlöslichen Vitamine erheblich beeinträchtigen. Paraffinöl ist ein gutes Lösungsmittel für die fettlöslichen Vitamine und praktisch unresorbierbar. B. Alexander und Mitarbeiter haben 25 Versuchspersonen Salate und Mayonnaisen, die mit Paraffinöl angemacht waren, verabfolgt und konnten dadurch eine deutliche Abnahme des Gehalts des Blutes an Vitamin A erzeugen. Neuerdings wurden mit Hilfe von Emulgatoren wäßrige Emulsionen von Vitamin A bzw. Carotin hergestellt, aus denen das Vitamin noch besser resorbiert wird, als aus öliger Lösung. Die fettlöslichen Vitamine werden durch ranzige Fette zerstört.

Die Magenschleimhaut enthält eine Carotinoxydase, welche Carotin in Gegenwart ungesättigter Fettsäuren zerstört. Man kann dies durch Gaben von Tokopherol verhüten. Die Carotinoxydase greift auch Xanthophyll an. Durch gleichzeitige Verabreichung von Carotin und Xanthophyll kann man daher dem ersteren einen Schutz verleihen, was bei einer suboptimalen Versorgung mit Carotin von praktischer Bedeutung sein dürfte (W. S. SHERMAN).

Auch die Verwertbarkeit der wasserlöslichen Vitamine kann durch allerlei Faktoren beeinflußt werden. Viele Fische enthalten ein Aneurin zerstörendes Encym („Thiaminase"). Im Tierversuch läßt sich durch Verfütterung roher Fische schwerster Aneurinmangel (CHASTEK-Paralyse) hervorrufen. In manchen Pflanzen soll sich ein Aneurin zerstörender, nicht encymatischer Faktor vorfinden (K. BHAGVAT und P. DEVI; P. H. WESWIG und Mitarbeiter), über den aber noch nähere Angaben fehlen. Das im rohen Eiereiweiß enthaltene Avidin bildet mit Biotin einen stabilen Komplex, der durch Proteasen nicht aufspaltbar ist, und entzieht das Vitamin daher der Resorption. Durch Verabreichen von Avidin kann man im Tierexperiment schwerste Biotinmangelzustände erzeugen. Die leichte Oxydierbarkeit der Ascorbinsäure, die Existenz von Katalysatoren encymatischer und nichtencymatischer Art, welche die Oxydation beschleunigen, ferner das Vorkommen von Schutzstoffen im biologischen Material, welche dem Vitamin einen Oxydationsschutz gewähren, rechtfertigen die Vermutung, daß zahlreiche Momente die Verwertbarkeit der Nahrungsascorbinsäure modifizieren.

Die Kenntnis der Ausnutzbarkeit der Vitamine ist von der größten praktischen Bedeutung. Der Umfang der Resorption der Vitamine A, D und E läßt sich leicht in Bilanzversuchen bestimmen. Wesentlich schwieriger ist die Ermittlung der Ausnutzung der wasserlöslichen Vitamine, insbesondere die der B-Vitamine, die in mehr oder minder großem Umfang von den Darmbakterien synthetisiert werden. D. MELNICK, M. HOCHBERG und B. OSER haben eine Methode ausgearbeitet, mit der sich die Verwertbarkeit der wasserlöslichen Vitamine aus einer bestimmten Nahrung mit befriedigender Genauigkeit bestimmen läßt. Sie beruht darauf, daß die Ausscheidung der wasserlöslichen Vitamine im Harn der aufgenommenen Menge proportional ist, vorausgesetzt, daß eine adäquate Nahrung verzehrt wird. Man gibt den Versuchspersonen zunächst für 2 Tage eine genau vorgeschriebene Diät, deren Vitamingehalt bekannt ist. Nachdem der Harn am ersten Tage auf die Vitaminausscheidung hin analysiert wurde, wird am zweiten Tage eine zusätzliche Dosis des auszutestenden Vitamins in Wasser gelöst (was als quantitativ resorbierbar betrachtet wird) unmittelbar nach dem Mittagessen gegeben und die Harnausscheidung verfolgt. Nach einiger Zeit, etwa 14 Tagen, erhält dann die Versuchsperson die zu prüfende Nahrung in einer solchen Menge, daß ihr Gehalt an dem betreffenden Vitamin etwa der Vitaminmenge des Vorversuchs (Standardkost + Zulage an reinem Vitamin) entspricht, wobei wiederum die Ausscheidung des Vitamins im Harn gemessen wird. Die Ausnutzbarkeit des Vitamins ergibt sich dann aus dem Quotienten

$$\frac{\text{Extraausscheidung im Versuch}}{\text{Extraausscheidung des kryst. Vitamins.}}$$

Zusammenfassende Darstellungen des Problems der Ausnutzbarkeit von Vitaminen findet man bei D. MELNICK und B. L. OSER und bei B. H. ERSHOFF.

5. Synthese von Vitaminen durch die Darmbakterien.

H. STEENBOCK, M. T. SELL und E. M. NELSON hatten die Beobachtung gemacht, daß Ratten bei insuffizienten Diätformen häufig besser gedeihen, wenn man ihnen Koprophagie erlaubt. Einige Jahre später beschrieb L. S. FREDERICIA ein eigenartiges Phänomen, das er „Refektion" nannte. Ratten, die viel rohe Stärke, insbesondere Kartoffelstärke bei einem an B-Vitaminen armen Futter erhielten, wurden plötzlich von der Zufuhr an B-Vitaminen unabhängig; gleichzeitig produzierten sie einen auffallend hellen, voluminösen, viel Stärke und große Mengen an B-Vitaminen enthaltenen Kot. Der Zustand der Refektion ließ sich leicht von einem Versuchstier auf andere übertragen. Diese Feststellungen machten die Annahme einer Synthese von Vitaminen durch Darmbakterien wahrscheinlich. Spätere Untersuchungen haben eindeutig ergeben, daß manche Vitamine regelmäßig im Darm durch Bakterien synthetisiert werden. Diese Tatsache bietet neben anderen eine Erklärung für den unterschiedlichen Vitaminbedarf der einzelnen Tierarten.

Tabelle 127. *Synthese von Vitaminen durch Darmbakterien.*

Vitamin	Mensch	Ratte
Aneurin	+	+
Lactoflavin	+	+
Nicotinsäure	+	++
Pyridoxin	+	+
Pantothensäure		+
Biotin	++	++
Inosit	+	+
p-Aminobenzoesäure		+
Pteroglyglutaminsäure	++	++
Vitamin K	++	++
Vitamin B_{12}	++	

\+ Synthese erwiesen.
++ Synthese so ausgiebig, daß normalerweise der Bedarf gedeckt wird.

Die Ergiebigkeit der Synthese kann so groß sein, daß der Bedarf an dem betreffenden Vitamin reichlich gedeckt wird und das Tier unabhängig von der Zufuhr ist. Mitunter wird der Bedarf nur gerade eben gedeckt; in diesem Falle beobachtet man, das Versuchstiere bei Mangeldiäten unter sonst gleichen Bedingungen nur zum Teil erkranken. So entwickelt von Hühnern bei Diätformen, die arm an Vitamin K sind, nur ein Teil Symptome des K-Mangels (H. J. ALMQUIST und E. L. R. STOKSTAD). Vielfach ist der Ort der Vitaminsynthese für ihre Wirkung ausschlaggebend. Bei Wiederkäuern erfolgt die Synthese im wesentlichen im Pansen, also so weit oben im Verdauungstrakt, daß die entstandenen Vitaminmengen quantitativ resorbiert werden können. Wiederkäuer sind daher gegen unzulängliche Zufuhr von B-Vitaminen weitgehend geschützt. Kühe, die kein Aneurin oder Lactoflavin erhalten, sezernieren eine Milch, die einen völlig normalen Gehalt an diesen Vitaminen hat. Bei den anderen Säugetieren erfolgt die Synthese erst im Dickdarm, so daß die Resorption nur noch unvollkommen erfolgen kann. Meist ist es schwierig oder unmöglich zu entscheiden, wie groß der für den Wirt nutzbare Anteil an der Synthese ist.

Der Umfang der bakteriellen Vitaminsynthese im Darm hängt von verschiedenen Faktoren ab. Selbstverständlich ist die Ernährungsart von Einfluß. Insbesondere können Art und Menge der Nahrungskohlenhydrate die Ergiebigkeit der Synthese weitgehend verändern. Beispielsweise fördert die Verfütterung von dextrinierter Maisstärke als einziger Kohlenhydratquelle die Synthese von Lactoflavin und Aneurin bei der Ratte so stark, daß der Bedarf an beiden Vitaminen nicht unbeträchtlich absinkt (N. B. GUERRANT und R. A. DUTCHER). Ein für die menschliche Ernährung wichtiges Beispiel haben A. V. NAJJAR und L. E. HOLT beschrieben. Eine Versuchsperson, die als Kohlenhydrat ein Dextrin-Maltose-Präparat erhielt, schied im Kot 250 γ Aneurin pro Tag aus, nach Ersatz des Präparats durch Reis nur noch 36 γ, und nachdem an Stelle von Reis wieder das alte Präparat verabfolgt worden war, 507 γ. Die Vitaminsynthese wird durch einen hohen Cellulosegehalt der Nahrung begünstigt (N. B. GUERRANT und R. A. DUTCHER).

Begreiflicherweise wird der Umfang der Vitaminsynthese stark von Art und Menge der in der Nahrung vorhandenen Vitamine beeinflußt, da sie unter Umständen von den Darmbakterien als Wuchsstoffe benutzt werden können. Beispielsweise verstärkt beim Kalb eine reichliche Zufuhr von Aneurin die Synthese von Lactoflavin, Pyridoxin, Pantothensäure und Biotin (M. J. WEGNER und Mitarbeiter). Die Biotinsynthese ist bei Ratten nur gering, wenn ihr Futter kleine Mengen an Lactoflavin oder Pantothensäure enthält (E. NIELSEN und C. A. ELVEHJEM). Mäuse synthetisieren mehr Inosit, wenn sie viel Pantothensäure zugeführt bekommen (D. W. WOOLLEY).

Tabelle 128. *Hemmung von Vitaminsynthesen durch Verabreichung von Sulfonamiden an Ratten bei gereinigten Kostformen.*

Vitamin	Mangelsymptome	Autor
Pantothensäure.	Alopecie, Nekrosen in den Nebennieren	H. D. WEST und Mitarbeiter[1]
Biotin	Dermatitis und Alopecie	F. S. DAFT und Mitarbeiter[2]
Inosit	Alopecie	E. NIELSEN und A. BLACK[3]
Pteroylglutaminsäure . .	Anämie, Leukopenie	A. E. AXELROD und Mitarb.[2,4]
Vitamin K	Hämorrhagien, Verlängerung der Prothrombinzeit	F. S. DAFT und Mitarbeiter[2]

[1] J. Nutrit. **25**, 741 (1943).
[2] Science **96**, 321 (1942).
[3] Proc. Soc. exp. Biol. Med. **55**, 14 (1944).
[4] J. Biol. Chem. **148**, 721 (1943).

Tabelle 129. *Vom National Research Council empfohlene Vitaminaufnahmen.* (Revision von 1948.)

	A (IE)	B_1 (mg)	B_2 (mg)	Niacin (mg)	C (mg)	D(IE)
Mann 70 kg:						
Büroarbeit	5000	1,2	1,8	12	75	*
Arbeiter	5000	1,5	1,8	15	75	*
Schwerarbeiter	5000	1,8	1,8	18	75	*
Frau 56 kg:						
Sitzend beschäftigt . .	5000	1,0	1,5	10	70	*
Arbeitend	5000	1,2	1,5	12	70	*
Schwer arbeitend . . .	5000	1,5	1,5	15	70	*
In Gravidität	6000	1,5	2,5	15	100	400
In Lactation	8000	1,5	3,0	15	150	400
Kinder bis zu 12 Jahren:						
Unter 1 Jahr	1500	0,4	0,6	4	30	400
1—3 Jahre.	2000	0,6	0,9	6	35	400
4—6 „	2500	0,8	1,2	8	50	400
7—9 „	3500	1,0	1,5	10	60	400
10—12 „	4500	1,2	1,8	12	75	400
Kinder über 12 Jahre:						
Mädchen 13—15 Jahre	5000	1,3	2,0	13	80	400
Mädchen 16—20 „	5000	1,2	1,8	12	80	400
Knaben 13—15 Jahre.	5000	1,5	2,0	15	90	400
Knaben 16—20 „ .	6000	1,7	2,5	17	100	400

* Gesunde Erwachsene haben bei normalem Leben einen sehr geringen Bedarf an Vitamin D. Personen, die Nachtarbeit haben oder nur wenig an das Sonnenlicht kommen, ferner ältere Menschen benötigen der Zufuhr von etwas Vitamin D.

Die Zahlen für Vitamin A sind unter der Voraussetzung berechnet, daß etwa $^2/_3$ der Zufuhr in Form von Carotin erfolgt.

Maßnahmen, welche die Darmbakterien schädigen, beeinträchtigen auch die Vitaminsynthese. Besonders wirksam sind Sulfonamide, durch deren Verabreichung Vitaminmangelzustände hervorgerufen werden können. Man macht in der Vitaminforschung von diesem Umstand häufig Gebrauch, um zu entscheiden, ob ein bestimmtes Vitamin im Darm von den Bakterien aufgebaut werden kann. Diese Wirkung der Sulfonamide wurde zuerst von S. Black, J. H. McKibbin und C. A. Elvehjem erkannt. Sie erzeugten durch Beimischung von 0,5% Sulfaguanidin zum Futter bei Ratten eine Wachstumshemmung, die durch Zulage von p-Aminobenzoesäure oder Leberextrakt behebbar war.

6. Die einzelnen Vitamine.

a) Vitamin A.

W. Stepp machte die Beobachtung, daß Mäuse nicht am Leben zu halten sind, wenn man sie mit einem Futter ernährt, das durch eine Alkohol-Ätherextraktion von allen fettlöslichen Stoffen befreit ist, ja selbst dann nicht gedeihen, wenn man reine Fette und Lipoide der Nahrung wieder hinzufügt. Dieselben Erfahrungen machten F. G. Hopkins und Neville, sowie E. V. McCollum und Davis. In diesen Versuchen erkrankten die Tiere an schweren Augenveränderungen. 1928 wiesen B. v. Euler, H. v. Euler und P. Karrer nach, daß sich die Ausfallssymptome durch Verabreichung von reinem Carotin verhindern lassen. Die Synthese des Vitamin A gelang R. Kuhn und C. O. R. Morris.

Eine internationale Einheit (IE) Vitamin A ist gleich 0,6 γ β-Carotin.

```
      CH3 CH3
        \ /
         C
        / \
    H2C     C—CH = CH — C = CH — CH = CH — C = CH — CH2OH
     |      ||          |                  |
    H2C     C—CH3       CH3                CH3
        \ /
         C
         H2
```

Vitamin A.

Vitamin A muß nicht als solches mit der Nahrung aufgenommen werden. Es genügt die Zufuhr eines seiner Provitamine (α-, β-, und γ-Carotin, Kryptoxanthin, Myxoxanthin u. a. m.). Früher hatte man angenommen, daß die Umwandlung der Provitamine in das Vitamin durch ein Ferment Carotinase in der Leber erfolge. Neuere Untersuchungen haben jedoch ergeben, daß (zum mindesten bei der Ratte) die oxydative Aufspaltung der Provitamine zu Vitamin A in der Dünndarmschleimhaut erfolgt (H. Mattson, J. W. Mehl und H. J. Deuel jr.).

Durch einen Mangel an Vitamin A werden in erster Linie alle Epithelzellen betroffen, die ihn durch eine abnorme Verhornung beantworten. Im einzelnen beobachtet man folgende Symptome:

Am Auge: Metaplasie der Corneazellen zu squamösen und keratinisierten Zellen, was später zu schweren Ulcerationen und Perforationen führen kann (Keratomalacie). Veränderungen des Epithels der Conjunctiva, so daß Verdickung und Verhornung eintreten. Diese Epithelveränderungen, verbunden mit einer Verminderung der Sekretion der Tränendrüsen, deren Epithel gleichfalls in Mitleidenschaft gezogen wird, führen zu einer Austrocknung (Xerosis, Xerophthalmie). Lichtscheu und Fremdkörpergefühl sind die Folgen. Die Beeinträchtigung der Tätigkeit der Meibomschen Drüsen führt zur häufigen Entstehung von Chalazien. Bei lange andauerndem Mangel an Vitamin A können die „BITOTschen Flecken", verdickte, pigmentierte Stellen der Conjunctiva auftreten.

An der Haut: Abnorme Trockenheit infolge ungenügender Tätigkeit der Schweißdrüsen und Hyperkeratosen und Parakeratosen der obersten Hautschichten, stärkere Pigmentierungen, Störung der Funktion der Talgdrüsen, Glanzverlust und Trockenheit der Haare. Die follikuläre Hyperkeratose zeigt noch nach längerer Zeit eine überstandene A-Avitaminose an.

Am Respirationstrakt: Die Haut-Schleimhautgrenze an der Nasenöffnung rückt hoch. Abnahme des Riechvermögens durch Veränderungen in der regio olfactoria. Desquamation der Bronchialschleimhaut, die zu Infektionen und Bronchiektasen Anlaß geben kann. Auch die EUSTACHsche Tube wird mitbetroffen, so daß — zwar nicht beim Menschen, wohl aber bei Tieren — otitis media auftreten kann.

Am Verdauungstrakt: Hinaufrücken der Schleimhautgrenze an den Lippen, Stomatitis, Veränderungen der Ösophagusschleimhaut, Verminderung der Salzsäuresekretion der Magenschleimhaut, Neigung zu Durchfällen und zur Bildung von Gallensteinen.

Am Urogenitaltrakt: Gößere Häufigkeit des Auftretens von Nieren- und Blasensteinen, reichliche Abschilferung der Epithelzellen der Blase. An der Niere finden sich keine histologischen Veränderungen. Trotzdem hängt eine normale Nierenfunktion von der ausreichenden Versorgung mit Vitamin A ab. Versuche an Ratten und Hunden haben ergeben, daß die Clearence für Inulin und Harnstoff bei Mangel an Vitamin A sinkt und bei reichlicher Zufuhr ansteigt. Dies wurde auch gelegentlich beim Menschen festgestellt. Die Niere vermag relativ viel Vitamin A zu speichern. Bei Nierenerkrankungen scheidet das Organ, im Gegensatz zur Norm, Vitamin A im Harn aus. Die Schleimhaut des Genitaltrakts wird gleichfalls durch einen Mangel an Vitamin A betroffen. Die Verhornung der Vaginalschleimhaut, die schon frühzeitig auftritt, wird häufig als Test auf das Vitamin benützt (Kolpokeratose-Test). Die Sexualdrüsen weisen normalerweise einen hohen Gehalt an Vitamin A auf. Bei mangelhafter Zufuhr an Vitamin A findet man an ihnen Veränderungen, die denen ähnlich sind, welche durch Mangel an Vitamin E hervorgerufen werden: Degeneration des Keimepithels der Samenkanälchen, Resorptionssterilität und Cyclusstörungen.

An den Knochen und Zähnen: Die Entwicklung der Zähne wird gestört, da die Odontoplasten in ihrer Tätigkeit beeinträchtigt werden. Man findet daher Veränderungen an Dentin und Schmelz. Vermutlich hat Vitamin A auch einen spezifischen Einfluß auf das Wachstum der Knochen. Bei den Wachstumsstörungen junger Tiere, die man durch mangelhafte Zufuhr an Vitamin A hervorrufen kann, hört das Skelet zuerst zu wachsen auf. Bei Hunden findet man Veränderungen der Knochenstruktur, so daß die Knochen ein übermäßiges Dickenwachstum aufweisen. Dies führt am Schädel und an der Wirbelsäule zu schweren Folgen, da Gehirn, Rückenmark und austretende Nerven Kompressionen erleiden können. Man beobachtet bei Hunden und Kälbern daher mitunter Degenerationen der Sehnerven, Gehörnerven und Riechnerven. Ähnliche Störungen des Knochenwachstums kommen beim Menschen nicht vor.

Die Reihenfolge, in der sich die einzelnen aufgezählten Symptome entwickeln, ist bei verschiedenen Tierarten verschieden. Die Störung der normalen Funktion der Epithelzellen führt sekundär zu weiteren wichtigen Folgen des Vitamin A-Mangels, die im wesentlichen in einer verminderten lokalen Resistenz gegen Infektionen vor allem im Bereich des Atmungstrakts und Magen-Darm-Kanals bestehen.

Ein weiteres wichtiges Symptom der unzureichenden Zufuhr von Vitamin A ist die Nachtblindheit. Daß Hemeralopie alimentär bedingt sein und durch Verzehr von Leber geheilt werden kann, war schon im 2. Jahrtausend v. Chr. in China und Ägypten bekannt. Der Sehpurpur (Rhodopsin) ist ein Vitamin A enthaltendes Proteid, das an den Stäbchen, die das Dämmerungssehen ermöglichen, lokalisiert ist. Der Sehpurpur wird bei Belichtung in ein Protein und den Farbstoff Retinen aufgespalten. Bei längerer Belichtungsdauer geht Retinen in Vitamin A über. Die gegenseitigen Beziehungen der Substanzen gehen aus folgendem Schema hervor:

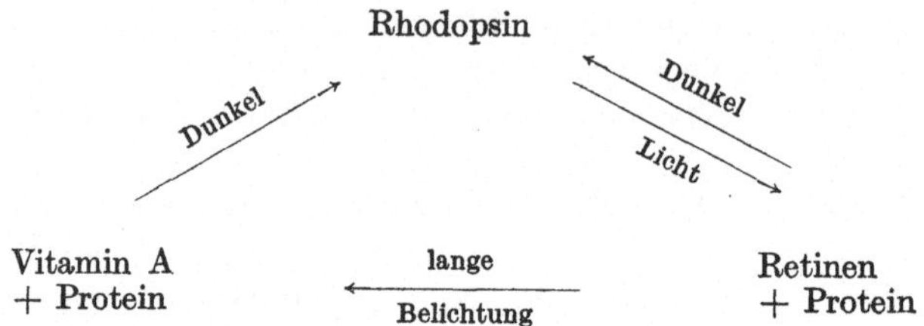

Retinen erwies sich als Vitamin A-Aldehyd, der durch Dihydrococymase zu Vitamin A hydriert wird (G. WALD). Analoge Verhältnisse trifft man bei einigen Fischsorten an, die an Stelle von Rhodopsin Porphyropsin, einen sich von Vitamin A_2 ableitenden Sehpurpur entwickelt haben. Mangel an Vitamin A wirkt sich in Störungen in diesem Farbstoffsystem aus, was sich in verlangsamter Adaptation, besonders Readaptation nach Zwischenbelichtung und heraufgesetzter Reizschwelle, also in schlechterem Sehen in der Dämmerung zu erkennen gibt. Geringe Lichtstärken können daher nicht mehr wahrgenommen werden, wenn die Nahrung zu wenig Vitamin A enthält. Zur exakten Messung des Ausmaßes der Nachtblindheit wurden „Adaptometer" konstruiert, durch die sich ein Mangel an Vitamin A in objektiver Weise feststellen läßt. Eine große Reihe von Untersuchungen, insbesondere die Erforschung des experimentellen Vitamin-A-Mangels beim Menschen haben übereinstimmend ergeben, daß die Nachtblindheit ein Frühsymptom der Avitaminose ist und einen sicheren Test zur Erkennung leichter Mangelzustände abgibt.

Da schwere Vitamin A-Mangelzustände in normalen Zeiten keine große Rolle spielen, beanspruchen Untersuchungen über die Symptome eines leichteren Vitamin A-Mangels ein erhöhtes Interesse. Unsere Kenntnisse in dieser Richtung sind durch einige langfristige Versuche über den experimentellen Vitamin A-Mangel beim Menschen, die in der neueren Zeit durchgeführt worden sind, erheblich vertieft worden (K. H. WAGNER; E. M. HUME und H. A. KREBS).

K. H. WAGNER ernährte 10 Versuchspersonen 293 Tage lang mit einer Kost, die praktisch frei von Vitamin A und seinen Provitaminen war. Nach 188 Tagen Versuchsdauer beobachtete er bei seinen Versuchspersonen starke Gewichtsstürze, Veränderungen des Blutbilds im Sinne einer Abnahme der Erythrocyten, Leukocyten und Thrombocyten, Herabsetzung der Adaptometerwerte (NAGELS Adaptometer) von 130000 auf 3500—6000 und Einengung des Gesichtsfelds für Gelb. Zur Wiederherstellung normaler Verhältnisse durch β-Carotin waren Zufuhren unter 2520 γ (= 4200 IE) unwirksam. Mit 2520 γ war die Erholung nur sehr langsam und erst bei der Verabreichung von täglich 3000 γ (= 5000 IE) wurde eine raschere Wiederherstellung beobachtet. Die Versuchspersonen erhielten reines β-Carotin, das in Sesamöl gelöst war. Eine andere Versuchsgruppe erhielt freies Vitamin A (in Form von Vogan). Bei ihr war zu einer raschen Wiederherstellung die tägliche Zufuhr von 2500 IE Vitamin A erforderlich. K.H.WAGNER schließt aus seinem Versuch, daß der minimale Bedarf des Menschen an Vitamin A 2000 IE betrage, wenn das Vitamin als solches zugeführt wird. Der Bedarf an Carotin liege viel höher, da erstens die Resorption des Provitamins schlechter ist und zweitens nicht alles Provitamin im Organismus in das wirksame Vitamin übergeführt wird.

Der Bericht des Vitamin A Sub-Committee des Accessory Food Factors Committee (HUME und KREBS) bezieht sich auf 23 Versuchspersonen, die über 2 Jahre beobachtet wurden. Die an Vitamin A gänzlich freie und nur etwa 70 IE Carotin enthaltende Kost führte nur zu bemerkenswert geringen Ausfallserscheinungen, was im wesentlichen darauf zurückzuführen ist, daß die Versuchspersonen den Versuch im besten Ernährungszustand und mit großen Reserven an Vitamin A

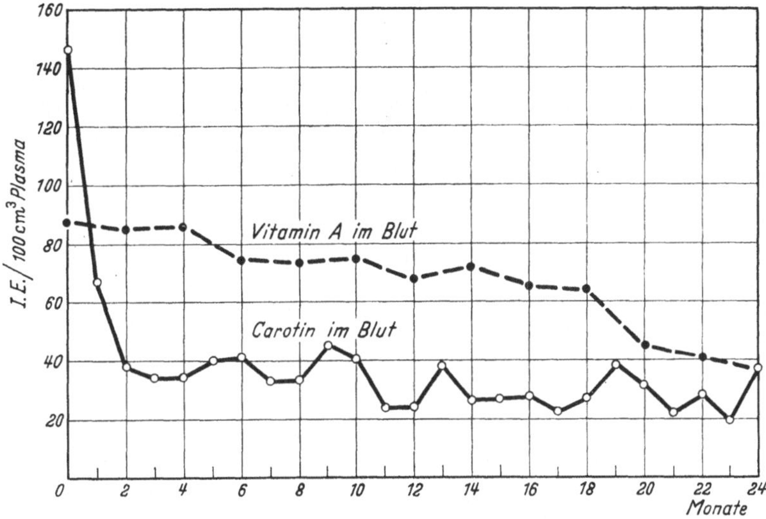

Abb. 33. Verhalten von Carotin und Vitamin A im Blut bei experimentellem Vitamin-A-Mangel.

begannen. Die Versuchskost führte zu einem raschen Abfall der Carotinwerte im Blut, während der Gehalt des Bluts an Vitamin A nur sehr langsam vermindert wurde (Abb. 33).

Veränderungen der Adaptometerwerte wurden nur dann beobachtet, wenn der Vitamin A-Gehalt des Bluts unter 50 IE/100 cm³ gefallen war. Nur zwei der Versuchspersonen zeigten eine leichte, ihnen subjektiv auffallende Verschlechterung des Dunkelsehens. An den Conjunctiven ließ sich kein auffallender Befund erheben. Mehrere der Versuchspersonen zeigten eine folliculäre Hyperkeratose. Es bestand jedoch der Eindruck, daß diese nicht in spezifischer Weise mit dem Vitamin A-Mangelzustand verknüpft war. Die von K. H. WAGNER beschriebenen Gewichtsstürze traten nicht auf. Das Entstehen einer Thrombopenie wurde nicht beobachtet. Die häufig als Folgen des Vitamin A-Mangels erwähnten Müdigkeitszustände fehlten vollkommen. Die Versuche ergaben, daß die Zufuhr von 1300 IE Vitamin A eine langsame Verbesserung der Dunkeladaptation bewirkte und zu einem Ansteigen der Plasmawerte an Vitamin A führte; zur Erzielung eines Vitamin A-Blutspiegels von 100 IE/100 cm³ und darüber war jedoch die Zufuhr wesentlich höherer Dosen erforderlich. Unter Einkalkulierung einer Sicherheitsspanne ergibt sich der Bedarf des Menschen zu täglich 2500 IE, wobei aber nicht sicher erwiesen ist, ob eine Zufuhr in dieser Höhe die Aufstapelung größerer Reserven in der Leber erlaubt. Die minimale protektive Dosis an β-Carotin ergab sich zu 1500 IE und unter Einbeziehung einer Sicherheitsspanne zu 3000 IE. Um diese Menge β-Carotin dem Körper tatsächlich zur Verfügung zu stellen, bedarf es wesentlich höherer Carotinzufuhren mit der Nahrung, da die Ausnutzung des Carotin zumeist nur schlecht ist. Beispielsweise müßte die Nahrung 12000 IE Carotin in Form von gekochten Karotten, 7500 IE Carotin in Form von Spinat oder 4000 IE in Form einer Lösung von Carotin in Fett enthalten, um den Bedarf des menschlichen Organismus zu decken.

In der Tab. 130 sind noch einige weitere Angaben über den Minimalbedarf an Vitamin A (nicht Carotin!) zusammengestellt. Die angegebenen Dosen reichten aus, um die klinischen Symptome des Vitamin-A-Mangels zu verhüten bzw. zu heilen, erlaubten jedoch noch keine Speicherung des Vitamins. Über die vom National Research Council als wünschenswert erachtete Zufuhr an Vitamin A siehe die Tab. 129. Bei diesen Zahlen ist berücksichtigt, daß in der normalen Nahrung immer ein Gemisch von Vitamin A und Carotinoiden vorliegt, und daß die Ausnutzung von Carotin aus der Nahrung zumeist schlecht ist.

Tabelle 130. *Untersuchungen über den Minimalbedarf an Vitamin A.*

Bedarf IE/kg	Species	Test	Autor
ca. 20	Mensch	Dunkeladaptation	Bericht des Accessory Food Factors Committee
30—35	Mensch	Dunkeladaptation	K. H. WAGNER
40	Mensch	Dunkeladaptation	E. C. CALLISON und E. ORENT-KEILES[1]
25—40	Mensch	Dunkeladaptation	E. C. NYLUND und T. K. WITH[2]
18—22	Ratte	Kolpokeratose	H. GOSS und GUILBERT[3]
20	Säugetiere	Wachstum	H. R. GUILBERT[4]

Krankheiten steigern den Bedarf an Vitamin A aus verschiedenen Gründen: die Resorption kann beeinträchtigt, die Umwandlung von Carotin in Vitamin A verschlechtert, die Speicherungsfähigkeit herabgesetzt sein; sie können aber auch einen erhöhten Verbrauch des Vitamins bedingen. Es ist nicht weiter verwunderlich, daß eine Gravidität den Bedarf an Vitamin A steigert, da die Mutter das Vitamin dem Fetus zur Verfügung stellen muß. Die Gesetze, nach denen sich der Übergang des Vitamins aus dem mütterlichen Organismus in den Fetus vollzieht, sind noch weitgehend unbekannt. Im allgemeinen ist der Vitamin A-Gehalt von Leber und Blut des Fetus geringer, als der der Mutter; eine strenge Korrelation beider Werte wird aber vermißt. Versuche von M. B. WILLAMSON weisen darauf hin, daß der Übergang des Vitamins durch Verfütterung von Cholesterin beeinflußt werden kann. Schwerer Vitamin A-Mangel der Mütter kann zu Mißbildungen der Augen der Feten führen (z. B. Fehlen der vorderen Augenkammer, Iris, Glaskörper). B. JACKSON und V. E. KINSEY beobachteten solche Mißbildungen nur dann, wenn der Vitamin A-Gehalt des Bluts unter 12 IE/100 cm^3 abgefallen war (Versuche an Ratten). Bei alten Menschen (69—83 Jahre) haben A. H. RAFSKY, B. NEWMAN und N. JOLLIFE trotz ausreichender Vitaminversorgung abnorm niedere Werte von Vitamin A im Plasma gefunden. Die Ursache für dieses Phänomen ist noch unbekannt; vielleicht spielt eine Herabsetzung der Speicherungsfähigkeit der Leber eine Rolle.

Die Speicherung von Vitamin A erfolgt im wesentlichen in der Leber. Bei einer guten Versorgung mit Vitamin A enthalten die Lebern von Menschen und Säuge-

[1] J. Nutrit. **34**, 153 (1947).
[2] Vitamine und Hormone **2**, 125 (1942).
[3] J. Nutrit. **18**, 169 (1939).
[4] J. Nutrit. **19**, 91 (1940).
[5] Z. physiol. Chem. **264**, 153 (1940).

tieren einige hundert IE pro g Frischgewicht. Nennenswerte Mengen an Vitamin A findet man beim Menschen noch in Nebennieren, Nieren und Keimdrüsen. Die Speicherungsfähigkeit kann durch pathologische Prozesse erheblich vermindert werden. Voraussetzung für eine umfangreichere Speicherung von Vitamin A ist genügende Versorgung mit Tokopherol, vermutlich deswegen, weil es dem Vitamin A einen Schutz vor Oxydation gewährt. Verfüttertes Vitamin A wird von Ratten in größerem Ausmaß gespeichert, als subcutan oder intramuskulär injiziertes (J. M. LEMLEY und Mitarbeiter). Normale Menschen weisen einen Vitamin A-Spiegel des Blutplasmas von 100—200 IE/100 cm^3 auf. Der Gehalt des Bluts an Carotin ist kein Maßstab der Vitaminversorgung; normalerweise findet man 50—300 γ% Carotin im Blut. Bei sehr hohen Carotinzufuhren, z. B. bei einem durch längere Zeit fortgesetzten Verzehr großer Mengen Karotten, können Carotinwerte von 600 γ% und darüber im Blut erreicht werden. In solchen Fällen kommt es mitunter zur Ablagerung von Carotin in der Haut (Xanthosis). Die zur Erzeugung einer Xanthosis erforderliche Konzentration im Blut ist individuell verschieden. In beiden Weltkriegen kamen in Deutschland und England häufiger Fälle alimentärer Xanthosis zur Beobachtung. Ob eine Korrelation zwischen Gehalt des Bluts an Vitamin A und Speicherung in der Leber besteht, ist nicht sicher erwiesen. Negative Ergebnisse erhielten u. a. P. C. LEON und A. E. SOBEL und Mitarbeiter.

Durch Verabreichung sehr hoher Dosen Vitamin A kann man toxische Wirkungen erzielen. Ratten reagieren auf eine Zufuhr von 530000 IE/kg mit verzögertem Wachstum, Exophthalmus, Rarefizierung des Knochens und subcutanen und intramuskulären Hämorrhagien. Veränderungen der Haut im Sinne einer Verbreiterung sämtlicher Schichten der Epidermis um das ½—3fache durch Vergrößerung und Vermehrung der Zellen wurden von A. STUDER und J. R. FREY beschrieben. Die Decalcifizierung der Knochen in der Hypervitaminose läßt sich durch Gaben von Vitamin D nicht hintanhalten. Zustände einer Hypervitaminose bezüglich des Vitamins A sind auch schon beim Menschen beobachtet worden. Ein Mann, der 5 Tage hindurch je 6 Millionen IE genommen hatte, erkrankte ernstlich. Die Erkrankungen, die mitunter nach dem Genuß von Eisbärleber beobachtet wurden, dürften auf einer Hypervitaminose beruhen; 300 g Eisbärleber enthalten über 7 Millionen IE. Die Verabreichung von täglich 144000 IE über einige Wochen hinweg hatte, außer einer anfänglich auftretenden Diurese, keine auffälligen Folgen.

b) Aneurin (Vitamin B_1).

Die Geschichte der Entdeckung dieses Vitamins ist eng mit der Erforschung der Beriberi verknüpft. Nachdem die Untersuchungen von C. EIJKMAN wahrscheinlich gemacht hatten, daß die Beriberi ernährungsmäßig bedingt ist und dort auftritt, wo die Bevölkerung im wesentlichen von poliertem Reis lebt, waren die Grundlagen für die Erforschung des unbekannten Nahrungsfaktors geschaffen. Es zeigt sich bald, daß man die Krankheit durch Verabreichung von Reiskleie bzw. Extrakten daraus heilen kann. Die Konstitutionsaufklärung erfolgte durch

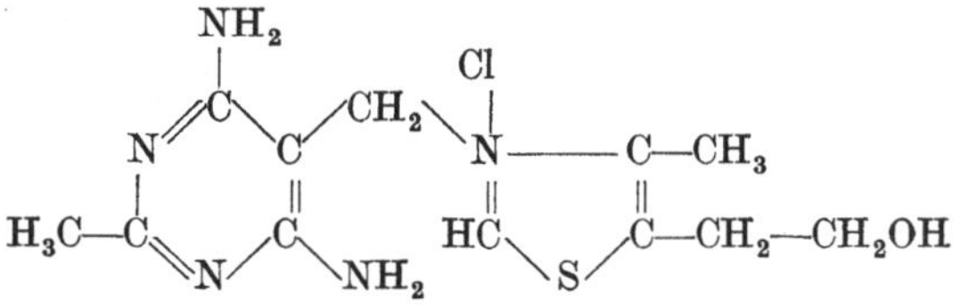

```
            NH2
            |                  Cl
            C        CH2       |
         //   \     /    \     |
        N       C           N ——————— C—CH3
        |       ||          ||        ||
  H3C—C        C           HC        C—CH2—CH2OH
        \\   /   \           \      /
          N        NH2          S
```

Aneurin.

R. GREWE, die Synthese durch R. R. WILLIAMS und J. K. CLINE. Aneurin ist hitzeempfindlich und wird beim Kochen zu einem erheblichen Prozentsatz zerstört. In neutraler oder gar alkalischer Lösung ist es gänzlich unbeständig.

Aneurin kommt im Organismus teils frei, teils in Form seines Pyrophosphorsäureesters vor, der mit der Cocarboxylase identisch ist (K. LOHMANN und P. SCHUSTER) und daher eine Schlüsselstellung im Umsatz der Brenztraubensäure und damit der Kohlenhydrate einnimmt. Die Arbeiten von R. A. PETERS und seinen Mitarbeitern erbrachten den ersten Hinweis auf diese Zusammenhänge. Setzt man zu Gehirnbrei von B_1-avitaminotischen Tauben Brenztraubensäure hinzu, so beobachtet man eine nur geringe Sauerstoffaufnahme, die aber durch Zusatz von Aneurin erheblich und durch Zusatz von Cocarboxylase noch stärker ansteigt. Diese Versuchsanordnung („Katatorulintest") erweist die Verknüpfung des Aneurin mit dem Stoffwechsel der Brenztraubensäure. Die Störung des Abbaus dieser Substanz führt zu erhöhten Werten im Blut (Normalwerte für den Menschen 0,75—1,30 mg%). Beanspruchungen des Kohlenhydratstoffwechsels z. B. durch Muskelarbeit oder Injektion von Glucose lassen die Vermehrung des Brenztraubensäuregehalts des Blutes besonders deutlich erscheinen. Der Quotient Milchsäure : Brenztraubensäure im Blut, der normalerweise bei etwa 7—8 gelegen ist, sinkt im Aneurinmangel auf 5—6 ab. Auch die Ausscheidung der Brenztraubensäure im Harn ist vermehrt. Zur Vereinfachung der Analyse wird häufig nicht die Brenztraubensäure als solche bestimmt, sondern das Bisulfit-Bindungsvermögen des Harns ermittelt. Ob der Citronensäurestoffwechsel durch Aneurinmangel beeinflußt wird, läßt sich heute noch nicht vollkommen übersehen.

Aneurin ist eine für die Nervenfunktion wichtige Substanz. Eine zusammenfassende Darstellung der Beziehungen zwischen Tätigkeit des Nerven und Gehalt an Aneurin findet man bei A. v. MURALT. Periphere Nerven enthalten etwa 50 γ% freies und rund 100 γ% gebundenes Aneurin. Bei der Degeneration eines Nerven nimmt sein Gehalt an Aneurin und Acetylcholin rasch ab. Im Zentralnervensystem findet man etwa doppelt so hohe Aneurinkonzentrationen wie im peripheren Nerven. Aneurinmangel der Kost verursacht eine Veränderung der Chronaxie; Zufuhr des Vitamins stellt dann rasch wieder normale Verhältnisse her. Schon allein diese Beobachtungen lassen vermuten, daß das Vitamin eine wichtige Rolle im Stoffwechsel des Nervensystems spielt. Durch Reizung des Nerven werden pro g Nerv etwa 1—2 γ Aneurin in Freiheit gesetzt, also das etwa 10—20fache der dabei auftretenden Acetylcholinmenge. Ebenso wird Aneurin neben Acetylcholin als „zweiter Vagusstoff" bei der Reizung des Vagus im Herzen in Freiheit gesetzt. Aneurin hemmt die Cholinesterase und verstärkt daher die Wirkung des Acetylcholin. Tauben weisen im Aneurinmangel eine viel geringere Empfindlichkeit gegenüber toxischen Acetylcholindosen auf als normale Tiere. Bei unzureichender Zufuhr von Aneurin ist die Motilität des Magen-Darm-Trakts erheblich herabgesetzt.

Ein weiteres Encym, das durch Aneurinmangel beeinflußt wird, ist die Adenylsäuredesaminase. Man findet bei ungenügender Aneurinversorgung in der Muskulatur erheblich herabgesetzte Aktivitäten dieses Encyms. Dieser Befund verdient im Zusammenhang mit der Rolle der Adenosintriphosphorsäure für die Phosphorylierung des Aneurin Beachtung.

Aneurinmangel wirkt sich bei Tier und Mensch in Störungen von seiten des Nervensystems, der Muskulatur, des Herzens und des Wasserhaushalts aus. Für die meisten Symptome geben die aufgeführten Stoffwechselwirkungen des Vitamins eine zwanglose Erklärung.

Das klassische Versuchstier für Aneurinmangelzustände ist die Taube. Sie reagiert auf eine aneurinfreie Kost zunächst mit einer starken Verminderung der

Freßlust. Infolge der sich entwickelnden Muskelschwäche sitzen die Tiere meist apathisch am Boden. Bald findet man bei ihnen Untertemperaturen und Bradykardie, ferner Störungen von seiten des Verdauungstrakts wie verminderte Sekretion der Verdauungssäfte, verminderte Motilität und verschlechterte Resorption der Nahrung. Das eindrucksvollste Symptom sind die auftretenden Krämpfe, bei denen der Hals nach hinten verdreht wird. Mitunter gehen die Krämpfe in Lähmungen über. Zuletzt tritt der Tod ein. Zum Studium des Aneurinmangels sind auch Ratten geeignet. Junge Tiere stellen das Wachstum ein. Eines der typischsten Symptome des Aneurinmangels bei der Ratte und daher als Test auf das Vitamin geeignet ist die Bradykardie. Nach etwa 3—4 Wochen aneurinfreier Diät nimmt die Herzfrequenz, die normalerweise 500—600 beträgt, auf etwa die Hälfte ab. Weitere Symptome sind Muskelschwäche und Lähmungen. Der Tod erfolgt nach etwa 6 Wochen.

Die Beriberi des erwachsenen Menschen ist im wesentlichen durch neuritische und kardiovasculäre Symptome charakterisiert. Je nachdem Ödeme vorhanden sind oder nicht, spricht man von einer nassen und trockenen Form der Beriberi. Das schwere Krankheitsbild der Beriberi ist bei uns praktisch unbekannt. Es ist nicht allein durch einen Mangel an Aneurin bedingt, sondern stellt eine komplexe Avitaminose dar. Beriberi tritt dann auf, wenn die Nahrung fast ausschließlich aus poliertem Reis besteht, der aber auch arm an anderen Vitaminen (Lactoflavin, Pyridoxin, Niacin, Pantothensäure, Vitamin A, D und E) ist. Derartige Kostformen sind überdies meist noch recht eiweißarm. Die Erfahrung hat gezeigt, daß nicht alle Symptome der Beriberi durch Verabreichung von Aneurin allein geheilt werden können.

Für uns sind die Zustände eines weniger hochgradigen Aneurinmangels praktisch viel wichtiger, als eine schwere Beriberi. Langfristige Untersuchungen über experimentellen Aneurinmangel beim Menschen haben unsere Kenntnisse in den letzten Jahren erheblich erweitert. R. D. WILLIAMS und Mitarbeiter führten einige Versuchsreihen mit täglichen Aneurinzufuhren von 0,15—0,45 mg durch. Ihre Versuchspersonen wiesen bei einer Aufnahme von nur 0,15 mg Aneurin folgende Symptome auf: Gewichtsverlust, Anorexie, Herabsetzung der Magensaftsekretion, Schwäche der Wadenmuskulatur, Wadenkrämpfe, Veränderungen des Elektrokardiogramms, aber keine Herzdilatation. Die Blutzuckerkurven nach Belastung mit Glucose deckten eine leichte Verschlechterung der Kohlenhydrattoleranz auf. Eine Vermehrung des Brenztraubensäuregehalts des Bluts war nicht nachzuweisen. Bemerkenswert waren die psychischen Veränderungen der Versuchspersonen, die sich einstellten: Müdigkeit, Unfähigkeit zur Konzentration, Verschlechterung des Gedächtnisses, Reizbarkeit, Depressionen und Angstzustände. Bei einzelnen Versuchspersonen entwickelte sich eine Anämie. Die psychischen Veränderungen wurden auch bei den Personen festgestellt, die 0,40—0,45 mg Aneurin erhalten hatten. Ähnliche Beobachtungen machten auch N. JOLLIFE und Mitarbeiter, die 5 Versuchspersonen mit einer Diät ernährten, die 0,36 mg Aneurin enthielt, ferner auch K. O. ELMSON und Mitarbeiter.

Die Ergebnisse eines durch seine ungewöhnlich lange Dauer bemerkenswerten Versuchs wurden unlängst von R. D. WILLIAMS, E. S. G. BARRON, C. A. ELVEHJEM und M. K. HORWITT mitgeteilt. 12 Geisteskranke hatten 3 Jahre hindurch 0,4 mg Aneurin und 0,8 mg Lactoflavin pro Tag erhalten. Die Untersuchungen ergaben mit Sicherheit, daß 0,4 mg Aneurin bei einer Calorienzufuhr von 2000 kcal und körperlicher Untätigkeit nicht ausreichend sind, um den Bedarf zu decken. Die Symptome des Aneurinmangels entwickelten sich nur sehr langsam und ließen sich während des ersten Jahres überhaupt nicht nachweisen. Sie bestanden in regressiven Veränderungen der Haut, Appetitverlust, Herabsetzung des Blutdrucks, leichten Ödemen, Verminderung der Vibrationsempfindung und Abschwächung von Reflexen. Daneben traten auch psychische Symptome auf: Abnahme der psychomotorischen Aktivität, Verminderung von Aufmerksamkeit, Interesse und Ehrgeiz. Ein Einfluß des Alters der Versuchspersonen auf das Auftreten der Mangelsymptome war nicht nachweisbar. Der Gehalt des Bluts an Milchsäure und Brenztraubensäure war normal. Eine leichte Störung des Kohlenhydratstoffwechsels ließ sich jedoch durch Bestimmung der Relation von Glucose zu Milchsäure und Brenztraubensäure im Blut nachweisen. Zur Diagnose eines leichten Aneurinmangels erwies sich folgender Index als wertvoll:

$$\frac{L - \frac{G}{10} + 15\,P - \frac{G}{10}}{2}$$

L = Milchsäuregehalt des Blutes
P = Brenztraubensäuregehalt des Blutes
G = Blutzuckerspiegel

Man gibt den Patienten Glucose per os und läßt sie dann 1 Std leicht arbeiten. Das Blut wird etwa 5 min nach Beendigung der Arbeit entnommen. Der Index liegt bei normalen Menschen unter 15, im Aneurinmangel darüber.

In dem erwähnten Versuche war die Ausscheidung von Aneurin im Harn auf 8—11 γ pro Tag abgefallen. Einen überzeugenden Beweis, daß die Zufuhr von 0,8 mg Lactoflavin unzureichend war, erbrachte der Versuch nicht.

Aneurin wird rasch aus dem Dünndarm und vielleicht auch aus dem Dickdarm resorbiert, doch besteht über den letzten Punkt allerdings noch keine völlige Einigkeit. Es ist im Magensaft beständig, wird aber teilweise im Darm zerstört, was mit seiner Empfindlichkeit gegen alkalische Reaktion zusammenhängt. Durch Galle wird es in erheblichem Umfang inaktiviert, vielleicht durch Bildung eines Komplexes (D. Melnick und Mitarbeiter). Über die encymatische Zerstörung durch Thiaminase siehe S. 209. Die Resorption erfolgt vermutlich im wesentlichen in Form des freien Aneurin. Seine Phosphorylierung kann praktisch in allen Körperzellen erfolgen; Leber und Niere sind in dieser Hinsicht in besonderem Maße wirksam. Adenosintriphosphorsäure wirkt als Phosphatdonator. Die Organe enthalten neben Aneurinpyrophosphat auch noch den Orthophosphorsäureester. Nach Injektion großer Dosen Aneurin findet im Organismus eine lebhafte Phosphorylierung des Vitamins statt.

Der Organismus ist nicht in der Lage, größere Mengen Aneurin zu speichern. Der Gesamtbestand des Körpers beträgt bei einer adäquaten Zufuhr etwa 25 mg. Den höchsten Gehalt findet man im Herzen (0,2—0,3 mg%); Leber, Nieren und Gehirn enthalten rund 0,1 mg%, die Muskeln 0,05 mg%. Rund 50% des Aneurinbestandes entfallen auf die Muskulatur, etwa 30% auf die Leber. Das Vitamin befindet sich im wesentlichen intracellulär. Bei einer ungenügenden Zufuhr verarmen zuerst die Muskeln an Aneurin, zuletzt Gehirn und Herz. Die Speicherung erfolgt vorwiegend in der Muskulatur. Überschüssig zugeführtes Aneurin wird zum Teil ausgeschieden, zum Teil umgesetzt, was durch Verabreichung von Aneurin, das mit radioaktivem S markiert war, sichergestellt werden konnte (H. Borsook, J. B. Hatcher und D. M. Yost). Im Harn wird das Vitamin vorwiegend in freier Form ausgeschieden, nachdem es vorher in der Niere dephosphoryliert wurde. Ein Teil des Aneurin erscheint im Harn in Form von Pyramin (O. Mickelsen). Im Kot findet man nur geringe Mengen, die durch bakterielle Synthese entstanden sein dürften.

Bei einer adäquaten Zufuhr werden im Tag etwa 50—500 γ Aneurin im Harn ausgeschieden. Ausscheidungen unter 30—50 γ werden von der Mehrzahl aller Autoren als Zeichen einer mangelhaften Aneurinversorgung aufgefaßt. Die Schwankungen der Ausscheidung sind aber so groß, daß eine einzelne Aneurinbestimmung im Harn nur von zweifelhaftem Wert ist. Eine zuverlässigere Aussage über die Vitaminversorgung erlaubt eine Belastungsprobe, deren Deutung jedoch durch den Umstand erschwert ist, daß Aneurin keine Substanz ist, die auf Grund eines bestimmten Schwellenwerts im Blut ausgeschieden wird. Geschwindigkeit und Umfang der Ausscheidung hängen nicht allein vom Ernährungsstatus des Patienten, sondern auch von Größe und Art der applizierten Belastungsdosis ab. Weiterhin wird die Ausscheidung auch von der Intensität der Phosphorylierung im Organismus beeinflußt. Diese Komplikationen machen verständlich, daß im Lauf der Zeit eine ganze Reihe von Belastungstesten mitgeteilt wurde, so z. B. von L. J. HARRIS und P. C. LEONG; G. M. HILLS; H. J. BORSON; V. A. NAJJAR und L. E. HOLT; H. POLLACK und Mitarbeiter; H. L. MASON und W. D. WILLIAMS; D. MELNICK und H. FIELD. Es hat sich herausgestellt, daß die Belastungsdosis in der Größenordnung der physiologischen Ausscheidung gelegen sein soll. MASON und WILLIAMS geben beispielsweise eine Dosis von 0,5 mg und betrachten eine Ausscheidung von 0,1 mg oder darüber (= mehr als 20% der Belastungsdosis) im Verlauf von 24 Std als Anzeichen einer ausreichenden Versorgung. Manche Autoren haben jedoch jede Korrelation zwischen Aneurin-Aufnahme und -Ausscheidung vermißt und empfehlen, gegen Belastungsproben als Test zur Feststellung eines geringgradigen Aneurinmangels zurückhaltend zu sein, so z. B. in neuester Zeit G. H. LAING und Mitarbeiter.

Der Gehalt des Bluts an Aneurin liegt mit dem Phykomyces-Test bestimmt zwischen 5,5 und 16 γ%, mit dem Thiochromtest bestimmt zwischen 2 und 15 γ%. Das Mittel aller Bestimmungen liegt bei etwa 7 γ%. Die Schwankungsbreite ist aber so erheblich, daß man einen Aneurinmangel nicht mit Sicherheit aus einer Blutanalyse ableiten kann. Etwa 90% des im Blut vorhandenen Aneurin liegen in Form der Cocarboxylase vor.

Anscheinend bestehen zwischen Aneurin und Schilddrüse Beziehungen. Menschen mit hyperthyreotischen Zuständen haben einen vermehrten Aneurinbedarf, was vermutlich auf die generelle Stoffwechselsteigerung zurückzuführen ist. Ob sich ein Aneurinmangel auf die Schilddrüse auswirkt, kann heute noch nicht endgültig beantwortet werden. Bei Hyperthyreosen ist der Gehalt des Bluts an Cocarboxylase erniedrigt, an Milchsäure und Brenztraubensäure erhöht. Man findet auch in den Organen niedere Aneurinwerte.

Eine hohe Aneurinzufuhr wirkt sich günstig auf die Funktion der Leber aus. Durch Aneurininjektionen kann man die Glykogenverarmung der Leber, die durch eine Äther- oder Chloroformnarkose hervorgerufen wird, verhüten. Ebenso lassen sich die Leberveränderungen, die häufig als Folgen schwerer Verbrennungen beobachtet werden, durch Verabreichung hoher Aneurindosen hintanhalten.

Der Aneurinbedarf des Menschen hängt weitgehend von der Art der Ernährung ab. Zufuhr reichlicher Mengen von Kohlenhydrat steigert begreiflicherweise den Aneurinbedarf, Verzehr von viel Fett senkt ihn. Die aneurinsparende Wirkung des Fetts ist dadurch bedingt, daß Cocarboxylase im intermediären Stoffwechsel der Fettsäuren nicht benötigt wird. Auch Zufuhr von viel Eiweiß setzt den Aneurinbedarf herab. Hier sind jedoch die Beziehungen komplizierterer Art. Eine hohe Eiweißaufnahme verhindert lediglich die Bradykardie und die Gewichtsabnahme, die man sonst als Folgen des Aneurinmangels beobachten kann. Dagegen wird die Ausscheidung bisulfitbindender Substanzen nicht herabgesetzt. Aneurinarm ernährte Tiere verarmen an Eiweiß, selbst wenn man große Proteinmengen an sie verfüttert. Durch Verabreichung von Aneurin kann man dann prompt eine gute Eiweißspeicherung hervorrufen (J. DIAZ und Mitarbeiter).

Einen Anhaltspunkt, ob die Aneurinversorgung ausreichend ist, vermittelt die „WILLIAMS-Zahl“, die größer als 0,3 sein soll.

$$\text{Williams-Zahl} = \frac{\text{Tagesaufnahme an Aneurin in } \gamma}{\text{Nicht-Fettcalorien der Kost}}\,.$$

Die Auswertung der Studien über experimentellen Aneurinmangel hat ergeben, daß man den Mindestbedarf des Menschen zu etwa 0,4—0,45 mg Aneurin/1000 kcal. veranschlagen muß (R. D. WILLIAMS und Mitarbeiter). Die vom National Research Council empfohlenen Zahlen findet man in der Tab. 129.

Aneurin hat über die Bekämpfung des Vitaminmangels hinausgehende therapeutische Verwendungen gefunden. Die wichtigsten Indikationen sind Neuritiden der verschiedensten Genese, Erkrankungen des Zentralnervensystems, des Magen-Darm-Trakts, Appetitstörungen und kardiovasculäre Störungen. Die hierbei verwendeten Dosen sind sehr hoch und betragen bis zu 100 mg. Höhere Aneurindosen wirken diuretisch. Toxische Wirkungen wurden bei intravenöser Injektion beobachtet mit 125 mg/kg beim Kaninchen (T. J. HALEY und A. M. FLESHER), mit 250 mg/kg bei der Ratte (H. MOLITOR und W. L. SAMPSON) und mit 600 mg/kg bei Affen (G. HECHT und WEESE).

c) Lactoflavin.

Lactoflavin (Riboflavin, Vitamin B_2) wurde erstmals von R. KUHN und Mitarbeitern aus biologischem Material isoliert. Seine Beziehungen zu den von O. WARBURG entdeckten „gelben Fermenten" wurden rasch festgestellt. Die Substanz ist seit 1935 synthetisch zugänglich (R. KUHN und Mitarbeiter; P. KARRER und Mitarbeiter).

Lactoflavin ist ein für Tier und Mensch unentbehrlicher Nahrungsfaktor. Im Tierversuch beobachtet man bei Lactoflavinmangel die folgenden Symptome:

Bei der Ratte Wachstumsstörungen, Anämie, Degenerationen des Nervengewebes, Vascularisierung der Cornea, Katarakt, Sistieren des Sexualcyclus, verminderte Fähigkeit der Leber, östrogene Stoffe zu inaktivieren, verminderte Resistenz gegen allerlei Infektionen (Pneumokokken, Typhusbacillen), vermehrte Bildung von Tumoren bei Verfütterung von Buttergelb oder anderen Azofarbstoffen. Vielfach findet man kongenitale Mißbildungen bei lactoflavinfreier Ernährung der Muttertiere.

Schweine zeigen Dermatitis, Diarrhöe, Nervendegenerationen, Anämie und Linsentrübungen.

Hunde reagieren mit Nervendegenerationen, Anämie, Hornhauttrübungen und Kollapsen, die zu plötzlichem Tod Anlaß geben können. Die Anämie pflegt an und für sich nicht hochgradig zu sein. Man kann aber bei den Tieren schon durch kleine Aderlässe schwerste Anämien erzeugen, was beweist, wie schwer die Blutneubildung beeinträchtigt ist.

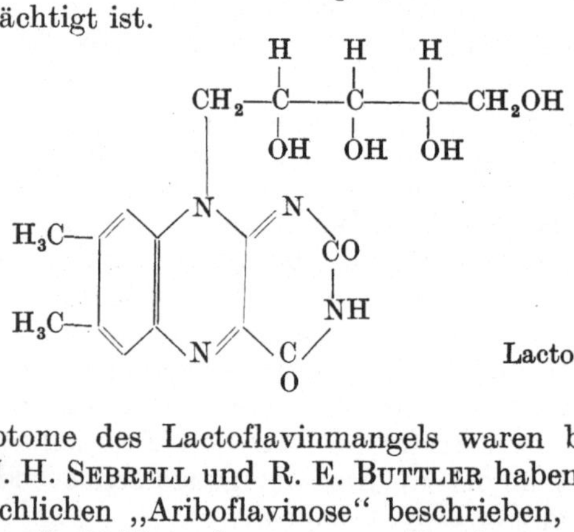

```
                H    H    H
                |    |    |
          CH2—C————C————C—CH2OH
           |    |    |    |
           |    OH   OH   OH
           |
           N     N
H3C—              CO
                  |
                  NH
H3C—
           N     C
                 O
```

Lactoflavin.

Typische Symptome des Lactoflavinmangels waren beim Menschen lange Zeit unbekannt. W. H. SEBRELL und R. E. BUTTLER haben erstmals das Krankheitsbild der menschlichen „Ariboflavinose" beschrieben, das sie experimentell in einem Versuch mit 18 Versuchspersonen, die sie lactoflavinfrei ernährten, erhielten. Nach etwa 100 Tagen traten Fissuren an den Mundwinkeln (Cheilosis),

Rötung und Schuppenbildung der Haut um Augen und Nase, Rötung der Lippenschleimhaut sowie Schwellung und Schmerzhaftigkeit der Zunge auf. Weitere Symptome der Ariboflavinose sind Vascularisierung der Cornea und Dystrophie der Fingernägel, die glanzlos und brüchig werden. Hinzu kommen noch Allgemeinerscheinungen wie leichte Ermüdbarkeit. Im Gegensatz zum Tier entwickelt sich beim Menschen keine Anämie. Heute liegt ein reiches Material von Beobachtungen über die Ariboflavinose des Menschen vor.

Lactoflavin entfaltet im Organismus als Bestandteil der prosthetischen Gruppe der gelben Fermente wichtige Stoffwechselfunktionen. Zu den gelben Fermenten gehören z. B. die Diaphorasen, Xanthinoxydase, d-Aminosäureoxydase, Cytochrom-Reduktase. Das Lactoflavin ist in ihnen mit 2 Molekülen Phosphorsäure, einem weiteren Molekül Ribose und einem Molekül Adenin, vereinigt. Alle gelben Fermente sind in den Transport von Wasserstoff eingeschaltet. Verschieden für die einzelnen sind Substrat, dem Wasserstoff entzogen wird, und Wasserstoffacceptor, dem sie den Wasserstoff übergeben.

Lactoflavin wird im Organismus phosphoryliert und erlangt erst dadurch seine eigentliche Wirksamkeit. Die ursprüngliche Annahme, die Phosphorylierung vollziehe sich praktisch ausschließlich in der Darmwand und sei eine Voraussetzung für die Resorption, ferner die Mitteilung von VERZAR, daß die Phosphorylierung nur in Anwesenheit des Nebennierenrindenhormons stattfinden könne, haben sich nicht bestätigt. Lactoflavin kann von allen Organen und von den roten Blutkörperchen phosphoryliert werden. Der größte Teil dürfte dann in die gelben Fermente eingebaut werden. Durch Verfütterung eines an Lactoflavin armen Futters kann man die Aktivität der gelben Fermente in den Organen erheblich herabsetzen. Menschliches Blut enthält normalerweise rund 50γ % Lactoflavin. Von den Organen weisen Leber und Niere mit etwa 1,5—2,5 mg% den höchsten Gehalt auf. In allen anderen Organen finden sich wesentlich geringere Mengen (etwa 0,1—0,8 mg%).

Bei der üblichen Ernährung werden im Harn des Menschen etwa 0,5—1,0 mg Lactoflavin im Tag ausgeschieden. Durch Verabreichung einer lactoflavinarmen Diät kann man die Ausscheidung innerhalb kurzer Zeit auf nahezu Null herabdrücken, ohne daß dabei Symptome einer Ariboflavinose erkennbar werden. Umgekehrt läßt sich die Ausscheidung durch Vermehrung der Zufuhr steigern. Man kann die Ausscheidung aber noch durch andere Maßnahmen beeinflussen. Eine durch längere Zeit fortgesetzte Verabreichung größerer Dosen Aneurin (10 mg/Tag) steigert die Ausscheidung von Lactoflavin. Schwere körperliche Arbeit vergrößert die Ausscheidung, Verzehr von viel Eiweiß vermindert sie. Aus dem Gesagten ergibt sich, daß man auf Grund einer einfachen Harnanalyse keinen Schluß auf die Güte der Versorgung mit diesem Vitamin ziehen kann. Eine Verarmung des Organismus an Lactoflavin läßt sich durch Belastungsversuche feststellen. Im Lactoflavinmangel wird von einer Belastungsdosis wesentlich mehr retiniert als bei genügender Zufuhr. Schon viele Autoren haben Vorschriften für die Durchführung solcher Belastungsversuche mitgeteilt. V. A. NAJJAR und L. E. HOLT verabfolgen 1 mg Lactoflavin intravenös und verfolgen dann 4 Std hindurch in halbstündlichen Intervallen die Ausscheidung im Harn. Normale Menschen scheiden zunächst viel Lactoflavin aus; die Ausscheidung fällt aber im Verlauf der Beobachtungszeit auf nahezu Null ab. Bei normaler Ernährung werden unter den erwähnten Bedingungen 32—72% der Belastungsdosis retiniert, im Lactoflavinmangel aber 81—93%.

Eine Reihe langfristiger Untersuchungen über experimentellen Lactoflavinmanel haben unsere Kenntnisse über den Bedarf an diesem Vitamin erheblich vertieft. Das Ergebnis der wichtigsten Versuche ist aus der Tab. 131 zu ersehen.

Tabelle 131. *Beobachtungen am Menschen bei geringer Lactoflavinzufuhr.*

Zufuhr mg	Auftreten von Mangel-symptomen	Beobachtungsdauer	Autor
1,0—1,28	+	2 Monate	H. E. JONES[1]
0,31/1000 kcal	—		A. KEYS[2]
0,3—0,5/1000 kcal	+	5—8 Monate	W. H. SEBRELL[3]
0,3—0,5	+		W. R. AYKROYD[4]
0,35/1000 kcal	—*	10 Monate	R. D. WILLIAMS[5]
0,8	—	3 Jahre	R. D. WILLIAMS[6]
0,55	+	9—17 Monate	M. K. HORWITT[7]

Die gemachten Erfahrungen lassen den Bedarf des Menschen an Lactoflavin etwas geringer erscheinen, als man früher angenommen hatte. Der National Research Council hat daher auch die von ihm früher empfohlene Lactoflavinzufuhr von 2,2—3,3 mg pro Tag für einen 70 kg schweren Menschen bei der 1948 erfolgten Revision auf 1,8 mg ermäßigt (Tab. 129). Die zur Heilung der Ariboflavinose erforderliche Dosis wird von den meisten Untersuchern zu etwa 5mg/Tag angegeben.

d) Nicotinsäure (PP-Faktor).

Nicotinsäureamid war als Bestandteil der beiden Codehydrasen (Diphosphopyridinnucleotid und Triphosphopyridinnucleotid) seit 1934 bekannt. Einige Jahre später zeigte C. A. ELVEHJEM, daß Nicotinsäure bzw. Nicotinsäureamid mit einem schon lange gesuchten Ernährungsfaktor, der gegen Pellagra wirkt, identisch ist.

Pellagra ist eine 1771 zuerst beschriebene Krankheit, die in Gegenden vorkommt, in denen die Bevölkerung hauptsächlich von Mais lebt. Man schätzt, daß vor 100 Jahren in Italien 5% der Bevölkerung an Pellagra erkrankt waren. Die menschliche Pellagra erwies sich als eine kompliziertere Avitaminose, an deren Entstehung der Ausfall mehrerer Vitamine beteiligt ist. Man kann daher mit Nicotinsäure allein nicht alle Symptome heilen. Pellagra äußert sich im wesentlichen in Erscheinungen von seiten der Haut, des Verdauungstrakts und des Nervensystems. Die Pellagra-Dermatitis besteht in Verdickungen und Pigmentierungen der Haut, die in erster Linie solche Hautpartien betreffen, welche dem Sonnenlicht ausgesetzt sind: Gesicht, Nacken, Vorderarme, Handrücken. Im Bereich des Verdauungstrakts findet man Glossitis, Durchfälle und Erbrechen. Die Erscheinungen von seiten des Nervensystems bestehen in psychosomatischen Störungen im Bereich aller Sinne, psychischen Veränderungen wie Depressionen, Lethargie, Verwirrungszuständen, Halluzinationen, ferner schmerzhaften Sensationen in den Extremitäten, Schwäche und gestörtem Gang.

Zur experimentellen Erzeugung der Pellagra erwies sich der Hund als besonders geeignet, bei dem R. H. CHITTENDEN und F. P. UNDERHILL erstmals ein der menschlichen Pellagra ähnliches Krankheitsbild erzeugen konnten. Das auffallendste Symptom der Mangelkrankheit ist beim Hund die Glossitis, die zu einer verdickten, schwarz aussehenden Zunge („black tongue") führt. Daneben findet man Ulcerationen und Pigmentierungen der Mundschleimhaut, Gastro-

* Abnahme der Körperreserven an Lactoflavin festgestellt.
[1] Lancet **1944**, 720.
[2] J. Nutrit. **27**, 165 (1944).
[3] Publ. Health. Rep. **56**, 510 (1941).
[4] Indian Med. Gaz. **77**, 1 (1942).
[5] J. Nutrit. **25**, 361 (1943).
[6] Publ. Nat. Res. Council Nr. 116 (1948).
[7] J. Nutrit. **39**, 357 (1949).

enteritis mit Blutungen und Durchfällen, sowie Schädigungen des Zentralnervensystems, die sich in Ataxie, Reflexstörungen und Lähmungen äußern. Ein weiteres Symptom ist die makrocytäre Anämie.

Mensch und Tier vermögen Tryptophan in Nicotinsäure überzuführen. Als Zwischenprodukte wurden Kynurenin und 3-Oxyanthranilsäure nachgewiesen (C. HEIDELBERGER, E. P. ABRAHAM und S. LEPKOVSKY). Zu dieser Umwandlung wird Pyridoxin benötigt. B. S. SCHWEIGERT und P. B. PEARSON verfütterten an gesunde Ratten 100 mg dl-Tryptophan, worauf die Tiere 0,8—2,2 mg N_1-Methylnicotinsäureamid im Harn ausschieden. Die gleiche Tryptophandosis bewirkte bei pyridoxinverarmten Ratten nur eine Exkretion von 0,18—0,44 mg N_1-Methylnicotinsäureamid. Die Entdeckung, daß Tryptophan im tierischen Organismus in Nicotinsäure überzugehen vermag, erklärt den alten, früher undeutbaren Befund, daß Pellagra durch die Verfütterung von viel biologisch hochwertigem Eiweiß geheilt werden kann. Ebenso wird verständlich, warum Pellagra immer dort gehäuft vorkommt, wo viel Mais verzehrt wird. Maiseiweiß ist arm an Tryptophan (S. 143), so daß bei Aufnahme von viel Mais der Tryptophanbedarf des Organismus nicht gedeckt wird.

Nicotinsäure geht im Organismus zum Teil in ihr Amid über, das dann in erheblichem Umfang in die beiden Codehydrasen eingebaut wird (P. ELLINGER; A. E. AXELROD, T. D. SPIES und C. A. ELVEHJEM; L. J. ROTH und Mitarbeiter). Niere und Muskel enthalten alle Nicotinsäure in gebundener Form, dagegen findet man in der Leber auch die freie Säure (P. HANDLER und W. J. DANN). Durch Verfütterung einer an Nicotinsäure armen Kost nimmt der Gehalt einiger Organe an der Substanz ab. Bei solchen Diätformen läßt sich der Nicotinsäuregehalt der Gewebe steigern, wenn man größere Dosen Tryptophan gibt. Die biologische Bedeutung der Nicotinsäure liegt in ihrer Funktion als Baustein der Codehydrasen. Da Nicotinsäure und Nicotinsäureamid im Tierversuch in gleicher Weise wirksam sind, pflegt man beide unter dem neutralen Namen „Niacin" zusammenzufassen.

Menschliches Blut enthält 0,26—0,90 mg% Niacin. Der größte Teil davon liegt in den Blutkörperchen in Form von Codehydrase. In den tierischen Organen findet man Nicotinsäuremengen derselben Größenordnung.

Der Organismus vermag Nicotinsäure nach verschiedenen Richtungen hin umzusetzen. Man findet daher im Harn eine Reihe von Substanzen als Stoffwechselprodukte der Nicotinsäure. Sie sind (neben unveränderter Nicotinsäure und Nicotinsäureamid):

N_1-Methylnicotinsäureamid. Der größte Teil des Vitamins wird in dieser Form ausgeschieden. Die Substanz zeichnet sich durch eine intensive blaue Fluorescenz im UV-Licht aus.

Nicotinursäure (Nicotinylglykokoll).

N_1-Methyl-pyridon-(2)-carbonsäure-(3)-amid.

Bei Vögeln findet man außerdem eine Ausscheidung von 2,5-Dinicotinylornithin. Normalerweise entspricht die Summe der Ausscheidung aller dieser Substanzen etwa 40% der Nahrungsnicotinsäure.

—CO · NH_2 ; N ; OH ; CH_3

N_1-Methylnicotinsäureamid

—CO · NH_2 ; =O ; N ; CH_3

N_1-Methyl-pyridon-(2)-carbonsäure-(3)-amid

Trigonellin, das regelmäßig im Harn gefunden wird, wurde früher gleichfalls als ein Stoffwechselprodukt der Nicotinsäure aufgefaßt, jedoch zu unrecht, wie neuere Untersuchungen ergeben haben. Das im Harn befindliche Trigonellin ist im wesentlichen unverändertes Nahrungstrigonellin. Trinken von Kaffee vergrößert die Trigonellinausscheidung erheblich.

Zur Verhütung der „black tongue“ von Hunden ist die Zufuhr von 0,13 bis 0,15 mg Niacin/kg Körpergewicht erforderlich. Nimmt man den Bedarf des Menschen in derselben Größenordnung an (wofür vieles spricht), so kommt man auf eine Zufuhr von rund 10 mg. Über die vom National Research Council als wünschenswert bezeichnete Niacinzufuhr siehe die Tabelle S. 129. Nahrungsmittelanalysen haben ergeben, daß mit der üblichen Ernährung im allgemeinen 10 bis 20 mg Niacin pro Tag aufgenommen werden. Früher hat man den Niacinbedarf des Menschen höher beziffert, z. B. 1940 von C. A. ELVEHJEM noch zu 25 mg. Diese höheren Zahlen stützten sich auf Beobachtungen bei Pellagrakranken.

Nicotinsäure ist erst in außerordentlich hohen Dosen toxisch. K. UNNA bestimmte die LD_{50} für Ratten und Mäuse zu 4—5 g/kg bei parenteraler Injektion und zu 5—7 g/kg bei Verfütterung. Das Amid ist etwa doppelt so toxisch wie die freie Säure. Beimischung von 1—2% Nicotinsäureamid zum Futter wachsender Ratten bewirkt eine deutliche Wachstumsverzögerung (P. HANDLER u. W. J. DANN).

e) Pyridoxin.

P. GYÖRGY wies einen Faktor nach, mit dessen Hilfe es gelingt, eine bestimmte Form der Rattendermatitis, die „Akrodynie“ zu heilen, und nannte diesen Faktor Vitamin B_6. Die Akrodynie äußert sich im wesentlichen in Schwellungen, Ödemen, Haarausfall und nässenden Ekzemen, die an Pfoten, Umgebung von Maul und Augen sowie Öffnung von Nase und Ohren lokalisiert sind. Weitere Symptome des Mangels an diesem Vitamin sind Thymusatrophie, epileptoide Anfälle und Herabsetzung der Antikörperbildung (Test: Bildung von Agglutininen und Hämolysinen gegen Schaf-Erythrocyten). Auch Hunde, Katzen, Affen, Schweine, Rinder und Hühner sind auf das Vitamin angewiesen. Hunde und Schweine reagieren auf B_6-Mangel mit einer schweren mikrocytären, hypochromen Anämie, die mit einem Anstieg des Plasmaeisen auf das etwa 2—4fache der Norm verbunden ist. Weiterhin findet man Demyelinisierung der peripheren Nerven, verbunden mit Degeneration der Achsenzylinder. Bei Ratten nimmt der Gehalt des Organismus an Eisen und Kupfer um etwa 50% zu (C. J. GUBLER, G. E. CARTWRIGHT und M. M. WINTROBE).

Das Vitamin wurde ungefähr gleichzeitig in verschiedenen Laboratorien isoliert (P. GYÖRGY; J. C. KERESZTASY und I. R. STEFFENS; R. KUHN und G. WENDT; S. LEPKOVSKY). 1939 erfolgte seine Synthese durch R. KUHN und Mitarbeiter sowie S. A. HARRIS und K. FOLKERS. Da sich das Vitamin als Pyridinderivat erwies, erhielt es den Namen Pyridoxin. In Deutschland wurde es Adermin genannt, ein Name, der aus verschiedenen Gründen fallengelassen werden sollte.

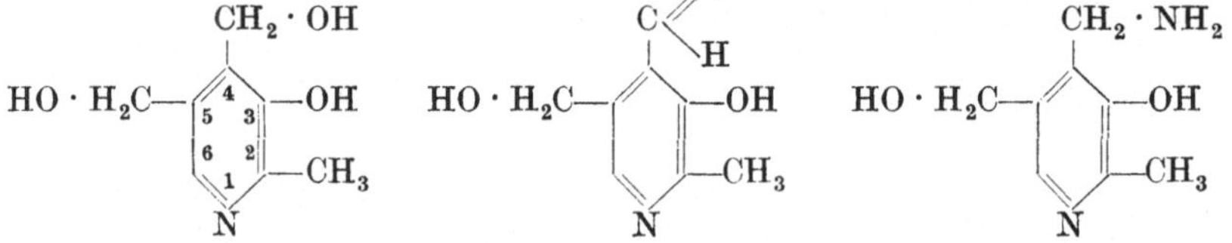

Pyridoxin — Pyridoxal — Pyridoxamin

1945 zeigten E. E. SNELL und A. N. RANNEFELDT, daß zwei ähnlich gebaute Substanzen noch aktiver sind als Pyridoxin, nämlich der entsprechende Aldehyd Pyridoxal und das Amin Pyridoxamin. Im tierischen Organismus und in der Hefe kommen überhaupt praktisch ausschließlich Pyridoxal und Pyridoxamin vor, während man im pflanzlichen Material rund 50% des Vitamins in Form von Pyridoxin findet (J. C. RABINOWITZ und E. E. SNELL).

Pyridoxal-(3)-phosphat hat sich als Coencym der Transaminasen erwiesen (E. E. SNELL; F. SCHLENK und Mitarbeiter). Die Organe von Ratten, die an B_6-Mangel leiden, weisen eine starke Verminderung der Transaminierungen auf. Pyridoxal-(3)-phosphat ist ebenfalls Coencym verschiedener Aminosäuredecarboxylasen (Tyrosin, Arginin, Glutaminsäure, Dioxyphenylalanin) (I. C. GUNSALUS, W. W. UMBREIT mit Mitarbeitern; P. KARRER und M. VISCONTINI).

Pyridoxin ist in besonderem Maße mit dem Stoffwechsel der Aminosäure Tryptophan verknüpft. Ratten und Hunde scheiden im B_6-Mangel an Stelle von Kynurensäure, dem für sie normalen Stoffwechselprodukt des Tryptophan, Xanthurensäure aus.

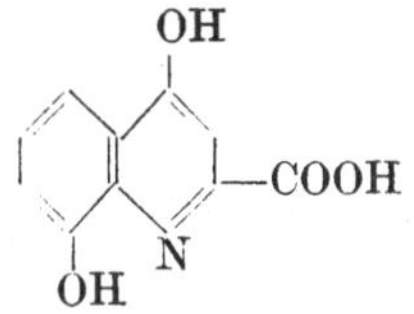

OH — COOH — N — OH

Xanthurensäure

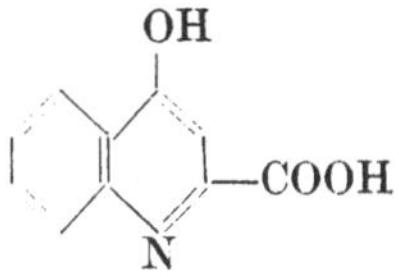

OH — COOH — N

Kynurensäure

Manche Mikroorganismen bauen enzymatisch Tryptophan aus Indol u. Serin auf, wobei Pyridoxalphosphat als Coenzym wirkt. Tier und Mensch können Tryptophan in Nicotinsäure überführen. Hierfür ist die Gegenwart von Pyridoxin unerläßlich.

Pyridoxin ist, wie man sieht, in hohem Maße mit dem Umsatz von Aminosäuren verknüpft. Es ist daher nicht verwunderlich, daß der Bedarf an diesem Vitamin von der Höhe der Eiweißzufuhr abhängig ist. Pyridoxinarm ernährte Tiere weisen bei einem eiweißreichen Futter eine höhere Sterblichkeit auf, als wenn man ihnen nur wenig Protein gibt. Mäuse, die 10% Casein als Eiweißquelle bekommen, benötigen zum optimalen Wachstum 0,05 mg B_6 pro 100 g Futter, bei 50% Casein jedoch 0,25 mg/100 g Futter.

Pyridoxin ist anscheinend auch für den Fettstoffwechsel von Bedeutung (siehe S. 112).

Beim Menschen sind noch keine Erscheinungen bekannt geworden, die sich eindeutig auf einen Pyridoxinmangel hätten zurückführen lassen. Beobachtungen bei den komplexen Avitaminosen wie z. B. Pellagra oder Beriberi weisen darauf hin, daß hier auch ein Pyridoxinmangel mit im Spiele ist. Derartige Patienten scheiden z. B. nach einer Belastung mit Pyridoxin weit weniger B_6 im Harn aus, als normale Menschen (T. D. SPIES und Mitarbeiter). Pyridoxin wird heute häufig therapeutisch bei Zuständen verwandt, die ähnliche Symptome aufweisen, wie sie vom Tierversuch her als Zeichen eines B_6-Mangels bekannt sind, z. B. Dermatitis, Muskelschwäche, Nausea u. dgl. Normale Menschen scheiden etwa 0,4—0,8 mg B_6 pro Tag im Harn aus. Nach einer Belastung mit 50 mg des Vitamins findet man 3—8 mg im Harn wieder. Pyridoxin wird im Organismus zur entsprechenden Säure oxydiert (3-Oxy-2-methyl-5-oxymethyl-pyridin-carbonsäure-4) und zum Teil in dieser Form im Harn ausgeschieden (J. W. HUFF und W. A. PERLZWEIG).

Die Mindestdosis zur Heilung der Rattenakrodynie beträgt etwa 7,5 γ pro Tag. Nimmt man den Bedarf des Menschen in derselben Größenordnung an, so ergibt sich ein Tagesbedarf von etwa 2,5 mg. Auf Grund des Gehalts der Lebensmittel an diesem Vitamin ist die tägliche Zufuhr bei normaler Kost auf 3—5 mg zu schätzen.

Pyridoxin ist eine praktisch ungiftige Substanz. K. UNNA bestimmte die LD_{50} bei Ratten zu 3 g/kg Körpergewicht.

f) Pantothensäure.

Pantothensäure wurde von R. J. WILLIAMS, C. M. LYMAN und Mitarbeitern auf Grund ihrer Fähigkeit entdeckt, für Hefen als Wuchsstoff zu dienen. Die Substanz ist seit 1940 synthetisch zugänglich. Die linksdrehende Form ist biologisch inaktiv. Man verwendet bevorzugt das Calciumsalz, da die freie Säure sirupös und schlecht zu handhaben ist.

$$\begin{array}{c} \quad CH_3 \\ \quad | \\ HOH_2C-C-CH(OH)-CO-NH-CH_2-CH_2-COOH \\ \quad | \\ \quad CH_3 \end{array}$$

d-Pantothensäure

Die Symptome des Mangels an Pantothensäure sind so vielfältig, und bei den einzelnen Tierarten so verschieden, daß es einstweilen noch unmöglich ist, sie alle auf eine einzige basale Störung des Stoffwechsels zurückzuführen.

Pantothensäuremangel äußert sich bei Ratten in schlechtem Wachstum, Achromotrichie (Ergrauen des Fells schwarzer Tiere), Hämorrhagien und Nekrosen der Nebennierenrinde (J. J. OLESON, D. W. WOOLLEY und C. A. ELVEHJEM; F. S. DAFT und W. H. SEBRELL; P. GYÖRGY und C. E. POLING; E. AUHAGEN). Die Tiere weisen Störungen des Wasserstoffwechsels im Sinne einer verzögerten Wasserausscheidung und einer verminderten Resistenz gegen Wasservergiftung analog den Verhältnissen bei der Nebenniereninsuffizienz auf (R. GAUNT, M. LILLING und C. W. MUSHETT). Ratten benötigen eine tägliche Zufuhr von 50 bis 100 γ dl-Pantothensäure.

Hunde reagieren auf einen Entzug von Pantothensäure mit Kollapsen, die mit Senkung des Blutzuckerspiegels, Abnahme der Blutchloride und Vermehrung des Rest-N im Blut einhergehen. Weiterhin beobachtet man schwere Gastritiden, Enteritiden und Ausbildung einer Fettleber (A. E. SCHAEFER, J. M. MCKIBBIN und C. A. ELVEHJEM). Schweine zeigen Gewichtsverluste, Haarausfall, ulcerative Colitis und Ataxien, die mit Schädigungen des sensiblen Neurons verbunden sind.

Küken sind gegen Pantothensäuremangel besonders empfindlich. Sie nehmen kaum an Gewicht zu und zeigen nach wenigen Wochen eine Dermatitis („Hühnerpellagra“), die vor allem um den Schnabel und um die Augen lokalisiert ist. Weitere Symptome sind Fettleber, Involution der Thymus, Degenerationen an Nerven und Rückenmark sowie Schlüpfunfähigkeit der Eier. Zur Verhütung von Mangelsymptomen benötigen Hühner etwa 1,4 mg Pantothensäure auf 100 g Futter.

Über die Bedeutung der Pantothensäure für den Menschen ist noch kaum etwas bekannt. Dies hängt damit zusammen, daß das Vitamin — was ja auch in seinem Namen zum Ausdruck kommt — in der Natur weit verbreitet ist, so daß schwere, zu auffälligen Symptomen führende Mangelerscheinungen nicht zur Beobachtung gelangen. Die Befunde von T. D. SPIES und Mitarbeitern über die Verminderung des Pantothensäuregehalts des Blutes bei B-Mangelzuständen wie Pellagra, Beriberi und anderen machen wahrscheinlich, daß Pantothensäure auch für den Menschen ein unentbehrlicher Faktor ist. Beim Menschen hat Pantothensäure offensichtlich keine Beziehungen zum Ergrauen der Haare. Auf Grund von Analogieschlüssen aus Tierversuchen wird die therapeutische Anwendung des Vitamins bei verschiedenen Affektionen erwogen. Rechnet man die für das Tier erforderlichen Dosen auf den Menschen um, so ergibt sich ein Pantothensäurebedarf von 10—50 mg pro Tag.

Pantothensäure hat eine definierte Stoffwechselwirkung. F. LIPMAN und O. KAPLAN reinigten den für die enzymatische Acetylierung von Cholin benötigten Faktor und fanden, daß er 9,3% Pantothensäure enthält („Coencym A“). Nach den Untersuchungen von G. D. NOVELLI und F. LIPMAN hat Coencym A eine katalytische Funktion im Citronensäurecyclus, vielleicht indem es Acetat bei der Synthese von Citronensäure aktiviert. Pantothensäure ist auch Coencym für weitere biologische Acetylierungen, z. B. für die Acetylierung von Sulfonamiden. Normale Ratten scheiden etwa 70% injizierter p-Aminobenzoesäure in acetylierter Form aus, im Pantothensäuremangel dagegen sehr viel weniger (T. R. RIGGS und D. M. HEGSTEDT).

Pantothensäure liegt in Lebensmitteln nur zu einem kleinen Bruchteil in freier Form vor. Die Hauptmenge ist irgendwie gebunden und läßt sich durch Einwirkung von Papain oder Takadiastase in Freiheit setzen. Vielleicht genügt auch schon die Gewebsautolyse allein.

g) Biotin.

Der von Pflanzen benötigte Wuchsstoff Biotin wurde zuerst von F. KÖGL und B. TONNIS isoliert, und zwar aus tierischem Material, nämlich Eigelb. 1940 bewiesen V. DU VIGNEAUD und Mitarbeiter, daß Biotin mit dem schon lange gesuchten Faktor H, der Tieren einen Schutz gegen die Vergiftung mit rohem Eiereiweiß gewährt, indentisch ist. 1943 gelang S. HARRIS und Mitarbeitern die Synthese der Substanz. Eine monographische Zusammenfassung der chemischen und physiologischen Eigenschaften des Biotin verdanken wir D. B. MELVILLE. Bei Ratten und Hühnern kann Biotin durch Oxybiotin ersetzt werden, welches

```
        O
        C
      /   \
    HN     NH
     |     |
    HC-----CH
     |     |
   H2C     CH · CH2 · CH2 · CH2 · CH2 · COOH
      \   /
        S
```

Biotin.

an Stelle von Schwefel ein Sauerstoffatom im Molekül enthält und als solches wirksam ist; es wird im Tierkörper nicht in Biotin übergeführt.

M. BOAS hatte ein merkwürdiges Krankheitsbild beschrieben, das entsteht, wenn man Ratten mit großen Mengen von rohem Eiereiweiß füttert, und das in Haarverlusten, Dermatitis und progressiver Paralyse besteht, die zum Tode der Versuchstiere führt. Es zeigte sich, daß Eiereiweiß einen toxischen Faktor von Proteinnatur enthält. Dieses Protein, Avidin genannt, vereinigt sich mit Biotin in stöchiometrischem Verhältnis zu einem stabilen Komplex, der durch Proteasen nicht aufspaltbar ist und das Biotin der Ausnutzung durch das Tier entzieht. Avidin kann durch Erhitzen, Bestrahlen oder Behandeln mit Oxydationsmitteln zerstört werden. Gekochtes Eiereiweiß wirkt daher nicht toxisch. Ein anderes Vorkommen von Avidin, außer im Eiereiweiß, wurde bisher nicht festgetellt.

Bei Mensch und Säugetieren synthetisieren die Darmbakterien soviel Biotin, daß der Bedarf daran gedeckt wird. Biotinmangelzustände kann man beim Säugetier nur dadurch erzeugen, daß man durch große Dosen Avidin das Vitamin unresorbierbar macht oder die Darmbakterien mit Sulfonamiden schädigt. Vögel sind gegen Biotinmangel empfindlicher, da in ihrem Verdauungstrakt keine so ausgiebige Synthese durch Bakterien stattfindet. Man kann daher bei ihnen einen Biotinmangel allein durch Verfütterung einer biotinarmen Diät hervorrufen. Vögel reagieren auf eine unzureichende Biotinzufuhr gleichfalls mit einer Dermatitis.

Auch der Mensch benötigt Biotin. Ein spontaner Biotinmangel wurde bei einem Menschen beobachtet, der Jahrzehnte hindurch regelmäßig große Mengen roher Eier (bis zu 6 Dutzend in der Woche!) zu verzehren pflegte. Die Avitaminose äußerte sich in einer chronischen Dermatitis. V. P. SYDENSTRICKER und Mitarbeiter haben bei 4 Versuchspersonen durch längere Zeit hindurch fortgesetzte Verabreichung von viel Eiereiweiß einen experimentellen Biotinmangel erzeugt, der zu Dermatitiden und Verfärbung der Haut führte. Die Biotinausscheidung im Harn fiel dabei von 29—62 γ auf 3—7 γ pro Tag. Die Symptome ließen sich durch Biotingaben (150—300 γ pro Tag) sofort beseitigen. Einer Reihe anderer Autoren, die bis zu 30 Wochen täglich 200—300 g Eiereiweiß oder Avidinkonzentrate verfütterten, gelang es jedoch nicht, beim Menschen Biotinmangelzustände zu erzeugen.

Im Tierversuch geht Biotinmangel mit verminderter Resistenz gegen Infektionen (Salmonelle, Malaria und Trypanosomen) einher. Die kurative Dosis beträgt für Ratten 1 γ pro Tag.

Ältere Beobachtungen hatten darauf hingewiesen, daß Biotin mit dem Stoffwechsel der Brenztraubensäure verknüpft ist. Beispielsweise ist die Fähigkeit der Leber, Pyruvat zu oxydieren, im Biotinmangel erheblich herabgesetzt. Die Untersuchungen von H. C. LIECHSTEIN und W. W. UMBREIT sowie von OCHOA und Mitarbeitern haben erwiesen, daß Biotin die WOOD-WERKMAN-Reaktion katalysiert:

$$\underset{\text{Brenztraubensäure}}{CH_3 \cdot CO \cdot COOH} + CO_2 \rightleftarrows \underset{\text{Oxalessigsäure}}{HOOC \cdot CH_2 \cdot CO \cdot COOH}$$

(WOOD-WERKMAN-Reaktion.)

In welcher Form Biotin hierbei beteiligt ist, läßt sich heute noch nicht übersehen. Es ist nicht wahrscheinlich, daß es als Coencym wirkt, weil es in gereinigten Präparaten des Encymsystems nicht nachzuweisen ist. Biotin aktiviert auch die Desaminierung einiger Aminosäuren (Asparaginsäure, Serin und Threonin); vielleicht ist es für diese Reaktion ein Coencym (H. C. LIECHSTEIN und Mitarbeiter.) Anscheinend ist Biotin auch noch mit dem intermediären Stoffwechsel der Ölsäure verknüpft. R. L. POTTER und C. A. ELVEHJEM machten die Beobachtung, daß Lactobacillus arabinosus, der normalerweise auf Biotin angewiesen ist, auch ohne Biotin gedeiht, wenn man ihm Asparaginsäure und Ölsäure zusammen zur Verfügung stellt.

Die Angabe von F. KÖGL und W. HASSELT, daß Carcinome einen höheren Biotingehalt aufweisen als andere tierische Gewebe, hat begreiflicherweise zu einer größeren Anzahl von Untersuchungen Anlaß gegeben, die das Ziel hatten, die Beziehungen zwischen diesem Vitamin und Tumoren aufzuklären. Es zeigte sich jedoch, daß sich nicht alle bösartigen Tumoren durch einen hohen Biotingehalt auszeichnen, und daß es nicht möglich ist, durch Verabreichen einer biotinarmen Kost oder durch langdauernde Verfütterung großer Avidinmengen das Tumorwachstum zu beeinflussen.

Biotin kommt in Lebensmitteln praktisch ausschließlich in gebundener Form vor. Der Analyse, für die nur biologische Verfahren zur Verfügung stehen, muß daher eine Hydrolyse vorausgehen.

h) Inosit.

Inosit ist schon lange als Bestandteil tierischer Gewebe bekannt. Er wurde erstmals 1850 von SCHERER aus der Muskulatur isoliert. Die Substanz kommt in tierischen und pflanzlichen Geweben in verschiedenerlei Formen vor: frei, als Phytin (Hexaphosphorsäureester), in Form eines Lipoids, welches Inositdiphosphat, Glycerin, Fettsäuren und Aminoäthanol enthält, und endlich in Form eines wasserlöslichen, nicht dialysablen Komplexes. Tierische Organe enthalten etwa

100—500 mg% Inosit, menschliches Blutplasma 0,5—1,8 mg%. Die biologisch aktive Form ist der meso-Inosit.

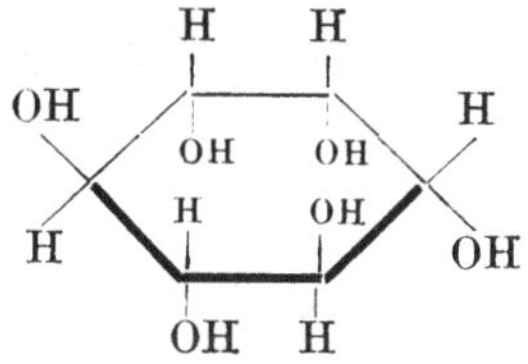

meso-Inosit

Die Funktion des Inosit blieb lange unbekannt. Erst 1940 wurde von D. W. Woolley seine Vitaminnatur erkannt, der nachwies, daß der von der Maus benötigte Antialopeciefaktor mit meso-Inosit identisch ist. Inositmangel äußert sich bei Mäusen in Wachstumsstillstand, Haarausfall und Dermatitis. Bei Ratten ist der Haarausfall typisch lokalisiert, er erfolgt in Brillenform um die Augen herum. Inosit wird auch von anderen Tieren wie z. B. Meerschweinchen, Hamster, Schwein, Hund, Geflügel benötigt. Der Bedarf an Inosit ist noch weitgehend unbekannt. Die kurative Dosis beträgt für Mäuse 10 mg Inosit pro 100 g Futter. Den Inositbedarf des Menschen schätzt man auf etwa 1 g pro Tag (R. J. Williams). Inosit gehört zu den lipotropen Faktoren.

Zahlreiche ältere Untersuchungen hatten ergeben, daß Inosit in keiner Beziehung zum Kohlenhydratstoffwechsel steht und im Organismus nicht in Glucose überzugehen und kein Glykogen zu bilden vermag. In neuerer Zeit haben M. A. Stetten und D. Stetten die alten Befunde mit deuteriertem Inosit überprüft. Sie fanden, daß phlorrhidzindiabetische Ratten etwa 7% des markierten Inosit in Glucose überführten.

Das Schädlingsbekämpfungsmittel γ-Hexachlorcyclohexan, das die gleiche sterische Anordnung hat wie meso-Inosit, hemmt das Wachstum von Hefe; die Hemmung läßt sich durch Inosit wieder rückgängig machen (S. Kirkwood und P. H. Philipps). γ-Hexachlorcyclohexan hemmt auch reinste Pankreasamylase (R. H. Lane und R. J. Williams), die anscheinend inosithaltig ist. Die Hemmung läßt sich durch Inosit vollkommen aufheben. Zur Hemmung von 1 Mol Inosit benötigt man etwa 50 Mol Hemmstoff.

Die Auffassung, γ-Hexachlorcyclohexan sei ein Antivitamin des meso-Inosit, ist nicht unwidersprochen geblieben. P. Chaix nimmt z. B. an, γ-Hexachlorcyclohexan wirke ähnlich wie ein unspezifisches Narkoticum.

i) Cholin.

Die Bedeutung von Cholin für die Ernährung wurde erstmals von C. H. Best und Mitarbeitern erkannt, die nachwiesen, daß es die Entstehung von Leberverfettungen bei pankreaslosen Hunden verhindert, bei denen sich ohne Cholingaben zumeist schwere Fettinfiltrationen der Leber infolge der gestörten Resorptionsverhältnisse entwickeln. Mancherlei Unstimmigkeiten der Nahrung können zu Leberverfettungen führen (S. 252). Substanzen, welche wie z. B. Cholin der Fettablagerung entgegenwirken, nennt man „lipotrope“ Stoffe. Das Problem der Leberverfettung hängt auf das engste mit dem Stoffwechsel von Substanzen zusammen, welche leicht abgebbare Methylgruppen tragen.

Die Übertragung von Methylgruppen, die „Transmethylierung“, besitzt für die Ernährungsphysiologie ein besonderes Interesse, weil zwei wichtige Nahrungsbestandteile mit ihr verknüpft sind, nämlich Methionin und Cholin. Eine Übersicht über die wichtigsten Methylierungen und Entmethylierungen, die im intermediären Stoffwechsel nachgewiesen worden sind, vermittelt das folgende Schema:

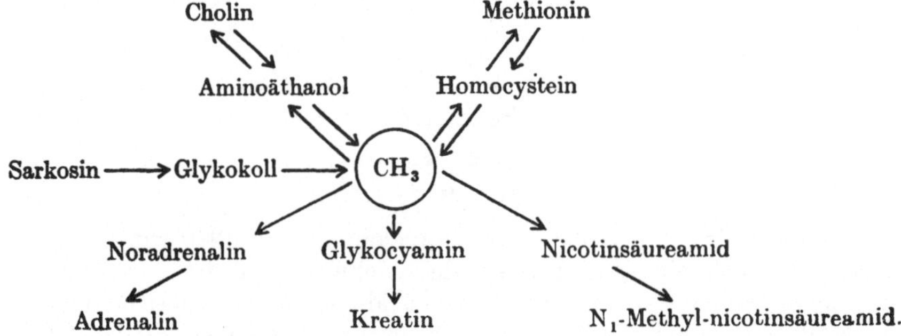

Die Transmethylierungen verlaufen nicht bei allen Tierarten in gleicher Weise. Beispielsweise können Hühner Äthanolamin nicht zu Cholin methylieren, wohl aber Methylaminoäthanol oder Dimethylaminoäthanol. Der Organismus vermag nicht, Methylgruppen jeder Provenienz zu übertragen. Zwar kann Sarkosin entmethyliert werden, jedoch ohne daß die Methylgruppe weitergegeben wird.

Methionin und Cholin sind die Hauptquellen für labile, d. h. übertragbare Methylgruppen. In geringerem Umfange kommen noch Betain und vielleicht Dimethylaminoäthanol in Betracht. In der Nahrung ist normalerweise kein Homocystein enthalten. Seine Methylierung zu Methionin spielt daher keine große Rolle; sie kann nur insofern Bedeutung haben, als es zur Regenerierung von entmethyliertem Methionin dient. Vieles spricht dafür, daß der Organismus den verschiedenen Methylierungsprozessen eine unterschiedliche Dringlichkeit zubilligt. Bei ungenügender Zufuhr von Methylgruppen entwickeln sich bald die Symptome des Cholinmangels. Dagegen schränkt der Organismus die Bildung von Kreatin keineswegs ein. Die Methylierungen von Noradrenalin und Nicotinsäureamid verlaufen in nur so geringem Umfange, daß sie den Methylhaushalt praktisch nicht belasten. Das Gesagte zeigt, daß offensichtlich die Methylierung von Äthanolamin zu Cholin in dem ganzen System der Transmethylierungen der verwundbarste Punkt ist. Cholin kann vermutlich erst dann Methyl abgeben, wenn seine OH-Gruppe zum Aldehyd oxydiert worden ist. Die Cholinoxydase reguliert daher das Ausmaß der Methylverwertung aus Cholin (J. W. DUBNOFF).

Die lipotrope Wirkung von Cholin hängt an dem Cholinmolekül als solchem. A. D. WELCH und R. L. LANDAU verfütterten Arsenocholin (Cholin, in dem N durch As ersetzt ist) an Ratten und stellten fest, daß das Arsenocholin an Stelle von Cholin in das Lecithin der Tiere eingebaut wurde. Im Arsenocholin sind aber im Gegensatz zu Cholin die Methylgruppen fest gebunden und können vom Tierkörper nicht als Methyldonatoren benützt werden. Da nun Arsenocholin lipotrop und antihämorrhagisch wirkt (A. D. WELCH; C. H. BEST und J. H. RIDOUT), so muß man schließen, daß die Methylgruppen für beide Wirkungen des Cholin nicht verantwortlich zu machen sind. Auch das Homologe des Cholin, in dem die Methylgruppen durch Äthylradikale ersetzt sind, wirkt lipotrop.

Die antihämorrhagische Wirkung des Cholin ist auf das engste mit der lipotropen verknüpft. Alle Derivate des Cholin, die lipotrope Eigenschaften haben, verhüten auch Hämorrhagien in der Niere und in anderen Organen, selbst wenn sie hinsichtlich anderer Symptome des Cholinmangels, wie z. B. Perosis der Hühner, unwirksam sind. Substanzen, welche alipotrop sind, d. h. die Verfettung der Leber begünstigen, führen auch zur Entstehung von Nierenhämorrhagien.

Cholin beschleunigt den Umsatz der Lipoide in der Niere. Ob seine antihämorrhagische Wirkung damit zusammenhängt, ist unbekannt. Ist die Nahrung nicht völlig cholinfrei, sondern enthält lediglich nicht ausreichende Cholinmengen, so kommt es nur zu Leberverfettung, nicht aber zu Nierenhämorrhagien (W. H. GRIFFITH und N. J. WADE). Interessanterweise können sich Nierenhämorrhagien zurückbilden, wenn die Tiere schwersten Cholinmangel überstanden haben, während die Leberverfettung bestehen bleibt.

Die Leberverfettung im Cholinmangel ist darauf zurückzuführen, daß der Abtransport der Lipide aus der Leber zu den Fettdepots gestört ist. Fett wird großenteils in Form der Phosphatide transportiert. Die Arbeiten von I. L. CHAIKOFF haben erwiesen, daß die Plasmaphosphatide in der Leber gebildet werden und daß die Verabreichung von Cholin die Synthese von Phosphatiden fördert.

Die mitunter geäußerte Vermutung, daß ein Teil der Symptome des Cholinmangels auf einer herabgesetzten Bildung von Acetylcholin beruhe, ist noch nicht endgültig bewiesen. D. Y. SOLANDT und C. H. BEST haben in einigen Versuchsserien beobachtet, daß isolierte N. Vagi von cholinarm ernährten Tieren bei elektrischer Reizung weniger Acetylcholin abgaben, als Nerven normaler Tiere, und daß Verabreichung von Cholin wieder normale Verhältnisse in dieser Beziehung herstellte.

Cholinmangel wirkt sich bei Hund und Ratte in mangelhaftem Wachstum, Involution der Thymus, Verfettung der Leber, Hämorrhagien in der Niere und in anderen Organen aus. Längeres Bestehen der Leberverfettung führt zu Lebercirrhosen. Ein hoher Prozentsatz cholinarm ernährter Tiere entwickelt Lebertumoren, Lungencarcinome und retroperitoneale Sarkome. Cholin ist für die Lactation unerläßlich. Bei Hühnern ist das auffallendste Symptom des Cholinmangels die Perosis (Verkürzung und Verdickung der Knochen), die insbesondere Tarsus und Fibula betrifft. Die Produktion von Eiern nimmt ab.

Normalerweise findet man im Blut 4—8 mg% freies Cholin. Die Ausscheidung ist gering; sie beträgt beim Menschen meist weniger als 10 mg/Tag. Auch nach Verfütterung sehr hoher Cholindosen werden höchstens 1—2% davon im Harn wiedergefunden. Für Cholin bestehen mannigfaltige Umsatzmöglichkeiten im Stoffwechsel: Einbau in Phosphatide, Acetylierung, Oxydation durch Cholinoxydase, um nur die wichtigsten zu nennen.

Der Cholinbedarf des Hundes wird gedeckt, wenn das Futter 0,1—0,3% Cholin (10—100 mg/kg Körpergewicht) enthält. Ratten benötigen einen Cholingehalt des Futters von 0,1—0,2% (120—200 mg/kg). Hühnerfutter soll 0,15 bis 0,30% Cholin enthalten. Nimmt man für den Menschen einen Cholinbedarf der gleichen Größenordnung an, so kommt man auf eine Zufuhr von 1,5—3,0 g pro Tag. Auf Grund der vorliegenden Nahrungsmittelanalysen kann man die tatsächliche Cholinaufnahme auf 1,5—4,0 g (freies + gebundenes Cholin) veranschlagen.

Da Cholin in Dosen von 6 g und darüber zur Therapie der menschlichen Lebercirrhose benützt wird, hat die Frage nach der Toxicität der Verbindung Interesse. Hühner reagieren auf zu hohe Cholindosen mit Wachstumsverzögerung. 1% Cholin im Futter ergab eine Wachstumshemmung von im Mittel 13%, 5% Cholin eine solche von 24%. Beim Hund kann man durch Verabreichung relativ kleiner Cholindosen (8 mg/kg) eine Anämie erzeugen. Merkwürdigerweise ist diese Dosis wesentlich geringer, als man sie zur Heilung bzw. Verhütung von Leberverfettungen braucht. Der Mensch beantwortet Cholingaben nicht mit einer Anämie. Ratten sind gegen eine Zufuhr hoher Cholindosen widerstandsfähiger als Hühner. Die LD_{50} beträgt für Mäuse bei intraperitonealer Applikation 320 mg/kg, bei Verfütterung per os 6,7 g/kg. Die Giftigkeit für Ratten bewegt sich in derselben Größenordnung. Es ist anzunehmen, daß die Verhältnisse beim Menschen ähnlich liegen.

k) p-Aminobenzoesäure.

D. D. Woods erbrachte den ersten Hinweis auf eine mögliche biologische Bedeutung der p-Aminobenzoesäure (früher als Vitamin H' bezeichnet) durch die Entdeckung des Antagonismus zwischen ihr und den Sulfonamiden. Kurze Zeit später wurde die Substanz als wichtiger Wuchsstoff für Mikroorganismen identifiziert (S. D. Rubbo und J. M. Gillespie; R. Kuhn und K. Schwarz) und wurde bewiesen, daß sie auch vom Warmblüter (Ratte) benötigt wird (S. Ansbacher). Ansbacher hatte gefunden, daß das Ergrauen des Fells schwarzer Ratten, das bei bestimmten Diätformen auftrat, durch Zulage von p-Aminobenzoesäure verhütet werden konnte. Küken benötigen zum optimalen Wachstum p-Aminobenzoesäure; vielleich ist diese Wirkung nur indirekt via Förderung der Synthese von Folinsäure durch die Darmbakterien. Weiterhin verbessert p-Aminobenzoesäure die Lactation von Ratten.

p-Aminobenzoesäure vermag anscheinend die Achromotrichie des Menschen nicht zu beeinflussen. Eine ausführliche Diskussion dieses Problems findet man bei S. Ansbacher.

Die Entdeckung der Folinsäure hat die Frage aufwerfen lassen, ob der p-Aminobenzoesäure nur die Bedeutung eines Bausteins der Folinsäure zukomme. Zweifelsohne liegt hierin eine wichtige Funktion der Substanz. Man darf es aber als sicher erwiesen ansehen, daß p-Aminobenzoesäure auch spezifische Effekte entfaltet, zum mindesten bei Mikroorganismen. Beispielsweise wirkt p-Aminobenzoesäure als Wuchsstoff für eine Mutante von E. coli, für die Folinsäure völlig inaktiv ist (J. O. Lampen, R. R. Roepke und M. J. Jones).

In den tierischen Organen findet man nur Spuren freier p-Aminobenzoesäure; außer in der Muskulatur, in der etwa 50% der gesamten Substanz frei vorgefunden werden, liegt die Hauptmenge in gebundener Form vor. p-Aminobenzoesäure wird vom Tierkörper acetyliert und als Acetylverbindung im Harn ausgeschieden.

l) Pteroylglutaminsäure.

Das heute auf Grund seiner chemischen Konstitution Pteroylglutaminsäure genannte Vitamin war in verschiedenen Laboratorien unter verschiedenen Bezeichnungen bearbeitet worden.

Name	Test	Autor
Vitamin M.	Affe, Cytopenie	P. L. Day, W. C. Langston und W. J. Darby[1]
Vitamin B_c	Küken, Anämie	A. G. Hogan und E. M. Parrot[2]
Norit-Eluat-Faktor . . .	Lactobacillus casei	E. E. Snell und H. W. Peterson[3]
Folinsäure	Streptococcus faecalis	H. K. Mitchell, E. E. Snell und R. J. Williams[4]
Lactobacillus casei Faktor	Lactobacillus casei	E. L. R. Stokstad[5]
Fermentation Lactobacillus casei Faktor	Lactobacillus casei	B. L. Hutchings und Mitarb.[6]
Vitamin B_c-Conjugat . .	Küken, Anämie	O. D. Bird und Mitarbeiter[7] J. J. Pfiffner und Mitarbeiter[8]
Wachstumsfaktor für Küken	Küken	E. L. R. Stokstad und P. D. V. Manning[9]

[1] Proc. Soc. exp. Biol. Med. **38**, 860 (1938).
[2] J. Biol. Chem. **132**, 507 (1940).
[3] J. Bacteriol. **39**, 273 (1940).
[4] J. Amer. Chem. Soc. **63**, 2284 (1941).
[5] J. Biol. Chem. **149**, 573 (1943).
[6] Science **99**, 371 (1944).
[7] J. Biol. Chem. **157**, 413 (1945).
[8] Science **102**, 228 (1945).
[9] J. Biol. Chem. **125**, 687 (1938).

Den vielgebrauchten Namen Folinsäure erhielt die Substanz, weil sie zuerst in reiner Form aus Blättern (Spinat) isoliert worden war (H. K. Mitchell, E. E. Snell und R. J. Williams). Konstitutionsaufklärung und Synthese verdanken wir R. Angier und Mitarbeitern.

Pteroylglutaminsäure (PGS) ist für Wachstum und Blutbildung bei Affen, Hunden und Küken unentbehrlich. Fehlende Zufuhr erzeugt die Entwicklung einer makrocytären, hyperchromen Anämie. Ratten sind von der Zufuhr der PGS mit der Nahrung unabhängig; ihr Bedarf wird durch die von den Darmbakterien synthetisierte PGS gedeckt. Man kann aber auch bei ihnen einen PGS-Mangel erzeugen, wenn man die Darmbakterien durch Verabreichung von Sulfonamiden schädigt. Bei Mäusen und Schweinen hat das Auftreten von Mangelzuständen die Verfütterung eines PGS-Antagonisten zur Voraussetzung.

```
          OH
          |
          C     N                                     COOH
       //   \  /  \\                                   |
      N      C     C—CH2—NH—<benzene>—CO—NH—CH
      |      ||    |                                   |
H2N—C      C     CH                                 CH2
      \\    /  \   //                                  |
        N        N                                    CH2
                                                       |
                                                      COOH
```

Pteroylglutaminsäure

Bei den meisten Versuchstieren entwickelt sich neben der Anämie noch eine Leukopenie. C. F. Asenjo stellte bei 73,5% aller im PGS-Mangel gestorbenen Ratten Milzinfarkte fest. Da milzlose Ratten auf die Verabreichung von PGS nicht mit einer Reticulocytose reagieren, bestehen anscheinend engere Beziehungen zwischen diesem Organ und dem Vitamin. Die Versuche von M. M. Nelson und H. M. Evans lassen vermuten, daß Ratten PGS zur Lactation benötigen. Ob sich die Aktivität der Cholinesterase im Blut durch PGS steigern läßt oder nicht, ist heute noch Gegenstand von Kontroversen. Verabreichung von PGS bewirkt vermehrte Ausscheidung von Porphyrinen im Harn und Kot (J. R. Totter, E. S. Amos und C. K. Keith). G. Rodney, M. S. Swendseid und A. L. Swanson stellten eine Verminderung der Tyrosinoxydation in der Leber bei Mangel an PGS fest.

Das Arbeiten mit reinen, krystallisierten, synthetischen Substanzen ergab die Identität der Folinsäure mit dem Lactobacillus casei-Faktor und dem Vitamin B_c. Der Fermentationsfaktor erwies sich als Pteroyltriglutaminsäure, das Vitamin B_c-Conjugat als Pteroylheptaglutaminsäure.

Im Tierversuch, z. B. bei Affen, Ratten und Hühnern sind PGS, Pteroyltriglutaminsäure und Pteroylheptaglutaminsäure in gleicher Weise wirksam. Dagegen können Milchsäurebakterien praktisch nur PGS verwenden; die konjugierten Formen haben für sie nur etwa $^1/_{50}$ der Wirksamkeit. Tier und Mensch verfügen über ein Ferment „Conjugase", mit dessen Hilfe sie die Conjugate zur einfachen PGS aufspalten können. Durch eine vorausgehende Bebrütung mit Organextrakten lassen sich die Conjugate auch für Mikroorganismen verwertbar machen.

Die Ergebnisse der Tierversuche führten zu einer Verwendung der PGS bei bestimmten Anämieformen des Menschen. Hierüber ist eine umfangreiche Literatur (auch in Deutschland) entstanden. Zusammenfassungen findet man bei W. J. Darby und T. D. Spies. Das Vitamin erwies sich als wertvoll zur Behandlung der Sprue, einem altbekannten klinischen Syndrom, das im wesentlichen in einer makrocytären Anämie, Leukopenie, Glossitis, Diarrhoe verbunden mit Steatorrhoe und Hautpigmentierungen besteht. Daneben findet man meist noch Zeichen eines Mangels an den Vitaminen A, D und K. Durch Verabreichung von

5—200 mg PGS ließ sich nicht nur eine Behebung der Anämie erreichen, sondern auch günstige Beeinflussungen der Glossitis und intestinalen Erscheinungen herbeiführen. Schon wenige Tage nach Verabfolgung des Vitamins erfolgt eine starke Reticulocytose und anschließend eine Vermehrung der Leukocyten und Erythrocyten. Weiterhin wurde die PGS auch zur Behandlung der perniziösen Anämie verwendet. In vielen Fällen konnte auch hier das Blutbild günstig beeinflußt werden. Die beiden Conjugate waren zumeist wirkungslos. Bei der perniziösen Anämie ist demnach die Aktivität der Conjugase erheblich vermindert. Die anderen Symptome der Perniziosa sprechen aber auf die Behandlung mit Folinsäure nicht an. Durch die Identifizierung des Antiperniziosa-Faktors der Leber mit dem Vitamin B_{12} ist das Problem der Therapie der Perniziosa erneut in Fluß gekommen. PGS wurde endlich noch mit Erfolg zur Behandlung anderer Formen makrocytärer Anämien verwendet. Der Angriffspunkt des Vitamins im Knochenmark ist anscheinend der Megaloblast.

Interessanterweise kann man mit großen Dosen Thymin (4—15 g pro Tag) bei der Behandlung der Sprue oder Perniziosa dieselben Erfolge erzielen wie mit PGS. Die ersten Berichte von T. D. Spies und Mitarbeitern sind in zahlreichen Nachuntersuchungen bestätigt worden. Ob PGS ein Coenzym bei der Synthese von Thymin ist, wie die genannten Autoren vermuten, muß erst noch bewiesen werden. Verabfolgung von PGS vermindert die Aktivitäten der beiden gelben Fermente Xanthinoxydase und d-Aminosäureoxydase in der Leber im Gegensatz zu dem Vitamin B_{12}, dessen Zufuhr die Aktivität dieser Encyme steigert (J. N. Williams jr., C. A. Nichols und C. A. Elvehjem).

Die Darmbakterien des Menschen bauen soviel PGS auf, daß der Vitaminbedarf dadurch normalerweise gedeckt wird. Im Harn findet man bei der üblichen Ernährung etwa 5—20 γ PGS pro Tag. Nach Verabreichung einer großen Belastungsdosis — z. B. 5 mg — werden innerhalb 4 Std 30—50% davon im Harn ausgeschieden (P. L. Day und J. R. Totter). Etwa $^1/_3$ der durch den Kot eliminierten Menge liegt in konjugierter Form vor. Merkwürdigerweise wird relativ viel PGS durch den Schweiß ausgeschieden.

Über den Bedarf des Menschen an PGS ist noch nichts sicheres bekannt. Ratten benötigen etwa 5 γ, junge Affen 50—100 γ im Tag. Rechnet man diese Daten auf den Menschen um, so kommt man zu Zahlen in der Größenordnung von 0,1—0,2 mg. Therapeutische Effekte beim Menschen erhält man mit 1—2 mg als Tagesdosis.

Unter Verwendung der bisher vorliegenden, nicht sehr umfangreichen Daten über den Gehalt der Lebensmittel an PGS errechnete R. J. Williams, daß ein Amerikaner etwa 1,4 mg im Tag aufnimmt. PGS ist hitzelabil und wird zu einem erheblichen Prozentsatz bei der Zubereitung der Nahrung zerstört.

m) Vitamin B_{12}.

Durch die Entdeckung von Minot und Murphy, daß die Perniziosa durch die Verabreichung von Leber heilbar ist, wurde eine große Zahl von Untersuchungen ausgelöst mit dem Ziel, den Antiperniziosastoff rein darzustellen und in seiner Konstitution aufzuklären. Alle diese Bemühungen führten zu keinem Erfolg, da der Test (Heilwirkung auf die Perniziosa) zu schwerfällig war. Erst nach der Entdeckung von L. S. Shorb, daß die Substanz ein unentbehrlicher Wuchsstoff für Lactobacillus casei ist, konnte die Erforschung des Faktors auf breiterer Basis weitergeführt werden. Die Reindarstellung der Substanz, die als Wuchsstoff die Bezeichnung Vitamin B_{12} erhalten hatte, gelang E. L. Rickes und Mitarbeitern. Die in schönen roten Krystallen krystallisierende Verbindung enthält

Kobalt, hat ein Molekulargewicht von etwa 1500, ist linksdrehend und hat eine Summenformel von etwa

$$C_{61-64}\ H_{86-92}\ O_{13}N_{14}PCo.$$

Sie spaltet bei der Säurehydrolyse keine α-Aminosäuren ab und ist daher kein Peptid, wie man zuerst angenommen hatte.

Vitamin B_{12} ist schon in Tagesdosen von 4—10 γ bei der Behandlung der Perniziosa äußerst aktiv. Es bewirkt nicht nur eine Besserung des Blutbildes, sondern auch der übrigen Symptome der Perniziosa, z. B. Glossitis und Rückenmarksdegeneration, im Gegensatz zu allen anderen bisher bekannten antianämischen Faktoren. B_{12} hat sich auch bei der Behandlung der tropischen Sprue und anderer ernährungsbedingter Anämien bewährt. Eine kürzere Zusammenfassung der bisher schon vorliegenden, relativ umfangreichen Literatur findet man bei T. D. SPIES, R. M. SUAREZ und G. G. LOPEZ.

Vitamin B_{12} ist anscheinend mit dem seit einigen Jahren gesuchten „animal protein factor" identisch. C. A. CARY und Mitarbeiter berichteten, daß es nicht gelang, junge Ratten zu einem normalen Wachstum zu bringen, wenn man sie mit einer Diät fütterte, die alle damals bekannten Faktoren in ausreichender Menge enthielt. Die Existenz eines solchen Faktors wurde von vielen anderen Untersuchern in den verschiedensten Versuchsanordnungen bestätigt. Es zeigte sich, daß auch noch andere Tiere, z. B. Küken, des „protein animal factor" bedürfen. Übereinstimmend ergaben alle diese Untersuchungen, daß dieser Faktor in höchster Konzentration in der Leber vorhanden ist.

Thymidin, das Desoxyribonucleosid von Thymin, kann Vitamin B_{12} in seiner Eigenschaft als Wuchsstoff für Lactobacillus casei ersetzen (W. SHIVE, J. M. RAVEL und R. E. EAKIN; L. D. WRIGHT, H. R. SKEGGS und J. W. HUFF), nicht aber freies Thymin. WRIGHT und Mitarbeiter nehmen daher an, Vitamin B_{12} sei ein Coencym bei der Überführung von Thymin in Thymidin. Da Thymin eine Verbesserung des Blutbildes bei der Perniziosa zu bewirken vermag, ergeben sich interessante Beziehungen zwischen Pteroylglutaminsäure, Vitamin B_{12} und Thymin bzw. seinem Desoxyribonucleosid. Die erwähnten Befunde legen den Verdacht nahe, daß bei der Perniziosa eine Störung der Synthese von Nucleosiden besteht.

Die Nierenhämorrhagien, die durch Mangel an Cholin oder Methionin entstehen, werden erheblich vermindert, wenn man den Tieren Vitamin B_{12} gibt. Auch am Test des Kükenwachstums ließ sich zeigen, daß Vitamin B_{12} einen Cholin sparenden Effekt besitzt (A. E. SCHAEFER, W. D. SALMON und D. R. STRENGTH).

n) Ascorbinsäure (Vitamin C).

Ascorbinsäure wurde zuerst von A. SZENT-GYÖRGYI isoliert, und zwar aus der Nebenniere. Der Nachweis, daß diese zunächst als „Hexuronsäure" bezeichnete Substanz mit dem lange gesuchten Vitamin C identisch ist, wurde gleichfalls von A. SZENT-GYÖRGYI erbracht. Kurze Zeit darauf erfolgte die Konstitutionsaufklärung durch die Arbeiten von F. MICHEEL und K. KRAFT, W. N. HAWORTH und P. KARRER und Mitarbeitern. Die Substanz ist seit 1934 synthetisch zugänglich. Das natürliche Vitamin ist die rechtsdrehende l-Ascorbinsäure. Die Substanz zeichnet sich durch ein starkes Reduktionsvermögen aus, auf dem die meisten chemischen Nachweis- und Bestimmungsmethoden beruhen. Ascorbinsäure gibt leicht zwei H-Atome ab und geht dabei in Dehydroascorbinsäure über. Diese Reaktion ist im Tierkörper reversibel, so daß auch die Dehydroascorbinsäure Vitaminwirksamkeit besitzt. Ascorbinsäure fällt leicht einer über die Stufe der Dehydroascorbinsäure hinausführenden, irreversiblen Oxydation anheim, wobei zumeist als Endprodukte Oxalsäure und Threonsäure entstehen. Diese

Oxydation wird durch Schwermetallsalze, insbesondere schon durch die geringsten Spuren von Kupfersalzen katalytisch beschleunigt. In tierischem und pflanzlichem Material finden sich zahlreiche Stoffe, welche die Oxydation der Ascorbinsäure teils fördern, teils hemmen (W. GRAB). Ascorbinsäure ist in stark saurer Lösung relativ beständig.

```
   ┌──────┐                                      ┌──────┐
   CO     │                                      CO     │
   │      │                                      │      │
HO—C      O                                      OC     O
   ‖      │            — 2 H                     │      │
HO—C      │      ──────────────→                 OC     │
   │      │      ←──────────────                 │      │
 H—C ─────┘            + 2 H                   H—C ─────┘
   │                                             │
HO—C—H                                        HO—C—H
   │                                             │
   CH2OH                                         CH2OH
```

l-Ascorbinsäure — Dehydroascorbinsäure

Die meisten Tiere vermögen Ascorbinsäure selbst zu bilden. Ascorbinsäure ist nur für die Primaten und das Meerschweinchen im wahren Sinne des Wortes ein Vitamin. Manche Beobachtungen sprechen dafür, daß auch der Mensch in gewissem Umfange zur Synthese der Substanz befähigt ist. Beispielsweise können stillende Mütter mehr Vitamin C mit der Milch ausscheiden, als ihre Zufuhr mit der Nahrung beträgt. Säuglinge sollen in besonders großem Umfang Vitamin C bilden können.

Ascorbinsäure ist zur normalen Funktion der mesenchymalen Gebilde des Organismus unentbehrlich, und zwar insbesondere zum Aufbau der intercellularen Substanzen. Skorbutische Tiere vermögen kein Kollagen zu bilden; ebensowenig vermag dies eine Gewebskultur von Fibroblasten, denen man Ascorbinsäure vorenthält. Der Mechanismus der Wirkung der Ascorbinsäure hierbei ist noch gänzlich unbekannt. Infolge der Wichtigkeit der Ascorbinsäure zur Bildung der intercellularen Substanzen hat das Vitamin eine große Bedeutung für die mit der Wundheilung verbundenen Prozesse. Im Ascorbinsäuremangel ist die Wundheilung verzögert und die Widerstandsfähigkeit der entstehenden Narbe gegen Zug vermindert. Das histologische Bild ergibt große morphologische Unterschiede gegenüber einer normalen Narbenbildung. Die Knochen skorbutischer Tiere wachsen nur noch unvollkommen und weisen Rarefizierungen auf, so daß leicht Spontanfrakturen entstehen. Typisch ist eine verringerte Menge von Intercellularsubstanz in der Nähe der Gefäße, so daß subperiostale Blutungen auftreten. Ascorbinsäure ist auch zur Callusbildung nach Frakturen unentbehrlich.

Im heilenden Gewebe findet man normalerweise eine Anhäufung von Ascorbinsäure, die im Vitaminmangel vermißt wird. Nach Traumen sinken sowohl die Ausscheidung von Ascorbinsäure im Harn wie der Gehalt im Blut ab, und zwar oft selbst bei erhöhter Zufuhr von Ascorbinsäure.

Da Ascorbinsäure auch die Dentinbildung reguliert, findet man bei skorbutischen Tieren typische Veränderungen der Zähne; bei Meerschweinchen ist dies sogar ein Frühsymptom des Ascorbinsäuremangels. Die Odontoplasten weisen morphologische Veränderungen auf und produzieren an Stelle des normalen Dentin eine spongiöse, knochenähnliche Masse.

Hämorrhagien, die durch eine abnorme Capillarbrüchigkeit bedingt sind, gehören zu den auffallendsten Symptomen des Skorbuts. Die tiefere Ursache ihres Auftretens ist noch dunkel; man findet weder histologische Veränderungen, noch einen Mangel an Bindesubstanz des Gefäßendothels.

Schwerster Ascorbinsäuremangel führt zum Auftreten des Skorbut, einer altbekannten Ernährungskrankheit, deren wichtigste Symptome sich zwanglos aus den physiologischen Funktionen der Ascorbinsäure für das Mesenchymsystem ableiten lassen. Das voll ausgebildete Krankheitsbild besteht in Hämorrhagien am ganzen Körper, Gingivitis mit Hypertrophie des Zahnwalls, Hämaturie, Melänie, Metrorrhagien, subperiostalen Blutungen, Blutungen in die Muskulatur und Schmerzen in den Extremitäten. Häufig ist die Erythropoese herabgesetzt. Die Resistenz gegen Infektionen ist stark vermindert. Eine Beziehung zwischen Ascorbinsäure und Infektionsabwehr läßt sich aus vielen Beobachtungen ableiten. Ascorbinsäure selbst hat (in einer allerdings den normalen Blutspiegel bei weitem übersteigenden Konzentration) bakteriostatische und baktericide Eigenschaften gegenüber einer Reihe von Mikroorganismen (Pneumokokken, Streptokokken, Staphylokokken u. a. m.). Das Vitamin vermag in vitro manche Toxine von Mikroorganismen zu inaktivieren. Eine eindeutige Beziehung zwischen Ascorbinsäuregehalt des Blutes und seiner Komplementaktivität, die früher von einigen Autoren angenommen worden war, besteht allerdings nach neueren Untersuchungen nicht. Im Tierversuch kann man durch Verabreichung von viel Ascorbinsäure die Bildung von Antikörpern verbessern. Infektionen führen zu einer Herabsetzung des Ascorbinsäuregehalts des Blutes und auch zu einer Verminderung der Ausscheidung, Zeichen für einen vermehrten Umsatz und einen vergrößerten Bedarf. Bei Infektionen findet man auch einen niederen Ascorbinsäuregehalt der Organe.

Ein leichterer Ascorbinsäuremangel („Hypovitaminose C") pflegt sich in zumeist weniger leicht objektiv faßbaren Symptomen wie Müdigkeit u. dgl. zu äußern. Auch hier ist die Resistenz gegen Infektionen herabgesetzt.

Welche Rolle die Ascorbinsäure im chemischen Geschehen der Zelle spielt, ist heute noch vollkommen ungeklärt. Ascorbinsäure - Dehydroascorbinsäure ist ein reversibles Redoxsystem. Verschiedene Autoren haben daher der Ascorbinsäure die Rolle eines Wasserstofftransporteurs zugeschrieben. Diese Annahme ist für die Pflanzenzelle diskutabel, für die tierische Zelle aber im höchsten Maße unwahrscheinlich. Ascorbinsäure kann im Tierkörper durch das Warburg-Keilin-System oxydiert werden. Eine enzymatische Hydrierung der Dehydroascorbinsäure kommt aber anscheinend im tierischen Organismus nicht vor. Die Hydrierung erfolgt im wesentlichen durch Glutathion. Daß Ascorbinsäure kein wesentlicher Wasserstoffüberträger sein kann, geht schon allein daraus hervor, daß die Gewebe skorbutischer Tiere keine verminderte Gewebsatmung zeigen und daß man durch Zugabe von Ascorbinsäure zu solchen Organen keine Steigerung der Sauerstoffaufnahme bewirken kann. Eine Beteiligung der Ascorbinsäure ist mit Sicherheit in allen jenen Systemen ausgeschlossen, in denen Cocymase als Wasserstoffacceptor dient. Im übrigen sei darauf verwiesen, daß zwischen Ascorbinsäuregehalt der Organe und Umfang der Gewebsoxydation oder anaerober Glykolyse keine Korrelationen bestehen (Tab. 122).

Ascorbinsäure greift in den Stoffwechsel der aromatischen Aminosäuren ein. R. R. Sealock und H. E. Silberstein verfütterten an skorbutische Meerschweinchen täglich 0,5 g Tyrosin und beobachteten die Ausscheidung großer Mengen p-Oxyphenylbrenztraubensäure, p-Oxyphenylmilchsäure und Homogentisinsäure. Verabreichung von Ascorbinsäure bewirkte ein sofortiges Sistieren der Ausscheidung der genannten Stoffwechselprodukte. Das Auftreten derselben Substanzen im Harn von Säuglingen, die je 1 g Tyrosin oder Phenylalanin erhalten hatten, beschreiben S. Z. Levine, H. H. Gordon und E. Marples. Zulage von Ascorbinsäure beseitigte auch hier sofort die Ausscheidung der Substanzen. Nierenschnitte skorbutischer Tiere vermögen Dioxyphenylalanin sehr viel schlechter zu oxydieren, als Organschnitte gesunder Tiere (R. R. SEALOCK und T. HO LAN). In ausgedehnten Studien hat B. EKMAN nachgewiesen, daß die Ausscheidung der Harnfarbstoffe, die als „Urochrome" zusammengefaßt werden und die aus cyclischen Verbindungen entstehen, durch Zufuhr größerer Ascorbinsäuredosen gehemmt wird.

Neuerdings hat H. ABRAMSON wahrscheinlich gemacht, daß auch die Oxydation der stärker ungesättigten Fettsäuren (Linolensäure) im Skorbut vermindert ist. Ascorbinsäuremangel führt zu einer Verminderung der Aktivität von Esterasen und Phosphatasen in den Geweben.

Auffallend ist der hohe Ascorbinsäuregehalt mancher innersekretorischer Drüsen (Nebennierenrinde, Hypophyse, Corpus luteum). Vielleicht besteht eine physiologische Funktion der Ascorbinsäure darin, dem Adrenalin oder anderen leicht oxydablen Stoffen einen Oxydationsschutz zu verleihen.

Die Nahrungsascorbinsäure wird aus dem Dünndarm resorbiert. Manche Darmbakterien können Vitamin C zerstören. Ein erwachsener Mensch vermag etwa 4 g Ascorbinsäure zu speichern. Den höchsten Ascorbinsäuregehalt weisen die Nebennieren mit etwa 100—200 mg% auf. Relativ hohe Werte findet man in den Leukocyten. Nach den Versuchen von W. J. NUNGESTER und A. M. JAMES besteht eine Korrelation zwischen dem Gehalt der Leukocyten an Ascorbinsäure und ihrer Fähigkeit zu phagocytieren.

Tabelle 132. *Beziehungen zwischen Ascorbinsäurezufuhr und Ascorbinsäuregehalt von Plasma und Leukocyten beim Menschen.* (W. J. LINGBORNE und Mitarbeiter.)
Die Daten wurden an 100 Personen gewonnen.

Zufuhr mg/Tag	Ascorbinsäure mg%	
	Plasma	Leukocyten
8	0,18	11,9
23	0,20	12,9
78	0,79	24,2

Der Ascorbinsäuregehalt des Plasmas hängt von der Höhe der Zufuhr ab, wobei jedoch eine große individuelle Streubreite zu beobachten ist. Dieser Fragenkomplex ist von vielen Autoren untersucht worden; die Ergebnisse waren im großen und ganzen übereinstimmend.

Tabelle 133. *Einfluß der Ascorbinsäurezufuhr auf den Ascorbinsäuregehalt im Plasma des Menschen.* (M. L. DODDS und F. L. MCLEOD.)
41 weibliche Versuchspersonen wurden untersucht.

Zufuhr mg/Tag	mg% Ascorbinsäure im Plasma	
	Mittelwert	Streuung
32	0,48 ± 0,137	0,34—0,62
57	0,72 ± 0,210	0,51—0,93
82	0,93 ± 0,196	0,74—1,13
107	1,05 ± 0,170	0,88—1,22

Die Ausscheidung der Ascorbinsäure erfolgt im wesentlichen im Harn. Im Kot findet man nur geringe Mengen, etwa 5 mg pro Tag, außer bei Durchfällen. Geringe Mengen Ascorbinsäure werden auch im Schweiß ausgeschieden. Die Ausscheidung im Harn setzt einen gewissen Schwellenwert im Plasma voraus, der bei 1,1—1,8 mg% liegt. Unterhalb dieser Konzentration im Plasma wird nur sehr wenig ausgeschieden, Erreichung des Schwellenwertes bedingt einen steilen Anstieg. Der Schwellenwert ist individuell verschieden, aber auch bei ein und demselben Menschen großen Schwankungen unterworfen, z. B. bei mangelhafter

Vitaminversorgung herabgesetzt. Nach Applikation sehr großer Ascorbinsäuremengen findet man im Harn neben unveränderter Ascorbinsäure noch Diketogulonsäure und Oxalsäure als Zeichen, daß ein Teil des Vitamins irreversibel zerstört wird.

Über die Höhe des Ascorbinsäurebedarfs des Menschen bestehen auch heute noch weit auseinanderklaffende Anschauungen. Zur Ermittlung des Bedarfs hat man folgende Wege eingeschlagen:

1. Bestimmung der Capillarresistenz
2. Hautquaddeltest
3. Bestimmung der Ausscheidung
4. Bestimmung des Blutspiegels
5. Belastungsteste
6. Langfristige Ernährungsversuche.

Die Bestimmung der Capillarresistenz (Rumpel-Leede-Phänomen) durch Anlegen eines leichten Unterdrucks und Auszählung der dadurch entstehenden Petechien hat sich als kein brauchbarer Test erwiesen. Die Capillarresistenz ist von zu zahlreichen anderen Faktoren wie Alter, Jahreszeit, individuellen anatomischen Verhältnissen, Aufnahme von Medikamenten, Krankheiten u. a. m. abhängig.

Beim Hautquaddeltest injiziert man eine bekannte Menge Dichlorphenolindophenol intradermal und mißt die Entfärbungszeit. In vielen, gewissenhaft durchgeführten Untersuchungen an einer großen Anzahl von Versuchspersonen konnte jedoch keine signifikante Korrelation zwischen Entfärbungszeit, klinischem Zustand oder Ascorbinsäurespiegel im Blut oder Höhe der Ausscheidung festgestellt werden.

Eine einzelne Bestimmung der Höhe der Ascorbinsäureausscheidung im Harn erlaubt aus verschiedenen Gründen keine Entscheidung darüber, ob die Vitaminversorgung ausreichend ist. Die Ausscheidung im Harn ist von der zufälligen Aufnahme an dem betreffenden Tag abhängig. Weiterhin kann sie durch vielerlei exogene und endogene Faktoren beeinflußt werden, wie z. B. Eiweiß- und Fettgehalt der Nahrung, Lage des Säure-Basen-Gleichgewichts, Nierenfunktion u. a. m. Viele Medikamente (Salicylsäure, Atropin, Barbiturate, Sulfonamide, Östrogene) steigern die Ausscheidung. Auf die Inkonstanz der Nierenschwelle wurde schon in anderem Zusammenhang hingewiesen. Die Mehrzahl aller Untersucher steht heute auf dem Standpunkt, daß eine 25—40 mg/Tag übersteigende Ausscheidung als Zeichen einer ausreichenden Vitaminversorgung zu werten ist, daß man aber aus geringeren Ausscheidungsmengen nicht auf das Bestehen einer Avitaminose oder Hypovitaminose schließen darf, da erfahrungsgemäß viele Menschen bei bester Gesundheit wenig oder gar kein Vitamin C ausscheiden.

Ebensowenig aufschlußreich ist eine einzelne Blutuntersuchung. Hohe Ascorbinsäurewerte im Nüchternblut zeigen zwar immer eine hohe Zufuhr an, aber aus niederen Werten lassen sich keine bindenden Schlüsse ziehen. Schematische Einteilungen, wie sie vielfach in der Literatur niedergelegt worden sind (M. van Eekelen, A. Emmerie und L. K. Wolff; Neuweiler), sind gefährlich, weil ihre Bedeutung von Unkritischen leicht überschätzt wird. Es liegt viel beweisendes Material darüber vor, daß zahlreiche Menschen bei bester Gesundheit und Leistungsfähigkeit sehr niedere Ascorbinsäurewerte im Blut aufweisen, ohne daß irgendwelcher Verdacht begründet wäre, daß sie an einer Hypovitaminose leiden.

Bei den Belastungsversuchen wird die Ascorbinsäureausscheidung nach Verabreichung größerer Vitamindosen verfolgt. Man geht hierbei von der Voraussetzung aus, daß der Ascorbinsäurespiegel des Plasmas erst dann zur Höhe der Nierenschwelle ansteigt, wenn die Bedürfnisse der Gewebe befriedigt und sie mit Vitamin C „gesättigt“ sind. Zur praktischen Durchführung eines Belastungstests wurden schon viele Vorschriften mitgeteilt, die sich im wesentlichen nur hinsichtlich der Belastungsdosis (100—1000 mg) und zeitlichen Verfolgung der Ausscheidung unterscheiden. Alle derartigen Untersuchungen haben übereinstimmend ergeben, daß ein Mensch zur Aufrechterhaltung des Zustands der Sättigung mit Ascorbinsäure einer täglichen Zufuhr von 1,0—1,6 mg/kg bedarf. Ob eine derartig hohe Ascorbinsäuremenge auch den tatsächlichen Bedarf des Menschen darstellt, ist eine andere Frage. Es ist bisher noch nie bewiesen worden, daß volle Gesundheit und Leistungsfähigkeit nur beim Zustand der Sättigung mit Vitamin C bestehen und daß dieser als der physiologische Zustand zu betrachten ist. Große Reihenuntersuchungen haben ergeben, daß die Ascorbinsäurezufuhr für die überwältigende Mehrheit aller Menschen viel zu gering ist, um eine Sättigung mit dem Vitamin zu gewährleisten. Es ist heute auch noch unbekannt, bei welchem Grad an „Untersättigung" mit pathologischen Erscheinungen zu rechnen ist.

Ein anderer Weg zur Ermittlung des Bedarfs besteht darin, daß man in möglichst langfristigen Untersuchungen an vielen Versuchspersonen deren Gesundheitszustand bei bekannten Zufuhren von Ascorbinsäure beobachtet und die Auswirkungen von Zulagen oder Abstrichen von der Zufuhr verfolgt. Zur Heilung von schwerstem Skorbut genügen schon überraschend niedere Dosen; 10 mg pro Tag haben sich als ausreichend erwiesen. Im Tierexperiment kann man den Skorbut eines Meerschweinchens mit 0,5 mg Vitamin C heilen. Die genauere Untersuchung des Tieres ergibt aber, daß dadurch noch nicht alle Symptome der Avitaminose beseitigt sind, und daß man z. B. noch die typischen Veränderungen der Odontoblasten erkennen kann. Zur Behebung dieser letzten Zeichen des Vitaminmangels braucht man wesentlich höhere Dosen, etwa 2 mg und darüber für ein Meerschweinchen. Es ist anzunehmen, daß die Verhältnisse beim Menschen analog liegen, und daß mit einer beträchtlichen Spanne zwischen einer optimalen Vitaminzufuhr und der zur klinischen Heilung des Skorbuts erforderlichen Dosis zu rechnen ist.

Es liegen nun zahlreiche langfristige und an vielen Versuchspersonen durchgeführte Untersuchungen vor, aus denen man schließen kann, daß der Bedarf an Ascorbinsäure relativ gering ist und etwa 25—30 mg/Tag beträgt.

Während des Krieges war die Ascorbinsäurezufuhr in Großbritannien nur gering und lag im Mittel bei etwa 20—30 mg. Es ergab sich jedoch nicht der geringste Anhalt dafür, daß diese Zufuhr suboptimal war. E. R. BRANSBY und Mitarbeiter sahen bei 1242 Kindern und 213 Erwachsenen, denen sie längere Zeit hindurch eine Zulage von täglich 20 mg Vitamin C gaben, keinen Einfluß auf Gesundheit und Leistungsfähigkeit. W. P. STAMM, T. F. MACRAE und S. YUDKIN stellten fest, daß die Ascorbinsäurezufuhr bei der Royal Air Force lange Zeit hindurch nur 16,9—25,8 mg betrug; Zulagen von täglich 100—200 mg ließen jeden Effekt vermissen. G. DAHLBERG, A. ENGEL und H. RYDIN beobachteten 2500 Soldaten, deren einer Hälfte sie anfänglich 200 mg, später 50 mg/Tag zusätzlich gaben. Die andere Hälfte erhielt Scheintabletten ohne Ascorbinsäure. Irgendein Einfluß der erhöhten Zufuhr auf Gesundheit, Häufigkeit von Erkrankungen, insbesondere von Erkältungskrankheiten und Leistungsfähigkeit konnte nicht festgestellt werden. F. W. FOX und Mitarbeiter gaben einer Gruppe von 950 südafrikanischen Bergarbeitern 15—25 mg Ascorbinsäure und einer zweiten, gleich starken eine tägliche Zulage von 40 mg. Eine signifikante Differenz bezüglich Leistungsfähigkeit, Gesundheitszustand, Widerstandsfähigkeit gegen Infektionen, Zahnerkrankungen wurde nicht beobachtet. A. J. GLAZEBROOK und S. THOMPSON stellten eine Untersuchung von $1\frac{1}{2}$ Jahren Dauer an 1500 Insassen eines College an. 1100 Personen erhielten eine durch langes Kochen an Ascorbinsäure arm gemachte Ernährung, die nur etwa 15 mg Vitamin C enthielt.

335 Personen wurden bei einer Sättigung an Vitamin C gehalten. Auch diese Untersuchung ergab keinen signifikanten Unterschied zwischen den beiden Gruppen bezüglich Gesundheit, Anfälligkeit gegen Erkrankungen und Krankheitsdauer.

Von besonderem Interesse sind solche Untersuchungen, in denen experimentell Skorbut beim Menschen erzeugt wurde. Alle Versuche ergaben, daß Symptome des Ascorbinsäuremangels erst nach einer langen Zeit auftreten. In dem Versuch von H. RIETSCHEL und H. SCHICK waren nach 160 Tagen einer ascorbinsäurefreien Ernährung noch keine sicheren Symptome zu erkennen. J. H. CRANDON und C. H. LUND wiesen in ihrem Selbstversuch die ersten Symptome nach 132 Tagen auf. Von größtem Interesse ist ein in England durchgeführter Versuch[1], an dem 20 Versuchspersonen beteiligt waren. Sie waren in 3 Gruppen geteilt, die 0, 10 und 70 mg Ascorbinsäure/Tag/Person erhielten. Während die keine Ascorbinsäure erhaltenden Personen alle nach 190—240 Tagen an Skorbut erkrankten, ließen alle anderen, auch diejenigen, deren Vitamin-C-Zufuhr nur 10 mg betrug, keine klinisch nachweisbaren Zeichen eines Ascorbinsäuremangels erkennen. Nimmt man an, die Versuchspersonen seien vor Beginn des Versuchs mit Vitamin C gesättigt gewesen, und der Skorbut breche dann aus, wenn der Bestand des Organismus an Ascorbinsäure auf null abgefallen ist, und die mittlere Latenzzeit bis zur Erkrankung betrage 200 Tage, so kann der tägliche Umsatz höchstens 20 mg Ascorbinsäure betragen haben.

Aus den Berichten über Polarexpeditionen geht hervor, daß die Teilnehmer oft lange Zeit von einer an Vitamin C armen Kost lebten und dennoch gesund und leistungsfähig geblieben sind. Die am häufigsten zitierten Beispiele sind die Schlittenexpedition von NANSEN und JOHANNSEN und die Erfahrungen von STEFANSON (C. L. LIEB).

Diesen Befunden, die zeigen, daß eine Zufuhr von täglich 20—30 mg Ascorbinsäure ausreichend ist, um volle Gesundheit und Leistungsfähigkeit zu garantieren, stehen jedoch andere gegenüber, die auf einen höheren Bedarf an Vitamin C hinweisen. J. B. YOUMANS und Mitarbeiter stellten bei einer gründlichen Untersuchung von 1124 Personen fest, daß bei einer 30 mg unterschreitenden Aufnahme von Vitamin C immer unspezifische Zeichen eines Vitaminmangels nachweisbar waren. A. SCHEUNERT und Mitarbeiter führten einen 8 Monate währenden Großversuch an 4000 Personen eines Industriewerks durch, der eine deutliche und starke Senkung der Erkrankungsziffer ergab, wenn die Ascorbinsäurezufuhr 100 mg/Tag erreichte. Kleinere Zulagen in Höhe von 20 oder 50 mg waren wirkungslos.

Trotz dieser widersprechenden Mitteilungen muß man annehmen, daß der Mensch bei einer Ascorbinsäurezufuhr von 30 mg gesund und leistungsfähig sein kann. Ob eine Zufuhr in dieser Höhe allerdings schon das Optimum darstellt, ist unbewiesen; ebenso unbewiesen ist aber auch die Behauptung, der Zustand der Sättigung mit Vitamin C sei der optimale. Nimmt man vorsichtshalber an, die Sättigung mit Vitamin C sei erstrebenswert, so kommt man auf Ascorbinsäurezufuhren, wie sie vom National Research Council empfohlen werden (S. 211). Ob bei solchen höheren Dosen von Vitamin C nicht schon pharmakologische Eigenschaften der Substanz mit eine Rolle spielen, ist durchaus zu erwägen. Auf die Verwendung der Ascorbinsäure zu therapeutischen Zwecken soll im Rahmen einer Ernährungsphysiologie nicht eingegangen werden.

Der Bedarf an Vitamin C ist in der Gravidität, bei Infektionskrankheiten, gewerblichen Intoxikationen (z. B. Benzol oder Bleitetraäthyl) und in besonderem Maße bei Verbrennungen gesteigert. Die Bedeutung der Ascorbinsäure für die

[1] Medical Research in War. S. 108. London 1947; Lancet **1948** I, 853.

Anpassung an die Kälte und die Steigerung der Widerstandsfähigkeit gegen tiefe Temperaturen wurde von W. GRAB und K. LANG und L. P. DUJAL und M. THÉRIEN erwiesen.

In unserem Klima ist es nicht leicht, eine Kost zusammenzustellen, welche die Zufuhr der vom National Research Council empfohlenen Ascorbinsäuremenge ermöglicht. Statistische Erhebungen über die tatsächliche Vitaminaufnahme haben ergeben, daß sie zumeist, und zwar insbesondere bei den ärmeren Bevölkerungsschichten, weit hinter dem empfohlenen Standard zurückbleibt. Die Vitaminversorgung ist allgemein in den Frühlingsmonaten infolge des Mangels an frischen Gemüsen und Obst am schlechtesten. In dieser Jahreszeit pflegen auch die Ascorbinsäurewerte im Blut tiefer zu liegen als sonst. Bei uns ist die Kartoffel für die breite Masse der Bevölkerung der wichtigste Ascorbinsäureträger. Ihr Vitamingehalt ist zwar relativ gering, dafür werden aber große Mengen verzehrt. In Deutschland entfallen rund 50% der Ascorbinsäurezufuhr auf die Kartoffeln. Die Schwierigkeit, in unseren Breiten eine reichliche Zufuhr von Vitamin C mit der täglichen Nahrung zu erreichen, macht es wichtig, alle Maßnahmen zu ergreifen, die zu einer besseren Erhaltung des Vitamins bei der Lagerung, Konservierung und Zubereitung der Lebensmittel dienen.

o) Vitamin D.

Die Geschichte der Entdeckung des antirachitischen Vitamins ist außerordentlich interessant. Da sie hier nur in gedrängter Form dargestellt werden kann, sei auf den Aufsatz von DE RUDDER verwiesen.

Die zuerst als Vitamin D bezeichnete Substanz erwies sich als eine Molekülverbindung von Lumisterin mit dem eigentlichen Vitamin, das nach erfolgter Isolierung die Bezeichnung Vitamin D_2 erhielt. Später wurden noch weitere Stoffe von Vitamin D-Charakter gewonnen. Sie entstehen jeweils durch Bestrahlung des betreffenden Provitamins. Alle Sterine, die im Ring B eine Doppelbindung zwischen den C-Atomen 7 und 8 aufweisen, ergeben bei Bestrahlung mit UV-Licht unter Öffnung des Rings ein D Vitamin. Das physiologische D Vitamin ist das Vitamin D_3, das bei der Bestrahlung von 7-Dehydrocholesterin entsteht.

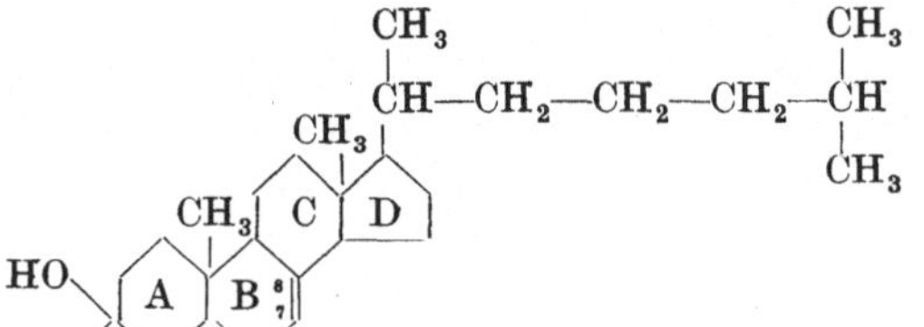

7-Dehydrocholesterin

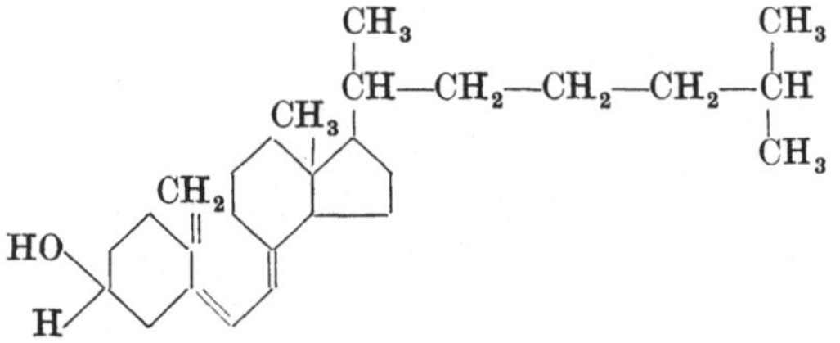

Vitamin D_3

Der Vitamin D-Gehalt von Substraten wird noch in internationalen Einheiten (IE) angegeben. Eine IE ist als 0,025 γ von reinstem D_2 definiert. Die Tab. 134 vermittelt eine Übersicht über die relative Wirksamkeit der wichtigsten D Vitamine.

Rachitis ist eine Erkrankung, die sich in einer Störung der normalen Verkalkung des wachsenden Knochens äußert, und geht mit einem veränderten Mineralstoffwechsel einher. Chemisch-analytisch findet man Veränderungen des

Gehalts des Blutes an Calcium und anorganischem Phosphat und eine Zunahme der alkalischen Phosphatase. Das Wesen der Wirkung von Vitamin D ist heute noch gänzlich unbekannt. Die Stoffwechselstörung ist nicht im Knochen selbst gelegen. Denn ein in das Serum eines gesunden Menschen eingelegter rachitischer Knochen verkalkt in durchaus normaler Weise. Versuche mit radioaktivem Ca^{45} weisen darauf hin, daß das antirachitische Vitamin die Resorption des Nahrungskalks verbessert; dasselbe wurde auch für das Phosphat nachgewiesen. Die zur Zeit plausibelste Annahme ist, daß die vermehrte Aufnahme von Kalk zu einer Erhöhung des Blutkalkspiegels und damit zu einer Herabsetzung der Aktivität der Nebenschilddrüsen führt, was wiederum zu einer Herabsetzung der Phosphatausscheidung durch die Nieren Anlaß gibt. Auf diese Weise werden dem verkalkenden Knochen die benötigten Mengen Mineralstoffe zugeführt. Es ist sehr wahrscheinlich, daß das Vitamin daneben aber noch eine direkte Wirkung auf den Knochen besitzt, die vielleicht in der Richtung zu suchen ist, daß an den Appositionsstellen die Bedingungen zur Ablagerung von Calciumphosphat verbessert werden. In neuester Zeit wurde auch zur Diskussion gestellt, ob das Vitamin nicht etwa den gebildeten Knochen vor der Wiederauflösung schütze (B. B. MIGICOVSKY und A. R. G. EMSLIE). Das Wesen der Rachitis bestände in diesem Falle in einer Entkalkung nach normaler Verkalkung.

Tabelle 134. *Relative Wirksamkeit von D-Vitaminen.*

Vitamin	Provitamin	Relative Wirksamkeit	
		Ratte	Küken
D_2	Ergosterin	100	100
D_3	7-Dehydrocholesterin	131	2500
D_4	22-Dehydroergosterin	10	200
D_5	7-Dehydrositosterin	3,5	—

Die Verkalkung des Knochens findet zwischen Diaphyse und Epiphyse statt. Die Hemmung der Verkalkung äußert sich in dem Verschwinden der normalen scharfen Trennungslinie zwischen beiden, da ein unverkalktes, osteoides Gewebe dazwischengeschoben wird. Die rachitische Knochenveränderung ist daher leicht im Röntgenbild zu erkennen. Die mangelhafte Verknöcherung ergibt eine veränderte chemische Zusammensetzung des Knochens. Knochen einer normalen Ratte enthalten etwa 45% Asche, die eines rachitischen Tiers wesentlich weniger, nämlich 35% und darunter. Der rachitische Knochen ist den üblichen Belastungen nicht gewachsen, so daß Verbiegungen, ja Brüche die Folge sind. Mangel an Vitamin D beeinflußt auch die Entwicklung der Zähne.

Rachitis läßt sich im Tierexperiment durch Verfütterung einer geeigneten Diätform erzeugen. Die zumeist verwendeten Kostformen sind reich an Calcium und arm an Phosphorsäure (Tab. 135).

Tabelle 135. *Kostformen zur Erzeugung experimenteller Rachitis bei Ratten.*

Diät 3143 von E. V. McCOLLUM und Mitarb.[1]		Diät 2965 von H. STEENBOCK und A. BLACK[2]	
Gelber Mais	33%	Gelber Mais	76%
Weizengluten	15%	Weizengluten	20%
Weizen	33%	Calciumcarbonat	3%
Gelatine	15%	NaCl	1%
Calciumcarbonat	3%		
NaCl	1%		

[1] J. Biol. Chem. **51**, 41 (1922).
[2] J. Biol. Chem. **64**, 263 (1925).

Die Ratte wird bei völligem Mangel an Vitamin D nur dann rachitisch, wenn sie ein Futter erhält, das eine ungünstige Relation Ca:P aufweist (das optimale Verhältnis ist für sie etwa 1,2:1). Beim Menschen kann Rachitis auch bei einer an Ca und P gut ausbalanzierten Kost auftreten. Ein günstiges Verhältnis von Ca:P wirkt sich allerdings in der benötigten Dosis an Vitamin D aus: Je günstiger die Relation ist, um so geringer wird der Vitaminbedarf.

Mensch und Säugetiere vermögen 7-Dehydrocholesterin zu bilden. Nach dem Transport in die Haut bzw. auf die Haut wird es dann dort durch Bestrahlung in Vitamin D_3 übergeführt. Alle strahlungsbeeinträchtigenden Momente (Glasfenster, Kleidung, Nebel und Staub in der Luft) setzen daher die Versorgung mit dem Vitamin herab. Die Aufnahme von Vitamin D mit der Nahrung ist im allgemeinen gering. Bemerkenswerterweise pflegt sie in höheren geographischen Breiten, in denen die Sonnenbestrahlung weniger ergiebig ist, durch Verzehr vitaminreicherer Nahrungsmittel größer zu sein. Die einzige reiche natürliche Quelle für Vitamin D sind Fischlebern. Interessant, aber gänzlich ungeklärt ist die Frage, woher die großen Vitamin D-Vorräte der Fische stammen, da die beiden Arten, auf die die anderen Tiere das Vitamin gewinnen, bei ihnen ausscheiden: ihre Nahrung (Plankton) ist frei an Vitamin D, und außerdem sind sie von jeder Bestrahlung ausgeschlossen.

Die physiologische Überführung des Provitamin in das eigentliche Vitamin in der Haut läßt sich bei Mensch und Tier leicht beweisen. Bestrahlt man stillende Mütter, so wird ihre Milch reicher an Vitamin D, und zwar an D_3. Gibt man ihnen aber bestrahlte Hefe, (die bekanntlich viel Ergosterin enthält), so scheiden sie in die Milch D_2 aus.

Vitamin D wird im Organismus rasch umgesetzt und inaktiviert. Injiziert man einer Ratte 100 IE (für das Tier eine sehr große Dosis), so findet man nach 24 Std nur noch etwa 25—33% der Dosis im Tier wieder. Küken inaktivieren D_2 wesentlich rascher als D_3. Nicht resorbiertes Vitamin D wird im Kot ausgeschieden. Wenn die Vitamin D-Bestände des Organismus nicht laufend ergänzt werden, tritt rasch eine Verarmung ein. Der Organismus vermag bei hoher Zufuhr große Mengen des antirachitischen Vitamins zu speichern. Die Hauptspeicherstätten sind Haut, Leber und Gehirn. Normalerweise enthält menschliches Blut etwa 60—160 IE in 100 cm^3. Durch Verabreichung hoher Vitamin D-Dosen kann man den Gehalt bis auf 10000 IE und darüber pro 100 cm^3 hinauftreiben.

Überdosierung von Vitamin D führt zu toxischen Erscheinungen. Die Toxicitätsgrenze liegt bei der Verabreichung von etwa 20000 IE pro kg Körpergewicht. Die wichtigsten Symptome der Hypervitaminose bestehen in Gewichtsabnahme, Erbrechen, Durchfall, Nierenschäden, Zunahme des Calciumgehalts des Blutes und Ablagerung von Kalk in die verschiedensten Organe.

Normalerweise sind Erwachsene auch in unseren klimatischen Verhältnissen nicht auf die Zufuhr des Vitamin D mit der Nahrung angewiesen. Über die Höhe der wünschenswerten Zufuhr für werdende und stillende Mütter sowie Kinder siehe die Tab. 129.

p) Vitamin E (Tocopherol).

Die Entdeckung von Vitamin E wurde durch die Beobachtung von H. M. Evans und K. S. Bishop ermöglicht, daß die Ratte zur Fortpflanzung einen fettlöslichen Faktor benötigt, der in Pflanzensamen vorhanden ist. 1936 gelang H. M. Evans und O. H. Emerson zuerst die Reindarstellung des Vitamins, das sich als Gemisch zweier homologer Verbindungen erwies, die α- und β-Tocopherol genannt wurden. Die Konstitutionsaufklärung und Synthese verdanken wir E. Fernholtz, W. John und P. KARRER. Die Konstitutionsspezifität des Vitamins ist gering. Zahlreiche andere Stoffe und nicht nur Homologe der Tocopherole, sondern auch Cumarane und Hydrochinone sind biologisch aktiv.

CH_3 H_2
HO— C
CH_2
CH_3
H_3C— C
O CH_2—CH_2—CH_2—CH—CH_2—CH_2—CH_2—CH—CH_2—CH_2—CH_2—CH—CH_3
CH_3 CH_3 CH_3 CH_3

a-Tocopherol.

CH_3 H_2
HO— C
CH_2
CH_3
C
O CH_2—CH_2—CH_2—CH—CH_2—CH_2—CH_2—CH—CH_2—CH_2—CH_2—CH—CH_3
CH_3 CH_3 CH_3 CH_3

β-Tocopherol.

Die erste bekannte Wirkung des Tocopherol war die auf die Fortpflanzung. Weibliche Ratten zeigen bei einer an Vitamin E armen Ernährung zunächst noch normalen Östrus; sie vermögen zu konzipieren, und die Feten wachsen bis etwa zum fünften Tage in normaler Weise heran. Bis zu diesem Tage ist es noch möglich, durch Verabreichung von Vitamin das Austragen der Feten zu erzielen. Späteres Einsetzen der Tocopherolmedikation ist wirkungslos. Nach dem fünften Tage der Trächtigkeit muß demnach irgendeine irreversible Veränderung unter dem Einfluß des Vitamin E-Mangels vor sich gegangen sein, die aber zunächst nicht nachweisbar ist. Nach dem achten Tage läßt sich eine deutliche Verzögerung der Entwicklung der Feten beobachten, die insbesondere die mesodermalen Strukturen betreffen. Das hämatopoetische System und die Capillaren bleiben unterentwickelt. Die mangelhafte Ausbildung der Eihäute und der blutbildenden Organe verursachen eine Unterentwicklung und Erstickung der Feten, die zumeist am 13. Tage eintritt. Die abgestorbenen Feten fallen dann der Resorption anheim. Lang fortgesetzter Tocopherolmangel bewirkt Störungen des Östrus und Unvermögen zu konzipieren.

Ernährt man junge männliche Ratten nach der Entwöhnung arm an Tocopherol, so werden sie zwischen dem 50. und 150. Tage steril. Werden sie schon von avitaminotischen Müttern gesäugt, so werden sie überhaupt nie fruchtbar. Im ersten Stadium der Unfruchtbarkeit lassen sich keinerlei pathologische Veränderungen des Spermas erkennen. Zu dieser Zeit kann noch ein Bruchteil der Tiere (bis zu 25%) durch Verabreichung von Tocopherol wieder fruchtbar gemacht werden. Länger dauernder Mangel an Vitamin E bewirkt dann Degeneration des Keimepithels der Testes. Der Geschlechtstrieb bleibt relativ lange erhalten, erlischt aber zuletzt auch.

Tocopherolmangel wirkt sich noch auf andere innersekretorische Drüsen, vor allem die Hypophyse aus, die anatomische und funktionelle Veränderungen aufweist. Ob sie primär auf das Fehlen des Vitamins zurückzuführen sind, oder sekundärer, vielleicht sogar nur zufälliger Art sind (etwa durch eine anderweitige Unstimmigkeit der Nahrung bedingt), ist noch Gegenstand von Kontroversen.

Ein weiteres typisches Symptom des Tocopherolmangels ist die Muskeldystrophie. Eine akute Dystrophie der Skeletmuskulatur läßt sich bei jungen, noch rasch wachsenden Ratten erzeugen, die aber nur schlecht auf Behandlung mit Vitamin E anspricht. Häufig werden spontane Remissionen beobachtet, mitunter treten plötzliche Todesfälle auf. Erwachsene Ratten reagieren mit einer sich langsam entwickelnden Muskeldystrophie, die mit Nervendegenerationen verbunden ist. Erwachsene Meerschweinchen oder Kaninchen erkranken rasch an einer Muskeldystrophie, die selten spontane Remissionen zeigt, gut auf die Vitaminbehandlung anspricht und nicht durch gleichzeitige Nervendegenerationen kompliziert ist. Die Heilung der Muskeldystrophie von Kaninchen hat sich daher als ein brauchbarer Test auf Vitamin E bewährt. Die anatomischen Veränderungen des Muskels gehen mit typischen chemischen einher: Zunahme des Gehalts an Na und Cl, Abnahme von K, P und Kreatin als Zeichen eines Schwunds der Muskelzellen. Die Muskeldystrophie führt zu einer Kreatinurie, welche der Schwere des Muskelschadens parallel geht und daher einen einfachen und gut brauchbaren Test für die Wirksamkeit von Tocopherolpräparaten abgibt. Die dystrophischen Muskeln zeigen erhöhte Sauerstoffaufnahme, deren Ursache noch nicht vollkommen geklärt ist. Vielleicht hängt sie damit zusammen, daß Tocopherol die Succinodehydrase und das die Cocymase hydrolysierende Ferment Diphosphopyridinnucleotidase hemmt (M. E. SPAULDING und W. L. GRAHAM).

Durch den Tocopherolmangel wird zum Teil auch die glatte Muskulatur mitbetroffen, so z. B. die Muskulatur von Uterus, Ureter und Samenblasen. Die Uterusmuskulatur weist eine Verfärbung auf, die durch Ansammlung von kleinen gelben Pigmentkörnchen in den Zellen bedingt ist. Das Pigment, das im UV-Licht gelb-braun fluoresciert, stammt anscheinend aus Eiweiß, vielleicht aus Tryptophan (T. MOORE und Y. L. WANG). Die glatte Muskulatur der Blase und des Verdauungstrakts wird durch Tocopherolmangel nicht in Mitleidenschaft gezogen.

Die Wirkungen der Tocopherole auf das Nervensystem sind heute noch nicht eindeutig übersehbar. Sicher ist nachgewiesen, daß bei dystrophischen Tieren (Meerschweinchen, Kaninchen, Ratten und Mäuse) keine Veränderungen von Rückenmark, peripheren Nerven und motorischen Endplatten zu beobachten sind. Ratten weisen bei schwerstem Tocopherolmangel mitunter Paralysen auf. Manche Autoren haben in diesen Fällen anatomische Veränderungen des Zentralnervensystems, andere Untersucher jedoch nichts gesehen.

Hühner reagieren auf Tocopherolmangel in erster Linie mit einer Dysfunktion des Gefäßsystems, die sich in zwei charakteristischen Symptomen äußert: der Ernährungsencephalomalacie und einer ernährungsmäßig bedingten exsudativen Diathese. Erstere ist durch plötzliches Auftreten von Ataxie, Tremor und Retraktion des Kopfes charakterisiert. Man findet lokale Ödeme, Hämorrhagien, Capillarthrombosen und Zellnekrosen im Kleinhirn, die primär durch Zirkulationsstörungen bedingt sind. Die exsudative Diathese äußert sich in Anhäufung einer plasmaähnlichen Flüssigkeit im subcutanen Gewebe und in der Muskulatur, mitunter auch im Perikard und Peritoneum.

Wie man sieht, beantworten die einzelnen Tierarten den Tocopherolmangel nicht in derselben Weise:

Ratte: Frühsymptom ist die Sterilität beider Geschlechter. Daneben findet man eine Dystrophie der quergestreiften und glatten Muskulatur sowie Veränderungen im Zentralnervensystem.

Maus: Nur weibliche Tiere werden steril. Die Muskeldystrophie tritt nur in den ersten Lebensmonaten auf und wird nicht hochgradig. Glatte Muskulatur und Nervensystem werden nicht betroffen.

Meerschweinchen und Kaninchen: Frühes und dominierendes Symptom ist die Muskeldystrophie. Resorptionssterilität und Degeneration der Testes können vorkommen.

Hund: Tocopherolmangel bewirkt Muskeldystrophie und Testesdegeneration.

Huhn: Die Mangelsymptome bestehen in exsudativer Diathese und Encephalomalacie.

Es ist heute noch nicht möglich, alle beobachteten Ausfallserscheinungen auf eine grundlegende biochemische Eigenschaft des Vitamins zurückzuführen. Die Fähigkeit der Tocopherole, als Antioxydantien zu wirken, stellt sicherlich nicht ihre primäre Funktion für den Organismus dar. Zwischen der biologischen Wirksamkeit und der antioxydativen Kraft der einzelnen Tocopherole besteht keine Parallelität. Man kann auch nicht die Tocopherole im Tierkörper durch andere Antioxydantien ersetzen. Einige Wirkungen des Vitamins beruhen jedoch eindeutig auf der antioxydativen Kraft. Tocopherol übt auf das Vitamin A bzw. Carotin einen Oxydationsschutz aus und ist daher ein wesentlicher Faktor für die Versorgung des Organismus mit diesem Vitamin. Vitamin E-Mangeltiere vermögen nur wenig Vitamin A in ihrer Leber zu speichern und verlieren ihre Vorräte an Vitamin A rascher als andere Tiere. Umgekehrt wird aber anscheinend auch die Wirkung von Tocopherol durch eine gleichzeitige Gabe von Vitamin A verbessert, so daß also zwischen den beiden Vitaminen ein vollkommener Synergismus herrscht.

Tocopherol verbessert die Wirkung der essentiellen Fettsäuren, wenn sie in einer suboptimalen Dosis gegeben werden. Führt man sie reichlich zu, so wird der Tocopheroleffekt praktisch null. Offensichtlich vermag das Tier die essentiellen Fettsäuren unter dem Einfluß des Vitamin E besser zu verwerten, was wohl auch mit der antioxydativen Eigenschaft des Vitamins zusammenhängen dürfte.

Vitamin E ist auch sonst noch mit dem Fettstoffwechsel verknüpft. Es verbessert bei manchen Tieren, z. B. Schweinen, die Ablagerung von Körperfett. Der Bedarf an Tocopherol steigt mit zunehmendem Fettgehalt der Nahrung an. Eine viel Fett enthaltende Nahrung wirkt sich bekanntlich ungünstig auf die Resistenz gegen Sauerstoffmangel aus. Zulagen von Tocopherol verbessern die Höhenresistenz fettreich ernährter Tiere.

Tocopherol vergrößert bei einer niederen Eiweißzufuhr die Verwertbarkeit des Proteins für das Wachstum (E. L. Hove und P. L. Harris). Weiterhin schützt es Ratten gegen das Auftreten von Leberschäden durch Tetrachlorkohlenstoff bei kleinen Eiweißgaben (10% Casein). Bei reichlicher Eiweißzufuhr (22% Casein) ist dieser Effekt nicht mehr nachweisbar. In diesem Test läßt sich aber das Vitamin E durch mancherlei Substanzen ersetzen; am wirksamsten waren Methionin und Theophyllin. Über die Verhütung anderer alimentärer Leberschäden hat K. Schwarz berichtet.

Normal ernährte Menschen haben einen Vitamin E-Gehalt des Blutes von 0,60—1,60 mg%; die meisten Werte liegen zwischen 0,95 und 1,20 mg%. Der Blutspiegel läßt sich durch Verfütterung sehr hoher Vitamindosen auf über 2 mg% hinauftreiben. In der Schwangerschaft steigt der Tocopherolgehalt des Bluts physiologischerweise bis auf etwa 1,80 mg% an.

Untersuchungen von Rattenorganen haben ergeben, daß Tocopherol bei hoher Zufuhr stärker in der Leber als in der Muskulatur gespeichert wird. Jedoch ist das Speicherungsvermögen, gemessen an dem für die anderen fettlöslichen Vitamine, nur gering. Den höchsten Tocopherolgehalt weist die Mamma auf. Ein großer Teil des im Überschuß aufgenommenen Vitamin E wird auf eine bisher noch unbekannte Weise zerstört. Im Kot findet man bis zu 25% der verabfolgten Dosis wieder. Der Harn ist auch bei den höchsten Zufuhren frei von Vitamin E.

Neugeborene Tiere enthalten in ihren Organen nur außerordentlich geringe Mengen Tocopherol. Ihre Vorräte beginnen aber schon 24—48 Std nach Beginn des Saugens rasch zu steigen.

Der Bedarf an Tocopherol beträgt für Kaninchen zur Verhütung der Muskeldystrophie 0,7—1,0 mg/kg/Tag. Ratten benötigen zur normalen Fortpflanzung 0,85—1,5 mg pro Tag; bei fettreichem Futter muß die doppelte Vitaminmenge gegeben werden. Mit 0,1 mg Tocopherol kann man Ratten zwar vor dem Entstehen einer Muskeldystrophie schützen, die Fortpflanzungsfähigkeit ist aber dann stark eingeschränkt, und die saugenden Jungen erkranken an Muskeldystrophie. Die genannten Zahlen beziehen sich auf die Verabreichung per os, bei der das Vitamin wesentlich wirksamer ist, als bei subcutaner oder intraperitonealer Injektion.

Ob Tocopherol auch für den Menschen eine Bedeutung hat, ist noch nicht erwiesen. Eine einwandfrei gesicherte E-Avitaminose wurde noch nie beobachtet. Es ist aber mindestens recht wahrscheinlich, daß auch der Mensch auf dieses Vitamin angewiesen ist. Rechnet man die Tierdosen auf den Menschen um, so kommt man auf einen Tagesbedarf in der Größenordnung von 30 mg. Die derzeitige amerikanische Ernährung vermittelt eine Aufnahme von etwa 15mg. Vitamin E ist in den Nahrungsmitteln sehr ungleich verteilt, so daß im Einzelfall große Abweichungen vom Mittelwert zu erwarten sind. Man kann vermuten, daß für viele Menschen die Aufnahme von Tocopherol suboptimal ist oder zum mindesten nahe an der Grenze zum Suboptimalen liegt. Bei Fortpflanzungsstörungen und Muskeldegenerationen wird vielfach von Tocoperol therapeutischer Gebrauch gemacht.

q) Vitamin K.

Den ersten Hinweis, daß ein Nahrungsfaktor Ursache von Hämorrhagien bei Hühnern ist, verdanken wir H. DAM. Dem zuerst aus pflanzlichem Material (Alfalfa) isolierten Vitamin K_1 (H. DAM, J. GLAVIND, P. KARRER und Mitarbeiter) folgte bald eine zweite, Vitamin K_2 genannte Substanz aus tierischem Material (Fischmehl) (DOISY und Mitarbeiter).

O
‖
—CH_3
—CH_2—CH = C—CH_2—CH_2—CH_2—CH—CH_2—CH_2—CH_2—CH—CH_2—CH_2—CH_2—CH—CH_3
‖
O
CH_3 CH_3 CH_3 CH_3

Vitamin K_1
(2-Methyl-3-phytyl-1,4-naphthochinon.)

In der Folgezeit wurde eine große Anzahl antihämorrhagisch wirkender natürlicher und synthetischer Stoffe aufgefunden, und zwar nicht nur Derivate des 1,4-Naphthochinon bzw. -hydrochinon. Interessant ist der Umstand, daß Phthiocol (2-Methyl-3-oxy-1,4-naphthochinon), ein gelber Farbstoff, der von Tuberkelbacillen gebildet wird, zu den K-Vitaminen gehört. In neuerer Zeit sind eine Reihe wasserlöslicher Vitamin K-Präparate dargestellt worden.

Vitamin K ist für den normalen Ablauf der Blutgerinnung unerläßlich. Es wird zur Bildung des Prothrombin in der Leber benötigt. Der feinere Mechanismus seiner Beteiligung bei diesem Vorgang ist noch unbekannt. Sicher feststehend ist nur, daß Vitamin K nicht in das Molekül des Prothrombin eingebaut wird. Beim Mangel an Vitamin K ist der Prothrombingehalt des Bluts erniedrigt. Als Test für das Vitamin dient die Bestimmung der Prothrombinzeit. Der erwähnte Wirkungsmechanismus des Vitamins läßt es verständlich erscheinen, daß es in vitro nicht auf die Blutgerinnung einwirkt.

Dicumarol, eine zuerst aus dem Süßklee isolierte Substanz, die deswegen aufgefallen war, weil sie bei Rindern hämorrhagische Zustände erzeugt, ist im wesentlichen ein Antagonist des Vitamin K. Dicumarol hemmt die Bildung von Prothrombin in der Leber.

Es hat heute eine große Anwendung als Prophylaktikum bei Gefahr von Thrombosen gefunden.

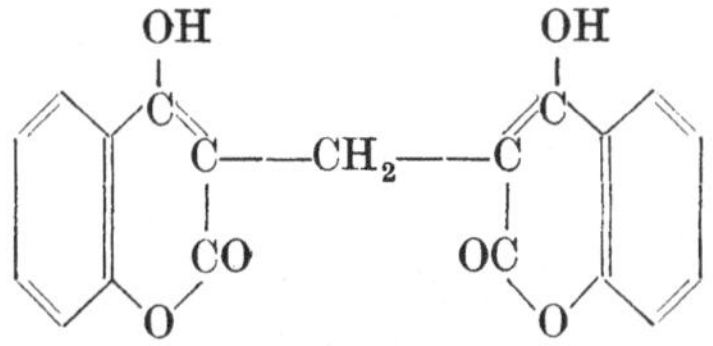

OH OH

C C

C—CH_2—C

CO OC

O O

Dicumarol.

Vitamin K wird in der Leber gespeichert, jedoch nicht in dem großen Ausmaß wie die anderen fettlöslichen Vitamine. Schon ein achttägiges Sistieren der Zufuhr bewirkt einen Verbrauch der Vorräte, so daß schwerere Hypoprothrombinämien entstehen können. Da die K-Vitamine die Placenta nicht zu durchdringen vermögen, haben Neugeborene praktisch keine Reserven an Vitamin K.

Die im Dickdarm befindlichen Bakterien synthetisieren Vitamin K in solchem Umfang, daß Mensch und Tiere von einer Vitaminzufuhr unabhängig sind. Die Vögel machen jedoch eine Ausnahme. Ihr Dickdarm ist kurz und die Vitaminresorption daher unbedeutend. Sie sind daher auf die Zufuhr von Vitamin K mit der Nahrung angewiesen und erkranken an einer Avitaminose, wenn die Zufuhr ausbleibt. Schädigt man bei Säugetieren die Darmbakterien durch Verabreichung von Sulfasuccidin, so kann man dann auch bei ihnen durch eine an Vitamin K arme Kost eine Avitaminose hervorrufen. Säuglinge haben in den ersten Lebenstagen noch keine bakterielle Darmflora und verfügen überdies über keine Reserven an Vitamin K. Sie weisen daher einen verminderten Prothrombingehalt des Bluts auf, der zu Hämorrhagien Anlaß geben kann.

Erwachsene Menschen sind im allgemeinen infolge der Synthese durch die Darmbakterien und der Zufuhr mit der Nahrung reichlich mit Vitamin K versorgt. In einzelnen, wenigen Fällen ist jedoch auch beim Erwachsenen ein Mangelzustand an Vitamin K beobachtet worden.

Zur Verhütung der Hypoprothrombinämie der Neugeborenen benötigt man etwa 2—5 mg proTag. Die Tageszufuhr mit der Muttermilch beträgt etwa 20—40γ.

Die natürlichen K Vitamine (K_1 und K_2) sind praktisch ungiftig. Dosen von 25 g/kg wurden von Hühnern und Mäusen symptomenlos vertragen. Auch andere Substanzen mit Vitamin K-Wirkung sind relativ ungiftig. Die L. $D._{50}$ von 2-Methylnaphthochinon beträgt bei Verabreichung per os bei Mäusen 200—500 mg/kg. Die toxischen Symptome bestehen in Methämoglobinbildung, Anämie, Krämpfen und Atemlähmung.

r) Vitamin P.

A. Szent-Györgyi und Mitarbeiter hatten die Beobachtung gemacht, daß Extrakte aus Citronen oder Paprika einen besseren Effekt bei den durch Mangel an Vitamin C hervorgerufenen Hämorrhagien hatten, als reine Acsorbinsäure. Sie folgerten daraus die Existenz eines die Permeabilität beeinflussenden Faktors, den sie Vitamin P nannten. Dieser Faktor erwies sich weiterhin als fähig, die vergrößerte Durchlässigkeit von Membranen, wie sie bei der Entstehung von Ödemen oder Transsudaten besteht, wieder auf die Norm zu bringen. Szent-Györgyi und Mitarbeiter isolierten aus ihren Extrakten eine Citrin genannte Substanz, die sich als ein Gemisch zweier Flavonolglucoside Hesperidin und

Eriodictin erwies. S. S. ZILVA und nach ihm noch andere Untersucher fanden jedoch Hesperidin und Eriodictin stets als im Sinne eines Permeabilitätsvitamins inaktiv. Andererseits mehrten sich die Hinweise, daß in Citrusfrüchten und anderem pflanzlichen Material tatsächlich ein Faktor enthalten ist, welcher die Permeabilität lebender Membranen beeinflußt und die Capillarresistenz erhöht.

In neuerer Zeit wurde von amerikanischen Autoren festgestellt, daß Rutin, ein dem Eriodictin nahestehendes, gelbes Glucosid, das in der Schale von Citrusfrüchten, ferner in Wurzeln, Stengeln, Blüten und Früchten vieler Pflanzen enthalten ist, alle Eigenschaften des postulierten Vitamin P aufweist: Gaben von Rutin bewirken eine Verminderung der Permeabilität tierischer Membranen und eine Erhöhung der Capillarresistenz. Über die erfolgreiche klinische Verwendung des Rutin liegt heute schon eine reichhaltige Literatur vor, bezüglich der auf den zusammenfassenden Aufsatz von J. KÜHNAU verwiesen sei. G. KUSCHINSKY verdanken wir einen einfachen, leicht reproduzierbaren Test auf Rutin: die Beeinflussung der Ödembildung bei der künstlichen Durchströmung der hinteren Extremität von Fröschen oder Mäusen.

Der Mechanismus der Rutinwirkung ist noch unbekannt. KÜHNAU diskutiert die Frage, ob die Wirkung des Rutin mit seiner Fähigkeit zusammenhänge, als Redoxsystem zu wirken. Quercetin läßt sich nämlich leicht zu seinem Chinon dehydrieren. Einen interessanten Befund haben G. J. MARTIN und Mitarbeiter erhoben. Sie fanden, daß Rutin und andere Flavonole die enzymatische Decarboxylierung von Histidin hemmen, einer Bildung von Histamin also entgegen wirken.

Rutin wird vom tierischen Organismus rasch zu noch nicht identifizierten Stoffwechselprodukten umgesetzt. Beim Menschen wird es zu therapeutischen Zwecken in Tagesdosen von 60—400 mg angewandt. Ob Rutin tatsächlich das „physiologische" Permeabilitätsvitamin ist, läßt sich heute noch nicht entscheiden.

```
                                      OH
        /\   O  ¬                    /
HO—  |    |/ \ C—   /‾‾‾‾\  —OH
      |    |    ||    \____/
      |    |    C
       \/ \ C /   \
       OH    O      O
                    |                         |‾‾‾‾‾‾‾‾‾‾‾‾|
               H—C‾‾‾‾‾‾|      |‾‾‾‾‾‾‾‾ C—H          |
                    |          |      |          |            |
               H—C—OH    |      |    H—C—OH       |
                    |          |      |          |            |
              HO—C—H      O      |    H—C—OH       O
                    |          |      |          |            |
               H—C—OH    |      O   HO—C—H        |
                    |          |      |          |            |
               H—C______|      |    H—C__________|
                    |                 |          |
                    CH2_______________|          CH3
```

Rutin (Quercetin-rutinosid).

IX. Erzeugung von Leberschäden durch die Ernährung.

Man kennt zwei Arten von ernährungsmäßig bedingten Schäden der Leber:

1. Leberverfettung, die bei schwereren Fällen und längerer Dauer in eine Cirrhose übergeht.

2. Lebernekrosen, ähnlich dem Bild der akuten gelben Leberatrophie.

Leberverfettung entsteht dann, wenn eine eiweißarme, cholinarme und gleichzeitig fettreiche Diät verfüttert wird. Es gibt eine Reihe von Substanzen, welche einer Fettablagerung in die Leber entgegenwirken; man nennt sie *„lipotrope Stoffe"*. Die wichtigsten lipotropen Stoffe sind Cholin und Methionin; die letztgenannte Substanz hat diesen Effekt, weil sie die zur Bildung von Cholin benötigten Methylgruppen liefert. Diätformen, die viel biologisch hochwertiges Eiweiß enthalten, verhüten die Ausbildung von Fettlebern. Cholin dient in den Organen zum Aufbau von Phosphatiden, die zum Transport von Fett benötigt werden. Cholinmangel macht daher den Abtransport von Fett unmöglich. Näheres über die Cholinwirkung siehe S. 231. Außer Cholin und Methionin entfalten noch andere Substanzen lipotrope Effekte, so z. B. Pyridoxin, Inosit, Coffein und manche Steroidhormone (Östron und Östradiol) (P. GYÖRGY und C. S. ROSS). Inosit wirkt nur bei fettarmen Diätformen lipotrop und dürfte unter physiologischen Bedingungen kein wichtiger lipotroper Faktor sein. Man hat früher im Pankreas die Existenz eines der Verfettung der Leber entgegenwirkenden Faktors („lipocaic factor") angenommen. Neuere Untersuchungen machen jedoch wahrscheinlich, daß die lipotrope Wirkung von Pankreasextrakten allein auf ihren Cholingehalt zurückzuführen ist (A. N. WICK).

Tabelle 136. *Die lipotrope Wirkung von Cholin und Methionin bei Ratten.*
(Versuche von C. R. TREADWELL.)

Gehalt des Futters pro 100 g		Fettgehalt der Leber % des Feuchtgewichts
mg Cholin	mg Methionin	
0	500	24,7
0	700	18,8
0	1000	14,9
0	1200	8,9
100	500	7,0
200	500	6,6

Methionin hat jedoch im Organismus nicht nur die eine Aufgabe, Methylgruppen zum Aufbau von Cholin beizusteuern. Es hat noch andere wichtige Funktionen: es dient als Baustein von Körpereiweiß und liefert den Schwefel zur Bildung von Cystin und anderen S-haltigen Verbindungen. Manche Beobachtungen sprechen dafür, daß der Organismus diese Funktionen des Methionin für wichtiger erachtet und Methionin zur Bildung von Cholin erst dann freigibt, wenn die anderweitigen Bedürfnisse befriedigt sind.

Die Nahrung enthält aber auch Stoffe, welche eine Fettablagerung in der Leber begünstigen, die sogenannten *„alipotropen Faktoren"*. Zu ihnen gehören Cystin und einige B-Vitamine (Aneurin, Lactoflavin, Pantothensäure und Biotin). Vielleicht ist ihr alipotroper Effekt nur indirekter Art und lediglich dadurch bedingt, daß sie das Wachstum der Tiere verbessern und dadurch einen relativen Cholinmangel erzeugen (W. H. GRIFFITH). Nach neueren Befunden von C. H. TREADWELL ist aber diese Erklärung unzutreffend.

Besteht eine hochgradige Leberverfettung längere Zeit, so geht sie in eine Cirrhose über, welche ein der menschlichen Lebercirrhose ähnliches Bild bietet. Man nimmt an, daß die Entstehung der Cirrhose mit der durch die Vergrößerung der Leberzellen bewirkten Zirkulationsstörung zusammenhängt. Lebercirrhose tritt bei Ratten auf, wenn die Verfettung 300—400 Tage besteht; bei Hunden benötigt die Ausbildung 2—4 Jahre. Die Cirrhose läßt sich häufig durch Verabreichung lipotroper Stoffe heilen.

Lebernekrosen entstehen durch Verfütterung einer Diät, die arm an den S-haltigen Aminosäuren ist (P. GYÖRGY und H. GOLDBLATT), und zwar innerhalb einer erstaunlich kurzen Zeit. Man kann schwere Lebernekrosen bei Ratten schon nach 20—25 Tagen beobachten. Die Tiere überleben derartige Diätformen meist nur 4—6 Wochen. Bei der Verhütung der Lebernekrosen durch Methionin spielt im Gegensatz zu den Verhältnissen bei der Leberverfettung die Methylgruppe der Aminosäure keine Rolle. Methionin läßt sich infolgedessen durch Homocystein oder Cystin ersetzen. L. E. GLYNN und Mitarbeiter ernährten beispielsweise Ratten an Stelle von Eiweiß mit einem Aminosäuregemisch, das kein Methionin enthielt. Die dadurch erzeugten Lebernekrosen ließen sich durch die Verabreichung von 60 mg Cystin pro Tag verhüten. Bei vollständigem Nahrungsentzug entstehen keine Lebernekrosen. Die durch Abbau von Körpereiweiß frei werdenden S-haltigen Aminosäuren reichen aus, das Auftreten der Lebernekrosen zu verhüten. Verschiedene Autoren haben durch Verfütterung von Diätformen, die reich an Hefeeiweiß sind, Lebernekrosen erzeugt (S. 268).

Cystin kann dreierlei Wirkungen auf die Leber entfalten:

1. Eine alipotrope. Diese Wirkung ist der des Methionin entgegengesetzt.
2. Eine Nekrosen verhütende. Hier wirkt es dem Methionin gleichsinnig.
3. Eine toxische. Sie erfordert die Verabreichung unphysiologisch hoher, etwa das 10- bis 100fache der Norm betragender Dosen. Unter diesen Umständen führt Cystin zu einer Vergiftung der Leberzellen, was sich in isolierten Nekrosen äußert, die mit der Zeit in Cirrhosen übergehen, wobei ein Bild entsteht, das man nach der Einwirkung typischer Lebergifte, wie Chloroform, Tetrachlorkohlenstoff, gelber Phosphor, Trinitrotoluol, zu sehen pflegt. Diese toxische Wirkung des Cystin läßt sich durch Verabreichung von Cholin nicht aufheben.

Die Schutzwirkung der S-haltigen Aminosäuren und lipotropen Stoffe auf die Leber hat naturgemäß zu Untersuchungen Anlaß gegeben, ob diese Substanzen auch bei der Schädigung der Leber durch die typischen Lebergifte wirksam sind. Die bisherigen Untersuchungen lassen vermuten, daß die einzelnen Lebergifte verschiedenartige Beziehungen zum Stoffwechsel der S-haltigen Aminosäuren besitzen. Da jedoch diese Frage ebensowenig wie das Problem der Verwendung lipotroper Stoffe zur Therapie von Lebererkrankungen in den Rahmen einer Ernährungsphysiologie gehört, sei in dieser Beziehung auf die einschlägige Literatur, insbesondere auf den zusammenfassenden Bericht von E. GLYNN verwiesen.

Viele Veröffentlichungen haben gezeigt, daß schlecht ernährte Menschen zu Leberaffektionen neigen. Dabei sind Leberverfettungen häufiger beobachtet worden als Nekrosen. Eine Diskussion dieses Fragenkomplexes findet man Lancet **1948,** S. 221.

X. Ernährung, Fortpflanzung und Lebensdauer.

Die Fortpflanzungsfähigkeit ist in hohem Maße von der Güte der Ernährung abhängig. Schon der Beginn der Pubertät kann alimentär beeinflußt werden: bei einer guten Ernährung wird er durch schnelleres Wachstum und bessere Entwicklung vorverlegt, durch schlechte Ernährung hinausgeschoben. Der Eintritt der Pubertät ist hormonal bedingt, und zwar im wesentlichen durch das Wachstumshormon und das gonadotrope Hormon des Hypophysenvorderlappens. Tierversuche haben erwiesen, daß eine gute Ernährung die Anzahl der angelegten Eier im Ovar vergrößert. Die Zahl der befruchteten Eier hängt von der Lebensfähigkeit der Spermatocyten ab, und man kann annehmen, daß letztere wiederum von der Ernährung des Männchens beeinflußt wird. Die Spermatogenese bedingt für den Organismus keine große Stoffausgabe.

Die Schwangerschaft bringt verständlicherweise einen erhöhten Nahrungsbedarf mit sich. Der Fetus, die Placenta und andere mütterliche Gewebe müssen aufgebaut werden. Häufig kommen Resorptionsstörungen, vor allem in der ersten Hälfte der Schwangerschaft hinzu. Viele eingehende Untersuchungen haben erwiesen, daß die Güte der Ernährung während der Schwangerschaft für die Gesundheit von Mutter und Kind von ausschlaggebender Bedeutung ist. Bei guter Ernährung der Mutter findet man weniger Komplikationen bei der Geburt, weniger Fälle von Toxämie und einen besseren Zustand des Neugeborenen (Tab. 137).

Tabelle 137. *Ernährungsverhältnisse der Mutter und Gesundheitszustand des Neugeborenen* (B. S. BURKE und Mitarb.).

Gesundheitszustand des Neugeborenen	Ernährungsverhältnisse der Mutter		
	gut	mittel	schlecht
Sehr gut	42%	6 %	3%
Gut	52	44 5	6
Mäßig	3	44 5	25
Schlecht	3	5	67

C. S. CAMERON und S. GRAHAM stellten eine Untersuchung über die Ernährung von Müttern, von Totgeburten, Frühgeburten und Normalgeburten an. Sie stellten fest, daß die Gruppe von Frauen mit Normalgeburten die günstigsten Ernährungsverhältnisse, und zwar insbesondere bezüglich Eiweiß, Calcium und Phosphorsäure aufwiesen.

Länge und Gewicht des Neugeborenen sind von der Höhe der Eiweißzufuhr in den späteren Monaten der Gravidität abhängig (Tab. 138).

Tabelle 138. *Abhängigkeit des Geburtsgewichts und Körperlänge von der Höhe der Eiweißzufuhr* (B. S. BURKE).
Das Geburtsgewicht ist in pounds und Unzen ausgedrückt.

	Tägliche Eiweißzufuhr der Mutter in g					
	unter 45	45–54	55–64	65–74	75–85	über 85
Knaben Gewicht	6,8	7,0	7,7	8,0	8,5	9,2
„ Länge cm	47,6	49,3	50,2	51,4	52,0	53,3
Mädchen Gewicht	5,14	6,14	7,8	7,12	8,1	8,8
„ Länge cm	46,8	48,7	49,9	50,3	51,4	52,4

Vom September 1944 bis Mai 1945 waren die Ernährungsverhältnisse in Holland außerordentlich schlecht. Während dieser Zeit fiel das Geburtsgewicht im Mittel um 240 g ab, stieg aber sofort wieder an, als die Ernährung besser wurde. Eine statistisch gesicherte Zunahme an Totgeburten, Früh- und Fehlgeburten, ferner von Mißbildungen wurde nicht beobachtet. 50% aller Frauen wurden amenorrhoisch und die Konzeptionsrate fiel auf etwa $^1/_3$ der Norm ab. — Besonders trostlose Verhältnisse herrschten in dem belagerten Leningrad. Nach A. J. ANTONOW stieg die Zahl der Totgeburten auf das Doppelte an. Noch stärker war die Zunahme der Frühgeburten, die 41,2% aller Geburten erreichte. Die Sterblichkeit der Neugeborenen war mit 21,2% außerordentlich hoch. Die Konzeptionsrate fiel steil ab.

In der Gravidität wird mehr N retiniert, als die Bildung des Fetus und der mütterlichen Adnexe verlangt. Hierfür würden etwa insgesamt 800—900 g Protein benötigt. Unter günstigen Umständen werden aber 1200—2500 g Eiweiß gespeichert. Der Eiweißbedarf ist somit in den letzten Monaten der Gravidität um 10—20 g pro Tag erhöht. Kurz vor der Geburt setzt dann eine erhebliche

N-Abgabe ein. Hinzu kommen dann die N-Verluste unter der Geburt. Auch die Retention von Mineralstoffen, und zwar insbesondere Calcium und Phosphat, ist in der Gravidität größer, als dem Bedarf des Fetus und der Adnexe entspricht. Rund $^2/_3$ der in einem reifen Kind enthaltenen Menge an Ca und P werden in den beiden letzten Monaten der Gravidität abgelagert. Diese Zahlen erweisen die günstigen Wirkungen einer hohen Milchzufuhr an Gravide.

Der günstige Einfluß einer reichlichen Eiweißzufuhr auf die Fortpflanzung ergibt sich in deutlicher Weise aus einem Versuch von H. C. SHERMAN und C. S. PEARSON (Tab. 139).

Tabelle 139. *Einfluß der Erhöhung der Eiweißzufuhr auf die Fortpflanzung* (H. C. SHERMAN und C. S. PEARSON).

Die Grundkost der Ratten bestand aus 1 Teil Vollmilchpulver und 5 Teilen Weizen. Ein Teil der Tiere erhielt eine Zulage an Geflügelfleisch, wodurch der Eiweißgehalt von rund 16% auf über 20% anstieg.

	Grundkost	Grundkost u. Fleischzulage
Alter der Weibchen bei der ersten Geburt	132 Tage	98 Tage
Gesamtzahl der Würfe	19	28
Gesamtzahl der Jungen	123	174
Gewicht der Jungen am 28. Tag	35,4 g	39,6 g

Auch M. GOETTSCH fand einen großen Einfluß der Höhe der Eiweißzufuhr auf die Zeit des Eintretens der Pubertät, die Zahl der geborenen Jungen und das Überleben der gesäugten Jungen, während Häufigkeit des Östrus und sexuelle Aktivität weniger vom Eiweißgehalt der Nahrung abhängig waren.

Der Grundumsatz ist in der letzten Zeit der Gravidität um etwa 15—20% erhöht. Die Zunahme ist rechnerisch gleich dem Umsatz von Mutter plus Fetus (T. M. CARPENTER und J. R. MURLIN).

Die Lactation verlangt eine erhebliche Mehrzufuhr an Nahrung, da die folgenden Posten gedeckt werden müssen:

1. Eigenverbrauch der Mutter;
2. Brennwert der sezernierten Milch mit etwa 70 kcal pro 100 g;
3. Energie für die Milchproduktion in Höhe von etwa 10% des Brennwerts der sezernierten Milch.

Gravidität und Lactation bedingen einen Mehrbedarf an Vitaminen. Vitaminmangelzustände der Mutter können zu schweren Mißbildungen des Fetus Anlaß geben. So wurden z. B. im Tierversuch durch eine an Vitamin A arme Ernährung Mißbildungen des Auges, durch Mangel an Lactoflavin Störungen in der Ausbildung des Skelets erzeugt. Auf die große Bedeutung der Vitamine D und E braucht an dieser Stelle nur verwiesen zu werden. Eine Zusammenfassung der Auswirkung mütterlichen Vitaminmangels findet man bei J. WARKANY. Die bisher vorliegenden Versuche mit reinen „synthetischen" Diätformen haben erwiesen, daß man noch nicht alle zur Lactation benötigten Nahrungsfaktoren kennt.

Hält man Ratten bei einer Ernährung, die in jeder Beziehung optimal zusammengesetzt ist, aber in einer calorisch nicht ganz ausreichenden Menge verfüttert wird, so wirkt sich die Nahrungseinschränkung in einer deutlich verlängerten Lebensdauer aus. W. H. RIESSEN, E. J. HERBST, C. WALLIKER und C. A. ELVEHJEM verglichen 3 Gruppen von Ratten miteinander. Die erste Gruppe konnte von einem ausgezeichneten Futter beliebig viel fressen. Die durchschnittliche Nahrungsaufnahme betrug 52 kcal/Tag. Die Tiere dieser Gruppe wuchsen am raschesten heran; viele unter ihnen starben aber schon relativ früh. Eine zweite Gruppe erhielt vom gleichen Futter nur 28 kcal/Tag. Das Wachstum dieser Tiere war erheblich verzögert. Diese Ratten erreichten aber das höchste

Lebensalter, zeigten die geringsten histologischen Veränderungen ihrer Organe und wiesen die kleinste Tumorhäufigkeit auf. Eine dritte Gruppe bekam 40 kcal/-Tag zu fressen. Sie stand hinsichtlich Wachstum und erreichtem Lebensalter zwischen den beiden anderen Gruppen. Zu ähnlichen Ergebnissen kamen auch andere Untersucher, z. B. A. J. CARLSON und F. HOELZEL, welche Ratten zwar ad libitum fressen ließen, jedoch in einem bestimmten Turnus Hungertage einlegten (Tab. 140).

Tabelle 140. *Der Einfluß von Hungertagen auf die Lebensdauer von Ratten* (A. J. CARLSON und F. HOELZEL).

In der Tabelle ist nur das Verhalten männlicher Tiere aufgeführt. Zur Kontrolle dienten Tiere, welche dasselbe Futter jeden Tag ad libitum fressen konnten. Das Ergebnis war bei den Weibchen ähnlich.

Zahl der Hungertage	Untergewicht am 300. Lebenstag	Verlängerung der Lebensdauer Tage
1 Tag auf 4 Tage	36 g	87
1 Tag auf 3 Tage	58 g	110
1 Tag auf 2 Tage	90 g	139

Wohl am intensivsten haben sich McCAY und Mitarbeiter mit diesem Fragenkomplex beschäftigt. Auch sie fanden, daß Tiere von einem geringeren Körpergewicht im Durchschnitt länger lebten, als schwerere Tiere. Interessanterweise wirkt die beschränkte Nahrungszufuhr selbst dann noch lebensverlängernd, wenn sie so einschneidend ist, daß sie das Wachstum erheblich verzögert. Der Organismus verliert dann zeit seines Lebens nicht die Fähigkeit, zu wachsen. Selbst 900 Tage alte Ratten fangen noch an zu wachsen, wenn man ihnen die bis dahin auferlegte Nahrungsrestriktion aufhebt. Alle Momente, welche einer Überfütterung vorbeugen, erweisen sich auch als lebensverlängernd, z. B. Streckung der Nahrung mit geeignetem (!) unverdaulichem Material (A. J. CARLSON und F. HOELZEL; siehe auch S. 102) oder schwere körperliche Arbeit.

Große Gaben von Vitaminen oder biologisch hochwertigem Eiweiß haben keinen Einfluß auf die Lebensdauer. Die Bedeutung des biologisch hochwertigen Eiweiß und überhaupt einer optimal zusammengesetzten Nahrung liegt in einer ganz anderen Richtung: in der Verlängerung der biologisch wertvollsten Lebensspanne, indem die Entwicklung beschleunigt, das Altern hinausgeschoben und die Vitalität gesteigert wird.

XI. Einzelfragen der praktischen Ernährung.

1. Das Brot.

Das Brot ist von jeher eines der wichtigsten Nahrungsmittel. Um so erstaunlicher ist es, daß auch heute noch eine Reihe das Brot betreffender ernährungsphysiologischer Fragen der Beantwortung harren.

Das Getreidekorn (Abb. 34) ist ein kompliziertes Gebilde. Die Hauptmasse wird vom Mehlkörper gebildet, der aus großen, stärkehaltigen Zellen besteht. Sein Eiweißgehalt ist gering; nur etwa die Hälfte der gesamten im Korn befindlichen Proteine entfallen auf den Mehlkörper. Man pflegt sie als „echten Kleber" zu bezeichnen. Sie bestehen im wesentlichen aus den beiden Proteinen Gliadin und Glutenin. Um den Mehlkörper herum liegt eine Schicht großer, eiweißreicher Zellen, die „Aleuronschicht", die etwa 7—9% des Korns ausmacht. Der Keim enthält reichliche Mengen Eiweiß, Fettstoffe, Salze und Vitamine. Keim und Mehlkörper sind zusammen von einer aus mehreren Schichten bestehenden Schale umgeben, die etwa 2—3% des Korngewichts ausmacht. Sie enthält viel

Cellulose und ist daher praktisch unverdaulich. Das Vermahlen des Korns ist ein komplizierter Vorgang, der ein schrittweises Zerkleinern und vielfaches Sortieren und Absieben verlangt, da sich die einzelnen Bestandteile des Korns nur schwer voneinander trennen lassen. Wirklich quantitativ gelingt die Trennung überhaupt nicht. Beim Mahlen werden im allgemeinen Schale und Keim entfernt. Dieser darf nicht im Mehl verbleiben, da er durch seinen hohen Gehalt an Fetten und Lipoiden, insbesondere an ungesättigten, die Haltbarkeit stark herabsetzt. Das Mahlprodukt besteht aus Mehl und Kleie, wobei man unter der letzteren alles versteht, was nicht aus dem Mehlkörper stammt. Sie setzt sich also aus den Bestandteilen des Keims, der Aleuronzellen und der Schale zusammen und ist daher reicher an Eiweiß, Fett, Salzen und Vitaminen als das Mehl, enthält aber viel Cellulose. Ihre Zusammensetzung ist naturgemäß großen Schwankungen unterworfen. Der Charakter des Mehls hängt von der Menge der in ihm befindlichen Kleiebestandteile ab. Je weniger Kleie ein Mehl enthält, um so feiner und weißer ist es und um so weniger „ausgemahlen“. Hochausgemahlene Mehle enthalten viel Kleie und sind dunkel. Mit zunehmendem Ausmahlungsgrad nehmen Eiweiß-, Fett-, Mineral-, Vitamin- und Rohfasergehalt zu; dagegen wird der Stärkegehalt immer geringer (Tab. 141).

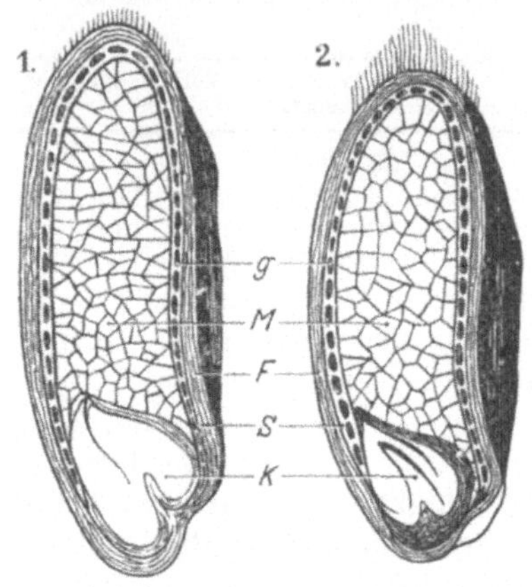

Abb. 34. 1. Roggenkorn, 2. Weizenkorn. g = Aleuronschicht, M = Mehlkörper, K = Keim, F = Fruchtschale, S = Samenschale.

Eine der wichtigsten ernährungsphysiologischen Fragen ist die nach Ausnutzbarkeit und Bekömmlichkeit von Broten aus verschieden hoch ausgemahlenen Mehlen. Da der Gehalt des Mehls an den wichtigsten Nährstoffen mit steigendem Ausmahlungsgrad zunimmt, wäre zu erwarten, daß das wertvollste Brot das Vollkornbrot ist.

Vielfache Untersuchungen haben ergeben, daß die Ausnutzbarkeit der Brotproteine und des Energiegehalts mit zunehmendem Ausmahlungsgrad immer schlechter wird, wenn man eine etwa 70%ige Ausmahlung überschreitet. In der Tab. 142 sind eine Reihe älterer und neuerer diesbezüglicher Befunde zusammengestellt.

Eine Zusammenstellung aller bis zum Jahre 1920 durchgeführten Ausnutzungsversuche findet man bei R. O. Neumann. Die Ausnutzung von Fett und Kohlenhydraten aus Brot wurde immer praktisch quantitativ gefunden außer durch R. A. McCance und C. M. Walsham, die eine nur 53,9—62,2%ige Ausnutzung der Fettsubstanzen aus ihren Weizenbroten beobachteten. Die in der Tab. 142 bezüglich der Ausnutzung der Proteine wiedergegebenen Zahlen beziehen sich auf die „scheinbare Ausnutzung“; die „wahre Ausnutzung“ des N ist praktisch quantitativ. Die Anführer der Vollkornbrotpropaganda haben immer auf diese ausgezeichnete „wahre Ausnutzung“ hingewiesen (z. B. W. Heupke), die aber für die praktische Ernährung des Menschen völlig bedeutungslos ist, da ja allein die Bilanz entscheidend ist (S. 99). Der Verbraucher erhält pro Gewichtseinheit Vollkornbrot weniger Calorien und weniger Eiweiß als aus einem weißeren Brot, und dies trotz des chemisch-analytisch nachweisbaren höheren Eiweißgehalts des Vollkornbrots. Die Ursache für die größeren Protein- und Calorienverluste beim Verzehr von stärker kleiehaltigen Broten besteht in der Zufuhr großer

Mengen an Unverdaulichem, wodurch das Nahrungsvolumen vergrößert und der Organismus gezwungen wird, eine vermehrte Menge von Verdauungssekreten abzugeben. Dies wirkt sich in einer Zunahme des Kot-N und in einer verschlechterten N-Bilanz aus. Eine weitere, für viele Personen den Hauptgrund für die Ablehnung der groben Schwarzbrote bildende Folge der reichlichen Cellulosezufuhr ist die durch sie bedingte Gärung im Darm (S. 96).

Tabelle 141. *Zusammensetzung verschieden hoch ausgemahlener Roggenmehle.*

	30% ausgemahlen	60% ausgemahlen	70% ausgemahlen	Kleie	Keime
Asche	0,46%	0,94%	2,09%	4,83%	5,94%
Fett	0,69	1,43	2,71	3,62	11,95
Eiweiß	6,70	11,00	16,58	17,58	44,74
Zucker	4,65	7,18	11,45	12,96	22,62
Stärke	81,53	69,44	55,40	20,49	—
Rohfaser	0,07	0,40	1,22	5,79	3,94

Tabelle 142. *Die Ausnutzung von Broten verschiedenen Ausmahlungsgrades.*

Art des Brotes	Ausnutzung in % Protein	Calorien	Bemerkungen
Weizenbrot			
54% Ausmahlung . . .	87,8		21—43 Versuchspersonen[1]
70% „ . . .	90,1		
87% „ . . .	87,1		
100% „ . . .	84,2		
Weizenbrot			
70% Ausmahlung . . .	84		4 „ [2]
85% „ . . .	87		
100% „ . . .	72		
Weizenbrot			
80% Ausmahlung . . .	83,4—90,9	93,3	6 „ [3]
90% „ . . .	80,0—87,2	95,6—96,7	
Roggenbrot			
60% Ausmahlung . . .	52,6—72,1	89,5—96,6	4 „ [4]
82% „ . . .	62,8—66,7	85,0—91,4	
94% „ . . .	49,2—74,0	88,3—85,4	
94% „ (Schrot)	41,3—66,7	82,2—86,8	
Roggenbrot			
80% Ausmahlung . . .	67,9—75,8	91,5—88,2	5 „ [5]
96% „ . . .	62,8—71,5	87,5—89,5	

Der Befund von R. A. McCance und E. M. Widdowson, daß Phytin die Calciumresorption infolge der Bildung von unlöslichem Calciumphytat erheblich verschlechtert, hat erneut eine lebhafte Diskussion des Vollkornbrotproblems hervorgerufen. Da Phytin im Getreidekorn nahezu ausschließlich in den Kleiebestandteilen vorkommt, nimmt der Phytingehalt des Brots mit steigendem Ausmahlungsgrad zu. Der Verzehr von Schwarzbrot oder anderen Produkten aus hoch ausgemahlenen Mehlen kann daher den Calciumhaushalt beeinträchtigen. H. A. Krebs und Mellanby sowie E. Hoff-Jørgensen und Mitarbeiter haben die Verschlechterung der Calciumbilanz durch Phytin bestätigt. Die Cerealien,

[1] Langworthy, C. F., und H. D. Holmes: Proc. Nat. Acad. Sci. USA **7**, 119 (1921).
[2] Guillemet, R. Jacquot, J. Tremolieres, und R. Erfman: Bull. Soc. Chim. Biol. **27**, 56 (1945).
[3] McCance, R. A., und E. M. Widdowson: J. Hyg. **45**, 59 (1947).
[4] Rubner, M.: „Die Verwertung des Roggens". Berlin 1925.
[5] Lang, K., und E. Schütte: Unveröffentlichte Versuche.

mit Ausnahme des Hafers, enthalten aber ein Phytin spaltendes Ferment „Phytase", das unter geeigneten Bedingungen einen großen Teil des Phytin zu zerstören vermag. So werden bei der Sauerteigführung von Roggenbrot im Mittel rund 72% des Phytin encymatisch aufgespalten (K. Lang und A. Eberwein), so daß Sauerteigbrote nur noch wenig Phytin enthalten. Auch bei der Herstellung von Weizenbroten mit Hefe wird Phytin in erheblichem Umfange abgebaut. Bei einer Ernährung, die praktisch ausschließlich aus Hafermehl bestand, haben R. A. McCance und E. M. Glaser stark negative Kalkbilanzen festgestellt. Bei einer Versuchsperson trat sogar eine Attacke von Tetanie auf. Die Resorption von Eisen wird durch Phytin gleichfalls stark gehemmt (R. A. McCance, C. N. Edgecombe und E. M. Widdowson; L. M. Sharpe und Mitarbeiter).

Der möglichen Beeinträchtigung des Mineralhaushalts durch hoch ausgemahlene Mehle sollte man die nötige Aufmerksamkeit schenken, da die Heraufsetzung des Ausmahlungsgrades eine der ersten Maßnahmen in Notzeiten darzustellen pflegt, und die Ernährung mit minderwertigen Nahrungsmitteln zumeist calciumarm ist. In England hat man diesem Umstande während des Krieges Rechnung getragen und das Brot mit Calcium angereichert (7 Unzen $CaCO_3$ auf 280 lbs Mehl).

Neuerdings haben A. R. P. Walker, F. W. Fox und J. T. Irving in einem langfristigen Bilanzversuch an 3 Versuchspersonen gefunden, daß die Verschlechterung der Kalkbilanz durch Übergang von zu 70% ausgemahlenem Brot auf Vollkornbrot nur vorübergehend sei und nach etwa 3—4 Wochen aufhöre.

Tabelle 143. *Der Vitamin- und Mineralgehalt von Vollkorn und Mehl 75%igen Ausmahlungsgrades* (berechnet auf je 1 kg).

Vitamin	Vollkorn	Mehl 75%	Mineralstoff	Vollkorn	Mehl 75%
Carotin mg	3,3	0	Ca mg	450	200
Aneurin mg	5,0	0,7	PO_4 mg	4230	920
Lactoflavin mg	1,3	0,4	K mg	4730	1150
Pyridoxin mg	4,4	2,2	Fe mg	44	7
Nicotinsäureamid mg	57	7,7	Cu mg	6	1,5
Pantothensäure mg.	50	23	Mn mg	70	20
Tocopherol	3,0	0			

Die Frage nach dem zweckmäßigsten Ausmahlungsgrad schließt noch ein anderes Problem in sich ein, das Problem der Versorgung mit Vitaminen. Der Gehalt an den B-Vitaminen ist in den einzelnen Abschnitten des Getreidekorns recht verschieden; der Mehlkörper ist vitaminarm, der Keim vitaminreich. Der Vitamingehalt eines Mehls nimmt daher mit steigendem Ausmahlungsgrad zu (Tab. 143). Schwarzbrot ist daher für die Vitaminversorgung zweifelsohne günstiger als Weißbrot. Dies geht auch aus allen älteren Tierversuchen mit einseitiger Brotfütterung hervor (z. B. E. Remy und W. Schreiber).

Die Proteine der einzelnen Schichten des Getreidekorns haben verschiedene Zusammensetzung. Infolgedessen ist der biologische Wert von Mehlen verschiedenen Ausmahlungsgrades nicht derselbe. Er steigt mit zunehmendem Ausmahlungsgrad an (H. Chick und E. B. Slack; E. B. Slack) (Abb. 35). Bei der Ratte macht der höhere biologische Wert des hoch ausgemahlenen Mehls mehr aus, als die verminderte Ausnutzbarkeit, was besagt, daß die N-Retention bei hoher Ausmahlung besser ist als bei niederer (Tab. 144).

Beim Mais bewirkt die Herstellung eines feinen Mehls eine besonders starke Herabsetzung des biologischen Werts; B. Sure und F. House fanden mit der Methode von Mitchell für das Maisvollkorn einen biologischen Wert von 84,7, für Maismehl (keine Angabe des Ausmahlungsgrades) aber nur von 36,2.

Tabelle 144. *N-Retention bei verschiedenem Ausmahlungsgrad von Weizenmehl nach* E. B. SLACK.

Ausmahlung	Versuch an Ratten		% N-Retention	ausgedrückt
	Ausnutzung des N	N resorbiert	als N verzehrt	als N resorbiert
70%	88,8%	5,32 mg	22,9	25,9
80%	86,7	5,46	22,1	25,5
85%	85,5	5,94	24,6	28,8
100%	81,0	6,85	26,7	33,0

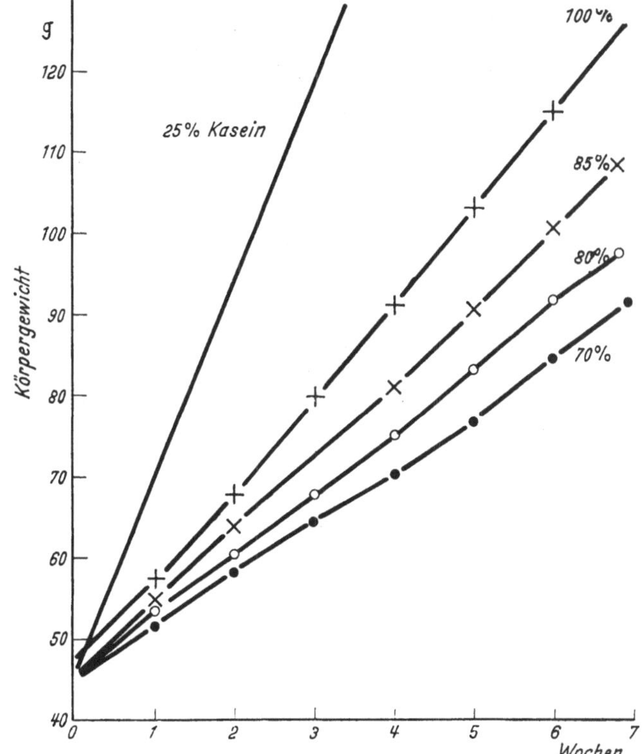

Abb. 35. Einfluß der Ausmahlung von Weizenmehl auf den biologischen Wert des Proteins bei Ratten. Jeweils 2,1% N im Futter. (Nach H. CHICK und E. B. SLACK.)

Vollkornbrot weist einen höheren Vitamingehalt, Eiweißgehalt und einen günstigeren biologischen Wert der Proteine auf, als ein feineres Brot. Diesen Vorteilen stehen aber Nachteile gegenüber: verschlechterte Ausnutzbarkeit und andere Wirkungen der Cellulose, sowie der Einfluß auf den Mineralhaushalt. Eine Entscheidung, welche Brotart ernährungsphysiologisch günstiger ist, bedarf daher einer gewissenhaften Abwägung aller dieser Faktoren.

Die Bevölkerung aller Kulturstaaten zieht in steigendem Maße weißes Brot dem schwarzen Brot vor. Diese Entwicklung ist nicht mehr aufzuhalten. Sie ist begründet durch die Anforderungen, die Leben und Arbeit in der Stadt stellen. Man muß sie daher eher fördern, als hemmen. Es gilt darum die Mängel, die dem feineren Brot anhaften, zu beseitigen. Man kann hierzu verschiedene Wege einschlagen.

Der aussichtsreichste Weg besteht in der künstlichen Anreicherung des Brotes mit Salzen und Vitaminen. Er wird heute schon in den USA in großem Umfang mit Erfolg beschritten. Wir kennen heute sicherlich noch nicht alle wichtigen

Nahrungsfaktoren. Trotzdem kann man schon jetzt durch eine geeignete Anreicherung Mehle erhalten, die im Tierversuch einen höheren Wert besitzen und das Wachstum junger Tiere besser fördern, als das natürliche Vollkorn (B. D. WESTERMAN). Einen zusammenfassenden und kritischen Bericht über Anreicherungsfragen und die im Kriege gemachten Erfahrungen findet man bei J. DUFRENOY u. L. GENEVOIS. Eine weitere wichtige Frage ist, wie man Brot mit Eiweiß anreichern kann, um zu einem besseren biologischen Wert des Broteiweiß zu gelangen. Die bisher geleistete Vorarbeit zeigt, daß auch dieses Problem lösbar ist. Erhöhung des Eiweißgehalts und Verbesserung des biologischen Wertes des Broteiweiß sind Fragen von höchster ernährungsphysiologischer und wirtschaftlicher Wichtigkeit. Die wenigen bisher vorliegenden exakten Versuche erweisen mit großer Deutlichkeit, daß schon eine geringfügige Beimischung von Hefe oder Soja den biologischen Wert der Brotproteine erheblich zu steigern vermag. Einzelheiten sind aus der Tab. 145 zu ersehen.

Tabelle 145. *Verbesserung des biologischen Werts von Weizenmehl durch kleine Mengen Hefe oder Soja* (B. SURE).

Ratten wurden mit einer Nahrung gefüttert, deren einzige N-Quelle aus mit Vitaminen angereichertem Weizenmehl bzw. den aufgeführten Zusätzen von Hefe oder Soja bestand.

Zusammensetzung der Nahrung	Proteingehalt %	Futterverzehr in 10 Wochen g	Gewichtszunahme in 10 Wochen g	Gewichtszunahme pro g Nahrungsprotein
Mehl . . . 84%	9,07	529	42,2	0,88
Mehl . . . 83% Hefe[1] . . . 1%	9,40	648	72,3	1,19
Mehl . . . 81% Hefe . . . 3%	10,07	710	97,5	1,36
Mehl . . . 79% Hefe . . . 5%	10,73	719	105,7	1,37
Mehl . . . 83% Soja[2] . . . 1%	9,45	638	65,5	1,09
Mehl . . . 81% Soja. . . . 3%	10,21	672	87,9	1,28
Mehl . . . 79% Soja. . . . 5%	10,96	799	123,4	1,41

[1] Bäckereihefe.
[2] Entfettetes Sojamehl.

Ein anderer Weg, die Nachteile des Vollkornbrotes aufzuheben, wird in den Versuchen beschritten, durch Verbesserung der Mahltechnik und Brotbereitung zu besser verwertbaren Produkten zu gelangen. Die zahlreichen im Handel befindlichen Spezialbrote, wie z. B. Steinmetzbrot, Finklerbrot, Klopferbrot, Schlüterbrot u. a. m. verdanken ihre Existenz solchen Bemühungen. Ein entscheidender Fortschritt ist aber bisher noch nicht erzielt worden.

Bei den Überlegungen über die beste Brotart darf aber nicht übersehen werden, daß Brot nicht das alleinige Nahrungsmittel für den Menschen ist. Auch die meisten Versuchstiere gedeihen nicht, wenn man ihnen Brot oder Getreidekörner als alleiniges Futter gibt. Das Getreidekorn ist weder für den Menschen noch für das Tier eine adäquate Nahrung. Man muß daher stets die Beikost berücksichtigen. Brot muß unter allen Umständen ergänzt werden. Es ist nicht ganz einfach, sich durch die neuere deutsche Brotliteratur hindurchzufinden. Einseitige Propaganda für das Vollkornbrot hat jahrelang alle kritischen Stimmen unterdrückt; ja sehr häufig werden durch unkritische Ernährungssektierer Substanzen und Eigenschaften in das Vollkornbrot hineingeheimnist, die es nicht hat.

Das Problem der zweckmäßigen Ausmahlung des Brotgetreides hat neben der ernährungsphysiologischen noch eine volkswirtschaftliche Seite. Wiederkäuer vermögen Cellulose besser zu verwerten als der Mensch. Durch Verfütterung der Kleie an das Vieh kann sie auf dem Umwege über den Tiermagen dem Menschen in Form von Fleisch und Milch, also hochwertigerer Nahrungsmittel wieder nutzbar gemacht werden. Die Veredlung zu Fett und biologisch hochwertigem Eiweiß ist naturgemäß mit einem Verlust an Nährstoffen verbunden. Über die Größe dieses Verlustes ist viel diskutiert worden.

Eine Übersicht über den Nutzeffekt bezüglich der Erzeugung von tierischem Eiweiß vermittelt die Tab. 146.

Tabelle 146. *Nutzeffekt der Umwandlung pflanzlicher Nahrung in tierische Lebensmittel* (L. E. Booher).

Erzeugte Lebensmittel	Nutzeffekt in % für Protein	Nutzeffekt in % für kcal.
Kuhmilch (berechnet auf das ganze Jahr)	20—24	17—20
Eier	18—44	8—20
Rindfleisch	5—16	8—16
Schaffleisch	13	17
Schweinefleisch und -speck	13—19	22—28
Geflügelfleisch	22—26	6— 8

In Zeiten der Not haben alle betroffenen Staaten den Ausmahlungsgrad des Getreides heraufgesetzt und die Qualitätsminderung in den Kauf genommen, um der Bevölkerung mehr Brot geben zu können. Der Übergang von einer 80%igen Ausmahlung zu einer 96%igen bedeutet, daß an Stelle von 100 g Brot aus derselben Kornmenge nunmehr 120 g hergestellt werden können. Die Menge an ausnutzbaren Calorien und an ausnutzbarem Eiweiß nimmt aber nicht im gleichen Verhältnis zu, sondern steigt (nach eigenen Versuchen) nur auf 114%. Die Allgemeinheit hat daher zwar den Vorteil einer vermehrten Brotmenge, leidtragend wird aber die Einzelperson, die in einer gleich hohen Tagesration einen verringerten Nährwert zugebilligt bekommt. Erfahrungsgemäß sind alle Staaten nach Beendigung des Notstandes so rasch wie möglich wieder zu niederen Ausmahlungsgraden zurückgekehrt. Die meisten Sachverständigen sind sich darüber einig, daß sowohl aus ernährungsphysiologischen als auch aus volkswirtschaftlichen Erwägungen in normalen Zeiten kein Zwang zu einer hohen Ausmahlung zu rechtfertigen ist. E. Burnet und W. R. Aykroyd haben das glücklich formuliert: „Man hat oft und mit Nachdruck behauptet, daß die Umwandlung von pflanzlichen Nahrungsmitteln in tierische durch Vermittlung des Viehs reine Vergeudung ist. Das ist eine unmoderne Theorie. Bei dieser Umwandlung kann man zwar an Calorien verlieren, aber man gewinnt dafür an Qualität.“

Der biologische Wert der Kleieproteine wird durch die Proteine des Mehls etwas verbessert (H. Chick und Mitarbeiter). Pro Gramm verfütterten Proteins betrug die Gewichtszunahme bei alleiniger Gabe von Kleie 1,34 g, dagegen 1,68 g, wenn eine Mischung aus gleichen Teilen Mehl und Kleie verabfolgt wurde.

Die Keime sind im Gegensatz zu den anderen Kleiebestandteilen auch für den Menschen ausgezeichnet verwertbar (M. Rubner; W. Bachmann und F. Pels-Leusden; L. Lang). Sie enthalten viel Protein, das einen höheren biologischen Wert besitzt, als die anderen Getreideproteine, und sind reich an Lipoiden, Mineralstoffen und Vitaminen. Leider ist ihre Verwendung infolge der geringen Haltbarkeit schwierig. Sie enthalten relativ viel Lysin und haben daher für viele minderwertige Proteine einen guten Ergänzungswert.

Zur Herstellung von Brot kommen im wesentlichen nur Roggen und Weizen in Frage, da die anderen Getreidearten infolge des ungenügenden Gehalts an Kleber aus backtechnischen Gründen ausscheiden. In den wie Deutschland vorwiegend Roggen anbauenden Ländern ist die Frage, ob Roggen dem Weizen vorzuziehen sei, lebhaft erörtert worden. Die Zusammensetzung der Körner der einzelnen Getreidearten weist keine wesentlichen Unterschiede auf (Tab. 147).

Tab. 147. *Mittlere Zusammensetzung der Getreidearten bezogen auf einen Wassergehalt von 15%* (M. P. NEUMANN).

Getreideart	Eiweiß %	Fett %	Kohlenhydrat %	Rohfaser %	Mineralstoffe %
Weizen	12	1,5—2	67	2—2,5	1,5—2
Roggen	11	1,5—2	68	2—2,5	2—2,5
Gerste ohne Spelzen	8	1	73	1,5	1—2
Hafer ohne Spelzen	13	7	61	1—2	2
Mais.	10	4	67	2—3	1—2
Hirse geschält . .	11	4	65	2—3	2—3
Reis geschält . . .	7	1	75	0,5—1	1
Buchweizen gesch.	9	1,5—2	71	2—3	1,7

Die Abweichungen von den in der Tabelle aufgeführten Mittelwerten können im Einzelfalle erheblich sein. Der biologische Wert aller Cerealienproteine liegt etwa in derselben Größenordnung. Mais und Gerste schneiden am ungünstigsten ab (T. B. OSBORNE und L. B. MENDEL; E. V. MCCOLLUM und Mitarbeiter; H. STEENBOCK und Mitarbeiter; K. THOMAS). Roggen ist nach neueren Untersuchungen dem Weizen leicht überlegen (H. H. MITCHELL und S. HAMILTON; S. K. KON und Z. MARKUZE; D. B. JONES, A. CALDWELL und K. D. WIDNESS). Das Haferprotein nimmt anscheinend unter den Cerealieneiweißkörpern den höchsten Wert ein (H. H. MITCHELL und R. J. BLOCK; G. A. HARTWELL). In der Tab. 148 sind einige neuere Befunde zusammengestellt.

Während die Unterschiede zwischen Weizen und Roggen in bezug auf die ernährungsphysiologisch im Vordergrund stehenden Gesichtspunkte, wie Zusammensetzung, Ausnutzung und biologischer Wert, nur geringfügig sind und die Vorzüge und Nachteile sich einigermaßen kompensieren, bestehen hinsichtlich der technischen Brauchbarkeit größere Differenzen. Die backtechnischen Vorzüge

Tabelle 148. *Biologischer Wert von Cerealienproteinen (Vollkorn).*
1. B. SURE und F. HOUSE[1]. Methode von MITCHELL bei einer Zufuhr von jeweils 5% Protein.
2. D. B. JONES, A. CALDWELL und K. D. WIDNESS[2] bei einer Zufuhr von je 4,5% Protein. Test: Gewichtszunahme von Ratten.
3. C. A. KUETHER und V. C. MYERS[3] Befunde am Menschen. N-Zufuhr rund 9 g pro Tag. Test: N-Bilanz.

Getreideart	Biologischer Wert nach MITCHELL[1]	Gewichtszunahme pro g verfüttertes Protein[2]	N-Bilanz des Menschen[3]
Mais	84,7	1,42 g	— 1,60 g
Gerste	—	1,55	—
Weizen.	83,0	1,73	— 0,71
Reis	85,1	1,92	—
Haferflocken	82,1	2,23	— 1,22
Roggen.	80,4	2,26	—

[1] J. Nutrit. **36**, 595 (1948).
[2] J. Nutrit. **35**, 639 (1948).
[3] J. Nutrit. **35**, 651 (1948).

des Weizens und seine vielseitigere Verwendbarkeit sind die Ursache, daß viele Menschen, insbesondere aus der städtischen Bevölkerung, dem Weizen den Vorzug geben. Hinzu kommt, daß Weizengebäcke den meisten Menschen auch geschmacklich mehr zusagen als Gebäcke aus Roggen. Die Ausnutzung der Weizengebäcke ist meist besser als die der Roggenerzeugnisse. Unterlagen hierfür findet man in der Tab. 142.

Der Wert von Getreideprodukten kann durch eine ungeeignete Vorbehandlung erheblich verringert werden. Schon in anderem Zusammenhange wurde erwähnt, daß der biologische Wert der Proteine durch starkes Erhitzen beeinträchtigt wird (S. 164). Auch der Vitamingehalt kann in Mitleidenschaft gezogen werden. Bleichung des Mehls mit NCl_3 führt zur Entstehung eines für Hunde toxischen Faktors, so daß Verfütterung solchen Mehls zu einem merkwürdigen Krankheitsbild, der „Hundehysterie" führt (E. MELLANBY). Es ist einwandfrei erwiesen, daß Bleichung des Mehls mit NCl_3 für den Menschen harmlos ist (G. W. NEVELL, T. C. ERICKSON, W. E. GIBSON, S. N. GERSHOFF und C. A. ELVEHJEM).

Hungersnöte haben immer zu einer Streckung des Brots durch allerlei Zusätze geführt. Es ist zwischen zwei Arten von Streckmitteln zu unterscheiden. Die erste umfaßt unverdauliche Stoffe wie Stroh, Holz, Baumrinde, Unkrautsamen usw. Alle Untersucher (F. EHRISMANN; R. O. NEUMANN; K. LANG und E. SCHÜTTE) sind sich darüber einig, daß die Verwendung solcher Streckmittel im höchsten Grade verwerflich ist. Die Ausnutzbarkeit des Brotes wird durch den Zusatz von unverdaulichem Material so verschlechtert, daß die wertvollen Nährstoffe des Brotes mit in den Verlust gerissen werden. Außerdem ist die Bekömmlichkeit solcher Brote schlecht. Trotzdem lehrt die Erfahrung, daß der Mensch in Zeiten bitterster Not die unverdaulichsten Dinge zu sich nimmt, nur um sich vorübergehend Sättigung durch Füllung des Magens vorzutäuschen.

Die zweite Art von Brotstreckungsmitteln besteht in wertvollen Nahrungsmitteln, die nur im allgemeinen nicht zur Brotbereitung benützt werden, wie z. B. Mais, Gerste, Hafer, Kartoffeln. Kleinere Zusätze davon bis zu etwa 20 oder 30% beeinträchtigen Ausnutzbarkeit, Verdaulichkeit und Bekömmlichkeit der Brote praktisch nicht (F. EHRISMANN; W. O. NEUMANN; P. JUCKER; H. KAPP und E. A. ZELLER); man erhält auch noch backtechnisch einwandfreie Brote. Werden die Beimischungen aber höher bemessen, so pflegen die Brote unerfreulich und geschmacklich unbefriedigend zu werden. EHRISMANN, dem wir ausgedehnte Versuche über Brotstreckung verdanken, schließt aus seinen Beobachtungen, daß es auch bei größtem Mangel an Brot für den Konsumenten ökonomischer und angenehmer sei, reine Weizen- oder Roggenbrote zu genießen und das mangelnde Brot durch andere Speisen zu ersetzen, als die betreffenden Nahrungsmittel ins Brot verbacken zu bekommen. Die Behörden vertreten nach den Erfahrungen des Verfassers einen anderen Standpunkt.

2. Neuere Eiweißquellen für die menschliche Ernährung.

Die Sojabohne, welche seit uralter Zeit die wichtigste Eiweißquelle des fernen Ostens darstellt, wird heute in steigendem Umfang in Amerika und auch bei uns verwendet. Die Sojabohne enthält viel Eiweiß und Fett und ist daher ein wertvolles Nahrungsmittel. Sie ist frei von Stärke. Diese besondersartige Zusammensetzung bedingt, daß die Sojabohne als solche für den Haushalt nur schlecht verwertbar ist. Sie muß vielmehr anderen Lebensmitteln beigemischt werden. Dank ihres hohen Eiweißgehalts ist sie in hervorragender Weise befähigt, eiweißarme Nahrungsmittel mit Eiweiß anzureichern. Sojafett enthält viel ungesättigte Fettsäuren und Phosphatide und stellt daher einen guten Emulgator dar. Hinsichtlich der küchentechnischen Verwendung der Soja sei auf das Buch von W. ZIEGELMAYER verwiesen. Soja ist in keiner Weise ein „Ersatzstoff".

Tabelle 149. *Die Zusammensetzung der Sojabohne* (M. Täufel).

Eiweiß . . .	38—41%
Fett	19—22
Kohlenhydrat .	29—32
Asche	4— 7

Sie ist für uns ein neues Nahrungsmittel, dessen Verwendung wir erst erlernen müssen.

Die rohe Sojabohne wird vom Organismus nur schlecht verwertet, weil sie einen Trypsin hemmenden Stoff enthält. Näheres hierüber siehe S. 164. Der Trypsininhibitor läßt sich durch Erhitzen oder durch Einwirkung von Mikroorganismen zerstören (Tab. 150).

Tabelle 150. *Einfluß des Erhitzens auf die Spaltbarkeit von Sojaeiweiß durch Pankreatin in vitro* (H. C. Horn, W. H. Riessen und C. A. Elvehjem).

Aminosäure	Abspaltung der Aminosäuren in % der Gesamtmenge durch 25stündige Einwirkung von Pankreatin		
	unerhitzt	3 Std gekocht	12 Std gekocht
α-Amino-N	22,2	44,2	44,5
Arginin.	28,1	61,1	55,4
Cystin	30,2	76,6	60,6
Histidin	21,1	44,7	43,1
Leucin	30,0	45,7	50,7
Lysin	26,6	53,7	50,5
Methionin	33,5	72,3	63,9
Tryptophan.	35,4	79,0	78,3

K. A. Kuiken und C. M. Lyman haben 20 verschiedene Sojamehle, die aus 20 Stämmen herrührten, auf die Zusammensetzung des Eiweiß untersucht und keine großen Unterschiede gefunden. Nur mit Bezug auf den Gehalt an Methionin ergaben sich größere Schwankungen, die eine Differenz von 19% zwischen Maximal- und Minimalwerten erreichten. Sojaeiweiß enthält wesentlich mehr

Tabelle 151.
Aminosäurezusammensetzung des Sojaeiweißes nach Kuiken *und* Lyman.

Arginin	7,72%	± 0,055
Glutaminsäure	18,4	± 0,07
Histidin	2,33	± 0,02
Isoleucin	5,31	± 0,023
Leucin.	7,98	± 0,039
Lysin	6,65	± 0,050
Methionin	1,40	± 0,013
Phenylalanin	5,08	± 0,031
Threonin.	3,90	± 0,026
Tryptophan	1,53	± 0,013
Valin	5,34	± 0,020

Lysin als die meisten Pflanzenproteine (Cerealien, Kartoffel) und vermag daher dieselben in diesem Sinne zu ergänzen. Die den biologischen Wert limitierende Aminosäure ist das Methionin. Damit hängt zusammen, daß Sojaeiweiß für den Menschen einen höheren biologischen Wert besitzt als für das Tier (Tab. 152).

Tabelle 152. *Der biologische Wert von Sojaeiweiß* (M. L. Bricker, H. H. Mitchell und H. Kinsman).
Test: Erreichen des N-Gleichgewichts.

	mg N/kcal Ratte	Grundumsatz Mensch
Soja	6,07	2,88
Milch.	3,34	2,76

Auf eine Wiedergabe älterer Werte wird verzichtet, da der Umfang der Zerstörung des damals noch unbekannten Trypsininhibitors das Ergebnis wesentlich beeinflußt. Die Ausnutzung richtig vorbehandelter Soja ist gut. Sojaeiweiß hat sich zur Behebung von Eiweißmangelschäden bewährt (A. JORES; W. TILING). Soja ist ein billiges und wertvolles Nahrungsmittel, dessen Verbrauch gefördert werden sollte. Eine zusammenfassende Darstellung der älteren Sojaliteratur findet man bei R. O. NEUMANN. D. S. PAYNE und L. S. STUART haben die Bedeutung des Sojaeiweiß für die menschliche Ernährung monographisch zusammengefaßt.

Die Bemühungen, Eiweiß durch mikrobiologische Synthese zu erzeugen, verdienen besonderes Interesse. Durch Verwendung der Torula utilis, einer Wildhefe, die imstande ist, aus Kohlenhydrat und anorganischen N-Verbindungen Eiweiß aufzubauen, werden heute schon große Proteinmengen gewonnen. Auch Kulturhefen (Saccharomyces) eignen sich nach Entbitterung zur Ernährung. Die Zusammensetzung beider Hefearten ist ähnlich. Je nach den Züchtungsbedingungen ergeben sich aber erhebliche Schwankungen im Gehalt an den meisten Bestandteilen.

Lebende Hefe wird vom Menschen nur schlecht ausgenutzt. Dagegen ist die Ausnutzung aller Nährstoffe und Vitamine aus Trockenhefe, deren Zellwände zerstört sind, praktisch quantitativ.

Tabelle 153. *Die Zusammensetzung der Hefe bezogen auf die Trockensubstanz.*

	Torula	Bierhefe
Roheiweiß	45 — 55%	50—51%
Reineiweiß	31 — 43%	42%
Kohlenhydrat	12 — 17%	
Purin-N	0,57— 0,99%	0,83%
Rohfett	1,7 — 6,0%	
Lecithin	4,5%	

Über die Aminosäurezusammensetzung der Hefe siehe S. 127). Schon viele Autoren haben sich mit dem Problem der biologischen Wertigkeit des Hefeeiweiß befaßt. Mit Ausnahme der Versuche von CREMER und LANG beziehen sich aber alle Untersuchungen nur auf Tierversuche. Die Bestimmung des biologischen Werts der Hefe am Menschen erwies sich aus objektiven und subjektiven Gründen als schwierig. Hefe enthält viel Purin-N (Tab. 153), der in unkontrollierbarer Weise retiniert werden kann, so daß die N-Bilanz, das wichtigste Bestimmungsstück des biologischen Werts, verschleiert wird. Zudem gibt es kaum eine Versuchsperson, die in der Lage ist, die erforderlichen Hefemengen längere Versuchsperioden hindurch zu verzehren. Beide Schwierigkeiten ließen sich durch Verwendung einer eigens für diesen Zweck hergestellten, sehr purinarmen Hefe, die völlig geschmacklos war, beheben. Es zeigte sich, daß das Eiweiß der Torula, das sich im Tierversuch als ein sehr minderwertiges Protein erwiesen hatte (Tab. 154), für den Menschen bedeutend wertvoller ist. H. D. CREMER und

Tabelle 154. *Der biologische Wert von Hefe für Ratten.*

Methode	Brauereihefe	Torula	Autor
MITCHELL	66—73	—	B. SURE und F. HOUSE[1]
Wachstum	84	33	H. FINK und W. HOCK[2]
Wachstum	69	45	J. A. GOYCO und ASENJO[3]

[1] Fed. Proc. 7, 299 (1948).
[2] Z. Naturforschg. 2b, 187 (1947).
[3] Puerto Rico J. Publ. Health. 23, 471 (1948).

K. LANG fanden bei 6 Versuchspersonen im Mittel einen biologischen Wert von 52 gegenüber 33—45 für Ratten. Ursache für den Unterschied ist der Umstand, daß Methionin die limitierende Aminosäure ist, die jedoch für die Ratte eine wesentlich größere Bedeutung als für den Menschen hat (S. 138). K. DIRR beobachtete bei der Verfütterung von 65 g Hefe-Rohprotein bei allen seinen 4 Versuchspersonen eine positive N-Bilanz, von der er jedoch mit Recht annimmt, sie sei im wesentlichen durch die Retention von Harnsäure bedingt.

Hefeeiweiß allein ist für die Ratte kein adäquates Nahrungsprotein. A. A. KLOSE und H. L. FEVOLD, die 4 Generationen von Ratten beobachteten, stellten vermindertes Wachstum und schwere Lactationsstörungen fest. Zulagen an Methionin und Cystin verbesserten das Wachstum, das aber immer noch suboptimal blieb. J. A. GOYCO und C. F. ASENJO konnten bei Verfütterung von Saccharomyces keine dritte Generation erhalten. Auch L. BINET und V. BONNET erzielten mit Torula kein gutes Wachstum.

A. HOCK und H. FINK stellten fest, daß Ratten an schweren Leberschäden erkranken, wenn Hefe einen hohen Prozentsatz des Nahrungseiweiß ausmacht. Da sich das Auftreten der Schäden durch Zulage von 0,2% Cystin nahezu völlig verhüten läßt, führen die Autoren ihre Entstehung auf den Cystinmangel des Hefeproteins zurück. Vermutlich wäre dann Methionin noch wirksamer. H. P. HIMSWORTH und L. E. GLYNN, die gleichfalls durch Hefediäten Leberschäden erzeugten, fanden überhaupt nur Methionin wirksam und betonen ausdrücklich, daß Cystin in ihren Versuchen wirkungslos gewesen sei. Interessanterweise haben KLOSE und FEVOLD bei ihren Untersuchungen überhaupt keine Leberschäden gesehen. Vielleicht hängt dies mit den sehr viel größeren Hefemengen zusammen, die sie verfütterten, so daß möglicherweise der Bedarf an den S-haltigen Aminosäuren gedeckt war, oder mit der geringeren Empfindlichkeit ihrer Rattenstämme. Kostformen, in denen wenig Hefeeiweiß neben anderen biologisch hochwertigen Proteinen enthalten ist, ergeben normales Wachstum und keine histologischen Leberveränderungen (J. T. IRVING und H. T. SCHWARTZ). H. KRAUT und G. LEHMANN sahen in langfristigen Bilanzversuchen an 2 Versuchspersonen bei täglicher Zulage von 20 g Trockenhefe nichts Auffallendes; die Leistungsfähigkeit wurde günstig beeinflußt. K. STENGER hebt die gute Eignung zur menschlichen Ernährung hervor. Die Befunde von CREMER und LANG liefern hierfür die theoretischen Unterlagen.

In der Hefe liegen 8—10% des Gesamt-N in Form von Purin-N vor. Der Verzehr großer Hefemengen führt daher zu einer erheblichen Vermehrung der Harnsäureausscheidung, ja sogar zu Erhöhungen des Harnsäuregehalts des Blutes (K. DIRR). Die Aufnahme von 10—20 g Hefe pro Tag ist dagegen harmlos, auch wenn sie lange Zeit hindurch fortgesetzt wird, und bewirkt keine Veränderungen des Purinstoffwechsels (W. HEUPKE und Mitarbeiter; H. D. CREMER und L. BEISIEGEL).

Hefe hat einen hohen Gehalt an den B-Vitaminen. Auch aus diesem Grunde ist sie ein empfehlenswertes Nahrungsmittel von diätetischem Wert. Torula enthält weniger Aneurin, aber mehr Lactoflavin als Saccharomyces, da sie einen stärkeren oxydativen Stoffwechsel hat. Hefe ist reich an Glutathion; in der Torula findet man 0,43—0,48%, in der Bierhefe 0,86—0,89% (berechnet auf Trockensubstanz).

Getreidekeimlinge werden in steigendem Umfang für die menschliche Ernährung verwendet. Ihr hoher ernährungsphysiologischer Wert wurde schon in anderem Zusammenhange erwähnt (S. 263). In der Maiskleie wurde unlängst ein wachstumsverzögernder Faktor nachgewiesen (A. BORROW, L. FOWDEN, M. M. STEDMAN, I. C. WATERLOW und R. A. WEBB).

Tabelle 155. *Der Gehalt der Brauereihefe an B-Vitaminen* (R. BRAUDE).
Alle Werte sind in γ% ausgedrückt.

Aneurin	30—150	Biotin	20— 75
Lactoflavin	35— 80	Cholin	2— 12
Pyridoxin	30—100	Inosit	8000—1600
Pantothensäure	120—250	p-Aminobenzoesäure	30— 55
Nicotinsäure	100—500	Folinsäure	2— 10

Die Notzeiten haben dazu geführt, daß alle nur irgendwie erschließbaren Eiweißquellen zur Ernährung des Menschen mitherangezogen werden. Vor dem Kriege wurde Tierblut nicht in größerem Umfang verwendet. Heute wird es praktisch restlos erfaßt. Die Plasmaproteine sind Eiweißkörper von gutem biologischem Wert. Dagegen ist das Hämoglobin kein günstiges Nahrungsprotein. Seine Ausnutzung ist unbefriedigend. Außerdem bedingen Aussehen und Geschmack, daß viele Menschen Blut als Nahrungsmittel ablehnen. Globin, die Eiweißkomponente des Blutfarbstoffs wird vom Menschen besser verwertet; sein biologischer Wert wird durch den Mangel an Methionin (S. 127) eingeschränkt. Die Entfärbung und Desodorierung von Blut zur Herstellung von Nährpräparaten führte bisher zu wenig erfreulichen Produkten, die wegen der tiefgreifenden Denaturierung des Eiweiß ernährungsphysiologisch zu beanstanden waren, und die sich auch nicht eingebürgert haben. In der neuesten Zeit wird über schonendere Aufarbeitungsverfahren berichtet (K. BINGOLD). Auch das Molkeneiweiß wird heute besser erfaßt, das zum größten Teile aus dem biologisch wertvollen Lactalbumin besteht.

In den Notzeiten wurde der Eiweißmangel auch auf rein verwaltungsmäßigem Wege bekämpft. Die Wurst war ein beliebtes Objekt für allerlei Streckversuche. Ein Verwaltungsbeamter sagte mir einmal anläßlich einer Sitzung über Ernährungsfragen, die Wurst sei eine Erfindung, um das Wasser mit Messer und Gabel essen zu können.

3. Vegetarismus und Rohkost.

Vegetarismus und Rohkost sind, soweit sie nicht eine Art weltanschaulicher Fixierung erfahren haben, Probleme der Diätetik. Die Ernährungsphysiologie berühren sie nur ganz am Rande. Unter Vegetarismus sei im folgenden die strengste Form verstanden, die jedes tierische Eiweiß, also auch Milch, Molkereiprodukte und Eier ablehnt. Die milderen Formen des Vegetarismus, die nur Fleisch perhorreszieren, bieten kein ernährungsphysiologisches Problem.

Eine große Anzahl gewissenhafter Untersuchungen hat ergeben, daß eine rein pflanzliche Nahrung für die beiden wichtigsten Versuchstiere Ratte und Hund nicht optimal ist. Zulagen tierischer Lebensmittel führten bei ihnen immer zu dramatischen Verbesserungen des Zustands: Beschleunigung des Wachstums, Verbesserung von Fortpflanzung und Lactation und Verlängerung der Lebensdauer. Für diese Effekte sind im wesentlichen zwei Momente verantwortlich zu machen: der günstige biologische Wert des tierischen Eiweiß (mitunter auch die Vergrößerung der Proteinzufuhr) und die Versorgung mit dem im pflanzlichen Material fehlenden „animal protein factor" (Vitamin B_{12}).

So überzeugende Beweise der Überlegenheit einer gemischten Kost über eine rein vegetarische Diät besitzen wir mit Bezug auf den Menschen nicht. Das ist verständlich, denn hinsichtlich der menschlichen Ernährung ist man auf mehr oder minder zufällige Beobachtungen angewiesen und kann in nur sehr beschränktem Umfange experimentieren. Das unfreiwillige Massenexperiment der Kriegszeit und Nachkriegsjahre hat aber deutlich gezeigt, daß eine eiweißarme, vorwiegend vegetabilische Kost für den Menschen alles andere als optimal ist.

Wohl alle Ernährungsphysiologen stehen daher heute auf dem Standpunkt, daß die oben erwähnten, an Versuchstieren, deren Stoffwechselbedürfnisse denen des Menschen sehr ähnlich sind, gewonnenen Ergebnisse auf den Menschen übertragen werden können und müssen. Aber diese naturwissenschaftliche Erkenntnis wird keinen Vegetarier überzeugen.

Die wenigen einwandfreien, am Menschen vorgenommenen Untersuchungen haben gezeigt, daß streng vegetarische Kostformen hinsichtlich Bekömmlichkeit und Ausnutzbarkeit der üblichen gemischten Ernährung meist unterlegen sind. Es sei insbesondere auf die lesenswerte Abhandlung von W. CASPARI verwiesen. Man kann mit rein pflanzlichen Nahrungsmitteln recht verschiedene Kostformen zusammenstellen, die sich hinsichtlich Eiweißgehalt, Menge an Unverdaulichem, Gehalt an Mineralstoffen und Vitaminen stark voneinander unterscheiden. Merkwürdigerweise pflegen nur die wenigsten Anhänger des Vegetarismus die in diesem Rahmen mögliche optimale Zusammensetzung ihrer Nahrung zu wählen. Die vegetarische Kost ist häufig viel zu eiweißarm, einförmig, reizlos und dabei zu voluminös. Eine günstiger zusammengesetzte vegetarische Kost ist teuer. Sie ist in unserer geographischen Breite nur schwierig zu beschaffen und verlangt den Import vieler südlicher Produkte.

Manche Vegetarier haben eine gute körperliche Leistungsfähigkeit unter Beweis gestellt. Es handelt sich aber jeweils nur um Einzelbeobachtungen, aus denen man keineswegs ableiten kann, daß eine streng vegetarische Diät der gemischten Nahrung überlegen ist. Exakte neuere Versuche haben eindeutig gezeigt, daß auch beim Menschen die Arbeitsleistung stark von der zugeführten Eiweißmenge und insbesondere von dem Anteil an Proteinen tierischer Herkunft abhängig ist (G. WISHART; H. KRAUT und G. LEHMANN).

Der Mensch bereitet seine Nahrung schon seit den ältesten Zeiten mit Hilfe des Feuers zu. Durch Kochen, Braten, Backen werden tiefgreifende chemische und physikalische Veränderungen der Lebensmittel bewirkt, die eine Erhöhung der Geschmackswerte hervorrufen. Die Diskussion der Frage, ob der Nährwert durch das Kochen der Nahrungsmittel ernsthaft vermindert wird, kann heute als abgeschlossen gelten. Im Tierversuch, der eine sichere Erfassung auch der leichtesten Unstimmigkeit der Ernährung erlaubt, wurde eindeutig erwiesen, daß rohe und gargekochte Speisen in gleicher Weise Wachstum, Fortpfanzung, Gesundheit, kurz den reibungslosen Ablauf aller körperlichen und geistigen Funktionen, auch bei Beobachtung über mehrere Generationen hinweg ermöglichen (A. SCHEUNERT und E. WAGNER; E. M. P. WIDMARK und F. STENQUIST; E. BETRUP und C. LUND; E. F. KOHMAN und Mitarbeiter). Allerdings kommt es wesentlich auf die Art und Weise der Zubereitung an. Durch übermäßig hohes oder zu lange fortgeführtes Erhitzen kann der biologische Wert der Proteine vermindert und ein erheblicher Teil einiger Vitamine zerstört werden. Die günstigen therapeutischen Erfolge der Rohkost sind unbestritten. Für die allgemeine Volksernährung ist aber das Kochen der Nahrung etwas sehr wichtiges, das in vielen Fällen nicht nur nicht zu einer Verminderung, sondern sogar zu einer Verbesserung des Nährwerts führt. Auf die häufig zu beobachtende Vergrößerung der Ausnutzung haben schon die älteren Ernährungsphysiologen nachdrücklich hingewiesen. In vielen Fällen wird die Verwertbarkeit wichtiger Nahrungsfaktoren durch das Kochen überhaupt erst ermöglicht, da Hemmstoffe beseitigt werden. Es sei nur an den Trypsininhibitor der Sojabohne, das Aneurin zerstörende Ferment in Fischen und an das Biotin bindende Avidin erinnert. Nicht zuletzt ist die wichtige hygienische Bedeutung des Kochens der Nahrung zu erwähnen, da schädliche Mikroorganismen und Parasiten abgetötet werden.

Literatur.

ABDERHALDEN, E.: Z. physiol. Chem. **26**, 487, 497 (1899); **27**, 408 (1899). — ABDERHALDEN, E., u. E. WERTHEIMER: Pflügers Archiv **216**, 396 (1927). — ABELIN, I., u. E. RHYN: Z. Vitaminforsch. **12**, 57 (1942). — ABRAMSON, H.: J. biol. Chem. **178**, 179 (1949). — ACHELIS, J. D., u. H. NOTHDURFT: Pflügers Archiv **241**, 651 (1939); **242**, 700 (1939). — ADOLPH, W. H., u. CHENG: J. Nutrit. **5**, 379 (1931). — ADOLPH, W. H., WANG u. A. H. SMITH: J. Nutrit. **16**, 291 (1938). — ALBANESE, A. A.: Advances in Protein Chemistry. III. New York 1947, S. 227; In M. SAHYUN: „Proteins and Amino Acids in Nutrition". New York 1948, S. 66; J. biol. Chem. **176**, 1189 (1948). — ALBANESE, A. A., L. E. HOLT jr., V. I. DAVIS, S. E. SNYDERMAN, M. LEIN u. E. M. SMETAK: Fed. Proc. **7**, 141 (1948); J. Nutrit. **35**, 177 (1948); **37**, 511 (1949). — ALBANESE, A. A., L. E. HOLT jr., J. E. FRANKSTON u. V. IRBY: Bull. Johns Hopkins Hospital **74**, 251 (1944). — ALBANESE, A. A., V. IRBY, J. E. FRANKSTON u. M. LEIN: Am. J. Physiol. **150**, 389 (1947). — ALBANESE, A. A., L. E. HOLT jr., V. IRBY, S. E. SNYDERMAN u. M. LEIN: Bull. Johns Hopkins Hospital **80**, 158 (1947). — ALBANESE, A. A., L. E. HOLT jr., C. KAJDI u. J. E. FRANKSTON: J. biol. Chem. **148**, 299 (1943). — ALBANESE, A. A., S. E. SNYDERMAN, M. LEIN, E. M. SMETAK u. B. VESTAL: J. Nutrit. **38**, 215 (1949). — ALBERT, K. E., P. HOCK u. H. WAELSCH: J. Nerv. Ment. Dis. **104**, 263 (1946). — ALBERT, K. E., u. C. J. WARDEN: Science **100**, 476 (1944). — ALEXANDER, B., u. Mitarb.: Proc. Soc. exp. Biol. Med. **65**, 275 (1948). — ALLISON, J. B., J. A. ANDERSON u. R. D. SEELEY: J. Nutrit. **33**, 361 (1947). — ALMQUIST, H. J.: Fed. Proc. **1**, 269 (1942). — ALMQUIST, H. J., u. E. L. R. STOKSTAD: J. Nutrit. **12**, 329 (1936). — ANDERSON, H. D., K. B. McDONOUGH u. C. A. ELVEHJEM: J. Lab. Clin. Med. **25**, 464 (1940). — ANGIER, R., u. Mitarb.: Science **103**, 667 (1946). — ANNEGERS, J. H., J. H. BOUTWELL u. A. C. IVY: Gastroenterol. **10**, 486 (1948). — ANSBACHER, S.: Science **92**, 164 (1941). — Vitamins and Hormones II. New York 1944, S. 215. — ANTONOW, A. J.: J. Pediat. **30**, 250 (1947). — APPEL, H., H. BÖHM, W. KEIL u. G. SCHILLER: Z. physiol. Chem. **266**, 158 (1940); **274**, 186 (1942); **282**, 220 (1948). — ARMAND, Y.: C. r. Acad. Sci. **216**, 422 (1943). — ASCHKENASY-LELU, P., u. H. ASCHKENASY: C. r. Soc. Biol. **141**, 687 (1947). — ASENJO, C. F: J. Nutrit. **36**, 601 (1948). — Association of Vitamin Chemists: „Methods of Vitamin Assay". New York 1947. — ASTWOOT, E. B., u. J. G. ETTLINGER: Science **109**, 631 (1949). — ATWATER, W. O.: Ergebn. Physiol. **3**, Abt. I 497 (1904). — ATZLER, E., K. BERGMANN, O. GRAF, H. KRAUT, G. LEHMANN u. A. SZAKÁLL: Arbeitsphysiol. **8**, 621 (1935). — AUGUR, V., H. S. ROLLMAN u. H. J. DEUEL jr.: J. Nutrit. **33**, 177 (1947). — AUHAGEN, E.: Medizin und Chemie IV, Berlin 1942, S. 385. — AXELROD, A. E., T. D. SPIES u. C. A. ELVEHJEM: J. biol. Chem. **138**, 667 (1941).

BACHMANN, W., u. F. PELS-LEUSDEN: Z. Hyg. **121**, 506 (1939). — BANSI, H. W.: „Das „Hungerödem". Stuttgart 1949. — BANSI, H. W., u. G. FUHRMANN: Klin. Wschr. 1948, 326, 358. — BARRON, G. P., S. O. BROWN u. P. B. PEARSON: Proc. Soc. exp. Biol. Med. **70**, 220 (1949). — BARRON, G. P., P. B. PEARSON u. S. O. BROWN: Proc. Soc. exp. Biol. Med. **69**, 128 (1948). — BASU, K. P., u. M. C. MALAKAN: J. Indian. Chem. Soc. **17**, 317 (1940). — BAUER, C. D., u. C. P. BERG: J. Nutrit. **25**, 497 (1937). — BEADLES, J. R., W. M. BRAMAN and H. H. MITCHELL: J. biol. Chem. **88**, 615 (1930). — J. BEATTIE: Chemistry and Industry 1950, 104. — BEATTIE, J., P. H. HERBERT u. J. BELL: Brit. J. Nutrit. **1**, 202 (1947). — BECKER, E.: Scand. Arch. Physiol. **50**, 283 (1927). — VAN DEN BELT, J. A. F.: Arch. néerl. Physiol. **21**, 599 (1936). — BENDITT, E. P., E. M. HUMPHREYS, R. W. WISSLER, C. H. STEFFEE, L. E. FRAZIER u. P. R. CANNON: J. Lab. Clin. Med. **33**, 257, 269 (1948). — BENEDICT: Carnegie Institute Washington, Publ. Nr. 203 (1915). — BERG, R.: „Nahrungs- und Genußmittel". Dresden 1926. — „Eiweißbedarf und Mineralstoffwechsel", Leipzig 1931. — BERGEIM, O., u. E. R. KIRK: J. biol. Chem. **177**, 591 (1949). — BERTRAM, F., u. A. BORNSTEIN: In BETHE-BERGMANN: Handbuch der normalen und pathologischen Physiologie, Band V, S. 83. Berlin 1928. — BERTRAND, J., u. R. LECOQ: Bull. Sci. Pharmakol. **48**, 251 (1941). — BETRUP, E., u. C. LUND: Acta pathol. Scand. **6**, 325 (1929). — BEST, C. H.: Vitamins and Hormones I. New York 1943, 1. — BEST, C. H., u. Mitarb.: J. Physiol. **75**, 56, 405 (1932). — BEST, C. H., u. J. H. RIDOUT: Canad. Med. Assoc. J. **39**, 188 (1938). — BETHKE, KICK u. WILDER: J. biol. Chem. **98**, 389 (1932). — BHAGVAT, K., u. P. DERI: Indian J. Med. Res. **32**, 131 (1944). — BINET, L., u. V. BONNET: J. Physiol. Pathol. gén. **38**, 186 (1941—45). — BINET, L., u. M. MARQUIS: Presse Méd. 1948, 105. — BING, C. F., W. ADAMS u. R. O. BOWMAN: J. Nutrit. **5**, 571 (1932). — BINGOLD, K.: Med. Klin. 1948, 282. — BIRCH, T. W.: J. biol. Chem. **124**, 775 (1938). — BISCHOFF, F., D. W. SANSUM, M. L. LONG u. M. M. DEWAR: J. Nutrit. **7**, 51 (1934). — BLACK, D. A. K., u. J. F. POWELL: Biochem. J. **36**, 110 (1942). — BLACK, S., J. N. McKIBBIN u. C. A. ELVEHJEM: Proc. Soc. exp. Biol. Med. **47**, 217 (1942). — BLOCK, R. J.: Arch. Biochem. **10**, 295 (1946). — BLOCK, R. J., u. D. BOLLING: Arch. Biochem. **10**, 359 (1946). — BLUMBERG, H., u. A. ARNOLD: J. Nutrit. **34**, 373 (1947). — Cereal. Chem. **24**, 303 (1947). — BOAS, M.: Biochem. J. **21**, 712 (1927). — BOELTER, M., u. D. M. GREENBERG:

J. Nutrit. **21**, 61, 75 (1941). — Boer, J., B. C. P. Jansen u. A. Kentie: J. Nutrit. **33**, 339, 359 (1947). — Bogert u. Kirkpatrik: J. biol. Chem. **54**, 375 (1922). — Bonner, P.: J. Pediatr. **12**, 188 (1938). — Booher, L. E., in M. Sahyun: „Proteins and Amino Acids in Nutrition", S. 147. New York 1948. — Booth, V. H.: Brit. J. Nutrit. **1**, 113 (1947). — Borris u. Rothe: Ernährung **5**, 167 (1940). — A. Borrow, L. Fowd.n, M. M. Stedman, J. C. Waterlow u. R. A. W bb: Lancet **1948**, 752. — Borson, H. J.: Ann. int. Med. **14**, 1 (1940). — Borsook, H., u. J. W. Dubnoff: J. biol. Chem. **141**, 717 (1941). — Borsook, H., J. B. Hatcher u. D. M. Dosi: J. appl. Phys. **12**, 325 (1941). — Bourroughs, E. W., H. S. Bourroughs u. H. H. Mitchell: J. Nutrit. **19**, 363 (1940). — Boyd, Crum u. Lyman: J. biol. Chem. **95**, 29 (1932). — Boyer, P. D., J. H. Shaw u. P. Philipps: J. biol. Chem. **143**, 417 (1942). — Bransby, E. R., J. W. Hunter, H. E. Macee, E. H. M. Milligan u. T. S. Rodgers: Brit. Med. J. **1944** I, 77. — Braude, R.: Chemistry and Industry **1948**, 259. — Breitwieser: Diss. Frankfurt (Main) 1935. — Brewer, G.: Am. J. Physiol. **128**, 345 (1940). — Bricker, M. L., H. H. Mitchell u. H. Kinsman: J. Nutrit. **30**, 269 (1945); **34**, 491 (1947). — Bricker, M. L., R. F. Shively, J. M. Smith, H. H. Mitchell u. T. S. Hamilton: J. Nutrit. **37**, 163 (1949). — Broohfield, R. W.: Brit. Med. J. 1934, 848. — Brown, W. R., A. E. Hansen, G. O. Burr u. J. McQuarrie: J. Nutrit. **16**, 511 (1938). — Bruce u. Kallow: Biochem. J. **28**, 517 (1934). — Brush, M., W. Willman u. P. P. Swanson: J. Nutrit. **33**, 389 (1949). — Bunge: Z. Biol. **10**, 275 (1874). — Burke, B. S., u. Mitarb.: Am. J. Obstet. Gyn. **46**, 38 (1943). — J. Nutrit. **26**, 259 (1943). — Obstet. Gynecol. Survey **3**, 716 (1948). — Burnet, E., u. Aykroyd: Société des Nations. Bull. Trimest. Org. Hygien. **4**, 327 (1935). — Burr, G. O., u. A. J. Beber: J. Nutrit. **14**, 553 (1937). — Burr, G. O., u. M. M. Burr: J. biol. Chem. **82**, 345 (1929); **86**, 587 (1930); **97**, 1 (1932). — Burton, H. B.: J. biol. Chem. **85**, 405 (1930). —

Cameron, C. S., u. S. Graham: Glasgow Med. J. **24**, 1 (1944). — Campbell, H. L.: Am. J. Physiol. **147**, 340 (1946). — Campbell, H. L., O. A. Bessey u. H. C. Sherman: J. biol. Chem. **110**, 703 (1935). — Campbell, H. L., u. H. C. Sherman: Am. J. Physiol. **144**, 717 (1945). — Campbell, J. A.: Quart. J. exp. Physiol. **29**, 259 (1939). — Campbell, L. K.: J. Lab. Clin. Med. **23**, 448 (1938). — Campbell, R. M., u. H. W. Kosterlitz: Biochem. J. **43**, 416 (1948). — Campbell, W. W., W. Wesley u. D. M. Greenberg: Proc. Nat. Acad. Sci. USA **26**, 176 (1940). — Cannon, P. R.: Advances in Protein Chemistry II, New York 1945, S. 135. — Fed. Proc. **6**, 399 (1947); **7**, 391 (1948). — Carere-Comes, O.: Boll. Soc. Ital. Biol. Sper. **9**, 985 (1934). — Carlson, A. J.: Am. J. Publ. Health. **31**, 1181 (1941). — Carlson, A. J., u. F. Hoelzel: J. Nutrit. **31**, 363 (1946); **36**, 27 (1948). — Carpenter, T. M., u. J. R. Murlin: Arch. int. Med. **7**, 184 (1911). — Cary, C. A., u. Mitarb.: Fed. Proc. **5**, 128, 137 (1946). — Caskey, C. D., W. D. Gallup u. L. C. Norris: J. Nutrit. **17**, 407 (1939). — Caspari, W.: Pflügers Archiv **109**, 473 (1905). — Cauer, H.: Biochem. Z. **292**, 116 (1937); **299**, 69 (1938). — Chaikoff, J. C.: Biol. Med. Phys. I, S. 232. New York 1948. — Chaix, P.: Bull. Soc. Chim. Biol. **30**, 835 (1948). — Cheng, A. L. S., M. G. Morehouse u. H. J. Deuel jr.: J. Nutrit. **37**, 237 (1949). — Chick, H.: Brit. J. Nutrit. **1**, 161 (1947). — Chittenden, R. H.: „The Nutrition of Man", New York 1907. — Chittenden, R. H., u. F. P. Underhill: Am. J. Physiol. **44**, 13 (1917). — Chow, P. P., u. W. H. Adolph: Biochem. J. **29**, 476 (1935). — Christensen, H. N.: J. Biol. Chem. **166**, 649 (1946). — J. Clin. Invest. **26**, 849 (1947). — Clayton, C. C., u. C. A. Baumann: Arch. Biochem. **5**, 115 (1944); **16**, 415 (1948). — Cohen, E. G., u. C. A. Elvehjem: J. biol. Chem. **107**, 97 (1934). — Common, R. H.: Nature **143**, 379 (1939). — Council on Foods and Nutrition: J. Am. Med. Assoc. **119**, 1425 (1942); **131**, 1426 (1946). — Conner, R. T., Hsuet-Chung u. H. C. Sherman: J. biol. Chem. **22**, 327 (1942); **37**, 317 (1949). — Consolazio, F. C., u. W. H. Forbes: J. Nutrit. **32**, 195 (1946). — Copp, D. H., M. J. Chack u. F. Duffy: Fed. Proc. **6**, 245 (1947). — Cox jr., W. M., u. Imboden: J. Nutrit. **11**, 147 (1936). — Cox jr., W. M., u. Mitarb.: J. Nutrit. **33**, 437 (1947). — Crampton, E. W.: Sci. Agricult. **18**, 38 (1937). — Crandon, J. H., u. C. H. Lund: New England J. Med. **222**, 848 (1940); **223**, 353 (1940). — Cremer, H. D., u. L. Beisiegel: Klin. Wschr. 1943 I, 187. — Cremer, H. D., u. K. Lang: Biochem. Z. **320**, 284 (1950). — Cuthbertson, D. P.: Brit. Med. J. 1948, 731.

Daft, F. S., u. W. H. Sebrell: Publ. Health. Rep. **54**, 2247 — (1939); **55**, 1333 (1940). — Dahlberg, G., A. Engel u. H. Rydin: Acta Med. Scand. **119**, 540 (1944). — Dam, H.: Biochem. Z. **215**, 475 (1929). — Dam, H., A. Geiger, J. Glavind, P. Karrer u. Mitarb.: Helv. Chim. Acta **22**, 310 (1939). — Daniels, A.: Am. J. Dis. Childr. **62**, 568 (1941). — Daniels, A., u. G. Everson: J. Nutrit. **9**, 191 (1935). — Dann, W. J., u. G. H. Satterfield: Biological Symposia XII, Lancaster 1947. — Darby, W. J.: Vitamins and Hormones V, S. 119. New York 1947. — Darby, W. J., u. P. L. Day: Proc. Soc. exp. Biol. Med. **41**, 507 (1939). — Davis, N. J.: Am. J. Dis. Childr. **49**, 611 (1935). — Day, H. G., u. E. V. McCollum: J. biol. Chem. **130**, 269 (1939). — Day, H. C., u. E. B. Skidmore: J. Nutrit. **33**, 27 (1947). — Day, P. L., u. J. R. Totter: J. Nutrit. **36**, 803 (1948). — Dean, H. T., F. A. Arnold u. E. Elvove: Publ. Health. Rep. **56**, 571 (1941); **57**, 1155 (1942). —

DEAN, H. T., u. E. ELVOVE: Publ. Health. Rep. **52**, 1249 (1937). — DENNIG, H., H. J. GOTTSCHALK u. L. TEUTSCHER: Arch. exp. Pathol. **174**, 468 (1934). — DENNIG, H., D. H. HILL u. L. H. TALBOTT: Arch. exp. Pathol. **144**, 297 (1929). — DENZ, F. A.: Quart. J. Med. **16**, 1 (1947). — DEUEL jr., H. J.: Science **103**, 183 (1946). — J. Nutrit. **32**, 69 (1947). — DEUEL jr., H. J., u. Mitarb.: J. Nutrit. **27**, 107, 335, 339, 509 (1944); **29**, 237, 309 (1945); **31**, 737, 747 (1946). — DEUEL jr., H. J., S. M. GREENBERG, E. E. STRAUB, D. JUE, C. M. GOODING u. C. F. BROWN: J. Nutrit. **35**, 301 (1948). — DEUEL jr., H. J., S. M. GREENBERG, E. E. STRAUSS, T. FUKUI, C. M. GOODING u. C. F. BROWN: J. Nutrit. **38**, 361 (1949). — DEUEL jr., H. J., E. R. MESERVE, E. STRAUB, C. HENDRIK u. B. T. SCHEER: J. Nutrit. **33**, 569 (1947). — DIAZ, J.: Rev. Clin. Espagn. **25**, 249, 254 (1947). — DICKER, S. E.: Biochem. J. **43**, 444 (1948). — DIRR, K.: Biochem. Z. **312**, 233 (1942). — DODDS, M. L., u. F. L. MCLEVD: Science **106**, 67 (1947). — DONALDSON, A. W., u. G. F. OTTO: Am. J. Hygiene **44**, 384 (1946). — DOR, B. A.: Proc. Soc. exp. Biol. Med. **46**, 341 (1941). — DRUMMOND, J. C., u. K. H. COWARD: Lancet **1921**, 698. — J. W. DUBNOFF: Arch. Biochem. **24**, 251 (1949). — DUFRENOY, J., u. L. GENEVOIS: Ann. Nutrit. Aliment **1**, 389 (1947). — DUGAL, L. P., u. M. THÉRIEN: Canad. J. Res. Ser. E. **25**, 111 (1947). — DUMAZERT, C., u. S. GRAC: C. r. Soc. Biol. **142**, 347 (1948).

ECKHARDT, R. D., u. C. S. DAVIDSON: J. Clin. invest. **27**, 119, 165, 727 (1947/48). — J. biol. Chem. **177**, 667 (1949). — v. EEKELEN, M., A. EMMERIE u. L. K. WOLFF: Z. Vitaminforschg. **6**, 150 (1927). — EHRENBERG, R.: Dtsch. med. Wschr. 1948, 168. — Klin. Wschr. 1949, 337. — EHRISMANN, F.: Z. Biol. **42**, 672 (1901). — EIMER, K.: Dtsch. Med. Wschr. 1930 I, 997. — EKMAN, B.: Acta Physiol. Scand. **8**, Suppl. 22 (1944). — ELLINGER, P.: Biochem. J. **42**, 175 (1948). — ELLIS, M., u. H. H. MITCHELL: Am. J. Physiol. **104**, 1 (1933). — ELLIS, G. H., S. E. SMITH u. E. M. GATES: J. Nutrit. **34**, 21, 33 (1947). — ELMAN, R.: Advances in Protein Chemistry III, S. 269, New York 1947. — Am. J. Med. **5**, 760 (1948). — ELMAN, R., H. W. DAVEY u. Y. LOO: Arch. Biochem. **3**, 45 (1941). — ELVEHJEM, C. A.: J. biol. Chem. **121**, 255 (1937). — J. Am. chem. Soc. **59**, 1767 (1937). — Physiol. Rev. **20**, 249 (1940). — J. Am. Med. Assoc. **135**, 279 (1947). — ELVEHJEM, C. A., R. J. MADDEN, F. M. STRONG u. D. W. WOOLLEY: J. Am. Chem. Soc. **59**, 1767 (1937). — ELVEHJEM, C. A., u. W. C. SHERMAN: J. biol. Chem. **98**, 309 (1932). — ELSOM, K. O., F. H. LEVY u. G. H. HEUBLEIN: Am. J. Med. Sci. **200**, 757 (1940). — ELSOM, K. O., F. D. LUKENS, E. H. MONTGOMERY u. L. JONAS: J. Clin. Invest. **19**, 153 (1940). — EMBDEN, G., u. E. GRAFE: Z. physiol. Chem. **113**, 108 (1921). — EMBDEN, G., E. GRAFE u. E. SCHMITZ: Z. physiol. Chem. **113**, 67 (1921). — EMMRICH, R., u. E. NEBE: Z. physiol. Chem. **266**, 174 (1940). — EPPINGER, H.: Dtsch. med. Wschr. 1943, Nr. 11/12. — EPPRIGHT, E. S., u. A. H. SMITH: J. Nutrit. **14**, 21 (1937). — ERSHOFF, B. H.: Proc. Soc. exp. Biol. Med. **63**, 73 (1946). — Physiol. Rev. **28**, 107 (1948). — ESH, G. C., u. T. S. SUTTON: J. Nutrit. **36**, 39 (1948). — ESTREMERA, H. E., u. W. D. ARMSTRONG: J. Nutrit. **35**, 611 (1948). — v. EULER, B., u. H. v. EULER: Ernährg. **7**, 65 (1942). — Ark. Kemi. Mineral. Geol. **24** A Nr. 15, 20 (1947). — v. EULER, B., H. v. EULER u. P. KARRER: Helv. Chim. Acta **12**, 278 (1929). — v. EULER, B.: Ark. Kemi, Mineral. Geol. **26** B Nr. 3 (1948). — EVANS, H. M., u. K. S. BISHOP: Am. J. Physiol. **63**, 396 (1922). — EVANS, H. M., O. H. EMERSON u. G. A. EMERSON: J. biol. Chem. **113**, 319 (1936). — EVANS, H. M., u. S. LEPKOVSKI: J. biol. Chem. **96**, 143, 157 (1932); **99**, 231 (1932); **106**, 431, 441, 445 (1932). — EVANS, R. A., J. MCGINNIS u. J. C. JOHN: J. Nutrit. **33**, 661 (1947). — EVANS, R. J., u. P. H. PHILIPPS: J. Nutrit. **18**, 353 (1939).

FAIRBANKS, B. W., u. H. H. MITCHELL: J. Nutrit. **11**, 551 (1936). — v. FELLENBERG, TH.: Ergebn. Physiol. **25**, 176 (1926). — Mitt. Lebensmittelunters. **39**, 124 (1948). — FINCKE, M. L., u. E. A. GARRISON: Food. Res. **3**, 575 (1938). — FINE, J., u. A. SELIGMAN: J. Clin. invest. **22**, 285 (1943). — FISCHER, A.: Biol. Rev. Cambridge philosoph. Soc. **22**, 178 (1947). — FISCHER, L.: Arbeitsphysiol. **8**, 347 (1935). — FISHMAN, W. H., u. C. ARTOM: Proc. Soc. exp. Biol. Med. **57**, 241 (1944). — FIXEN, M. A. B.: Biochem. J. **24**, 1780, 1794 (1930); **26**, 1919, 1923 (1932). — FLEISCH, A.: Schweiz. Med. Wschr. 1946, 889. — FLÖSSNER, O.: Ernährg. **8**, 89 (1943), „Synthetische Fette", Leipzig 1948. — FLORKIN, M., u. G. DUCHATEAU: Acta Biol. Belge **2**, 219, 221, 233, 234 (1942). — FOLIN, O.: Am. J. Physiol. **13**, 66, 117 (1905). — FOLLIS jr., R. H., H. G. DAY u. E. V. MCCOLLUM: J. Nutrit. **22**, 223 (1941). — FONTÈS, G., u. C. THIVOLLE: C. r. Acad. Sci. **191**, 1088 (1930). — FORBES, E. B.: J. Nutrit. **14**, 419 (1947). — FORBES, E. B., R. W. SWIFT, R. F. ELLIOT u. W. H. JAMES: J. Nutrit. **31**, 203, 213 (1946). — FOWLER, W. M. u. A. P. BARER: Arch. int. Med. **60**, 967 (1937). — FOX, F. W.: Brit. Med. J. 1940 II, 143. — FRAZIER, L. E., R. W. WISSLER, C. H. STEEFFEE, R. L. WOOLRIDGE u. P. R. CANNON: J. Nutrit. **33**, 65 (1947). — FREDERICIA, L. S.: Scand. Arch. Physiol. **49**, 129 (1926). — FREEMAN, S., u. W. M. BURILL: J. Nutrit. **30**, 293 (1945). — FRENCH, C. E., A. BLACK u. R. W. SWIFT: J. Nutrit. **35**, 83 (1948). — FROST, D. V., J. HEINSEN u. R. T. OLSON: Arch. Biochem. **10**, 215 (1946). — FULLER, A. T., A. NEUBERGER u. M. A. WEBSTER: Biochem. J. **41**, 11 (1947). — FUHR, I., u. H. STEENBOK: J. biol. Chem. **147**, 59, 65, 71 (1943).

GAJDOS, A.: Sang. **18**, 184, 347 (1948). — GAMBLE, J. L., G. S. ROSS u. F. E. TISDALL: J. biol. Chem. **57**, 633 (1923). — GAUNT, J. R., M. LILLING u. C. W. MUSHETT: Endocrinol. **38**, 127 (1946). — GEIGER, E.: J. Nutrit. **34**, 97 (1947). — GERHARTZ, E.: Biochem. Z. **239**, 404 (1931). — GEYER, R. P., G. V. MANN u. F. J. STARE: J. Lab. Clin. Med. **33**, 153, 163 (1948). — GEYER, R. P., H. NATH, V. H. BARKI, C. A. ELVEHJEM u. E. B. HART: J. biol. Chem. **169**, 227 (1947). — GIAJA, J., u. S. GELINEO: C. r. Acad. Sci. **198**, 2277 (1934). — GLASS, J.: Z. exper. Med. **82**, 776 (1932). — GLATZEL, H.: Z. exper. Med. **90**, 59 (1933); **92**, 653 (1933); **93**, 179 (1934); **95**, 542 (1934); **98**, 409, 418 (1936); **99**, 236, 250, 258 (1930); Klin. Wschr. **1935** II, 1741; **1938** I, 793, 833. — GLAZEBROOK, A. J., u. S. THOMPSON: J. Hyg. **42**, 1 (1942). — GLYNN, L. E.: Nutrit. Abstracts and Revievs **16**, 751 (1947). — GLYNN, L. E., H. P. HIMSWORTH u. A. NEUBERGER: Brit. J. exper. Pathol. **26**, 236 (1945). — GOETTSCH, M.: Arch. Biochem. **19**, 349 (1948); **21**, 289 (1949). — GOMPEL, M., F. HAMON u. A. MAYER: Ann. Physiol. Physicochim Biol. **12**, 504 (1936). — GORSON, H. H., S. Z. LEVINE, M. A. WHEATLEY u. E. MAPPLES: Amer. J. Dis. Childr. **54**, 1030 (1937). — GORTER, F. J.: Z. Vitaminforschg. **4**, 277 (1935). — GROEN, J.: Biochem. Biophys. Acta **1**, 315 (1947). — GOUNELLE, H.: Ann. Nutrit. Aliment **1**, 95 (1947). — GRAB, W.: Klin. Wschr. **1949**, 430. — GRAB, W., u. K. LANG: Klin. Wschr. **1946**, 40. — GRANICK, S.: Science **103**, 107 (1947). — GRAU, C. R.: J. biol. Chem. **170**, 661 (1947). — GREENBERG, D. M., D. H. COPP u. E. M. CUTHBERTSON: J. biol. Chem. **147**, 749 (1943). — GREENBERG, D. M., u. MILLER: J. Nutrit. **22**, 2 (1942). — GREENWOOD, D. A.: Physiol. Rev. **20**, 582 (1940). — GREWE, R.: Z. physiol. Chem. **242**, 89 (1936). — GRIEBEL, C., u. HESS: Ernährung **5**, 161 (1940). — GRIFFITH, W. H.: J. Nutrit. **21**, 291 (1941). — GRIFFITH, W. H., u. M. F. NAUROCKI: Fed. Proc. **7**, 288 (1948). — GRIFFITH, W. H., u. N. J. WADE: J. biol. Chem. **131**, 567 (1939). — GRIJNS, G.: Z. physiol. Chem. **251**, 97 (1938). — GRÜNWALD, F.: Arch. exper. Pathol. **60**, 360 (1909). — GSCHÄDLER, L., u. G. VIOLLIER: Helv. Physiol. Acta **6**, 267 (1948). — GSTIRNER, F.: „Chemisch-physikalische Vitaminbestimmungsmethoden.“ 2. Aufl. Stuttgart 1940. — GUBLER, C. J., G. E. CARTWRIGHT u. M. M. WINTROBE: J. biol. Chem. **178**, 989 (1949). — GUERRANT, N. B., u. R. A. DUTCHER: Proc. Soc. exper. Biol. Med. **31**, 796 (1934); J. Nutrit. **8**, 397 (1934). — GUHA, B. C.: Biochem. J. **25**, 1385 (1931). — GUNSALUS, I. C., W. W. UMBREIT u. Mitarb. J. biol. Chem. **155**, 685 (1944); **159**, 333 (1945); **161**, 311 (1945). — GUSTL, B., u. R. RENNANT: Yale J. Biol. Med. **15**, 347 (1943). — GYÖRGY, P.: Biochem. J. **29**, 741, 760, 767 (1935); J. Amer. Chem. Soc. **60**, 983 (1938). — GYÖRGY, P., u. H. GOLDBLATT: J. exper. Med. **70**, 185 (1939); **75**, 355 (1942). — GYÖRGY, P., u. C. E. POLING: J. biol. Chem. **132**, 789 (1940). — GYÖRGY, P., C. S. ROSS u. R. A. SHIPLEY: Arch. Biochem. **22**, 108 (1949).

HAAG, J. R., u. L. S. PALMER: J. biol. Chem. **76**, 367 (1927). — HAHN, P. F.: J. exper. Med. **78**, 169 (1943). — HAHN, P. F., E. JONES, R. C. LÖWE, G. R. MENEELY u. W. PEACOCK: Amer. J. Physiol. **141**, 191 (1945). — HALDI, J., G. BACHMANN, W. WYNN u. C. ENSOR: J. Nutrit. **18**, 399 (1939). — HALEY, T. J., u. A. M. FLESHER: Science **104**, 567 (1946). — HALL, W. K., L. L. BOWLES, V. P. SYDENSTRICKER u. H. L. SCHMIDT JR.: J. Nutrit. **36**, 277 (1948). — HALVERSON, A. W., M. ZEPPLIN u. E. B. HART: J. Nutrit. **38**, 115 (1949). — HAMADA, T.: Z. physiol. Chem. **243**, 258 (1936). — HAMAMOTO, E.: Orient. J. Dis. Infant. **18**, 21 (1935). — HAMILTON, H. C., u. E. B. MAHER: J. comp. Psychol. **40**, 463 (1947). — HANKES, L. V., W. H. RIESSER, L. M. HENDERSON u. C. A. ELVEHJEM: J. biol. Chem. **176**, 467 (1948). — HANDLER, P.: J. Nutrit. **33**, 221 (1947). — HANDLER, P., u. W. J. DAUN: J. biol. Chem. **140**, 739 (1941); **146**, 357 (1942). — HANSEN, A. E., O. BECK u. H. F. WIESE: Fed. Proc. **7**, 289 (1948). — HANSON, H.: Z. exper. Med. **113**, 226 (1943). — HARRIS, H. A., A. NEUBERGER u. F. SANGER: Biochem. J. **37**, 508 (1943). — HARRIS, L. J., u. P. C. LEONG: Lancet **1936**, 1373; **1938**, 539. — HARRIS, S. A., u. K. FOLKERS: J. Amer. Chem. Soc. **61**, 1245 (1939). — HARRIS, S. A., D. E. WOLF, R. MOZINGO u. K. FOLKERS: Science **97**, 447 (1943). — HARRISON, C. A., u. K. MELLANBY: Biochem. J. **22**, 102 (1929); **33**, 1660 (1939). — HARRISON, H. C., u. C. N. LONG: J. biol. Chem. **161**, 545 (1945). — HART, E. B., u. C. A. ELVEHJEM: Ann. Rev. Biochem. **5**, 271 (1936). — HARTWELL, G. A.: Biochem. J. **20**, 751 (1926). — HASSELBACH. K. A.: Biochem. Z. **46**, 403 (1912). — HAWLEY, E. E., J. R. MURLIN, E. S. NASSET u. T. A, SZYMANSKI: J. Nutrit. **36**, 153 (1948). — HAYWARD, G. W., u. A. JORDAN: Brit. Med. J. **1942**, 462. — HEARD, E. V., u. H. B. LEWIS: J. biol. Chem. **123**, 203 (1938). — HECHT, G., u. H. WEESE: Klin. Wscbr. **1937** I, 414. — HEGSTEDT, D. M., V. KENT, A. G. TSONGAS u. F. J. STARE: J. Lab. Clin. Med. **32**, 403 (1947). — HEGSTED, J. M., G. M. KIBBIN u. F. J. STARE: J. Clin. invest. **23**, 705 (1944). — HEGSTED, D. M., A. G. TSONGAS, D. B. ABBOTT u. F. J. STARE: J. Lab. Clin. Med. **31**, 261 (1946). — HEIDELBERGER, C., E. P. ABRAHAM u. S. LEPKOVSKY: J. biol. Chem. **179**, 151 (1949). — HEILMEYER, L.: Med. Klin. **1946**, 161. — HEILMEYER, L., u. v. MUTIUS: Z. exper. Med. **112**, 192 (1943). — HEILMEYER, L., u. K. PLÖTNER: „Das Serumeisen und die Eisenmangelkrankheit.“ Jena 1937. — HEINELT, H.: Z. exper. Med. **45**, 616 (1925). — HELLER, V. G.: J. Nutrit. **5**, 421 (1932). — HENRY, K. M., u. S. K. KON: J. **33**, 173 (1939); **41**, 169 (1947). — HENSCHEL, A., O. MICHELSEN, H. L.

TAYLOR u. A. KEYS: Amer. J. Physiol. **150**, 170 (1947). — HEPPEL, L. A., u. C. L. A. SCHMIDT: Univ. California Publ. Physiol. 8, 189 (1938). — HEUPKE, W., Ernährung. Beiheft **10**, 27 (1942); Münch. Med. Wschr. **1942** II, 992. — HEUPKE, W., u. E. KREBS: Münch. Med. Wschr. **1943**, 584. — HILLS, G. M.: Biochem. J. **33**, 1966 (1939). — HIMSWORTH, H. P., u. L. E. GLYNN: Clin. Sci. **5**, 93, 133 (1944). — HINDHEDE, M.: Scand. Arch. Physiol. **30**, 97 (1913); **31**, 259 (1914); Dtsch. Arch. Klin. Med. **111**, 366 (1913). — HOAGLAND, R., N. R. ELLIS, O. G. HANKINS u. G. G. SNIDER: J. Nutrit. **35**, 167 (1948). — HOAGLAND, R., u. G. G. SNIDER: J. Nutrit. **26**, 219 (1943); **34**, 43 (1947); Food. Res. **11**, 494 (1946). — HOCHBERG, M., D. MELNICK u. B. OSER: J. Nutrit. **30**, 201 (1945). — HOCK, A., u. H. FINK: Z. physiol. Chem. **278**, 136 (1943); **279**, 187 (1943); Z. Naturforschg. **2b**, 203 (1947). — HODSON, A. Z., u. G. M. KRUEGER: Arch. Biochem. **12**, 51 (1947). — HOELZEL, F., Amer. J. Digest. Dis. **14**, 401 (1947). — HOFF-JÖRGENSEN, E.: Biochem. J. **40**, 189, 453, 555 (1946). — HOGAN, A. G.: J. biol. Chem. **107**, 179 (1934); **115**, 699 (1936); **128**, 363 (1939). — HOLMES, A. D., u. H. J. DEUEL JR.: Amer. J. Physiol. **54**, 479 (1921). — HOLT, L. E., A. A. ALBANESE, J. E. BUEMBACH JR., C. KAJDI u. D. M. WANGERIN: Proc. Soc. exper. Biol. Med. **48**, 726 (1941). — HOLT, L. E., A. A. ALBANESE, L. B. SHETTLER, C. KAJDI u. D. M. WANGERIN: Fed. Proc. **1**, 116 (1942). — HOLT, F., u. F. I. SCOULAR: J. Nutrit. **35**, 717 (1948). — HOLTZ, F.: Biochem. Z. **315**, 345 (1943). — HOLZAPFEL, L., u. I. KERNER-ESSER: Naturwiss. **1943**, 386; **1947**, 189. — HOPKINS, F. G., u. NEVILLE: Biochem. J. **7**, 97 (1912). — HORN, M. J., D. B. JONES u. A. E. BLUM: J. biol. Chem. **166**, 313 (1946); **169**, 71, 739 (1947); **170**, 719 (1947); **172**, 149 (1947); **176**, 59, 679 (1948); **177**, 697 (1949). — HORN, H. C., W. H. RIESSEN u. C. A. ELVEHJEM: Proc. Soc. exper. Biol. Med. **70**, 416 (1949). — HOVE, E. L., C. A. ELVEHJEM u. E. B. HART: Amer. J. Physiol. **119**, 768 (1937); **123**, 640 (1938); **124**, 750 (1938); **127**, 689 (1939). — HOVE, E. L., u. P. L. HARRIS: J Nutrit. **34**, 571 (1947); Arch. Biochem. **17**, 467 (1948). — HOUK, A. E., A. W. THOMAS u. H. C. SHERMAN: J. Nutrit. **31**, 609 (1946). — HUFF, J. W., u. W. A. PERLZWEIG: Science **100**, 15 (1944). — HUME, E. M., u. H. A. KREBS: Medical Research Council special Report Serie Nr. **264**. London 1949. — HUME, E. M., L. C. NUNN, SMEDLEY-MC LEAN u. H. H. SMITH: Biochem. J. **34**, 879 (1940).

IRVIN, J. L., J. KOPOLA u. G. G. JOHNSTON: Amer. J. Physiol. **132**, 202 (1941). — IRVING, J. T., u. H. N. SCHWARTZ: Clin. Proc. **5**, 14 (1946).

JACKSON, B., u. V. E. KINSEY: Amer. J. Ophthal. **29**, 1234 (1946). — JACOBS, E. C.: Ann. Intern. Med. **28**, 782 (1948). — JACKSCH, R. v.: Wien. med. Wschr. **1918**, 1030. — JANSEN, W. H.: Münch. med. Wschr. **1918**, 10, 925; Dtsch. Arch. Klin. Med. **131**, 144, 330 (1919). — JOHNSON, L. M., H. T. PEARSONS u. H. STEENBOCK: J. Nutrit. **18**, 423 (1939). — JOHNSON, R. M., H. J. DEUEL JR., M. G. MOREHOUSE u. J. W. MEHL: J. Nutrit. **33**, 371 (1947). — JOHNSTON, F. A., B. FRENCHMANN u. E. D. BOROUGHS: J. Nutrit. **35**, 453 (1948). — JOLLIFE, N. v., F. GOODHART, J. GENNIS u. J. K. CLINE: Amer. J. Med. Sci. **198**, 198 (1939). — JONES, D. B., A. CALDWELL u. M. J. HORN: Fed. Proc. **7**, 162 (1948); J. biol. Chem. **176**, 65 (1948). — JONES, D. B., A. CALDWELL u. K. D. WIDNESS: J. Nutrit. **35**, 639 (1948). — JONES, D. B., DIVINE u. M. J. HORN: J. biol. Chem. **146**, 571 (1942). — JONES, J. H.: Amer. J. Physiol. **124**, 230 (1938); J. Nutrit. **20**, 367 (1940). — JORES, A.: Dtsch. med. Wschr. **1948** I, 65. — JUCKER, P., H. KAPP u. E. A. ZELLER: Z. Vitaminforschg. Beih. **3** (1943).

KABELITZ, G.: Klin. Wschr. **1944**, 13. — KADE, C. F. JR., J. H. PHILIPPS u. W. A. PHILIPPS: J. Nutrit. **36**, 109 (1948). — KADE, C. F. JR., u. J. SHEPERT: Fed. Proc. **7**, 291 (1948). — KARRER, P., B. BECKER, F. BENZ, P. FREI, H. SALOMON u. K. SCHÖPP: Helv. Chim. Acta **18**, 1435 (1935). — KARRER, P., u. H. KOENIG: Helv. Chim. Acta **26**, 619 (1943). — KARRER, P., u. M. VISCONTINI: Helv. Chim. Acta **30**, 524 (1947). — KARRER, P., M. VISCONTINI u. O. FORSTERS: Helv. Chim. Acta **31**, 1004 (1948). — KARRER, P., H. SALOMON, R. MORF u. K. SCHÖPP: Biochem. Z. **258**, 4 (1933). — KARRER, P., H. SALOMON, K. SCHÖPP u. R. MORF: Helv. Chim. Acta **16**, 181 (1933). — KARRER, P., G. SCHWARZENBACH u. K. SCHÖPP: Helv. Chim. Acta **16**, 302 (1933). — KAUNITZ, H.: Erg. inn. Med. **51**, 218 (1936). — KEIL, W.: Z. physiol. Chem. **257** I (1938); **274**, 175 (1942). — KELLER, W. F.: Science **103**, 137 (1946). — KEMMERER, A. R., C. A. ELVEHJEM u. E. B. HART: J. biol. Chem. **92**, 623 (1931). — KEMPNER, W.: Amer. J. Med. Sci. **4**, **545** (1948). — KENT, N. L., u. R. A. MCCANCE: Biochem. J. **35**, 877 (1941). — KERESZTASY, J. C., u. I. R. STEFFENS: Proc. Soc. exper. Biol. Med. **38**, 64 (1938). — KERPEL-FROBENIUS, E.: Ergeb. inn. Med. **51**, 623 (1936). — KEYS, A.: Science **103**, 669 (1946); J. Amer. Dietetic. Assoc. **22**, 582 (1946). — KIK, M. C.: Proc. Soc. exper. Biol. Med. **39**, 304 (1938). — KING, E. J., H. STANTIAL u. M. DOLAN: Biochem. J. **27**, 1002 (1933). — KIRKWOOD, S., u. P. H. PHILIPPS: J. biol. Chem. **163**, 251 (1946). — KIRCH, E. R., O. BERGHEIM, J. KLEINBERG u. S. JAMES: J. biol. Chem. **171**, 687 (1947). — KLATZEIN, S. W.: J. Nutrit. **19**, 187 (1940). — KLEIBER, M., M. D. BOELTER u. D. M. GREENBERG: J. Nutrit. **19**, 517 (1940). — KLEIBER, M., D. M. BOELTER u. D. M. GREENBERG: J. Nutrit. **21**, 363 (1941). — KLEMENT, R.: Ber.

Dtsch. Chem. Ges. **68**, 2012 (1935). — KLOSE, A. A., u. H. L. FEVOLD: J. Nutrit. **29**, 421 (1945); Arch. Biochem. **13**, 349 (1947). — KNACK, V., u. J. NEUMANN: Dtsch. med. Wschr. **1917** II, 901. — KNUDSON, A., u. FLOODY: J. Nutrit. **20**, 317 (1940). — KOBAK, M. W., E. P. BENDITT, R. W. WISSLER u. C. H. STEFFEE: Surg. Gyn. Obstet. **85**, 751 (1947). — KOCHMANN, M., u. L. MAIER: Biochem. Z. **223**, 228, 231, 243 (1930). — KÖGL, F., u. W. HASSELT: Z. physiol. Chem. **243**, 189 (1936). — KÖGL, F., u. B. TÖNNIS: Z. physiol. Chem. **242**, 43 (1936). — KOHMAN, E. A., Amer. J. Physiol. **51**, 378 (1920). — KON, S. K., u. Z. MARKUZE: Biochem. J. **25**, 1476 (1931). — KOSTERLITZ, H. W.: Nature **154**, 207 (1944); J. Physiol. **106**, 194 (1947). — KOTAKE, Y., Z. MATSUOKA u. M. OKAGAWA: Z. physiol. Chem **122**, 166 (1922) — KRAUT, H., H. BRAMSEL: Arbeitsphysiol. **12**, 238 (1942). — KRAUT, H., u. G. LEHMANN: Biochem. Z. **319**, 209 (1949). — KRAUT, H., u. H. WECKER: Biochem. Z. **315**, 329 (1943); **318**, 495 (1948). — KRAUT, H., Ä. WEISCHER u. R. HÜGEL: Biochem. Z. **316**, 96 (1943); **317**, 187 (1944). — KRAYBILL, H. R.: Aus M. SAHYUN: „Protein and amino acids in nutrition.“ New York 1948. S. 205. — KREBS, H. A.: Biochem. J. **36**, 758 (1942). — KREBS, H. A., u. K. MELLANBY: Biochem. J. **37**, 466 (1943). — KRIEGER, C. H., R. BUNKFELDT, C. R. THOMPSON u. H. STEENBOK: J. Nutrit. **20**, 7, 125 (1940); **21**, 213 (1941). — KRUSE, H. D., E. R. ORENT u. E. V. MCCOLLUM: J. biol. Chem. **96**, 519 (1932); **100**, 603 (1933); **112**, 337 (1935); Amer. J. Physiol. **101**, 454 (1932). — KÜHNAU, J.: Ärztl. Wschr. **1946**, 161; Klin. Wschr. **1949**, 294. — KUETHER, C. A., u. V. C. MYERS: Fed. Proc. **7**, 292 (1948); J. Nutrit. **35**, 651 (1948). — KUHN, R., P. GYÖRGY u. T. WAGNER-JAUREGG: Ber. Dtsch. Chem. Ges. **66**, 317, 576 (1933). — KUHN, R., u. C. O. R. MORRIS: Ber. Dtsch. Chem. Ges. **70**, 853 (1937). — KUHN, R., K. REINEMUND, F. WEYGAND u. R. STRÖBELE: Ber. Dtsch. Chem. Ges. **68**, 1765 (1935). — KUHN, R., u. K. SCHWARZ: Ber. Dtsch. Chem. Ges. **74**, 1617 (1941). — KUHN, R., u. G. WENDT: Ber. Dtsch. Chem. Ges. **71**, 780, 1118 (1938). — KUIKEN, K. A., u. C. M. LYMAN: J. Nutrit. **36**, 359 (1948); J. biol. Chem. **177**, 29 (1949). — KUNITZ, M.: J. Gen. Physiol. **29**, 149 (1946); **30**, 291, 311 (1947); **32**, 241 (1948). — KUSCHINSKY, G.: Klin. Wschr. **1949**, 317; Arch. exper. Path. **207**, 138 (1949).

LACLAN, N. C., u. A. D. MARENZI: C. r. Soc. Biol. **103**, 1287 (1930). — LAING, G. H., Gastroenterol. **12**, 450 (1949). — LANFORD, C. S., u. H. C. SHERMAN: J. biol. Chem **126**, 381 (1938); **137**, 621 (1941). — LANE, R. H., u. R. J. WILLIAMS: Arch. Biochem. **19**, 329 (1948). — LANG, K.: Biochem. Z. **291**, 174 (1937); Klin. Wschr. **1947**, 868. — LANG, K., u. A. EBERWEIN: Z. Lebensmittelunters. **88**, 153 (1948). — LANG, K., u. W. GRAB: Klin. Wschr. **1946**, 37; **1947**, 251. — LANG, K., E. SCHÜTTE u. H. D. CREMER: Unveröffentl. Versuch. — LANG, L.: Diss. Frankfurt a. M. 1941. — LEAF, G., u. A. NEUBERGER: Biochem. J. **41**, 280 (1947). — LECOQ, R.: C. r. Soc. Biol. **108**, 399 (1931). — LEICHENBERGER, H., G. EISENBERG u. A. J. CARLSON: J. Amer. Med. Assoc. **136**, 388 (1948). — LEHMANN, G., u. H. MICHAELIS: Biochem. Z. **319**, 247 (1949). — LEHMANN, G., u. A. SZAKÁLL: Arbeitsphysiol. **9**, 630 (1937); **11**, 73 (1941). — LEMLEY, J. M., R. A. BROWN, O. D. BIRD u. A. D. EMMETT: J. Nutrit. **33**, 53 (1947). — LEONG, P. C.: Biochem. J. **35**, 806 (1941). — LEPKOVSKY, S.: Science **87**, 169 (1938); J. biol. Chem. **124**, 125 (1938). — LEVERTON, R. M.: J. Nutrit. **17**, 17 (1939). — LEVERTON, R. M., u. E. S. BINKLEY: J. Nutrit. **27**, 43 (1944). — LEVINE, S. Z., H. H. GORDON u. E. MARPLES: J. Clin. Invest. **20**, 209 (1941). — LEWIS, H. B.: J. biol. Chem. **31**, 363 (1917). — LI, T.: Chinese J. Physiol. **4**, 49 (1930). — LIEB, C. W.: Proc. Soc. exper. Biol. Med. **26**, 324 (1929); Amer. J. Digest. Dis. **2**, 473 (1935). — LIECHSTEIN, H. C.: J. biol. Chem. **177**, 125 (1949). — LIECHSTEIN, H. C., u. J. F. CHRISTMAN: J. biol. Chem. **175**, 649 (1948). — LIECHSTEIN, H. C., u. W. W. UMBREIT: J. biol. Chem. **170**, 329, 423 (1947). — LINGHORNE, W. J.: Canad. Med. Ass. J. **54**, 106 (1946). — LINTZEL, W., u. H. BERTRAM: Biochem. Z. **297**, 315 (1938). — LIPMAN, F., u. O. KAPLAN: J. biol. Chem. **162**, 743 (1946); **167**, 869 (1947). — LIPPMANN, A.: Z. ärztl. Fortbildungswesen **14**, 478 (1917). — LOCALIO, S. A., M. E. MORGAN u. J. W. HINTON: Surg. Gynecol. Obstet. **86**, 582 (1948). — LOEB, R. F.: J. Clin. invest. **11**, 621 (1932). — LÖWY, A.: Amer. J. Physiol. **138**, 230 (1942). — LOHMANN, K., u. P. SCHUSTER: Biochem. Z. **294**, 188 (1937). — LONGWORTHY, C. F.: J. Ind. Eng. Chem. **15**, 276 (1923). — J. R. LOHWRY, u. R. THIESSEN jr.: Arch. Biochem. **25**, 148 (1950). — LUCKEY, T. D., P. R. MOORE, C. A. ELVEHJEM u. E. B. HART: Proc. Soc. exper. Biol. Med. **64**, 348 (1947). — LUNDE, G.: „Vitamine in frischen und konservierten Nahrungsmitteln.“ 2. Aufl. Berlin 1942. — LUTZ, E.: J. industr. Hyg. **8**, 177 (1926). — LYMAN, C. M., B. BUTLER, O. MOSELEY, S. WOOD u. F. HALE: J. biol. Chem. **166**, 173 (1946).

MAASE, C., u. H. ZONDEK: Dtsch. med. Wschr. **1917** I, 484. — MACKENZIE, K.: Biochem. J. **24**, 1433 (1930); **25**, 287 (1931). — MACKENZIE, G. G., u. E. V. MCCOLLUM: Amer. J. Hyg. **25**, 1 (1937). — MADDEN, C. S.: J. exper. Med. **79**, 607 (1946). — MADDEN, C. S., F. W. ANDERSON, J. C. DONNOVAN u. C. H. WHIPPLE: J. exper. Med. **82**, 77 (1945). — MADDY, K. H., u. C. A. ELVEHJEM: J. biol. Chem. **177**, 577 (1949). — MAINZER, F.: Amer. J. Med. Sci. **199**, 232 (1940). — MANNERING, G. J., D. ORSINI u. C. A. ELVEHJEM: J. Nutrit. **28**, 141 (1944). — MARQUIS, M.: C. r. Soc. Biol. **128**, 449 (1938). — MARSTON, H. R.: Ann. Rev. Biochem. **8**, 557 (1939). —

Martin, C. J., M. Graff, R. Brendel u. J. M. Beiler: Arch. Biochem. **21**, 177 (1949). — Martin, C. J., u. R. Robison: Biochem. J. **16**, 407 (1922). — Marx, M. H.: J. comp. Psychol. **41**, 89 (1948). — Mason, H. L., u. W. D. Williams: J. Clin. Invest. **31**, 247 (1942). — Mattill, K. F., u. J. W. Higgins: J. Nutrit. **29**, 255 (1945). — Matsuoka, M., u. J. A. Trotzki: Problems Nutrit. **5**, 47 (1936). — Mattson, H., J. W. Mehl, u. H. J. Deuel jr.: Arch. Biochem. **15**, 65, 75 (1947). — Maun, M. E., W. M. Cahill, u. R. M. Davis: Arch. Pathol. **39**, 294 (1945); **40**, 173 (1945). — Mayer, A. R.: Proc. Soc. exper. Biol. Med. **41**, 404 (1939). — McCance, R. A.: Lancet **1936**, 643, 704, 765, 823; Biochem. J. **31**, 1276, 1278 (1937); J. Physiol. **92**, 208 (1938). — McCance, R. A., C. N. Edgecombe, u. E. M. Widdowson: Lancet **1943**, 126. — McCance, R. A., u. E. M. Glaser: Brit. J. Nutrit. **2**, 221 (1948). — McCance, R. A., u. C. M. Walskam: Brit. J. Nutrit. **2**, 26 (1948). — McCance, R. A., u. E. M. Widdowson: Biochem. J. **29**, 2694 (1935); **36**, 692 (1942); J. Physiol. **91**, 222 (1937); **94**, 148 (1938); **101**, 44, 304, 350 (1942); **102**, 42 (1943); Nature **152**, 326 (1943). — McCance, R. A., E. M. Widdowson, u. H. Lehmann: Biochem. J. **36**, 686 (1942). — McCarrison, R.: Indian J. Med. Res. **21**, 179 (1933). — McCay, C. M.: Proc. Soc. exper. Biol. Med. **27**, 209 (1929); Arch. Biochem. **2**, 481 1943); Ann. J. Publ. Health **37**, 521 (1947). — McCay, C. M., M. F. Crowell, u. L. A. Maynard: J. Nutrit. **10**, 63 (1935). — McCay, C. M., L. A. Maynard, G. Sperling, u. L. L. Barnes: J. Nutrit. **18**, 1 (1939). — McCay, E. M., u. J. Oliver: J. exper. Med. **61**, 319 (1935). — McClellan: J. biol. Chem. **87**, 651, 669 (1930); Amer. J. Physiol. **90**, 334 (1929); Klin. Wschr. **1930** I, 931. — McClure, F.: Amer. J. Childr. Dis. **66**, 362 (1943); Publ. Health. Rep. **64**, 1061 (1949). — McClure, F., H. H. Mitchell, T. S. Hamilton, u. C. A. Kinser: J. Industr. Hyg. Toxicol. **27**, 159 (1945). — McCollum, E. V., u. Davis: J. biol. Chem. **15**, 167 (1913). — McCollum, E. V., u. Hogland: J. biol. Chem. **16**, 298, 317, 321 (1913). — McCollum, E. V., u. N. Simmonds: „Neue Ernährungslehre.“ Berlin u. Wien 1928. — McCollum, E. V., N. Simmonds, u. H. T. Parsons: J. biol. Chem. **37**, 155 (1919); **47**, 111, 139, 175, 207, 235 (1921). — McCollum, E. V., N. Simmonds, P. G. Shipley, u. E. A. Park: J. biol. Chem. **45**, 333, 343 (1921); **47**, 507 (1921); **51**, 41 (1922). — McGhee, J. M : J. Lab. Clin. Med. **22**, 356 (1937). — McGinnis, J., L. C. Norris, u. G. F. Bender: Poultry Sci. **24**, 479 (1945). — McInroy, E. E., H. K. Maurer, u. R. Thiessen jr.: Arch. Biochem. **20**, 256 (1949) — McKee, R. W., S. B. Binkley, D. W. MacCorquodale, S. A. Thayer, u. E. A. Doisy: J. Amer. Chem. Soc. **61**, 1295 (1939). — McKenzie, G. G., J. McKenzie, u. E. V. McCollum: Biochem. J. **35**, 935 (1939). — McKibbin, J. M., u. F. J. Stare: J. Lab. Clin. Med. **30**, 488 (1945); J. Clin. invest. **25**, 679 (1946). — McQuarrie, J., M. Ziegler, u. J. H. Moore: Proc. Soc. exper. Biol. Med. **65**, 120 (1947). — Mecham, D. K., u. H. S. Olcott: Ind. Eng. Chem. **39**, 1023 (1947). — Medes, G.: J. biol. Chem. **68**, 295 (1926). — Mellinghoff, K.: Z. exper. Med. **110**, 423 (1942). — Melville, D. B.: Vitamins and Hormones II. S. 29. New York 1944. — Melnick, D., u. G. R. Cowgill: J. Nutrit. **13**, 401 (1937). — Melnick, D., G. R. Cowgill, u. E. Burack: J. exper. Med. **64**, 877, 897 (1937). — Melnick, D., u. H. Field: J. Nutrit. **24**, 131 (1942). — Melnick, D., u. B. L. Oser: Vitamins and Hormones V. S. 39. New York 1947. — Melnick, D., W. D. Robinson, u. H. Field: J. biol. Chem. **138**, 49 (1941). — Mendel, L. B.: Ergebn. Physiol. **11**, 418 (1911). — Mendel, L. B., u. W. E. Anderson: Yale J. Biol. Med. **3**, 107 (1930). — Mendel, L. B., u. M. S. Fine: J. biol. Chem. **68**, 357 (1926). — Meng, H. C., u. S. Freemann: J. Lab. Clin. Med. **33**, 689 (1948). — Menschick, W., u. I. H. Page: Z. physiol. Chem. **218**, 95 (1933). — Metcoff, J., D. B. Darling, H. H. Scanlon, u. F. J. Stare: J. Lab. Clin. Med. **33**, 47 (1948). — Meunier, P.: C. r. Acad. Sci. **203**, 891 (1936). — Mezinesku, M. D.: Biochem. Z. **313**, 89 (1942). — Micheel, F., u. K. Kraft: Z. physiol. Chem. **215**, 215 (1933); **222**, 235 (1933). — Michelsen, J.: Arch. exper. Path. **173**, 737, 746, 750 (1933). — Mickelsen, O., W. O. Coster, u. A. Keys: J. biol. Chem. **168**, 415 (1947). — Migicovsky, B. B., u. A. R. G. Emslie: Arch. Biochem. **20**, 325 (1949). — Miller, H. G.: J. biol. Chem. **55**, 61 (1923); **70**, 587 (1926). — Miller, L. L.: J. biol. Chem. **152**, 603 (1944); **172**, 113 (1948). — Miller, L. L., F. S. Robscheit-Robbins, u. G. H. Whipple: J. exper. Med. **85**, 267 (1947). — Miller, R. C., u. T. B. Keith: J. Nutrit. **21**, 419 (1941). — Milne, H. J.: Sci. Agricult. **12**, 604 (1932). — Mirsky, A., I. Rosenbaum, L. Stein, u. E. Wertheimer: J. Physiol. **92**, 48 (1938). — Mitchell, H. H.: J. biol. Chem. **58**, 873, 905, 923 (1924); **68**, 183 (1926); Arch. Biochem. **12**, 293 (1947). — Mitchell, H. H., u. R. J. Block: J. biol. Chem. **163**, 599 (1946). — Mitchell, H. H., u. G. G. Carman: J. biol. Chem. **68**, 165 (1926). — Mitchell, H. H., u. E. G. Curzon: „The dietary requirement of Calcium and its significance.“ Paris 1939. — Mitchell, H. H., u. T. S. Hamilton: „Biochemistry of amino acids.“ New York 1928. — Mitchell, H. H., u. T. S. Hamilton: J. Nutrit. **31**, 377 (1946); J. biol. Chem. **179**, 345 (1949). — Mitchell, H. H., u. V. Villegas: J. Dairy Sci. **6**, 222 (1923). — Molitor, H., u. W. L. Sampson: Mercks Jahresber. **50**, 51 (1936). — Moore, C. V., R. Dubach, V. Minnich, u. H. K. Roberts: J. Clin. invest. **23**, 755 (1944). — Moore, T., u. Y. L. Wang: Brit. J. Nutrit. **1**, 53 (1947). — Moreton, J. R.: Science **106**, 190 (1947). — Mueller, A. J., u. W. M. Cox jr.: J. Nutrit. **34**, 285 (1947). — Müller, F.: Z. Biol. **20**, 327 (1884). — Muntwyler, E..

u. R. F. HAZART: Proc. Soc. exper. Biol. Med. **30**, 845 (1933). — MURALT, A. v.: Vitamins and Hormones V. S. 93. New York 1947. — MURLIN, J. R., L. E. EDWARDS, S. FRIED, u. T. A. SZYMANSKI: J. Nutrit. **31**, 715 (1946). — MURLIN, J. R., L. E. EDWARDS, E. E. HAWLEY, u. L. C. CLARK: J. Nutrit. **31**, 533, 555 (1946). — MURLIN, J. R., E. S. NASSET, u. M. E. WALSH: J. Nutrit. **16**, 249 (1938).

NAJJAR, V. A., u. L. E. HOLT: Bull. Hopkins Hospital **67**, 107 (1940); **69**, 476 (1941); J. Amer. Med. Assoc. **123**, 683 (1943). — NELSON, D.: Fed. Proc. **7**, 84 (1948). — NELSON, M. M., u. H. M. EVANS: Arch. Biochem. **13**, 265 (1947). — NEUMANN, M. P.: „Brotgetreide und Brot." 3. Aufl. Berlin 1929. — NEUMANN, R. O.: Arch. Hyg. **99**, 1 (1928). — NEUMANN, R. O.: „Brot und Brotersatzmittel." Berlin 1920. — NEUWEILER, W.: Klin. Wschr. **1939** I, 769. — NEVELL, G. W., T. C. ERIKSON, W. E. GIBSON, S. N. GERSHOFF, u. C. A. ELVEHJEM: J. Lab. Clin. Med. **34**, 239 (1949). — NEWBURGH, L. H., u. P. L. MARSH: Arch. int. Med. **36**, 682 (1925). — NIELSEN, E., u. C. A. ELVEHJEM: J. biol. Chem. **145**, 713 (1942). — NIELSEN, G., u. E. HOFF-JÖRGENSEN: Nord. Med. **33**, 368 (1947). — NIGHTINGALE, G., E. E. LOKART, u. R. S. HARRIS: Arch. Biochem. **12**, 381 (1947). — NITSCHKE, E.: Ber. Naturforsch. Ges. Freiburg i. Br. **37**, 43 (1941). — NOORDEN, C. v., u. H. T. SALOMON: „Handbuch der Ernährungslehre." I. Bd. Berlin 1920. — NORRIS, E. R., u. J. J. MAJNARICH: Science **109**, 32, 33 (1949). — NOTHDURFT, H., u. H. E. EISSENBEISSER: Pflügers Arch. **248**, 41 (1944). — NOVELLI, G. D., N. O. KAPLAN, u. F. LIPMAN: J. biol. Chem. **177**, 97 (1949). — G. D. NOVELLI u. F. LIPMAN, J. biol. Chem. **182**, 213 (1950). — NUNGESTER, W. J., u. A. M. JAMES: J. Infect. Dis. **83**, 50 (1948).

OCHOA, S., A. MEHLEN, M. BLANCHARD, T. H. JUKES, C. E. HOFFMANN, u. M. REGAN: J. biol. Chem. **170**, 413 (1947). — OHLMEYER, P., u. U. OLPP: Z. physiol. Chem. **281**, 203 (1944). — OKEY, R.: Proc. Soc. exper. Biol. Med. **46**, 466 (1941); J. biol. Chem. **156**, 179 (1944). — OLESON, J. J., D. W. WOOLLEY, u. C. A. ELVEHJEM: Proc. Soc. exper. Biol. Med. **42**, 151 (1939). — ORENT-KEILES, E.: Proc. Soc. exper. Biol. Med. **44**, 199 (1940). — ORENT-KEILES, E., E. V. MCCOLLUM, u. H. ROBINSON: J. biol. Chem. **92**, 651 (1931); Amer. J. Physiol. **119**, 651 (1937). — OSBORNE, T. B., u. L. B. MENDEL: J. biol. Chem. **20**, 351 (1915); **26**, 1 (1916); **41**, 275 (1920); **45**, 145 (1920); **69**, 661 (1926). — OSBORNE, T. B., L. B. MENDEL, u. E. L. FERRY: J. biol. Chem. **37**, 223 (1919). — OSBORNE, T. B., L. B. MENDEL, E. A. PARK, u. M. C. WINTERNITZ: J. biol. Chem. **71**, 317 (1927). — OWEN, E. C., u. IRVING: Acta Med. Scand. **103**, 235 (1940). — OZAKI, J.: Biochem. Z. **177**, 156 (1926); **189**, 233 (1927).

PALLADIN, A.: Pflügers Arch. **204**, 150 (1924). — PALMER, L. S., u. C. KENNEDY: Proc. Soc. exper. Biol. Med. **26**, 427 (1929). — PARK, E. A., P. G. SHIPLEY, E. V. MCCOLLUM, u. N. SIMMONDS: J. biol. Chem. **50**, VII (1922). — PATTERSON, J. B. E.: Nature **140**, 363 1937). — PATWARDHAN, V. N., u. N. G. NHAVI: Biochem. J. **33**, 663 (1939). — PAYNE, D. S. u. L. S. STUART: Advances in Protein Chemistry I, 187. New York 1944. — PEARSON, P. B.: Amer. J. Physiol. **153**, 432 (1948). — PEARSON, P. B., u. F. PANZER: J. Nutrit. **38**, 257 (1949). — PERETTI, G.: Quad. Nutriz. **3**, 192 (1936). — PFEIFFER, T.: Z. physiol. Chem. **10**, 170 (1886); **11**, 1, (1887). — PFLÜGER, E.: Pflügers Arch. **50**, 98 (1891). — PITTMAN, M. S., u. B. KUNERT: J. Nutrit. **17**, 161, 175 (1938). — POLLACK, H.: J. Clin. Invest. **19**, 770 (1940). — POLONOVSKI, M., P. GONNARD, u. A. LEURETTE: Bull. Soc. Chim. Biol. **25**, 411 (1943). — POLVOGT, L. M., E. V. MCCOLLUM, u. N. SIMMONDS: Bull. John Hopkins Hospital **34**, 168 (1923). — POMMERENKE, W. T., H. B. SLAVIN, D. H. KARIHER, u. G. H. WHIPPLE: J. exper. Med. **61**, 247, 261 (1935). — POTTER, R. L., u. C. A. ELVEHJEM: J. biol. Chem. **172**, 531 (1948). — POTTER, V. R., u. H. L. KLUG: Arch. Biochem. **12**, 241 (1947). — PRICE, J. C., H. WAELSCH u. T. J. PUTNAN: J. Amer. Med. Assoc. **122**, 1153 (1943). — PÜTTER, A.: Z. Biol. **86**, 317 (1927).

RABINOWITZ, J. C., u. E. E. SNELL: J. biol. Chem. **176**, 1157 (1948). — RAFSKY, A. H., B. NEWMAN, u. N. JOLLIFE: Gastroenterol. 8, 612 (1947). — READER, V. B., u. J. C. DRUMMOND: J. Physiol. **59**, 472 (1925). — REHM, P., u. J. C. WINTERS: J. Nutrit. **19**, 213 (1940). — REMY, E., u. W. SCHREIBER: Arch. Hyg. **110**, 164 (1933). — RICKES, E. L., u. Mitarb.: Science **107**, 396 (1948); **108**, 134 (1948); J. Amer. Chem. Soc. **71**, 1854 (1949). — RIEGEL, C., C. E. KOOP, u. R. P. GRIGGER: Proc. Soc. exper. Biol. Med. **62**, 7 (1947). — RIESSEN, W. H., E. J. HERBST, C. WALLIKER, u. C. A. ELVEHJEM: Amer. J. Physiol. **148**, 614 (1947). — RIETSCHEL, H., u. H. SCHICK: Klin. Wschr. **1939** II, 1285. — RIGGS, T. R., u. D. M. HEGSTEDT: J. biol. Chem. **172**, 539 (1948). — ROBERTSON, T. B.: Ergebn. Physiol. **10**, 216 (1910). — ROBERTSON, E. C., u. M. E. DOYLE: Proc. Soc. exper. Biol. Med. **35**, 374 (1937). — ROBSCHEIT-ROBBINS, F. S., L. L. MILLER, u. G. H. WHIPPLE: J. exper. Med. **85**, 243 (1947). — ROBSCHEIT-ROBBINS, F. R., u. G. H. WHIPPLE: J. exper. Med. **75**, 481 (1942); **89**, 339, 359 (1949). — ROCHE, A.: Bull. Soc. Chim. Biol. **15**, 1290 (1933); **16**, 257, 270 (1934). — RODNEY, G., M. S. SWENDSEID, u. A. L. SWANSON: J. biol. Chem. **179**, 19 (1949). — RÖSE, C.: Z. exper. Med. **94**, 579 (1934); Schweiz. Med. Wschr. **1931** I, 537. — RÖSE, C., u. R. BERG: Münch. med. Wschr. **1918** II, 1011; Z. exper. Med. **96**, 793 (1935). — ROLOFF, M., S. RATNER, u. R. SCHOENHEIMER: J. biol. Chem. **136**, 561 (1940). — ROSE, W. C.: Physiol. Rev.

18, 109 (1938); Fed. Proc. 8, 546 (1949). — ROSE, W. C., W. J. HAINES, u. J. E. JOHNSON: J. biol. Chem. **146**, 683 (1942); **148**, 453 (1943). — ROSE, W. C., M. J. OESTERLIN, u. H. WOMACK: J. biol. Chem. **176**, 753 (1948). — ROSENKRANTZ, J. A., u. M. BRUGER: Arch. Pathol. **42**, 81 (1946). — ROSEMANN, R.: Pflügers Arch. **142**, 208, 247 (1911). — ROSSI, A.: Arch. Sci. Biol. **17**, 491 (1932). — ROST, E.: In Handbuch der Lebensmittelchemie I. S. 993. Berlin 1933. — ROST, E., G. SONNTAG, u. A. WEITZEL: Arch. Hyg. **118**, 193 (1937). — ROTH, L. J., u. Mitarb.: J. biol. Chem. **176**, 249 (1948). — RUBBO, S. D., u. J. M. GILLESPIE: Nature **146**, 838 (1940). — RUBNER, M.: Arch. Anat. Physiol. **1916**, 123, 135, 351; Z. exper. Med. **72**, 99 (1930). — RUBNER, M.: In Handbuch der Lebensmittelchemie. Bd. I S. 1145, Berlin 1933. — RUBNER, M., u. A. SCHITTENHELM: Biochem. Z. **180**, 426 (1927). — De RUDDER: Naturwiss. **1946**, 302. — RUDRA, M. N.: Nature **153**, 111, 743 (1944). — RUEGAMER, W .R. C. A. ELVEHJEM, u. E. B. HART: Proc. Soc. exper. Biol. Med. **61**, 234 (1946). — RUSSELL, W. C. M. W. TAYLOR, T. G. MEHRHOF, u. R. R. HIRSCH: J. Nutrit. **32**, 313 (1946).

SACHAR, L., H. HORWITZ, u. R. ELMAN: J. exper. Med. **75**, 453 (1942). — SAEGESSER, M.: „Schilddrüse, Kropf und Jod.“ Basel 1939. — SAHO, Y., A. J. KREMEN, u. R. L. VARCO: Proc. Soc. exper. Biol. Med. **68**, 480 (1948). — SALEJ, P. S.: Zitiert nach Ber. ges. Physiol. **127**, 208 (1942). — SALMON, W. D.: J. Nutrit. **33**, 155 (1947). — SALTER, W. T., F. R. FARQUHARSON, u. D. M. TIBETTS: J. Clin. Invest. **11**, 391 (1932). — SAMUELS, L. T., R. C. GILMORE, u. R. M. REINECKE: J. Nutrit. **36**, 639 (1948). — SANDBERG, M., D. PERLA, u. O. M. HOLTY: Proc. Soc. exper. Biol. Med. **42**, 368, 371 (1939). — SAUBERLICH, H. E., u. C. A. BAUMANN: Fed. Proc. **7**, 183 (1948). — SCHAEFER, A. E., J. M. MCKIBBIN, u. C. A. ELVEHJEM: J. biol. Chem. **143**, 321 (1942). — SCHAEFER, A. E., W. D. SALMON, u. D. R. STRENGTH: Proc. Soc. exper. Biol. Med. **71**, 193, 202 (1949). — SCHALTENBRAND, G., u. J. SCHORN: Dtsch. Z. Nervenheilkunde **159**, 408 (1948). — SCHEER, B. T., J. F. CODIE, u. H. J. DEUEL JR.: J. Nutrit. **33**, 641 (1947). — SCHEER, B. T., S. DORST, J. F. CODIE, u. D. F. SOULE: Amer. J. Physiol. **149**, 194 (1947). — SCHEUNERT, A.: Angew. Chemie **53**, 119 (1940); Internat. Z. Vitaminforschg. **20**, 374 (1949); Ernährung und Verpflegung **1**, 3 (1949). — SCHEUNERT, A., u. E. WAGNER: Klin. Wschr. **1927** II, 2176. — SCHILLER, G.: Z. Lebensmitteluntersuchg. **88**, 174 (1948). — SCHITTENHELM, A., u. H. SCHLECHT: Z. exper. Med. **9**, 1, 40, 68, 75, 82 (1919). — D. SCHLAPKOFF u. F. A. JOHNSTON, J. Nutrit. **39**, 67 (1949). — SCHLENK, F., u. A. FISCHER: Arch. Biochem. **8**, 337 (1945); **12**, 69 (1947). — SCHLENK, F., u. E. E. SNELL: J. biol. Chem. **157**, 425 (1945). — SCHMID, E.: Mitt. Lebensmitteluntersuchg. **24**, 195 (1933). — SCHMIDT-NIELSEN, B., u. K. SCHMIDT-NIELSEN: Nord. Med. **23**, 1463 (1944). — SCHOORL, P.: Proc. Roy. Acad. Amsterdam **37**, 239 (1934). — SCHRADER, G. A., C. O. PRICKETT, u. W. D. SALMON: J. Nutrit. **14**, 85 (1937). — SCHROEDER, H. A.: Amer. J. Med. Sci. **4**, 578 (1948). — SCHÜTZ, F.: Z. Hyg. **95**, 279 (1922). — SCHULTZE, M. O.: J. biol. Chem. **129**, 729 (1939); **138**, 219 (1941). — SCHULTZE, M. O., u. K. A. KUIKEN: J. biol. Chem. **137**, 727 (1941). — P. E. SCHURR, H. T. THOMPSON, L. M. HENDERSON u. C. A. ELVEHJEM, J. biol. Chem. **182**, 29, 39 (1950). — SCHWARZ, K.: Z. physiol. Chem. **281**, 101, 109 (1944). — SCHWEIGERT, B. S., u. P. B. PEARSON: J. biol. Chem. **168**, 555 (1947). — SCHWEIZER, W.: J. Physiol. **106**, 167 (1947). — SCONKA, F. A.: J. biol. Chem. **169**, 259 (1947); Fed. Proc. **7**, 151 (1948). — SEALOCK, R. R., u. T. HO-LAN: J. biol. Chem. **167**, 689 (1947). — SEALOCK, R. R., u. H. E. SILBERSTEIN: J. biol. Chem. **135**, 251 (1940). — SEALOCK, R. R., J. P. PERKINSON JR., u. D. H. BASINSKI: J. biol. Chem. **140**, 153 (1941). — SEBRELL, W. H., u. R. E. BUTTLER: Publ. Health Rep. **53**, 2282 (1938). — SEPPÄ, K.: Scand. Arch. Physiol. **57**, 159 (1929). — SHARPE, L. M., R. S. HARRIS, W. C. PEACOCK, u. R. C. COOKE: Fed. Proc. **7**, 112 (1948). — SHARPEY-SCHAFER, E. P., u. WALLACE: Lancet **1942**, 699. — SHARPLESS, G. R., u. E. V. MCCOLLUM: J. Nutrit. **6**, 163 (1933). — SHEFFNER, L., J. B. KIRSNER, u. W. L. PALMER: J. biol. Chem. **176**, 89 (1948). — SHERLOCK, S.: Nature **161**, 604 (1948). — SHERMAN, H. C.: J. biol. Chem. **41**, 97, 173 (1920); Chemistry of food and nutrition. 7. Aufl. New York 1947. — SHERMAN, H. C., u. L. E. BOOHER: J. biol. Chem. **93**, 93 (1931). — SHERMAN, H. C., u. GETTLER: J. biol. Chem. **11**, 323 (1912). — SHERMAN, H. C., u. H. L. CAMPBELL: J. biol. Chem. **60**, 5 (1924); J. Nutrit. **14**, 609 (1937). — SHERMAN, H. C., u. F. L. MCLEOD: J. biol. Chem. **64**, 429 (1925). — SHERMAN, H. C., u. A. M. PAPPENHEIMER: J. biol. Chem. **34**, 189 (1921). — SHERMAN, H. C., u. C. S. PEARSON: Proc. Nat. Acad. Sci. USA. **33**, 265, 312 (1947). — SHERMAN, H. C., u. E. J. GREINER: J. biol. Chem. **67**, 667 (1926). — SHERMAN, H. C., M. S. RAGAN, u. M. E. BAL: Proc. Nat. Acad. Sci. USA. **33**, 266, 356 (1947). — SHERMAN, W. C.: Proc. Soc. exper. Biol. Med. **65**, 207 (1947). — SHIELDS, J. B., u. H. H. MITCHELL: J. Nutrit. **32**, 213 (1946). — SHIVE, W., J. M. RAVEL, u. R. E. EAKIN: J. Amer. Chem. Soc. **70**, 2614 (1948); J. biol. Chem. **176**, 991 (1948). — SHORB, M. S.: J. biol. Chem. **169**, 455 (1947); J. Bacteriol. **53**, 669 (1947); Science **107**, 397 (1948). — SILBER, R. H., E. E. HOWE, C. C. PORTER, u. C. W. MUSHETT: J. Nutrit. **37**, 429 (1949). — SILBER, R. H., A. O. SEELER, u. E. E. HOWE: J. biol. Chem. **164**, 639 (1946). — R. SILBERBERG, u. M. SILBERBERG, Am. J. Pathol. **26**, 113 (1950). — SILWER, H.: Acta Med. Scand. **79**. Suppl. (1937). — SJOLLEMA, B.: Biedermanns Zbl. Abt. B. Tierernährung **7**, 184

(1935). — SKINNER, J., T., E. v. DONK u. H. STEENBOCK: Amer. J. Physiol. **101**, 591 (1932). — SLACK, E. B.: Brit. J. Nutrit. **2**, 205, 214 (1948). — SLONAKER, J. R.: Amer. J. Physiol. **96**, 547, 557 (1931); **113**, 159 (1935). — SMITH, A. H. u. P. K. SMITH: J. biol. Chem. **107**, 681 (1934). — SMITH, E. L.: Nature **161**, 638 (1948); **162**, 144 (1948). — SMITH, S. E., u. G. H. ELLIS: Arch. Biochem. **15**, 81 (1947). — SMITH, S. G.: Proc. Soc. exper. Biol. Med. **63**, 339 (1946). — SMITH, S. E., u. E. J. LARSON: J. biol. Chem. **163**, 29 (1946). — SHUKERS, C. F., E. M. KNOTT, u. F. W. SCHLUTZ: J. Nutrit. **22**, 53 (1941). — SMUTS, D. B.: J. Nutrit. **9**, 403 (1935). — SNELL, E. E.: J. Amer. Chem. Soc. **67**, 194 (1945). — SNELL, E. E., u. A. N. RANNEFELDT: J. biol. Chem. **157**, 475 (1945). — SOBEL, A. E., M. SHERMAN, J. LICHTBLAU, S. SNOW, u. B. KRAMER: J. Nutrit. **35**, 225 (1948). — SOLANDT, D. Y., u. C. H. BEST: Nature **144**, 376 (1939). — SPAULDING, M. E., u. W. D. GRAHAM: J. biol. Chem. **170**, 711 (1947). — SPEIRS, M.: J. Nutrit. **17**, 557 (1939). — SPERRY, W. M.: J. biol. Chem. **68**, 357 (1926). — SPERRY, W. M., u. V. STOYANOFF: J. Nutrit. **9**, 131 (1935). — SPIES, T. D.: Ann. Rev. Biochem. **16**, 387 (1947). — SPIES, T. D., W. B. FROMMEYER JR., C. F. FILTER, u. A. ENGLISH: Blood **1**, 185 (1946). — SPIES, T. D., R. K. LADISCH, u. W. B. DEAN: J. Amer. Med. Assoc. **115**. 839 (1940). — SPIES, T. D., S. R. STAUBERY, R. J. WILLIAMS, T. H. JUKES, u. S. H. BABCOCK: J. Amer. Med. Assoc. **115**, 523 (1940). — SPIES, T. D., R. M. SUAREZ, u. G. G. LOPEZ: J. Amer. Med. Assoc. **139**, 521 (1949). — SPITZER, R. E.: J. Nutrit. **35**, 185 (1948). — SPITZER, R. E., u. P. H. PHILIPPS: J. Nutrit. **30**, 117, 183 (1945). — SPRUNT, D. H.: Proc. Soc. exper. Biol. Med. **67**, 319 (1948). — STAMM, W. P., T. F. MACRAE, u. S. YUDKIN: Brit. Med. J. **1944**, 239. — STARE, F. J., u. D. M. HEGSTEDT: Fed. Proc. **3**, 120 (1944). — STARLING, E. H.: J. Physiol. **19**, 312 (1896); Brit. med. J. **2**, 105 (1918). — STEENBOCK, H., E. B. HART, M. T. SELL, u. J. H. JONES: J. biol. Chem. **56**, 375 (1922). — STEENBOCK, H., E. M. NELSON, u. E. B. HART: J. biol. Chem. **19**, 399 (1914). — STEENBOCK, H., M. T. SELL, u. E. M. NELSON: J. biol. Chem. **55**, 399 (1923). — STEFKO, W. H.: Ergebn. Pathol. **22**, 687 (1929). — STENGER, K.: Klin. Wschr. **1948**, 236, 630. — STEPP, W.: Biochem. Z. **22**, 452 (1909). — STETTEN, M. R., u. R. SCHOENHEIMER: J. biol. Chem. **153**, 113 (1944). — STETTEN, M. A., u. D. STETTEN: J. biol. Chem. **164**, 85 (1946). — STEUDEL, H.: Z. exper. Med. **95**, 580 (1935); Ernährg. **1**, 70 (1936). — STÖHR, R.: Z. exper. Med. **95**, 55 (1935). — STRACK, E., u. G. FRIEDRICH: Ber. Verhandl. Sächs. Akad. Wiss. Leipzig. Math.-Phys. Klasse **93**, 115 (1941). — STREET, H. R.: J. Nutrit. **26**, 187 (1943). — STUDER, A., u. J. R. FREY: Schweiz. Med. Wschr. **1949**, 382. — SMYTH, C. J.: J. Lab. Clin. Med. **32**, 1539 (1947). — SÜSSKIND, B.: Arch. Verdauungskrankh. **44**, 371 (1928); **52**, 74 (1932); **54**, 197 (1933). — E. E. SUMNER, H. B. PIERCE, u. J. R. MURLIN, J. Nutrit: **16**, 37 (1938). — SURE, B.: Amer. J. Physiol. **61**, 1 (1922); J. Amer. Dietet. Assoc. **22**, 494 (1946); **23**, 113 (1947); J. Nutrit. **36**, 59 (1948). — SUTTON, W. R., u. V. E. NELSON: Proc. Soc. exper. Biol. Med. **36**, 211 (1937). — SYDENSTRICKER, V. P., W. K. HALL, L. L. BOWLES, u. H. C. SCHMIDT: J. Nutrit. **34**, 481 (1947). — SYDENSTRICKER, V. P., S. A. SINGAL, A. P. BRIGGS, N. M. DE VAUGHAM, u. H. ISBELL: Science **95**, 176 (1942). — SZAKÁLL, A.: Arbeitsphysiol. **8**, 316 (1935). — SZAKÁLL, A., u. B. SZAKÁLL: Arbeitsphysiol. **10**, 534 (1939). — SZENT GYÖRGYI, A.: Biochem. J. **22**, 1387 (1928); Nature **130**, 576 (1932); Z. physiol. Chem. **255**, 126 (1938).

TÄUFEL, M.: Handbuch der Lebensmittelchemie V. S. 40. Berlin 1938. — TERROINE, E. F.: Biochem. Z. **293**, 435 (1937). — TERROINE, E. F., u. REICHERT: Arch. internat. Physiol. **32**, 337, 374 (1930). — TERROINE, E. F., u. SORG-MATTER: Arch. internat. Physiol. **29**, 121 (1927). — TERRY, R., D. R. HAWKINS, E. H. CHURCH, u. G. H. WHIPPLE: J. exper. Med. **87**, 561 (1948). — THOMAS, K.: Arch. Anat. Physiol. **1909**, 219. — THOMAS, K., u. G. WEITZEL: Z. physiol. Chem. **282**, 180 (1948); Dtsch. med. Wschr. **1946**, 18. — THOMPSETT, S. L.: Biochem. J. **34**, 961 (1940). — H. T. THOMPSON, P. E. SCHURR, L. M. HENDERSON u. C. A. ELVEHJEM, J. biol. Chem. **182**, 47 (1950). — THOMPSON, J. F., u. G. H. ELLIS: J. Nutrit. **34**, 121 (1947). — TIBETTS, D. M., u. J. C. AUB: J. Clin. Invest. **16**, 491 (1937). — TIGERSTEDT, C.: Scand. Arch. Physiol. **16**, 67 (1904). — TILING, W.: Med. Klin. **1947**, 632. — TISDALL, F. F., u. T. C. H. DRAKE: J. Nutrit. **16**, 613 (1938). — TOBBIN JR., J. R., D. BERGENSTAHL, u. C. H. STEFFEE: Arch. Biochem. **16**, 373 (1948). — TODD, W. R., J. M. BARNES, u. L. CUNINGHAM: Arch. Biochem. **13**, 261 (1947). — TODD, E., C. A. ELVEHJEM, u. E. B. HART: Amer. J. Physiol. **107**, 146 (1934). — TOEPFER, E. W., u. H. C. SHERMAN: J. biol. Chem. **115**, 685 (1936). — TOMARELLI, R. M., u. F. W. BERNHART: J. Nutrit. **34**, 263 (1947). — TOTTER, J. R., E. S. AMOS, u. C. K. KEITH: J. biol. Chem. **178**, 847 (1949). — TOTTER, J. R., u. P. L. DAY: J. Nutrit. **24**, 159 (1942). — TOURTELLOTE, D., u. O. S. RASK: Amer. J. Hyg. **14**, 225 (1931). — TREADWELL, C. R.: J. biol. Chem. **160**, 601 (1945); **176**, 1141, 1149 (1948). — TUFTS, E. F., u. D. M. GREENBERG: Proc. Soc. exper. Biol. Med. **34**, 292 (1936); J. biol. Chem. **122**, 693, 715 (1938). — TURPEINEN, O.: J. biol. Chem. **132**, 75 (1940).

UNDERHILL, E. P., u. F. J. PETERMANN: Amer. J. Physiol. **90**, 1, 15, 40, 52, 62, 67, 72 (1929). — UNGAR, J., C. E. COULTHARD u. L. DICKINSON: Brit. J. exper. Pathol. **29**, 322 (1948). — UNNA, K.: J. Pharmacol. **65**, 95 (1939); Amer. J. Physiol. **129**, 483 (1940).

VERHAGE, J. C.: Nederl. Tijdsch. Geneesk. **84**, 4249 (1940). — DU VIGNEAUD, V.: Science **92**, 62 (1940). — VIOLLIER, G.: Internat. Z. Vitaminforschg. **20**, 31 (1948). — VOIT, C.: Z. Biol. **3**, 1 (1867). — VOIT, C., u. PETTENKOFER: Z. Biol. **7**, 433 (1871).

WAELSCH, H., u. J. H. PRICE: Arch. Neurol. Psychiatr. **51**, 393 (1944). — WAGNER, K. H.: Z. physiol. Chem. **264**, 153 (1940). — WAGNER, K. H., L. GÜNTHER u. H. SCHMALFUSS: Vitamine und Hormone **4**, 142 (1943). — WAGNER, R.: Z. exp. Med. **33**, 250 (1923). — WAGNER-JAUREGG, TH.: Naturwiss. **1946**, 49. — Med. Klin. **1946**, 433. — WALD, G.: Science **109**, 482 (1949). — WALKER, A. R. P., F. W. FOX u. J. T. IRVING: Biochem. J. **42**, 452 (1948). — WANG, C. C., M. KAUCHER u. M. WING: Amer. Child. **52**, 41 (1936). — WANG, C. F., A. LAPI u. D. M. HEGSTED: J. Lab. Clin. Med. **33**, 462 (1948). — WARKANY, J.: Vitamins and Hormones III. New York 1945, S. 73. — WATSON, M.: J. Hyg. **37**, 420 (1937). — WEAST, E. O., M. GROODY u. A. F. MORGAN: Amer. J. Physiol. **152**, 286 (1948). — WEECH, A. A., u. E. GOETTSCH: Bull. John Hopkins Hospital **63**, 181 (1938); **64**, 425 (1939). — WEECH, A. A., M. WOLSTEIN u. E. GOETTSCH: J. Clin. Invest. **16**, 719 (1937). — WEGNER, M. J., N. N. BOOTH, C. A. ELVEHJEM u. E. B. HART: Proc. Soc. exper. Biol. Med. **45**, 769 (1940). — WEIL-MALHERBE, H.: Biochem. J. **30**, 665 (1936). — WEINSTEIN, J. J.: Surg. Gynecol. Obstet. **87**, 93 (1948). — WELCH, A. D., u. R. C. LANDAU: J. biol. Chem. **144**, 581 (1942); WELCH, C. S., E. G. WAKEFIELD u. M. ADAMS: Arch. int. Med. **58**, 10, 95 (1936). — WENDT, H.: Ergebn. inn. Med. **42**, 213 (1932). — WERNER, S. C.: Ann. Surg. **126**, 169 (1947); Amer. Med. J. **5**, 749 (1948). — WESTERLUND, A.: Scand. Arch. Physiol. **80**, 403 (1938). — WESTERMANN, B. D.: J. Nutrit. **33**, 301 (1947); **36**, 187 (1948). — WESTFALL, J. R., u. S. M. HAUGE: J. Nutrit. **35**, 379 (1948). — WESWIG, P. H.: J. biol. Chem. **165**, 737 (1946). — WHIPPLE, G. H.: Physiol. Rev. **20**, 194 (1940); J. exper. Med. **85**, 243, 267 (1947). — WHIPPLE, G. H., u. C. S. MADDEN: Medicine **23**, 215 (1944). — WHIPPLE, G. H., L. L. MILLER u. F. S. ROBSCHEIT-ROBBINS: J. exper. Med. **85**, 277 (1947). — WICK, A. N.: Arch. Biochem. **20**, 113 (1949). — WIDDOWSON, E. M., u. R. A. MCCANCE: Lancet **1942**, 588. — WIDMARK, E. M. P., u. F. STENQUIST: Münch. med. Wschr. **1927**, 1955. — WILEMS, S. L.: Arch. int. Med. **79**, 129 (1947); Arch. Pathol. **23**, 793 (1947). — J. N. WILLIAMS jr., C. A. NICHOLS u. C. A. ELVEHJEM, J. biol. Chem. **180**, 689 (1949). — WILLIAMS, P. N.: Chemistry and Industry **1947**, 251. — WILLIAMS, R. D., E. S. G. BARRON, C. A. ELVEHJEM u. M. K. HORWITT: Bull. Nat. Res. Council Nr. **116** (1948). — WILLIAMS, R. D., H. L. MASON u. R. M. WILDER: J. Nutrit. **25**, 71 (1943). — WILLIAMS, R. D., H. L. MASON, R. M. WILDER u. B. F. SMITH: Arch. int. Med. **66**, 785 (1940); **69**, 721 (1942); **71**, 38 (1943). — WILLIAMS, R. J.: J. Amer. Med. Assoc. **119**, 1 (1942); Vitamins and Hormones I, 239. New York 1943. — WILLIAMS, R. J., C. M. LYMAN, C. M. GOODYEAR, G. H. TRUESDAIL u. D. HOLADAY: J. Amer. Chem. Soc. **55**, 2912 (1933). — WILLIAMS, R. R., u. J. K. CLINE: J. Amer. Chem. Soc. **58**, 1504 (1936); **59**, 216 (1937). — WILLIAMSON, A., D. M. HEGSTED, J. M. MCKIBBIN u. F. J. STARE: J. Nutrit. **31**, 647 (1946). — WILLAMSON, M. B.: J. biol. Chem. **174**, 631 (1948). — WISHART, G.: J. Physiol. **82**, 189 (1934). — WISS, O.: Helv. chim. Acta **31**, 2148 (1948); **32**, 153, 527, 1341, 1344 (1949). — WISSLER, R. W., C. H. STEFFEE, E. L. FRAZIER, R. L. WOOLRIDGE u. E. P. BENDITT: J. Nutrit. **36**, 245 (1948). — WOLF, P. A., u. R. C. CORLEY: Amer. J. Physiol. **127**, 589 (1939). — WOOLLEY, D. W.: Science **92**, 384 (1940); J. exp. Med. **73**, 487 (1941); **75**, 277 (1942); J. biol. Chem. **139**, 29 (1941); **159**, 753 (1943); **162**, 383 (1946); J. Nutrit. **28**, 305 (1941). — WOODS, D. D.: Brit. J. exper. Pathol. **21**, 34 (1940). — WOMACK, M., u. W. C. ROSE: J. biol. Chem. **166**, 429 (1946); **171**, 37 (1947). — WRETLIND, K. A. J.: Acta Physiol. Scand. **15**, 304 (1948). — WRIGHT, L. D., H. R. SHEGGE u. J. W. HUFF: J. biol. Chem. **175**, 475 (1948).

YESHODA, K. M., and M. DAMODARAN: Biochem. J. **41**, 382 (1947). — YOUMANS, J. B.: Amer. J. Hyg. **42**, 254 (1945). — YUDKIN, A. M., u. C. H. ARNOLD: Proc. Soc. exper. Biol. Med. **32**, 836 (1935).

ZIEGELMAYER, W.: „Die Ernährung des deutschen Volkes". Dresden-Leipzig 1947. — ZILVA, S. S.: Biochem. J. **31**, 915, 1488 (1937). — ZIMMERMANN, F. P., B. B. BURGEMEISTER u. T. J. PUTNAN: Arch. Neurol. Psychiatr. **56**, 489 (1946). — ZIMMERMANN, F. P., u. S. ROSS: Arch. Neurol. Psychiatr. **51**, 446 (1944).

Sachverzeichnis.